!

불법 복사·스캔

저작권법 위반으로

처벌대상입니다

스마트제조 A to Z

저자 소개

노상도 성균관대학교 시스템경영공학과/산업공학과

김덕영 포항공과대학교 산업경영공학과

류광열 부산대학교 산업공학과

백수정 국립한밭대학교 산업경영공학과

신문수 국립한밭대학교 산업경영공학과

이주연 서울과학기술대학교 기계공학과

장태우 경기대학교 산업경영공학과

스마트제조 A to Z

초판 발행 2026년 3월 1일

지은이 노상도, 김덕영, 류광열, 백수정, 신문수, 이주연, 장태우
펴낸이 류원식
펴낸곳 교문사

편집팀장 성혜진 | **책임진행** 김성남 | **디자인** 신나리 | **본문편집** 이상화

주소 10881, 경기도 파주시 문발로 116
대표전화 031-955-6111 | **팩스** 031-955-0955
홈페이지 www.gyomoon.com | **이메일** genie@gyomoon.com
등록번호 1968.10.28. 제406-2006-000035호

ISBN 978-89-363-2717-0 (93550)
정가 35,000원

스마트 제조 A to Z

노상도 · 김덕영 · 류광열 · 백수정 · 신문수 · 이주연 · 장태우 지음

SMART MANUFACTURING

교문사

"To live well, a nation must produce well."

한 나라가 잘 살기 위해서는 반드시 제조 경쟁력을 갖춰야 한다는 『Made in America: Regaining The Productive Edge』의 한 구절에 감화되어 제조공학 공부를 시작한 지 오랜 시간이 훌쩍 지나갔습니다. 사회의 변화와 기술의 발전이 제조를 통해 시장에서 실현되고, 이를 통해서 우리의 삶과 문화 발전이 이루어진다는 측면에서 제조는 국가 차원뿐만 아니라 인류 공영에 이바지한다고 할 수 있습니다.

특히 제조업은 국가 경쟁력의 근간이자 산업 발전의 핵심 축으로서 끊임없이 진화해 왔습니다. 기계화와 자동화를 거쳐 정보화 단계를 거친 제조 현장은, 오늘날 데이터, 디지털 기술과 AI, 지능화 기술의 융합을 통해 '스마트제조(Smart Manufacturing)'로 빠르게 변화하고 있습니다. 그러나 자동화, 디지털화, 지능화/자율화가 진행되고, 스마트팩토리(Smart Factory)가 도입되고 있는 현장에서는 여전히 많은 질문이 있습니다.

"스마트제조는 또 뭔가? 그동안의 자동화, 정보화랑은 뭐가 다른 것이고, 무엇부터 시작해야 하는가?"

"우리 공장에도 정말 적용 가능한가? 돈과 시간만 들어가고 효과는 불확실한 것 아닌가?"

"좋다는 솔루션 도입한 지 꽤 되었는데, 뭐가 더 필요한가? 기술만이 아니라면 '사람'과 '일하는 방식'이 어떻게 변해야 하는가?"

이 책 『스마트제조 A to Z』는 이러한 질문에 답하기 위해 기획되었습니다. 스마트제조를 단순한 유행어나 최신 기술의 나열이 아니라, 기본 개념부터 실제 적용과 사례까지 하나의 흐름으로 이해할 수 있도록 돕는 것이 이 책의 목적입니다. 스마트제조는 어떤 솔루션이나 설비를 도입한다고 완성되는 것이 아니라, 전략, 조직, 사람, 공정, 설비, 데이터, 정보시스템 그리고 기술이 유기적으로 연결되는 제조의 종합적인 진화이며, 생산 현장에서 실제로 마주하게 되는 많은 고민과 의사결정을 함께 다뤄야 하기 때문입니다.

이를 위하여 제조와 생산시스템, 제조지원시스템의 기본 개념을 출발점으로 하여, 제조공학과 자동차, 조선, 반도체, 뿌리산업 등 다양한 생산시스템의 특성을 살펴보고, 제조전략과 생산시스템의 연계를 통해 제조 현업 의사결정들을 설명합니다. 이어 제품 설계와 제조 엔지니어링, 생산 자동화와 제어시스템, 제조 운영과 생산정보시스템을 다루며, 설계-생산-운영으로 제품 개발 및 생산 프로세스 전반의 흐름을 통합적으로 이해할 수 있도록 구성하였습니다. 후반부에서는 스마트제조와 스마트팩토리의 개념을 중심으로, 기존 제조시스템과의 차별점과 발전 방향을 살펴봅니다. 특히 하나의 모습이 아닌, 업종과 당면 과제, 목적에 따라 다양하게 구현된 실제 스마트팩토리 사례들을 소개함으로써, 스마트제조를 보다 현실적이고 실천적인 관점에서 이해하도록 돕습니다. 추가로 설계, 제어, 시뮬레이션, 이상 진단을 맛볼 수 있는 실습 내용을 포함하여 관련 지식이 체득되어 실제 적용으로 이어지는 데 도움이 될 수 있도록 구성하였습니다.

특히 제조기업의 현업 실무자, 생산 현장의 관리자, 제조혁신 추진 담당자, 관련 기술과 솔루션 연구 개발자, 그리고 제조업 디지털화와 제조혁신을 처음 접하는 일반 독자들도 부담 없이 읽을 수 있도록 최대한 쉬운, 그리고 현장 중심의 언어와 최신의 실제 사례들로 구성하였습니다. 복잡한 수식이나 이론 대신, 왜 필요한지, 어떻게 접근해야 하는지, 무슨 문제를 어떻게 해결할 수 있는지, 그리고 무엇을 주의해야 하는지를 중심으로 설명합니다.

스마트제조의 궁극적인 목표는 '더 많은 기술'이 아니라 '더 나은 제조'입니다. 사람을 기계로 대체하는 공장이 아니라, 사람이 더 가치 있는 일에 집중할 수 있는 생산시스템, 끊임없이 일어나는 변화 속에서 불확실성을 줄이고 지속가능한 경쟁력을 얻고자 하는 것이 바로 스마트제조의 목적입니다.

이 책이 스마트제조에 관심을 가지고 고민하는 모든 분들께 하나의 '지도'가 되기를 바랍니다. 처음 길을 찾는 분들에게는 출발점이 되고, 이미 여정을 시작한 분들에게는 방향을 점검하는 이정표가 되기를 기대합니다.

지금, 스마트제조의 A에서 Z까지 이 책과 함께 걸어가 보시기 바랍니다.

2026년 봄, 저자 일동

차례

머리말

Part 1
제조공학과 생산시스템

Chapter 1 생산, 제조시스템과 제조지원시스템 14

1.1 제조와 제조업의 개념 15
1) 제조와 생산 15
2) 산업과 제조업 15
3) 산업혁명 16
1.2 제조시스템과 생산시스템 18
1.3 스마트제조와 스마트팩토리 21
1.4 기타 첨단 제조의 개념 22
참고문헌 25

Chapter 2 제조공학 26

2.1 재료와 성질 27
1) 금속재료 27
2) 비금속재료 29
3) 복합재료 31
2.2 제조공정과 설비 32
1) 주조 33
2) 분말가공 35
3) 소성가공 36
4) 절삭가공 37
5) 열처리 39
6) 표면처리 40
7) 영구결합 41
8) 조립 42
참고문헌 44

Chapter 3 여러 가지 생산시스템 45

3.1 자동차 제조공정과 생산시스템 46
3.2 조선 제조공정과 생산시스템 48
3.3 반도체 제조공정과 생산시스템 50
3.4 뿌리산업 제조공정과 생산시스템 53
1) 뿌리산업 53
2) 뿌리 공정 54
참고문헌 60

Part 2
스마트제조

Chapter 4 제조전략과 생산시스템 62

4.1 제조전략의 개념과 역할 63

1) 제조전략의 정의와 중요성 63

2) QCDF 프레임워크 63

3) 전략 수립 프로세스와 핵심 의사결정 영역 65

4) 산업별 제조전략 특성 비교 66

4.2 생산시스템의 구조와 성과관리 67

1) 생산시스템의 기본 개념 67

2) 생산시스템의 분류 67

3) 생산시스템의 핵심 성과지표 개요 69

4) 지표 간 트레이드오프와 적용 시 주의사항 78

4.3 생산시스템의 제조원가와 생산성 80

1) 제조원가의 개념과 구성 80

2) 제조원가의 구성요소 80

3) 활동기준원가계산(ABC)과 전통적 배부 81

4) 원가 절감과 생산성 향상 간의 관계 82

4.4 조립시스템 83

1) 조립시스템의 역할과 특성 83

2) 조립 라인 설계와 효율 산출 84

3) 조립 라인의 운영 문제 89

4) 라인 밸런싱 방법론 90

5) 자동 조립시스템 93

6) 차세대 조립 기술 95

참고문헌 96

Chapter 5 제품 설계와 제조 엔지니어링 98

5.1 제품 개발과 제조 99

5.2 CAD 시스템 101

1) CAD 시스템의 기술 발전 과정 101

2) CAD 시스템의 주요 기능 102

3) 3D 모델링 주요 방식 104

5.3 CAE 시스템 105

1) CAE 시스템의 주요 기능 106

2) 설계 초기 단계와의 연계 107

5.4 CAM 시스템 108

1) CAM 시스템 구성요소 108

2) CAM 시스템의 주요 기능 109

3) CAM 시스템과 설계-제조 통합 111

5.5 PLM 시스템 113
1) PLM 시스템의 주요 기능 **115**
2) PLM과 타 시스템과의 연계 **116**
5.6 양산을 위한 산업별 제품 설계 프로세스 117
참고문헌 **119**

Chapter 6 생산 자동화와 제어시스템 120

6.1 생산시스템과 제어시스템의 변화 121
6.2 제어시스템 122
1) 제조업의 분류와 제어 특성 **122**
2) 연속 제어와 이산 제어 **124**
3) 자동화 계층(automation pyramid)에 따른 제어시스템 **125**
6.3 PLC(Programmable Logic Controller) 127
1) PLC 기본 구조와 작동 원리 **127**
2) PLC 프로그래밍 언어의 종류 **128**
참고문헌 **134**

Chapter 7 제조 운영과 생산정보시스템 135

7.1 전사적자원관리(ERP) 시스템 138
1) 개요 **138**
2) 주요 기능 **139**
3) 활용 **148**
7.2 생산계획 및 스케줄링(APS) 시스템 150
1) 개요 **150**
2) 주요 기능 **152**
3) 활용 **159**
7.3 제조실행시스템(MES) 160
1) 개요 **160**
2) 주요 기능 **162**
3) 활용 **171**
7.4 생산정보시스템의 통합: ERP-APS-MES 연계 173
1) 통합의 필요성과 목표 **173**
2) 통합 구조 및 데이터 흐름 **174**
3) 통합의 도전 과제와 성공 전략 **175**
참고문헌 **176**

Part 3
스마트팩토리

Chapter 8 스마트제조와 스마트팩토리 180

8.1 스마트제조 181
1) 등장 배경 181
2) 정의 182
3) 목적 184

8.2 스마트제조 주요 특성 186
1) Customization(고객맞춤) 187
2) Connectivity(연결성) 188
3) Collaboration(협업성) 189

8.3 스마트팩토리 190
1) 개념: 스마트제조의 물리적 구현 공간 190
2) 스마트팩토리 수준별 단계 193

8.4 스마트팩토리 구성요소 195
1) 스마트팩토리 적용 범위 195
2) 스마트팩토리의 기능적 구성요소 197
3) 생태계 및 산업 측면의 구성요소 202
4) 스마트제조 데이터 구성요소 205

참고문헌 207

Chapter 9 스마트팩토리 주요 기술 210

9.1 센서 211
1) 산업용 센서의 분류, 특성 및 성능 지표 211
2) 응용 분야별 센서 선택 가이드라인 215
3) 센서에서 IIoT 시스템으로의 연결 217

9.2 산업용 사물인터넷 218
1) 사물인터넷의 기본 개념과 구조 218
2) IIoT의 구조 및 통신 프로토콜 221
3) IIoT 적용 방법 및 산업 적용 사례 225
4) IIoT 시스템 구축 방법론 및 주요 고려사항 228
5) IIoT 보안·신뢰성 및 발전 방향 230

9.3 빅데이터 236
1) 빅데이터의 개요 및 특징 237
2) 스마트팩토리에서의 빅데이터: 제조 데이터 239
3) 빅데이터 수집과 저장 241
4) 빅데이터 전처리, 통합 및 품질 관리 242

9.4 인공지능 245
1) 인공지능의 개요 및 특징 245
2) 인공지능을 이용한 분석 프로세스 249
3) 스마트팩토리에서의 인공지능 활용 분야 251

9.5 클라우드 252
1) 클라우드의 개요 및 특징 **252**
2) 클라우드·포그·엣지 컴퓨팅 **256**
3) 제조 운영시스템과 클라우드의 연계 **257**
9.6 CPS/디지털트윈 258
1) CPS와 디지털트윈의 개념과 상호관계 **259**
2) CPS/디지털트윈 시스템 구조 **262**
3) CPS/디지털트윈 구현 기술 **265**
4) CPS/디지털트윈 활용 분야 **268**
5) 향후 전망 **277**
9.7 로봇 278
1) 로봇의 개념과 역할 **278**
2) 산업용 로봇 기술 **284**
3) 협동로봇의 기술 및 적용 **289**
4) 스마트팩토리 로봇 기술의 미래 방향 **294**
9.8 3D 프린팅 299
1) 3D 프린팅 기술 개요 **301**
2) 공정 설계 및 제품 생산 과정 **302**
3) 3D 프린팅 기술 분류 **305**
4) 3D 프린터의 구조와 운용 조건 **309**
5) 스마트팩토리 내에서의 3D 프린팅 **311**
9.9 VR/AR/XR 313
1) VR/AR/XR 개념과 구성요소 **314**
2) VR/AR/XR 구현 기술 **319**
3) VR/AR/XR 활용 분야 **323**
4) 향후 전망 **329**
참고문헌 **331**

Chapter 10 여러 가지 스마트팩토리 344

10.1 포스코 포항제철소 345
1) 개요 **345**
2) 주요 적용 기술 **348**
3) 주요 성과 및 효과 **353**
4) 시사점 **353**
10.2 LS 일렉트릭 청주 스마트팩토리 354
1) 개요 **354**
2) 주요 적용 기술 **355**
3) 주요 성과 및 효과 **360**
4) 시사점 **361**

10.3 LG 스마트파크 362
1) 개요 **362**
2) 첨단 기술의 적용 **363**
3) 주요 성과 및 추후 발전 방향 **367**
4) 전략적 의미 및 시사점 **369**
10.4 아모레 뷰티파크 370
1) 개요 **370**
2) 첨단 기술의 적용 **371**
3) 주요 성과 및 추후 발전 방향 **374**
4) 전략적 의미 및 시사점 **374**
참고문헌 **376**

부록 1

1. CAD/CAM 맛보기 (5장 제품 설계와 제조 엔지니어링) **380**
2. PLC 프로그래밍 맛보기 (6장 생산 자동화와 제어시스템) **391**
3. 생산 시뮬레이션 맛보기 (9장 스마트팩토리 주요 기술) **398**
4. 공정/품질 이상 진단 맛보기 (9장 스마트팩토리 주요 기술) **405**

부록 2

1. CAD/CAM 맛보기 매뉴얼 (5장 제품 설계와 제조 엔지니어링) **416**
3. 생산 시뮬레이션 맛보기 매뉴얼 (9장 스마트팩토리 주요 기술) **451**

찾아보기 **480**

일러두기

1. 본문의 미주는 각 장의 참고문헌 번호를 의미하며, 본문에 번호로 명시되지 않은 참고문헌은 해당 절 또는 장 전체에서 참고하였음.
2. 본문에 실린 참고문헌 자료의 일부에서 용어나 그림 등이 수정되었음.

PART 1

제조공학과 생산시스템

CHAPTER

1

생산, 제조시스템과 제조지원시스템

1.1 제조와 제조업의 개념

1) 제조와 생산

'생산(生産, production)'과 '제조(製造, manufacturing)'는 현실적으로 용어의 의미를 구분하지 않고 사용된다. 그러나 생산은 제품이나 서비스를 만들어 낸다는 일반적인 개념을 의미하는 반면, 제조는 공장 및 기계와 연계되어 체계적 방식 또는 대량생산이 가미된 개념으로 주로 사용된다.

2) 산업과 제조업

'산업(industry)'과 '제조업'의 의미상 포함관계도 비슷하다. 영어권에서 'industry'는 제조업의 의미로 사용되는 경우가 많고, 독일어의 'industrie' 용어는 여전히 제조업 또는 공업의 의미로 사용되고 있다. 표준국어대사전에 따르면, 우리말에서 산업은 인간의 생활을 경제적으로 풍요롭게 하기 위하여 재화나 서비스를 생산하는 활동을 뜻하는데, 좁은 의미로는 공업만을 지칭하기도 한다.

수렵채집사회와 농경사회 이후, 산업혁명에 따른 제조업의 발달로 인류는 산업사회로 전환하였으며, 유통과 금융 등을 포함하는 서비스업까지 발달하면서 산업의 의미는 제조업에서 전체 산업 전반으로 확장되었기 때문이다. 산업 범위의 확장에 따라서 산업의 유형을 천연자원을 생산하는 1차 산업, 자원을 제품으로 변환 생산하는 2차 산업, 관련 서비스를 생산하는 3차 산업으로 구분한다. 일부에서 '제4차 산업혁명'의 개념과 혼동하여 '4차 산업'과 같은 용어를 잘못 사용하는 경우가 있고, 서비스업의 규모가 커짐에 따라 세분화하여 4차, 5차 산업 등으로 분류하여 사용하는 경우도 있으나, 학술적으로 정립된 개념은 아니다.

다양한 산업을 체계적으로 분류해 둔 한국표준산업분류(Korea Standard Industry Code, KSIC)는 2차 산업 중 제조업을 원재료(물질 또는 구성요소)에 물리적·화학적 작용을 가하여 새로운 성질을 가진 제품으로 전환시키는 산업활동으로 정의한다.[1] 여기에서 산업활동이란 각 생산단위가 노동, 자본, 원료 등 자원을 투입하여 재화 또는 서비스를 생산·제공하는 일련의 과정으로 정의된다. 제11차 개정 KSIC는 제조업을 다음과 같이 25개(10~34) 중분류로 구분하고 있으며, 85개 소분류, 182개 세분류, 480개 세세분류로 세분화하고 있다. 전체 세세분류 1,205개 중 40% 정도를 차지할 만큼 제조업은 다양하게 구분되고 있다. 참고로 KSIC는 국가 기본통계 작성을 위한 기준으로 UN의 국제표준산업분류(International Standard Industrial Classification, ISIC)에 기반을 두고 통계청에서 작성·운용하며, 조세 부과, 공장 등록 등 정책 목적으로도 활용되고 있다.

10: 식료품 제조업
11: 음료 제조업
12: 담배 제조업
13: 섬유제품 제조업(의복 제외)
14: 의복, 의복 액세서리 및 모피제품 제조업
15: 가죽, 가방 및 신발 제조업
16: 목재 및 나무제품 제조업(가구 제외)
17: 펄프, 종이 및 종이제품 제조업
18: 인쇄 및 기록매체 복제업
19: 코크스, 연탄 및 석유정제품 제조업
20: 화학물질 및 화학제품 제조업(의약품 제외)
21: 의료용 물질 및 의약품 제조업
22: 고무 및 플라스틱제품 제조업
23: 비금속 광물제품 제조업
24: 1차 금속 제조업
25: 금속가공제품 제조업(기계 및 가구 제외)
26: 전자부품, 컴퓨터, 영상, 음향 및 통신장비 제조업
27: 의료, 정밀, 광학기기 및 시계 제조업
28: 전기장비 제조업
29: 기타 기계 및 장비 제조업
30: 자동차 및 트레일러 제조업
31: 기타 운송장비 제조업
32: 가구 제조업
33: 기타 제품 제조업
34: 산업용 기계 및 장비 수리업

우리나라 제조업의 발전

18세기 산업혁명 시기에 우리나라는 조선 영·정조 시대로 실학사상이 퍼지는 상황이었지만 제조업이라 할 만한 것은 없었다. 한국전쟁을 겪은 후에도 제조업의 기반이 전혀 없다시피 하여, 선진국의 공장 모델을 그대로 들여오며 생산기기를 도입할 수밖에 없었다.

1980년대에는 경영정보시스템(Management Information System, MIS)과 CAD/CAM(Computer Aided Design/Manufacturing) 도입으로 공장의 자동화와 정보화가 본격화되었으며, 1990년대에는 CIM(Computer Integrated Manufacturing) 개념의 도입으로 다양한 시스템을 통합하여 생산성을 높이려는 시도가 이루어졌다. 2000년대에는 현장의 생산 자원 정보를 실시간으로 수집하여 관리하는 지능형 생산시스템(e-Manufacturing, u-Manufacturing) 개념이 등장했다. 이 시스템의 궁극적인 목표는 사람이 없는 완전 자동화였으나, 현실은 달랐다. 기술적 미성숙을 사람에게 떠맡김으로써 작업자의 피로감이 너무 컸다. 그 와중에도 정보통신기술(Information and Communications Technology, ICT)은 급격히 발전했다. 2000년대 후반부터는 제조기술과 ICT의 융합을 기반으로 한 새로운 제조 패러다임이 전개되었다.

3) 산업혁명

제조에 대해 논할 때 산업혁명의 개념과 역사는 빼놓을 수가 없다. 초기 산업혁명 단계에서 '산업'은 앞서 언급한 것처럼 '제조업'의 의미였기 때문이다. 오랜 기간 정체 상태에 있던 인류의 경제활동에서 생산성의 혁신적 변화가 240여 년 전 영국에서 시작되었다. 산업혁명은 르네상스 이래 유럽의 근대적 발전을 배경으로, 경제·사회적 조건이 누적되어 일정한 임계점을 기점으로 급속한 변화가 발생한

현상을 말한다. 이 용어는 1845년 Friedrich Engels의 저서에서 처음 사용되었으며, 1884년 경제사학자 Arnold Toynbee가 『18세기 영국의 산업혁명 강의(Lectures on the Industrial Revolution of the Eighteenth Century in England)』에서 구체화하였다.

제1차 산업혁명 시기에는 과거 수천 년간 인간과 동물의 힘에 의존해 왔던 재화와 서비스의 생산이 증기기관을 이용한 기계 설비로 대체되면서 생산성이 비약적으로 향상되었다. 제2차 산업혁명은 1900년대 초반, 전기가 기계를 움직이는 동력으로 활용되고, 분업을 통한 대량생산 시스템이 도입되면서 생산성의 증가 속도가 매우 높아진 시기를 말한다. 1970년대 전자공학과 컴퓨터를 활용한 제조공정의 자동화가 본격화되어 제3차 산업혁명이 진행되었고, 1990년대 개인용 컴퓨터 보급과 인터넷의 확산은 제조공정의 정보화를 가능하게 하면서 가속화되었다.

생산성의 급격한 향상을 산업혁명 발생 여부의 기준으로 볼 때, 제4차 산업혁명은 아직 제조업의 방향성을 제시하는 개념으로 인식할 필요가 있다. 이러한 인식은 산업을 제조업 중심으로 보는 경우에 해당하며, 산업의 범위를 전 부문으로 확대할 때 몇몇 산업에서는 혁명적 변화가 일어난 것으로 볼 수 있다. 2011년 발표된 독일의 Industrie 4.0(영어 표현 Industry 4.0) 전략은 산업혁명의 단계적 발생을 고려하여 명명된 것이지만, 실제 용어의 의미대로 첨단 제조혁신 전략에 해당한다. 그러나 대중적으로는 제4차 산업혁명과 동일한 의미로 오해되기도 한다.

생산성에 대한 논의는 Adam Smith의 『국부론(An Inquiry into the Nature and Causes of the

제조혁신(manufacturing innovation)

제조혁신은 제품과 공정, 그리고 경영 방법 등을 근본적으로 새롭게 변화시키는 것을 의미한다. 이러한 제조혁신의 사상적 시초는 '테일러리즘(Taylorism)'으로 불리는 Frederick Winslow Taylor의 『과학적 관리의 원칙(Principles of Scientific Management)』에서 찾을 수 있다. Taylor는 노동자의 자발적 노력(initiative)과 경영자의 보상과 격려(incentive)가 조화를 이루는 상생의 경영 정신과 실천 원칙을 제시하였다. 이후 Henry Ford가 주창한 '포드시스템(Fordism)'은 제조혁신의 실질적인 출발점으로 평가받는다. Ford는 컨베이어 시스템을 활용한 이동조립작업 방식을 도입하고, 이를 통해 대량생산 체제를 확립하였다. 또한 당시로서는 혁신적인 인적자원경영 방식을 적용함으로써 생산성과 노동 환경 모두를 개선하였다. 대표적인 사례로는 T형 자동차의 이동조립 방식과 '3S[표준화(Standardization), 단순화(Simplification), 전문화(Specialization)]'로 요약되는 표준화된 생산체계가 있다.

이러한 제조혁신의 원동력은 크게 제조시스템과 정보시스템의 발전에서 비롯된다. 제조시스템 측면에서는 U자형 생산 라인과 셀 생산 방식의 도입을 시작으로, 유연생산시스템(FMS), 재구성형생산시스템(RMS) 등으로 발전해 왔다. 정보시스템 측면에서는 전사적자원관리(Enterprise Resource Planning, ERP), 공급망관리(Supply Chain Management, SCM) 등 주요 기업 정보시스템이 운영통제 수준에서 활용되고 있으며, 특히 생산현장통제는 제조실행시스템(Manufacturing Execution System, MES)을 통해 구체화되며 제조혁신을 이끌고 있다.

Wealth of Nations)』에서 시작되었다. 그는 산업혁명 초기 경제를 반영하여 노동 분업, 생산성, 자유시장 등 다양한 주제를 다루었다. 자유경쟁에 의한 자본 축적과 분업의 발전은 생산력을 상승시켜 사회 전체의 복지를 증대시킨다는 주장이었다. 생산성 향상은 '과거 동일한 업무를 완수하기 위해 필요했던 투입 자원과 비교하여 현재 얼마나 적은 투입으로 같은 결과를 얻는가'로 정의할 수 있다. 역사적으로 생산성 향상의 약 70%는 증기기관의 발명이나 전기의 사용과 같은 기술 진보에서 비롯되었고, 30%는 작업 수행도의 향상에서 기인한다. 여기서 전자는 정보기술(Information Technology, IT)과 자동화기술(Automation Technology, AT), 후자는 운영기술(Operation Technology, OT)로 본다. OT는 기계제어 중심의 운용기술로 이해되기도 하지만, 이 경우는 AT에 더 가까운 개념으로 보고 운영관리 중심의 기술과 구분할 필요가 있다.

1.2 제조시스템과 생산시스템

생산현장에서 가공 및 조립과 같은 제조공정(manufacturing process)을 실행하기 위한 하드웨어 중심의 설비, 장치 등의 집합이 제조시스템인데, **제조시스템**은 공장 내 장치·기기, 기계, 셀, 라인 등과 같은 설비와 인력의 물리적 요소와 제조와 직접적으로 연계되는 자동화기술 등의 논리적 요소를 포함한다.

제품의 설계와 생산계획에 따라 주문하여 수령한 원자재를 가지고 제조공정을 실행하여 제품을 만들기 위해 공장에서 수행해야 하는 기본적인 활동을 제조 운영(Manufacturing Operations, MO)이라 한다. 각각의 제조공정을 거치는 동안 생산현장을 통제하는 모든 활동, 공정을 처리하기 위해 직접적으로 연관되는 자재를 취급하고 보관하는 활동인 공정물류, 제품과 공정의 품질 관리, 생산설비의 유지보수 활동을 통틀어 제조 운영 관리(Manufacturing Operations Management, MOM)라고 한다. 이때 생산현장통제 또는 생산통제는 생산활동통제, 재고 관리, 생산일정 관리를 포함하며, 일반적으로 재고 관리는 자재 및 완제품의 재고 관리를 모두 아우르는 활동이다. 생산현장의 실행 단계 활동을 다루는 개념에서 제조 운영 관리를 위한 시스템을 '제조실행시스템'이라 하며, 정보시스템 관점의 제조실행시스템을 영어 명칭 그대로 MES(Manufacturing Execution System)로 부른다. 실행 이전 단계의 활동인 제품설계와 생산계획을 포함하여 **제조지원시스템**이라 한다.

생산 관리 활동과 직접적으로 연관되지는 않지만, 원자재 조달을 위한 구매관리, 완제품 출하 및 배송관리, 원자재 및 제품의 원가관리 등과 같은 사업 기능을 담당하는 **응용시스템**도 생산시스템의 구성요소로 본다. 제조지원시스템을 폭넓게 해석할 경우 이 응용시스템을 포함한다고 보기도 하는데, 스마트팩토리에 대한 한국표준인 KS X 9001-1에서는 정보시스템 관점에서 '제조지원시스템은 전사적자원관리(ERP)시스템, 제조실행시스템(MES), 제품수명주기관리(Product Lifecycle Management, PLM), 공급망관리(SCM) 등이 있다'고 주석을 달아 설명하고 있다.

이처럼 생산시스템과 제조시스템의 개념 구분은 시스템의 범위를 어디까지로 두느냐에 따라 달라진다. **생산시스템**은 제조시스템에 더해 소프트웨어를 중심으로 하는, 기업 내 제조지원시스템과 관련된 기타 응용시스템까지 포함하는 개념이다. 생산시스템의 전반적인 구성과 관련 기술을 표현하면 그림 1-1과 같다.

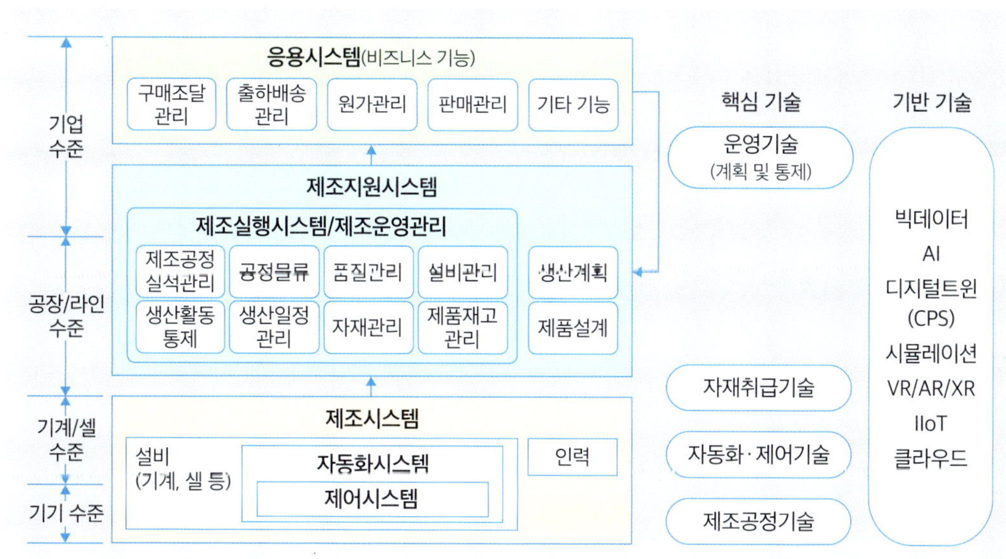

그림 1-1 생산시스템의 구성요소

미국의 ANSI/ISA-95 표준에 기반을 둔 국제표준 IEC 62264에서 정리한, 기업-제어시스템 통합을 고려한 기능적 계층으로 구분하면, 표 1-1과 같이 Level 2까지는 제조시스템에, Level 3은 제조지원시스템에, Level 4는 제조지원시스템의 조정 기능과 응용시스템에 해당한다.

표 1-1 제조 기업 및 활동의 기능적 계층[2]

단계		설명
Level 4	사업 계획 및 물류	생산, 자재 사용, 납품, 운송, 재고 수준 결정, 운영 관리 등 기본적인 공장 일정 확립
Level 3	제조 운영 관리	원하는 최종 완제품을 생산하기 위한 위크플로/레시피 관리, 기록 유지 및 생산 공정 최적화, 생산 배정, 세부 생산 일정 관리, 신뢰성 보증 등
Level 2	배치/연속/이산 제어	생산 공정의 모니터링, 감독 제어 및 자동화 제어
Level 1		생산 공정의 감지 및 조작
Level 0	—	실제 생산 공정

참고로 IEC 62264의 계층별 활동에 대한 자세한 내용은 한국표준으로 부합화하여 정리된 아래 두 표준에 자세하게 설명되어 있다.

- KS X IEC 62264-1 기업시스템과 제어 시스템 통합 — 제1부: 모델 및 용어
- KS X IEC 62264-3 기업시스템과 제어 시스템 통합 — 제3부: 제조 운영 관리 활동 모델

제조기업 현장의 정보시스템 중에서는 일부 기능이 이 계층에서 나눈 것과 같이 명확히 구분되지 않을 때도 있다. 각 기업의 경제적·운영적 상황에 따라 전사적자원관리(ERP) 시스템의 생산 관리 기능과 제조실행시스템(MES)의 기능이 하나의 시스템에서 구현되기도 한다.

물리적 요소 중심의 제조시스템은 보통 단순한 제어장치를 사용하더라도 자동화되는 것이 일반적이다. 제조공정에 활용될 때 자동화시스템은 그림 1-2에 표현한 것과 같이 명령 프로그램에 따라 동력에 의해 제어시스템에 의해 작동된다. 제어시스템은 명령 프로그램으로부터 입력 파라미터를 받아 제어기(controller), 모터 등의 액추에이터(actuator), 피드백 센서(sensor)를 통해 공정에 동작하여 출력 변수를 내보내게 된다.

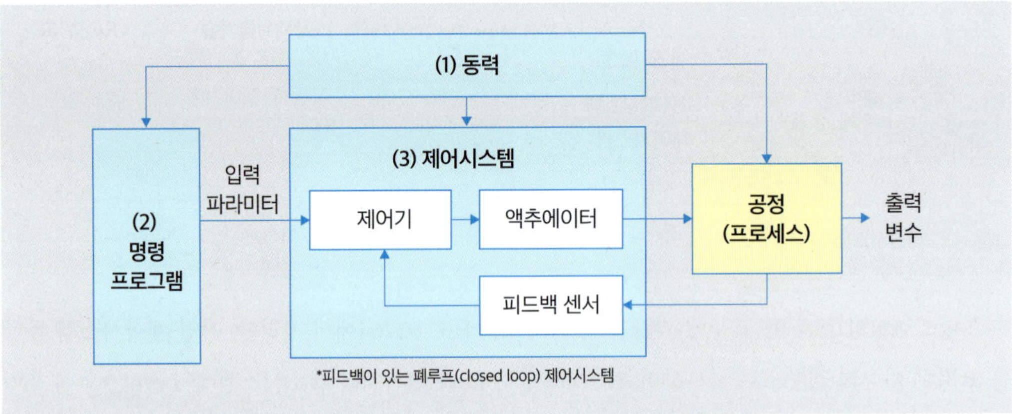

그림 1-2 자동화 시스템의 구성

이상에서 설명한 생산시스템의 구성을 정리하면 다음과 같다.

- 생산시스템 = 제조시스템 ∪ 제조지원시스템 ∪ 응용시스템
- 제조시스템 = 물리적 요소 ∪ 논리적 요소
- 제조시스템 ⊃ 자동화시스템
- 자동화시스템 = 동력 ∪ 명령 프로그램 ∪ 제어시스템
- 제어시스템 = 제어기 ∪ 액추에이터 ∪ 피드백 센서

1.3 스마트제조와 스마트팩토리

스마트제조는 지능정보기술이 제조활동에 통합되어 제조를 고도화시키는 것을 의미한다. 우리나라 「스마트제조혁신법」에서는 '스마트제조혁신'을 제조 경쟁력 향상을 위해 정보통신기술, 인공지능(Artificial Intelligence, AI) 등을 융합하여 제품 개발, 제조공정, 유통관리, 기업경영 방식 등을 개선하는 활동으로 정의하고 있다. 여기서 말하는 지능정보기술은 「지능정보화 기본법」에 따라 학습, 추론, 판단 등을 전자적 방법으로 구현하는 기술, 데이터를 전자적 방법으로 수집·분석·가공 등 처리하는 기술, 클라우드 컴퓨팅 기술, 초연결지능정보통신기반 기술 등 다양한 요소를 포함한다. 요약하여 종합하면, 스마트제조는 전통적인 제조에 데이터(D), 네트워크(N), 인공지능(A) 또는 정보기술(IT), 자동화기술(AT), 운영기술(OT)을 결합하는 것이라 할 수 있다.

스마트팩토리는 이러한 스마트제조의 결과물이자 목표로 볼 수 있으며, 자동화, 디지털화, 지능화된 생산시스템 또는 제조시스템을 모두 포괄하는 개념이다. 우리 정부는 '스마트팩토리'라는 용어 대신 '스마트공장'을 공식적으로 사용했으며, 「스마트제조혁신법」에 따르면 스마트공장이란 '제조데이

Industrie 4.0과 Society 5.0[3, 4]

독일과 일본이 두 가지 유명한 산업·경제 전략은 현재까지도 진행 중이다. 독일은 2010년부터 추진하던 '하이테크전략 2020' 실행계획의 일환으로 스마트팩토리 정책을 추진하기로 결정하고, 2011년에 해당 전략을 발의하였다. 이어 2012년에는 공학한림원(Acatech)이 초안을 발표하였고, 정보통신미디어협회(BITKOM), 기계공업협회(VDMA), 전기전자협회(ZVEI)의 3개 협회가 참여하여 내용을 수정·보완하였다. 이후 2015년부터는 독일 정부 주도로 'Plattform Industrie 4.0'이라는 이름으로 전략을 재추진하였다.

2016년 일본의 과학기술기본계획을 통해 발표된 Society 5.0은 수렵채집사회, 농경사회, 산업사회, 정보화사회를 잇는 다섯 번째 사회 단계의 의미로, 사이버 공간과 물리적 공간이 고도로 통합된 인간 중심 사회를 지향하는 과학기술 전략으로, 핵심 개념이 데이터의 연계였다. 2017년 독일과 하노버 선언 이후 경제산업성의 'Connected Industries' 정책으로 제조, 로보틱스 등의 분야에서 데이터 연계와 디지털 전환을 추진하고 있다.

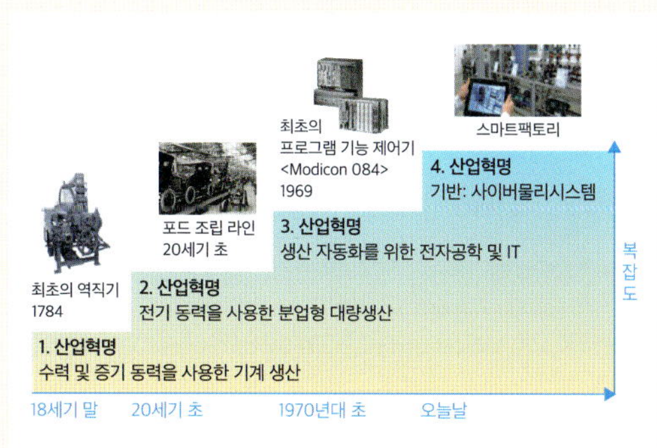

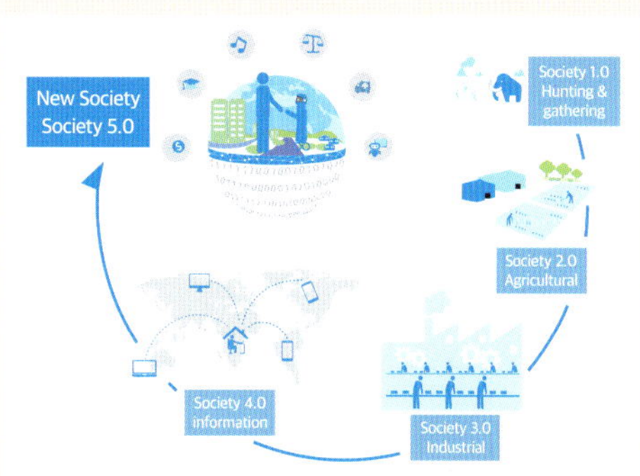

터에 기반하여 제품의 제조과정을 제어하고 개선하여 나가는 지능형 공장'을 의미한다. 우리나라는 정부와 민간에서 스마트팩토리를 바라보는 관점의 차이가 존재하는데, 정부는 스마트팩토리의 범위를 정할 때 생산시스템 전반을 대상으로 고려하는 반면, 민간에서는 주로 제조시스템만을 대상으로 하는 경향이 있다.

'스마트팩토리'라는 용어 자체는 2011년 세계경제포럼(World Economic Forum, WEF) 회장인 Klaus Schwab가 저서 『제4차 산업혁명(The Fourth Industrial Revolution)』을 발간하고, 핵심 개념으로 스마트팩토리가 포함된 독일 정부의 제조혁신 전략 및 정책인 Industrie 4.0이 발표된 후 전 세계적으로 벤치마킹되면서 주목받기 시작하였다. 초반의 스마트팩토리는 현실(physical) 세계와 사이버(cyber) 세계를 동기화하여 운영하는 사이버물리시스템(Cyber-Physical System, CPS)을 핵심 동력으로 고려했으며, 인공지능 기술의 급격한 발전으로 지능화의 개념이 중요한 원동력이자 가치로 고려되고 있다.

스마트제조와 스마트팩토리의 개념 및 구성요소 등은 8장과 9장에서 더 자세하게 설명되며, 10장에서 다양한 사례가 소개된다.

1.4 기타 첨단 제조의 개념

스마트팩토리의 등장은 그림 1-3과 같이 제조 환경의 변화에 따른 제조 패러다임 전환의 산물이라 할 수 있다. 많은 제품을 생산하여 공급(push)해야 했던 과거의 대량생산 체제는 다양한 제품을 요구하는 고객의 수요를 반영(pull)하지 못하기 때문에, 다양성을 확보하기 위해 제품 구조의 복잡성을 고려한 다품종 소량생산 체제로 시대가 변화해야 했다. 수요에 맞춰야 하는 경쟁이 격화됨에 따라 대량 맞춤(mass customization) 또는 개인화(personalization) 생산까지 실현하기 위해서는 전용제조 방식이 아닌 유연생산, 재구성형 생산 등과 같은 제조공정의 발전이 이뤄져야 했고, 이러한 맥락에서 스마트팩토리라는 방향성이 이어져 온 것이다.

설계와 생산에서 유사한 부품을 부품군으로 그룹화하는 기술인 그룹테크놀로지(group technology)의 개념을 활용하여 생산장비를 그룹 또는 셀로 배치하는 셀 방식의 생산은 **유연생산시스템**(Flexible Manufacturing System, FMS)으로 발전하여 1980년대부터 많은 연구가 수행되었다. FMS는 가공 작업을 위한 여러 대의 공작기계, 산업용 로봇, 자동 공구교환장치, 물류 및 저장을 위한 무인운반차(Automatic Guided Vehicle, AGV), 자동창고(Automatic Storage/Retrieval System, AS/RS) 등의 자동생산기술과 이를 종합적으로 관리하고 제어하는 컴퓨터 시스템으로 가공, 물류, 종합제어의 세 가지가 자동화된 생산시스템이다. 협동로봇과 자율이동로봇(Autonomous Mobile

Robot, AMR) 및 고도화된 제어시스템의 개발과 적용으로 발전하고 있으며, 고객맞춤화를 위한 생산 방식의 유연성 확보를 위해 오늘날까지도 유효한 생산시스템으로 각광받고 있다.

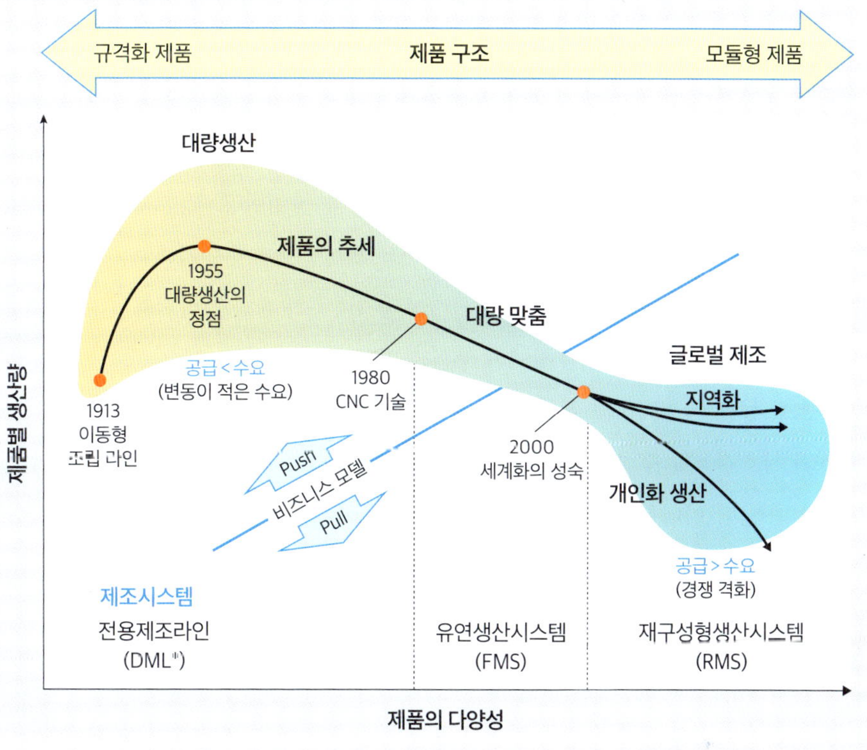

그림 1-3 제품·공정·비즈니스 특성의 시대적 변화[5]
*Dedicated Manufacturing Line

재구성이 가능한 기계와 제어 장치, 그리고 그것을 체계적으로 설계하고 초기 가동(ramp-up)을 신속하게 관리하기 위한 방법론으로 구성되는 **재구성형생산시스템**(Reconfigurable Manufacturing System, RMS) 역시 21세기에 들어서 모듈형 설계와 함께 첨단제조시스템으로 활용되고 있다. 기계시스템 구조의 조절이 가능한 재구성 기술(reconfigurability)이 필요하다.

FMS, RMS를 포함하여 스마트제조의 변화·발전된 개념으로서 소프트웨어 정의 제조(Software Defined Manufacturing, SDM)와 자율제조(autonomous manufacturing)도 부각되고 있다.

소프트웨어 정의 제조(SDM)는 과거의 하드웨어에 종속된 제조시스템을 소프트웨어를 중심으로 구성요소를 연결하여 최적화하고 현대화하는 개념으로, IT와 OT를 통합하여 유연하고 지능적인 제조 환경을 구현하는 것이다. SDM의 개념에 따라 제조시스템을 네트워크화하고 소프트웨어로 제어하여 물리적 공정과 디지털 인프라를 연결하는 공장을 **소프트웨어 정의 팩토리**(Software Defined Factory, SDF)라 한다.[6] SDF는 제조 자원을 공유할 수 있는 플랫폼으로 전환해 전체 최적화를 추구하는 수평적 구조이며, 생산을 소프트웨어로 가상설계하고 표준화된 모델을 기반으로 솔루션을 정의한 후 서비스를 통해 이를 물리적 자원에 배포하는 형식을 취한다. 기존 제조업의 수직적 구조(공장별 독립 운영)를 수평적 구조(자원 공유 및 통합 관리)로 전환하고자 한다. 이를 통해 제조기업은 실시간 데이터 분석과 자동화를 활용하여 효율성을 높이고, 클라우드 기반 중앙제어시스템에서 지속적인 최적화를 이루고 시장 변화에 신속하게 대응할 수 있다.[7]

자율제조는 가장 높은 수준의 스마트제조라 할 수 있는데, 산업인공지능을 기반으로 지능형 장비와 네트워크, 데이터를 통합하여 자율성(autonomy)을 부여함으로써 인간의 개입을 최소화하여 스스로 생산을 수행하는 미래의 제조 환경이다. 기존의 공장자동화 개념과 비교하면 표 1-2와 같다.[8] 인공지능 기술을 중심으로 설명한다면, 정교한 추론과 반복적인 계획을 사용해 복잡한 다단계 문제를 다중 에이전트를 통해 자율적이고 협력적으로 해결하는 에이전틱(agentic) AI, 자동화시스템 등의 물리적 환경과 상호작용할 수 있는 피지컬(physical) AI가 각각 디지털 실행과 물리적 실행을 통해 자율제조를 실현한다. 이러한 자율제조의 비전이 적용된 공장을 다크팩토리(dark factory), 이른바 '불 꺼진 공장'이라 부른다.

표 1-2 공장자동화와 자율제조의 비교

구분	공장자동화	자율제조
특징	반복 공정의 자동화	지능형 자율생산
AI	도입 없음	산업 AI와 데이터 결합
데이터	분절적 · 1차 데이터	데이터 센싱 자율화 · 복합 해석
생산장비	독립형 분절적 생산장비(stand-alone)	AI · 네트워크를 통해 장비+장비, 장비+SW 연결(integration)
생산 유형	소품종 대량생산(컨베이어 벨트 등)	다품종 유연생산(로봇, 모듈화 등)

참고문헌

1 통계청, 제11차 개정 한국표준산업분류(KSIC), 2024

2 KS X IEC 62264-1 기업시스템과 제어 시스템 통합 — 제1부: 모델 및 용어

3 DFKI(독일인공지능연구소)

4 https://www8.cao.go.jp/cstp/english/society5_0/

5 Yoram Koren, The Global Manufacturing Revolution: Product-Process-Business Integration and Reconfigurable Systems, 2010

6 N. G. Nayak, F. Dürr, & K. Rothermel, "Software-defined environment for reconfigurable manufacturing systems," 2015 5th International Conference on the Internet of Things (IOT), Seoul, Korea (South), 2015, pp. 122-129, doi: 10.1109/IOT.2015.7356556.

7 L. Xu et al., Reshaping the Landscape of the Future: Software-Defined Manufacturing, Computer, Vol.54, Issue.7, 2021

8 산업통상자원부, AI 자율제조 전략, 2024

CHAPTER

2

제조공학

2.1 재료와 성질

일반적으로 제품은 한 가지 또는 여러 가지 **재료**(material)로 구성되며, 소재로 선정된 재료에 적절한 **제조공정**을 효율적으로 수행하여 생산이 진행된다. 제품에 사용되는 재료의 성질은 제품의 기능과 특징을 결정하며, 제조공정의 선택과 계획, 그리고 생산 과정에 큰 영향을 미친다. 아울러 해당 재료의 가격과 조달 가능성, 안전성, 환경에 대한 영향과 재활용 등의 여러 가지 고려사항이 재료 선정 과정에서 검토된다.

오늘날의 제조에서 널리 사용되는 재료는 그림 2-1과 같이 크게 **금속재료**(metal)와 **비금속재료**(non-metal), 그리고 **복합재료**(composite)로 나뉜다. 비금속재료에는 **세라믹**(ceramic)과 **고분자**(polymer)가 포함되며, 고분자 재료는 흔히 **플라스틱**(plastic)으로 불린다.

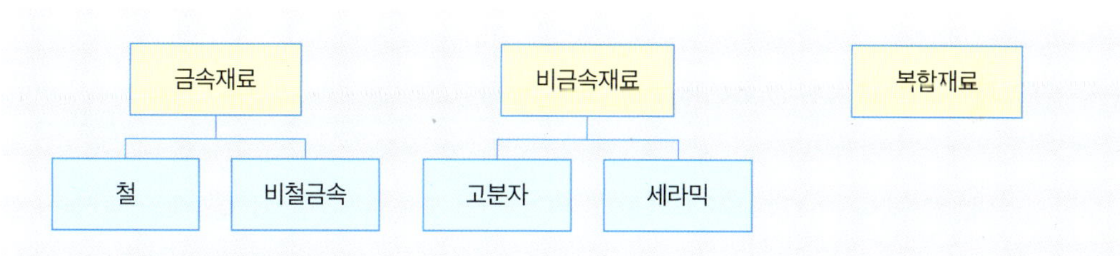

그림 2-1 널리 사용되는 재료의 분류

1) 금속재료

금속재료 사용은 기원전 청동기 시대 구리의 본격적인 사용과 함께 시작된 것으로 알려져 있으며, 그 이전부터 사용된 금, 은, 납 등 매우 오랜 역사를 가지고 있다. 금속은 크게 **철**과 **비철금속**으로 나뉘며, 철과 같은 순수 금속, 스테인리스강(stainless steel)과 같은 **합금**(alloy)을 포함한다. 철기 시대가 시작된 이후 강철(steel)이 대량생산되고, 알루미늄 등 비철금속이 활용되기 시작했으며, 오늘날에는 여러 가지 특수강, **초합금**(super alloy) 등 다양한 합금이 개발되어 사용되고 있다.

금속은 수은을 제외하고는 보통 상온에서 고체 상태이며, 원자가 규칙적으로 배열된 결정체를 이룬다. 알칼리 금속처럼 밀도가 낮고 무른 금속도 있으나 일반적으로 비중이 크고 단단하다. 또한 광택이 있고, 전도성(conductivity)이 좋아 열과 전기가 잘 통하며, 금이나 백금 같은 일부 귀금속을 제외하면 대부분 부식성이 있어 산소와 반응하여 산화물을 형성한다. 제조공정 측면에서는 일반적으로 길게 늘어나는 연성(ductility)과 넓게 펴지는 전성(malleability)을 갖는다.

이러한 성질 때문에 금속은 인류의 생활 전반에 폭넓게 사용되고 있으며, 주변에서 금속을 재료로 하여 만들어진 제품들을 쉽게 찾아볼 수 있다. 자동차, 전자제품, 기계, 철도, 파이프, 주방용품, 귀

금속, 동전뿐만 아니라 고층건물, 교량 구조물 등 건축 분야에서도 다양한 금속이 폭넓게 사용되고 있다.

그림 2-2 금속재료의 다양한 사용 예

(1) 철

철(iron, Fe)은 지구에서 가장 풍부한 금속재료 중 하나이며, 사용되는 금속량의 75% 이상을 차지하는 등 상업적으로 매우 중요하다. 자연에서 주로 산화된 철광석의 형태로 존재하며, 제철소에서 제련, 제강공정을 통해 제조에서 사용되는 재료로 준비된다. 순수한 철은 무르지만, 합금인 강철은 강도와 경도가 높으며, 녹는점이 1,538℃로 비교적 높다. 전기 및 열 전도성이 우수하지만, 반응성이 높아 쉽게 부식되는 단점이 있다.

철은 주로 탄소를 포함하는 강철(steel), 주철(cast iron)과 같은 합금 형태로 오랜 기간 여러 가지 용도로 사용되어 왔다. 강철은 보통 0.02~2.11%의 탄소를 포함하는 합금으로 널리 사용되며, 스테인리스강과 같이 망간, 크롬, 니켈 등 다양한 원소를 추가로 합금하여 성질을 향상시켜 사용되기도 한다. 주철은 주로 주조(casting)공정에 사용되며, 보통 2~4%의 탄소와 0.5~3%의 규소, 필요에 따라 기타 원소가 포함된다.

(2) 비철금속

비철금속은 철을 포함하지 않는 모든 금속을 말하며, 구리(Cu), 알루미늄(Al), 아연(Zn), 니켈(Ni), 티타늄(Ti), 마그네슘(Mg), 그리고 금(Au), 은(Ag) 같은 귀금속 등이 포함된다. 아울러 구리와 주석(Sn)의 합금인 청동(bronze), 구리와 아연의 합금인 황동(brass), 알루미늄 합금인 두랄루민(duralumin) 등 다양한 합금도 널리 사용된다.

일반적으로 비철금속은 밀도가 낮아 철보다 가벼우며, 전기 및 열 전도성이 매우 우수하다. 또한 녹이 잘 슬지 않고 부식에 대한 저항성이 높으며, 전성과 연성이 뛰어나 가공하기 쉽다. 이러한 우수한 특성들로 인하여 비철금속은 광범위하게 사용되고 있다. 구리는 우수한 전기 및 열 전도성과 내식성을 가지고 있으며, 전선, 통신 케이블, 배관, 합금재료 등에 쓰인다. 알루미늄은 가볍고, 내식성이 있으며 합금 시 높은 강도를 얻을 수 있어 항공기, 자동차 차체, 창틀, 음료수 캔 등에 활용된다. 티타늄은 높은 강도와 내식성을 가지고 있고, 상대적으로 가벼워 항공우주, 임플란트, 스포츠 장비 등에 사용되며, 아연은 내식성이 우수하여 철판 도금, 2차전지, 합금재료 등으로 쓰인다. 니켈은 높은 고온 강도와 내식성이 있으며, 합금재료, 2차전지 등에 활용된다.

그림 2-3 비철금속재료의 다양한 사용 예

2) 비금속재료

비금속재료는 금속재료를 제외한 매우 광범위한 재료로서, 금속재료로는 어려운 특성을 얻을 수 있기 때문에 첨단기술 분야 등 현대 산업에서 그 중요성이 점점 커지고 있다. 비금속재료는 크게 엔지니어링 플라스틱, 섬유, 접착제, 고무 등의 고분자와 시멘트, 내화물, 도자기, 타일, 유리, 다이아몬드, 흑연 등을 포함하는 세라믹으로 분류된다.

일반적으로 비금속재료는 금속보다 밀도가 낮고 가벼우며, 전기가 잘 통하지 않는 절연체이고, 내식성이 높아 잘 녹슬지 않는다. 특히 고분자는 성형과 가공이 용이하고, 다양한 색상과 투명도를 가질 수 있으며, 세라믹의 경우 높은 온도와 마모에 잘 견디고, 화학약품에 대한 저항성이 우수하다. 반면 대부분의 비금속재료는 금속에 비해 인장강도와 인성(toughness)이 낮고, 고분자의 경우 내열 온도가 낮아 열에 약하다.

이상과 같은 성질들로 인하여 비금속재료는 우리 생활에서 매우 폭넓게 사용되고 있다. 고분자의

그림 2-4 비금속재료(고분자)의 다양한 사용 예

경우 포장재 및 용기, 자동차나 전자 부품, 각종 생활용품, 섬유, 전기 케이블의 피복재 등에 사용되고 있으며, 세라믹은 반도체 기판, 절연체, 가마, 용광로 등의 내화물, 인공뼈 등 의료용 재료, 시멘트, 타일 등 건축 재료로 활용된다.

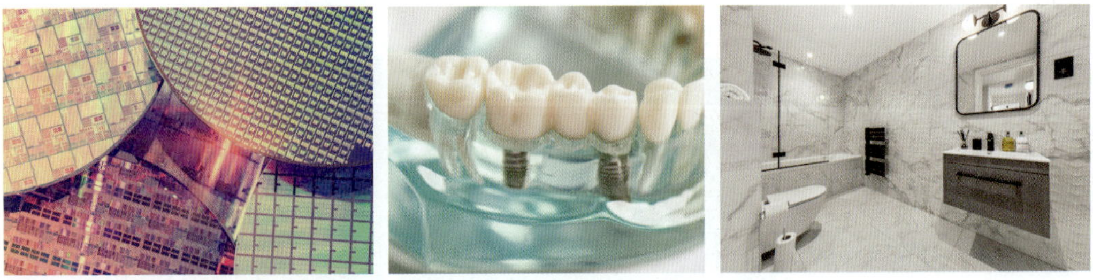

그림 2-5 비금속재료(세라믹)의 다양한 사용 예

(1) 고분자(플라스틱)

고분자는 수많은 단위체(mers)가 중합반응을 반복하여 화학결합된 분자량이 10,000 이상인 매우 큰 분자로서, 보통 긴 사슬 모양이나 망상 구조를 가진다. 고분자는 주로 탄소(C), 수소(H), 산소(O), 질소(N)로 이루어진 유기 화합물이며, 자연에서 생성된 천연고분자와 인위적으로 만들어진 합성고분자로 분류된다. 또한 여러 차례 재가열해도 분자 구조가 크게 변하지 않아 재사용할 수 있는 **열가소성 고분자**(thermoplastic polymers), 가열 후 냉각되면 경화되어 단단해지고, 재가열해도 녹지 않는 **열경화성 고분자**(thermosetting polymers), 그리고 매우 큰 탄성을 보이는 **고탄성 고분자**(elastomers)로 나뉜다. 열가소성 고분자에는 폴리에틸렌, 폴리스티렌, PVC(polyvinylchloride), 나일론 등이 있고, 열경화성 고분자에는 에폭시 수지, 페놀 수지, 아미노 수지 등이, 고탄성 고분자에는 천연고무, 실리콘, 네오프렌, 폴리우레탄(polyurethane) 등이 포함된다.

고분자는 거대한 분자 구조 때문에 독특한 성질을 가진다. 일반적으로 밀도가 낮아 가볍고, 녹슬지 않으며, 전기 전도성이 낮아 우수한 절연체로 사용된다. 금속처럼 명확한 녹는점이 없고, 전이 온도나 연화점으로 특성을 나타낸다. 또한 높은 탄성과 유연성을 보이며, 제조공정 측면에서는 열과 압력을 이용한 사출 성형 등이 널리 사용된다.

(2) 세라믹

세라믹은 금속과 산소, 질소, 탄소와 같은 비금속 원소가 이온결합 또는 공유결합된 무기 화합물이다. 전통적인 세라믹으로는 벽돌, 타일, 도기 등에 사용되는 점토(clay), 유리의 재료인 실리카(silica, SiO_2), 연마제로 주로 사용되는 알루미나(alumina, Al_2O_3)와 탄화규소(silicon carbide, SiC) 등이 포함된다. 현대에 들어 새로운 공정기술로 만들어진 세라믹으로는 절삭공구로 널리 사용되는 탄화텅

스텐(tungsten carbide, WC)이나 탄화티타늄(titanium carbide, TiC) 등과 같은 탄화물(carbide), 그리고 절삭공구나 연삭용 연마제 등으로 사용되는 질화티타늄(titanium nitride, TiN)이나 질화붕소(boron nitride, BN)와 같은 질화물(nitride)이 있다.

일반적으로 세라믹은 녹는점이 매우 높아 고온에서도 강도와 경도를 유지하며, 매우 단단하고, 마찰에 강하며 마모가 잘 일어나지 않는다. 또한 화학적 안정성이 높아 부식성에 강하며, 전기가 거의 통하지 않는 절연체이면서 열을 잘 전달하지 않는 단열재이다. 다만 외부 힘에 대해 늘어나지 못하고 쉽게 깨지거나 부서지는 취성이 높아서 충격이나 변형에 약한 것이 단점이다. 제조공정 측면에서는 높은 경도 등으로 정밀 가공이 어렵고 비용이 많이 든다는 단점이 있다.

3) 복합재료

복합재료는 서로 다른 물리적 또는 화학적 특성을 가진 두 가지 이상의 재료를 결합하여, 단일 재료의 한계를 뛰어넘는 우수한 성능을 얻도록 만들어진 재료이다. 합금처럼 구성 재료들이 서로 섞여 새로운 물질이 되는 것이 아니라, 각각 원래의 특성을 유지하면서 결합되어 좋은 특성을 보인다. 복합재료는 유리섬유, 탄소섬유, 세라믹 분말 등 강도와 강성을 부여하고 하중을 지탱하는 강화재(reinforcement)와, 고분자, 금속, 세라믹 등 강화재를 접착시키고 하중을 전달하는 기지재(matrix)의 두 가지 상(phase)으로 이루어진다.

복합재료는 우수한 특성으로 자동차, 항공우주 등 첨단 산업에서 금속을 대체하고 있다. 즉, 가벼우면서 높은 강도와 강성을 가지며, 부식에 강하고 반복적인 피로하중에 대한 저항성이 뛰어나다. 또한 열팽창계수가 낮아 온도에 따른 영향이 적고, 강화재의 종류, 양, 방향, 적층방법과 순서 등을 조절하여 특정 방향에 따른 이방성(anisotropy)을 가진 재료를 만들 수 있다.

복합재료는 기지재의 종류에 따라 가장 널리 사용되며 가볍고 성형이 쉬운 고분자 기지 복합재(Polymer Matrix Composites, PMC), 금속의 장점과 강화재의 강도를 결합하여 고온 환경에서 우수한 금속 기지 복합재(Metal Matrix Composites, MMC), 그리고 세라믹의 높은 내열성, 경도와

그림 2-6 복합재료의 다양한 사용 예

섬유의 인성을 결합하여 극한의 고온 환경에서 우수한 세라믹 기지 복합재(Ceramic Matrix Composites, CMC)로 분류된다.

복합재료의 적용 사례로는 탄소섬유를 고분자 수지로 보강하여 주로 항공기, 스포츠카, 고급 스포츠 장비 등에 사용되는 CFRP(Carbon Fiber Reinforced Plastic), 유리섬유를 고분자 수지로 보강하여 선박, 낚싯대, 물탱크, 건축 자재 등으로 사용되는 GFRP(Glass Fiber Reinforced Plastic), 그리고 우주왕복선의 내열 타일, 가스터빈 부품 등으로 사용되는 탄소섬유 또는 탄화규소 섬유 강화 세라믹 등이 있다.

2.2 제조공정과 설비

제조공정은 정해진 소재를 물리적, 화학적으로 처리하여 최종 제품으로 변환, 부가가치를 얻는 과정이며, 제품의 성능, 품질, 생산성을 결정짓는다. 일반적으로 제조공정은 여러 개의 **작업**(operation)으로 이루어지며, 각각의 작업은 적절하게 준비된 제조자원(기계, 장비, 작업자, 금형, 치공구 등)에 의해 최적화된 설계와 계획에 따라 수행된다.

제조공정은 그림 2-7과 같이 크게 **성형공정**(shaping process), **전/후처리공정**, **결합공정**(joining process)으로 나눌 수 있으며, 주요한 성형공정으로는 **주조**(casting), **분말가공**(powder metallurgy), **소성가공**(plastic forming), 절삭가공(machining) 등이 있고, 전/후처리공정으로는 **열처리**(heat treatment)와 **표면처리**(surface treatment), 결합공정으로는 **영구결합**(permanent joining)과 **조립**(assembly) 등이 있다.

성형공정은 재료의 형태를 변형시키거나, 깎아 내어 원하는 모양을 얻으며, 주조(금속주조, 유리가공, 플라스틱 성형 등), 분말가공(분말야금, 세라믹성형 등), 소성가공(압연, 단조, 압출, 인발, 프레스 등), 절삭가공(선삭, 밀링, 드릴링, 연삭, 전기화학가공 등)이 있다. 전/후처리공정은 작업 전후에 소재나 제품의 성질, 표면을 향상시키는 작업으로, 열처리(담금질, 풀림, 불림, 뜨임 등)와 표면처리(도금, 코팅, 도장 등)가 있다. 결합공정은 여러 개의 부품을 결합시키거나 조립하며, 영구결합(용접, 납

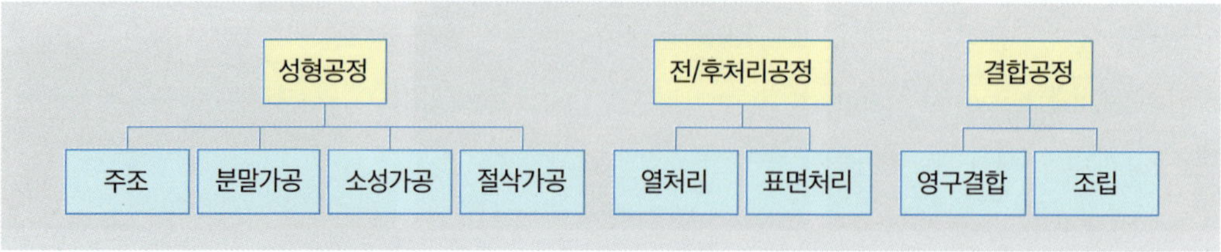

그림 2-7 널리 사용되는 제조공정의 분류

땜, 접착 등)과 조립(기계적 체결 등)이 있다.

1) 주조

주조는 액체가 응고되면서 원하는 모양이 형성되고, 고체가 되는 성질을 이용한다. 즉, 재료를 녹여 액체 또는 유동성 높은 상태로 만든 다음, 미리 제작한 주형(mold)에 투입, 냉각시켜 주형 내부의 빈 공간(cavity)과 똑같은 모양의 제품을 만드는 공정이다. 이 방법은 크기 제한 없이 복잡하고 속이 빈 형상도 한 번에 만들 수 있다는 장점을 가지고 있으며, 주로 금속이나 플라스틱 소재의 제품을 대량으로 생산하는 데 많이 사용된다.

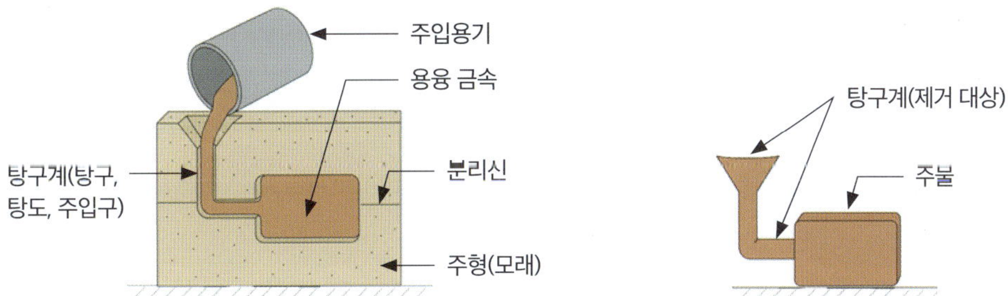

그림 2-8 주조의 원리

(1) 금속 주조

금속의 경우 모래를 주형 재료로 사용, 비교적 저렴하고 큰 주물 제작에 유리한 **사형주조**(sand casting), 내열성 금속으로 주형을 만들어 반복 사용하며, 사형 주조보다 정밀하고 표면 품질이 좋은 **영구주형주조**(permanent mold casting), 알루미늄, 아연 등 비철금속에 대하여 용탕을 고압으로 주형

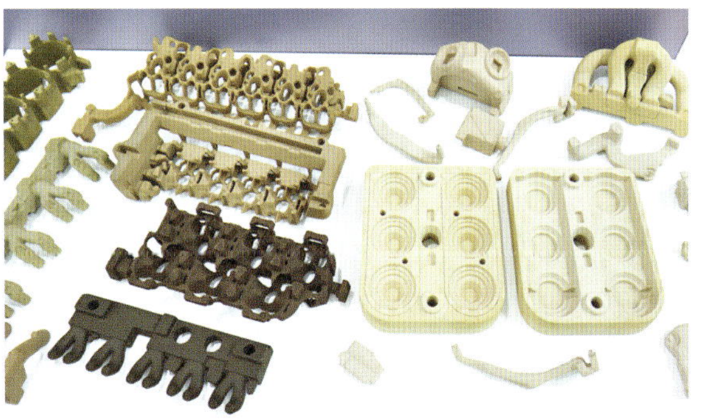

그림 2-9 금속 주조 공정과 생산 제품

에 주입하여 생산성과 정밀도가 뛰어난 **다이캐스팅**(die casting), 복잡하고 정밀한 소형품 제작에 주로 사용되며, 치수 정밀도가 가장 높은 **인베스트먼트 주조**(investment casting) 등이 있다.

금속 주조 공정의 주요 설비로는 원자재를 녹여 용탕을 만드는 용해(melting) 설비로 큐폴라(cupola), 전기로(electric furnace), 도가니로(crucible furnace) 등이 있으며, 주형 제작(molding) 설비로는 샌드 믹서(sand mixer), 조형기(molding machine) 등이 있다. 또한 주입(pouring) 설비로는 래들(ladle)과 자동주입기(auto pouring machine) 등이, 후처리(post-processing) 설비로 진동 파쇄기, 쇼트블라스트(shot blast), 그라인더/절단기, 열처리로 등이 있다.

용해 설비

주입 설비

그림 2-10 금속 주조 설비

(2) 플라스틱 성형

플라스틱 성형은 고분자 재료를 원하는 최종 제품 형태로 가공하는 공정으로, 열과 압력을 사용하여 소재를 유동성이 있는 상태로 만든 후, 금형(mold) 내에서 냉각, 경화시켜 원하는 형상을 만든다. 플라스틱 성형으로는 플라스틱 원료(pellet)를 가열한 후, 높은 압력으로 닫혀 있는 금형 내부에 빠르게 주입하여 냉각, 응고시키는 **사출 성형**(injection molding)이 가장 널리 사용된다. 또한 일정한 단면의 구멍을 통해 가열된 소재를 밀어내고, 냉각시키는 **압출 성형**(extrusion molding), 1차 성형품을 금형 안에 넣고 고압의 공기를 불어넣어 금형 벽에 밀착시킨 후 냉각시켜 병과 같은 빈 제품을 만드는 **블로우 성형**(blow molding), 소재를 금형에 넣고, 열과 압력을 가하여 형상을 만든 후 화학 반응을 통해 경화시키는 **압축 성형**(compression molding), 얇은 플라스틱 시트를 가열한 후, 금형 위에서 진공이나 압력을 가해 금형 표면에 밀착시켜 형상을 만드는 **진공/열 성형**(vacuum/thermoforming) 등이 널리 사용되는 플라스틱 성형 공정이다. 플라스틱 성형을 위해 사용되는 주요 설비는 용해-주형 제작-주입-후처리로 구성되는 금속 주조의 경우와 유사하나, 높은 품질과 효율을 얻기 위해서는 금형의 품질이 특히 중요하다.

금형

사출 성형기

그림 2-11 플라스틱 성형 설비

2) 분말가공

분말가공은 소재를 분말 상태로 만든 후 이를 압축(compaction)하고 소결(sintering)하는 제조공정이다. 이를 위하여 먼저 분무법(atomization), 전해법 등을 사용하여 원하는 크기와 모양, 혼합 비율의 미세한 분말을 만들고, 이를 금형에 넣고 고압으로 압축·성형하여 아직 강도는 약하지만, 원하는 형상을 얻는다. 이후 녹는점의 50% 정도의 온도에서 충분한 시간을 가지고 소결을 진행하는데, 이를 통해 분말 입자들의 표면이 서로 결합되고, 시간이 흐르며 치밀해지고 높은 강도에 도달한다. 분말가공을 통하여 절삭 등 다른 제조공정으로 가공하기 어려운 복잡한 형상과 정밀도를 얻을 수 있으며, 재료 낭비가 거의 없어 경제적이다. 또한 합금하기 어려운 재료들이나 금속-비금속같이 이질적인 재료도 원하는 비율로 혼합하여 복합할 수 있고, 내부에 남는 기공(pore)의 크기와 비율을 조절하고, 오일 함유 자기윤활 베어링 같은 특수한 기능성 제품의 제조가 가능하다.

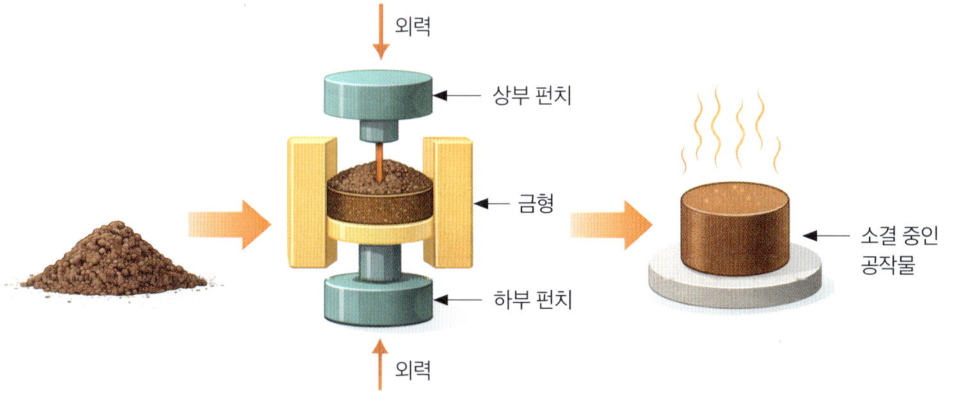

그림 2-12 분말가공의 원리

분말가공을 위해서는 분무기, 분쇄기, 화학 반응/전해 설비와 같은 분말 생산 설비, 유압식, 기계식 또는 정수압식 프레스 같은 분말 압축/성형 설비가 필요하다. 또한 소결로, 대기제어시스템(atmosphere control system) 등 소결 설비와 프렛, 침투 장치(infiltration equipment), 열처리 등을 위한 후처리 설비가 필요하다.

기어 부품

소결로

그림 2-13 분말가공 생산 제품과 설비

3) 소성가공

소성가공이란 소재에 힘을 가해 영구적인 소성변형(plastic deformation)을 일으켜 원하는 형상을 성형하는 공정이다. 소재를 깎아 일부를 제거하지 않고 형상을 변경하기 때문에 재료 손실이 매우 적고, 소성변형 과정에서 최종 제품의 결정 조직이 치밀해져서 강도, 경도, 인성 등 기계적 성질이 향상된다. 또한 생산 효율이 높아 대량생산에 유리하며, 우수한 표면 품질도 얻을 수 있다. 소성가공은 소재의 재결정 온도 이상에서 가공하는 **열간가공**(hot working)과 재결정 온도 이하에서 가공하는 **냉간가공**(cold working)으로 나뉜다. 열간가공은 상대적으로 큰 변형이 한 번에 가능하고, 필요한 동력을 줄일 수 있으며, 냉간가공은 치수 정밀도와 표면 품질이 우수하며, 가공 경화(work hardening)로 인해 제품의 강도가 좋아지는 효과를 기대할 수 있다.

소성가공에는 소재의 형상을 크게 변형시키는 **단조**, **압연**, **압출**, **인발** 공정과 **판재 성형**이 포함된다. 단조(forging)는 재료를 두드리거나 눌러서 원하는 형상을 가공하며, 각종 기계 부품 제조에 사용된다. 압연(rolling)은 롤러 사이에 소재를 통과시켜 두께를 줄이고 단면을 변화시키는 방법으로 철판, 레일, H빔 등을 생산한다. 압출(extrusion)은 창틀, 파이프 등 소재를 밀어서 금형 구멍(die orifice)을 통과시키면서 일정한 단면을 가진 제품을 연속적으로 가공하며, 인발(drawing)은 소재를 잡아당겨 감소된 단면을 갖는 철사, 봉 등을 만든다. 판재 성형(sheet metal forming)은 블랭크(blank)나 스트립(strip) 같은 얇은 금속판 소재를 가지고 굽힘(bending), 드로잉(drawing), 전단(shearing) 등을 통해 원하는 형상을 가공하는 공정으로 주로 프레스(stamping press)를 이용하여 자동차 차체 패널, 캔 등을 생산한다.

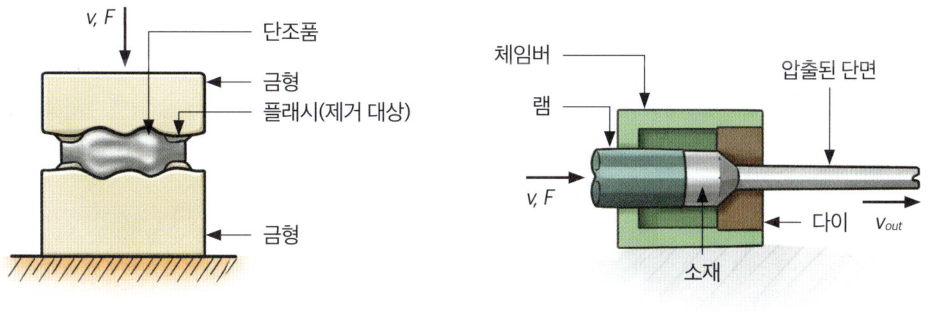

그림 2-14 소성가공의 원리

소성가공에서 판재 성형을 위해서는 기계식, 유압식, 트랜스퍼 프레스 등이 사용되며, 단조를 위해서는 단조 해머(forging hammer), 단조 프레스(forging press), 업세터(upsetter) 등이 사용된다. 압연을 위해서는 2단식/4단식/6단식 압연기(rolling mill) 등 소재의 형태와 크기에 따라 다양한 형태의 압연기가 사용되며, 압출과 인발을 위해서는 압출기(extrusion press)와 인발기(drawing machine)가 쓰인다.

그림 2-15 소성가공

4) 절삭가공

절삭가공은 소재가 되는 피삭재보다 단단하고 강한 절삭 공구(cutter)를 사용하여 최종 제품에서 불필요한 부분을 칩(chip)으로 깎아 내어 원하는 형상과 정밀한 치수를 얻는 가공 공정이다. 일반적으로 다른 공정으로 만들어진 제품의 후속 공정이나, 나사, 홈 등 복잡한 내·외부 형상이 필요할 때 사용된다. 절삭가공에서는 소재와 공구의 상대 운동(절삭 및 이송)을 통해 공구의 절삭날(cutting edge)이 재료를 깎아 내어 제거한다. 절삭가공은 상대적으로 높은 치수 정밀도와 우수한 표면 품질을 얻을 수 있고, 다른 공정으로는 불가능한 복잡한 내·외부 형상 가공이 가능하다. 아울러 주형이나 금형 등의 제작이 불필요하므로 소량생산이나 시제품 제작 시에도 적은 비용으로 생산이 가능하다. 반면에 칩 형태로 재료가 소모되고, 제품의 크기에 따라 주조나 소성가공에 비해 가공 시간이 매우 길어진다.

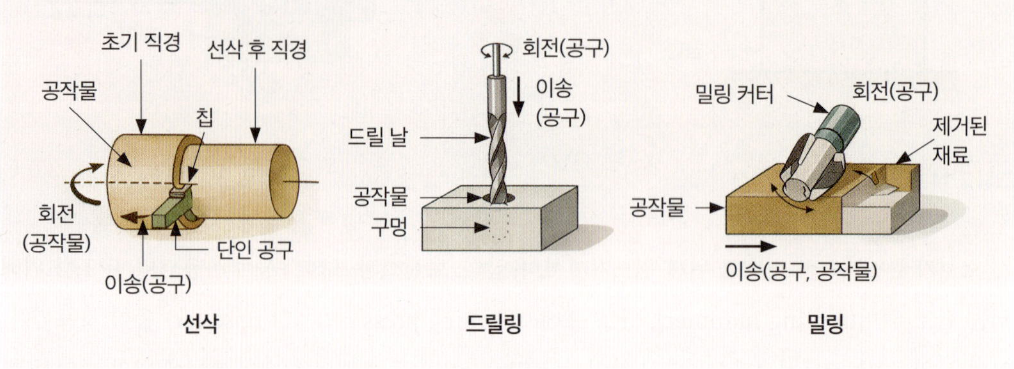

그림 2-16 절삭가공의 종류와 원리

선삭(turning)은 공작물이 회전하며 공구가 이송되는 가공으로, 선반(lathe)이나 CNC 선반 등에서 수행되며, 주로 원통형 외경/내경 가공, 단면 가공, 나사 절삭 등을 위해 진행된다. **밀링**(milling)에서는 공구가 회전하고 공구 또는 공작물이 이송되며, 밀링 머신, 머시닝 센터(machining center) 등에서 작업이 진행되고, 주로 평면 가공, 홈 가공, 곡면 가공 등이 수행된다. **드릴링**(drilling)은 공구가 회전하면서 이송되는 작업으로, 드릴링 머신, 머시닝 센터 등을 사용하고, 주로 원형의 구멍 뚫기

밀링

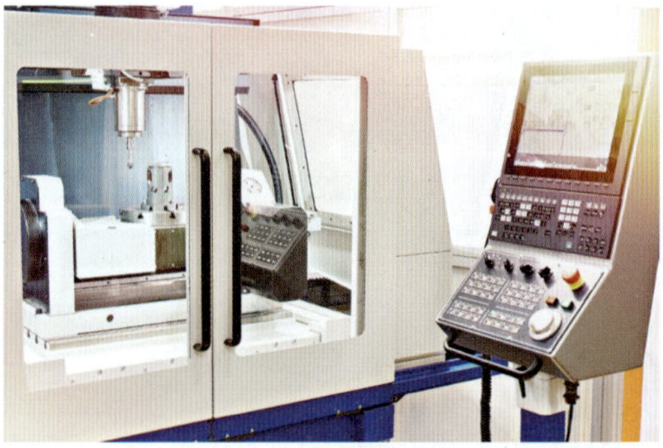

머시닝 센터

그림 2-17 절삭가공

에 적용된다. **보링**(boring)에서는 공구가 회전하며 이송되며, 보링 머신, 머시닝 센터 등에서 작업이 수행되며, 기존 구멍의 크기를 늘리거나 내면을 다듬는다.

평삭과 **형삭**(planing/shaping)은 공작물과 공구가 직선 왕복 운동을 하는 작업으로, 평삭기(planer)와 형삭기(shaper)를 사용하며, 평면, 직선 홈 가공 등을 수행한다. **연삭**(grinding)에서는 공구가 회전하며 공작물이 이송되고, 연삭기가 사용되며, 내·외면 다듬기가 수행된다. 연삭은 다수의 미세한 연삭 입자가 붙어 있는 연삭숫돌(grinding wheel)을 고속으로 회전시켜 아주 적은 소재만 제거하여 표면을 정밀하게 가공하고 다듬는 공정이며, **호닝**(honing), **래핑**(lapping), **슈퍼피니싱**(superfinishing)은 연삭보다 더 높은 정밀도와 표면 거칠기를 얻기 위한 다듬질 가공이다. 그 밖의 절삭공정으로 레이저빔, 전자빔, 화학적 부식, 전기방전, 전기화학적 에너지 등을 사용하는 특수가공이 있다.

5) 열처리

열처리는 소재를 가열하고 냉각시키는 과정에서 재료의 내부 조직과 구조를 변화시켜 원하는 강도, 경도, 인성, 내마모성, 가공성 등 기계적·물리적·화학적 성질을 변경하는 공정이다. 일반적으로 열처리는 **담금질**(quenching), **표면 경화**(surface hardening) 등 재료의 강도와 경도를 향상시켜서 제품의 성능과 내마모성을 높이는 제품 성능 향상이나, **풀림**(annealing)을 통해 가공 전에 재료의 연성을 높이고 내부 응력을 제거하여 성형공정이나 소성가공을 용이하게 하는 가공성 개선, 또는 **불림**(normalizing), **뜨임**(tempering)과 같이 조직을 균일하게 하고, 잔류 응력을 제거하여 안정성을 높이는 안정화를 목적으로 적용된다.

담금질은 소재를 고온으로 가열한 후, 물이나 기름과 같은 액체에 담아 급격하게 냉각시킴으로써 재료의 강도와 경도를 크게 높이는 열처리 공정이며, 뜨임은 담금질로 인해 경화된 소재의 취성을 감

담금질

경화로 설비

그림 2-18 열처리 공정

소시키고 인성과 연성을 높이기 위해 수행하는 후속 열처리 공정이다. 불림은 소재를 높은 온도로 가열한 후, 아주 충분한 시간에 걸쳐 공기 중에서 천천히 냉각하는 공정으로, 내부 조직을 균일하고 미세하게 만들어서 기계적 성질을 개선하는 데 목적이 있다. 풀림은 소재를 높은 온도로 가열하여 충분히 유지한 후, 열처리로(furnace) 안에서 서서히 냉각하는 공정으로 재료의 연성을 증가시키고 조직을 안정화시킨다. 소재를 연하게 만들어 절삭가공이나 소성가공이 용이하도록 가공성을 높이고, 주조, 단조, 압연, 용접 등 이전 공정에서 생긴 잔류 응력을 제거하여 변형을 방지하며 조직을 안정화하고, 균일화시킨다.

열처리를 위해서는 가열, 유지 및 냉각을 수행하는 핵심 설비로 진공로(vacuum furnace), 전기로(electric furnace), 유도 가열 장치(induction heater) 등 열처리로가 필요하며, 냉각장치, 온도측정장치, 세척 및 전처리 장치 등이 사용된다.

6) 표면처리

표면처리는 소재 표면의 성질을 개선하거나 특정 부분에 어떤 성질을 주기 위해 수행하는 물리적, 화학적, 또는 전기화학적 방법이다. 강도, 연성 등 소재의 성질은 유지하면서 표면에만 경도, 색, 부식성, 전기 전도성 등을 부여한다. 일반적으로 부식을 막기 위해 아연이나 크롬을 도금하여 보호층을 형성하거나, 열처리, 코팅 등으로 표면의 내마모성 및 경도를 향상시켜 제품의 수명을 늘린다. 또한 색상, 광택, 질감을 부여하여 심미적 측면에서 제품의 가치를 향상시키거나, 전기 전도성, 절연성, 윤활성 등 특정한 기능을 추가한다.

일반적으로 표면처리 공정은 **표면 개선**, **표면 코팅**, **표면 청정**으로 분류된다.

표면 개선은 표면의 화학적·물리적 구조를 변화시켜 성능을 향상시키는 것을 말하며, 침탄(carburizing), 질화(nitriding), 고주파 경화, 숏피닝(shot peening), 샌드블라스팅(sand blasting) 등

도장

탈지

그림 2-19 표면처리 공정

이 해당된다.

표면 코팅은 표면에 다른 물질의 피막을 형성하는 것으로, 전기화학적으로 금속 표면에 다른 금속 이온을 입히는 도금 공정(plating), 페인트, 수지 등을 도포하여 표면에 피막을 형성하는 도장 공정(painting), 금속 또는 세라믹 분말을 고열로 녹여 표면에 분사하는 용사(thermal spraying), 금속 표면과 화학 반응을 일으켜 산화물/인산염 등의 보호 피막을 입히는 화성 처리(chemical conversion coating), 진공에서 증발, 스퍼터링(sputtering), 화학 반응 등을 통해 얇고 단단한 박막을 코팅하는 물리 기상 증착(Physics Vapor Deposition, PVD), 화학 기상 증착(Chemical Vapor Deposition, CVD) 등이 있다.

표면 청정은 소재나 제품 표면 등에서 유분, 산화물, 먼지 등의 이물질을 제거하는 공정으로, 기름기나 유기 오염물을 제거하는 탈지(degreasing), 녹이나 산화물을 산 용액으로 제거하는 산 세척(pickling), 그리고 초음파 진동을 이용하여 미세한 오염물을 제거하는 초음파 세척 등이 있다.

7) 영구결합

영구결합(permanent joining)은 **용접**(welding), **브레이징**(brazing), **솔더링**(soldering), **접착제 접합**(adhesive bonding)과 같이 결합 후 쉽게 분리할 수 없으며, 분리하려면 부품 손상을 피할 수 없는 공정이다.

용접은 열이나 압력, 또는 이 둘을 조합하여 두 소재나 부품의 접촉면을 녹여 붙이는 공정으로, 필요한 경우 용가재(filler material)를 사용한다. 용접 공정은 아크 용접(arc welding), 가스 용접(gas welding), TIG 용접(Tungsten Inert Gas welding), MIG 용접(Metal Inert Gas welding) 등 **용접**(fusion welding)과 스폿 용접(spot welding)과 심 용접(seam welding) 등 **저항 용접**(resistance welding), **마찰 용접**(friction welding), **확산 용접**(diffusion welding) 등 **고상 용접**(solid state

아크 용접

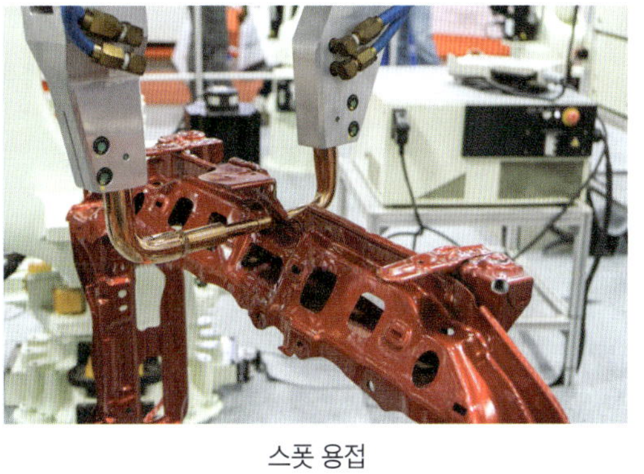

스폿 용접

그림 2-20 영구결합 공정

welding)으로 분류된다.

아크 용접은 전극과 모재 사이에 발생하는 아크열을 이용하며, 가장 널리 사용되는 용접 공정으로 주로 건설, 조선, 철 구조물 등에 사용된다. 가스 용접은 산소-아세틸렌 등 가스 연소열을 이용하며, 장비가 간단하고 휴대성이 좋아 배관, 금속판 등 주로 얇은 판재의 결합에 사용된다. TIG 용접은 비소모성 텅스텐 전극을 사용하며, 불활성 가스로 용접부를 보호하고 용가재는 별도로 공급된다. 고품질, 정밀 용접에 적합하며, 스테인리스강, 알루미늄 등에 적용 가능하여 항공, 원자력, 정밀 기계 등에 적용된다. MIG 용접에서는 소모성 와이어 전극이 자동 공급되고 보호 가스가 분사되며, 빠르고 효율적이며 자동화에 유리하여 주로 자동차 차체 조립, 대량생산 라인 등에서 적용된다. 저항 용접은 모재의 전기 저항열을 이용, 압력을 가하여 접합하며, 용가재가 불필요하다. 대량생산에 적합하고 자동화에 유리하여 자동차 차체 조립(스폿 용접, 심 용접) 등에 사용된다. 마찰 용접은 두 재료를 고속으로 회전시켜 발생하는 마찰열을 이용, 압력을 가하여 접합하는 작업으로, 이종 금속 접합에 유리하여 공구, 축 부품 등에 적용된다.

브레이징은 보통 450℃ 이상에서 모재는 녹이지 않고, 모재보다 녹는점이 낮은 용가재를 녹여 접합부에 채워 넣는다.

솔더링은 브레이징과 유사하며, 450℃ 이하에서 보통 납과 주석의 합금인 용가재를 녹여 진행하는 결합 공정으로 주로 전자 부품 결합에 사용된다.

접착제 접합은 화학물 접착제를 사용하여 금속, 폴리머, 세라믹 등 다양한 소재의 표면을 붙이는 공정이며, 리베팅(riveting)은 기계적 결합의 일종으로, 리벳을 소성 변형시켜 부품을 영구적으로 결합시킨다.

아크 용접을 위해서는 아크 발생을 위한 전력 공급 장치인 용접기(welding power source)와 전극과 와이어를 잡고 전류를 공급하는 토치와 홀더, 그리고 전극 재료인 용접 와이어나 용접봉이 필요하며, 저항 용접을 위해서는 고전류를 흘려 재료의 저항열과 압력을 이용하게 하는 저항 용접기(resistance welder), 전류를 집중시키고 압력을 가하는 전극 팁(electrode tip)이 필요하다.

8) 조립

조립은 둘 이상의 소재나 부품을 추후 분해할 수 있도록 체결하는 공정으로, 제품의 유지보수, 검사, 수리 등에 유리하다. 일반적으로 조립은 **기계적 체결**로 수행되며, 이를 위해서 나사산이 있는 스크루(screw), 볼트(bolt)와 너트(nut) 등이 널리 사용된다. 플라스틱 부품의 신속한 조립을 위해서는 스냅핏(snap fit), 스티칭(stitching) 등의 공정도 사용된다.

조립 공정을 위해서 사용되는 공구는 조립 대상과 요구되는 정밀도와 토크 등에 따라 다양하며, 크

체결 작업

스크루, 볼트와 너트

그림 2-21 조립 공정

게 수공구(hand tool)와 전기 또는 공압을 동력으로 사용하여 강한 힘과 높은 속도로 작업하는 전동 공구(power tool)로 나뉜다.

수공구로는 드라이버(screwdriver), 몽키 스패너(monkey spanner), 소켓 렌치(socket wrench) 등이 있으며, 전동 공구로는 전동 드라이버, 토크 렌치(torque wrench) 등이 있다.

참고문헌

1 Mikell P. Groover. (2012). Introduction to Manufacturing Processes, John Wiley & Sons.

2 Mikell P. Groover. (2011). Groover's Principles of Modern Manufacturing, John Wiley & Sons.

3 그루버의 현대제조공학(제6판). (2019). 홍릉과학출판사.

4 Serope Kalpakjian & Steven Schmid. (2016). Manufacturing Processes for Engineering Materials, Pearson.

5 Ronald A. Kohser, Peter C. Collins, & J.T. Black. (2024). DeGarmo's Materials and Processes in Manufacturing, John Wiley & Sons, Inc.

6 Michel Baudin & Torbjørn Netland. (2022). Introduction to Manufacturing: An Industrial Engineering and Management Perspective, Routledge.

7 Mikell P. Groover. (2019). Fundamentals of Modern Manufacturing: Materials, Processes, and Systems, John Wiley & Sons, Inc.

CHAPTER 3

여러 가지 생산시스템

3.1 자동차 제조공정과 생산시스템

자동차는 수만 개가 넘는 많은 부품으로 구성되며, 기능에 따라 크게 **차체**(body), **엔진 및 동력 전달 장치**(engine and powertrain), **주행 장치**(driving system), **조향 장치**(steering system), **제동 장치**(braking system), **안전 및 편의 장치**(safety and convenience)의 6가지로 나뉜다.

차체는 자동차의 골격으로 외관을 구성하며, 내부의 부품과 운전자 등을 지지하고 보호하는 역할을 한다. 일반적으로 프레임과 차체, 또는 프레임과 차체가 일체화된 모노코크 바디(monocoque body), 도어, 트렁크 등의 패널(panel), 그리고 내장재 등으로 구성된다.

엔진 및 동력 전달 장치는 연료를 연소시켜 발생한 에너지나 전기를 동력으로 바꾸고, 전달하여 바퀴를 구동시킨다. 엔진(내연기관), 전기 모터 등과 변속기(transmission), 클러치, 구동축(drive shaft) 등이 포함된다.

주행 장치는 노면 충격을 흡수하며 차량을 움직이게 하며, 휠(wheel)과 타이어, 서스펜션(suspension) 등이 속한다.

조향 장치는 운전자가 차량의 방향을 유지하거나 변경할 수 있도록 하며, 핸들, 파워 스티어링 시스템 등으로 구성된다.

제동 장치는 차량의 속도를 늦추거나 정지시키고 정차할 수 있도록 하며, 브레이크 페달, 브레이크 패드/라이닝, 그리고 브레이크 잠김 방지 시스템(Anti-lock Braking System, ABS)이나 차체 자세 제어 장치(Electronic Stability Control, ESC)와 같은 보조 시스템이 포함된다.

안전 및 편의 장치는 운전자와 탑승자를 보호하고, 편의성을 높이는 것으로 램프와 조명, 에어백, 안전벨트, 첨단 운전자 보조 시스템(Advanced Driver Assistance System, ADAS)과 같은 안전 관련 시스템과 에어컨/히터 등의 공조 장치, 시트, 계기판, 오디오/인포테인먼트 시스템과 같은 편의 장치가 포함된다.

그림 3-1 자동차의 구성

자동차는 철판 소재를 성형하고 많은 부품이 결합되어 완성되며, 주요 제조공정으로 **프레스**(press), **차체 조립**(body assembly), **도장**(painting), **의장**(general assembly)이 있다.

프레스 공정은 자동차 차체를 구성하는 패널을 만드는 과정으로, 코일 형태의 철판 소재를 가지고 성형 공정을 수행한다. 즉, 프레스 기계에 금형을 장착하고, 압력을 가해 **굽힘**, **드로잉**, **전단** 등의 작업을 여러 차례 수행하여 최종적으로 원하는 형상의 패널을 만든다.

차체 공정에서는 프레스 공정에서 만들어진 패널들을 용접하여 자동차 **차체**(Body-in-White, BIW)를 만들며, 일반적으로 대부분의 작업이 자동화되어 산업용 로봇에 의해 수행된다.

도장 공정은 만들어진 차체를 도금하고, 도료를 칠하고 코팅하여 녹과 부식으로부터 보호하고, 여러 가지 색과 광택을 입혀 심미성을 높이는 작업이다. 일반적으로 차체를 세척하고 도료가 잘 칠해지도록 하는 전처리, 차체를 수조에 담그고 전기 도금하여 녹을 방지하는 피막을 입히는 전착, 그리고 색과 광택을 내는 페인트를 여러 겹으로 칠하고 건조시키는 도장 공정으로 구성된다.

의장 공정은 도장된 차체(painted body)에 엔진, 변속기, 차축 등의 기계 부품과 내·외장 부품 모듈, 배선 작업 등을 통하여 최종적으로 차량을 완성하는 공정이다. 일반적으로 엔진, 시트, 계기판, 타

프레스

차체

도장

의장

그림 3-2 자동차의 주요 제조공정

이어, 기타 전장 부품 등이 컨베이어 벨트를 따라 이동하는 차체에 순차적으로 조립된다. 이상과 같은 제조공정 후 검사를 통해 완성된 차량의 기능과 품질을 확인하고, 여러 가지 하자 여부를 점검하고 시험하여 최종 제품을 출고한다.

일반적으로 프레스 공장에서는 프레스 기계와 자동화된 이송 장치에 의해 스탬핑 작업이 수행되며, 차체 공장에서는 많은 다관절 로봇에 의해 **스폿 용접**이 자동으로 수행된다. 도장 공장에서는 높은 정밀도로 균일한 두께의 도료를 분사하는 도장 로봇, 전착 공정을 위한 대형 설비인 수조, 도장된 차체를 가열하여 도료를 건조·경화시키는 건조로 등이 사용된다. 의장 공장에서는 전통적으로 차체를 이송하는 **컨베이어** 시스템이 설치되어 운영되고, 근래에는 **무인운반차**(AGV)나 **자율이동로봇**(AMR)이 차체와 함께 엔진, 시트, 타이어 등 부품과 자재를 운반한다. 조립 작업 수행을 위해서는 정확한 토크로 체결하는 자동 체결 장비와 자동 조립 설비가 사용된다.

3.2 조선 제조공정과 생산시스템

조선소에서 생산하는 **선박**은 크게 **선체**(hull), **기관**(machinery), 그리고 **의장**(outfitting)의 세 가지로 나뉜다.

선체는 선박의 골격으로 외형을 구성하여 부력을 얻으며, 화물과 승객을 수용하고 보호하는 공간을 이룬다. 일반적으로 물과 접촉하는 선박 바깥쪽의 **외판**, 옆벽을 지탱하는 세로 지지대인 **늑골**(ribs), 선체 내부를 수평으로 나눠서 공간을 구성하는 **갑판**(deck), 그리고 수직으로 나누어 침수에 대비하고 선체 전체의 강성을 높이는 **격벽**(bulkhead)으로 구성된다.

기관은 선박 운항에 필요한 동력을 만들어 전달하며, 주기관(main engine), 추진 장치(propulsion system), 프로펠러(propeller), 그리고 발전기, 보일러 등 각종 보조기관이 포함된다.

선체 의장

그림 3-3 선박의 구성

의장은 운항, 하역 등 선박의 기능 수행을 위한 설비로서, 레이더, GPS, 통신 등 항해 및 통신 장비, 방향타(rudder)와 조타 장치와 같은 조종 장치, 크레인, 윈치 등 화물 하역 장치, 그리고 선원들의 거주 공간과 구명정, 소화장비 등의 안전 설비가 있다.

조선 제조공정은 대형 철판을 가공하여 **블록**(block)을 만들고, 블록을 단계별로 조립하여 더 큰 블록을 제작, 최종적으로 선체를 만들고 각종 설비를 탑재하는 순서로 진행되며, 크게 **가공**, **조립**, **의장**, **탑재/진수**, **시운전**, **인도**로 나뉜다.

가공 공정에서는 제철소에서 만들어 공급된 대형 강재와 철판을 전처리, 절단하고 성형하여 선박 부재를 제작한다. 전처리 작업에서는 소재 표면의 녹을 제거하고 필요한 도장 작업을 진행하며, 절단 작업에서는 설계에 따라 CNC 장비로 강재를 절단한다. 성형 작업에서는 곡선이 필요한 부재를 프레스 작업이나 열을 이용한 곡가공을 통해 원하는 곡률로 구부린다.

조립 공정에서는 제작된 부재들을 용접하여 블록을 제작하고, 이렇게 만들어진 블록을 여러 단계로 조립한다. 즉, 용접 작업을 통하여 **소조립 → 중조립 → 대조립**으로 블록의 크기를 키워 나가며 최종적으로 선박의 형태를 만든다.

용접 작업

블록

크레인

탑재와 도크

그림 3-4 선박 제조

의장 공정에서는 각 블록에 배관, 전선, 각종 장치를 설치하고 도장 작업을 진행한다.

탑재/진수 공정에서는 제작된 대블록을 도크(dock)에서 결합하여 선박의 외형을 완성하고, 진수한다. 탑재에서는 **골리앗 크레인**(goliath crane) 등을 이용하여, 도크 안에서 준비된 블록을 순서대로 쌓고 결합시켜 선체를 완성하고, 이후 도크에 물을 채워 진수시킨다. 일반적으로 진수된 선박을 부두 안벽에 정박시켜 놓고 엔진, 각종 설비와 장비, 실내 인테리어 등 의장 작업을 최종적으로 마무리한다.

이후 시운전과 인도를 통해 완성된 선박의 성능과 안전성을 최종적으로 시험, 검증한 후 선주에게 인도한다.

조선소(shipyard)는 선박을 제조하기 위해 시설과 설비가 설치되어 대규모로 구성되며, 강재 적치 및 가공→블록 조립→탑재/진수→안벽 작업 순으로 효율적인 생산 흐름이 가능하도록 배치된다. 주요 시설로는 제철소로부터 온 철판과 강재를 보관하고 전처리하는 **강재 적치장**, 블록을 조립하는 **조립 공장**과 최종적으로 선체를 만드는 **도크**, 그리고 진수된 선박을 계류시키고 최종적으로 의장 작업을 수행하는 **안벽**이 있다.

공정을 수행하는 설비로는 강재를 레이저, 플라스마, 그리고 가스 등을 이용해 정밀하게 절단하는 CNC 절단기, 강판을 가열하거나 압력을 가하여 성형하는 프레스 머신, 용접을 수행하는 용접 장비와 자동 용접기 등이 있다. 운반과 탑재를 위해서는 수천 톤의 거대한 블록을 이동시켜 탑재할 수 있는 골리앗 크레인, 블록을 운반하는 대형 운반차인 **트랜스포터**(transporter) 등이 있다. 또한 도장과 의장 작업 수행을 위한 자동 발판(automated scaffolding) 시스템, 도장 부스와 열처리 장비 등이 사용된다.

3.3 반도체 제조공정과 생산시스템

반도체(semiconductor)는 데이터를 저장하고 처리하는 집적 회로(Integrated Circuit, IC) 칩(chip)을 구성하는 핵심 소자로, 크게 **소재**, **기본 소자**, **칩의 구조**로 분류할 수 있다.

반도체의 소재로는 쉽게 구할 수 있고, 안정적인 산화막(SiO_2)을 용이하게 만들 수 있는 실리콘이 가장 널리 사용되며, 실리콘을 녹여 **잉곳**(ingot)을 만들고, 이를 얇게 절단하여 **웨이퍼**(wafer)를 제작한다. 화합물 반도체는 갈륨비소(GaAs), 질화갈륨(GaN) 등 여러 가지 원소로 이루어진 반도체로서, 실리콘보다 속도가 빠르고 발광성이 우수하여 LED(Light-Emitting Diode), 고속통신용 칩 등에 사용된다.

반도체 칩을 구성하는 기본 소자로는 전류의 흐름을 제어하거나 증폭시키는 트랜지스터(transistor), 전류 역류를 막거나 교류를 직류로 변환하는 데 사용되는 다이오드(diode), 그리고 저항(resistor)과 커패시터(capacitor) 등이 있다. 칩의 구조는 웨이퍼 위에 소자가 쌓여 칩이 만들어지는 구조를 말하며, 웨이퍼의 기반층인 **기판**(substrate), 전기 간섭을 막기 위한 절연층인 **산화막 및 절연막**(oxide & insulator), 소자를 서로 연결하여 회로를 구성하는 구리나 알루미늄 등의 **금속 배선**(metal interconnects), 그리고 습기나 충격으로부터 칩을 보호하고, 외부 인쇄회로기판(Printed Circuit Board, PCB)과 연결하기 위한 **패키지**(package)가 있다.

웨이퍼

칩 회로

그림 3-5 반도체의 구성

반도체 제조공정은 설계에 따라 웨이퍼 위에 미세한 회로를 반복적으로 쌓고 깎아 IC 칩을 만드는 과정으로, 크게 **전공정**(front-end)과 **후공정**(back-end)으로 나뉘는 8개의 주요 공정으로 구성된다. 반도체 8대 공정은 **웨이퍼 제조공정**, **산화 공정**, **포토(도포-노광-현상) 공정**, **식각(에칭) 공정**, **증착/이온주입 공정**, **금속 배선 공정**, **EDS 공정**, **패키징 공정**을 말한다.

전공정은 웨이퍼 위에 반도체 소자를 형성하고 회로를 구현하는 과정으로, 총 6개의 주요 공정이 있다. 실리콘 잉곳을 만들어 얇게 자르고, 다듬어서 매끄러운 표면의 웨이퍼를 제작하는 웨이퍼 제조공정, 웨이퍼 표면에 회로를 보호하고 절연층 역할을 하는 이산화규소 산화막을 형성하는 산화 공정, 회로 패턴이 그려진 마스크에 광선을 쏘아 웨이퍼 위에 도포된 감광액에 회로를 새기는 포토 공정이 전공정에 속한다. 또한 포토 공정으로 형성된 감광액 패턴을 마스크로 하여, 하부의 산화막이나 박막을 깎아 내는 식각 공정, 절연막, 전도체 등의 박막을 웨이퍼 위에 쌓아 회로를 구성하는 증착 공정과 웨이퍼에 불순물 이온을 주입하여 특정 영역의 전기적 특성을 변화시켜 트랜지스터를 만드는 이온주입 공정, 그리고 완성된 소자 사이에 신호가 전달되도록 구리나 알루미늄 등의 금속으로 회로를 연결하는 금속 배선 공정이 전공정이다.

후공정은 개별 칩을 시험하고, 외부로부터 보호하여 최종 제품을 제조하는 공정이다. 전기 특성과

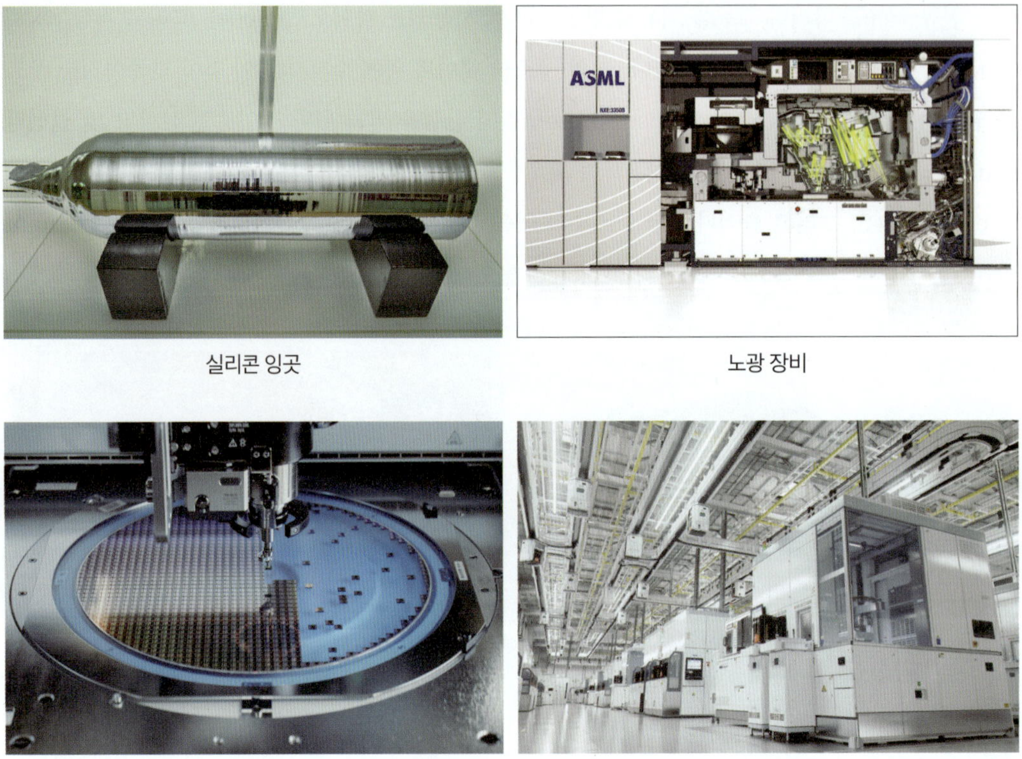

실리콘 잉곳　　노광 장비

패키징　　클린룸과 OHT

그림 3-6 반도체 제조[1]

기능을 검사하여 불량 칩을 선별하는 EDS(Electrical Die Sorting) 공정과 웨이퍼에서 칩을 잘라 내고, 신호를 주고받을 리드 프레임에 연결한 후, 습기와 충격을 막기 위해 플라스틱, 세라믹 등으로 포장하여 완제품으로 만드는 패키징 공정이 있다.

반도체 제조에는 매우 고가의 장비들이 사용되며, 빛을 이용하여 마스크의 회로 패턴을 웨이퍼에 새기는 **노광 장비**(aligner, stepper, scanner), 웨이퍼 표면에 감광액을 도포하고, 노광 후 현상하는 **track 장비**(coater, developer), **식각 장비**(etcher), 웨이퍼 표면에 절연막, 금속막 등 박막을 증착시키는 **화학 기상 증착**(CVD), **물리 기상 증착**(PVD) 장비, 웨이퍼에 특정 불순물 이온을 주입하는 **이온 주입기**(ion implanter), 공정 중 발생한 불순물을 제거하는 **wet station** 등이 있다. 제조 과정에서 먼지 입자 수율과 성능에 큰 영향을 미칠 수 있기 때문에 **반도체 제조 공장**, **팹**(Fab, Fabrication의 준말)은 **클린룸**(clean room) 환경으로 운영되며, 제조 장비가 설치되어 제조가 이루어지는 영역을 **베이**(bay)라고 부른다. 작업자는 통상 방진복(smock)을 입고 작업하며, 웨이퍼는 OHT(Overhead Hoist Transport)를 통해 이송된다.

3.4 뿌리산업 제조공정과 생산시스템

1) 뿌리산업

국가 제조업의 근간을 이루는 **뿌리산업**은 눈에 잘 띄지 않지만 모든 제품 생산의 출발점에 놓여 있다. 나무의 뿌리가 보이지 않지만 생명 전체를 지탱하듯, 뿌리산업은 금형, 주조, 용접, 소성가공, 표면처리, 열처리 등과 같은 핵심 기반 공정을 통해 부품을 만들어 내는 산업을 말한다.

이러한 공정은 완제품의 성능, 내구성, 품질을 결정하는 핵심 요인으로 작용하며, 결과적으로 자동차, 반도체, 전자기기 등 국가 주력 산업의 경쟁력을 뒷받침한다. 즉, 한 나라의 제조 기술 수준은 뿌리산업의 역량으로 평가된다고 해도 과언이 아니다. 이러한 인식 아래 우리나라에서는 2011년 「뿌리산업 진흥과 첨단화에 관한 법률」이 제정되어, 기술 개발, 인력 양성, 시설 현대화 등을 중심으로 정책적 지원이 추진되고 있다.[1]

처음에는 금속을 중심으로 한 6대 공정 기술이 뿌리산업의 범위를 대표했지만, 제조 환경이 다변화함에 따라 그 정의가 확장되었다. 2021년 법 개정에서는 기존 금속 기반 기술 외에 신소재 및 지능화 관련 기술이 포함되어 총 14개 분야로 확대되었다. 이 과정에서 세라믹, 플라스틱 등 다양한 소재 공정뿐 아니라 로봇 제어, 센서 데이터 활용, 공정 자동화 등 디지털 요소까지 포괄하게 되었다. 다시 말해, 뿌리산업의 개념이 단순한 물리적 가공 중심에서 데이터, 지능화 및 복합소재를 아우르는 첨단 융합산업으로 발전한 것이다. 이러한 변화는 제4차 산업혁명과 디지털 제조로의 전환에 대응하기 위한 전략적 확장으로 공정 혁신과 지능형 생산체계 구축을 위한 기반을 마련하는 의미를 지닌다.[2]

최근 제조업 전반에 확산되는 **디지털 전환**(Digital Transformation, DX)과 **지속가능성**(sustainability) 추구의 흐름 속에서 뿌리산업도 변화의 기로에 서 있다. 로봇 자동화와 사물인터넷(Internet of Things, IoT) 센서, 인공지능 기반 데이터 분석 기술이 전통적인 공정에 접목되면서 생산 효율 향상과 불량률 저감이 가능해지고 있다. 동시에 탄소중립과 친환경 제조를 위한 에너지 절감, 폐기물 저감 기술의 중요성이 커지고 있다. 그러나 국내 다수의 뿌리기업은 소규모 사업장으로 구성되어 인력 확보의 어려움과 낮은 투자 여력에 직면해 있으며, 디지털 전환을 실질적으로 추진하는 기업은 전체의 약 7%에 불과하다는 통계도 있다.

이러한 현실을 개선하기 위해 정부에서는 첨단 설비 투자, 청년 기술인력 육성, 공정 자동화 및 데이터 기반 생산혁신을 지원하고 있다. 향후 뿌리산업은 이러한 정책과 기술의 융합을 바탕으로 전통적인 제조 기반의 한계를 넘어 지속가능하고 지능화된 산업 생태계로 발전해야 한다.[3]

2) 뿌리 공정

표 3-1 뿌리산업 소재 및 공정 기술[4]

구분	기반 공정 기술	첨단 공정 기술
소재(총 6개)	금속 (1개)	세라믹, 플라스틱, 탄성 소재, 탄소, 펄프 (5개)
공정 기술(총 14개)	주조, 금형, 소성가공, 용접, 표면처리, 열처리 (6개)	사출·프레스, 정밀가공, 적층 제조, 산업용 필름·지류, 로봇, 센서, 산업지능형 SW, 엔지니어링 설계 (8개)

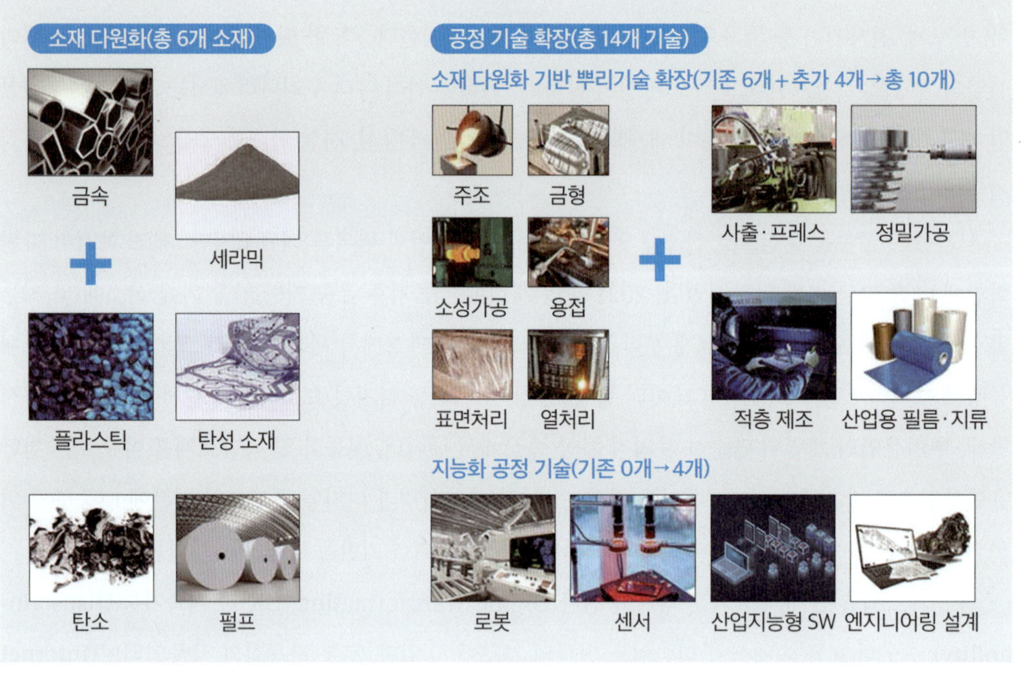

그림 3-7 14대 뿌리 공정 기술(6대 기반, 8개 첨단)[4]

(1) 6대 기반 공정 기술

우리나라 제조 산업의 토대를 이루는 뿌리기술 중 가장 핵심적인 것은 이른바 '**6대 기반 공정 기술**'이다. 이는 산업화 초기부터 발전해 온 근간 기술로서, 금속재료의 성형, 접합, 처리 및 정밀가공에 이르는 거의 모든 생산 단계에서 사용된다. 다음은 각각의 공정 개념과 특징을 구체적으로 살펴본 것이다.

❶ 주조(casting)

금속을 고온에서 용융한 후 미리 제작된 거푸집(주형)에 부어 응고시키는 방식으로 부품을 일체형으로 형성하는 기술이다. 형상이 복잡하거나 크기가 큰 부품을 제작할 때 특히 유용하며, 자동차 엔진 블록, 선박 프로펠러, 펌프 하우징 등 대형 정밀 부품의 대량생산에 필수적이다. 응고 과정에서 내부 기공이나 균열 같은 결함이 발생할 수 있기 때문에 주조 기술의 품질은 온도 제어, 냉각 속도, 주형 재질 등에 의해 크게 좌우된다. 이로 인해 숙련된 기술자의 경험과 최신 시뮬레이션 기술이 병행되어야 높은 품질을 확보할 수 있다.

❷ 금형(mold & die)

제품의 형상을 일정하게 유지하면서 대량으로 생산하기 위한 '틀'을 설계하고 제작하는 기술이다. 사출 금형, 프레스 금형, 다이캐스팅 금형 등 형태에 따라 세분화되며, 금형의 정밀도는 최종 제품의 품질과 생산성에 직결된다. 스마트폰 케이스, 차량 내·외장재, 정밀 전자 부품 등 수많은 산업 제품이 금형 기술에 의존한다. 최근에는 CAD/CAM 및 3D 프린팅 기술이 접목되어 금형 설계 주기가 단축되고, 미세 가공 정밀도가 크게 향상되고 있다.

❸ 소성가공(forming)

외부 힘을 가해 재료를 녹이지 않고 영구적으로 형태를 바꾸는 공정이다. 대표적인 예로는 단조, 압연, 압출, 인발 등이 있으며, 이 과정을 통해 재료의 결정구조가 재배열되면서 강도 및 내피로성이 향상된다. 따라서 자동차 차체, 철도 차륜, 항공기 엔진 부품 등 고강도와 내구성이 요구되는 부품의 제조에 필수적이다. 최근에는 유한요소해석(Finite Element Analysis, FEA)을 이용해 변형 거동을 예측함으로써 공정 불량을 줄이고 소재 낭비를 최소화하는 연구가 활발히 진행되고 있다.

❹ 용접(weldıng)

둘 이상의 금속이나 플라스틱 재료를 열 또는 압력으로 접합하는 기술이다. 소재 자체를 녹여 일체화하기 때문에 기계적 강도가 높고, 다양한 구조물 제작에 적합하다. 전통적인 아크 용접, 저항 용접 외에도 레이저 용접, 마찰교반 용접(Friction Stir Welding, FSW), 전자빔 용접 등 고에너지 정밀 용접 기술이 확산되고 있다. 조선, 자동차, 플랜트, 반도체 장비 등 거의 모든 제조 분야에서 사용되며, 최근에는 로봇 자동화와 결합해 용접 품질의 균일성과 생산 효율을 동시에 높이는 방향으로 발전 중이다.

❺ 표면처리(surface treatment)

부품 겉면에 금속 또는 비금속 재료를 물리, 화학적으로 도금하거나 코팅하여 기능을 부여하는 기술이다. 이는 단순히 외관을 개선하는 데 그치지 않고, 내식성, 내마모성, 내열성 등 내구성 향상에 직접적인 영향을 준다. 대표적인 공정으로는 전기도금, 아노다이징, 도장, 화학/물리 기상 증착(CVD/PVD) 등이 있으며, 스마트폰 외장재, 반도체 패키징, 의료용 기구 등 다양한 분야에서 활용된다. 또한 환경 규제 강화에 대응해 친환경 무독성 코팅이나 플라스마 표면개질 기술이 새롭게 주목받고 있다.

❻ 열처리(heat treatment)

금속재료를 일정 온도 이상으로 가열한 뒤, 냉각 속도와 시간을 제어하여 내부 조직을 변화시키는 공정이다. 이 과정을 통해 재료의 경도, 인성, 피로강도 등이 향상되며, 침탄, 질화, 담금질, 뜨임 등 세부 기술로 나뉜다. 예를 들어, 기어나 베어링처럼 반복 하중을 받는 부품은 적절한 열처리를 거쳐야 수명이 길어진다. 최근에는 진공 열처리나 레이저 표면 열처리 등 고정밀·저오염 공정이 확산되고 있으며, AI 기반 온도 제어 시스템이 도입되어 품질 안정성을 높이고 있다.

이처럼 6대 기반 뿌리공정은 단일 부품 제작 단계를 넘어 국가 제조 생태계 전체의 기술 수준과 경쟁력을 좌우하는 핵심축이라 할 수 있다. 각 공정은 독립적으로 존재하지만 실제 산업 현장에서는 서로 유기적으로 연결되어 완제품 생산의 품질과 효율을 결정한다.

(2) 8대 첨단 공정 기술

기존의 6대 기반 공정 기술을 보완하고 제조업의 미래 지향적 변화를 이끌기 위해 추가된 8개의 **첨단 뿌리 공정 기술**은 크게 소재의 다원화와 공정의 지능화라는 목표를 기반으로 한다. 아래에서는 각 공정의 개념, 특징, 적용 분야 및 최근 동향을 보다 상세히 살펴본다.

❶ 사출·프레스(injection & press forming)

고분자(플라스틱), 고무, 복합소재 등 다양한 비(非)금속소재를 금형이나 프레스 틀에 투입해 가열 및 성형한 뒤 냉각하여 일정한 형상을 갖는 제품을 만드는 공정이다. 이 공정은 사출 성형 또는 압출/프레스 방식으로 대량생산이 가능하며, IT 기기 외장, 자동차 내·외장, 소비재 케이스 등 다양한 시장에 적용된다. 또한 경량화와 저비용화를 위해 금속과 플라스틱 복합화가 추진되면서 사출·프레스 기술의 중요성은 더욱 커지고 있다.

❷ 적층 제조(additive manufacturing/3D printing)

금속, 플라스틱, 세라믹 등의 재료를 레이저나 전자빔, 용융기술 등을 활용해 한 층씩 쌓아 올려 3차원 형상의 부품을 제작하는 기술이다. 복잡형상 또는 경량 구조가 요구되는 항공, 자동차 부품, 맞춤형 의료기기 등에 활용되며, 전통적 주조나 절삭 방식으로는 구현하기 어려운 구조를 가능하게 한다. 또한 기존 분말야금, 소성가공 등과 융합되어 소재 및 공정 혁신의 중심이 되고 있다.

❸ 정밀가공(precision machining)

절삭가공, 연삭, 연마 등 다양한 미세가공 기술을 통해 극히 낮은 허용오차, 뛰어난 표면성능을 갖는 부품을 제작하는 기술이다. 정밀 산업인 반도체 장비, 광학렌즈, 의료기기 부품 등에서 요구되며, 최근에는 5축/6축 가공머신, 레이저가공, 전자빔가공 등의 기술 발전으로 정밀가공 영역이 확대되고 있다.

❹ 산업용 필름 및 지류 공정(industrial film & paper/web processing)

고기능성 필름이나 지류(紙類)를 박막 또는 시트 형태로 가공하거나, 코팅/합성 과정을 거쳐 고부가가치 제품을 만드는 기술이다. 전자·디스플레이 분야의 투명필름, 자동차용 다층필름, 포장재용 하이브리드 지류 등에서 활용되며, 가볍고 유연하며 고기능화를 위해 필름·지류 기술의 위상도 높아지고 있다.

❺ 로봇(robotics/automation)

제조현장에서 반복, 정밀, 위험 작업을 자동으로 수행하거나 보조할 수 있는 기계장치 및 시스템을 의미한다. 제조공정 자동화의 핵심축으로서, 로봇은 생산성 향상, 품질 안정, 작업 환경 개선 등을 통해 뿌리산업의 경쟁력을 높이는 수단으로 자리 잡고 있다.

❻ 센서(sensors/IoT modules)

제조공정 내에서 데이터를 계측하고 수집 및 처리하여 공정 상태를 실시간으로 모니터링하거나 제어할 수 있는 기술이다. 센서 기술은 스마트팩토리 도입, 품질 예측 및 공정 이상 감지 등에 필수적이다 특히 제4차 산업혁명/IoT 기반의 제조 환경에서 센서는 데이터 기반 제조혁신의 기초가 된다.

❼ 산업지능형 소프트웨어(industrial intelligence software/AI & data analytics)

생산설비/공정 데이터를 소프트웨어 플랫폼으로 수집 및 분석하고, 인공지능 및 머신러닝(Machine Learning, ML) 기반 알고리즘을 통해 공정을 최적화하거나 자동화하는 기술이다. 이 기술을 통해 뿌리공정이 단순 반복 기능에서 벗어나 예지정비, 불량 예측, 스마트공정 제어 등 고도화된 형태로 진화하고 있다.

❽ 엔지니어링 설계(engineering design/CAD/CAE/CAM services)

제품 및 공정 설계를 위한 CAD/CAE(Computer-Aided Engineering)/CAM, 시뮬레이션, 모델링 등이 포함된 설계 및 해석 기반 기술이다. 설계 단계에서부터 양산까지의 프로세스를 가시화하고 최적화하는 이 기술은, 시행착오를 줄이고 개발기간을 단축하며 제조 효율성을 극대화하는 데 기여한다.

이 8개 공정 기술은 제조업이 향후 나아가야 할 **소재 다양화**, **공정 자동화**, **데이터 기반 지능화**라는 변화 흐름에 직접 대응하기 위한 전략 기술이다. 이를 통해 뿌리산업은 전통적인 금속 중심 공정에서 벗어나 소재와 기술, 시스템이 융·복합된 미래형 제조 생태계로 전환할 수 있는 기반을 마련한다.

(3) 공정 간 연계 및 융합 트렌드

현대 제조 환경에서는 개별 공정을 독립적으로 운용하기보다 공정 간 유기적 연계와 융합을 통해 효율성과 경쟁력을 극대화하는 흐름이 뚜렷하다. 뿌리산업 역시 6대 기반 공정(주조, 금형, 소성가공, 용접접합, 열처리, 표면처리)을 토대로, 소재 다원화(사출·프레스, 정밀가공, 적층 제조, 산업용 필름·지류 공정)와 지능화(로봇, 센서, 산업지능형 소프트웨어, 엔지니어링 설계) 기술을 결합해 융합과 고도화의 방향으로 전환하고 있다. 이러한 변화는 국가뿌리산업진흥센터(Korea National Ppuri Industry Center, KPIC)의 공식 분류체계 및 산업통상자원부의 '14대 뿌리기술' 확대 정책(2021년 12월)에 근거를 두고 있으며, 뿌리산업이 전통적인 단순 공정 중심 산업에서 데이터, 지식, AI 기반의 고부가가치 산업으로 전환되는 토대가 된다.

❶ 복합공정화

복합공정화는 여러 공정을 하나의 라인이나 셀(cell)에 통합하여 공정 전환과 내부 물류 이동을 최소화하고 생산 효율을 높이는 흐름을 뜻한다. 예를 들어, 주조된 부품을 별도 공장으로 옮기지 않고 동일 라인에서 열처리 및 정밀가공까지 연속 수행하거나, 밀링과 방전가공을 결합한 복합가공기처럼 한 장비에서 두 공정을 동시에 처리하는 방식이 있다. 판금 제조에서도 레이저 절단과 용접을 한 시스템에서 처리하는 복합화가 진행되고 있다. 이러한 공정 통합은 공정 간 핵심 연계를 강화하고, 대량 맞춤 생산의 유연성과 리드타임 단축을 동시에 달성하는 전략적 방향으로 평가된다.

❷ 디지털 해석·시뮬레이션 활용

공정 개선이 경험 중심에서 **데이터/모델 기반의 과학적 최적화**로 전환되고 있다. CAD/CAE/CAM과 같은 설계 및 해석 소프트웨어를 활용해 금형 충전 흐름을 분석하고, 성형 시 소재 변형을 예측하는 등 가상 환경에서 문제를 미리 파악하고 보정하는 디지털 접근이 확산되고 있다. 예를 들어, 성형 해석을 통해 불균일 변형이나 잔류응력을 예측 및 조정하면 제품 불량률을 크게 줄일 수 있다. 최근에는 실제 공정 데이터를 이용해 프로세스 디지털트윈(digital twin)을 구축하고, 가상 모델을 통해 품질 변동을 예측 및 모니터링하는 수준으로 발전하고 있다. 이는 엔지니어링 설계 지능화와 맞닿으며, 신제품 개발 기간 단축과 품질 안정화에 중요한 역할을 하고 있다.

❸ 스마트 장비화

스마트 장비화는 뿌리공정 장비에 센서, 로봇, AI 등 지능형 기술을 내장하여 자율적 감지와 제어를 수행하는 방향으로 발전하는 것을 의미한다. 용접 및 주조 로봇을 이용해 고온·고위험 작업을 자동화하고, 열처리로나 프레스에 부착된 센서로 온도나 압력 데이터를 수집해 AI 알고리즘이 이상 신호를 감지한다. 이처럼 로봇, 센서, 산업지능형 소프트웨어의 통합은 설비의 자가진단 및 예지정비를 가능하게 하며, 생산성 향상과 함께 작업자 안전 확보 및 인력난 완화에도 기여한다. 또한 설비 간 실시간 연결(connectivity)을 통해 사이버물리시스템 기반 생산 제어가 가능해지고, MES/SCADA와 연계하여 전체 공정을 자동 조정 및 최적화하는 지능형 생산체계로 확장되고 있다.

뿌리산업의 미래를 결정짓는 중요한 축 중 하나는 친환경, 저탄소 제조로의 전환이다. 주조나 표면처리 같은 전통 공정은 그동안 높은 에너지 소모와 환경오염 문제로 지적받아 왔으며, 전 세계적으로 강화되는 탄소중립 정책과 환경규제에 대응하는 변화가 불가피하다. 이에 따라 뿌리기업들은 노후 설비를 고효율 장비로 교체하고, 폐열 회수나 에너지 절감 기술을 도입하며, 유해 화학물질을 대체할 수 있는 친환경 공정을 개발하고 있다. 예컨대 주조 분야에서는 화석연료 기반 용해로 대신 전기식 용해 시스템을 확대 적용하고, 표면처리 분야에서는 시안이나 크롬을 배제한 친환경 도금/도장 기술이 확산되고 있다. 또한 공정에서 발생하는 부산물을 재활용하거나 불량품을 재용해해 재투입하는 순환형 생산이 강화되면서, 자원 효율성과 환경성을 동시에 높이는 시도가 활발히 이루어지고 있다. 이러한 변화는 단순한 환경 대응을 넘어 에너지 비용 절감과 국제 경쟁력 확보라는 실질적 이익으로 이어지고 있으며, 향후 친환경 소재와 청정 공정 기술의 개발 및 확산, 그리고 관련 인프라와 인센티브의 확충이 지속가능 제조 전환의 핵심이 될 것이다.

한편, 뿌리산업의 경쟁력은 디지털 기술을 얼마나 깊이 융합할 수 있는가에 달려 있다. 인공지능, 사물인터넷(IoT), 로봇, 클라우드(cloud), 빅데이터(big data) 등의 기술은 이제 선택이 아니라 필수적인 기반이 되고 있다. 이러한 기술을 적극적으로 도입한 기업들은 생산성과 품질에서 눈에 띄는 개선을 이루며, 산업 전반의 경쟁력 향상으로 이어지고 있다. 예를 들어, 스마트 제어시스템과 예지보전 기술을 도입해 불량률을 절반 이하로 줄이고 에너지 사용량을 크게 절감하여 해외 수주 경쟁력을 높인 열처리 전문기업의 사례도 있다. 뿌리기업들이 지속적인 기술 학습과 실험을 이어 가며, 정부와 업계의 협력을 통해 표준화, 보안 및 투자 문제를 해결해 나간다면, 디지털 기술 융합을 통한 뿌리산업의 고도화는 더욱 빠르게 현실화될 것이다.

뿌리산업의 지속가능한 발전을 위해서는 기술적 변화뿐 아니라 사람에 대한 투자가 병행되어야 한다. 아무리 첨단 기술이 도입되더라도 이를 이해하고 운용할 숙련 인력이 없다면 실질적 혁신으로 이어질 수 없다. 그러나 우리나라 뿌리업계는 고령화와 숙련공 부족, 청년층의 기피 현상으로 인해 인력 기반이 약화되고 있는 것이 현실이다. 때문에 신규 인력 확보 지원과 동시에 재직자의 숙련도 향상을 위한 업스킬링(up-skilling) 교육 훈련이 필요하며, 임금, 근무 환경 등 처우 개선과 인식 제고를 통해 우수 인재를 뿌리산업으로 유입하는 사회 전반의 노력이 필요하다.

뿌리산업은 겉으로 드러나지 않지만 제조 경쟁력의 핵심이자 국가 산업의 근간이다. 앞으로의 뿌리산업은 디지털 기술과 친환경 혁신이라는 두 축을 중심으로 새로운 형태로 진화할 것이다. 지속가능성과 첨단화를 함께 달성한다면, 뿌리기업의 경쟁력은 자동차, 전자, 조선 등 전방산업의 품질과 생산성 향상으로 이어지고, 이는 곧 제조업 전반의 혁신 동력이 될 것이다.

참고문헌

3.3절

1 www.asml.com/en/products

3.4절

1 대한민국 법률. (2011). 뿌리산업 진흥과 첨단화에 관한 법률[법률 제10960호, 2011.7.25., 시행일 2012.1.26.]. 국가법령정보센터. [Online] Available: https://www.law.go.kr/LSW/lsInfoP.do?lsiSeq=115297#0000

2 산업통상자원부. (2021). 뿌리 기반 공정 기술, 6대→14대 품목으로 확대. 전자신문. [Online] Available: https://www.etnews.com/20211214000160

3 산업통상자원부. (2023). NEXT K-뿌리산업 첨단화 전략 발표문. 한국중견기업연합회. [Online] Available: https://www.fomek.or.kr/main/policy/law/policy_view.php?wr_id=823

4 국가뿌리산업진흥센터. (n.d.). 뿌리기술 소개(14대 기술 체계). [Online] Available: https://www.kpic.re.kr/html/?pmode=business_intro

5 산업통상자원부. (2023). 제3차 뿌리산업 진흥 기본계획(2023-2027). 대한민국 산업통상자원부. [Online] Available: https://biz.katech.re.kr/core/?cid=24&role=view&uid=115

6 Shan, H. S. (2017). Manufacturing Processes: Casting, Forming, and Welding(2nd ed.). Cambridge University Press.

7 서선영, 윤선중, 서종현. (2022). 기술혁신 역량과 기술사업화 역량이 기업성과에 미치는 영향: 수도권 소재 뿌리기업을 중심으로. 한국융합학회논문지, 13(1), 235-252.

8 Kim, J., & Lee, J. Y. (2022). Data-analytics-based factory operation strategies for die-casting quality enhancement. The International Journal of Advanced Manufacturing Technology, 119(9-10), 3865-3890.

9 조민수, 이지숙, 이상환, 이상목. (2021). 국내 주조산업 현황조사. 한국주조공학회지, 41(2), 144-152.

10 LS ELECTRIC. (2021). 디지털트윈이 바꿀 제조 현장의 모습. 브런치. [Online] Available: https://brunch.co.kr/@lselectric/13

PART 2

스마트제조

CHAPTER 4

제조전략과 생산시스템

4.1 제조전략의 개념과 역할

1) 제조전략의 정의와 중요성

제조업은 오랫동안 단순히 제품을 만들어 내는 기능으로만 인식되어 왔다. 하지만 1960년대 후반 하버드 비즈니스 스쿨의 Wickham Skinner 교수가 "Manufacturing—Missing Link in Corporate Strategy"라는 논문[1]을 발표하면서 제조 기능에 대한 관점이 크게 바뀌기 시작했다. Skinner는 제조 기능이 기업의 경쟁우위를 창출하는 전략적 무기가 될 수 있다고 주장했으며, 이것이 바로 **제조전략**(manufacturing strategy) 개념의 출발점이 되었다.

제조전략이란 기업의 전체 비즈니스 전략을 지원하고 경쟁우위를 창출하기 위한 제조 기능의 **장기적 의사결정 방향**을 의미한다. 이는 단순히 공장을 효율적으로 운영하는 차원을 넘어, 기업이 시장에서 경쟁우위를 확보하기 위해 **생산 활동을 어떤 방식으로 설계하고 운영할 것인지**를 결정하는 전략이다. 제조전략은 무엇을 생산할 것인가(제품 포트폴리오), 어떻게 생산할 것인가(공정 기술), 어디서 생산할 것인가(입지 전략), 그리고 누구와 생산할 것인가(수직통합 vs. 아웃소싱)와 같은 핵심적인 질문에 대한 체계적인 답을 제시한다.

현대 제조업에서 제조전략이 중요한 이유는 여러 가지가 있다. 첫째, 제조전략은 **경쟁우위의 핵심 원천**이 될 수 있다. 삼성전자가 반도체 분야에서 세계 1위를 유지하는 것은 초미세 공정 기술에 대한 지속적인 투자와 대규모 생산 능력이라는 제조전략의 결과이다. 마찬가지로 Toyota가 자동차 업계에서 품질과 효율성을 동시에 달성할 수 있었던 것도 린 생산시스템이라는 독특한 제조전략 때문이다. 둘째, 제조전략은 **막대한 투자 의사결정의 기준**이 된다. 현대의 제조 설비 투자는 보통 수백억 원에서 수조 원 규모에 이르며, 한번 결정되면 10~20년간 기업의 제조 역량을 결정짓는다. 따라서 명확한 제조전략 없이는 올바른 투자 방향을 설정하기 어렵다. 셋째, 제조전략은 기업의 **시장 대응력**을 결정한다. 고객 요구사항의 변화에 얼마나 빠르게 대응할 수 있는지, 신제품을 시장에 얼마나 신속하게 출시할 수 있는지는 모두 제조전략에 따라 좌우된다.

2) QCDF 프레임워크

제조전략의 핵심은 한정된 자원을 어떤 역량에 집중할 것인가를 결정하는 것이다. 하버드 비즈니스 스쿨의 Robert Hayes와 Steven Wheelwright는 1984년 제조업체가 집중해야 할 네 가지 핵심 경쟁 차원을 제시했는데, 이것이 바로 **QCDF 프레임워크**[2]이다. QCDF는 그림 4-1에서와 같이 품질(Quality), 원가(Cost), 납기(Delivery), 유연성(Flexibility)의 영문 첫 글자의 조합으로, 제조업체가 추구할 수 있는 네 가지 주요 경쟁우위를 나타낸다.

그림 4-1 QCDF 프레임워크

품질 우수성은 고객이 요구하는 품질 수준을 일관되게 달성하는 능력이다. 그림 4-2에서와 같이 데이비드 가빈(David Garvin)은 1987년 품질을 여덟 가지 차원으로 구분했다.[3] 성능(performance)은 제품의 기본 기능을, 특성(features)은 부가 기능을 의미한다. 신뢰성(reliability)은 고장 없이 작동하는 기간을, 적합성(conformance)은 설계 사양 준수도를 나타낸다. 내구성(durability)은 제품 수명을, 서비스성(serviceability)은 사후서비스 용이성을 말한다. 심미성(aesthetics)은 미적 외관 디자인을, 인지된 품질(perceived quality)은 브랜드 이미지를 의미한다. 품질은 **불량률**(Parts Per Million, PPM), 고객 만족도, 보증 기간 내 수리율 등으로 측정된다. 특히 반도체 산업에서는 **수율**(yield)이 단가를 결정하는 핵심 지표이며, 웨이퍼 생산 공정에서의 수율이 92%에서 95%로 향상되면 칩(chip) 단가가 약 30% 가까이 낮아지는 것으로 보고되고 있다.

원가 경쟁력은 동일한 품질의 제품을 더 낮은 비용으로 생산하는 능력을 의미한다. 원가 경쟁력을 높이기 위해서는 규모의 경제를 실현하고, 공정 효율성을 향상시키며, 재료비와 노동비를 최적화해야 한다. 자동차 산업에서는 생산라인의 가동률이 90% 이상 유지되어야 원가 경쟁력을 확보할 수 있는 것으로 알려져 있다. 원가 경쟁력은 단위당 제조원가, 총 제조원가 대비 간접비 비율, 전년 대비 원가 절감률 등으로 측정할 수 있다.

납기 신뢰성은 고객이 원하는 시기에 정확히 제품을 공급하는 능력이다. 납기는 두 가지 차원으로 구분된다. 납기 속도는 주문부터 납품까지의 시간을 의미하고, 납기 신뢰성은 약속된 날짜를 얼마나 정확히 지키느냐를 나타낸다. 납기 성과는 평균 리드타임(lead time), 납기 준수율(On-Time Delivery, OTD), 주문 처리 시간 등으로 측정할 수 있다. 온라인 쇼핑이 확산되면서 빠르고 정확한 배송에 대한 고객의 기대가 높아지고 있어 납기 신뢰성의 중요성이 더욱 커지고 있다.

유연성은 변화하는 시장 환경에 신속하게 대응하는 능력이다. Nigel Slack은 1987년 유연성을 네 가지 유형으로 분류했다.[4] 제품 유연성(product flexibility)은 새로운 제품을 도입하는 능력을, 볼륨 유연성(volume flexibility)은 생산량 변화에 대응하는 능력을 의미한다. 믹스 유연성(mix

그림 4-2 품질의 여덟 가지 차원[5]

flexibility)은 제품 조합을 변경하는 능력을, 납기 유연성(delivery flexibility)은 납기 변경에 대응하는 능력을 나타낸다. 유연성은 신제품 개발 리드타임, 생산량 변경 대응 시간, 셋업 시간 등으로 측정된다. 최근에는 **대량 맞춤**(mass customization) **생산**의 확산으로 유연성의 중요성이 더욱 커지고 있다.

전통적으로 QCDF는 서로 트레이드오프(trade-off) 관계에 있다고 여겨졌다. 즉, 한 차원의 성과를 향상시키면 다른 차원의 성과가 희생된다는 관점이었다. 하지만 1990년 Kasra Ferdows와 Arnoud De Meyer는 sand cone model을 제시하며 이러한 기존 관점에 도전했다.[6] 샌드콘 모델은 품질을 기반으로 납기, 유연성, 원가 순으로 역량을 쌓아 가면 모든 차원에서 동시에 우수한 성과를 달성할 수 있다고 주장한다.

3) 전략 수립 프로세스와 핵심 의사결정 영역

효과적인 제조전략을 수립하기 위해서는 체계적인 접근이 필요하다. 제조전략의 수립은 일반적으로 네 단계의 프로세스를 통해 이루어진다.

첫 번째 단계는 **환경 분석**(environmental analysis)이다. 이 단계에서는 기업이 직면한 외부 환경을 종합적으로 분석한다. 시장 환경 분석에서는 고객의 요구사항이 어떻게 변화하고 있는지, 경쟁사들은 어떤 전략을 구사하고 있는지를 파악한다. 기술 환경 분석에서는 신기술의 동향과 기술 생명주기를 검토하여 기술적 기회와 위협을 식별한다. 규제 환경 분석에서는 환경 규제, 안전 규정 등이 제조활동에 미치는 영향을 평가한다.

두 번째 단계는 **역량 분석**(capability analysis)이다. 이 단계에서는 기업의 현재 제조 역량을 객관적으로 평가한다. QCDF 각 차원별로 현재 성과 수준을 측정하고, 핵심 역량과 약점을 명확히 식별한다. 또한 경쟁사와 비교하여 상대적 위치를 파악함으로써 개선이 필요한 영역을 도출한다.

세 번째 단계는 **전략 선택**(strategy selection)이다. 환경 분석과 역량 분석 결과를 바탕으로 QCDF 중에서 어떤 차원에 우선순위를 둘 것인지 결정한다. 네 번째 단계는 **실행계획 수립**(implementation planning)이다. 선택된 전략을 실현하기 위한 구체적인 실행 방안을 마련한다. 성과를 측정할 수 있는 지표를 설정하고, 실행을 위한 세부 일정과 예산 계획을 수립한다.

제조전략의 핵심 의사결정 영역은 표 4-1과 같이 정리할 수 있다.[2]

표 4-1 제조전략의 핵심 의사결정 영역과 주요 내용

의사결정 영역	주요 내용
공정 및 기술(Process & Technology)	생산 공정 유형(개별/배치/셀형/대량/라인 생산 방식) 선택, 자동화 수준 결정
용량 및 설비(Capacity & Facilities)	생산 규모, 증설 계획, 설비 여유 및 병목 관리
품질 관리(Quality Management)	품질 기준, 검사 방식, 표준화 수준 결정
입지 및 레이아웃(Location & Layout)	생산 기지의 위치 선정, 공장 간 역할 분담, 물류 효율화
조달 및 외주(Sourcing & Outsourcing)	핵심 부품의 내재화 vs. 외주화, 공급망 구조 설계
조직 및 인력(Organization & Workforce)	작업자 숙련도, 다기능 인력 확보, KPI(Key Performance Indicator) 및 보상 시스템

4) 산업별 제조전략 특성 비교

제조전략은 산업의 특성에 따라 다르게 나타난다. 각 산업이 직면한 경쟁 환경, 기술적 특성, 고객 요구사항 등이 다르기 때문에 QCDF의 우선순위도 산업별로 차이를 보인다.

자동차 산업은 quality > cost > delivery > flexibility 순으로 우선순위를 갖는다. 자동차는 인간의 생명과 직결되는 제품이므로 안전성을 보장하는 품질이 최우선이다. 동시에 치열한 가격 경쟁으로 인해 원가 경쟁력도 매우 중요하다. **Toyota 생산 방식**(Toyota Production System, TPS)에서는 라인 가동률 90% 이상과 엄격한 납기 준수를 통해 원가 경쟁력을 달성하고 있다. 현대자동차가 **플랫폼 전략**을 통해 여러 차종에서 부품을 공유하는 것이 대표적인 사례이다.

반도체 산업은 quality > flexibility > cost > delivery 순으로 우선순위를 둔다. 반도체는 극도로 정밀한 제품이므로 미세한 품질 문제도 수율 저하로 이어져 막대한 손실을 야기한다. 또한 기술 변화가 빠르고 제품수명주기가 짧아 유연성이 중요하다. TSMC의 파운드리 전략이나 삼성전자의 메모리 반도체 전략이 좋은 예시이다.

화학 산업은 cost > quality > delivery > flexibility 순으로 우선순위를 갖는다. 화학 제품은 대부분 연속 공정으로 생산되며 **규모의 경제**가 매우 중요하다. 대규모 플랜트와 연속 공정을 활용해 규모의 경제를 극대화하며, 생산량이 많아질수록 단위당 생산비용이 감소하는 경향이 명확하다. LG화학이 배터리 소재에서 원료부터 완제품까지 수직 통합하는 전략이 대표적이다.

패션 산업은 flexibility > delivery > quality > cost 순으로 우선순위를 둔다. 패션 제품은 트렌드 변화가 빠르고 제품수명주기가 매우 짧아 변화에 대한 빠른 대응이 가장 중요하다. 스페인의 ZARA가 구사하는 패스트 패션(fast fashion) 전략은 이러한 특성을 잘 보여 주는 사례이다. ZARA는 디자인부터 매장 진열까지 2~3주 만에 완료하는 신속한 대응 체계를 구축하여 패션 업계의 게임 룰을 바꾸었다.

이처럼 산업별로 제조전략의 우선순위가 다르기 때문에, 기업은 자신이 속한 산업의 특성을 정확히 이해하고 그에 맞는 제조전략을 수립해야 한다. 또한 동일한 산업 내에서도 기업의 포지셔닝에 따라 제조전략이 달라질 수 있음을 인식해야 한다.

4.2 생산시스템의 구조와 성과관리

1) 생산시스템의 기본 개념

생산시스템(production systems)이란 자재, 인력, 설비, 에너지, 정보와 같은 다양한 자원을 투입(input)하여, 일정한 변환 과정(process)을 거쳐, 부가가치가 있는 제품이나 서비스를 산출(output)하는 체계를 말한다. 이 구조는 보편적으로 투입-변환-산출(input-process-output) 프레임으로 표현하며, 제조업뿐 아니라 물류, 서비스 산업 등에도 적용된다.

생산시스템의 목적은 투입된 자원을 최대한 효율적으로 활용하여 고객이 원하는 제품이나 서비스를 적절한 품질과 경쟁력 있는 비용으로 적시에 제공하는 것이다. 이를 위해서는 시스템의 구조를 정확히 이해하고, 성과를 객관적으로 측정할 수 있는 지표를 활용해야 한다.[7]

2) 생산시스템의 분류

생산시스템은 대표적으로 공정 유형(process type)과 주문 시점(order timing)에 따라 분류할 수 있다. 제품의 표준화 수준과 생산량에 따라 적합한 공정이 달라지며, 이는 제품-공정 매트릭스(product-process matrix) 관점으로도 설명된다.[2]

(1) 공정 유형에 따른 분류

생산시스템은 생산량과 제품 다양성, 즉 생산 유형에 따라 크게 소량생산, 중량생산, 대량생산으로 구분할 수 있다(표 4-2 참조).

소량생산은 다품종 소량생산이 특징으로, 고객별 맞춤 제품이나 특수 제품을 생산한다. 개별 생산 방식(job shop)이 대표적이며, 범용 설비가 기능별로 배치되어 제품이 필요에 따라 다양한 경로로 이동한다. 높은 유연성을 갖지만 생산성은 상대적으로 낮다.

중량생산은 중간 규모의 제품군을 일정 수량씩 묶어서 생산하는 방식이다. 배치 생산 방식(batch production)과 셀 방식(cellular manufacturing)이 여기에 해당한다. 배치 생산 방식은 동일 제품을 일정량씩 배치 단위로 묶어 처리하며, 배치 생산 간에 셋업 시간(setup time)이 필요하다. 셀 방식은 유사한 제품군을 셀 단위로 그룹화하여 생산하며, 공정의 흐름에 맞게 장비가 배치되어 있어 다품종 생산에 맞게 셋업 시간은 대부분 표준화되어 있고 짧은 것이 특징이다. 셀 방식의 원활한 운영을 위해서는 유사한 제품군을 구성하고 해당 제품군의 공정을 처리하기 위한 장비군을 결정해야 한다.

대량생산은 표준화된 제품을 대량으로 연속 생산하는 방식이다. 동일한 제품을 오랜 기간 대량으로 반복 생산하는 대량생산 방식(quantity production)과 공정 순서에 따라 작업장을 일렬로 배치하여 제품이 라인을 따라 연속적으로 이동하면서 완성되는 라인 생산 방식(flow line production)으로 구분된다.

표 4-2 생산 유형에 따른 생산시스템의 분류

생산 유형	생산 방식	특징	예시 산업
소량생산	개별 생산 방식(Job Shop)	다품종 소량, 높은 유연성, 맞춤생산	금형, 특수기계, 항공기
중량생산	배치 생산 방식(Batch Production)	중간 규모 배치, 셋업 시간 중요	식품, 화장품, 의약품
	셀형 생산 방식(Cellular Manufacturing)	제품군별 셀 구성, 효율성+유연성	전자 부품, 기계 부품
대량생산	대량 생산 방식(Quantity Production)	대량 반복 생산, 높은 효율성	자동차 부품, 가전제품
	라인 생산 방식(Flow Line Production)	연속 흐름 생산, 라인 균형 중요	자동차 조립, 전자제품 조립

(2) 주문 시점에 따른 분류

생산시스템은 고객 주문과 생산 시점의 관계에 따라서도 분류할 수 있다(표 4-3 참조). 이는 재고 정책과 납기 전략에 직접적인 영향을 미친다. 재고생산(Make-to-Stock, MTS)은 예상 수요에 기반하여 미리 제품을 생산해 재고로 보관하는 방식이다. 고객이 주문하면 재고에서 즉시 공급할 수 있어 납기가 매우 짧지만, 재고 보유 비용과 수요 예측 리스크가 크다. 조립주문(Assemble-to-Order, ATO)은 표준 모듈이나 부품을 미리 생산해 두고, 고객 주문에 따라 최종 조립만 하는 방식이다. 어느 정도의 맞춤화와 빠른 대응이 모두 가능한 절충안이다. 주문생산(Make-to-Order, MTO)은 고객 주문이 확정된 후에 생산을 시작하는 방식이다. 재고 부담은 적지만 고객이 납기를 기다려야 하며, 생산계획 수립이 복잡해진다. 설계주문(Engineer-to-Order, ETO) 또는 설계제작주문(Design-to-Order, DTO)은 고객의 특별한 요구사항에 따라 설계부터 새로 시작하는 방식이다. 완전 맞춤화가 가능하지만 납기가 가장 길고 비용도 높다.

표 4-3 주문 시점에 따른 생산시스템의 분류

생산 방식	주문 시점	특징	예시
MTS	생산 후 재고 보유	빠른 납기, 재고 부담 큼	가전제품, 식품, 소비재
ATO	모듈 재고 후 주문별 조립	맞춤화+빠른 대응 가능	PC, 자동차 옵션
MTO	주문 후 생산 시작	재고 부담 작음, 납기 길어짐	특수기계, 맞춤가구
ETO/DTO	설계부터 주문별 진행	완전 맞춤, 납기 최장	플랜트, 선박, 특수장비

3) 생산시스템의 핵심 성과지표 개요

생산시스템 운영 성과의 평가에는 일반적으로 다음의 지표가 활용된다[7]: (1) 사이클 타임, (2) 생산율, (3) 장비 가용률, (4) 생산 능력, (5) 장비 가동률, (6) 제조 리드타임, (7) 재공재고, (8) 설비종합효율, (9) 에너지 효율성. 이들 지표는 서로 독립적이지 않으며, 특히 재공재고와 리드타임, 처리속도(*Throughput*) 사이에는 Little의 법칙(Little's law)[8]으로 알려진 기본 관계가 존재한다. 여기서 처리속도란 단위 시간당 완성품이 시스템을 빠져나가는 속도로서 생산 속도 또는 처리량으로도 불린다.

(1) 사이클 타임

사이클 타임(cycle time, T_c)은 한 단위의 제품이 한 공정에서 처리되는 데 소요되는 평균 시간을 의미한다. 일반적으로 사이클 타임은 식 (4-1)과 같이 실제 작업시간, 자재취급 시간, 공구 교체 및 세팅 등 부수 시간의 합으로 표현된다.

$$T_c = T_o + T_h + T_t \tag{4-1}$$

여기서 T_c는 사이클 타임(분/개), T_o는 실제 가공 또는 조립 작업시간(분/개), T_h는 로딩(loading)/언로딩(unloading) 등의 자재취급 시간(분/개), T_t는 평균 공구 교체 등 세팅 시간(분/개)을 의미한다. T_c의 역수를 사이클률(개/분)이라고 하며 R_c로 표기한다.

라인 생산 방식의 경우 라인 전체의 사이클 타임은 각 공정의 작업시간 중 가장 긴 **병목 공정**(bottleneck process)의 시간에 의해 결정된다. 병목 공정은 T_o 중 가장 큰 값을 갖는 지점을 말하며, 각 작업장별 이동 시간을 T_m이라고 했을 경우 사이클 타임은 **식 (4-2)**와 같이 계산된다.

$$T_c = Max\, T_o + T_m \tag{4-2}$$

T_c를 단축하면 동일 시간 동안의 산출량(생산율)이 증가하므로, 라인 밸런싱, 자동화, 표준작업 정립 등으로 T_c를 낮추는 노력이 중요하다.

(2) 생산율

생산율(production rate, R_p)은 단위 시간당 생산 가능한 제품 수량(개/시간)이다. 배치 크기가 Q인 경우 각 생산 방식에 따른 생산율 계산은 다음과 같다.

❶ 개별 생산 방식(Q=1)

생산 시간(T_p)은 제품 1개를 만들 때 걸리는 총시간으로 **식 (4-3)**과 같이 셋업 시간(T_{su})과 공정 시간(T_c)이 모두 포함된다. 생산율(R_p)은 생산 시간의 역수로서 **식 (4-4)**와 같이 계산된다. 예를 들어 제품 1개를 만드는 생산 시간이 12분(=0.2시간)이라면 시간당 생산율은 5개/시간이 된다.

$$T_p = T_{su} + T_c \tag{4-3}$$

$$R_p = \frac{1}{T_p} \tag{4-4}$$

❷ 배치 생산 방식(Q>1)

배치 생산 시간(T_b)은 **식 (4-5)**에서와 같이 배치 생산을 위한 셋업 시간(T_{su})과 Q개 제품의 공정처리 시간의 합이며, 제품 1개당 생산 시간(T_p)은 **식 (4-6)**에서와 같이 배치 생산 시간(T_b)을 배치 크기(Q)로 나눈 값이 된다. 배치 생산 방식에서의 R_p 또한 **식 (4-4)**에서와 같이 T_p의 역수로 계산할 수 있다. 여기서 Q 값이 커질수록 T_{su}/Q 값은 작아지므로, T_p 값은 작아지지만 그 역수인 R_p 값은 증가하게 된다.

$$T_b = T_{su} + QT_c \tag{4-5}$$

$$T_p = \frac{T_b}{Q} = \frac{T_{su}}{Q} + T_c \tag{4-6}$$

❸ 대량생산 방식(Q→∞)

대량생산 방식은 배치 크기인 Q 값이 충분히 큰 경우($Q \to \infty$)이므로 **식 (4-7)**에 의해 $T_p \approx T_c$가 성립하며(T_{su}/Q 값이 0에 수렴하므로), 결국 $R_p \approx R_c$가 되므로 R_p 값은 T_c의 역수로도 구할 수 있게 된다.

$$\lim_{Q\to\infty} T_p = \lim_{Q\to\infty}\left(\frac{T_{su}}{Q} + T_c\right) = T_c \quad (4\text{-}7)$$

❹ 라인 생산 방식

라인 생산 방식에서의 T_c는 식 (4-2)와 같으며, 이 방식에서는 공정 순서에 따라 작업장이 일렬로 배치되어 있어 별도의 셋업 시간이 필요 없으므로 T_p의 계산은 무의미하다. 따라서 라인 생산 방식에서의 R_p는 R_c와 같다고 볼 수 있으며 이는 T_c의 값을 이용해 산출할 수 있다.

(3) 장비 가용률과 유효 생산율

실제 현장에서는 고장과 수리로 인해 장비가 100% 가동되지 못한다. 장비 가용률(equipment availability, A_e)은 사용 가능한 시간 중 실제 가용한 시간의 비율로 산출이 가능하다. 평균 고장 간격 시간(Mean Time Between Failure, *MTBF*)은 고장 구간 사이의 평균 시간으로 고장이 한 번 발생한 이후 다시 고장이 발생하기까지 걸리는 평균 시간이며, 이 값은 고장이 발생할 확률(λ)의 역수로 계산된다. 평균 수리 시간(Mean Time To Repair, *MTTR*)은 고장 후 복구에 걸리는 평균 시간으로, 고장이 발생한 시점부터 다시 정상 가동 상태로 복구하는 데 걸리는 평균 시간이며, 수리율(repair rate)을 μ라 하면 이 값의 역수로 계산된다. *MTBF*와 *MTTR*을 활용한 장비 가동률 A_e는 식 (4-8)과 같다.

$$A_e = \frac{MTBF - MTTR}{MTBF} = 1 - \frac{\lambda}{\mu} \quad (4\text{-}8)$$

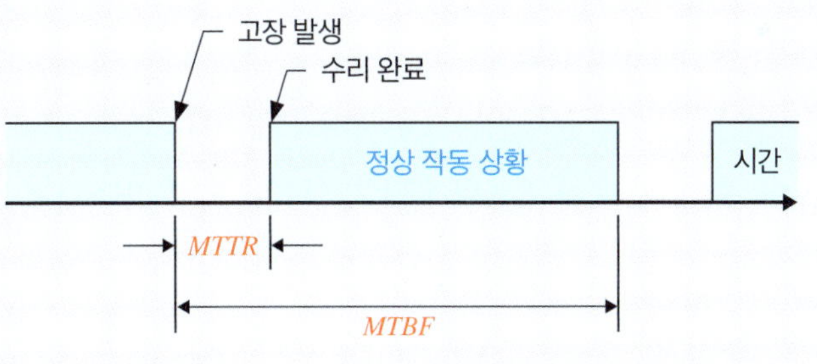

그림 4-3 *MTBF*와 *MTTR*

장비의 가용률을 고려한 유효 생산율을 R_{pe}라 하면 이는 식 (4-9)와 같이 R_p에 A_e를 곱해 계산할 수 있다.

$$R_{pe} = A_e R_p \quad (4\text{-}9)$$

예제 4-1 장비 유효 생산율(R_{pe}) 계산

시간당 300개의 제품을 생산할 수 있는 어떤 장비가 평균 500시간에 한 번 고장이 발생하고, 고장 발생 시 평균 10시간의 수리 시간이 필요하다고 한다. 이 장비의 유효 생산율 R_{pe}를 구하시오.

풀이

해당 장비가 평균 500시간에 한 번 고장이 발생하므로 고장률 $\lambda=1/500 = 0.002$(1/시간), 고장 발생 시 평균 10시간의 수리 시간이 필요하므로 수리율 $\mu=1/10=0.1$(1/시간)이 된다.

A_e 값은 다음과 같이 계산되어 0.98, 즉 98%의 가용률을 갖는다.

또한 이 장비는 시간당 300개의 제품을 생산할 수 있으므로 생산율 $R_p=300$(개/시간)이므로, 장비 가용률 A_e을 고려한 유효 생산율 R_{pe}는 294개/시간이 된다.

$$A_e=\frac{500-10}{500}=1-\frac{0.002}{0.1}=0.98$$

$$R_{pe}=0.98\times 300(\text{개/시간})=294(\text{개/시간})$$

(4) 생산 능력

생산 능력(production capacity, C_p)은 이상적인 공정 조건하에서 일정 기간 동안 생산설비 또는 생산라인이 생산할 수 있는 최대 산출량을 말한다. 생산설비가 보통 공장을 의미하므로 생산 능력을 측정하기 위해 종종 공장 능력(plant capacity)이 사용된다. C_p가 주어진 설비의 생산 능력(개/기간)이고 특정 기간에 생산되는 제품의 수를 나타낸다고 하자. 기계(혹은 라인) 수를 n, 기간 내 가동 가능 시간을 T_a(시간), 설비당 생산율을 R_p(개/시간)라고 할 경우 C_p는 **식 (4-10)**과 같이 계산된다. 여기서 T_a는 조건에 따라 시간, 일, 주, 월 등의 시간 단위가 될 수 있으며, R_p의 시간 단위와 일치시켜 계산해야 한다.

$$C_p=n\,T_a R_p \tag{4-10}$$

식 (4-8)의 장비 가용률을 고려한 유효 생산 능력 C_{pe}는 **식 (4-11)**과 같이 계산할 수 있다. 유효 생산 능력은 보통 휴식, 품질 이슈, 보전 등으로 설계 생산 능력보다 낮게 나타나는 것이 일반적이다.

$$C_{pe}=A_e C_p=A_e(n\,T_a R_p)=n\,T_a(A_e R_p)=n\,T_a R_{pe} \tag{4-11}$$

예제 4-2 생산 능력(C_p) 및 유효 생산 능력(C_{pe}) 계산

산공기업 가공 부서에 총 6대의 CNC 장비가 있고, 각 장비의 평균 고장률은 0.02(1/시간), 평균 수리율은 0.5(1/시간)라고 한다. 모든 CNC 장비는 모두 동일한 부품을 생산하고 있다. 이 부서는 하루 2교대로 운영되고, 교대당 작업시간은 8시간, 주 5일 연간 50주 근무한다.

(1) 각 CNC 장비의 평균 생산율(R_p)이 10(개/시간)일 때 이 부서의 주간, 월간, 연간 생산 능력 C_p을 각각 구하시오.

(2) 장비 가용률(A_e)을 고려할 경우 이 부서의 주간, 월간, 연간 유효 생산 능력 C_{pe}을 각각 구하시오.

풀이

(1) 주간, 월간, 연간 생산 능력을 각각 C_{pw}, C_{pm}, C_{py}라 하면 다음과 같이 계산된다.

$$C_{pw}=6\times(2\times8\times5)\times10=4{,}800(\text{개/주})$$

$$C_{pm}=\frac{C_{py}}{12}=\frac{240{,}000}{12}=20{,}000(\text{개/월})$$

$$C_{py}=50\times C_{pw}=240{,}000(\text{개/연})$$

(2) 장비 가용률은 식 (4-8)에 의해 다음과 같이 계산된다.

$$A_e=1-\frac{\lambda}{\mu}=1-\frac{0.02}{0.5}=1-0.04=0.96$$

주간, 월간, 연간 유효 생산 능력을 각각 C_{pew}, C_{pem}, C_{pey}라 하면 이는 C_{pw}, C_{pm}, C_{py}의 값에 각각 장비 가용률을 곱하면 되므로 C_{pew}, C_{pem}, C_{pey} 값은 각각 4,608개/주, 19,200개/월, 230,400개/연이 된다.

(5) 가동률

가동률(utilization, U)은 장비와 같은 생산 자원이 가용 시간 대비 실제로 사용되는 시간의 비율을 나타낸다. 개별 생산과 배치 생산의 경우, 각 장비는 하나 이상의 배치를 생산하는 데 사용될 수 있으며, 배치는 부품 j가 Q개 있는 집합이다. 장비 i가 부품 j를 가공하는 데 소요되는 시간의 비율을 t_{ij}라고 할 경우, 정상적인 운전 상태에서 각 장비 i는 식 (4-12)에서와 같은 조건을 만족시킨다.

$$0\le\sum_j t_{ij}\le1,\ \text{단 모든 } i\text{에 대해서 } 0\le t_{ij}\le1 \tag{4-12}$$

식 (4-12)의 하한값은 식 (4-10)에서 정의된 기간(T_a) 동안 장비가 계속 정지되어 있는 경우이고, 상한값은 해당 기간 동안 100% 가동되었다는 것을 의미한다. 그 사이의 값을 갖는 경우는 일정 부분 정지된 적이 있다는 것이며, 만약 상한값을 초과한다면 이것은 T_a를 넘어선 시간까지 초과운전에 장비가 활용되었다는 것으로 볼 수 있다. 가동률이 높을수록 장비를 효율적으로 활용하고 있음을 의미하지만, 100%에 가까운 가동률은 유연성 저하와 대기시간 증가를 초래할 수 있다.

장비의 가동률은 생산 능력 정의하에서 상대적인 사용도를 의미하며, 장비 i의 가동률 U_i는 **식 (4-13)**과 같이 계산된다. 만약 공장에 n대의 장비가 존재한다면 공장 전체 장비의 평균 가동률 U는 **식 (4-14)**와 같이 계산된다.

$$U_i = \sum_j t_{ij} \tag{4-13}$$

$$U = \frac{\sum_{i=1}^{n} \sum_j t_{ij}}{n} = \frac{\sum_i U_i}{n} \tag{4-14}$$

예제 4-3 장비 및 공장 가동률 계산

IE 기업 가공 라인은 일일 총 가용 시간 8시간으로 운영되며, CNC 장비 3대(M1, M2, M3)가 서로 다른 비율로 세 가지 부품 A, B, C를 가공한다. 각 장비의 하루 작업 기록은 다음과 같으며 단위는 시간이다(나머지는 비공정 시간).

장비	부품 A	부품 B	부품 C
M1	3.0	2.0	1.0
M2	2.5	2.5	2.0
M3	1.0	3.0	1.5

(1) 각 장비의 가동률을 구하시오.

(2) 공장 전체의 평균 가동률을 구하시오.

풀이

각 장비별 부품을 가공하는 데 사용되는 시간의 합은 아래 표와 같다(단위: 시간).

장비	부품 A	부품 B	부품 C	비공정 시간	합계
M1	3.0	2.0	1.0	2.0	8.0
M2	2.5	2.5	2.0	1.0	8.0
M3	1.0	3.0	1.5	2.5	8.0

(1) 장비별 가동률은 **식 (4-13)**에 의해 각 장비가 모든 부품을 가공하는 데 활용한 시간을 총 가용 시간으로 나누어 계산한다. M1, M2, M3의 가동률을 각각 U_1, U_2, U_3라고 하자.

$$U_1 = \sum_{j=1}^{n} t_{1j} = \frac{3}{8} + \frac{2}{8} + \frac{1}{8} = (3+2+1)/8 = 0.75$$

마찬가지 방법으로 $U_2 = 7.0/8 = 0.875$, $U_3 = 5.5/8 = 0.6875$가 된다.

(2) 공장 전체 평균 가동률은 전체 장비가 3대이므로, 다음과 같이 계산된다.

$$U = \frac{U_1 + U_2 + U_3}{3} = \frac{0.75 + 0.875 + 0.6875}{3} = \frac{2.3125}{3} \approx 0.771$$

따라서 공장 전체 평균 가동률 U는 약 0.771(77.1%)이 된다.

(6) 제조 리드타임

일반적으로 제조는 일련의 가공 및 조립 공정으로 구성되며, 공정 간에는 자재취급, 저장, 대기, 이동, 검사 및 제조에 직접 참여하지 않는 그 밖의 활동으로 이루어진다. 제조 리드타임(manufacturing lead time, T_{MLT})은 생산 시작(원자재나 부품이 공정에 투입되는) 시점부터 완제품으로 출고되기까지 걸리는 총 시간을 말한다. Q_j개의 부품을 갖는 배치 j 생산을 위해 필요한 공정 i(또는 장비 i)의 개수를 n_j라고 하고, 공정 i에서 한 배치 생산을 위해 필요한 셋업 시간을 $T_{su_{ij}}$, 부품 j 1개를 가공하기 위한 공정 i의 사이클 타임이 $T_{c_{ij}}$, 각 공정에서의 비공정 시간을 $T_{no_{ij}}$라고 한다면, 제조 리드타임은 식 (4-15)와 같이 계산된다. 만약 한 공장에서 처리하는 모든 부품이 같고, 한 배치의 크기도 Q로 동일하며, 모든 공정에서의 셋업 시간, 사이클 타임, 비공정 시간이 모두 같다면 식 (4-15)의 제조 리드타임은 식 (4-16)과 같이 간단히 정리할 수 있다.

$$T_{MLT_j} = \sum_{i=1}^{n_j} (T_{su_{ij}} + Q_j T_{c_{ij}} + T_{no_{ij}}) \tag{4-15}$$

$$T_{MLT} = n(T_{su} + QT_c + T_{no}) \tag{4-16}$$

대량생산을 하는 경우에는 생산량 Q가 매우 크기 때문에 셋업 시간이나 비공정 시간에 비해 사이클 타임이 전체 제조 리드타임을 결정하게 된다. 많은 양의 부품이 단일 기계에서 만들어지는 경우 사전에 준비가 끝나고 제조가 시작된 후의 제조 리드타임은 장비의 사이클 시간으로 단순하게 계산된다.

라인 생산 방식의 경우에는 전체 생산 준비를 사전에 끝내고, 가공 단계 사이의 비공정 시간이 공정 간 부품 이동 시간인 T_m이 된다. 이 방식에서의 제조 리드타임은 모든 공정의 흐름에 따라 부품을 가공하는 시간과 함께 라인 투입 전 또는 완성 후 대기 시간 등 비공정 시간의 합이 된다. 따라서 라인 생산 방식에서의 제조 리드타임은 식 (4-17)과 같이 표현할 수 있다.

$$T_{MLT} = n(Max\, T_o + T_m) + T_{no} = nT_c + T_{no} \tag{4-17}$$

예제 4-4 제조 리드타임 계산

어떤 부품 K는 300개 단위로 배치 생산되며, 한 배치의 부품 가공을 위해서는 3개의 공정을 거쳐야 한다. 각 공정에서의 셋업 시간, 사이클 타임, 비공정 시간에 대한 정보가 다음과 같다고 할 때, 한 배치를 완전하게 생산하는 데 필요한 제조 리드타임은 며칠인지 계산하시오. 단, 이 공장은 하루 8시간 주 5일 근무한다고 한다.

구분	셋업 시간(시간)	사이클 타임(분/개)	비공정 시간(시간)
공정 1	3	10	6
공정 2	2	20	5
공정 3	5	15	8

풀이

주어진 문제는 부품 한 가지만을 가공하는 상황이므로 **식 (4-15)**에서의 j는 무시하면 된다. 따라서

$$T_{MLT} = \sum_{i=1}^{3} (T_{su_i} + 300T_{c_i} + T_{no_i})$$

이므로 공정 1의 총 소요 시간은 다음과 같다.

$$T_{su_1} + 300T_{c_1} + T_{no_1} = 3 + 300 \times \frac{10}{60} + 6 = 59\text{시간}$$

마찬가지 방법으로 공정 2와 3의 소요 시간을 계산하면 각각 107시간과 88시간이 된다. 따라서 전체 제조 리드타임은 각 공정의 소요 시간의 합이므로 254시간이 된다.

(7) 재공재고와 Little의 법칙

재공재고(Work-In-Process, *WIP*) 또는 재공품은 생산 공정에 투입되었지만 아직 완성되지 않은 상태로 공정 사이에 머무르고 있는 제품·부품·자재의 수를 의미한다. 즉, 원재료가 완제품이 되는 과정에 있는 재고이다. 시스템 내 재공품 *WIP*은 공장 전체 처리 속도와 제조 리드타임의 곱으로 계산되며, 이는 대기행렬 이론의 기본 정리인 **Little의 법칙**[8]에 해당한다. Little의 법칙은 1961년 John D. C. Little이 대기행렬 이론을 수학적으로 증명한 법칙으로 시스템이 안정 상태(steady state)일 때 **식 (4-18)**과 같은 간단한 수식이 성립한다는 것을 말한다. 따라서 3개의 변수 중 2개만 알면 나머지 하나의 값을 쉽게 알 수 있다. 가령 자동차 조립 라인에서 시간당 완성되어 출고되는 차량의 수(*Throughput*)가 10대이고, 차 한 대가 공장에 들어와서 출고될 때까지 걸리는 시간(T_{MLT})이 20시간이라고

한다면 현재 라인 위에 올라가 있는 차량의 수(WIP)는 식 (4-18)을 통해 쉽게 200대라고 계산할 수 있다.

$$WIP = Throughput \times T_{MLT} \tag{4-18}$$

WIP이 커지면 제조 리드타임이 길어지고 공정 병목과 대기가 증가한다. 반대로 WIP을 줄이면 리드타임은 단축되지만 설비 가동률 저하나 잦은 셋업 증가가 발생할 수 있다.

(8) 설비종합효율

OEE(Overall Equipment Effectiveness)는 설비의 실질적인 생산성을 종합적으로 평가하는 지표로서, 식 (4-19)와 같이 설비 가용률(A_e), 설비 성능률(P), 양품률 또는 수율($Yield$)의 곱으로 계산된다.

$$OEE = A_e \times P \times Yield \tag{4-19}$$

구성요소 세 가지의 의미와 계산식 등은 표 4-4와 같다.

표 4-4 설비종합효율 구성요소 및 손실 요인

구성요소	의미	계산식	손실 요인
A_e	설비가 계획된 시간 대비 실제로 가용한 비율	$\frac{\text{실제 가동 시간}}{\text{계획 가동 시간}}$	고장, 셋업·조정, 비가동 시간
P	가동 시간 동안의 생산 속도 효율	$\frac{\text{실제 생산량}}{\text{이론 생산량}}$ 또는 $\frac{\text{이론적 } T_c \times Q}{\text{실가동 시간}}$	저속 운전, 소규모 정지, 비효율
$Yield$	총생산량 중 양품 비율	$\frac{\text{양품 수량}}{\text{총 생산량}}$	불량, 재작업

세계 수준의 OEE는 85% 이상으로 평가된다. OEE가 낮은 경우, 세 가지 요소 중 어느 부분이 문제인지 파악하여 개선 활동을 집중할 수 있다.

예제 4-5 *OEE* 계산

어떤 설비의 하루 계획 가용 시간은 8시간이나, 실제로는 고장과 셋업으로 인해 1시간이 낭비되었다. 이 설비는 분당 10개를 생산할 수 있으나, 실제로는 하루 동안 3,780개를 생산했으며, 이 중 3,600개가 양품이었다. 이 설비의 OEE를 계산하시오.

풀이

$$설비\ 가용률(A_e)=7/8=0.875(87.5\%)$$

$$이론\ 생산량=420분(7시간)\times 10개/분=4,200개$$

$$설비\ 성능률(P)=3,780/4,200=0.90(90\%)$$

$$Yield=3,600/3,780=0.952(95.2\%)$$

$$OEE=A_e\times P\times Yield=0.875\times 0.90\times 0.952=0.750(75\%)$$

이 설비의 OEE는 75%로, 세계 수준인 85%에는 미치지 못하며, 개선이 가장 필요한 부분은 장비 가용률로 파악된다.

---

(9) 에너지 효율성

제조업에서 에너지 비용이 차지하는 비중이 증가하고, 탄소 배출 규제가 강화되면서 에너지 효율성의 중요성이 커지고 있다. 에너지 효율성(energy efficiency, E_e)은 **식 (4-20)**에서와 같이 단위 에너지당 생산량 또는 단위 제품당 에너지 소비량으로 측정된다.

$$E_e=Q/E \tag{4-20}$$

여기서 E_e는 에너지 효율성(개/kWh), Q는 생산량(개), 그리고 E는 에너지 소비량(kWh)을 나타낸다. 에너지 효율성 향상 방법으로는 설비 효율 개선 및 고효율 설비 도입, 공정 최적화 및 운영관리 개선, T_c 단축 및 OEE 향상 등 생산성 향상, 에너지 회수 시스템 구축, 스마트 에너지 관리 시스템 활용 등이 있다.

4) 지표 간 트레이드오프와 적용 시 주의사항

앞서 다룬 생산시스템에서 여러 성능 지표들은 상호 의존적이다. T_c를 줄이면 R_p와 C_p가 증가하지만, 설비 투자나 병목 전이가 발생할 수 있다. WIP을 줄이면 T_{MLT}가 단축되지만 생산 안정성이 떨어질 수 있다. **표 4-5**는 생산시스템 성능 지표 간 트레이드오프 관계를 나타낸 것으로 이를 고려하여 생산시스템을 효과적으로 운영해야 한다. 스마트제조에서는 이러한 상충관계를 실시간 데이터와 최적화 알고리즘으로 균형 있게 관리한다.

생산시스템 성능 지표 적용 시 유의할 점은 다음과 같다.

1. 지표를 단독으로 개선하려 하지 말아야 한다.
   - 지표는 시스템적으로 연결되어 있으므로 전체 최적화를 고려해야 한다.

표 4-5 생산시스템에서의 성능 지표 간 트레이드오프 관계

지표	관련 지표	트레이드오프 관계
T_c	R_p, T_{MLT}	T_c↓ ⇒ R_p↑, T_{MLT}↓. 무리한 단축은 품질 문제나 셋업 증가로 이어질 수 있음
R_p	WIP, C_p, T_{MLT}	R_p↑(WIP 일정 시) ⇒ C_p↑, T_{MLT}↓. 병목이 존재하면 Rp는 제한됨
A_e	C_p, R_p	A_e↑ ⇒ 실가동 시간↑, C_p↑, R_p↑. 과도한 A_e 추구는 유지보수 지연 등으로 신뢰성 저하 위험이 있음
C_p	A_e, R_p, U	C_p는 R_p, A_e, T_a의 함수. C_p 증가는 종종 설비 투자나 인력 증가가 수반됨
U	A_e, C_p	U↑는 유휴 시간(idle time)의 감소를 의미하지만, 과도한 증가는 유지보수, 품질 안정성에 부정적 영향 가능
T_{MLT}	WIP, T_c, R_p	T_{MLT} 감소는 WIP 감소와 흐름 개선의 핵심. 단, 지나친 단축은 작업 간 여유시간 부족으로 유연성 저하 위험
WIP	T_{MLT}, R_p	WIP↑ ⇒ T_{MLT}↑(Little의 법칙). 과다 WIP은 재고비용과 $TMLT$ 증가 유발. 하지만 최소 WIP을 유지하지 않으면 소진(starvation)현상 발생 가능

   - 예: T_c만 줄이려는 시도는 R_p의 향상을 가져올 수 있지만, 셋업 빈도 증가로 오히려 T_{MLT}가 길어질 수 있다.
2. 병목 공정의 영향력을 반드시 파악해야 한다.
   - 라인 전체의 *Throughput*이나 C_p는 병목 공정이 결정한다.
   - 병목 공정을 무시한 채 평균 T_c이나 U만 개선해도 실질적 효과가 미미할 수 있다.
3. Little의 법칙을 염두에 두어야 한다.
   - WIP, *Throughput*, T_{MLT}는 서로 강하게 연결되어 있으므로, 한 요소를 줄이면 반드시 나머지에 변화가 발생하기 마련이다.
4. A_e와 U를 혼동하지 말아야 한다.
   - A_e는 장비가 실제로 쓸 수 있는 시간 비율을, U는 실제 사용된 시간 비율을 의미한다.
   - A_e가 높아도 수요가 없으면 U가 낮아질 수 있고, U가 높다고 A_e가 항상 좋은 것도 아니다.
5. 지표 개선의 국부 최적화(local optimization)를 경계해야 한다.
   - 일부에 대한 최적화가 아닌 시스템 전체를 보는 시야가 중요하다.
   - 가령 특정 공정의 생산 속도를 높여도 후공정이 따라가지 못하면 WIP만 증가하고 T_{MLT}가 길어진다.
6. 단기적 수치 개선보다는 장기적 안정성을 고려해야 한다.
   - A_e, U, R_p 등을 단기적으로 높이는 방법은 많지만, 유지보수 부족, 과다 WIP, 품질 저하 등 장기적 문제를 유발할 수 있다.

4.3 생산시스템의 제조원가와 생산성

1) 제조원가의 개념과 구성

제조원가(manufacturing cost)는 제품을 생산하기 위해 투입되는 모든 자원의 경제적 가치를 의미한다. 제조원가는 기업의 가격 경쟁력, 수익성, 투자 의사결정에 직접적인 영향을 미치므로, 생산시스템 관리에서 핵심적인 요소이다.

일반적으로 제조원가는 **고정비**(fixed cost)와 **변동비**(variable cost)로 나눌 수 있다. 이에 대한 정의 및 특징은 표 4-6에서와 같다.

표 4-6 제조원가에서의 고정비와 변동비 비교

항목	고정비	변동비
정의	생산량에 관계없이 총액이 고정된 비용	생산량 증감에 따라 총액이 변하는 비용
단위당 비용	생산량이 늘면 단위당 고정비는 감소	단위당 변동비는 일정
발생 시점	기간 기준(시간 흐름)	생산활동 기준(생산량, 가동 시간)
예시	감가상각비, 임차료, 정규직 인건비 등	재료비, 성과급, 전력비, 소모품비 등

생산량(Q)에 따른 총제조원가($C_{mfg}(Q)$)는 v를 단위당 변동비라고 하면 식 (4-21)에서와 같이 고정비 C_f와 변동비 C_v의 합으로 계산되며, 변동비는 생산량(Q)에 단위당 변동비(v)를 곱한 값이 된다.

$$C_{mfg}(Q) = C_f + C_v = C_f + vQ \tag{4-21}$$

단위당 제조원가를 $C_{unit}(Q)$라 한다면 이 값은 식 (4-22)에서와 같이 $C_{mfg}(Q)$를 Q로 나눈 값으로 계산된다. 생산량이 증가하면 고정비가 더 많은 수량에 분산되어 C_f/Q 항이 작아지고 결과적으로 단위원가가 낮아지게 되는데 이를 **규모의 경제**(economy of scale)라 한다.

$$C_{unit}(Q) = \frac{C_f + vQ}{Q} = \frac{C_f}{Q} + v \tag{4-22}$$

2) 제조원가의 구성요소

제조원가를 구분하는 또 다른 방법은 **재료비**(material cost), **인건비**(labor cost), **제조간접비**(manufacturing overhead)의 세 가지 요소로 나누는 것이다.[9] 이 세 가지 요소에 대한 정의와 특성은 표 4-7과 같다.

제조간접비는 실제 측정이 어려워서 작업시간, 기계 시간, 생산량 등을 기준으로 배부하거나 직접

표 4-7 제조원가에서의 재료비, 인건비, 제조간접비 비교

항목	재료비	인건비	제조간접비
정의	제품 생산에 투입되는 주된 원재료 비용	제품 생산에 직접 참여한 작업자의 인건비	제조 과정에서 간접적으로 발생하는 공통비용
제품별 추적 가능성	매우 높음	높음	낮음(배부 필요)
성격	대부분 변동비	변동 또는 준고정비	고정+변동 혼합
예시	철판, 부품, 포장재 등	조립공 임금, 성과급 등	감가상각비, 전기요금, 정비 인건비 등

비(재료비, 인건비)에 일정 비율을 곱하여 계산하는 경우가 있다. 직접비와 간접비의 구분은 기업의 상황에 따라 달라질 수 있는데, 가령 소규모 공장에서는 작업자의 인건비가 모두 직접비일 수 있지만, 대규모 자동화 공정에서는 일부만 직접비로 처리하고 나머지는 간접비로 분류한다.

3) 활동기준원가계산(ABC)과 전통적 배부

제조간접비를 제품별로 배부하는 방식에는 전통적 배부 방식과 **활동기준원가계산**(Activity-Based Costing, ABC) **방식**이 있다. 전통적 방식은 기계 가동 시간이나 인원 투입 시간 등 하나의 기준을 사용하여 간접비를 배부한다. 계산이 단순하고 적용이 쉽다는 장점이 있지만, 제품별 공정 특성이 상이할 경우 실제 자원 사용과 배부 결과 사이에 왜곡이 발생할 수 있다.[10] 예를 들어, A 제품은 한 번 셋업 후 대량생산을 진행하고, B 제품은 셋업을 여러 차례 변경하며 소량생산을 진행한다고 하자. 이때 기계 가동 시간을 기준으로 간접비를 배부하면, 셋업 활동이 많은 B 제품에 실제보다 적은 간접비가 배부되는 문제가 생긴다.

ABC 방식은 이러한 문제를 개선하기 위해 개발된 방법이다. 간접비를 유발하는 셋업, 검사, 운송 등의 활동(activity)을 구분하고, 각 활동의 발생량을 비용 유발 요인으로 설정하여 간접비를 제품별로 배부한다. 이 방식은 제품이 실제로 소비하는 활동 자원을 기준으로 비용을 배분하기 때문에 보다 정확한 원가 계산이 가능하다.

(1) ABC와 전통적 배부 방식 비교

다음과 같은 조건에서 두 방식을 비교해 보자.

구분	제품 P	제품 N
생산 수량(개)	1,000	100
기계 가공 시간(시간/개)	2	2
셋업 횟수(회)	1	10

총제조간접비가 110,000원이며, 전통적 방식에서는 총 기계 가공 시간(2,200시간)을 기준으로 간접비를 배부한다고 하자. 이때 제품 P와 제품 N의 간접비 계산은 다음과 같다.

시간당 배부율: 110,000원÷2,200시간=50원/시간
제품 P 간접비: 2,000시간×50원=100,000원
제품 N 간접비: 200시간×50원=10,000원

ABC 방식에서는 셋업 활동을 비용 유발 요인으로 설정한다고 할 때, 제품 P와 제품 N의 간접비 계산은 다음과 같다.

셋업 1회당 비용: 110,000원÷11회=10,000원/회
제품 P 간접비 : 1회×10,000원=10,000원
제품 N 간접비 : 10회×10,000원=100,000원

ABC 방식은 셋업 활동이 많은 제품 N에 더 많은 간접비를 배분하여 전통적 방식에서의 간접비보다 10배가 더 배분되어 실제 공정 특성을 보다 정확히 반영한다. ABC 방식은 제품 종류가 다양하고 세팅, 검사 등 간접활동의 비중이 큰 공정에서 효과적이다.

4) 원가 절감과 생산성 향상 간의 관계

원가 절감과 생산성 향상은 밀접한 관계가 있지만, 항상 같은 방향으로 움직이지는 않는다. QCDF 관점에서 보면, 원가 절감을 위한 무리한 노력이 품질 저하나 납기 지연을 초래할 수 있다.

지속가능한 원가 절감을 위한 전략은 다음과 같은 접근법을 취한다.

- **공정 개선을 통한 낭비 제거**: *WIP*·대기·운반·과잉가공·불량 등 낭비를 축소하여 T_c, T_{MLT}, 재고·자본비용 절감
- **합리적 자동화 추진**: 병목·고위험·고변동 공정부터 단계적 적용, 유지보수 체계 동시 설계를 통해 *OEE*를 높이고 인건비 및 단위당 제조간접비를 낮춤
- **지속적 품질개선을 통한 품질 내재화 추진**: 재작업·스크랩·A/S 비용, 고객 클레임·납기 리스크를 낮추는 활동을 통해 C_{mfg} 절감 및 신뢰도 향상
- **설비 효율성 향상(*OEE* 개선)**: 고장·셋업·저속·미세정지·불량 손실을 A_e·성능·품질로 분해 관리하여 C_{pe}를 높이고 단위 원가를 낮춤
- **에너지 효율성 향상을 통한 운영비 절감**: 설비 효율·피크 관리·공정 조건 최적화 등을 통해 전력·연료비 및 탄소비용 절감 추진

- **데이터 기반 운영**: 이상 조기 감지로 불량·다운타임 최소화 및 계획/실적 간 갭(gap) 관리를 통한 재료비·구매비 절감, 품질·납기 안정화

이상의 원가 절감 전략 추진 시 유의사항은 다음과 같다.

- **원가만 보는 국부 최적화 금지**: 병목 무시·*WIP* 과다·품질 저하를 부르는 지엽적 개선은 총원가를 오히려 키울 수 있다.
- **QCDF 균형**: 비용 절감이 납기·품질·유연성 악화로 이어지지 않도록 KPI를 세트로 관리해야 한다. 즉, *OEE*, T_c, T_{MLT}, R_p 등을 동시에 고려해야 한다.
- **자동화의 ROI**: 설비/유지보수/스킬·품목 변동 등을 고려한 총비용과 회수기간 검증 후 단계적 도입 검토를 추진한다.
- **표준화 현장 정착**: 표준작업·교육·감사 없이 변화만 주면 반동 발생이 우려된다.
- **간접비 왜곡 방지**: 간접비 배부 기준의 재점검이 필요한데 이는 잘못된 간접비 배부로 인해 가짜 원가 절감을 유발할 수 있기 때문이다.
- **실험-확대 추진**: 파일럿 추진을 통해 지속적인 성능 향상을 확인한 이후 확대 추진을 결정해야 한다.

4.4 조립시스템

1) 조립시스템의 역할과 특성

조립시스템(assembly system)은 부품 또는 반제품을 결합하여 최종 제품을 생산하는 체계를 말한다. 조립 공정은 제조 프로세스의 후반부에 위치하며, 제품 품질, 생산성, 납기 준수율에 직접적인 영향을 미친다. 특히 다부품 제품에서 조립 공정은 전체 제조원가의 30~50%를 차지하며, 최종 품질을 결정하는 핵심 공정이다. 조립은 개별 부품의 정밀도가 우수하더라도 결합 과정에서 오차가 누적되거나 부적절한 체결로 인해 제품 불량이 발생할 수 있어, 공정 설계와 관리가 매우 중요하다.

조립시스템은 표 4-8에서와 같이 크게 수동 조립시스템(manual assembly system)과 자동 조립시스템(automated assembly system)으로 구분된다. 각 방식은 서로 다른 특성을 가지며, 제품 특성과 생산량에 따라 적절한 선택이 필요하다.

수동 조립시스템의 대표적 사례로는 항공기 최종 조립, 고급 가구 제작, 맞춤형 기계 조립 등이 있다. 항공기 조립은 기체 크기가 크고 부품 형상이 복잡하며 조립 공차가 엄격하여, 숙련된 작업자의

표 4-8 수동 조립시스템과 자동 조립시스템의 비교

구분	수동 조립시스템	자동 조립시스템
초기 투자	낮음(작업대, 공구)	높음(설비, 지그, 제어시스템)
유연성	높음(신속한 제품 변경)	낮음(설비 재구성 필요)
생산성	중간(작업자 속도 의존)	높음(일정한 사이클 타임)
품질 균일성	작업자 숙련도에 따라 변동	높음(기계적 정밀도)
복잡도 대응	우수(불규칙 형상, 판단 작업)	제한적(표준화된 작업만)
적합 환경	다품종 소량, 맞춤형 제품	소품종 대량, 반복 작업

판단과 정밀한 수작업이 필수적이다. 또한 항공기는 모델별 생산량이 연간 수십 대에서 수백 대 수준으로, 자동화 투자를 정당화하기 어렵다. 반면 자동 조립시스템은 자동차 엔진 조립, 스마트폰 조립, 가전제품 조립 등에서 널리 사용된다. 예를 들어, 자동차 엔진 조립 라인은 블록 조립, 피스톤 삽입, 크랭크샤프트 장착, 실린더 헤드 체결 등이 자동화되어 있으며, 연간 수십만 대 이상을 생산한다. 스마트폰 조립은 초정밀 부품 배치, 납땜, 테스트가 자동화되어 있어 초당 수십 개의 부품을 조립할 수 있다.

2) 조립 라인 설계와 효율 산출

수동 조립 라인은 제품이 이송 수단을 따라 이동하며, 여러 작업장(workstation)에서 작업자가 순차로 조립하는 방식이다. 목표는 수요를 만족시키면서 최소 자원으로 효율적 생산을 달성하는 것이다.

한 가지 제품을 반복적으로 많이 생산하는 조립 라인을 설계한다고 가정하자. 이때 가장 먼저 결정해야 하는 것은 요구 생산율(required production rate, R_p)을 결정하는 것이다. 요구 생산율 R_p(개/시간)는 식 (4-23)에서와 같이 연간 수요(D_y개)를 연간 작업 가능 시간 T_y(시간)로 나누어 간단하게 계산할 수 있다.

$$R_p = D_y / T_y \tag{4-23}$$

식 (4-23)의 R_p는 조립 라인이 가동되는 시간 간격인 T_c로 계산될 수 있어야 한다. 하지만 조립 라인은 장비 공장, 부품 부족, 품질 문제의 발생 등 다양한 이유로 인해 정상 속도보다 늦게 운영됨으로써 손실이 발생할 수 있다. 이때 조립 라인의 가동 가능한 총시간 중 정상적으로 운영된 시간의 비율을 **라인 효율성**(line efficiency, E_l)이라고 한다. 조립 라인에서의 일반적인 E_l 값은 0.9~0.98로 알려져 있다. 이러한 손실로 인해 조립 라인의 실제 생산율(R_p)은 사이클률(R_c)에 E_l을 곱한 값이 되며, E_l 값이 1 이하이므로 R_p는 주로 R_c보다 작은 값을 나타낸다. T_c와 R_c, T_p와 R_p가 각각 역수관계에 있으므로 식 (4-24)가 성립한다.

$$E_l = \frac{R_p}{R_c} = \frac{T_c}{T_p} \tag{4-24}$$

1개의 조립제품이 완성되기 위해서는 다양한 단위 작업을 모두 더한 총 작업시간(T_k)이 필요하다. 만약 T_k 값과 연간 수요를 맞추기 위한 R_p 값을 알고 있을 경우 조립 라인에 최소 몇 개의 작업장(또는 작업자)이 필요한지 계산할 수 있다. 주어진 기간 동안 수행해야 하는 총 작업필요시간(workload, W)은 개당 필요한 시간, 즉 식 (4-25)에서의 T_k(시간)와 시간당 몇 개의 제품을 생산하는지를 의미하는 R_p(개/시간)의 곱으로 계산된다. 작업장의 수를 w라고 하면 이는 식 (4-26)에서와 같이 W를 기간 내 가용 시간 T_a(시간)으로 나누어 산출한다.

$$W = T_k R_p \tag{4-25}$$

$$w = \frac{W}{T_a} \tag{4-26}$$

식 (4-24)로부터 $R_p = E_l R_c = E_l / T_c$이므로, 식 (4-25)는 식 (4-27)과 같이 정리될 수 있다.

$$W = \frac{E_l T_k}{T_c} \tag{4-27}$$

T_a는 E_l과 같으므로 식 (4-26)은 식 (4-28)과 같이 정리될 수 있다. T_a가 E_l과 같다는 의미는, 만약 T_a가 1시간 동안 작업 가능한 시간이라면 E_l은 조립 라인의 효율성을 나타내므로 이 값이 가령 0.9라고 한다면 실제 가용 시간은 0.9시간, 즉 54분이 된다는 뜻으로 해석할 수 있다.

$$w^* = \left\lceil \frac{T_k}{T_c} \right\rceil \tag{4-28}$$

여기서 w^*는 이론적으로 계산 가능한 최소 작업장(작업자) 수이며, ⌈ • ⌉기호는 • 값보다 크거나 같은 값 중 가장 작은 정수를 의미한다. 하지만 이론적 최솟값을 달성하는 경우는 실제 상황에서는 거의 발생하지 않는데, 이는 다음의 두 가지 원인으로 인한다.

- **재위치에 따른 손실**: 각 작업장에서 작업물 또는 작업자의 위치 변경에 따라 다시 원래 자리로 돌아가는 데 걸리는 시간 동안 조립 작업을 할 수 없는 시간의 손실이 발생한다. 작업장 m에서 조립 공정 수행을 위한 서비스 시간을 T_{sm}, 재위치 시간을 T_r이라고 하고 모든 작업장에서의 최대 서비스 시간을 T_s라고 하면 식 (4-29)가 성립한다.

$$T_s = Max\ T_{sm} \leq T_c - T_r,\ i = 1, 2, \ldots, w \tag{4-29}$$

선후행 작업의 연속으로 진행되는 조립 작업에서는 조립 수행 시간 중 최대 시간이 걸리는 작업장(병목 작업장)의 조립 작업 가능 시간을 T_s로 설정하기 때문에, 일반적으로 각 작업장에서의 조립 수행 시간(T_{sm})은 T_s보다 작은 값을 갖게 된다. T_s와 T_{sm}의 차이가 발생하는 작업장에서는 그 만큼의 유휴 시간이 발생한다. 모든 작업장에서의 조립 공정을 수행할 수 있는 최대 시간은 **식 (4-30)**에서와 같이 T_c에서 T_r을 뺀 값이다. 재위치에 따른 손실, 즉 재위치로 인해 조립 작업에 할당될 수 있는 시간의 감소 비율을 **재위치 효율성**(E_r)이라고 할 경우 이는 **식 (4-31)**에서와 같이 T_c와 T_s의 비율로 계산한다.

$$T_s = T_c - T_r \tag{4-30}$$

$$E_r = \frac{T_s}{T_c} = \frac{T_c - T_r}{T_c} = 1 - \frac{T_r}{T_c} \tag{4-31}$$

- **라인 밸런싱** 문제: 각 조립 작업장별로 T_k를 균등하게 배분하는 것은 사실상 불가능하기 때문에 각 작업장별 작업시간의 차이가 발생한다. 이론적으로 작업장별로 작업이 완벽히 배분된 상태는 모든 작업장에서의 T_{sm}이 T_s와 동일함을 의미한다. 이는 모든 작업장에서의 유휴 시간이 0이라는 의미이며, 이는 다시 모든 작업장이 병목 작업장이라는 의미이기도 하다. 작업장 m에서 수행하는 조립 작업 n을 수행하는 데 걸리는 시간을 T_{mn}이라고 하면 이 작업장에서 조립 공정에 필요한 총 시간은 **식 (4-32)**에서와 같이 T_{sm}이 된다. 모든 작업장에서의 T_{sm}를 더하면 이는 **식 (4-33)**에서와 같이 T_k와 같아진다.

$$T_{sm} = \sum_n T_{mn} \tag{4-32}$$

$$T_k = \sum_m T_{sm} \tag{4-33}$$

또한 조립 공정은 선후행 공정의 순서가 엄격하게 지켜져야 완제품을 생산할 수 있다. 선행 조건은 각 작업장에서 수행되어야 할 요소 작업의 순서를 나타내는 **선행관계도**(precedence diagram)를 통해 도식화할 수 있다. 각 요소 작업은 노드로, 선행 조건은 노드를 연결하는 화살표로 표현하며, 좌측에서 우측으로 진행 순서를 표현한다. 그림 4-4는 이러한 선행관계도의 예시를 나타낸다.

각 요소 작업의 최소 시간과 이들 간의 선행 조건 차이로 인해 완벽한 라인 밸런스를 맞추는 일은 불가능하다. 각 작업장 간 라인 밸런스가 얼마나 잘 맞춰졌는지를 판단하기 위해 **라인 밸런스 효율성**(E_b)을 **식 (4-34)**와 같이 정의한다.

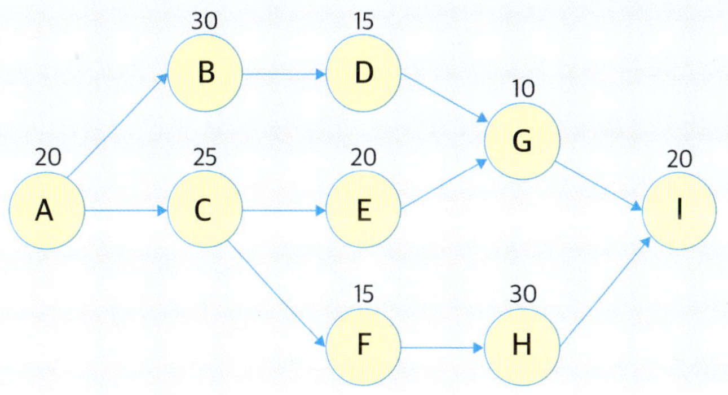

그림 4-4 선행관계도의 예

$$E_b = \frac{T_k}{wT_s} \qquad (4\text{-}34)$$

즉, E_b는 모든 작업장에서 사용할 수 있는 최대 서비스 시간(wT_s)에 대한 총 작업시간(T_k)의 비율이다. 작업장 m에서의 서비스 시간을 T_{sm}이라고 하였고 이 중 가장 큰 값, 즉 $Max\{T_{sm}\}$을 T_s라고 하였으니, 각 작업장에서의 작업시간이 서로 많이 다를수록(즉, 라인 밸런스가 잘 안 맞을수록) 각 T_{sm}과 T_s의 차이는 점차 커질 것이다(여기서 $T_{sm} \leq T_s$). 따라서 라인 밸런스 효율의 분모인 wT_s 값은 분자인 T_k에 비해 상대적으로 큰 값을 갖게 되어 결국 E_b 값은 1보다 작은 값을 갖게 된다. 여기서 $wT_s - T_k$는 모든 작업장에서의 유휴 시간의 총합을 나타낸다.

조립 라인에서 조립 생산성에 영향을 미치는 효율성은 라인 효율성(E_l), 재배치 효율성(E_r), 그리고 라인 밸런스 효율성(E_b) 세 가지이다. 조립 라인에서의 **작업자 종합 효율**(E_h)은 식 (4-35)와 같이 정의된다.

$$E_h = E_l E_r E_b \qquad (4\text{-}35)$$

조립 공정 수행을 위해 기간 내 가용 시간 T_a는 E_h에 영향을 받아 실젯값보다 작아지게 된다. 가령, E_l, E_r, E_b가 각각 0.95, 0.9, 0.85이고 T_a가 1시간이라고 하면 실제 가용한 시간은 모든 효율성 값을 곱한 약 0.73시간이다. 이러한 시간의 감소는 결국 조립 라인에서 필요한 작업장(작업자) 수를 증가시키며, 그 값은 식 (4-36)과 같이 계산할 수 있다. 식 (4-27)로부터 $W = E_l T_k / T_c$, 그리고 T_a가 작업자 종합 효율을 고려하지 않았을 경우에는 E_l 값과 같다고 하였다면, 종합 효율을 반영하는 경우 T_a는 E_h로 더욱 작은 값을 갖게 된다.

$$w^* = \left\lceil \frac{W}{T_a} \right\rceil = \left\lceil \frac{W}{E_h} \right\rceil = \left\lceil \frac{\frac{E_l T_k}{T_c}}{E_l E_r E_b} \right\rceil = \left\lceil \frac{T_k}{E_r E_b T_c} \right\rceil = \left\lceil \frac{T_k}{E_b T_s} \right\rceil \qquad (4\text{-}36)$$

예제 4-6 필요 작업자 수 계산

부품 조립업체 피누 기업의 조립 라인 효율성은 96%, 라인 밸런스 효율성은 87%라고 한다. 부품 1개를 조립하는 데 걸리는 총시간은 4.0분이며 재위치 시간은 0.08분이다. 어떤 제품의 연간 수요가 100,000개일 때 필요한 작업자 수를 구하시오. 이 공장은 연간 50주, 주 5일 일하며, 하루 8시간 작업한다고 한다.

풀이

문제에서 주어진 조건을 정리하면 다음과 같다.

- $E_l = 0.96$
- $E_b = 0.87$
- 총작업시간: $T_k = 4$분
- 재위치 시간: $T_r = 0.08$분
- 연간 수요: $D_y = 100{,}000$개
- 연간 작업 가능 시간: $T_y = 50$주 $\times 5$일/주 $\times 8$시간/일 $= 2{,}000$시간

연간 수요와 작업 가능 시간을 이용하여 요구 생산율(R_p)을 구하면,

$$R_p = D_y / T_y = 100{,}000/2{,}000 = 50\text{개/시간}$$

이때 사이클 타임(T_c) $= E_l / R_p = 0.96/50$(시간/개) $= 1.152$분/개가 된다.

작업장에서의 최대 서비스 가능 시간 $T_s = T_c - T_r$이므로 $T_s = 1.152 - 0.08 = 1.072$분이다.

따라서 필요 작업자 수는 아래와 같이 계산하면 5명이 된다.

$$w^* = \left\lceil \frac{T_k}{E_b T_s} \right\rceil = \left\lceil \frac{4}{0.87 \times 1.072} \right\rceil = \lceil 4.29 \rceil = 5$$

참고로, 재위치 효율성 $E_r = T_s / T_c = 1.072/1.152 \approx 0.931$이 됨을 계산할 수 있다. 만약 작업자가 5명이 되면 실제 라인 밸런스 효율(E_b)은 아래와 같이 0.746을 나타내어 알려진 E_b 값보다 더욱 낮아져 결국 라인 밸런스가 더 잘 맞지 않는 상태가 된다.

$$E_b = \frac{T_k}{w T_s} = \frac{4}{5 \times 1.072} = \frac{4}{5.36} \approx 0.746$$

또한 모든 작업장에서의 유휴 시간의 합은 1.36분($= 5.36 - 4$)이 된다.

3) 조립 라인의 운영 문제

조립 라인 운영에서는 여러 가지 문제가 발생할 수 있으며, 이는 생산성과 품질에 직접적인 영향을 미친다. 대표적인 문제로 라인 속도, 작업물 소진 및 차단 현상이 있다.

(1) 라인 속도 조절

라인 속도 조절(line pacing)은 조립 라인의 작업 속도를 제어하는 방식을 말하며, 속도 제어 수준에 따라 라인 성능과 작업자 부담이 달라진다.

고정 속도 조절(rigid pacing) 방식은 모든 작업장이 정확히 사이클 타임에 맞춰 동기화되어 작업하는 방식이다. 컨베이어가 일정 속도로 움직이거나, 정해진 시간마다 제품이 이동한다. 생산계획이 정확하고 관리가 용이하지만, 작업자의 작업시간 변동을 허용하지 않아 스트레스가 크고, 한 작업장의 지연이 전체 라인에 즉시 영향을 미친다.

여유를 부여하는 속도 조절(pacing with margin) 방식은 사이클 타임에 약간의 여유를 두어 작업자가 조금 빠르거나 느리게 작업할 수 있도록 한다. 작업장 간 소규모 버퍼(1~2개 제품)를 두어 변동을 흡수한다. 작업자 부담이 줄고 품질이 향상되지만, 관리가 복잡해진다.

비고정 속도 조절(no pacing) 방식은 각 작업장이 독립적으로 작업하며, 작업장 간 버퍼가 충분히 제공된다. 작업자가 자신의 속도로 작업할 수 있어 스트레스가 낮지만, 공정재고가 증가하고 공간이 많이 필요하다.

(2) 작업물 소진 및 차단 현상

작업물 소진(starving) 현상은 한 작업장에서 작업을 시작하려 하나 이전 작업장으로부터 제품이 도착하지 않아 대기하는 상태를 말한다. 이 현상이 발생하면 작업자와 설비가 유휴 상태가 되어 생산성이 저하되며, 주로 다음과 같은 경우에 발생한다.

- 이전 작업장에서의 작업시간이 현재 작업장에서의 작업시간보다 길 때
- 이전 작업장에서 고장이나 품질 문제가 발생했을 때
- 부품 공급이 지연될 때

작업물 차단(blocking) 현상은 한 작업장에서 작업을 완료했으나 다음 작업장이 아직 이전 제품을 처리 중이어서 제품을 보낼 수 없는 상태를 말한다. 이 현상이 발생하면 완료된 작업자는 대기해야 하므로 유휴 시간이 발생하게 되는데, 주로 다음과 같은 경우에 발생한다.

- 다음 작업장에서의 작업시간이 현재 작업장에서의 작업시간보다 길 때

- 작업장 간 버퍼가 없거나 부족할 때
- 다음 작업장에서 일시적인 문제(공구 교체, 품질 문제 등)가 발생했을 때

이러한 작업물 소진 및 차단 현상을 완화하기 위한 방법으로는 라인 밸런싱을 통해 각 작업장의 작업시간을 균등하게 만들거나, 작업장 간 적절한 버퍼를 배치하거나, 유연한 인력 운영으로 병목 작업장에 인력을 추가 투입하거나, 예비 설비나 병렬 작업장을 운영하는 방법 등이 있다.

(3) 라인 밸런싱의 필요성

작업물의 소진 및 차단 현상은 근본적으로 작업장 간 작업시간 불균형에서 발생한다. 따라서 조립 라인 설계 단계에서 작업 요소를 각 작업장에 균등하게 배분하는 라인 밸런싱이 매우 중요하다. 라인 밸런싱이 잘되면 유휴 시간이 최소화되고, 작업물 소진 및 차단 현상이 줄어들며, 전체 라인의 생산성이 향상된다. 또한 작업자 간 작업 부하가 공평해져 만족도가 높아지고, *WIP*이 감소하여 공간과 비용이 절감된다.

4) 라인 밸런싱 방법론

라인 밸런싱은 작업 요소를 선행관계 제약하에서 각 작업장에 배정하여 작업장 간 작업 부하를 평준화하는 문제이다. 이 문제는 결국 모든 작업장에서의 유휴 시간을 최소화하는 것이 목표이며 **식 (4-37)**과 같이 표현될 수 있다. 일반적으로 작업장 수(w)를 최소화하면 라인 밸런싱 효율성(E_b)을 높이는 데 도움이 된다.

$$Min(wT_s - T_k) \text{ 또는 } Min\sum_m (T_s - T_{sm}) \tag{4-37}$$

$$s.t.\ 1)\ T_{sm} = \sum_n T_{mn} \le T_s,\ \forall m,$$

$$2)\ \text{모든 선후행 조건 이수}$$

(1) 라인 밸런싱 문제의 제약 조건

라인 밸런싱은 다음 제약을 만족시켜야 한다. (1) **서비스 시간 제약**은 각 작업장에서의 작업시간(T_{sm})은 최대 서비스 시간(T_s)을 넘길 수 없다는 것을 의미한다. (2) **선행관계 제약**(precedence constraints)은 특정 작업이 다른 작업 완료 후에만 수행 가능함을 의미한다. 예를 들어, 나사 체결은 부품 위치 결정 후에만 가능하다. 그 밖에 자원 제약은 특정 작업이 특정 장비나 공구를 필요로 하는 경우, 해당 자원을 보유한 작업장에만 배정할 수 있음을 의미한다.

라인 밸런싱의 최적해를 찾는 것은 조합 최적화 문제로 NP-hard에 속한다. 따라서 실무에서는 합

리적인 시간 내에 좋은 해를 찾는 휴리스틱(heuristic) 방법을 사용한다.

(2) 방법 1: 최대 작업시간 우선 규칙

최대 작업시간 우선 규칙(Largest Candidate Rule, LCR)은 가장 기본적이고 직관적인 라인 밸런싱 방법이다. 작업시간이 긴 요소부터 배정하는 원칙에 기반한다. 큰 작업을 먼저 배치하면 나중에 작은 작업으로 빈 공간을 채우기 쉽다는 논리이다. LCR의 장점은 계산이 간단하고 이해하기 쉬우며, 프로그래밍이 용이하다는 것이다. 단점은 선행관계를 충분히 고려하지 못해 비효율적인 배정이 발생할 수 있으며, 작업시간만 고려하여 전체 선행관계 구조를 무시할 수 있다는 것이다.

(3) 방법 2: 위치가중치 순위법

위치가중치 순위법(Ranked Positional Weights, RPW)은 각 작업의 위치적 중요성을 고려하는 방법으로, 많은 연구에서 LCR보다 우수한 성능을 보이는 것으로 알려져 있다.[11] RPW는 각 작업에 대해 해당 작업부터 마지막까지의 총작업시간 합을 위치 가중치로 계산하고, 가중치가 큰 순서대로 배정한다. RPW의 장점은 선행관계의 중요도와 작업시간을 동시에 고려하며, LCR보다 일반적으로 더 적은 작업장 수를 필요로 한다는 것이다. 단점은 위치 가중치 계산이 추가로 필요하다는 것이다. 각 요소 작업의 위치 가중치는 현재 요소 작업의 공정 시간에 모든 후행 공정의 작업시간을 더해서 계산한다.[12]

예제 4-7 LCR과 RPW 비교

표 4-9와 같은 작업 요소와 선행관계를 가진 제품의 조립 라인을 설계하시오. 목표 사이클 타임은 60초이며, 재위치에 따른 손실은 없다고 가정한다.

표 4-9 예제 작업 정보

요소 작업	T_{mn}(초)	선행 작업
A	20	-
B	30	A
C	25	A
D	15	B
E	20	C
F	10	D, E

주어진 정보를 바탕으로 선행관계도를 작성하면 다음과 같다.

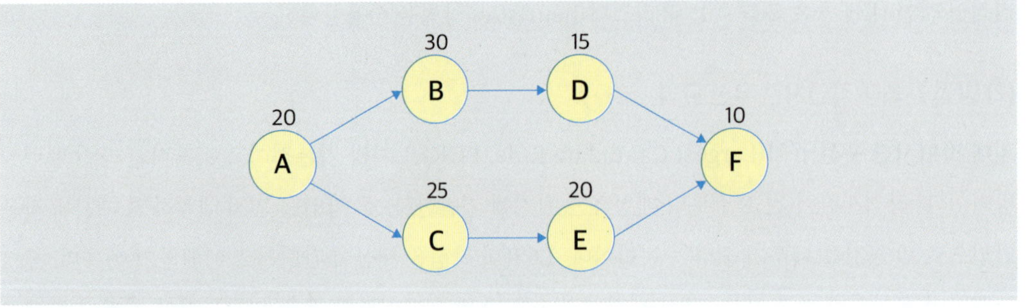

그림 4-5 예제 4-7에 대한 선행관계도

총 작업시간(T_k)은 모든 T_{mn}의 합이므로 120초이다. 이론적 최소 작업장의 수(w)는 T_k/T_c이므로 120초/60초=2개다. 재위치에 따른 손실(T_r)이 없으므로 $T_s=T_c-T_r$에서 $T_s=T_c$, 즉 $T_s=60$초가 된다.

LCR 방법으로 배정(T_s=60초)

- 작업장 1(남은 시간: 60초)
  - ▶ 후보: A(20초)만 가능 → A 배정, 남은 시간: 40초
  - ▶ 후보: B(30초), C(25초) → B가 더 크므로 B 배정, 남은 시간: 10초
  - ▶ 후보: C(25초), D(15초) → 둘 다 10초 초과, 배정 불가
- 작업장 2(남은 시간: 60초)
  - ▶ 후보: C(25초), D(15초) → C가 더 크므로 C 배정, 남은 시간: 35초
  - ▶ 후보: D(15초), E(20초) → E가 더 크므로 E 배정, 남은 시간: 15초
  - ▶ 후보: D(15초) → D 배정, 남은 시간: 0초
- 작업장 3(남은 시간: 60초)
  - ▶ 후보: F(10초) → F 배정, 남은 시간: 50초

LCR 결과: 3개 작업장으로 구성, $E_b=\frac{T_k}{wT_s}=\frac{120}{3\times60}\approx0.667\ (66.7\%)$

RPW 방법으로 배정(T_s=60초)

- 위치 가중치 계산
  - ▶ RPW(A)=20+30+25+15+20+10=120
  - ▶ RPW(B)=30+15+10=55
  - ▶ RPW(C)=25+20+10=55
  - ▶ RPW(D)=15+10=25

▶ RPW(E) = 20 + 10 = 30

▶ RPW(F) = 10

RPW 값에 따라 요소 작업을 정렬하면 A(120)→B(55) = C(55)→E(30)→D(25)→F(10)의 순서가 된다.

- 작업장 1(남은 시간: 60초)
  - ▶ A(20초): 선행 조건 만족, 배정→남은 시간: 40초
  - ▶ B(30초): 선행 조건 만족, 배정→남은 시간: 10초(B와 C의 RPW 값이 동일하므로 C를 먼저 배정해도 무방함)
  - ▶ C(25초): 시간 초과, 배정 불가
- 작업장 2(남은 시간: 60초)
  - ▶ C(25초): 선행 조건 만족, 배정→남은 시간: 35초
  - ▶ E(20초): 선행 조건 만족, 배정→남은 시간: 15초
  - ▶ D(15초): 선행 조건 만족, 배정→남은 시간: 0초
- 작업장 3(남은 시간: 60초)
  - ▶ F(10초): 선행 조건 만족, 배정 →남은 시간: 50초

RPW 결과: 3개 작업장으로 구성, $E_b = \frac{T_k}{wT_s} = \frac{120}{3 \times 60} \approx 0.667$ (66.7%)

예제 4-7에서는 두 방법 모두 동일한 결과를 보였으나, 일반적으로 RPW가 더 복잡한 선행관계를 가진 문제에서 우수한 성능을 보인다. 실무에서는 여러 휴리스틱을 시도하여 가장 좋은 결과를 선택하거나, 유휴 시간에 품질 검사, 정리 작업 등을 배치하여 효율을 높인다.

5) 자동 조립시스템

자동 조립시스템은 부품 공급, 조립 작업, 이송, 검사를 자동화한 시스템이다. 주요 구성요소는 다음과 같다.

부품 피더(parts feeder)는 부품을 정렬하여 조립 장치에 공급한다. 진동 볼 피더(vibratory bowl feeder)가 가장 널리 사용되며, 부품을 진동으로 회전시키면서 일정한 방향으로 정렬한다. 최근에는 비전 시스템과 로봇을 결합한 랜덤 피킹 방식도 증가하고 있다. **조립 모듈**(assembly station)은 실제 조립 작업을 수행한다. 압입 프레스, 나사 체결 장치, 용접 장치, 접착제 도포 장치 등이 포함된다. 각

모듈은 정밀한 위치 제어와 힘/토크 제어가 가능해야 한다. **이송 장치**(transfer system)는 제품을 작업장 간 이동시킨다. 연속형 컨베이어, 동기형 인덱싱 테이블, 비동기형 버퍼 시스템, 로봇 핸들러 등이 사용된다. **검사 장치**(inspection system)는 조립 상태를 확인한다. 비전 시스템, 레이저 센서, 힘/토크 센서 등으로 부품 유무, 위치 정확도, 체결 상태를 검사한다. **제어시스템**(control system)은 전체 조립시스템을 제어하고 모니터링한다. PLC(Programmable Logic Controller)나 산업용 컴퓨터가 사용되며, 각 장치를 동기화하고 데이터를 수집한다.

수동 조립과 자동 조립은 표 4-10에서와 같이 각각의 특성 및 장단점이 명확하여, 제품과 생산 환경에 따라 적절한 선택이 필요하다. 자동 조립은 생산량이 많고 제품이 표준화되어 있으며 조립 공차가 일정한 경우에 적합하다. 대표적으로 자동차 부품, 전자제품, 의료기기 등이 있다. 수동 조립은 생산량이 적고 제품 변형이 많으며 복잡한 판단이 필요한 경우에 적합하다. 대표적으로 항공기, 선박, 중장비, 맞춤형 제품 등이 있다.

최근에는 두 방식의 장점을 결합한 하이브리드 조립 방식이 증가하고 있다. 핵심 조립 작업은 자동화하고, 복잡한 판단이나 예외 상황은 작업자가 처리하는 방식이다. 이는 생산성과 유연성을 동시에 확보할 수 있다.

자동 조립시스템 구축은 보통 단계적으로 진행된다. 수준 1은 수작업에 전동 공구, 지그 등을 지원하는 단계이다. 수준 2는 일부 공정만 자동화하는 부분 자동화 단계이다. 병목 공정이나 반복 작업부터 자동화한다. 수준 3은 대부분 공정이 자동화되고 작업자가 감시 및 예외 처리를 담당하는 단계이다. 수준 4는 무인 운영이 가능한 완전 자동화 단계이다.

실무에서는 부분 자동화로 시작하여 설비종합효율(*OEE*)과 불량률 데이터를 분석하고, 효과가 검증된 공정부터 자동화를 확대하는 것이 일반적이다. 이는 초기 투자 리스크를 줄이고, 학습을 통해 자동화 효과를 극대화할 수 있다.

표 4-10 수동 조립과 자동 조립의 특성 비교

특성	수동 조립	자동 조립
작업 복잡도	복잡하고 불규칙한 작업 가능	표준화되고 반복적인 작업에 적합
품질 검증	작업자 판단, 경험 의존	센서 기반 객관적 검증
사이클 타임	작업자별 변동 큼(±10~20%)	일정함(±1~2%)
24시간 운영	교대 근무 필요, 피로도 증가	가능, 일정한 성능 유지
불량 대응	즉시 식별 및 수정 가능	프로그램 수정 필요
신제품 도입	수일 내 가능(교육)	수 주~수개월 소요(설비 변경)
설비 고장 영향	제한적(해당 작업자만)	전체 라인 정지 가능

6) 차세대 조립 기술

조립 자동화는 협동로봇, 자율이동로봇, 인공지능 기술의 발전으로 새로운 단계로 진화하고 있다.

협동로봇(collaborative robot, Cobot)은 안전 펜스 없이 사람과 같은 공간에서 작업할 수 있도록 설계된 로봇으로 사람과 기계의 협업을 가능하게 한다.[13] 힘 제한 기능과 충돌 감지 센서를 갖추고 있어 작업자와 안전하게 협업할 수 있다. 협동로봇은 공간 효율이 높고, 핸드 가이딩(hand guiding) 방식으로도 동작시킬 수 있을 정도로 프로그래밍이 쉬우며, 이동식 베이스를 사용할 경우 필요한 곳으로 재배치가 가능하다. 단순 반복 작업은 로봇이 하고, 복잡한 판단이나 섬세한 작업은 사람이 수행하는 방식으로 각자의 강점을 활용할 수 있다. 온톨로지(ontology) 모델을 활용한 맥락(context) 이해 능력이 증강되면 작업자와의 협업이 더욱더 원활할 수 있다.[14]

자율이동로봇(AMR)은 사전 설정된 경로나 지상 마커 없이 스스로 경로를 계획하고 장애물을 피하며 이동하는 로봇이다. 조립 공정에서 부품 운반과 재공품 이송에 활용된다. AMR은 SLAM(Simultaneous Localization and Mapping) 기술로 주변 환경을 인식하고 자신의 위치를 파악한다. 컨베이어와 달리 설치 공사가 불필요하고, 레이아웃 변경에 유연하게 대응할 수 있어 다품종 소량생산 환경에 적합하다. 여러 대의 AMR을 운영할 경우 플릿 관리 시스템(fleet management system)으로 작업을 분배하고 충돌을 방지한다.

스마트 조립시스템은 센서, 비전, 인공지능을 결합하여 적응적으로 작업을 수행한다. 비전 시스템으로 부품 위치를 실시간 인식하여 로봇 동작을 보정하고, 힘/토크 센서로 조립 상태를 모니터링하며, 인공지능으로 불량 패턴을 학습하여 품질을 예측한다. 디지털트윈 기술은 실제 조립 라인의 가상 모델을 구축하여 시뮬레이션과 최적화를 수행한다. 새로운 제품이나 공정 변경 시 가상 환경에서 사전 검증하여 시행착오를 줄일 수 있다.

이러한 차세대 기술들은 생산 자동화 및 제어시스템[PLC, NC(Numerical Control) 등], 제조 운영 및 생산정보시스템[ERP, MES, APS(Advanced Planning & Scheduling)]과 긴밀히 연결되어 스마트팩토리 구현의 핵심요소가 된다. 조립시스템의 디지털화는 실시간 데이터 수집과 분석을 통해 생산성, 품질, 유연성을 동시에 향상시킬 수 있는 기반을 제공한다.

참고문헌

1 Skinner, W. (1969). Manufacturing—missing link in corporate strategy. Harvard Business Review, 47(3), 136-145.

2 Hayes, R. H., & Wheelwright, S. C. (1984). Restoring Our Competitive Edge: Competing Through Manufacturing. New York, NY: John Wiley & Sons.

3 Garvin, D. A. (1987). Competing on the eight dimensions of quality. Harvard Business Review, 65(6), 101-109.

4 Slack, N. (1987). The flexibility of manufacturing systems. International Journal of Operations & Production Management, 7(4), 35-45.

5 Bhoraniya, N. (2018, October 21). Eight dimensions of quality with example. Nikunj Bhoraniya. Retrieved October 1, 2025, from https://www.nikunjbhoraniya.com/2018/10/eight-dimensions-of-quality.html

6 Ferdows, K., & De Meyer, A. (1990). Lasting improvements in manufacturing performance. Journal of Operations Management, 9(2), 168-184.

7 Groover, M. P. (2018). Automation, Production Systems, and Computer-Integrated Manufacturing (5th ed.). Pearson.

8 Little, J. D. C. (1961). A Proof for the queuing formula: $L = \lambda W$. Operations Research, 9(3), 383-387.

9 Horngren, C. T., Datar, S. M., & Rajan, M. V. (2015). Cost Accounting: A Managerial Emphasis. Pearson.

10 Cooper, R., & Kaplan, R. S. (1988). Measure costs right: make the right decisions. Harvard Business Review, 66(5), 96-103.

11 Scholl, A., & Becker, C. (2006). State-of-the-art exact and heuristic solution procedures for simple assembly line balancing. European Journal of Operational Research, 168(3), 666-693.

12 Helgeson, W. B., & Birnie, D. P. (1961). Assembly line balancing using the ranked positional weight technique. Journal of Industrial Engineering, 12(6), 394-398.

13 Krüger, J., Lien, T. K., & Verl, A. (2009). Cooperation of human and machines in assembly lines. CIRP Annals — Manufacturing Technology, 58(2), 628-646.

14 Liau, Y. Y., & Ryu, K. (2024). Framework of Knowledge Management for Human-robot Collaborative Mold Assembly using Heterogeneous Cobots. Journal of Intelligent Manufacturing, 35, 3713-3729.

15 Xu, L. D., Xu, E. L., & Li, L. (2018). Industry 4.0: State of the art and future trends. International Journal of Production Research, 56(8), 2941-2962.

16 Kusiak, A. (2018). Smart manufacturing. International Journal of Production Research, 56(1-2), 508-517.

17 McKinsey & Company. (2015). Manufacturing's next act. McKinsey Digital. Retrieved October 1, 2025, from https://www.mckinsey.com/capabilities/operations/our-

insights/manufacturings-next-act

18 Peckham, O., Raines, J., Bulsink, E., Goudswaard, M., Gopsill, J., Barton, D., Nassehi, A., & Hicks, B. (2025). Artificial intelligence in generative design: A structured review of trends and opportunities in techniques and applications. Designs, 9(4), 79.

19 Grieves, M., & Vickers, J. (2017). Digital twin: Mitigating unpredictable, undesirable emergent behavior in complex systems. In R. Rosen et al. (Eds.), Transdisciplinary Perspectives on Complex Systems (pp. 85-113). Springer.

20 Monostori, L., Kádár, B., Bauernhansl, T., Kondoh, S., Kumara, S., Reinhart, G., Sauer O., Schuh G., Sihn W., & Ueda, K. (2016). Cyber-physical systems in manufacturing. CIRP Annals—Manufacturing Technology, 65(2), 621-641.

21 Lee, J., Bagheri, B., & Kao, H. A. (2015). A cyber-physical systems architecture for industry 4.0-based manufacturing systems. Manufacturing Letters, 3, 18-23.

22 Bauer, W., Bender, M., Braun, M., Rally, P., & Scholtz, O. (2016). Lightweight robots in manual assembly—best to start simply. Fraunhofer IAO Study.

23 Tao, F., Qi, Q., Liu, A., & Kusiak, A. (2018). Data-driven smart manufacturing. Journal of Manufacturing Systems, 48, 157-169.

24 Kagermann, H., Wahlster, W., & Helbig, J. (2013). Recommendations for implementing the strategic initiative INDUSTRIE 4.0. Final report of the Industrie 4.0 Working Group. Frankfurt am Main: Forschungsunion.

25 Sasson, A., & Johnson, J. C. (2016). The 3D printing order: Variability, supercenters and supply chain reconfigurations. International Journal of Physical Distribution & Logistics Management, 46(1), 82-94.

CHAPTER 5

제품 설계와 제조 엔지니어링

5.1 제품 개발과 제조

제품 개발은 사용자(end-user)와 시장의 요구사항을 반영하여 새로운 제품을 기획하고 생산을 위하여 구체화하는 전 과정을 의미한다. **제조 엔지니어링**은 설계된 제품을 실제로 공장에서 생산 가능한 형태로 구현하기 위하여 필요한 공정, 장비, 재료, 품질 관리 방법 등을 결정하고 관리하는 것을 의미한다. 이러한 관점에서 제품 설계와 제조 엔지니어링은 단순히 제품의 형상을 만드는 행위를 넘어, 전반적인 제품 사용 관점에서의 수명주기와 생산 시의 제품 품질 및 생산 효율성 등을 고려하여 종합적이고 체계적으로 접근해야 한다. 특히 제품 개발의 초기 단계부터 제조 엔지니어링을 염두에 두고 진행해야 전체 제품 개발 기간을 단축하고, 품질을 향상시키며, 제조비용을 절감하는 데 크게 기여할 수 있다.

그림 5-1 제품 개발의 일부

그림 5-2 제조의 일부

제품 개발과 제조의 연계는 일반적으로 다음과 같은 흐름을 따른다: 시장 요구 분석 → 제품 콘셉트 기획 → 상세 설계(CAD) → 공학 시뮬레이션 및 해석(CAE) → 제조 계획 및 준비(CAM) → 생산 → 유지보수 및 서비스. 각 단계는 독립적이기보다는 상호 유기적으로 연결되어 있으며, 특히 현대 사회에서는 디지털 데이터를 중심으로 통합 운영되는 것이 스마트제조의 큰 특징이다.

과거에는 설계와 제조가 분리되어 진행되었기에, 선행 단계에서 제품 설계를 완료하면 해당 도면을 가지고 제조 단계를 진행하는 과정에서 반복적인 수정이 발생하곤 했다. 이러한 단절은 개발 기간의 지연과 생산 제품의 품질 저하로 이어졌다. 그러나 현대 제조시스템에서는 설계 초기부터 제조 용이성(Design for Manufacturing, DFM)과 조립 용이성(Design for Assembly, DFA)을 고려하여 제조 엔지니어가 설계 과정에 직접 참여하거나, 디지털트윈 기술을 활용해 설계와 제조를 실시간으로 연계함으로써 이러한 문제를 극복하고자 한다. 디지털트윈을 비롯하여 다음과 같은 개념은 제품 개발과 제조 엔지니어링을 연계하는 데 있어 핵심이 되고 있다.

- 디지털트윈(digital twin): 현실 공간에서 물리적으로 존재하는 제품이나 설비, 시스템에 대하여 디지털 복제본을 생성하는 것.[1] 실제 환경에서의 운영 및 동작에 대해 디지털(가상) 공간에서 시뮬레이션할 수 있게 되면서 실시간으로 현재 상황을 분석하거나 미래를 예측하기 위해 사용하는 기술임. 설계-제조-운영(사용) 간의 연계성을 강화하고 고장 예측 및 최적 운영에 많이 사용됨.

그림 5-3 자동차 조립 라인(물리 시스템)에 대한 디지털트윈

- 디지털스레드(digital thread): 효과적인 디지털트윈을 위한 기술로서, 설계, 해석, 가공, 조립, 품질 검사 등의 전 공정 및 제품수명주기에 따라 발생하는 데이터를 하나의 흐름으로 통합하는 것. 데이터 기반 의사결정과 실시간 피드백 루프를 가능하게 하므로 동시공학(concurrent engineering) 등의 제품 개발에 적용 가능함.

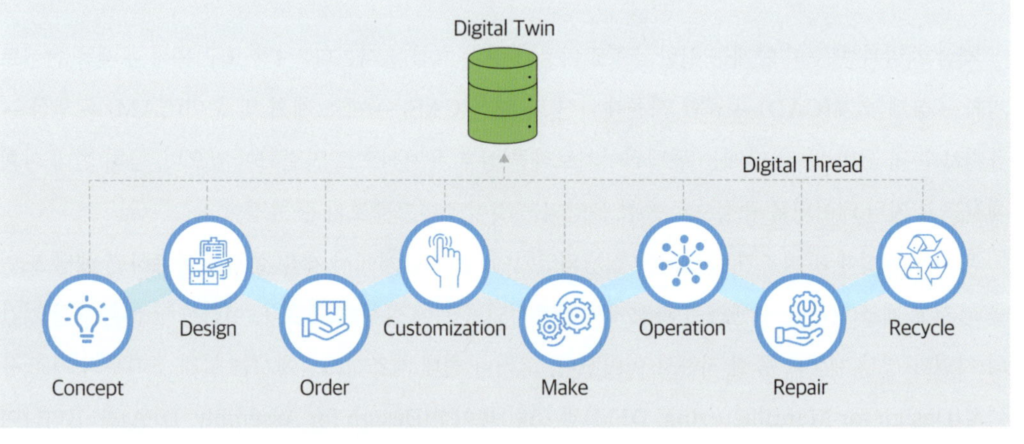

그림 5-4 제품수명주기에서 디지털트윈과 디지털스레드의 관계

- 프론트 로딩(front loading): 제품 개발 초기 단계에서 다양한 시뮬레이션과 분석을 수행하여 후속 제조공정에서 발생할 수 있는 문제를 미리 예측하고 설계 변경을 최소화하는 전략. 개발 속도

를 높일 뿐만 아니라 실패 비용을 줄이는 데 크게 기여할 수 있음.

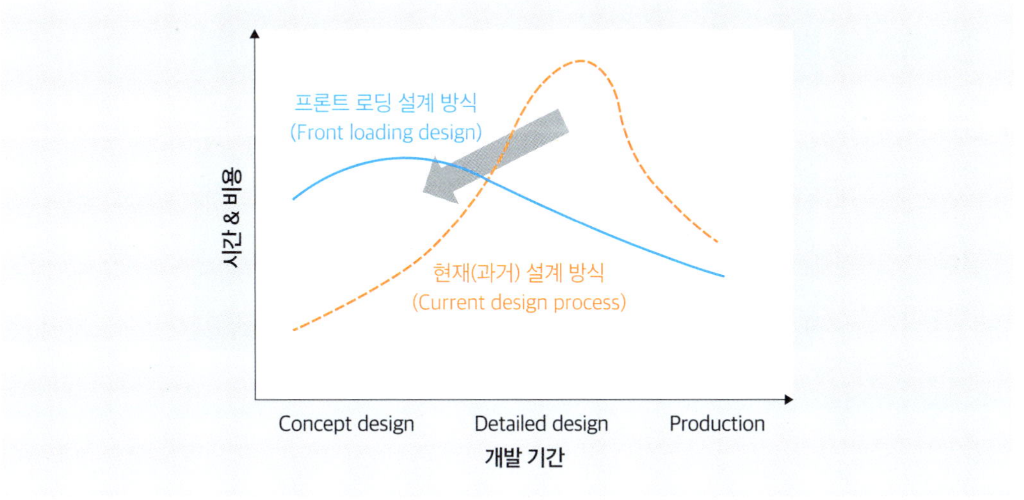

그림 5-5 프론트 로딩을 적용했을 때 시간 및 비용 절감[2]

이 외에도 제품 설계와 제조 엔지니어링의 연계는 디지털 기술뿐 아니라 조직 간 협업, 프로세스 표준화, 데이터 품질 확보 등 다양한 요소가 함께 작동해야 성공할 수 있다. 특히 현대 사회에서는 제품이 복잡해지고 맞춤형 제품에 대한 요구가 늘어남에 따라 설계와 제조 간 원활한 정보 흐름이 더욱 중요해지고 있다. 이러한 연계는 PLM 시스템을 중심으로 CAD, CAE, CAM, ERP, MES 등의 시스템이 유기적으로 통합될 때 가장 효과적으로 작동한다.

5.2 CAD 시스템

CAD(Computer-Aided Design)는 컴퓨터를 이용해 2D 또는 3D로 제품의 형상, 구조, 치수, 재질 등을 설계하는 기술을 의미한다.[3] 현대 제조 환경에서는 거의 모든 산업 분야에서 제품 개발의 필수 도구로 활용되고 있다. CAD 시스템을 이용하면 제품의 초기 개념 스케치, 모델링부터 상세 도면 작성, 완성품에 대한 조립 시뮬레이션, 렌더링, BOM(Bill of Materials) 생성까지 제품 설계 전 과정을 디지털 환경에서 구현할 수 있다.

1) CAD 시스템의 기술 발전 과정

1960년대 MIT의 이반 서덜랜드(Ivan Sutherland)가 스케치패드(Sketchpad)라는 시스템을 개발

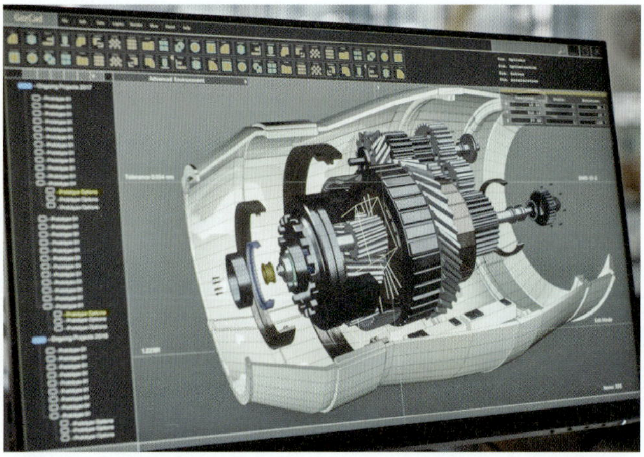

그림 5-6 CAD 시스템을 이용한 터빈의 3D 모델링

하면서 그래픽 입력 장치를 통해 사용자가 직접 제품의 도면 등을 그릴 수 있게 되었다.[4] 기존 수작업 도면 작성 방식에서 디지털상에 2D 도면을 작성할 수 있게 되었기에 이는 현대 CAD 시스템의 시초로 간주된다. 이후, 1980년대에 들어서면서 현재도 많이 사용되고 있는 Dassault Systèmes의 CATIA, Autodesk의 AutoCAD 등이 상용화, 출시되면서 파라메트릭 모델링, 3D 모델링 기술이 급속도로 발전하였다.[5] 2000년대에는 CAD, CAM, CAE 등이 통합된 솔루션인 NX를 Siemens PLM Software(현 Siemens Digital Industries Software)가 출시하는 등 고성능, 대형 산업 현장 적용에 중점을 두었다. 2010년대 이후에는 클라우드 기반의 CAD 솔루션인 Autodesk Fusion 360이 출시되는 등 다중 사용자 협업, 클라우드 기반 설계 환경, AI 기반 최적 설계 등으로 다양한 기술이 도입되거나 PLM 및 CAM 시스템과의 유기적인 연동이 이루어지고 있다.

2) CAD 시스템의 주요 기능

CAD 시스템을 요약하자면 제품의 기하학적 형상과 구조를 디지털로 설계하는 도구이다. 2D CAD는 도면 기반으로, 3D CAD는 입체 형상을 기반으로 부품 또는 조립 기반 완성품을 시각화하고 디지털 환경상에서 검토할 수 있도록 해 준다. 또한 설계 완료한 형상 정보는 이후 CAE, CAM, PLM으로 연계하여 사용할 수 있다. 이를 위해 CAD 시스템은 크게 다음과 같은 기능을 포함한다.

- 2D/3D 모델링: 기본 형상부터 복잡한 곡면, 자유 형태 모델링까지 다양한 설계 요소 생성 가능
- 조립/어셈블리(assembly) 모델링 및 애니메이션: 부품 간 간섭 체크, 가동성 분석 등 제품 조립성 검토
- 파라메트릭 설계: 주요 치수나 조건을 변수로 지정하여 설계 변경 시 자동 반영

- **설계 규칙 기반 모델링**: 표준화된 설계 지침을 반영한 자동 설계
- **도면 자동화 및 BOM 생성**: 제작한 3D 형상 기반의 정합성 있는 도면의 자동 생성, 도면 표준 적용 및 재료 목록 출력
- **렌더링 및 시각화**: 실물에 가까운 형상과 재질을 적용하여 마케팅/검토용 이미지 제작

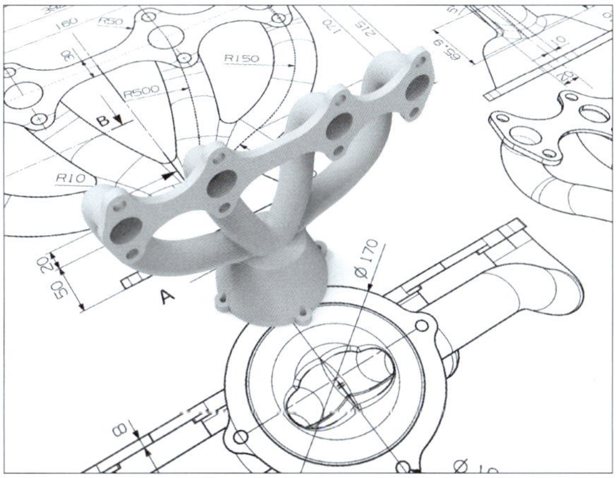

그림 5-7 금속 부품에 대한 2D 및 3D CAD를 이용한 모델링

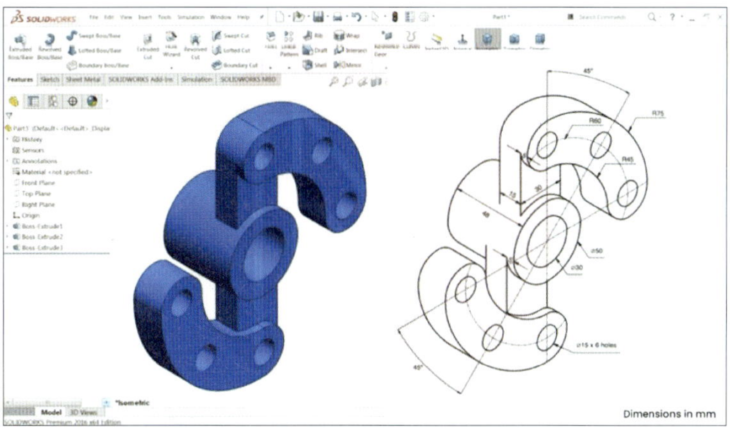

그림 5-8 3D CAD 시스템을 활용한 파라메트릭 설계의 예[6]

이 외에도 현대의 3D CAD는 단순한 형상 작성 도구 및 제품 설계의 품질 향상을 넘어, 설계 자동화(design automation), 위상 최적화와 같은 고급 설계 기법을 지원한다. 클라우드 기반 CAD 플랫폼은 원격에서의 협업을 가능하게 하며, 실시간 동시 편집, 버전 관리, 리뷰 시스템을 제공하고 있다. 최근 CAD는 인공지능 기술과도 융합되고 있다. AI 기반 설계 보조 기능은 설계자의 의도를 예측하거나 최적 설계안을 자동으로 생성할 수 있으며, 제조 용이성(DFM) 체크도 설계 도중 실시간으로 제

공한다. 또한 생성형 설계(generative design)는 특정 목적 함수(무게 최소화, 강도 최대화 등)를 기반으로 설계안을 자동 생성해 설계 혁신을 가능하게 한다.

3) 3D 모델링 주요 방식

3D 모델링을 위한 3차원 설계 환경에서는 모델의 형상을 사용자가 어떻게 표현하느냐에 따라 다양한 방식이 있다. 대표적으로는 아래와 같이 세 가지로 구분되며 대부분의 CAD 플랫폼은 이 세 가지 기법을 기반으로 설계 작업을 지원한다.

- 와이어프레임(wireframe) 모델링: 입체를 선으로 표현하는 방식으로, 물체의 형상을 점, 직선, 원, 호 등의 기본적인 기하학적인 요소로 표현하는 방법. 마치 철사를 연결한 구조물과 같다고 하여 와이어프레임이라 명명함. 가장자리와 모서리 표면만 형상화하므로 소요 시간이 적게 들고 메모리 용량도 적게 사용됨. 주로 2차원의 도면 출력용, 평면 가공에 적합함.
- 서피스(surface) 모델링: 입체를 면으로 표현하는 방식으로, 3차원 형상을 2차원 면의 구성요소로 분해하여 나타내는 방법. 물체 내부에 대한 정보는 제공하지 못하나 곡면과 표면을 매끄럽게 이어지게 표현할 수 있어서 공기의 흐름이 중요한 자동차 및 항공우주 관련 모델링에 이상적임. 또한 NC를 통한 가공 또는 표면을 위한 렌더링 목적으로 적합함.
- 솔리드(solid) 모델링: 입체를 수학적으로 관계된 위치정보로 표시하는 방식으로, 설계한 모델에 대한 형상만이 아닌 물체의 다양한 성질(중량, 무게중심 등)을 정확하게 표현하기 위해 고안된 방법. 이러한 특징으로 인해 제품의 내부 메커니즘, 시뮬레이션 작업에 유용한 반면, 소요 시간이 다소 길며 용량이 크다는 단점이 있음.

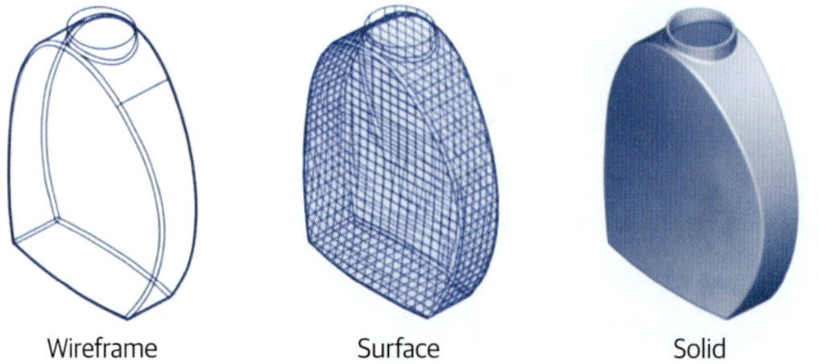

그림 5-9 3D 모델링 방식의 차이[7]

제품 설계 시 CAD를 활용하였을 때 가장 큰 장점은 설계 작업의 자동화와 설계 변경에 대한 이력 관리가 가능하다는 점이다. 이로 인해 설계 품질이 향상되고, 개발 기간이 단축될 뿐만 아니라, 실수로 인한 오류 발생 가능성이 줄어들 수 있어 다양한 산업 분야에서 활용되고 있다. 또한 산업 분야의 특징에 따라 전용 CAD 시스템이 특화되어 사용되고 있다. 예를 들어, 자동차 산업에서는 차량 외장 및 섀시 설계, 전장 배치 설계 등에 CAD가 활용되며, 전자 산업에서는 PCB 설계, 반도체 패키지 설계 등에 특화된 전자 CAD가 주로 사용된다. 건축 및 플랜트 설계에는 BIM(Building Information Modeling) 기반 CAD 시스템이 도입되어, 공간 구조와 설비 배관 등을 동시에 설계한다.

5.3 CAE 시스템

CAD 시스템을 통해 제품 설계를 모델링한 후, 해당 모델링에 대한 해석 및 가공 시스템과 연계되어야 비로소 스마트한 설계 프로세스를 완성할 수 있다. 예를 들어, CAD로 설계된 모델에 대해 **CAE** (Computer-Aided Engineering) 해석을 통해 강도, 열, 유동 분석을 수행하게 된다. 다시 말해, CAE는 제품 설계 단계에서 물리적으로 존재하는 시제품 제작 없이 컴퓨터 시뮬레이션을 통해 구조, 열, 유동, 전자기, 진동 등의 성능을 예측하고 분석, 검증하는 기술이다.[8] CAE는 일반적으로 전처리(모델링 및 조건 설정), 솔버(해석 수행), 후처리(결과 시각화)의 과정을 거친다. 설계 단계에서 물리적인 시험 없이 제품의 성능을 예측하고 설계안을 개선할 수 있기에, 제품의 품질을 사전에 확보하고, 개발 리스크를 줄이며, 테스트 비용을 절감하는 데 중요한 역할을 한다.

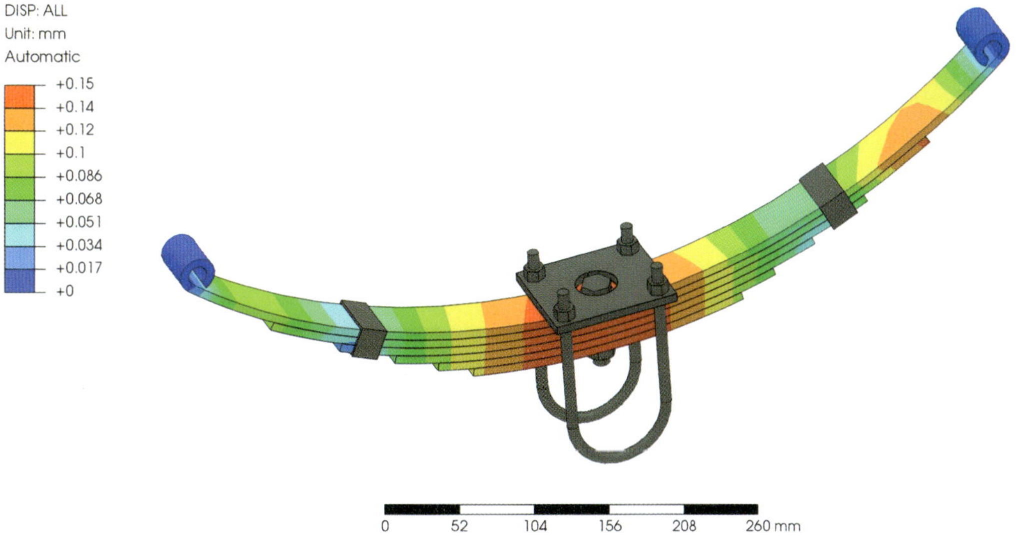

그림 5-10 CAE 시스템을 이용한 리프 스프링의 변형 분석

1) CAE 시스템의 주요 기능

CAE는 설계된 3D 모델에 다양한 하중 조건을 가상으로 적용하여 제품이 실제 환경에서 어떻게 작동할지를 예측한다. 대표적인 분석 기법은 다음과 같다.

- 구조해석: 주로 유한요소해석(FEA)을 이용하여 3D 모델에 가해지는 하중, 변형, 응력, 변위 등의 구조적 반응을 시뮬레이션하고 분석함.
- 열해석: 주로 FEA를 이용하여 부품이나 시스템 내에서의 온도 분포, 열전달, 열응력 등을 시뮬레이션하고 평가함. 열-유동 연성 해석이 필요한 경우 유한체적법(Finite Volume Method, FVM)을 적용하기도 함.
- 유체해석: FVM 기반의 CFD(Computational Fluid Dynamics)를 활용하여 공기, 물과 같은 유체의 흐름, 압력의 분포, 난류 등을 시뮬레이션하고 성능을 예측함.
- 진동 및 동적 해석: FEA를 통해 시간에 따른 구조물의 반응, 고유 진동수, 공진현상, 동적 하중에 대한 응답 등을 분석하여 해석함. 외부 음향이나 무한 영역 조건과 같은 특수한 경우에서는 경계요소법(Boundary Element Method, BEM)을 사용하기도 함.
- 최적화 해석: FEA 기법을 기반으로 형상 최적화, 위상 최적화, 실험계획법 등을 적용하여 주어진 조건, 제약(예: 무게·비용의 최소화, 특정 성능의 극대화 등) 내에서 최적의 설계 변수를 도출.

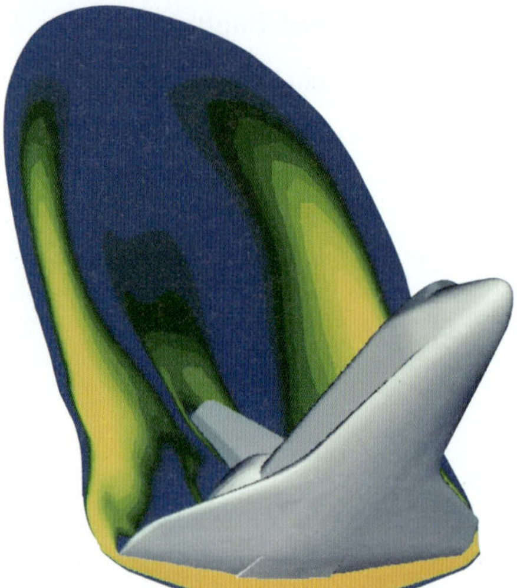

그림 5-11 고속 공기 흐름에서의 CAE 분석[9]

- **유한요소해석(Finite Element Analysis, FEA)** 물체를 수많은 작은 요소로 나눈 후 각각에 대한 물리 방정식을 수치적으로 풀어 전체 구조의 응답을 계산, 분석하는 기법

이 외에도 최근 다양한 스마트제조 관련 기술의 발전에 따라 CAE 영역에서도 다음과 같은 고도화 기술이 적용되고 있다.

- 인공지능 및 머신러닝 기반 자동화: 인공지능 및 머신러닝을 활용하여 해석 조건을 자동으로 설정

하거나 해석 결과를 정량적으로 분석 및 판단하는 기능이 발전하고 있음.

- **클라우드 기반 병렬 해석:** 클라우드 환경에서 대규모 병렬 계산을 통해 해석 속도를 높이고, 여러 설계안을 동시에 평가하는 것이 가능해짐.
- **생성형 설계와의 통합 최적화:** Generative Design과 CAE가 연계되어 구조해석 결과를 설계 생성 과정에 실시간으로 반영함으로써 자동 최적화 가능.
- **디지털트윈 연계를 통한 실시간 연산 및 해석:** 실제 물리 시스템과 연동되는 디지털트윈 환경에서 실시간으로 CAE 시뮬레이션을 수행하여 동작 중인 시스템의 상태 예측 및 제어에 활용.

2) 설계 초기 단계와의 연계

CAE는 기존에는 사후 검증 도구로 사용되었지만, 현재는 설계 초기 단계부터 통합되는 방향으로 발전하고 있다. 시뮬레이션 기반 설계(simulation-based design) 접근이 대두되면서, 설계자가 CAD 시스템으로 모델링을 하면서 함께 CAE를 직접 수행할 수 있는 경량화 도구들이 확산되고 있다.[10] 모델링 단계에서 반복적으로 대안 평가-설계안 수정이 가능하게 됨으로써 프론트 로딩을 달성할 수 있게 한다. 이를 통해 설계 초기 단계에서부터 품질과 성능을 확보할 수 있다.

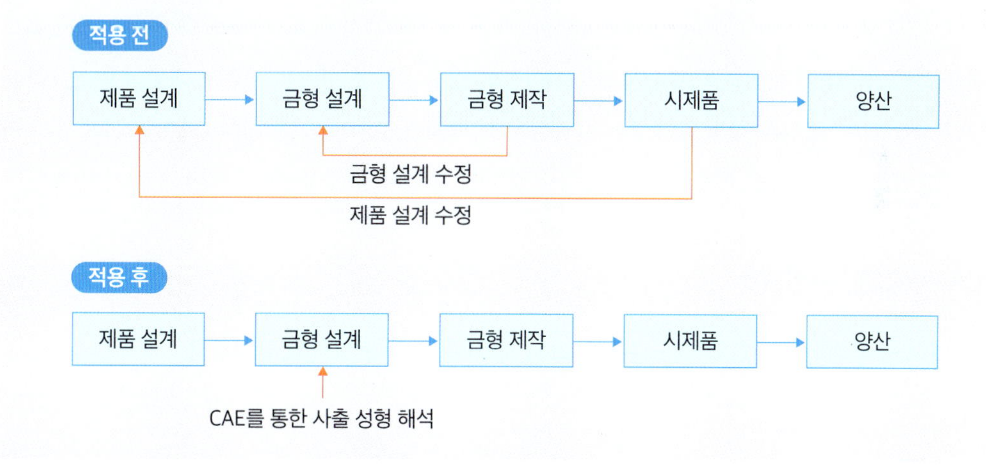

그림 5-12 사출 금형에서 CAE 시스템 적용 시 제품 설계 프로세스의 변화

제품 설계 시 CAE 시스템을 활용함에 따라 실제 제작 이전에 가상의 환경에서 설계의 타당성과 성능을 예측할 수 있으므로 제품 개발 초기 단계에 문제를 식별하고 불필요한 시제품 제작을 줄이는 등 개발 리스크를 최소화할 수 있다. 예를 들어 차량 부품의 강도 해석을 통해 충격 시 파손 가능성을 분석하거나, 스마트폰 케이스의 열 분포를 예측해 발열 문제를 조기에 개선할 수 있다. 이 외에도 자동

차 산업에서는 충돌 안정성, 차체 강성 분석, 항공우주 산업에서는 열팽창 예측, 공기역학 최적화, 가전제품에서는 냉각 팬 유동 해석, 소음 예측 등에 활발히 사용되고 있다.

현재 제조 환경에서 CAE는 CAD, PLM 시스템과 긴밀하게 통합되어야 진정한 가치를 발휘할 수 있다. CAD 시스템에서 설계 변경이 발생하면 자동으로 해석 조건이 갱신되며, 해석 결과는 설계 도면상에서 시각화되어 의사결정을 지원하여야 한다. 이러한 통합 환경은 개발 시간을 단축하고 설계 품질을 제고하는 데 결정적인 역할을 할 수 있을 것이다. 나아가, 스마트제조 환경에서는 사용 중인 디지털트윈 구현의 핵심 역할을 하고 있다. 실제 물리 시스템의 동작을 가상 시뮬레이션으로 예측하여, 이상 징후를 조기에 감지하거나 유지보수 시기를 예측, 제어할 수 있다. 물리 지식 기반의 예지보전(physics-based predictive maintenance)은 이러한 CAE 모델 기반으로 설비 수명을 평가하고, 고장을 미리 예측하여 생산 중단을 방지한다.

5.4 CAM 시스템

CAM(Computer-Aided Manufacturing)은 CAD로 설계된 제품 모델을 바탕으로 실제 제조공정을 자동화하고 최적화하기 위한 기술이다.[3] CAM은 가공 경로(toolpath) 생성, 공구 선정, 공정 시뮬레이션, CNC(Computer Numerical Control) 가공 데이터 생성 등의 기능을 수행한다. 수동으로 기계를 조작하던 과거와 달리 CAM 시스템을 이용할 경우 복잡한 형상의 부품도 정밀하고 신속하게 생성할 수 있으며, 생산 과정의 반복성과 신뢰성 역시 크게 향상된다. 그렇기에 CAM은 제조업의 디지털 전환에서 중요한 축을 이루고 있으며, 시간 및 비용 절감과 품질 향상에 직접적으로 기여한다.

1) CAM 시스템 구성요소

CAM 시스템을 위한 소프트웨어는 일반적으로 다음과 같은 주요 모듈로 구성된다.

- 형상 인식 및 전처리
- 공정 전략 및 조건 설정
- 경로 생성 및 최적화
- 시뮬레이션 및 검증
- 포스트프로세서 및 NC 코드 출력
- 문서 출력 및 공정 기록

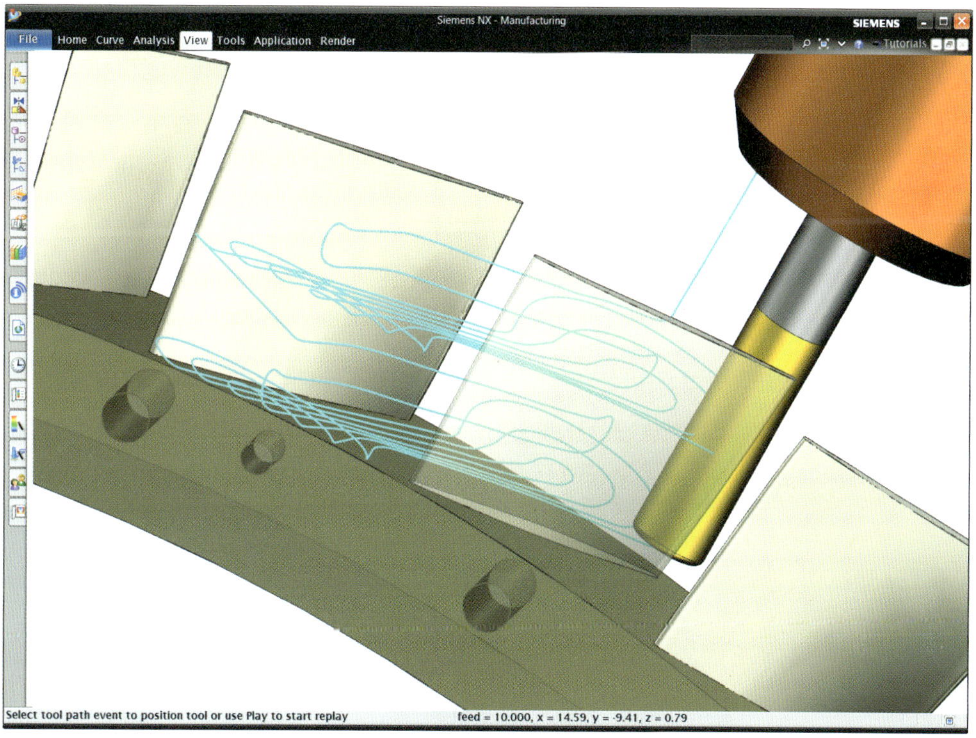

그림 5-13 CAM 시스템을 이용한 가공 경로 생성[11]

2) CAM 시스템의 주요 기능

요약하자면 CAM 시스템은 NC 기계와 밀접하게 연결되어 있으며, CAD 데이터를 바탕으로 디지털 환경상에서 NC 기계의 제어를 미리 시뮬레이션해 보는 것이다. 공정 수행 전 가상 환경에서 충돌 여부, 절삭 부하, 공정 순서 등을 검토할 수 있어 작업 안전성과 장비 보호에 도움이 된다. 시뮬레이션 결과를 바탕으로 공정 계획을 조정함으로써 불량률을 낮추고 생산 효율을 높일 수 있다. 이와 같은 효과를 위해 크게 다음과 같은 기능을 제공하고 있다.

- NC 제어와 가공 경로 생성: 3D CAD 모델링 데이터를 기반으로 가공 경로를 자동으로 생성하는 기능. 생성된 경로가 직접적으로 CNC 공작 기계에 전달되어 공구의 움직임을 제어할 수 있음. 또한 완벽한 기기 제어를 위해 가공 경로 생성 시 필요한 가공 조건(예: 공구 형상, 절삭 조건, 이송 속도, 절삭 깊이) 및 공정 순서 등을 결정할 수 있으며 이에 따른 최적화된 가공 계획을 수립할 수 있음. 복잡한 곡면이나 자유형상에도 적용할 수 있으며 3축 및 5축 가공에도 지원 가능함. 최근에는 절삭가공뿐만 아니라 밀링, 선반, 와이어컷, 레이저 가공, 3D 프린팅 공정까지도 포함하여 가공 경로 생성이 가능함.

- **가공 시뮬레이션 및 검증**: CAM은 가공 경로를 생성하고 나면 실제 가공 전에 컴퓨터 환경상에서의 시뮬레이션 기능을 제공함. 가공 경로에 따라 공구가 이동하면서 3D 모델링(공작물)과 상호작용하는 과정을 3D로 시각화함. 이를 통해 충돌 가능성, 과도하거나 부족한 절삭, 공구 파손 위험 등을 사전에 확인할 수 있음. 시뮬레이션 기능은 가공 오류를 줄이고 장비 손상을 방지하는 데 기여함. 또한 공정에 소요되는 시간 역시 예측할 수 있음.
- **가공 공정의 자동화 및 최적화**: 가공 경로가 생성되어 검증까지 완료되면 이에 대해 G-code 또는 M-code 등의 공정 제어를 위한 프로그래밍 결과를 자동으로 생성할 수 있음. 가공 조건을 변경함에 따라 제어 코드는 자동으로 변환되어 반복적인 가공 공정에 대해 자동화하기가 용이함. 또한 가공 조건의 최적값을 자동으로 제안하거나, 특수한 조건에 맞게 최적화하거나(예: 다축 가공, 고속 가공, 잔삭 제거 최소화 등) 여러 공정 단계를 하나의 워크플로우로 연결하는 기능도 제공함.

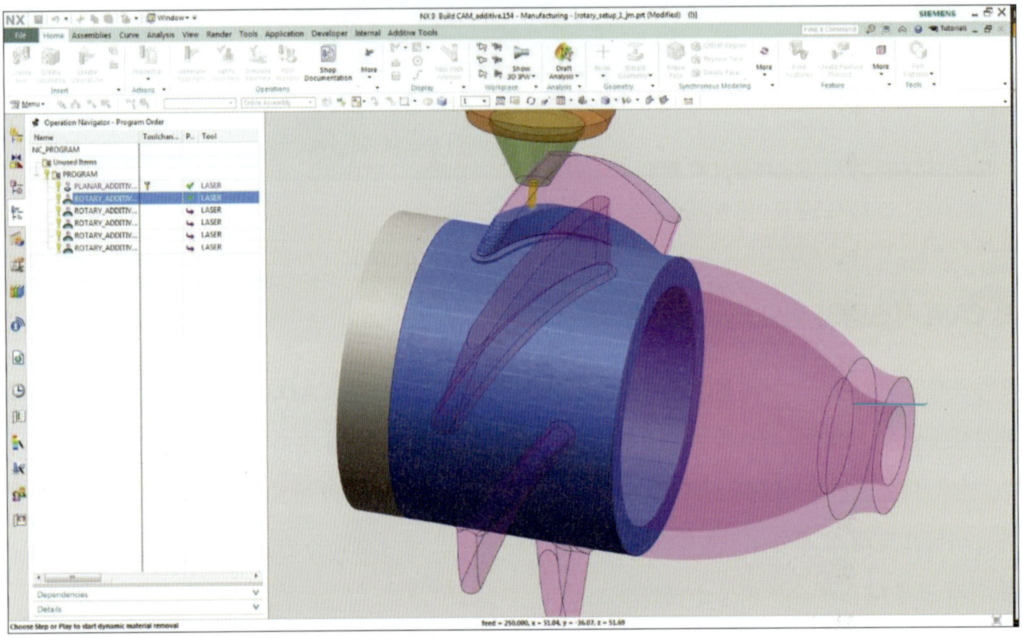

그림 5-14 CAM 시스템을 이용한 3D 프린팅을 위한 적층 경로 생성 및 시뮬레이션[12]

이 외에도 제4차 산업혁명 시대에 들어서면서 CAM 시스템에서도 스마트제조 기술을 활용하여 다음과 같은 고도화된 기술이 적용되고 있다.

- **제조 현장과의 연계**: CAM 시스템이 사물인터넷(IoT) 등의 기술로 실제 제조 현장과 연계되면 피드백 기반의 최적화 기능을 제공할 수 있음. 실제 가공 결과 데이터를 전송받아 후속 가공 경로를 자동 조정하는 등 현재 상황의 최적 가공 경로를 피드백 제어로 제공하는 기능임. 예를 들어, 실제

가공에서 남은 잔류 소재나 미세 오차에 대하여 실시간으로 CAM에서 다시 경로 생성 및 시뮬레이션을 통해 반영하여 새로운 제어 코드를 생성할 수 있음.

- **AI 기반 가공 자동화**: 자동으로 최적 가공 조건을 추천하거나 실시간 데이터를 분석하여 가공 품질을 향상시키는 기능으로 발전하고 있음. 예를 들어 공구 마모 데이터를 AI가 학습하여, 공구의 현재 가공 성능을 가공 경로 생성 시 반영하거나 공구의 교체 시점을 예측할 수 있음.
- **클라우드 기반 협업**: 최근에는 클라우드 기반 CAM 플랫폼도 등장하여, 원격에서 가공 경로 생성과 시뮬레이션을 수행하고, 다양한 부서 간 협업이 가능해지고 있음. 이러한 플랫폼은 설계자-프로그래머-오퍼레이터 간의 실시간 협업을 가능하게 하여 작업 효율이 높아질 뿐만 아니라 가공 데이터를 중앙에서 통합 관리할 수 있으므로 기업의 가공 노하우를 자산화하고, 공정 이력 등의 품질 관리 및 버전 관리에 유리함.
- **친환경 가공과 지속가능성**: 최근 CAM 시스템은 소재 낭비를 줄이고 에너지 효율을 높이는 경로를 계산하는 기능을 탑재하여 지속가능한 제조를 가능하게 함. 절삭 조건 최적화, 공정 단축, 공구 수명 연장 등을 통해 자원 소비를 줄이고 환경 영향을 최소화할 수 있음.

3) CAM 시스템과 설계-제조 통합

CAM 시스템은 설계부터 가공까지의 전 과정을 유기적으로 연결하는 핵심 플랫폼으로서 작동하기에, CAD와 CAE 시스템과 데이터 호환성이 높을수록 생산 효율이 증가하게 된다.[13] 특히 최근에는 고도화된 데이터 흐름과 공작기계와의 정밀한 연계, 생산 관리 시스템과의 통합 등을 통해 CAM의 역할이 지속적으로 확대되고 있다. 이에 따라 CAM 시스템이 어떻게 구성되고 동작하는지를 전체 흐름과 기능적 관점에서 설명하고자 한다.

CAX(Computer-Aided X) 시스템은 일반적으로 CAD → CAE → CAM → CNC의 순차적 흐름으로 데이터가 전달되어 작동한다.[14] 이 과정에서 CAE는 생략되어 설명되는 경우도 있다. CAD 단계에서는 먼저 3D 모델이 생성되어야 한다. 이는 제품의 형상 및 치수를 포함하여 STEP, STL 등과 같은 포맷으로 보통 저장된다. 이후 CAE 단계에서는 CAD 모델에 기반하여 구조해석, 열해석 등이 수행된다. 이를 통해 부품의 강도 등 제품 성능과 관련된 특성이 검증되고 설계 변경이 필요할 경우 다시 CAD 모델로 피드백을 보낸다. 이어서 CAM 단계에서는 최종 설계된 3D 모델링 데이터를 토대로 가공 형상을 인식하고, 가공 전략과 공구 경로를 생성한다. 이때 CAE의 해석 결과를 참고하여 공정 조건을 보정할 수 있다. 예를 들어, 응력 집중 영역은 보강 절삭이 적용되거나, 가공 진동이 우려되는 구간은 공구 경로가 조정되어야 한다. CAM 단계에서 가공 경로에 대한 검증이 완료되면, 마지막으로 CNC 단계에서는 CAM에서 출력된 NC 코드가 실제 공작기계에 전달되어 가공이 수행된다.

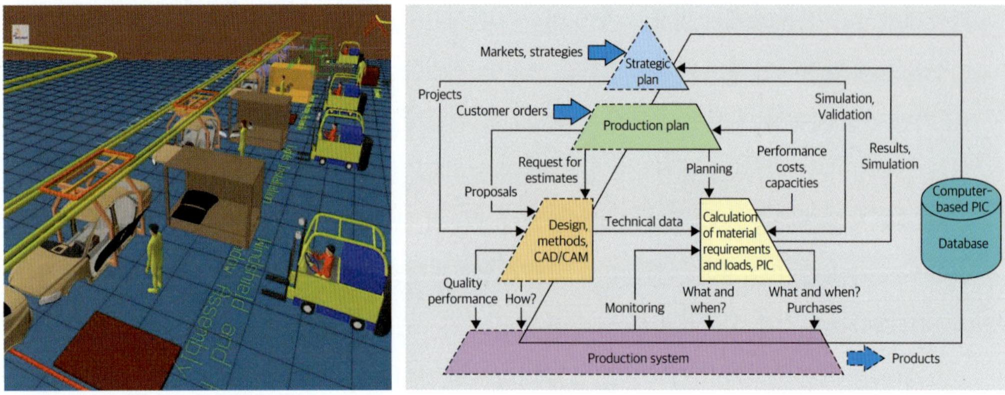

그림 5-15 CIM 프로그램의 예[15, 16]

이후 측정 결과나 공정 데이터가 다시 상위 시스템으로 전송되어 데이터 순환이 이루어질 수 있다.

또한 현대 제조 환경에서 CAM은 PLM, MES, ERP 등과 같은 상위 시스템과 긴밀히 통합되어 운영되고 있다. PLM과의 연계를 통해 설계 변경 이력, BOM 정보를 전달받을 수 있으므로, 변경된 정보에 따라 경로도 자동으로 갱신할 수 있다. MES나 ERP와 연계되는 경우 작업 지시 정보, 공정 흐름, 공구 소모량 등을 실시간으로 데이터로 주고받을 수 있으므로 이러한 통합 구조는 가공 중심의 생산 공정을 설계 기반의 스마트 체계로 전환하는 데 필수적인 기반이 되고 있다.

CAM 시스템의 핵심은 가공 경로의 생성이다. 이를 통해 공정 시간 단축, 공구 수명 향상, 제품 정밀도 확보 등을 하고자 하며, 나아가 최신 CAM 시스템은 자동화된 공정 생성 기능을 가지고 있어 작업자의 숙련도에 의존하지 않을 수 있으므로 작업자 간 노하우 균질화 등의 이점을 제공할 수 있다. 또한 디지털트윈 기술과 일맥상통하는 면이 있어 가상 공장에서의 공정 시뮬레이션 후 실공정에 적용하는 방식이 도입됨에 따라 스마트제조에서의 핵심 도구로서의 역할을 하고 있다.

이러한 흐름은 과거 **CIM**(Computer Integrated Manufacturing) 개념과도 맞닿아 있다. CIM은 CAD, CAM, CAE는 물론 생산계획, 자재 관리, 품질 관리 등의 모든 제조 관련 기능을 컴퓨터 시스템으로 통합하고자 한 초기 시도로, 공장 전체의 정보 흐름과 제어를 자동화하는 이상적인 제조 환경을 목표로 했다.[3] 비록 기술적·비용적 한계로 인해 전면적인 실현은 어려웠지만, CIM은 이후 PLM과 스마트팩토리 개념의 기반이 되었으며, 현재의 제조시스템 통합에 있어 중요한 전환점으로 평가된다.

5.5 PLM 시스템

제품수명주기관리(Product Lifecycle Management, PLM) 시스템을 설명하기에 앞서, 제품의 수명주기부터 설명하고자 한다. **제품수명주기**(product lifecycle)란 제품이 개발되기 위한 도입 단계인 제품에 대한 요구사항을 조사하고 제품에 대해 기획하는 것부터 제품 설계(개념 설계, 상세 설계) 및 시제품 제작, 제조 준비, 양산, 출시 및 판매, 사용, 서비스 및 유지보수, 폐기 및 재활용까지 제품이 태어나서 더 이상 없어질 때까지의 일생을 의미한다.[17]

위의 용어가 제조 엔지니어링의 관점에서 다룬 정의였다면, 마케팅 및 비즈니스 관점에서의 제품수명주기는 초점에서 다소 차이가 있다. 마케팅 및 비즈니스 관점의 제품수명주기는 제품이 시장에 출시되어 소멸되기까지의 생애를 의미하기는 하나, 네 단계(도입기, 성장기, 성숙기, 쇠퇴기)로 구분하여 매출과 시장 반응의 변화에 대하여 설명한다.[18] 각 단계(주기)에 맞는 전략을 수립하여 수익을 극대화하는 것이 목표이다. 예를 들어, 도입기(introduction)에서는 기존에 없던 혁신적인 제품이 출시되어 새로운 시장이 발생한 것을 의미한다. 이때 새로운 시장은 독점일 수 있지만 인지도에서 단점이 있는 시기이기에 인지도를 높이기 위한 전략이 필요하다. 성장기(growth)에는 도입기를 지나 제품의 인지도가 높아진 상태로 시장점유율이 증가하지만 반대로 경쟁자도 진입함에 따라 경쟁자와 차별화 포인트가 필요해진다. 성숙기(maturity)에는 이미 시장에 많은 경쟁자가 존재하고, 경쟁 제품 간의 판매량, 인지도 등이 결정되었기에 다소 정체된 상태이다. 그러므로 시장에서 가격 경쟁력을 얻기 위해 제조원가를 줄이기 위한 전략을 채택하여야 한다. 마지막 쇠퇴기(decline)에는 시장 및 소비자의 요구 변화 등으로 제품의 판매량이 지속적으로 감소하고 있으므로 해당 제품에 대한 마케팅 비용을 줄이고, 새로운 신제품 개발을 시작하여야 한다.

위와 같이, 제품수명주기를 어느 관점에서 보느냐에 따라 분석 및 관리 시 집중하고자 하는 관점이 달라진다. 이 책에서는 제품수명주기라는 용어를 앞으로 첫 번째로 설명한 제조 엔지니어링 관점에서의 정의로 계속 사용할 예정이며, 이를 다시 말하자면 제품이 기획되어 설계, 제조, 서비스, 폐기에 이르기까지의 과정을 의미한다.

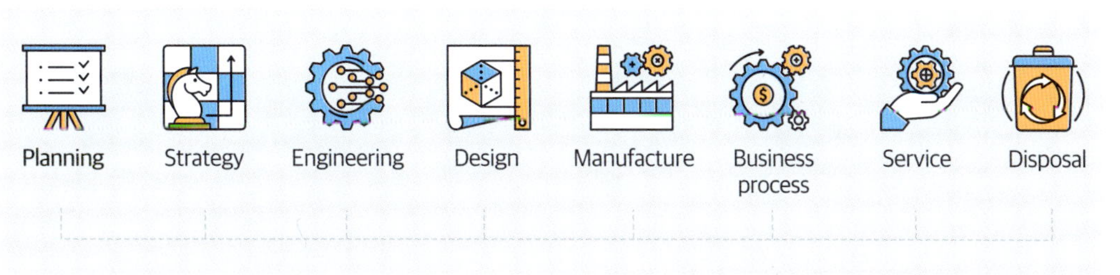

그림 5-16 제조 엔지니어링 관점의 제품수명주기

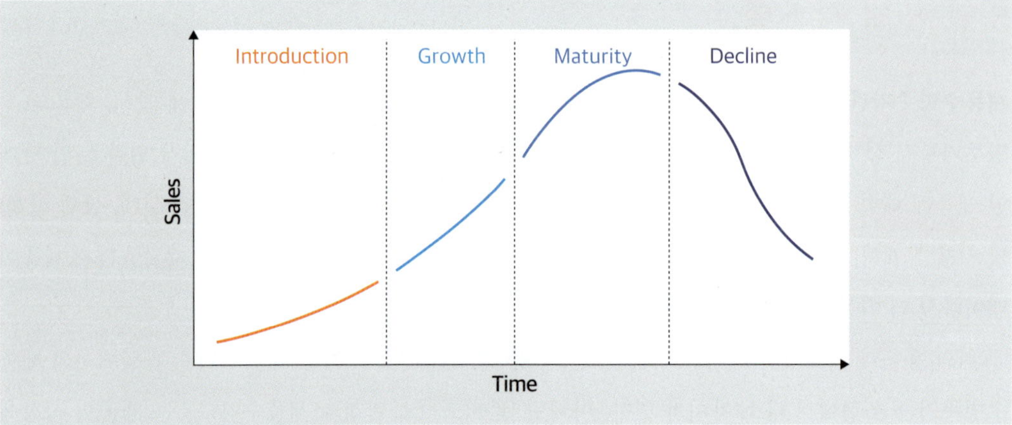

그림 5-17 마케팅 및 비즈니스 관점의 제품수명주기에 따른 판매량 변화

제품수명주기를 관리하는 시스템인 PLM은 제품의 전체 수명주기에 걸쳐 발생한 정보와 프로세스를 중앙집중식으로 통합하여 관리하는 시스템을 의미한다. 예를 들어, PLM 시스템을 이용하면 CAD 시스템으로부터 얻은 설계 데이터, CAE 시스템으로부터 저장한 해석 데이터, CAM 시스템으로부터 도출한 공정 데이터뿐 아니라 BOM, 형상 이력, 변경 이력 등을 통합하여 관리할 수 있다.

제조 환경이 계속 복잡해짐에 따라 설계 변경, 고객맞춤, 품질 추적, 지속적인 개선 등에 관한 요구가 늘어나고 있다. 이러한 요구를 충분히 충족하기 위해서는 각 공정 간, 부서 간, 개발 단계 간 데이터

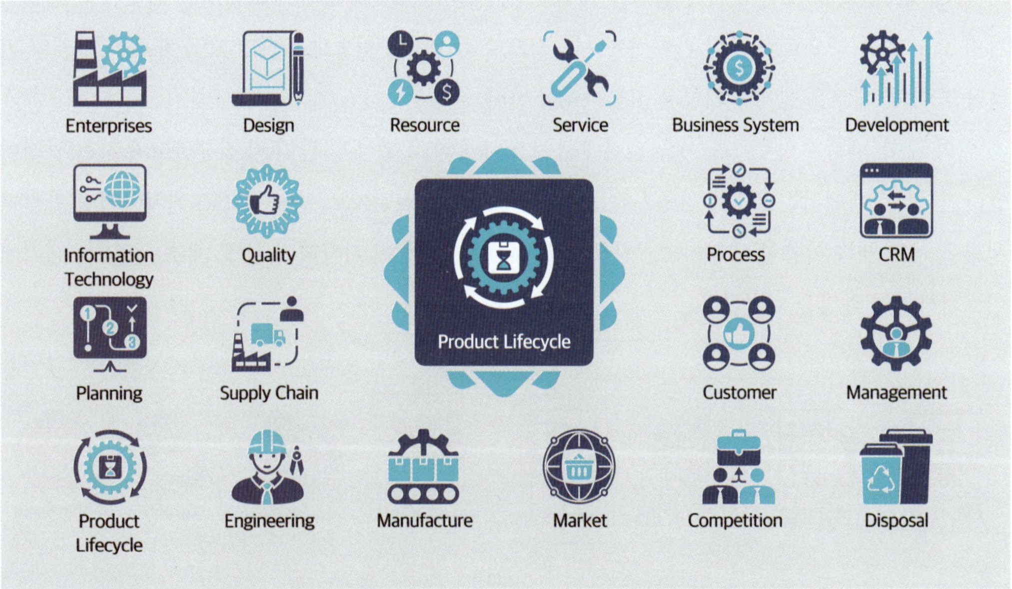

그림 5-18 제품수명주기관리(PLM)를 위한 업무 목록

의 흐름과 이력 관리를 일관성 있게 처리하여야 하기에 PLM 시스템의 필요성이 확대되고 있으며, 이를 통해 개발 프로세스의 표준화, 협업 효율 및 제품 품질 향상이 가능하다.

1) PLM 시스템의 주요 기능

PLM 시스템은 크게 다음과 같은 기능을 수행할 수 있다.

- **데이터 저장 및 관리**: CAX에서 생성되는 3D 모델, 도면, 공정 계획서, 공학적 해석 결과 등을 중앙에 저장하여 관리할 수 있음. 특히 하나의 제품을 구성하는 부품, 모듈, 옵션 등은 구조가 복잡하여 기계, 전기, 소프트웨어 도면 등 다양한 이기종 데이터로 구성되어 있으므로 이에 대한 통합 관리를 수행함.
- **버전 관리**: 설계 변경이 발생할 경우 새로운 버전을 생성하고, 관련된 파일에 정보를 송신할 수 있음. 또한 기존 버전과의 차이점에 대해 추적 가능함.
- **BOM 구성 및 연동**: 설계 단계에서 발생하는 CAD 기반의 설계BOM(eBOM)과 실제 공장에서 제품을 생산할 때 사용되는 제조BOM(mBOM)의 정합성을 유지하면서 설계 데이터를 제조 단계에서 사용할 수 있도록 지원함. 이를 위해 설계BOM과 제조BOM 간의 관계를 관리하고 변경 사항이 일치되도록 통제할 수 있음.
- **워크플로우 자동화**: 승인, 검토, 배포 등의 간략한 사무 업무를 자동화하여 담당자 간 업무 지연을 최소화할 수 있음.
- **권한 관리**: 모든 정보가 사내 모든 인원에게 공개되는 것인 데이터 보완에 긍정적이지 않음. 이에 따라 사용자 및 부서에 따라 접근 가능한 데이터의 범위를 통제할 수 있음.

이러한 기본 기능을 통해 CAD 모델링 데이터를 등록하고, 관련 도면, 사양서, 해석 결과 등을 함께 연결하여 제품 중심의 데이터 구조를 구축할 수 있다. 이를 통해 PLM은 설계 부서뿐만 아니라 생산, 품질, 마케팅, 서비스 등 다양한 조직이 제품 개발 초기 단계부터 관련 부서가 정보를 서로 공유하고, 요구사항을 반영함으로써 개발 리스크를 최소화할 수 있다. 예를 들어 품질 부서는 설계 도면을 확인하고, 과거 유사 부품의 불량 데이터를 기반으로 개선안을 제안할 수 있다.

이 외에도 앞서 설명한 CAX 시스템과 같이 제4차 산업혁명 시대에 맞춰 실시간 협업을 위한 클라우드 기능, 문서 중심이 아닌 CAD 모델링과 시뮬레이션 데이터를 중심으로 전체 수명을 관리하는 모델 기반 시스템 엔지니어링(model-based system engineering), AI 기반 문서 분류 및 자동 태깅 기능, 부품 이력 투명성 확보 및 위·변조 방지를 위한 블록체인 기반 데이터 관리, 디지털스레드 중심의 통합 운영 등의 기술이 추가적으로 탑재되고 있다.

2) PLM과 타 시스템과의 연계

제품 설계와 제조 엔지니어링 시스템(CAD, CAE, CAM, PLM 등)은 개별적으로도 강력하지만 통합될 때 훨씬 큰 시너지를 발휘한다. 특히 PLM을 통하여 설계-해석-생산-운영-서비스로 구성된 전체 제품수명주기 프로세스가 단절 없이 연결되면 데이터의 일관성과 흐름이 유지되고, 의사결정 속도와 품질이 비약적으로 향상된다. 예를 들어, CAD에서 생성된 3D 모델은 PLM을 통해 자동 버전 관리되며, 다시 CAM에서 가공 조건을 반영하거나 CAE에서 해석 모델을 업데이트할 수 있다. 이 과정에서 모든 변경 사항은 PLM 시스템에 기록되어 추적 가능하며, 변경의 영향을 실시간으로 분석할 수 있다.

이와 더불어 ERP, MES, SCM, CRM 등 기업의 다른 핵심 시스템과 연계되어 설계 단계에서의 변경을 제조 현장과 서비스 프로세스에 실시간으로 반영할 때 진정한 효과를 발휘할 수 있다. 예를 들어, PLM에서 생성된 BOM이 ERP의 자재 관리 모듈로 자동 전달되거나, 설계 변경 정보가 MES에 연동되어 제조공정이 실시간 업데이트되는 사례가 대표적이다. 이러한 통합은 디지털스레드와 디지털트윈의 개념을 통해 조금 더 체계적으로 구현될 수 있다. 디지털스레드는 제품 데이터의 수명주기 흐름을 연결하는 데이터 체계가 되고, 디지털트윈은 실물 제품의 가상 모델을 통해 다양한 변경에 따른 예측 시뮬레이션을 가능하게 할 것이다.

> PLM은 제품의 기획, 설계, 생산, 서비스, 폐기에 이르는 전 수명주기를 관리하는 통합 정보 시스템이다. 현대의 PLM은 단순한 문서 저장이나 버전 관리 수준을 넘어, 기업 전반의 설계 및 제조 지식 자산을 체계적으로 관리하고 최적화하여 기업의 제품 전략과 기술 경쟁력 확보를 위한 핵심 플랫폼으로 활용되고 있다. 또한 스마트제조 구현을 위한 디지털 백본으로 기능하고 있다. PLM을 활용할 경우 투명한 이력 관리 및 부서 간 원활한 협업 지원을 통해 제품 개발 기간 단축부터 설계 오류 감소, 품질 향상과 같은 효과를 얻을 수 있다.

5.6 양산을 위한 산업별 제품 설계 프로세스

산업군에 따라 고유의 규제, 안전 기준, 소비자 요구사항, 생산 방식 등이 다르기에 제품의 설계 과정 역시 달라지게 된다. 그러므로 산업군에 따라 이를 고려한 체계적인 설계 접근이 필요하다. 특히 설계 도구의 활용뿐 아니라 설계 전략과 검증 방식 역시 분야별로 뚜렷한 차이를 보인다.

자동차 산업은 복잡한 기계 시스템과 전장, 제어 장치가 통합된 대규모 시스템 제품인 차량을 생산하므로, 설계 프로세스가 가장 체계적이고 다단계로 구성되어 있다. 특히 안전성, 연비, 환경 기준 등 다양한 요소를 만족시켜야 하므로 설계 과정에서부터 해석과 시험이 반복된다. 특히 수천 개의 부품이 조립되는 대규모 프로젝트로 진행되는 편이며, DFM(제조 용이성), DFA(조립 용이성), 품질 기준을 설계 초기부터 반영하고 있다. 또한 디지털트윈 기반의 설계 검증 및 주행 시뮬레이션 등을 많이 활용하며, 설계 변경이 생산 일정과 직접 연결되므로 PLM 기반 이력 관리가 필수적이다.

대표 설계 프로세스: 제품 기획 → 개념 설계 및 CAD 시스템 기반 형상 모델링 → CAE 시스템을 이용한 충돌/진동/열 해석 → CAM 시스템을 이용한 제조공정 시뮬레이션 → 시제품 차량 제작 → 성능 시험 및 법규 인증 → 생산 승인(양산 준비)

스마트폰 부품, 반도체, 통신장비 및 사물인터넷 제품 등을 생산하는 **전자 산업**은 고속 회로, 전자파 적합성, 열 관리 등이 핵심 고려사항이다. 특히 기능 소형화와 짧은 제품 주기를 반영한 빠른 설계-검증-양산 프로세스가 특징이기에 소형화된 고밀도 설계에 특화된 설계 자동화 도구가 많이 활용된다. 또한 공학 분석, 해석 및 시뮬레이션을 활용하여 전자제품에 관련성이 높은 회로 간섭, 전자파 노이즈 문제 해결을 위한 노력이 많이 수행되고 있다.

대표 설계 프로세스: 제품 콘셉트 기획 및 사양 정의 → CAD 시스템을 이용한 회로 설계 및 부품 선정 → CAE 시스템을 이용한 열 및 전자기파 간섭 등의 해석 → CAM 시스템을 이용한 PCB 및 부품 가공 공정 설계 → 시제품 제작 및 검증 → 양산을 위한 시험 및 검증(EVT/DVT/PVT)

- **EVT(Engineering Validation Test)** 설계된 제품이 제대로 작동하는지, 프로토타입 수준에서 기본 기능과 성능이 맞는지 기술적으로 검증하는 단계
- **DVT(Design Validation Test)** 설계가 사용 환경과 요구사항을 충족하는지 내구성, 신뢰성, 안전성 등을 종합적으로 검증하는 단계
- **PVT(Production Validation Test)** 양산 준비 단계에서 생산 공정과 품질을 검증하는 단계로 초기 양산품을 실제 생산라인에서 만들어서 점검

항공기, 위성 등 **항공우주 산업**의 제품은 치명적인 고장을 절대 허용하지 않는 고신뢰 설계가 필요하며, 그에 따라 수년간의 반복 설계-검증 과정을 거치며 그 과정 또한 복잡하다. 구조 강도, 내열성, 공기역학 해석이 매우 중요하게 이루어지며, 인증기관의 승인이 필수적이다. 또한 시제품 제작 및 시험 비용이 매우 크므로 설계 초기 정확도가 매우 중요하다. 제품 하나가 국가 수준의 프로젝트로 간주되기도 한다.

대표 설계 프로세스: 개념 설계→CAD 시스템을 이용한 3차원 형상 모델링 및 위상 최적화→CAE 시스템을 이용한 구조, 공력, 열 해석→CAM 시스템을 이용한 고정밀 가공 시뮬레이션 및 전략 수립→시제품 제작→지상/비행 시험 및 인증→생산계획 수립 및 제한적 양산

소비재 산업에서는 트렌드 대응, 가격 경쟁력, 디자인 경쟁력이 중요하다. 개발 주기가 짧고, 디자인 주도형 설계 방식이 주를 이룬다. 예를 들어, 사용자 경험 및 사용자의 디자인 선호도 반영이 필수적이다. 제품 변경 속도도 상대적으로 빠른 편이라 설계 유연성과 버전 관리가 중요하다. 또한 제조공정에 있어 아웃소싱 비율이 높은 편이어서 클라우드 기반의 협업 설계 시스템 활용 빈도가 높은 편에 속한다.

대표 설계 프로세스: 아이디어 기획 및 시장 조사→CAD 시스템을 이용한 외형 및 구조 설계→CAE 시스템을 이용한 성능 검증 및 해석→CAM 시스템을 이용한 금형 설계 및 가공 시뮬레이션→시제품 제작 및 사용자 테스트→양산 사양 조정 및 확정

산업별로 차이는 있지만, 제품 설계는 단순히 CAD, CAE, CAM 도구의 활용을 넘어 법적 규제, 시장 요구, 인증 요건을 포함하는 종합적인 프로세스이다. 특히 스마트제조 환경에서는 각 단계가 디지털 데이터로 통합되고, 설계 초기에 해석과 검증을 반영하여 개발 비용과 기간을 줄이는 전략이 중요해지고 있다. 따라서 산업 특성에 맞는 설계 흐름을 정확히 이해하고, PLM 시스템과 연계하여 전체 개발 주기를 관리하는 역량이 설계 엔지니어에게 요구된다.

참고문헌

1 Kritzinger, W., Karner, M., Traar, G., Henjes, J., & Sihn, W. (2018). "Digital Twin in manufacturing: A categorical literature review and classification." IFAC-PapersOnLine, 51(11), 1016-1022.

2 https://m.blog.naver.com/honey_duck/221883109362

3 Groover, M. P., & E. W., Zimmers. (1984). CAD/CAM: Computer Aided Design and Manufacturing , Prentice Hall, Inc. Englewood Cliffs, NJ.

4 Sutherland, Ivan E. (1964). "Sketch pad a man-machine graphical communication system." Proceedings of the SHARE design automation workshop.

5 https://www.shapr3d.com/content-library/history-of-cad?utm_campaign=cadhistorynet

6 https://mindmajix.com/solidworks-tutorial/

7 https://m.blog.naver.com/zzzudol/220089984757

8 Lee, Kunwoo. (1999). Principles of cad/cam/cae systems. Vol. 1999. Reading, MA: Addison-Wesley.

9 www.nasa.gov/image-article/orbiter-model/

10 Karlberg, Magnus, et al. (2013). "State of the art in simulation-driven design." International Journal of Product Development 18.1: 68-87.

11 https://flic.kr/p/gsqpQC

12 https://flic.kr/p/tBXjev

13 Matta, A. K., D. Ranga Raju, & K. N. S. Suman. (2015). "The integration of CAD/CAM and rapid prototyping in product development: a review." Materials Today: Proceedings 2.4-5: 3438-3445.

14 Werner Dankwort, C.; Weidlich, Roland; Guenther, Birgit; & Blaurock, Joerg E. (2004). "Engineers' CAx education—it's not only CAD". Computer-Aided Design. 36 (14): 1439-1450. doi:10.1016/j.cad.2004.02.011

15 https://commons.wikimedia.org/wiki/File:NIST_Manufacturing_Systems_Integration_Program.jpg

16 https://commons.wikimedia.org/wiki/File:Computer_Integrated_Manufacturing.jpg

17 Stark, J. (2015). Product Lifecycle Management. In: Product Lifecycle Management (Volume 1). Decision Engineering. Springer, Cham. https://doi.org/10.1007/978-3-319-17440-2_1

18 Cox, William E. (1967). "Product life cycles as marketing models." The Journal of Business 40.4: 375-384.

CHAPTER 6

생산 자동화와 제어시스템

6.1 생산시스템과 제어시스템의 변화

생산시스템은 산업 기술과 시장 환경 변화에 따라 크게 대량생산, 유연생산, 그리고 지능형/자율형 생산으로 진화해 왔다. 이 과정에서 제어 구조(control architecture) 역시 그림 6-1과 같이 **중앙집중형**, **혼합형**, **분산/자율형**으로 발전하고 있다.[1]

초기의 자동화 생산시스템은 단순히 인간의 노동력을 기계로 대체하여 생산성을 향상시키는 것을 목표로 하였으며, 대부분 중앙집중형 제어(centralized control) 구조를 기반으로 하여, 상위 컴퓨터나 제어기가 전체 공정을 일괄적으로 통제하였다. 대표적인 시스템으로는 컴퓨터통합생산(Computer Integrated Manufacturing, CIM)을 들 수 있다. 컴퓨터통합생산은 제조 설계부터 가공, 조립, 품질 검사까지 생산시스템의 여러 단계를 컴퓨터로 통합해 관리하는 방식이다. 초기 자동화 생산시스템에서 대표적인 중앙집중형 제어 구조의 예로 자주 언급된다. 이들은 생산 공정의 일관성 확보와 효율적 자원 운용에는 효과적이었으나, 환경 변화나 제품 다양화에 대한 대응이 어려웠다.

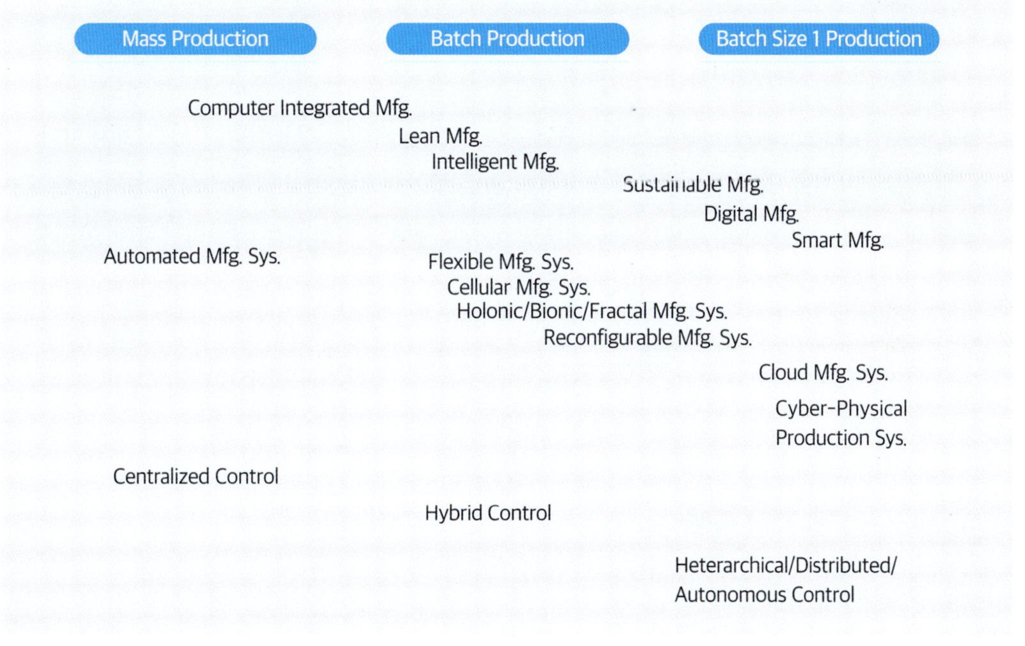

그림 6-1 생산시스템 제어 구조의 변화[1]

20세기 중·후반 시장의 세분화와 제품수명주기의 단축이 본격화되면서 생산시스템은 유연성(flexibility)과 민첩성(responsiveness)을 확보하는 방향으로 발전하였다. 이를 위한 대표적인 형태가 유연생산시스템(Flexible Manufacturing System, FMS)과 셀룰러 생산시스템(Cellular Manufacturing System, CMS)이다. 셀룰러 생산시스템은 비슷한 가공이나 조립을 하는 기계들을 하나의 셀(cell)로 묶어 운영하는 시스템이다. 이 시기의 생산시스템은 중앙에서 전체 전략과 계획을 수립하되, 개별 생산 셀이나 장비 단위에서는 독립적인 제어가 가능하도록 설계되었다. 이러한 구조는 혼합형 제어(hybrid control) 또는 부분 분산형 제어 구조로 분류되며, 중앙집중형의 효율성과 현장 단위의 자율성을 절충한 형태라 할 수 있다. 이를 통해 생산라인은 제품 종류나 생산량의 변화에도 빠르게 대응할 수 있었으며, 다양한 제품을 소량으로 생산하는 환경에 적합한 형태로 발전하였다.

정보기술과 제어이론이 급속히 발전함에 따라 생산시스템은 점차 지능화(intelligent)와 자율화(autonomous)의 방향으로 진화하였다. 1990년대에 제안된 홀로닉(holonic), 프랙탈(fractal), 바이오닉(bionic) 생산시스템은 각 생산 단위를 독립된 의사결정 주체로 간주하고, 이들 간의 협력과 조정에 의해 전체 시스템의 최적화를 달성하는 구조이다. 이 단계의 시스템에서는 중앙의 명령에 따른 일방적 수행이 아니라 각 단위(에이전트, 셀, 설비 등)가 상황에 따라 스스로 판단하고, 상호 통신을 통해 작업을 분담하거나 재조정한다. 제어 구조는 점차 계층적 분산(heterarchical) 또는 분산형 및 자율형 제어(distributed/autonomous control) 구조로 변화하였으며, 이는 생산시스템이 환경 변화에 능동적으로 적응하고, 부분 장애가 발생하더라도 전체 시스템이 스스로 복원할 수 있는 기반을 마련하였다.

이렇게 제안된 분산 제어 생산시스템의 개념은 최근의 인공지능, 사물인터넷(IoT), 빅데이터, 클라우드 컴퓨팅 기술의 비약적인 발전과 함께하여 생산 과정에서 발생하는 데이터를 실시간으로 수집·분석하고, 스스로 최적의 의사결정을 자율적으로 수행하는 자율제조 패러다임의 기초가 되고 있다.

6.2 제어시스템

1) 제조업의 분류와 제어 특성

(1) 산업 유형에 따른 분류

표 6-1과 같이 제조 산업은 생산되는 제품의 특성(what)에 따라 크게 **공정 산업**(process industry)과 **개별 생산 산업**(discrete manufacturing industry)으로 구분할 수 있다. 여기서 discrete 단어의 의미를 '이산'으로 직역할 수도 있지만, 공정 산업과의 구분을 쉽게 하도록 '개별'로 의역하여 쓴다.

공정 산업은 화학, 식품, 제지, 금속, 세라믹 등과 같이 연속적(continuous) 혹은 배치(batch) 형태로 액체, 기체, 분말 등과 같은 원재료를 물리적·화학적으로 변환하는 산업군을 포함한다. 이들 산업은 생산 단위가 주로 양(amount)으로 표현되며, 생산 공정이 연속적으로 연결되어 있으며, 제어 변수는 온도(temperature), 압력(pressure), 유량(flow rate), 농도(concentration) 등과 같은 연속적(continuous)이고 아날로그(analog)인 물리량이다. 따라서 공정의 안정성과 품질을 유지하기 위해서는 연속 제어가 핵심이며, 열전대(thermocouple), 유량(flow meter), 압력(pressure) 센서 등으로부터의 신호를 실시간으로 감지하여 제어하는 방식이 사용된다. 예를 들어, 식음료, 섬유, 목재, 제지, 화학, 세라믹, 금속 산업이 여기에 포함된다. 이러한 공정 산업은 생산 효율, 품질 안정성, 에너지 절감 등을 위해 상위 감시·제어 및 데이터 수집(Supervisory Control and Data Acquisition, SCADA) 시스템과 분산 제어시스템(Distributed Control System, DCS) 등을 이용한 공정제어 기술이 주로 활용된다. SCADA는 센서 또는 액추에이터로부터 데이터를 실시간으로 수집하고, 중앙컴퓨터가 공정 전체를 감시 및 제어하는 시스템 구조를 갖고, 분산 제어시스템은 여러 장비나 공정을 효과적으로 나누어 각기 제어기를 두고, 이들이 중앙과 상호작용하면서 전체를 제어하는 방식이다.

품질 측정 항목은 주로 용액 농도, 점도, 불순물, 사양 일치도 등이다. 공정 산업은 대표적인 장치 산업으로 상대적으로 큰 조기 투자비용으로 생산 효율을 극대화할 수 있지만 공정 중단 시 손실이 크고, 제품 종류의 변경이 어렵다.

이와는 달리 개별 생산 산업은 주로 기계, 전자제품, 자동차, 항공기, 장비, 장난감 등과 같이 개별 단위의 제품을 조립 또는 가공을 통해 생산하는 산업군을 말하며, 생산 단위는 개수(quantity) 혹은 부품 단위(piece/unit)로 표현된다. 이들은 주로 부품 단위의 조립, 로봇 기반 가공, 수치제어(NC) 및 프로그램제어(PLC) 기술이 중심이 된다. 이 범주의 생산은 제품의 다양성과 맞춤화 수준이 높으며, 생산라인의 순차적(sequential)이고 이산적(discrete) 제어 기술이 중요한 특징이다. 제어 변수는 주로 위치(position), 속도(velocity), 가속도(acceleration), 힘(force) 등이며, 주로 디지털(digital) 혹은 이진(binary) 신호로 처리된다. 품질 측정 항목은 주로 치수, 외관, 표면조도 등의 결함 여부이다. 공정 산업과 비교하여 상대적으로 설비 변경이 용이하지만, 생산계획이 복잡해질 수 있고, 특히 재고 및 물류 관리 비용이 증가할 수 있다.

(2) 생산 운영 방식에 따른 분류

생산 운영 방식(how)은 크게 **연속 생산**(continuous production)과 **배치 생산**(batch production)으로 구분할 수 있다. 연속 생산은 한번 시작하면 중단 없이 일정한 흐름으로 생산라인을 따라 이동하며 생산되는 대량/표준화 생산 방식으로 대표적으로 정유와 제철 등의 공정 산업에 많이 채택된다.

배치 생산은 일정한 단위(batch)로 구분된 제품군을 한 번에 처리한 후, 다음 제품군을 처리하는, 즉 묶음 단위로 순차 생산하는 유연한 생산 방식으로 식품, 제약, 전자 부품 조립 등 주로 개별 생산 산업에서 많이 채택된다.

공정 산업의 특징과 연속 생산 방식의 특징을 혼동하는 경우가 많다. 주의할 점은 표 6-1에서 알 수 있는 바와 같이 공정 산업에서도 배치 생산이 가능하고 개별 생산 산업에서도 연속 생산이 가능하다는 점이다.

표 6-1 산업 유형과 생산 방식에 따른 특징

구분	공정 산업 (Process Industries)	개별 생산 산업 (Discrete Manufacturing Industries)
연속 생산 (Continuous Production)	- 원료 투입과 제품 산출이 끊임없이 연속적으로 이루어짐 - 화학, 석유, 발전, 제철 등 - 대량, 장기적 생산에 적합하지만, 생산 중단 시 손실이 커서 안정적 운전이 중요 - 연속 제어 중심	- 제품 단위(부품, 조립품 등)가 이산적 형태로 투입 및 생산되고 일반적으로 컨베이어 기반 라인 생산 형태 - 자동차, 가전, 반도체 조립 라인 등 - 생산 흐름은 지속적이지만 각 제품은 개별 단위로 관리 - 시퀀스 제어(sequence control) 중심
배치 생산 (Batch Production)	- 입력과 출력이 배치 단위로 이루어짐 - 동일 설비에서 서로 다른 조성/조건의 제품을 순차적으로 생산 - 식품, 제약, 전자 부품 조립 등 - 공정 recipe와 배치별 데이터 관리가 중요 - 배치 제어(batch control) 구조(예: ISA-88 기반 시스템)	- 제품을 일정 수량 단위로 생산 후 다음 제품군으로 전환 - 다품종 소량생산에 적합 - 배치마다 다른 공정 조건, 장비 설정, 프로그램 적용 가능 - 유연한 생산전환능력(예: CNC 가공, 로봇 셀 생산, 전자 부품 조립)

2) 연속 제어와 이산 제어

연속 제어(continuous control)는 출력 변수의 값을 일정한 목푯값으로 유지하는 것을 주요 목적으로 한다. 이때 제어에 사용되는 파라미터와 변수는 시간에 따라 연속적으로 변화하는 연속량이다. 피드백 제어시스템이 연속 제어의 작동 원리를 설명하는 대표적인 예이다. 실제 산업 공정에서는 여러 개의 독립적인 피드백 루프들이 상호 연결되어 복합적인 제어를 수행한다. 연속 제어는 주로 공정 산업에서 사용되며, 화학 반응, 온도 조절, 유량 조절 등과 같은 연속적 물리 현상을 다룬다. 예를 들어, 화학 공정에서는 반응기의 온도, 압력, 반응물 유량 등을 조절하여 반응 속도와 제품 품질을 일정하게 유지하고, 기계 가공에서는 절삭공정에서 공구와 공작물의 상대 위치를 정밀하게 제어하여 복잡한 곡면을 가공한다. 이러한 시스템은 지속적인 센서 피드백과 제어 알고리즘을 통해 안정적 상태를 유지한다.

이산 제어(discrete control)는 제어 변수와 시스템 상태가 연속적으로 변하지 않고, 일정한 순간에 불연속적으로 변하는 제어 방식이다. 즉, 제어 변수는 이진 혹은 디지털 신호 형태를 가지며, '켜짐

(on)' 또는 '꺼짐(off)'과 같이 불연속적인 상태 변화를 다룬다. 이산 제어시스템에서의 제어 동작은 미리 정의된 프로그램 명령어에 따라 수행되며, 두 가지 조건 중 하나에 의해 제어가 실행된다.

- **이벤트 기반(event-driven) 변화**: 시스템 상태의 변화가 발생했을 때(예: 센서가 부품 감지를 인식했을 때)
- **시간 기반(time-driven) 변화**: 미리 설정된 시간이 경과했을 때(예: 일정 주기마다 검사 수행)

3) 자동화 계층(automation pyramid)에 따른 제어시스템

ISA-95, IEC 62264 등의 국제표준에서도 정의된 생산 자동화 시스템은 일반적으로 다음과 같은 계층적 구조로 설명할 수 있다.[2] 이러한 계층 구조는 상위에서 하위로 내려갈수록 시간 해상도(time resolution)가 짧아지고, 제어 주기가 빨라진다. 반대로 하위에서 상위로 올라갈수록 의사결정 수준이 높아지고, 데이터의 집계 및 분석 기능이 강화된다.

최상위 계층인 **planning (enterprise) 레벨**에서는 ERP, PLM, 클라우드 서버 등과 같은 기업 정보 시스템이 운영된다. 이 계층은 생산계획과 경영 의사결정을 지원하며, 기업의 자원과 공급망을 통합적으로 관리한다. 대표적인 상용 ERP 및 PLM 시스템은 SAP S/4HANA, Oracle NetSuite ERP 그리고 Siemens Teamcenter, PTC Windchill, Dassault Systèmes ENOVIA 등이 있다.

다음으로 **plant (shop floor control) 레벨**에서는 생산계획을 실제 실행 가능한 작업 일정으로 변환하고, 최적 자원 배분, 생산 현황 모니터링 데이터 수집, 품질 관리, 성과(가동률, 수율, 성능 등) 분석, 생산 실적 수집, 문서 및 작업 절차 관리 기능 등을 수행하는데, 대표적으로 MES를 이용한 생산 운영 관리 기능을 수행한다.

그 아래 **cell (system) 레벨**에서는 SCADA와 그와 연결된 HMI(Human-Machine Interface)를 통하여 설비나 공정 단위를 실시간으로 감시하고 감독 제어 기능을 수행한다. 즉, 작업 현장에 설치된 다양한 장비의 상태를 시각화하고 이상 상황을 경보하며 필요시 제어 명령을 전달한다. 또한 공정 변수 설정, 도구 수명 감시 등의 기능을 수행하며, 현장에서의 의사결정과 작업 수행을 지원한다. SCADA 시스템은 주로 공정 산업에서 널리 사용되는 제어 방식이며, 대표 상용 솔루션으로 Siemens WinCC, Rockwell FactoryTalk View, Schneider EcoStruxure Geo SCADA Expert 등이 있다.

machine (controller) 레벨에서는 설비와 장비의 동작을 직접 제어하고 생산 공정을 안정적으로 유지하는 것을 목적으로 하며 일반적으로 DCS와 PLC를 이용하여 제어한다. DCS는 여러 제어 컴퓨터가 네트워크를 통해 분산 배치되어 공정제어를 수행하는 시스템으로, 대규모 연속 공정 산업에서 주로 사용된다. DCS는 각 제어 스테이션이 개별 제어 루프를 담당하면서도, 중앙 제어실에서

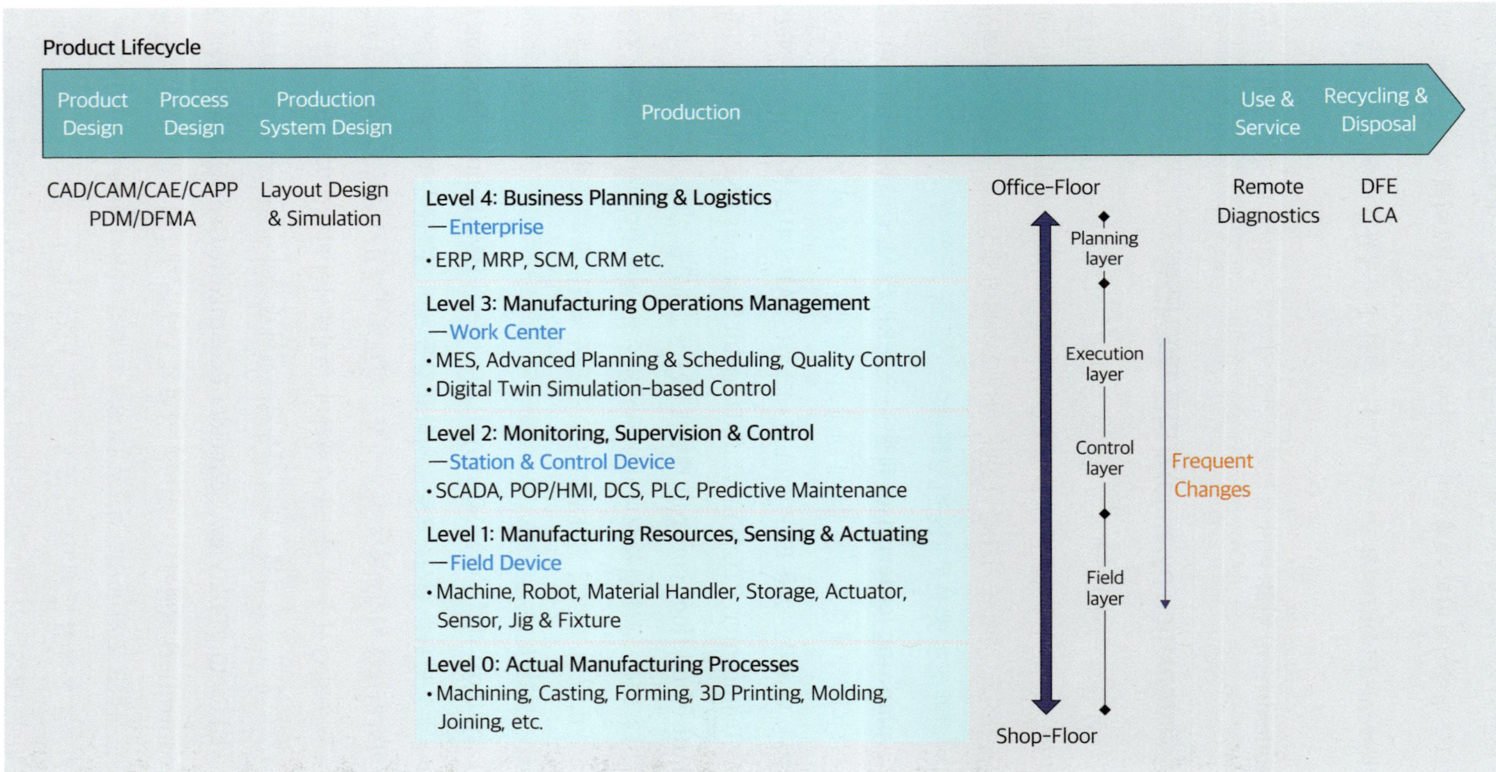

그림 6-2 생산 자동화 계층 구조[2]

전체 시스템을 통합적으로 감시하고 감독 제어할 수 있도록 한다. 또한 고성능 통신 네트워크를 통해 제어 정보가 공유되며, 시스템은 다중 컴퓨터 구조를 통해 높은 신뢰성과 확장성을 확보한다. 일반적으로 PLC가 기계 단위의 이산 제어에 강점을 가진 반면, DCS는 정유, 화학, 발전 플랜트와 같은 연속 공정 제어에 최적화되어 있다. DCS는 확장성과 중복성, 중앙화된 운영 및 엔터프라이즈 데이터 제공 기능을 갖추고 있어 안정적인 공정 운영을 지원한다. 대표 시스템으로 Siemens PCS 7, Yokogawa CENTUM VP, Honeywell Experion PKS, ABB System 800xA 등이 있다.

제품 모델 변경, 생산 조건 변경 등으로 인해 하위의 제어 및 현장 계층(control/field device layer)은 빈번한 수정과 조정이 요구된다. 따라서 PLC 프로그래밍, 센서 네트워크, 공정 제어 알고리즘 등은 이러한 하위 계층의 변화에 신속하게 대응할 수 있도록 설계되어야 한다. 이는 최근의 제어시스템이 적응형(adaptive)과 모듈형(modular) 구조로 진화하는 이유이기도 하다.

6.3 PLC(Programmable Logic Controller)

1) PLC 기본 구조와 작동 원리

초기의 산업 설비는 릴레이, 타이머, 접점 회로 등으로 구성된 고정배선(hard-wired) 방식으로 회로 변경 시 매번 배선 전체를 다시 구성해야 하는 까닭에, 설비 변경과 유지보수가 어려웠다. PLC는 이를 **소프트웨어 제어 방식**으로 대체하도록 1970년경에 처음 개발된 마이크로컴퓨터 기반의 산업용 제어시스템으로, 디지털 및 아날로그 입출력 모듈을 통해 기계와 공정을 자동으로 제어한다. PLC는 저장된 프로그램을 이용해 논리 제어, 시퀀스 제어, 타이머·카운터 제어, 산술 연산 등 다양한 제어 기능을 수행한다. 즉, PLC는 입력 신호를 받아 사용자가 작성한 제어 논리에 따라 처리하고, 그 결과를 출력 장치로 전달함으로써 기계, 설비, 생산라인을 제어한다. 이러한 동작은 일정한 주기로 반복되는 **스캔 사이클**(scan cycle)을 통해 수행된다.

❶ 하드웨어 구성요소

PLC는 일반적으로 입력부, 중앙처리장치(Central Processing Unit, CPU), 메모리, 출력부, 전원부, 그리고 프로그래밍 장치로 구성된다.

- 입력부: 센서나 스위치 등 외주 장치로부터 신호를 받아 CPU가 처리 가능한 디지털 신호로 변환한다. 디지털 입력과 아날로그 입력 모듈로 나뉘며, 외부 전압·전류를 감지하여 내부 메모리로 전달한다.
- CPU: PLC의 핵심 제어 장치로, 사용자 프로그램을 실행하여 입력 데이터를 논리 연산하고, 결과

를 출력 모듈로 전송한다. 내부에는 연산 장치, 제어 장치, 시계 회로, 내부 버스 등이 포함된다.

- **메모리**: 사용자 프로그램, 시스템 펌웨어, 변숫값 상태 데이터 등을 저장한다. 전원이 차단되어도 유지해야 하는 데이터는 비휘발성 영역에 저장된다.
- **출력부**: CPU의 연산 결과를 외부 구동 장치(릴레이, 모터 등)에 전달한다. 출력 방식은 디지털 출력과 아날로그 출력으로 구분된다.
- **전원부**: 외부 AC 전원을 받아 PLC 내부 회로와 입출력 모듈에 필요한 안정된 DC 전압을 공급한다. 전원 불안정 시 시스템 보호를 위해 과전류 및 노이즈 필터 기능이 내장된다.
- **프로그래밍 장치**: PLC 프로그램을 작성·다운로드·모니터링하는 장치로, 보통 PC 기반의 전용 소프트웨어를 사용한다. 이 장치는 CPU와 통신 포트로 연결되어 프로그램 전송과 디버깅, 변수 모니터링, 실시간 수정 등을 수행한다.

❷ 스캔 사이클의 구조

PLC는 입력 스캔 → 프로그램 실행 → 출력 갱신의 세 단계를 하나의 사이클로 반복 수행한다.[3]

- 입력 스캔: 외부 입력 상태를 감지하여 입력 이미지 메모리에 저장
- 프로그램 실행: 메모리에 저장된 사용자 프로그램을 순차적으로 실행
- 출력 갱신: 실행 결과를 출력 이미지 메모리에 반영하고, 출력 모듈로 전달

❸ 주요 상용 PLC

- Siemens: SIMATIC S7 Series
- Rockwell Automation (Allen-Bradley): ControlLogix/CompactLogix
- Mitsubishi Electric: MELSEC Series (FX, Q, iQ-R)
- Schneider Electric: Modicon M221/M580
- LS 일렉트릭: XG/XGB, XGI, XP Series

2) PLC 프로그래밍 언어의 종류

초기에는 PLC 제조사마다 서로 다른 언어와 개발 환경을 사용했기 때문에 프로그램의 호환성이 낮고 유지보수가 매우 어려웠다. 예를 들어 동일한 제어 로직이라도 각 브랜드별로 문법과 구조가 달라서 다른 시스템으로 이식하기 위해서는 처음부터 프로그램을 다시 작성해야 하는 문제가 있었다. 이러한 비효율성을 해소하고, 산업용 제어 언어의 표준화와 상호운용성 확보를 위해 국제전기기술위원회(International Electrotechnical Commission, IEC)는 1992년에 IEC 61131-3 표준을 제정하

였다.[4] IEC 61131-3은 PLC용 프로그래밍 언어와 소프트웨어 구조를 표준화한 국제 규격으로, 제조사나 기종이 달라도 유사한 방식으로 프로그램을 이해하고 이식할 수 있도록 하는 것을 목적으로 한다. 이 표준을 따를 경우 학습과 유지보수가 쉬워지고 여러 제조사의 도구 간 상호운용성이 높아지는 장점이 있으며, 현재 2025년 판(4판) 문서가 발간되어 참고로 사용된다.[5]

이 표준은 하드웨어 플랫폼에 관계없이 동일한 구조와 의미를 갖는 제어 프로그램을 작성할 수 있도록 정의하였으며, PLC 프로그래밍 언어를 다섯 가지 형태(그래픽 언어: Ladder Diagram, Function Block Diagram, Sequential Function Chart/텍스트 언어: Structured Text, Instruction List)로 규정하였다. 이후 2003년과 2013년의 개정을 거치면서 객체지향 개념과 사용자 정의 데이터 타입, 통신 기능 등 현대적 제어 개념이 반영되면서 Instruction List 언어는 제외된다.

(1) Ladder Diagram(LD)

LD는 릴레이 회로의 논리를 시각적으로 표현한 언어로, PLC의 대표적인 프로그래밍 방식이다. 그림 6-3에 표현한 것과 같이 세로로 그려진 전원 레일과 접지 레일 사이에 가로줄(rung)을 배치하여 제어 논리를 구성하며, 각 rung에는 접점(contact)과 코일(coil)이 순차적으로 연결된다.

접점은 입력 신호나 조건을 의미하고, 코일은 출력이나 결과를 나타낸다. 이 구조는 전기 회로도와 유사하여, 전기·기계 분야의 기술자들이 직관적으로 이해할 수 있는 장점이 있다. LD는 on/off 제어나 인터록, 타이머, 카운터와 같은 논리 제어에 매우 적합하다.

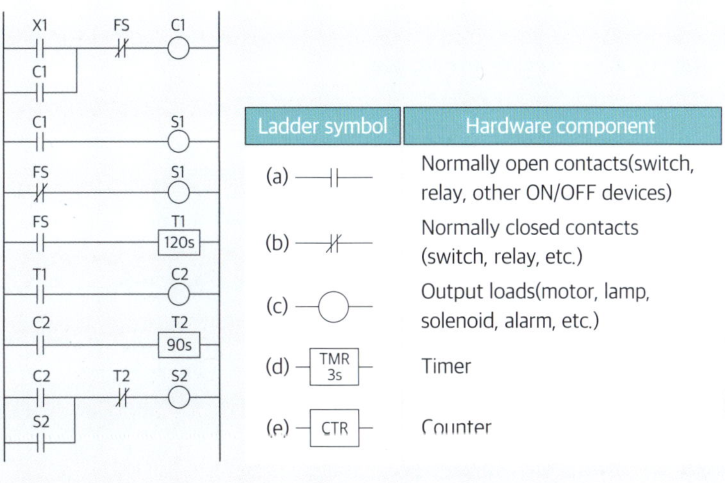

그림 6-3 Ladder Diagram의 기본 구성

(2) Function Block Diagram(FBD)

FBD는 블록 단위의 기능(function block)을 신호선으로 연결해 데이터 흐름을 표현하는 방식이다. 각 블록은 입력과 출력을 가지며, 한 블록의 결과가 다른 블록의 입력으로 전달되는 구조이다. 이 언어는 연속 제어나 아날로그 신호 처리, PID(Proportional-Integral-Derivative) 제어, 필터링 등 신호 기반 제어를 구현할 때 유리하다. 또한 동일한 기능 블록을 여러 곳에서 재사용할 수 있어 유지보수가 용이하고, 시각적 표현이 명확하여 데이터 흐름을 쉽게 파악할 수 있다.

추가로, 그래픽 기반 언어인 LD와 FBD에서는 타이머(timer), 카운터(counter), 연산자(operator) 등의 블록이 공통적으로 사용된다.

- **타이머 블록**: 일정 시간 지연 기능을 수행하며, TON(지연 on), TOF(지연 off)와 같은 형식으로 구분된다. 두 블록은 공통적으로 4개의 변수를 포함한다. IN은 타이머 동작을 시작하거나 중지시키는 입력 신호이며, PT는 타이머가 동작해야 하는 목표 시간을 나타낸다. ET는 타이머가 동작 중일 때의 경과 시간을 의미하고, Q는 설정된 지연 시간에 도달했는지를 나타내는 출력 신호이다.

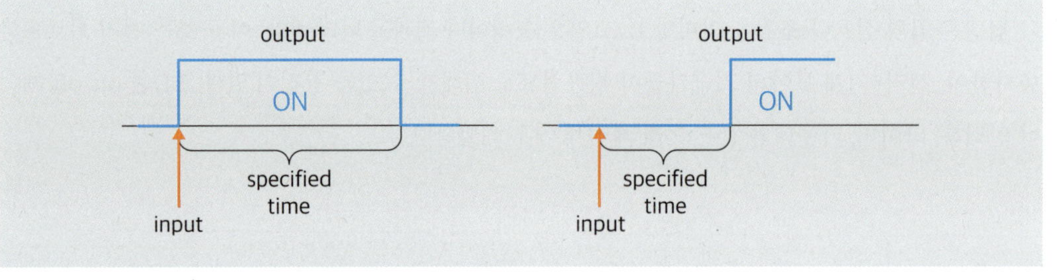

그림 6-4 타이머 블록 구동 원리: TON(왼쪽)과 TOF(오른쪽)

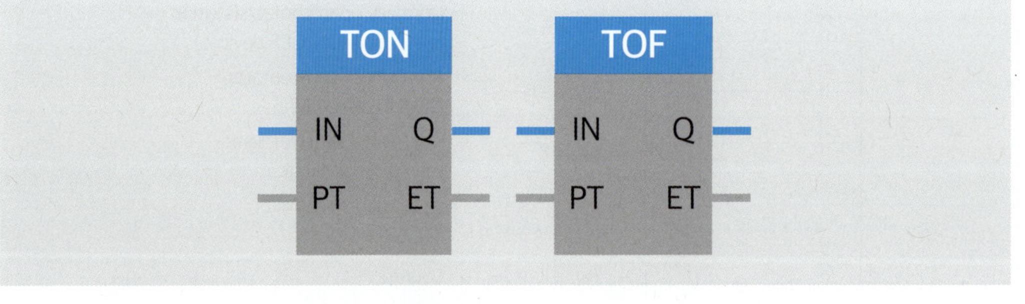

그림 6-5 타이머 블록 예시: TON(왼쪽)과 TOF(오른쪽)

- **카운터 블록:** 입력 신호의 펄스를 집계하여 지정된 값에 도달했을 때 출력을 발생시키며, CTU(count up), CTD(count down) 등의 형태로 제공된다. 두 블록은 3개의 공통 변수와 2개의 개별 변수를 포함한다. CU/CD는 카운트 동작을 수행하는 입력 신호로, 펄스가 입력될 때마다 현재 카운트 값(CV)이 1씩 증가하거나 감소한다. PV는 카운터가 도달해야 하는 목푯값으로, CV가 PV 이상 또는 이하가 되면 Q가 TRUE로 설정된다. 또한 R 입력 신호가 들어오면 CV는 0으로 리셋되며, LD 신호가 들어오면 CV는 PV 값으로 설정된다.

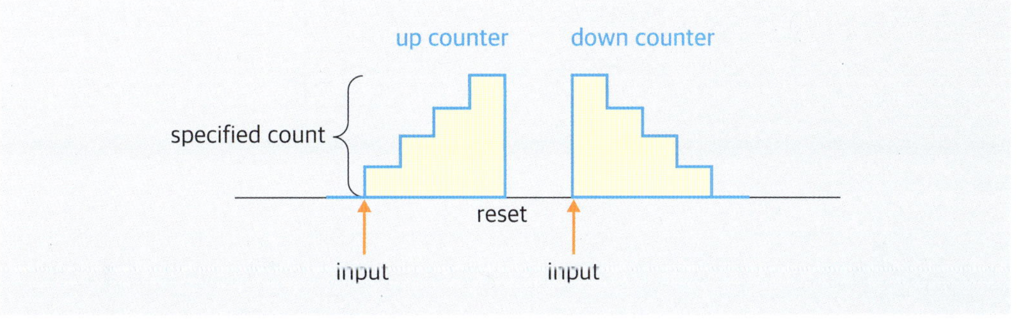

그림 6-6　카운터 블록 구동 원리(CTU, CTD 순서)

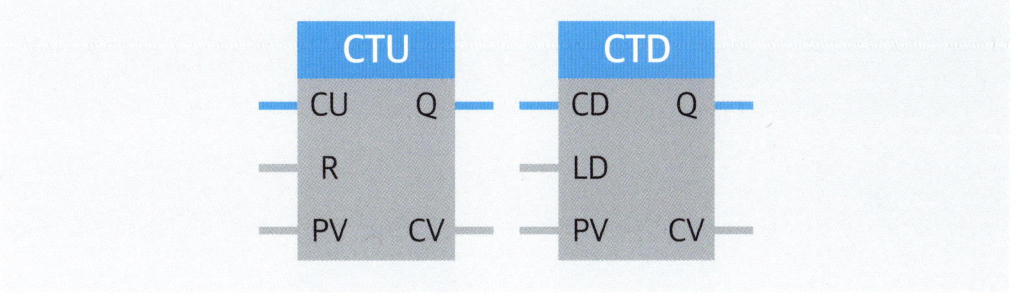

그림 6-7　카운터 블록 예시: CTU(왼쪽)와 CTD(오른쪽)

- **논리 연산 블록:** 입력 신호의 논리적 관계를 연산하며, AND, OR, NOT, NAND, NOR 등의 형태로 제공된다. AND 블록은 모든 입력이 TRUE일 때만 출력이 TRUE가 되며, OR 블록은 하나 이상의 입력이 TRUE이면 출력이 TRUE가 된다. NOT 블록은 입력 신호를 반전시키고, NAND와 NOR 블록도 AND와 OR 블록의 결과를 반전시킨다.

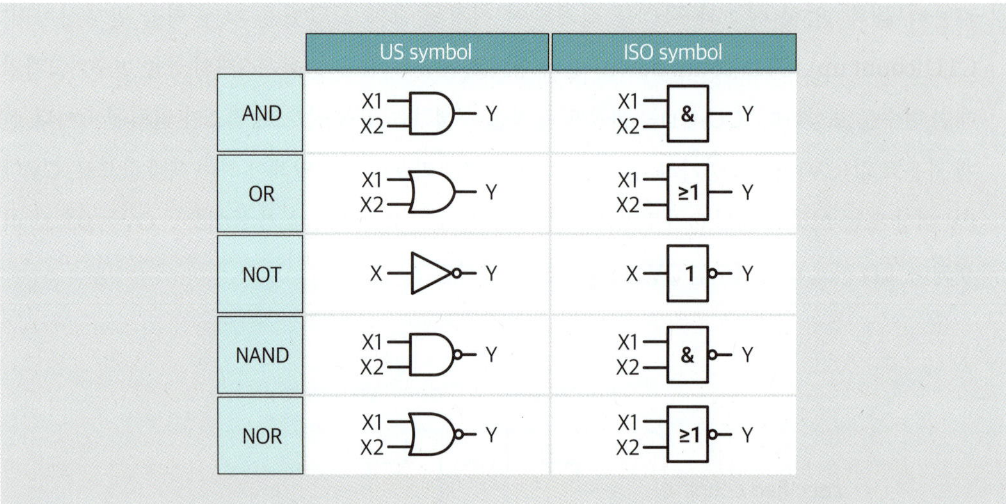

그림 6-8 논리 연산 블록 예시

- **산술 연산 블록**: 수치 계산을 수행하는 블록으로, ADD(덧셈), SUB(뺄셈), MUL(곱셈), DIV(나눗셈) 등의 형태로 구분된다. ADD 블록과 SUB 블록은 5개의 변수를 포함하며, EN 입력이 TRUE일 때에만 연산이 수행되며, FALSE일 경우 입력값과 관계없이 출력은 0이 된다. ENO는 함수의 실행 결과를 나타내는 신호로, 연산이 정상적으로 수행되면 TRUE가 되고, 산술 오버플로 등 오류가 발생하면 FALSE가 된다. IN1과 IN2는 연산에 사용되는 입력값이며, OUT은 연산 결과를 출력하는 변수이다.

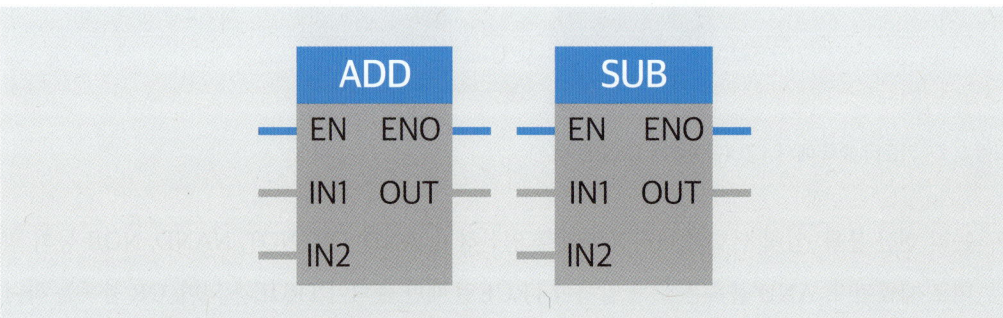

그림 6-9 산술 연산 블록 예시: ADD(왼쪽)와 SUB(오른쪽)

이러한 블록은 언어가 달라도 동일한 기능과 동작 방식을 가지므로, 그래픽 기반 언어 간의 호환성을 높여 준다.

(3) Sequential Function Chart(SFC)

SFC는 공정의 순서를 단계(step)와 전이(transition)로 표현하는 구조적 언어이다. 각 단계에는 수행해야 할 동작이 정의되어 있으며, 전이 조건이 만족되면 다음 단계로 진행된다. 이 방식은 단계적 시퀀스 제어나 병렬 공정의 동기화 제어를 구현할 때 효과적이다.

SFC는 여러 언어(LD, FBD, ST)와 함께 사용할 수 있으며, 각 단계의 내부 동작을 세부 언어로 작성함으로써 공정 전체를 체계적으로 관리할 수 있다.

(4) Structured Text(ST)

ST는 고급 프로그래밍 언어와 유사한 텍스트 기반 언어로, Pascal이나 C 언어와 비슷한 문법을 가진다. 조건문(if, case), 반복문(for, while), 함수 호출 등을 지원하며, 복잡한 연산, 알고리즘, 데이터 처리 로직을 간결하게 구현할 수 있다. 예를 들어, 센서값이 일정 임곗값을 초과했을 때 알람을 발생시키거나, PID 제어 계산을 수행하는 등의 응용이 가능하다. 또한 문자열 처리, 테이블 연산, 통신 데이터 파싱 등에서도 활용할 수 있다.

참고문헌

1 D.-Y. Kim et al., "A modular factory testbed for the rapid reconfiguration of manufacturing systems," Journal of Intelligent Manufacturing, vol. 31, no. 3, pp. 661-680, 2020.

2 ISA, ANSI/ISA-95.00.01-2010 (IEC 62264-1 Mod), Enterprise-Control System Integration—Part 1: Models and Terminology, The International Society of Automation, 2010.

3 Siemens, PLC Programming with SIMATIC STEP 7 (TIA Portal), Siemens Global, 2025. [Online]. Available: https://www.siemens.com/global/en/products/automation/industry-software/automation-software/tia-portal/software/step7-tia-portal.html

4 IEC, IEC 61131-3 Programmable Controllers—Part 3: Programming Languages, International Electrotechnical Commission, 2013.

5 Beckhoff Automation, Programming Languages—Twin CAT PLC Control Supports All IEC 61131-3 Languages, Beckhoff Automation, 2025. [Online]. Available: https://infosys.beckhoff.com/content/1033/tc3_plc_intro/2528205707.html

CHAPTER 7

제조 운영과 생산정보시스템

최근 제4차 산업혁명과 스마트제조(smart manufacturing)의 새로운 패러다임은 실시간 데이터 추적과 모니터링, 분석·예측을 위한 고도화된 초연결화(hyper-connectivity)와 지능화를 요구하고 있다. 이에 따라 원자재 조달부터 제조, 납기의 전 생산 공정 업무와 이를 효과적으로 지원하고 최적화하기 위한 시스템 및 데이터를 실행하고 관리하는 제조 운영 관리(MOM)의 중요성 또한 부각되고 있다. **생산정보시스템**(production information system)은 기업이 제조 운영을 효율적으로 수행하기 위한 정보통신기술(ICT) 기반의 시스템을 총칭한다.

생산정보시스템은 생산 현장에서 발생하는 모든 데이터를 실시간으로 수집, 처리, 분석하여 경영진과 관리자가 합리적인 의사결정을 내릴 수 있도록 지원하는 통합정보시스템으로, 단순히 생산 실적을 집계하는 수준을 넘어 생산계획, 공정 관리, 품질 관리, 설비 관리, 재고 관리 등 제조와 관련된 모든 활동을 유기적으로 연결하고 최적화하는 것을 목표로 한다. 국내 많은 중소 제조업체들이 원가 절감과 생산성 향상의 압박 속에서 공정 개선과 실시간 작업 관리를 위해 생산정보시스템을 도입하고 있으며, 이는 기업의 생존과 성장에 필수적인 요소가 되고 있다.[1]

생산정보시스템은 일반적으로 기능과 목적에 따라 여러 하위 시스템으로 구성되며, 각 하위 시스템들은 기업 내에서 계층적인 구조를 형성하며 상호작용한다. 대표적인 생산정보시스템으로는 전사적자원관리(ERP), 생산계획 및 스케줄링(APS), 제조실행시스템(MES) 등이 있다. 그림 7-1은 이러한 생산정보시스템 간의 관계를 표현하고 있다.

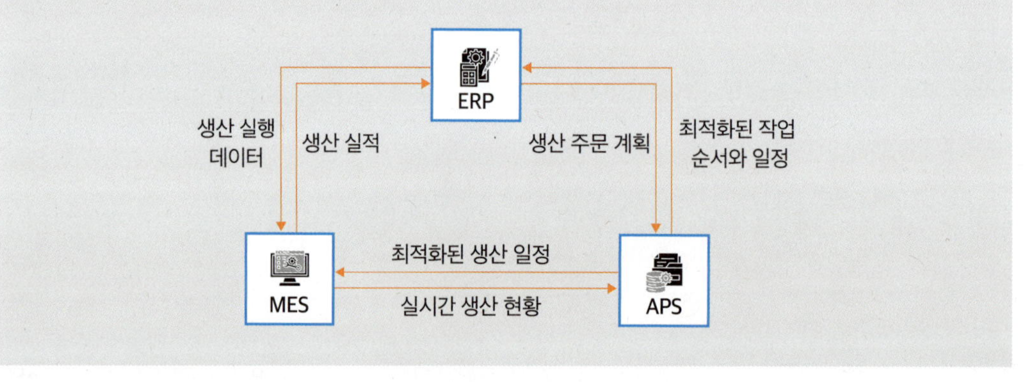

그림 7-1 생산정보시스템 간 관계도

ERP는 기업의 재무, 회계, 인사 등의 비즈니스 프로세스를 통합적으로 관리하며 생산 주문 계획을 APS로 전달한다. APS는 ERP로부터 전달받은 생산 주문 계획을 기반으로 최적화된 생산 스케줄을 수립하여 MES에 전달한다. APS와 MES는 유기적으로 연동되어 실시간 데이터를 기반으로 계획을 조정하며 제조 현장을 운영한다. MES는 제조 현장의 모든 상황을 실시간 모니터링하고 제어하며 생산 실적을 ERP로 전달하여 재고와 원가 관리에 활용할 수 있도록 한다. 최근 사물인터넷(IoT), 빅데이디, 클라우드 컴퓨팅, 디지털트윈 등 제4차 산업혁명의 첨단 기술이 발전하면서 생산정보시스템의 구조와 기능이 진화하고 있으며, 제조 현장에서 수집되는 실시간 데이터를 활용한 각 시스템 간의 상호작용이 더욱 강조되고 있다.

제조기업의 경쟁력은 뛰어난 제품뿐 아니라 이를 뒷받침하는 정보 기반의 생산 운영 역량에 의해 좌우된다. ERP, APS, MES로 대표되는 생산정보시스템은 이러한 경쟁력의 핵심 인프라로, 기업의 계획·실행·피드백 과정을 하나의 연속적인 체계로 통합한다. ERP는 자재와 인력, 비용 등 전사 자원을 통합 관리하며 의사결정의 기반을 제공하고, APS는 현실적인 제약 조건을 고려해 생산계획을 최적화하며, MES는 실제 현장에서의 실행을 관리하고 실시간 데이터를 축적한다.

이 세 시스템은 개별적으로도 가치가 있지만, ISA-95, B2MML, OPC UA 등 표준 프레임워크를 통해 통합될 때 비로소 계획과 실행의 폐루프가 완성된다. 이러한 통합은 데이터를 단순히 전달하는 수준을 넘어 의사결정의 품질과 속도를 혁신적으로 개선한다. 현장에서 수집된 실시간 정보가 경영시스템으로 즉시 반영되고, ERP와 APS의 계획이 MES를 통해 실행으로 이어지며, 그 결과가 다시 피드백되어 개선되는 순환 구조가 형성된다.

앞으로의 생산정보시스템은 단순한 관리 도구를 넘어 지능형 제조의 핵심 플랫폼으로 발전할 전망이다. 이러한 진화는 다음 세 가지 방향에서 뚜렷하게 나타난다.

첫째, 자율 최적화(autonomous optimization)의 확산이다. 인공지능 기반 APS는 단순히 계획을 계산하는 수준을 넘어 생산 중 발생하는 변수에 스스로 대응하고 계획을 재조정하는 자율 의사결정 기능을 수행하게 될 것이다. MES 또한 AI와 머신러닝 기술을 접목하여 품질 이상을 사전에 감지하고, 설비 고장을 예측하는 예지보전을 구현할 것이다.

둘째, 초연결 환경의 도래이다. IoT 센서와 엣지 디바이스(edge device)를 통해 설비, 로봇, 자재, 작업자 모두가 네트워크로 연결되어 대규모 실시간 데이터 생태계를 형성한다. MES는 이러한 데이터를 집계하여 분석하는 핵심 허브로 작동하며, 물리적 공장과 가상 공장을 연결하는 디지털트윈 구축의 기반이 될 것이다.

셋째, 클라우드 기반 서비스화(cloud-based service)의 가속화이다. ERP, APS, MES 모두 SaaS(Software as a Service) 형태로 제공되며, 기업은 대규모 초기 투자 없이 최신 기술을 신속하게 도입하고, 글로벌 협업 및 원격 관리가 가능해진다.

7.1 전사적자원관리(ERP) 시스템

1) 개요

ERP(Enterprise Resource Planning)는 1994년 미국 컨설팅회사인 Gartner Group에 의해 소개된 개념으로, 기업 내의 모든 업무 기능이 조화롭게 발휘될 수 있도록 지원하는 응용시스템의 집합이자 차세대 업무시스템으로 정의되었다. 이후 1995년에는 이를 구체화하여 제조, 회계 물류 및 여러 업무 기능을 조화롭게 해 주는 응용 소프트웨어의 집합으로 재정의되었다.

ERP 시스템은 정보 기술의 발전에 따라 변화되어 왔으며, 초기 ERP 시스템은 자재소요계획(Material Requirements Planning, MRP)에서 시작되었다. MRP는 자재 수급과 재고 최소화를 위해 1970년대에 등장한 개념으로, 주생산계획(Master Production Schedule, MPS)과 자재명세서(BOM), 그리고 재고기록철(inventory records file)의 세 가지 정보를 기반으로 종속수요품목(원자재, 부품, 반제품 등)에 대한 구체적인 제조일정과 자재 생산, 그리고 조달계획을 수립하는 기법이다.

1980년대 소품종 대량생산의 제조 환경이 다품종 소량생산으로 전환되면서 수주 관리, 판매 관리가 중요해졌고, 재무 관리 기능의 중요성 또한 대두되기 시작했다. 이와 함께 데이터베이스, 통신 네트워크 등의 컴퓨터 기술이 발전하면서 기존 MRP의 한계를 극복할 수 있는 제조자원계획(Manufacturing Resource Planning, MRP II)이 제시되었다. MRP II는 생산 기능에 구매, 마케팅, 재무 등이 결합되어 단순히 자재뿐 아니라 설비, 인력 등 생산에 필요한 모든 자원을 효율적으로 관리하는 시스템이다. 이는 조직 전체가 신속하게 정보를 통합하고 공유하여 업무 담당자들이 효과적으로 의사결정을 할 수 있고, 기업 운영 전체를 관리함으로써 외부 환경 변화에 빠르고 능동적으로 대처하는 것을 목표로 한다.

1990년대에 컴퓨터 기술의 발전이 더욱 가속화되어 기업은 MRP II에서 더욱 확장된 개념으로 통합정보시스템, 즉 ERP 시스템의 도입을 추진하게 되었다. ERP는 기존 MRP, MRP II의 단점인 경직성을 최소화하고 객체지향기술, 분산 데이터 처리 등의 기술을 기반으로 하여 모든 업무 모듈이 실시간으로 연동되고 정보의 일관성과 신속성을 보장하는 것을 목표로 한다.[2] 2000년대 이후에는 ERP 시스템이 공급망관리(SCM), 고객관계관리(CRM), 제품수명주기관리(PLM), 제조실행시스템(MES) 등의 주요 기간계 시스템들과 통합되면서 업무 영역을 확장해 가고 있다. 또한 최근에는 IoT, 클라우드 컴퓨팅, 모바일 등 새로운 첨단 기술과의 결합을 통해 기업 내 업무뿐 아니라 기업 간 비즈니스 전체를 통합적으로 관리할 수 있는 더욱 유연하고 지능화된 시스템으로 진화하고 있다.

2) 주요 기능

ERP 시스템은 기업 전체의 전사적인 업무를 지원할 수 있는 다양한 시스템 기능으로 구성되어 있다. 각 기능은 특정 업무 영역을 수행하면서 다른 기능들과도 유기적으로 연계되어 있어 기업의 전체 업무 흐름이 원활하게 진행될 수 있도록 지원한다. 각 세부 기능은 다음과 같다.

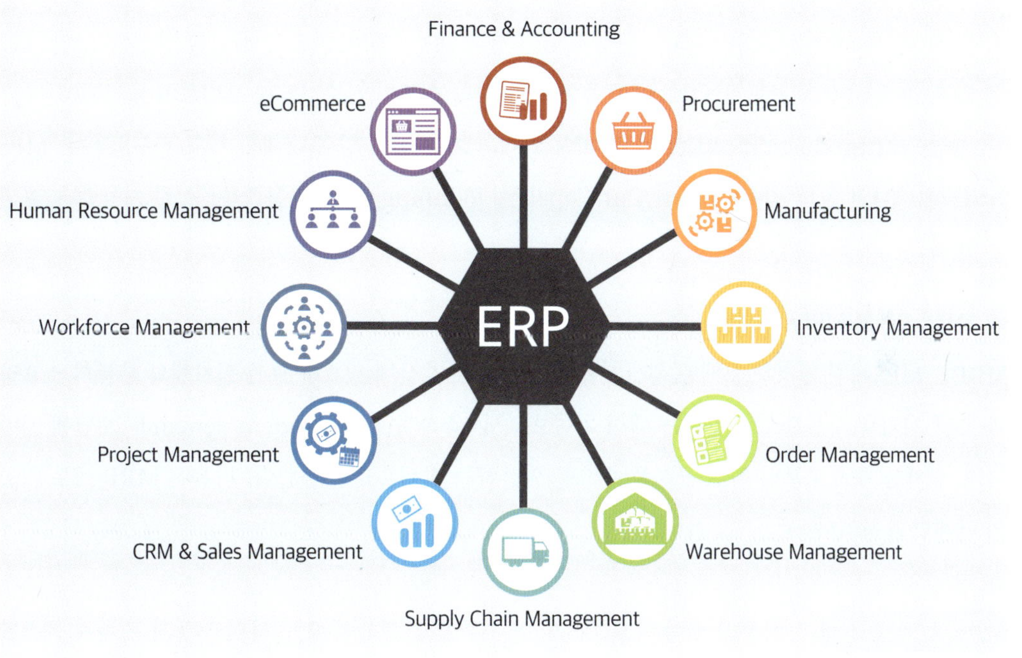

그림 7-2 ERP 시스템의 주요 기능

(1) 생산 관리(production management)

ERP 시스템은 제조기업의 핵심 업무인 생산 활동 전반을 계획하고 통제하는 **생산 관리 기능**을 제공한다.

❶ 주생산계획(MPS)

MPS는 판매 예측과 실제 수주를 기반으로 **'무엇을, 언제, 얼마나' 생산**할 것인지를 결정하는 중기 계획으로, 기준생산계획 또는 대일정계획이라고도 한다. 일반적으로 주 단위 또는 월 단위로 수립되며, 완제품 또는 주요 반제품 수준에서 생산계획을 명시한다. MPS는 1970년대 MRP 시스템에서 시작되어 현재 ERP 시스템의 핵심 기능으로 발전했으며, 기업의 생산 능력과 시장 수요를 균형 있게 조정하는 역할을 수행한다.[3] MPS 수립 시에는 다음과 같은 요소를 고려해야 한다.

- **수요 예측(demand forecast)**: 과거 판매 데이터, 시장 동향, 계절성 등을 분석하여 미래 수요를 예측한다. 통계적 예측 기법(이동평균, 지수평활법 등)과 정성적 판단(영업 부서의 의견, 시장 조사 등)을 결합하여 예측 정확도를 높인다.
- **확정 주문(firm orders)**: 고객으로부터 확정된 주문을 우선적으로 반영한다. 확정 주문은 예측보다 우선순위가 높으며, 계획 변경이 제한되는 타임펜스(time fence) 내에서는 확정 주문만을 기준으로 계획을 수립한다.
- **안전 재고(safety stock)**: 수요 변동성과 공급 불확실성에 대비한 완충 재고를 설정한다. 안전 재고 수준은 서비스 수준 목표(예: 95% 주문 충족률)와 수요의 표준편차를 고려하여 결정된다.
- **생산 능력(production capacity)**: 설비와 인력의 가용 능력 범위 내에서 계획을 수립한다. MPS는 대략적인 능력 검증(Rough-Cut Capacity Planning, RCCP)을 거쳐 실현 가능성을 확인한다.

❷ 자재소요계획(MRP)

MRP는 MPS에서 결정된 완제품 생산계획을 바탕으로, 생산에 필요한 **모든 원자재와 부품의 소요량과 조달 시기**를 자동으로 계산하는 핵심 기능으로서, '종속 수요(dependent demand)' 개념에 기반하며, 완제품 수요로부터 하위 구성품 수요를 역산하는 방식으로 작동한다. 다음은 MRP 세부 기능의 단계별 흐름이다.

1단계: BOM 전개 제품의 구성 정보(BOM)를 기반으로 필요한 모든 하위 부품과 원자재 목록을 계층적으로 전개한다. BOM은 트리 구조로 표현되며, 각 레벨에서 상위 품목 1개를 만드는 데 필요한 하위 품목의 수량이 명시된다. 예를 들어, 완제품 의자 1개를 생산하기 위해서 좌판 1개, 다리 4개, 팔걸이 2개, 목받침 1개, 등받이 1개의 하위 품목(중간 조립품/부품/원자재)이 필요하며, MRP는 완제품 의자의 BOM 구조에 따라 각 하위 품목별 필요 수량을 계산한다.

2단계: 총소요량(gross requirements) 계산 상위 품목의 계획 생산량에 BOM 구조상에서의 필요 수량을 곱하여 각 품목별로 필요한 총수량을 계산한다. 예를 들어, 완제품 의자의 계획된 생산량을 총 100개라고 한다면, 이를 생산하기 위한 각 품목별 수량은 좌판 100개(100개×1), 다리 400개(100개×4), 팔걸이 200개(100개×2), 목받침 100개(100개×1), 등받이 100개(100개×1)로 산출된다.

3단계: 순 소요량(net requirements) 계산 총소요량에서 사용 가능한 현재 재고(on-hand inventory)와 입고 예정 재고(scheduled receipts)를 차감하여 실제로 조달해야 할 순 소요량을 산출한다. 예를 들어, 현재 창고에 좌판 100개, 다리 100개, 팔걸이 50개의 재고가 있고, 다리 100개, 팔걸이 100개, 목받침 100개의 재고가 입고 예정이라면, 위에서 계산한 총소요량을 고려하여 순 소요량은 다음과 같이 계산될 수 있다.

순 소요량 = 총소요량 − (현재 재고 + 입고 예정 재고)

좌판(순 소요량): 100개 − (100개 + 0) = 0개

다리(순 소요량): 400개 − (100개 + 100개) = 200개

팔걸이(순 소요량): 200개 − (50개 + 100개) = 50개

목받침(순 소요량): 100개 − (0개 + 100개) = 0개

등받이(순 소요량): 100개 − (0개 + 0개) = 100개

위와 같이 계산된 순 소요량을 기반으로 완제품 의자 100개를 생산하기 위해 추가적으로 발주해야 할 부품의 수량을 확인할 수 있다.

4단계: 로트 사이징(Lot sizing) 순 소요량을 기반으로 최적의 발주 또는 생산 수량을 결정한다. 대표적인 로트 사이징 방법은 다음과 같다.

- L4L(Lot-for-Lot): 필요한 순 소요량만큼 정확히 주문하는 방법으로, 재고를 최소화하여 재고 유지 비용이 적게 들지만, 필요할 때마다 주문을 해야 하기 때문에 주문 비용이 높아질 수 있다. 예를 들어, 다리의 순 소요량이 200개이므로 200개만 발주한다.
- FOQ(Fixed Order Quantity): 고정된 수량 단위로만 주문하는 방법으로, 구매처의 최소 주문 수량이 있는 경우 등이 해당된다. 예를 들어, 팔걸이 구매처의 최소 주문 수량이 100개인 경우, 순 소요량이 50개이지만 100개를 주문해야 한다. 즉, 필요 수량 50개를 제외한 나머지 50개는 재고로 관리해야 한다.
- EOQ(Economic Order Quantity): 주문 비용과 재고 유지 비용의 총합을 최소화하는 최적의 1회 주문량을 계산하는 방법이다. 예를 들어, 등받이의 연간 필요량이 1,000개, 1회 주문 비용이 3,000원, 그리고 연간 재고 유지 비용이 5,000원일 경우 EOQ 공식으로 계산하면 최적의 1회 주문량은 대략 35개로 산출될 수 있다.
- POQ(Period Order Quantity): 일정 기간(예: 매주, 매월)의 수요를 한 번에 주문하는 방법이다. 예를 들어, POQ의 주문 간격이 2주인 경우, 목받침의 이번 주 순 소요량이 300개, 다음 주 필요량이 300개라면 총 600개의 목받침을 한 번에 주문해야 한다.

5단계: 시간 계획(time phasing) 리드타임을 고려하여 각 품목의 발주 시점과 입고 시점을 산출한다. 예를 들어, 완제품 의자의 납기일이 10월 30일이고 생산 리드타임이 10일인 경우에는 최소한 10월 20일에는 생산을 시작해야 한다. 만약 완제품 의자의 부품 조달 리드타임이 10일이라면 최소한 10월 10일에는 부품을 발주하여 20일에는 입고될 수 있도록 해야 한다.

❸ 생산 능력 계획(Capacity Requirements Planning, CRP)

실제 공장에서 제품을 생산하기 위해서는 자재 외에도 설비, 인력 등의 생산 자원이 필요하다. CRP는 MRP에서 산출한 생산에 필요한 자원의 수량을 실제 생산 능력을 기반으로 **실행 가능한지를 평가하고 조정**하는 기능이다. 주요 단계는 다음과 같다.

1단계: 작업 부하 계산(load calculation) 각 작업장에 할당된 작업을 수행하는 데 필요한 총시간을 산출한다.

총 작업 부하 = 작업 지시 수량 × 표준 공수(standard hours per unit)

2단계: 능력 비교(capacity vs. load) 각 작업장의 계획된 작업 부하와 실제 가용 능력을 비교하여 해당 작업장이 할당된 작업을 수행할 수 있는지 판단한다. 이를 통해 특정 작업장의 과부하, 병목 발생, 유휴 상태 등을 사전에 확인할 수 있다.

3단계: 계획 조정(plan adjustment) 각 작업장에 할당된 작업과 실제 가용 능력을 비교한 결과를 바탕으로 예상되는 문제를 해결할 수 있도록 계획을 재조정한다. 예를 들어, 특정 작업장에 가용할 수 있는 능력을 초과하는 작업이 할당되어 과부하가 발생하는 경우에는 작업 일정 조율, 추가 설비/인력 투입 등의 계획을 수립할 수 있다.

❹ 작업 지시 및 생산 실적 관리(work order & production reporting)

ERP 시스템은 생산계획을 바탕으로 구체적인 **작업 지시서**를 생성하여 제조 현장에 전달한다. 작업 지시서에는 작업 지시 번호, 납기일, 담당자 등의 기본 정보뿐 아니라 제품명/코드, 생산 수량 등의 제품 정보, 공정 순서, 설비, 작업 시간 등의 제조 정보, 자재 코드/수량 등의 자재 정보, 품질 검사 기준, 작업 주의사항 등이 포함되어 있다.

생산 실적 관리는 실제 작업을 수행하면서 발생하는 데이터를 수집하고 분석하는 기능이다. 주로 수집하는 데이터는 생산 수량, 품질 검사 결과(양품 및 불량품 수량), 자재 사용량, 가동/비가동 시간, 작업자 정보 등이다. 생산 실적 관리는 수집되는 데이터를 활용하여 실시간 생산 현황을 파악함으로써 생산계획 대비 실적을 분석하고 이를 효과적으로 개선할 수 있도록 지원한다. 또한 실시간 재고 현황을 관리하고 실제 투입된 자재, 인력, 비용 등을 기반으로 정확한 원가를 산출할 수 있도록 한다.

(2) 재무/회계 관리(financial & accounting management)

재무/회계 관리 기능은 ERP 시스템의 중추 신경계와 같은 역할을 하며, 기업의 모든 거래와 활동을 화폐 가치로 기록하고 관리한다. Oracle의 자료에 따르면, 재무 관리 기능은 ERP 시스템의 근간을 이루며, 다른 모든 기능과 긴밀하게 통합되어 작동한다.[4]

❶ 일반 회계

일반 회계는 기업의 모든 재무 거래를 계정 과목별로 분류하고 기록하는 핵심 기능으로, 판매, 구매, 생산, 급여 등 모든 업무 모듈에서 발생하는 거래가 자동으로 회계 전표로 생성되어 총계정원장(general ledger)에 전기된다. 일반 회계를 통해 다음과 같은 재무제표가 실시간으로 생성된다.

- 재무상태표(대차대조표, balance sheet): 특정 시점의 자산, 부채, 자본 현황을 나타낸다. 자산은 유동자산(현금, 매출채권, 재고 등)과 비유동자산(유형자산, 무형자산 등)으로 구분되며, 부채는 유동부채와 비유동부채로, 자본은 자본금, 이익잉여금 등으로 구성된다.
- 손익계산서(income statement): 특정 기간의 수익과 비용, 순이익을 나타낸다. 매출액에서 매출원가를 차감하여 매출총이익을 계산하고, 여기서 판매 관리비를 차감하여 영업이익을, 영업외손익을 가감하여 법인세차감전순이익을, 법인세를 차감하여 당기순이익을 산출한다.
- 현금흐름표(cash flow statement): 영업, 투자, 재무 활동으로 인한 현금의 유입과 유출을 나타낸다. 이를 통해 기업의 현금 창출 능력과 유동성을 평가할 수 있다.

❷ 원가 회계

제조기업에서 특히 중요한 **원가 회계** 기능은 제품 생산에 투입된 모든 비용을 정확하게 집계하고 분석한다. ERP 시스템은 다음과 같은 원가 계산 방식을 지원한다.

- 표준 원가(standard costing): 사전에 설정된 표준 원가와 실제 원가를 비교하여 차이(variance)를 분석한다. 차이는 재료비 차이, 노무비 차이, 경비 차이 등으로 세분화되며, 각 차이의 원인을 분석하여 원가 절감 활동에 활용한다.
- 실제 원가(actual costing): 실제로 발생한 재료비, 노무비, 경비를 집계하여 제품별 실제 원가를 산출한다. 이는 정확한 수익성 분석과 가격 결정에 필수적이다.
- 활동 기준 원가(Activity-Based Costing, ABC): 활동별로 원가를 추적하여 보다 정확한 제품 원가를 계산한다. 전통적인 원가 계산 방식은 간접비를 직접노무시간 등 단일 기준으로 배부하지만,

ABC는 각 활동(설계, 구매, 검사, 운반 등)이 소비하는 자원을 추적하여 제품에 배부한다.

원가 정보는 제품 가격 결정, 수익성 분석, 원가 절감 활동의 기초 자료로 활용될 수 있다.

❸ 관리 회계

관리 회계는 경영진의 의사결정을 지원하기 위한 다양한 분석 정보를 제공한다. 예산 대비 실적 분석, 부서별 손익 분석, 제품별 공헌 이익 분석 등을 통해 경영 성과를 평가하고 개선 방향을 도출한다.

ERP 시스템은 위의 세 가지 회계 기능을 단일 데이터베이스 내에서 통합적이고 유기적으로 관리하고 있으며, 이를 통해 실시간 정확한 회계 정보를 기반으로 핵심성과지표를 평가하고 경영 계획을 수립하기 위한 의사결정을 가능하게 한다.

(3) 영업/판매 관리(sales & distribution management)

ERP 시스템의 **영업/판매 관리** 기능은 고객 주문의 접수부터 출하, 인도까지의 전 과정을 통합적으로 관리하며, 고객과의 상호작용 이력을 체계적으로 기록한다. 이 기능은 주문 데이터가 생산계획, 회계, 물류 등 타 부서와 실시간으로 연동되도록 함으로써 영업 활동의 효율성을 높인다.

❶ 판매 주문 관리(sales order management)

ERP 시스템에 고객의 주문이 접수되면 다음 절차가 자동적으로 수행된다.

1단계: 재고 가용성 검증(Available to Promise, ATP) 현재 재고와 예정된 생산량을 기준으로 납기 가능한 수량을 계산하며, 계산된 결과를 고객에게 전달한다.

재고 가용성 검증 = (현재 재고 + 생산 예정량) − 확정 주문량

2단계: 신용 한도 확인 주문 고객의 미수금 내역 및 신용 상태를 조회하여, 한도를 초과하는 경우 주문을 일시적으로 보류하고 관련 담당자에게 자동으로 알림을 전송한다.

3단계: 가격 산정 제품 가격표, 고객 등급, 프로모션 정책 등을 종합적으로 판단하여 자동으로 단가를 결정한다. 가격 산정 시에는 다수의 조건을 동시에 적용할 수 있기 때문에 다양한 가격 전략을 유연하게 반영할 수 있다.

4단계: 생산계획 연동 확정된 주문은 주생산계획(MPS)에 반영되어 생산 일정이 조정된다. 주문생산(MTO)의 경우에는 주문 자체가 생산계획의 입력값으로 전환된다.

❷ 출하 및 배송 관리(shipping & delivery)

제품 생산이 완료되면 ERP 시스템은 **출하 지시**를 생성하고, 창고 작업자가 **피킹**(picking)**·포장·배송** 단계를 순차적으로 진행할 수 있도록 지원한다. 출하 후에는 다음 절차가 자동적으로 실행된다.

1단계: 재고 차감 완제품 재고 수량이 실시간으로 갱신된다.

2단계: 매출 인식 출하 시점 또는 인도 시점 등 회사 회계 정책에 따라 매출이 회계에 반영되고 매출채권이 생성된다.

3단계: 세금계산서 발행 전자 세금계산서가 자동 생성되어 국세청 전송 절차가 수행된다.

❸ 고객 관리(customer relationship management)

ERP 시스템의 **고객 관리** 기능은 CRM 시스템과 연동되어 고객별 주문 내역, 불만접수 이력, 선호도, 서비스 이력 등을 통합적으로 관리한다. 이러한 데이터 기반 관리를 통해 영업 담당자는 고객별 맞춤 전략을 수립하고, 장기적 신뢰 관계를 강화할 수 있다.

(4) 구매/자재 관리(procurement & Material Management, MM)

구매 및 자재 관리는 MRP의 결과를 기반으로 필요한 원자재와 부품을 적시에 확보하고, 입고 이후 창고 보관 및 이동까지의 전 과정을 통합적으로 관리한다. 이 기능은 조달 절차의 자동화와 데이터 기반의 공급망 통제를 통해 원가 절감과 품질 안정화를 동시에 달성하도록 설계되어 있다.

❶ 구매 요청 및 발주 관리(purchase requisition & order)

자재 부족이 발생하면 MRP 실행 결과를 토대로 시스템이 자동으로 **구매 요청서**(purchase requisition)를 생성한다. 구매 담당자는 요청서를 검토한 뒤 적합한 공급업체를 선택하고, 구매 주문서(purchase order)를 발행한다. 이를 위해 ERP 시스템은 다음과 같은 기능을 지원한다.

- **공급업체 평가**: 단가, 품질 수준, 납기 준수율, 서비스 대응력 등을 평가 항목으로 사용하여, 거래 실적 기반의 정량 점수를 자동 산출한다.
- **견적 비교**: 복수의 공급업체로부터 제안받은 견적을 가격, 납기, 품질 등 다양한 측면에서 비교 분석하여 최적의 공급처를 결정한다.
- **계약 관리**: 장기 또는 단기 계약의 조건(기간, 수량, 단가 등)을 등록하고, 해당 계약 내에서는 간소화된 승인 절차를 통해 발주가 자동 적용되도록 지원한다.

❷ 입고 및 검수 관리(receiving & inspection)

납품된 자재가 도착하면 ERP 시스템은 구매 주문 정보와 대조하여 **수량**, **품질**, **사양 일치 여부**를 **검증**한다. 검수가 완료되면 아래 절차가 자동으로 연계된다.

- **재고 반영**: 검수 완료 시점에 재고 수량이 증가하며, 창고 내 위치(로케이션) 정보까지 함께 업데이트되어 정확한 저장 위치가 관리된다.
- **매입채무 처리**: 회계로 데이터가 전달되어 매입채무가 인식된다. 3-way matching(주문서-입고증빙-공급업체 송장)의 일치 여부를 검토하여 조건이 충족될 때만 지급 승인 절차가 진행된다.
- **품질 검사 연동**: 품질 관리 기능과 연계되어 수입 검사 및 승인 프로세스를 수행한다. 불합격 판정된 자재는 자동으로 격리되어 사용이 차단된다.

❸ 재고 관리(inventory management)

ERP 시스템의 **재고 관리** 기능은 자재, 반제품 및 완제품의 입출고 흐름을 실시간으로 추적하며, 창고 및 로케이션별로 재고 현황을 가시화한다. 주요 기능은 다음과 같다.

- **재고 조회**: 품목, 창고, 로트 단위별 재고를 실시간으로 검색하며, 품목 그룹, 유효 기간, 재고 상태 등 다양한 조건으로 필터링하여 확인할 수 있다.
- **재고 이동**: 창고 간 또는 로케이션 간 이동 내역을 기록하고, 모든 이동 이력을 자동으로 저장하여 추적성을 확보한다.
- **재고 실사**: 주기적으로 실제 재고와 장부 재고를 비교하여 차이를 조정하며, cycle counting(순환실사) 기능을 통해 일부 재고를 순차적으로 점검하여 작업 중단 없이 실사할 수 있다.
- **재고 평가**: 재고 평가 시에 선입선출(First In, First Out, FIFO), 후입선출(Last In, First Out, LIFO), 평균법, 표준가법 등 다양한 평가 기준을 제공한다. 선택된 평가 방식은 재무제표의 재고자산과 매출 원가 계산에 직접 반영된다.

(5) 품질 관리(QM)

ERP 시스템의 **품질 관리** 기능은 자재 입고에서 완제품 출하까지 이어지는 모든 단계에서 품질을 체계적으로 점검, 기록 및 개선하기 위한 기능을 제공한다. 이 기능은 검사 결과를 실시간으로 수집하고, 품질 데이터가 생산, 구매 및 재고와 연동되도록 함으로써 기업 전체의 품질 일관성을 유지한다.

❶ 품질 검사 관리(quality inspection management)

품질 확인 절차는 주로 세 가지 단계에서 수행된다.

1단계: 수입 검사(incoming inspection) 외부 공급업체로부터 납품된 원자재나 부품을 대상으로 사양 일치, 외관, 기능적 품질을 검증한다. 검사계획서(inspection plan)에 명시된 샘플링 규칙, 검사 기준, 합격 허용치에 따라 시험이 진행된다.

2단계: 공정 검사(in-process inspection) 생산이 진행되는 중간 단계에서 반제품의 품질을 점검한다. 특히 주요 공정이 완료될 때마다 검사 절차를 수행함으로써 결함이 다음 공정으로 전달되는 것을 차단한다.

3단계: 최종 검사(final inspection) 최종 완성품에 대해 전 품질 항목을 검증하며, 규격에 부합한 제품만이 출하 대상이 된다.

모든 검사 결과는 ERP 시스템의 데이터베이스에 자동으로 저장되고, 부적합 판정이 내려진 로트는 시스템상에서 사용이 즉시 제한된다. 이와 동시에 품질 관리 담당자와 생산 팀에 알림이 자동으로 전송되어 필요한 후속 조치가 진행된다.

❷ 불량 관리 및 원인 분석(defect management & root cause analysis)

불량이 발생하면 ERP 시스템은 해당 이슈의 발생 시점, 공정, 유형, 원인 요소를 세부 항목별로 기록한다. 이를 기반으로 파레토 분석, 인과관계 다이어그램(fishbone diagram) 등 다양한 품질 도구를 활용하여 **주요 결함 요인을 도출**하고, **개선 계획을 수립**한다. 원인 분석 결과는 향후 재발 방지를 위한 표준작업서 개정 및 공정 조건 개선 활동으로 연결된다.

❸ 로트 추적 및 이력 관리(lot traceability & genealogy)

품질 문제가 보고되면 ERP 시스템은 로트 번호를 중심으로 **제품의 전체 이력**을 역추적한다. 이를 통해 해당 제품에 사용된 원자재의 로트 정보, 생산 시점, 작업자, 사용 설비, 설비 설정, 공정 모니터링 변수 등을 신속하게 확인할 수 있다. 이 기능은 식품, 의약품, 자동차 등 안전과 규제가 중요한 산업에서 필수적이며, 문제의 원인과 영향 범위를 신속히 한정할 수 있게 한다.

(6) 인사 관리(Human Resource Management, HRM)

인사 관리는 조직의 핵심 자원인 사람을 효율적으로 관리하기 위한 기능으로서, 인사, 급여, 근태, 교육, 성과 등 다양한 인적 자원 관련 데이터를 하나의 플랫폼에서 관리함으로써, 조직 운영의 투명성과 효율성을 동시에 높인다.

❶ 인사 정보 관리(personnel information management)

ERP 시스템의 **인사 정보 관리** 기능은 직원 개개인의 기초 인적 정보, 학력/경력, 직위/직급, 소속 부서, 보상 내역 등을 체계적으로 저장한다. 데이터는 조직 구조와 연결되어 부서 이동, 승진, 직책 변경이 발생하더라도 일관성 있게 관리된다. 또한 인사 데이터는 다른 기능(예: 급여, 회계, 프로젝트 관리)과 실시간으로 연동되어 업무별 인력 현황을 즉시 파악할 수 있게 한다.

❷ 급여 및 근태 관리(payroll & time management)

근태 관리 기능은 직원의 출퇴근, 휴가, 초과 근무, 휴직 정보를 자동으로 기록하며, 이 데이터를 기반으로 **급여가 산정**된다. 급여 계산은 기본급, 수당, 공제, 세금 항목을 모두 반영하여 자동 처리되며, 산출된 결과는 회계 모듈로 전달되어 인건비 항목으로 집계된다. 이를 통해 인력 비용 관리가 표준화되고, 급여 오차나 중복 계산의 가능성이 최소화된다.

❸ 교육 및 성과 관리(training & performance management)

교육 관리 기능은 전 직원의 교육 이력, 자격 보유 현황, 역량 평가 결과를 통합 관리한다. **성과 평가** 기능을 통해 개인별 목표 설정, 수행 결과 기록, 상급자 피드백을 단계별로 지원하며, 평가 결과는 보상, 승진 및 교육 계획 수립에 활용된다. 이러한 데이터 기반 평가 체계는 인재 육성 및 조직 역량 강화의 근거 자료로 사용된다.

3) 활용

오늘날 ERP 시스템은 단순한 회계나 재고 관리 도구를 넘어, 기업 전체의 운영 데이터를 통합하고 전략적으로 활용하는 **핵심 플랫폼**으로 기능한다. ERP 시스템은 업무 절차를 자동화하고 실시간 데이

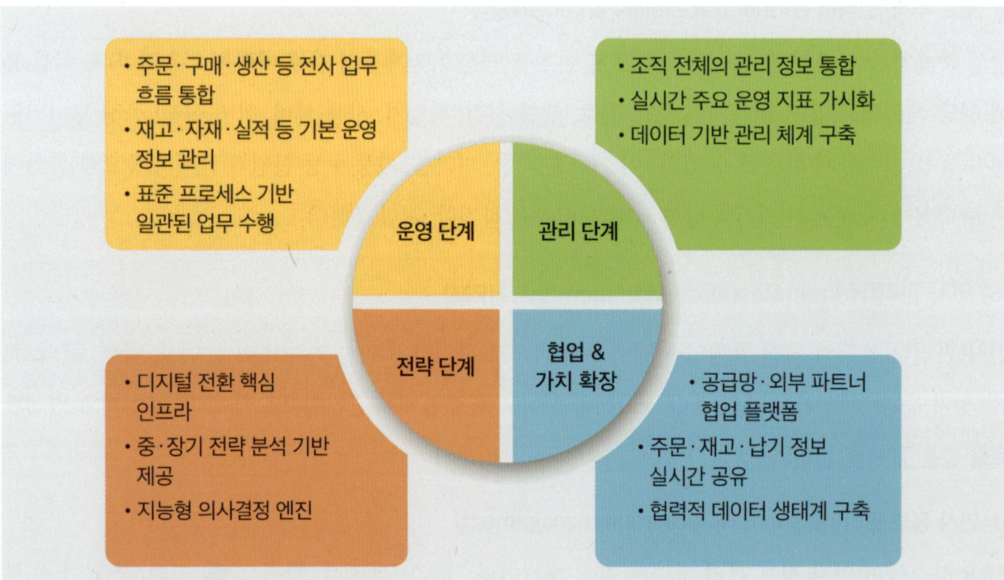

그림 7-3 ERP 시스템 활용

터를 기반으로 한 의사결정을 지원함으로써, 운영 효율성과 경영 투명성을 동시에 높인다. ERP 시스템의 활용을 운영, 관리, 전략, 협업 측면에서 구체적으로 살펴보면 아래와 같다.

(1) 운영 단계에서의 활용

ERP 시스템은 운영 현장에서 기업 내 각 기능을 하나의 연속된 흐름으로 연결한다. 고객 주문이 접수되면 시스템은 자재 소요를 자동 계산하고(MRP), 이를 바탕으로 생산 일정과 구매 계획을 연동시킨다. 이 과정에서 자재 재고, 생산 상태, 납기 정보가 실시간으로 업데이트되어 부서 간 정보 불일치가 제거된다. 또한 반복되는 업무를 표준화하고 자동화하여 수작업 오류를 줄이고 작업 속도를 높이는 효과를 제공한다.

(2) 관리 단계에서의 활용

ERP 시스템은 부서별 데이터를 집계해 조직 전체의 관리 정보를 통합한다. 경영진은 ERP 시스템에 내장된 대시보드, 리포트, 원가 분석 도구를 이용해 실시간으로 주요 지표를 확인할 수 있다. 예를 들어, 특정 제품의 생산비가 급등했을 때 시스템은 자재비, 인건비, 설비 가동률 등 세부 요인을 자동으로 추출해 원인을 진단한다. 이러한 데이터 중심의 관리 체계는 성과 평가, 예산 통제, 인력 배치 결정을 한층 정밀하게 지원한다.

(3) 전략 단계에서의 활용

ERP 시스템은 단순한 정보 집계 도구를 넘어, **디지털 전환**(DX)**의 핵심 인프라**로 발전하고 있다. ERP 시스템이 APS, MES, PLM 등의 기간계 시스템들과 연계되면, 기업은 생산 스케줄링, 품질 분석, 시뮬레이션 기반 의사결정을 실시간으로 수행할 수 있다. 또한 AI나 데이터 분석 플랫폼과 결합하면, 수요 예측, 품질 이상 탐지, 유지보수 예측 등 고도화된 분석 모델을 운용할 수 있는 기반이 된다. 이러한 확장은 ERP 시스템을 지능형 의사결정 엔진으로 진화시키는 방향성을 제시한다.

(4) 협업 및 가치 확장 측면에서의 활용

ERP 시스템은 내부 통합에 그치지 않고, 공급망과 외부 파트너 간의 **협업 플랫폼**으로 확장된다. 공급업체와 고객이 ERP 포털을 통해 주문, 재고, 납기 정보를 실시간으로 공유하면 불필요한 커뮤니케이션 지연이 줄고, 전체 공급망의 대응 속도가 향상된다. 이처럼 ERP 시스템은 기업 경계를 넘어 협력적 데이터 생태계를 구축함으로써, 내부 효율뿐 아니라 파트너십 기반의 공동 가치 창출(co-value creation)을 가능하게 한다.

7.2 생산계획 및 스케줄링(APS) 시스템

1) 개요

APS(Advanced Planning and Scheduling)는 제조기업이 생산 자원을 효율적으로 배분하고 실행 가능한 일정을 수립하기 위해 사용하는 **고급 계획 시스템**이다. 이 개념은 1990년대 후반 등장했으며, 전통적인 ERP의 자재소요계획(MRP)과 제조자원계획(MRPⅡ)이 가진 근본적인 한계를 극복하기 위해 개발되었다. MRP는 자재의 가용성만 고려해 계획을 수립하고, 설비의 생산 능력이 무한하다고 가정한다. 이러한 특성은 현실적인 제약을 반영하지 못해 과잉 생산, 재공품 누적, 납기 지연 등 다양한 비효율을 초래했다. 또한 MRP는 개별 품목 단위로 계획을 산정하기 때문에 공장 간 혹은 제품 간 상호 연계성을 충분히 고려하지 못하고, 결과적으로 전체 공급망 수준의 최적화를 달성하기 어렵다. APS는 이러한 한계를 보완하기 위해 고안된 시스템으로, 실제 자원 제약을 반영하고 상호 의존적인 생산 흐름을 통합적으로 관리할 수 있도록 설계되었다.

APS의 가장 큰 특징은 여러 공장과 다양한 제품, 고객 수요를 동시에 고려하여 **기업 전체 수준에서 계획**을 세운다는 점이다. 즉, 생산 활동을 부서 단위로 분리하지 않고 전사적인 관점에서 자원의 사용 순서를 조정하여 **전체 효율**을 **극대화**한다. 이 시스템은 설비, 인력, 금형, 공구 등 실제 사용 가능한 자원의 용량을 반영함으로써, 단순히 계획 가능한 수량을 계산하는 수준을 넘어 현실적으로 **실행 가능한 생산 일정을 생성**한다. 또한 'What-if' 시나리오를 적용한 실시간 시뮬레이션 기능을 통해 예기치 않은 상황(예: 긴급 주문이나 설비 고장, 자재 입고 지연)에 대한 대응 방안을 즉각적으로 평가할 수 있다. 이러한 기능은 계획 변경이 전체 일정에 미치는 영향을 빠르게 검토하고, 가장 효율적인 대안을 선택할 수 있도록 돕는다. 더 나아가 APS는 수학적 최적화 기법과 휴리스틱 알고리즘을 결합하여 복잡한 제약 조건하에서도 최적 혹은 준최적의 해를 신속하게 도출한다. 이로써 계획자는 단순히 일정표를 생성하는 것이 아니라, 납기 준수율, 생산성 및 비용의 균형을 동시에 고려한 합리적 의사결정을 내릴 수 있다.

APS는 기업 내에서 ERP와 MES 사이의 매개체로 기능한다. ERP가 생성한 중·장기 수준의 생산 계획을 APS가 입력받아 세부 일정으로 세분화하면, MES는 이를 기반으로 현장의 작업을 실행한다. 이 과정에서 납기와 생산 능력, 재고 수준, 작업자 배치 등의 요소가 함께 고려되어 실제 운영 가능한 계획이 완성된다. APS는 이러한 계획을 단일 부서 관점이 아닌 전체 공정 흐름으로 해석하여, 자원 부하의 균형과 병목 공정의 완화를 동시에 실현한다. 예를 들어, 특정 설비가 전체 생산 흐름의 병목이 될 경우 APS는 다른 공정의 시점을 자동으로 조정해 전체 납기를 맞추는 스케줄을 생성한다. 이는 계획이 계산적 산출물에 머무르지 않고 실제 공정 제어의 기준으로 작동함을 의미한다.

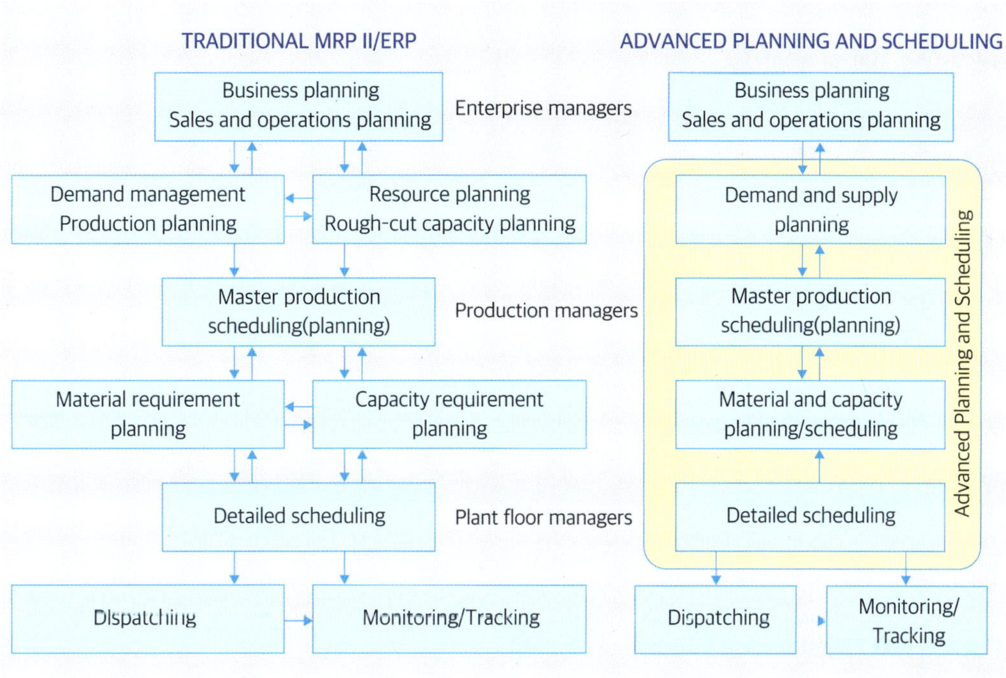

그림 7-4 MRP/ERP와 APS 시스템의 계획·스케줄링 프로세스[1]

APS의 설계 원리에는 제약 이론(Theory of Constraints, TOC)의 사고방식이 반영되어 있다. 최정길 외(2001)는 병목 공정의 처리 속도를 전체 생산 흐름의 기준으로 설정하고, 그 공정이 멈추지 않도록 완충재고(buffer)를 확보하며, 자재 투입 시점을 조절하는 DBR(Drum-Buffer-Rope) 개념을 APS 로직에 적용하였다.[2] 이러한 접근은 시스템이 단순히 계산을 수행하는 도구를 넘어 생산 흐름 전반을 동기화하고 전체 효율을 관리하는 전략적 도구로 기능함을 보여 준다.

최근에는 클라우드 기술의 확산과 함께 APS의 구현 방식도 빠르게 변화하고 있다. Wang 외(2021)는 클라우드 기반 APS 프레임워크를 제시하며, 이를 통해 기업이 초기 구축비용을 줄이고 분산된 환경에서도 실시간 협업과 계획 조정이 가능함을 입증했다.[3] 클라우드형 APS는 장소나 시간의 제약 없이 접근이 가능하며, 연산 자원을 필요에 따라 확장할 수 있어 중소기업에도 적합하다. 더 나아가 AI 기술과 결합되면서, APS는 수요 예측, 품질 이상 탐지, 유지보수 예측 등 고도화된 분석 기능을 포함하는 지능형 시스템으로 발전하고 있다.

이와 같이 APS는 단순한 스케줄링 프로그램을 넘어 기업의 제약 조건과 경영 목표를 통합적으로 반영하는 전략적 의사결정 도구로 자리매김하고 있다. 실제 자원의 한계와 다양한 생산 제약을 반영하면서도, 전사적 시야에서 공급망 전체의 균형을 고려하는 APS는 제4차 산업혁명 시대의 스마트팩토리 구현을 위한 핵심 기술 중 하나로 평가된다. 궁극적으로 APS는 데이터와 알고리즘을 기반으로 생산 일정을 지능적으로 최적화함으로써, 제조 현장의 민첩성과 신뢰성을 동시에 확보하는 지능형 계획 플랫폼이라 할 수 있다.

2) 주요 기능

APS 시스템은 수요 예측부터 세부 생산 일정 수립까지 여러 단계의 계획 기능을 통합적으로 제공한다. 이 과정에서 데이터 분석, 협업 기반 의사결정, 예측 정확도 관리 등의 기능을 통해 생산계획의 정밀도와 신뢰성을 향상시킨다.

(1) 수요 계획(demand planning)

수요 계획은 APS 시스템의 시작점으로, 미래의 고객 수요를 예측해 기업의 자원 계획을 뒷받침하는 기능이다. 정확한 수요 예측은 재고 수준을 유지하고, 생산 능력과 조달 계획을 합리적으로 설정하는 기반이 된다.

❶ 통계적 예측 기법(statistical forecasting models)

APS 시스템은 과거의 판매 이력과 시장 데이터를 분석하여 다양한 **예측 모델**을 적용한다.

- 이동평균법(moving average): 일정 기간의 평균 판매량을 기반으로 다음 기간의 수요를 추정하는 방법으로, 간단하고 적용하기 쉽지만 계절 변동이나 장기 추세 반영에는 한계가 있다.
- 지수평활법(exponential smoothing): 최신 데이터에 높은 가중치를 부여하여 예측값을 계산하는 방법으로, 단순평활 외에도 추세와 계절성을 고려한 이중지수평활법(Holt's method), 삼중지수평활법(Holt-Winters method) 등의 모델이 활용된다.
- 회귀분석(regression analysis): 가격, 프로모션, 경제 지표 등 외생 변수를 포함하여 수요와의 관계를 모델링한다.
- ARIMA(Auto Regressive Integrated Moving Average): 시계열 데이터의 자기상관성을 이용해 복잡한 패턴의 수요 변화를 예측하는 고급 모델이다.
- 머신러닝 기법(machine learning): 신경망(neural network)과 랜덤 포레스트(random forest) 등 머신러닝 기법이 활용되며, 데이터 패턴이 복잡한 시장 환경에서도 높은 예측 성능을 제공한다.

❷ 협업형 계획(collaborative planning)

통계적 분석만으로는 급격한 시장 변화나 신제품 출시, 프로모션 등의 이벤트를 반영하기 어렵기 때문에 이를 보완하기 위해 APS 시스템은 부서 간 및 공급망 파트너 간 **협업 기반의 예측** 기능을 제공한다.

- CPFR(Collaborative Planning, Forecasting and Replenishment): 공급망 내 주요 참여자(고객, 공급업체)와 예측 정보를 공유하고, 공동으로 계획을 수립함으로써 예측 오차를 줄인다.
- S&OP(Sales and Operations Planning): 영업, 생산, 재무 부서가 주기적으로 모여 수요 예측을 검토하고 합의하는 프로세스로, 조직 전체의 계획을 일관성 있게 유지하도록 한다.

③ 예측 정확도 관리(forecast accuracy management)

APS 시스템은 생성된 예측값과 실제 실적 데이터를 지속적으로 비교하여 **모델의 정확도**를 진단하고 보정한다. 주요 지표는 아래와 같다.

- MAPE(Mean Absolute Percentage Error): 예측값과 실젯값의 차이를 백분율로 표현하여 오차의 상대적 크기를 파악한다.

$$\text{MAPE} = (1/n) \times \sum |\text{실젯값} - \text{예측값}| / \text{실젯값} \times 100\%$$

n: 관측 데이터의 개수

- MAD(Mean Absolute Deviation): 예측 오차의 절댓값 평균을 나타내며, 오차의 절대적 크기를 평가하는 지표이다.

$$\text{MAD} = (1/n) \times \sum |\text{실젯값} - \text{예측값}|$$

n: 관측 데이터의 개수

- Bias: 모델이 체계적으로 과대 혹은 과소 예측하는 경향을 측정한다. Bias가 높을수록 특정 방향으로 예측이 치우쳐 있음을 의미한다.

$$\text{Bias} = (1/n) \times \sum (\text{실젯값} - \text{예측값})$$

n: 관측 데이터의 개수

APS 시스템은 이러한 지표를 활용해 예측 모델의 성능을 정기적으로 점검하며, 시장 변화나 신규 데이터가 반영될 때마다 알고리즘을 자동으로 재조정해 예측 신뢰도를 유지한다.

(2) 생산계획(production planning)

생산계획은 수요 예측 결과를 토대로 중·장기적인 생산량과 자원 배분을 결정하는 단계이다. 이 기능은 전체 생산체계의 안정성과 효율성을 유지하는 핵심 역할을 하며, 자재 조달, 설비 가동, 인력 운영

계획 등 하위 계획의 기준이 된다.

❶ 총괄 생산계획(aggregate production planning)

총괄 생산계획은 약 6개월에서 1년 사이의 기간을 대상으로 하는 중기적 계획으로, 개별 제품이 아닌 제품군(product family) 단위로 생산량, 재고 수준, 인력 운용 등을 종합적으로 조정한다. 이를 통해 복잡한 세부 일정 대신 기업 차원의 생산 밸런스를 유지할 수 있다. 총괄 생산계획에서는 다음과 같은 대표적인 전략이 사용된다.

- 수준 생산 전략(level production strategy): 일정한 생산 속도를 유지하며, 수요가 낮은 시기에는 재고를 축적하고, 수요가 증가할 때는 해당 재고를 활용한다. 생산 효율은 높지만, 재고 유지 비용이 늘어날 수 있다.
- 추격 생산 전략(chase production strategy): 수요 변동에 따라 생산량을 즉각 조정하는 방식으로, 재고 부담은 줄지만 생산량의 잦은 변경으로 인한 설비 셋업 증가, 초과 근무, 일시적 인력 조정 등의 비효율이 발생할 수 있다.
- 혼합 전략(hybrid strategy): 위 두 방식을 조합하여 안정성과 유연성을 동시에 확보하는 전략이다. 예를 들어, 핵심 품목은 일정한 속도로 생산하고, 나머지는 수요 변동에 맞추어 조정하는 방식이다.

❷ MPS 최적화(MPS optimization)

APS 시스템은 ERP에서 생성된 MPS(주생산계획)를 기반으로 세부적인 **최적화** 기능을 수행한다. 이 단계에서는 기업의 목표에 맞추어 여러 목적 함수(objective function)와 제약 조건(constraints)을 수학적으로 표현하고, 최적화 알고리즘을 활용하여 실행 가능한 생산 일정을 도출한다. 일반적으로 적용되는 목적 함수와 제약 조건 예시는 아래와 같다.

주요 목적 함수	제약 조건
총비용 최소화(생산 비용 + 재고 유지 비용 + 결품 비용)	설비 용량 및 가동 시간 제한
납기 준수율 최대화	자재 공급 가능성
설비 가동률 최대화	최소 및 최대 재고 한계
	최소 생산 단위(로트 크기)

APS 시스템은 이들을 통합한 수리계획 모델(mathematical programming model)을 구성한 뒤, 선형계획법(linear programming), 제약 기반 스케줄링(constraint-based scheduling) 또는 휴리스틱(heuristic) 접근법을 통해 현실적으로 실행 가능한 최적해를 탐색한다.

❸ What-if 시뮬레이션(What-if simulation)

APS 시스템의 핵심 기능 중 하나는 다양한 시나리오를 가정하여 그 결과를 사전에 정량적으로 검토할 수 있는 시뮬레이션이다. 이를 통해 관리자는 여러 대안의 결과를 비교하고, 최적의 의사결정을 내릴 수 있다. 예를 들어, **What-if 시뮬레이션**을 통해 다음과 같은 상황에 대한 결과를 확인할 수 있다.

- 주요 설비가 3일간 고장 나면 어떤 주문이 지연되는가?
- 대형 신규 주문을 수락할 경우 기존 납기 일정에 어떤 영향이 있는가?
- 외주 가공을 활용하면 생산 비용과 납기 준수율은 어떻게 변하는가?

이러한 What-if 분석을 통해 관리자는 단순히 계획을 세우는 수준을 넘어 위험을 예측하고 대응 시나리오를 사전에 검증할 수 있는 전략적 의사결정 지원 도구로 APS 시스템을 활용할 수 있다.

(3) 상세 스케줄링(detailed scheduling)

상세 스케줄링은 APS 시스템의 핵심 기능으로, 개별 작업을 어떤 설비에서 언제, 어떤 순서로 처리할지를 분 단위 혹은 초 단위로 결정하는 세밀한 계획 과정이다. 이 기능은 실제 작업 현장의 제약을 반영하여 실행 가능한 일정표를 자동 생성함으로써 생산 흐름의 효율성과 납기 정확도를 높이는 데 기여한다.

❶ 유한 능력 스케줄링(Finite Capacity Scheduling, FCS)

전통적인 ERP 시스템의 MRP가 무한한 설비 용량을 전제로 계획을 세우는 것과 달리 FCS는 각 설비의 **실제 가용 능력**(capacity)**을 고려**하여 현실적인 일정을 생성한다. APS 시스템은 설비별 캘린더(작업 시간, 점검 일정, 휴무일 등)를 참조하여, 능력 범위 내에서만 작업을 배정하도록 설계된다. 스케줄링 과정에서 고려되는 주요 제약 조건은 다음과 같다.

- 설비 제약(resource constraint): 각 설비는 한 시점에 한 가지 작업만 처리할 수 있다. 단, 병렬 처리 기능이 있는 설비는 해당 병렬 능력을 반영하여 다중 작업을 동시에 배정할 수 있다.
- 선후행 제약(precedence constraint): 특정 작업은 선행 공정이 완료된 이후에만 시작될 수 있다. 예를 들어, 조립 공정은 모든 부품 가공이 끝난 뒤에만 착수 가능하다.
- 셋업 시간: 제품 교체 시 발생하는 설비 준비 시간을 고려하며, 이전 제품과 다음 제품의 조합에 따라 셋업 시간이 달라지는 순서 의존적 셋업(sequence-dependent setup)도 반영된다.
- 공구 및 금형 제약(tool and die constraint): 특정 작업에 필요한 공구나 금형의 가용성을 점검하며, 부족 시에는 해당 자원이 반환될 때까지 대기하도록 스케줄을 조정한다.
- 작업자 제약(operator constraint): 특정 공정에 필요한 숙련도나 자격을 갖춘 작업자의 근무 가

능 여부를 반영한다.

❷ 최적화 알고리즘(optimization algorithms)

생산 스케줄링 문제는 **조합 최적화**(combinatorial optimization) 범주에 속한다. 작업(job)과 설비(resource)의 수가 많아질수록 가능한 조합의 수가 기하급수적으로 증가하므로, 모든 경우를 탐색하여 완전한 최적해를 찾는 것은 현실적으로 어렵다. 따라서 APS 시스템은 다음과 같은 다양한 최적화 접근법을 활용하여 제약 조건을 만족시키는 근사해(near-optimal solution)를 도출한다.

- 정수계획법(Mixed Integer Linear Programming, MILP): 목적 함수와 제약식을 선형 형태로 표현하고, 솔버(solver)를 이용해 최적해를 구한다. 소규모 문제에서는 최적해를 보장하지만, 문제 규모가 커질수록 계산량이 급격히 증가한다.
- 제약 프로그래밍(Constraint Programming, CP): 수학식 대신 논리적 제약 조건의 조합으로 문제를 정의하며, 제약 전파(constraint propagation)를 통해 불필요한 해를 제거한다. 복잡한 제약이 많은 일정 계획 문제에서 효과적이다.
- 메타휴리스틱(metaheuristics): 제한된 시간 안에 우수한 근사해를 찾는 탐색 기반 접근법이다. 대표적인 방법으로는 생물의 진화 과정을 모방하여 선택, 교배, 돌연변이를 반복하며 해를 개선하는 유전 알고리즘(genetic algorithm), 금속의 담금질 과정을 모방하여 초기에는 다양한 해를 탐색하고, 점차 더 우수한 해로 수렴하는 시뮬레이티드 어닐링(simulated annealing), 최근 탐색한 해를 금지(tabu) 목록에 등록해 중복 탐색을 방지하는 타부 서치(tabu search) 등이 있다.
- 휴리스틱 규칙(heuristic rules) 기반 방법: 경험적으로 검증된 단순 규칙을 활용하여 빠르게 스케줄을 생성한다. 주요 규칙으로는 가공 시간이 짧은 작업을 우선 배정하는 SPT(Shortest Processing Time), 납기일이 가장 빠른 작업을 우선 처리하는 EDD(Earliest Due Date), [(납기 – 현재 시간) ÷ 남은 가공 시간(또는 총처리시간)]이 작은 순서로 처리하는 CR(Critical Ratio), 지연 비용과 셋업 비용을 함께 고려하는 ATC(Apparent Tardiness Cost) 등이 있다.

❸ 동적 재스케줄링(dynamic rescheduling)

실제 생산 현장에서는 설비 고장, 긴급 주문, 자재 입고 지연, 품질 불량 등 예기치 못한 변동 상황이 수시로 발생한다. APS 시스템은 이러한 변화를 실시간으로 감지하고 일정 계획을 자동으로 조정하는 **동적 재스케줄링** 기능을 제공한다. 주요 재스케줄링 전략은 다음과 같다.

- 완전 재스케줄링(complete rescheduling): 모든 작업 일정을 처음부터 새로 계산하는 방식으로, 최적화 수준은 높지만 계산 시간이 길고 기존 스케줄과의 차이가 커져 현장 혼란을 초래할 수 있다.
- 부분 재스케줄링(partial rescheduling): 영향이 미치는 작업만 선택적으로 재계산하는 방식으

로, 빠른 대응이 가능하며 현장의 안정성을 유지하기 쉽지만 전체 최적성은 다소 낮을 수 있다.

- **우선순위 조정**(priority adjustmcnt): 전체 일정은 유지하되, 작업의 우선순위만 조정하여 단기적 이슈에 대응한다. 계산 부담이 가장 적고, 실시간 운영 환경에 적합하다.

이와 같은 재스케줄링 기능은 생산 환경의 변동성을 관리하고 납기 신뢰도를 높이는 데 핵심적이라 할 수 있다.

(4) 자원 관리(resource management)

APS 시스템의 **자원 관리** 기능은 생산에 필요한 모든 자원(예: 설비, 작업자, 공구, 금형 등)의 능력과 가용성을 체계적으로 관리하고, 이들을 가장 효율적으로 활용할 수 있도록 계획을 수립한다. 이를 통해 생산성 향상과 자원 부하 균형을 동시에 달성할 수 있다.

❶ 설비 능력 관리(equipment capacity management)

각 설비의 표준 처리 속도, 가동 시간, 정비 일정, 효율 등의 정보를 통합 관리하며, 계획 단계에서 **실제 가용 능력**을 정확히 반영한다. 가용 능력은 다음과 같이 산출된다.

$$\text{가용 능력} = \text{캘린더 시간} \times \text{가동률} \times \text{효율}$$

여기서 가동률은 정비 또는 고장 등으로 인한 비가동 시간을 반영하고, 효율은 이론적 생산 속도와 실제 작업 속도의 차이를 보정한다. APS 시스템은 설비별 부하 현황을 시각화해 과부하 설비와 유휴 설비를 즉시 파악할 수 있도록 지원하며, 이를 기초로 생산 일정 및 작업 배정을 자동 조정한다.

❷ 병목 자원 관리(bottleneck resource management)

생산시스템에서 가장 처리 능력이 낮은 공정을 **병목**이라고 하며, 이는 전체 시스템의 생산량을 결정하는 핵심 요소이다. 전체 생산 흐름은 처리 능력이 가장 낮은 병목 공정에 의해 제한된다. APS 시스템은 제약 이론을 기반으로 병목 자원을 자동 식별하고, 다음과 같은 원리에 따라 효율을 최적화한다.

- **DBR 로직**: 병목 설비를 생산의 기준 점(drum)으로 두고 전체 생산 속도를 조정한다. 병목 앞에는 완충재(buffer)를 두어 가동 중단을 방지하며, 원자재 투입은 rope 개념을 통해 병목 속도에 맞춰 제어된다.
- **병목 우선 스케줄링**: 병목 자원의 일정을 먼저 확정한 후, 다른 자원 일정을 이에 동기화한다.

이러한 접근은 시스템 전체 생산 흐름을 균형 있게 조정하고, 공정 간 대기 시간을 최소화한다.

❸ 대체 자원 관리(alternative resource management)

하나의 작업이 여러 설비에서 수행 가능한 경우, APS 시스템은 **대체 설비**(alternative machine) 정보를 활용해 자동으로 결정한다. 각 설비의 가용성, 비용, 처리 속도, 납기 영향을 종합 평가하여 가장 효율적인 설비를 선택한다. 이를 통해 설비 고장 또는 일시적 과부하 상황에서도 생산계획을 유연하게 유지할 수 있다.

(5) ATP/CTP

APS 시스템은 고객 주문이 접수되었을 때 약속 가능한 납기와 수량을 신속하게 산출하여 회신할 수 있는 기능을 제공한다. 이 기능은 고객 만족도 향상과 납기 신뢰성 확보에 직접적으로 기여하며, 대표적으로 ATP와 CTP가 활용된다.

❶ ATP(Available to Promise)

ATP는 현재 보유 재고와 확정된 생산 예정량을 기반으로 **즉시 공급 가능한 수량**을 계산한다. 계산식은 다음과 같다.

ATP = 현재 재고 + 생산 예정량 − 확정 주문량

ATP 방식은 재고 중심의 간단한 계산 구조이기 때문에 처리 속도가 빠르지만, 설비의 가용 능력이나 자재 확보 상황은 반영하지 않는다. 따라서 재고 여유가 있는 품목에는 적합하지만, 생산 자원 제약이 있는 주문에는 한계가 있다.

❷ CTP(Capable to Promise)

CTP는 ATP보다 한 단계 확장된 개념으로, 단순 재고뿐 아니라 설비 용량, 자재 가용성, 공정 경로(라우팅)를 동시에 고려하여 **실현 가능한 납기**를 계산한다. CTP의 일반적인 절차는 다음과 같다.

1. 고객 주문 정보(제품, 수량, 요청 납기)를 입력한다.
2. 제품의 BOM을 전개하여 필요한 자재와 부품을 식별한다.
3. 자재 재고와 조달 리드타임을 확인하여 사용 가능 시점을 산출한다.
4. 공정 라우팅에 따라 각 작업의 처리 순서와 소요 시간을 계산한다.
5. 설비별 가용 능력을 점검하고, 각 작업을 배정할 수 있는 가장 빠른 시점을 찾는다.
6. 모든 작업이 완료되는 시점을 기반으로 현실적인 납기일을 제시한다.

3) 활용

APS 시스템은 제조기업의 생산 활동을 데이터 기반으로 최적화하는 핵심 도구로, ERP가 제공하지 못하는 세밀한 계획과 실행의 정합성을 확보하는 역할을 수행한다. 특히 APS는 단순한 일정 관리가 아니라 생산 운영 전반의 효율화, 의사결정 지원, 조직 간 협업 강화에 이르는 다차원적 활용이 가능하다.

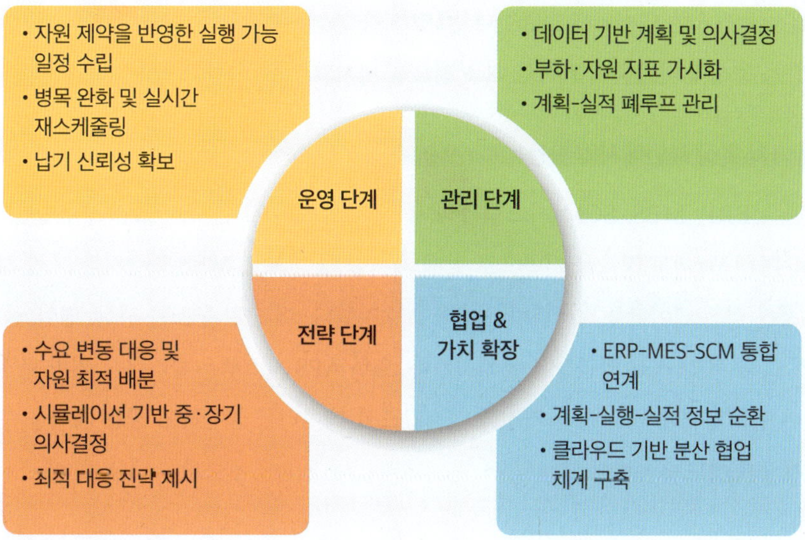

그림 7-5 APS 시스템 활용

(1) 운영 단계에서의 활용

APS 시스템은 생산 현장의 실질적인 제약 조건을 반영해 **실행 가능한 계획을 수립**한다. 설비, 인력, 자재, 공구 등 다양한 자원의 가용성을 동시에 고려하며, 이를 통해 병목 공정의 부담을 완화하고 전체 공정 흐름을 조율한다. 또한 실시간 재스케줄링 기능을 통해 설비 고장, 긴급 주문, 자재 지연과 같은 돌발 상황이 발생해도 즉시 생산 일정을 재조정할 수 있다. 이는 생산 중단 시간을 최소화하고 납기 신뢰성을 유지하는 데 결정적인 역할을 한다.

(2) 관리 단계에서의 활용

APS 시스템은 **계획의 품질과 실행 정확도**를 높인다. 기존의 경험적 계획이나 단일 부서 중심의 일정 관리에서 벗어나 데이터를 기반으로 한 의사결정을 가능하게 한다. 생산계획, 자재 수급, 설비 부하율 등 주요 지표를 시각적으로 제공하여 관리자가 공정 간의 불균형이나 비효율을 즉시 인지하고 개선할 수 있게 한다. 나아가 계획 대비 실적(plan vs. actual)을 지속적으로 모니터링함으로써 계획 시스템의 학습과 개선이 반복되는 폐루프 관리 체계를 구축한다.

(3) 전략 단계에서의 활용

APS 시스템은 **기업의 경쟁력 강화** 수단으로 활용된다. 수요 변동이 심하거나 맞춤형 주문이 많은 환경에서는 APS 시스템을 통해 신속한 납기 대응과 생산 자원의 최적 배분이 가능해진다. 또한 시뮬레이션 기능을 활용해 'What-if' 분석을 수행함으로써 신규 설비 투자나 외주 전략, 생산 라인 증설 등 장기 의사결정에 필요한 데이터를 제공한다. 예컨대 특정 제품군의 수요 급증 시 APS 시스템은 납기와 비용 영향을 동시에 비교하여 최적의 대응 전략을 제시할 수 있다.

(4) 협업 및 가치 확장 측면에서의 활용

APS 시스템은 ERP, MES, SCM 시스템과의 통합을 통해 조직 간 **의사소통의 단절을 해소**한다. ERP에서 받은 주문·재고 정보를 기반으로 상세 계획을 생성하고, MES에 실시간 작업 지시를 전달하며, 다시 생산 실적 데이터를 피드백받아 계획을 수정한다. 이 순환 구조는 생산, 영업, 물류 간 협업을 체계화하고, 부서 간 정보 일관성을 유지시킨다. 또한 APS 시스템은 클라우드 기반 환경에서도 운영될 수 있어 협력업체나 외부 생산 거점과 실시간으로 데이터를 공유하고 공동 계획을 수립하는 분산 협업 체계 구축에도 유용하다.

APS 시스템은 단순한 스케줄링 시스템을 넘어 운영의 실행력, 관리의 가시성, 전략의 예측성, 협업의 연결성을 강화하는 **통합 계획 플랫폼**으로 진화하고 있다. 이러한 활용 구조를 통해 제조기업은 생산 효율을 극대화하고, 납기 대응력과 경영 의사결정의 품질을 동시에 향상시키며, 궁극적으로 데이터 기반의 민첩한 생산체계를 완성할 수 있다.

7.3 제조실행시스템(MES)

1) 개요

MES(Manufacturing Execution System)는 생산 현장에서 발생하는 모든 활동을 실시간으로 관리·통제하는 **핵심 정보 시스템**으로, 상위 계획 시스템인 ERP와 APS가 수립한 생산계획을 실제 실행 가능한 작업 지시로 전환하고, 현장에서 수집된 실적 데이터를 다시 상위 시스템에 피드백함으로써 계획과 실행 간의 간극을 최소화하는 역할을 수행한다. MES는 공장 운영의 중심에서 설비, 인력,

품질, 재고 등 다양한 자원의 상태를 종합적으로 관리하며, 실시간 데이터 기반의 의사결정을 지원함으로써 생산 효율성과 품질 수준을 향상시키는 '공장의 두뇌'로 비유된다.

이 개념은 1990년대 중반에 등장하였으며, 초기에는 POP(Point of Production) 시스템처럼 단순히 생산 실적을 집계하는 기능에 머물렀다. 그러나 이후 제조 환경이 복잡해지고 자동화·디지털화가 진전되면서 MES는 설비 제어, 품질 관리, 자재 추적, 인력 관리, 설비 보전 등 제조 운영 전반을 통합 관리하는 시스템으로 발전하였다. 또한 생산 주문의 발행부터 제품 출하에 이르기까지 전 과정의 실행을 관리하는 단일 통합 시스템으로 진화해 왔다.[1]

국제표준 ISA-95에서는 MES를 제조 운영 관리의 핵심 구성요소로 정의하며, 생산 운영, 품질, 설비 보전, 재고 관리의 네 가지 기능 영역을 포함한다고 명시하고 있다. 즉, MES는 작업 지시, 디스패칭, 실적 수집, 자원 할당과 같은 생산 운영 기능뿐 아니라, 품질 검사 및 불량 관리, 설비 보전 및 고장 대응, 재공품 추적 및 자재 소모 관리 등 다양한 기능을 포괄한다. 또한 Manufacturing Enterprise Solutions Association(MESA)가 제시한 **MESA-11 모델**에서는 자원 할당 및 상태 관리, 문서 관리, 품질 관리, 성과 분석, 상세 스케줄링 등 11가지 기능을 정의하며, 이는 오늘날 MES 기능 분류의 사실상 표준으로 활용되고 있다.[2]

MES는 ERP와 APS 사이의 정보 흐름을 매개하며, 세 시스템은 서로 보완적인 관계를 이룬다. ERP가 '무엇을, 얼마나, 언제까지 생산할 것인가'를 결정하면, APS는 이를 기반으로 '어떤 순서와 어떤 자원을 이용할 것인가'를 세부적으로 계획하고, MES는 현장에서 '실제로 어떻게 생산이 이루어지고 있는가'를 모니터링한다. 만약 설비 고장이나 품질 문제, 자재 부족 등 예기치 않은 상황이 발생하면 MES는 이를 즉시 감지하여 상위 시스템에 피드백하고, 관리자나 계획 담당자가 신속하게 대응할 수 있도록 돕는다. 이러한 순환적 정보 구조를 통해 계획의 정확도와 실행의 신뢰성이 높아지며, 제조 현장은 데이터 기반으로 운영되는 폐루프(closed-loop) 시스템으로 발전한다.

최근에는 스마트팩토리 구현이 본격화되면서 MES의 역할이 더욱 확대되고 있다. IoT 센서, PLC, RFID(Radio Frequency IDentification), 머신비전 등의 기술과 결합한 MES는 단순한 실행 관리 도구를 넘어, 생산 현장에서 발생하는 방대한 데이터를 수집·분석하여 공정 최적화, 품질 예측, 예지 보전 등 지능형 기능을 수행하는 플랫폼으로 진화하고 있다. Govindaraju와 Putra(2016)는 성공적인 MES 구현을 위해 평가, 설계, 구축, 테스트, 실행, 유지관리의 단계별 접근이 필요하다고 제안하였으며, 이러한 MES의 체계적 도입은 기업의 생산 경쟁력을 강화하는 핵심 수단으로 자리 잡고 있다.[3] 결국 MES는 계획과 실행을 연결하는 정보 허브로서, 생산의 실시간 가시성을 확보하고, 데이터 기반의 운영 효율화를 가능하게 하며, 스마트제조 시대의 지능형 의사결정 구조를 뒷받침하는 중추적인 시스템으로 기능하고 있다.

2) 주요 기능

MES 시스템의 주요 기능을 MESA-11 모델을 기반으로 상세히 살펴보겠다.

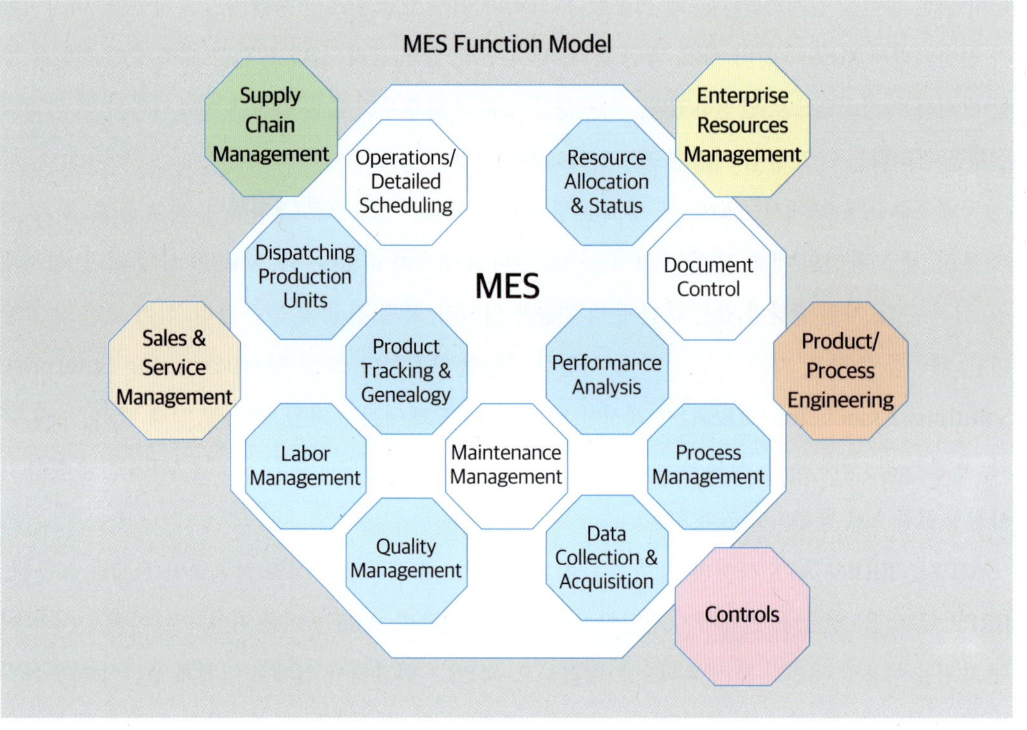

그림 7-6 MESA-11 기반 MES 기능 구조도[2]

MESA-11 모델에서는 Operations/Detailed Scheduling이 MES 기능의 일부로 제시되어 있다. 이는 MES가 생산 실행뿐 아니라 일정 조정까지 포괄적으로 다루던 초기 개념을 반영한 것이다. 그러나 최근에는 상세 스케줄링 기능이 APS 시스템으로 분리되면서 MES는 계획 실행·추적·피드백 중심의 시스템으로 재정의되고 있다.

(1) 자원 할당 및 상태 관리(resource allocation and status)

MES 시스템은 생산에 투입되는 **다양한 자원(설비, 공구, 금형, 자재, 인력 등)의 상태를 실시간으로 감시**하고, 작업 요구에 맞춰 **자원을 자동으로 배정**한다. 이를 통해 생산 중 발생할 수 있는 병목과 유휴 시간을 최소화하고, 각 자원의 활용도를 최적화한다.

❶ 자원 상태 모니터링

MES 시스템은 **모든 자원의 현재 상태**를 지속적으로 **수집**하고 **모니터링**한다. 설비는 가동(running), 대기(idle), 준비(setup), 고장(down), 정비(maintenance) 등으로 구분되며, 공구나 금형은 사용 가능, 사용 중, 교체 필요 등으로 표시된다. 작업자의 근무 현황뿐만 아니라, 자재가 품질 검사를 대기 중인지 또는 검사에 합격했는지 등의 상태도 실시간으로 확인할 수 있다.

❷ 자원 할당 및 예약

작업 지시가 발생하면 MES 시스템은 **가용 자원 중 가장 적절한 대상**을 **자동으로 선택**한다. 선택 기준에는 현재 부하, 작업자 숙련도 및 자격, 설비 성능, 품질 이력, 작업 우선순위 등이 포함된다. 필요 시 자원을 사전에 예약하여 생산 지연을 방지하고, 자원 부족 시에는 대기 큐에 등록해 자동으로 재할당된다.

❸ 활용률 및 효율 분석

MES 시스템은 수집된 데이터를 분석해 **자원의 가동률과 효율**을 **정량적으로 평가**한다. 이를 통해 유휴 자원과 과부하 구간을 식별하고, 생산계획이나 스케줄 조정에 활용한다.

(2) 생산 단위 분배(dispatching production units)

MES 시스템의 **생산 단위 분배** 기능은 상위 시스템(ERP 또는 APS)에서 전달된 생산계획을 현장의 실제 작업 단위로 세분화하고, 이를 설비나 작업자에게 적시에 전달하는 역할을 한다. 즉, 계획된 생산 정보를 실질적인 실행 명령으로 변환하여, 현장 수준에서 효율적으로 작업이 이루어지도록 지원하는 핵심 기능이다.

❶ 작업 지시 생성 및 전달

MES 시스템은 작업별로 필요한 제품 정보(품번, 품명, 수량), 투입 자재(로트 번호, 투입량), 공정 라우팅, 목표 시간, 품질 기준, 안전 수칙 등을 포함한 **전자 작업 지시서**를 생성한다. 이 지시서는 작업자의 단말기, 설비의 HMI 혹은 공장 내 키오스크 화면 등을 통해 실시간으로 전달되어 작업자가 즉시 실행할 수 있도록 한다.

❷ 우선순위 기반 디스패칭

여러 작업이 동시에 대기 중인 경우, MES 시스템은 납기, 고객 중요도, 처리 시간, 공정 병목 여부 등 다양한 요소를 고려하여 수행 순서를 결정한다. 대표적으로 납기일이 임박한 작업을 우선 배정하는 EDD나, 처리 시간이 짧은 작업을 먼저 수행하는 SPT 규칙이 적용될 수 있다. 또한 긴급 수문이나 설비 이상과 같은 예외 상황 발생 시 우선순위를 즉시 재조정하여 전체 일정에 미치는 영향을 최소화한다.

❸ 실시간 조정 및 피드백

생산 중 설비 고장, 품질 문제, 자재 부족 등이 발생하면 MES 시스템은 해당 작업을 일시 중단하고, 대체 작업을 자동으로 재배치한다. 이러한 **실시간 디스패칭 기능**을 통해 생산 지연을 예방하고, 현장의 대응 속도를 높인다. 결과적으로 작업 흐름의 균형이 유지되고, 전체 공정의 효율성과 납기 준수율이 함께 향상된다.

(3) 문서 관리(document control)

문서 관리 기능은 생산 현장에서 사용하는 모든 기술 자료(작업 표준서, 도면, 검사 기준서, 안전 지침서 등)를 전자적으로 관리하여 작업자가 필요한 시점에 최신 버전에 접근할 수 있도록 지원한다. 이를 통해 종이 문서 의존도를 줄이고, 정보의 일관성과 신뢰성을 확보하며, 품질 시스템의 표준화를 강화한다.

❶ 전자 문서 관리(electronic document management)

MES 시스템은 **문서의 생성·승인·배포·보관** 과정을 **전자적으로 처리**한다. 모든 문서에는 버전 이력과 승인 내역이 기록되며, 승인된 최신 문서만 사용 가능하다. 또한 문서 검색 기능을 통해 품목명, 공정명, 문서 코드 등 다양한 기준으로 빠르게 조회할 수 있다. 이와 같은 체계적 관리 방식은 ISO 9001이나 GMP 등 품질 인증 체계의 요구사항을 충족한다.

❷ 전자 작업 지시서 및 표준 절차 관리(electronic work instructions & SOP control)

MES 시스템이 자동생성한 작업지시서는 설비의 HMI나 작업자 단말기에 실시간으로 표시되며, 제품 정보, 작업 순서, 품질 기준, 안전 수칙 등이 포함된다. 또한 사진, 영상, 3D 모델 등 시각 자료를 함께 제공하여 작업자의 이해를 높이고, 공정별 **표준 작업 절차서**(Standard Operating Procedure, SOP)가 즉시 조회 가능해 작업 일관성을 유지한다.

❸ 문서 변경 및 배포 관리(revision & distribution control)

문서 변경 시 등록·검토·승인 절차를 거쳐 최신 상태가 유지되며, 수정 내용은 관련 부서와 작업자에게 자동으로 통보된다. 이전 버전의 문서는 자동으로 보관 처리되어 현장 접근이 제한된다. 이러한 **전자 문서 배포 체계**는 최신 정보의 일관된 사용을 보장하고, 생산 현장의 오류를 최소화한다.

(4) 데이터 수집 및 획득(data collection and acquisition)

데이터 수집은 MES 시스템의 핵심 기능 중 하나로, 생산 현장에서 발생하는 모든 정보를 실시간으로 확보하고 이를 데이터베이스에 저장하여 관리한다. 이 과정에서 수집된 데이터는 공정 모니터링, 품질 분석, 설비 상태 진단 등 다양한 의사결정의 근거로 활용된다. MES 시스템은 자동화된 장비 신호부터 작업자 입력까지 여러 경로를 통해 데이터를 수집하며, 이를 상위 시스템(ERP 또는 APS)과 연동하여 공정 전체의 투명성을 높인다.

❶ 자동 데이터 수집(automatic data collection)

MES 시스템은 자동화된 설비 및 센서 네트워크를 통해 **사람의 개입 없이** 데이터를 수집한다.

- **PLC/SCADA 시스템과 연동**: 설비의 제어 장치와 직접 연결되어 설비 가동 상태, 생산 수량, 온도, 압력, 속도 등 주요 공정 파라미터를 실시간으로 가져온다.
- **IoT 센서**: 온도, 진동, 습도, 전력 사용량 등 설비와 환경 데이터를 자동으로 수집해 공정 조건의 변화를 감지한다.
- **바코드 및 RFID**: 자재와 제품에 부착된 태그를 인식하여 공정 이동, 입출고, 로트 추적 정보를 자동으로 기록한다.
- **비전 및 검사 장비 연동**: 카메라 기반 비전 시스템이나 정밀 측정 장비(3차원 좌표 측정기 등)로부터 품질 관련 데이터를 자동으로 수집한다.

이와 같은 자동 수집 체계는 생산 현장의 실시간 모니터링과 품질 안정화에 중요한 역할을 한다.

❷ 수동 데이터 입력(manual data entry)

자동화가 어려운 일부 정보는 **작업자가 직접 입력**한다. 대표적으로 작업 시작 및 종료 시각, 생산 수량, 불량 원인, 설비 고장 내용 등은 터치스크린 기반의 입력 화면을 통해 기록된다. MES 시스템은 입력 오류를 줄이기 위해 입력값 검증, 필수 항목 지정, 선택형 드롭다운 메뉴 등의 기능을 제공한다. 이를 통해 데이터의 신뢰성을 유지하고, 자동 수집 데이터와 결합하여 전체 공정 데이터를 완전하게 구성한다.

(5) 품질 관리

품질 관리는 MES 시스템의 핵심 기능 중 하나로, 생산 과정 전반에서 품질을 실시간으로 감시하고 이상을 조기에 발견하여 불량품 발생을 최소화하는 역할을 한다. MES 시스템은 공정 데이터를 통계적으로 분석하고, 검사 결과를 체계적으로 관리하며, 불량 원인을 추적·개선함으로써 전반적인 제조 품질 수준을 향상시킨다.

❶ 실시간 통계적 공정 관리(real-time Statistical Process Control, SPC)

MES 시스템은 **공정 데이터를 실시간으로 수집·분석**하여 공정이 관리 상태(in-control) 내에 있는지 확인한다. 관리도(control chart)를 통해 공정 평균과 변동을 시각적으로 표시하고, 한곗값을 벗어날 경우 즉시 경고를 발생시킨다. 관리도의 주요 유형은 아래와 같다.

- X-bar & R 관리도: 연속형 품질 특성(예: 치수, 중량, 온도 등)의 중심과 산포를 동시에 감시한다.
- P 관리도: 불량률과 같은 비율 데이터를 모니터링한다.
- 공정 능력 지수(Cp, Cpk): 공정의 변동이 규격 허용 범위 내에 있는지를 평가한다.

❷ 품질 검사 관리

MES 시스템은 현장 수준에서 **품질 데이터를 실시간으로 수집, 판단 및 전송**하는 체계를 제공한다. 검사 절차는 ERP에서 내려온 검사 계획을 기반으로 하되, MES 시스템은 검사 수행의 시점, 빈도, 대상 로트를 자동으로 인식하고 결과를 현장에서 즉시 처리한다. 작업자는 터치 패널이나 스캐너를 통해 검사 항목을 확인하고 측정값을 입력하며, 자동화된 검사 장비나 센서에서 수집된 데이터는 MES 서버로 전송되어 즉시 판정된다. 기준값을 벗어난 항목이 발생하면 시스템은 자동으로 불합격 로트를 격리하고, 관련 부서에 경보 및 작업 중지 신호를 전송한다. 이 과정은 수입, 공정, 출하 단계 구분 없이 제품 흐름에 맞춘 실시간 이벤트 기반 관리로 이루어지며, 검사 지연과 정보 누락을 최소화한다.

❸ 불량 분석 및 개선 활동(defect analysis and CAPA)

MES 시스템은 불량 발생 시 단순 기록을 넘어, **불량 패턴을 실시간 분석**하고 재발 방지를 위한 **근거 데이터를 축적**한다. 불량 유형, 발생 시각, 설비 번호, 작업자 정보, 환경 조건(온도, 습도 등)을 자동으로 연계 저장하여 시간·공정·설비별 상관관계를 분석할 수 있다. 이 데이터는 MES 시스템의 내장 통계 분석 모듈을 통해 시각화되며, 주요 불량 항목은 ERP나 QMS(Quality Management System)로 자동 피드백되어 CAPA(Corrective and Preventive Action) 절차를 트리거한다. 즉, MES 단계에서는 현장 감지-자동 분류-즉시 피드백이 핵심이며, 사후 개선 중심의 ERP 프로세스와 달리 현장 실시간 대응 중심 구조로 운영된다. 이를 통해 불량의 확산을 차단하고, 장기적으로는 공정 조건의 최적화와 품질 안정성을 동시에 달성할 수 있다.

(6) 공정 관리(process management)

MES 시스템의 **공정 관리** 기능은 생산 현장에서 이루어지는 모든 작업이 사전에 정의된 절차와 조건에 따라 안정적으로 수행되도록 실시간으로 감시하고 제어하는 역할을 한다. 공정 조건이 목표 범위를 벗어나거나 설비 이상이 감지되면 즉시 경고를 발생시키며, 필요시 자동 조치까지 수행하여 불량 발생을 사전에 차단한다. 이를 통해 공정의 일관성, 품질 안정성, 생산 효율을 동시에 확보할 수 있다.

❶ 공정 모니터링(process monitoring)

MES 시스템은 각 공정 단계에서 생성되는 데이터(예: 온도, 압력, 속도, 유량 등)를 설비 제어 시스템(PLC, SCADA 등)과 연동하여 실시간으로 수집한다. 수집된 데이터는 설정된 관리 한계와 비교되어 자동으로 판정되며, 한계를 초과할 경우 즉시 알림을 발생시킨다. 관리자는 모니터링 화면을 통해 설비 상태를 시각적으로 확인하고, 경향 분석이나 이력 조회를 통해 이상 징후를 조기에 탐지할 수 있다. 이러한 **실시간 모니터링**은 단순 감시를 넘어 공정 안정성을 확보하고 품질 편차를 최소화하는 역할을 한다.

❷ 공정 제어(process control)

MES 시스템은 단순한 상태 감시를 넘어, **자동 제어** 기능을 통해 공정 파라미터를 실시간으로 조정할 수 있다. 예를 들어, 설정 온도가 허용 범위를 벗어나면 시스템이 자동으로 히터 출력을 조절하거나, 심각한 이상이 감지될 경우 설비를 즉시 정지시킨다. 또한 제품 전환 시 MES 시스템은 새로운 작업 조건(레시피)을 제어 장치로 자동 전송하여, 작업자가 별도의 설정을 하지 않아도 설비가 올바른 조건으로 작동하도록 지원한다. 이를 통해 작업자의 실수 가능성을 줄이고, 생산 중단 없이 공정 전환을 신속히 수행할 수 있다.

❸ 레시피 관리(recipe management)

레시피는 제품별로 정의된 공정 조건(예: 온도, 압력, 시간, 원료 배합비 등)을 의미하며, MES 시스템은 이를 중앙에서 일괄 관리한다. 승인된 레시피만 생산에 사용할 수 있도록 접근 권한을 통제하고, 변경 시 이력(버전, 변경자, 변경 사유)을 자동으로 기록하여 추적성을 확보한다. 특히 다품종 소량생산 환경에서는 **레시피의 신속한 전환과 일관된 실행**이 중요하며, MES 시스템은 이를 자동화하여 품질의 균일성과 생산성 향상을 동시에 달성한다.

(7) 제품 추적 및 이력 관리(product tracking and genealogy)

MES 시스템의 **제품 추적 및 이력 관리** 기능은 원자재의 투입부터 완제품의 출하까지 생산 과정 전반의 정보를 실시간으로 기록하고 상호 연계하여 완전한 추적성을 확보하는 것을 목표로 한다. 이는 품질 문제 발생 시 신속한 원인 규명과 리콜 대응을 가능하게 하며, 식품·의약품·자동차 등 규제 산업에서는 필수적인 기능으로 간주된다.

❶ 로트 및 시리얼 기반 추적(lot/serial traceability)

각 생산 단위(로트 또는 시리얼 번호)별로 투입 자재, 가공 공정, 설비, 작업자, 검사 결과 등이 자동으로 기록된다. MES 시스템은 이 데이터를 바코드, RFID, 센서 등으로부터 직접 수집하여 사람이 개입하지 않아도 **제품별 이력 데이터베이스**를 구축한다. 이렇게 축적된 정보는 문제가 발생했을 때 즉시 검색 및 조회할 수 있으며, 공정·시간·설비 단위로 필터링하여 상세한 원인 분석을 지원한다.

❷ 순방향 및 역방향 추적(forward & backward traceability)

MES 시스템은 **제품 흐름을 양방향으로 추적**할 수 있도록 구조화한다.

- 순방향 추적: 특정 자재 로트가 어떤 중간재·완제품으로 사용되었는지를 추적한다. 자재 결함이 발견되면 영향을 받는 제품을 빠르게 식별하고, 리콜 범위를 즉시 한정할 수 있다.
- 역방향 추적: 완제품에서 출발해 사용된 원자재, 공정 조건, 설비, 작업자를 역으로 탐색한다. 이를 통해 결함의 근본 원인을 규명하고, 품질 개선 또는 공급망관리에 반영한다.

이중 구조의 추적 체계는 품질 이슈뿐 아니라 규제 대응(예: GMP, HACCP 등)에서도 핵심 역할을 수행한다.

❸ 계보 관리(genealogy management)

계보 관리는 제품을 중심으로 모든 구성요소와 공정 이력을 트리 구조로 시각화하는 기능이다. 각 노드는 원자재, 부품, 공정, 설비, 검사 결과 등으로 연결되며, 부모(parent)와 자식(child) 관계로 표현된다. 이를 통해 복잡한 조립 제품에서도 구성품 간 관계를 명확히 파악할 수 있고, 특정 부품의 문제로 인한 연쇄적 영향 분석이 가능하다.

❹ 전자 이력 관리(eBR/eDHR)

의약품, 의료기기 등 규제 산업에서는 배치별 제조 이력 문서를 전자적으로 기록하는 eBR(electronic Batch Record) 또는 eDHR(electronic Device History Record)이 요구된다. MES 시스템은 이러한 데이터를 자동 생성 및 저장하며, 전자 서명과 감사 추적(audit trail)을 포함하여 위·변조를 방지한다. 이를 통해 수작업 기록의 오류를 제거하고, 규제 기관의 실사 대응에도 효율적으로 활용할 수 있다.

(8) 재공품 관리(work-in-process management)

재공품(Work-in-Process, WIP)은 생산 공정의 중간 단계에 위치한 반제품을 의미하며, 그 양이 과도하면 생산 리드타임 증가와 자금의 비효율적 점유로 이어진다. MES 시스템의 **재공품 관리** 기능은 각 공정별 WIP 상태를 실시간으로 추적, 분석 및 제어하여 생산 흐름의 병목을 예방하고, 공정 간 균형을 유지하도록 지원한다.

본 기능은 MESA-11 모델에서 직접적으로 정의된 개별 기능은 아니지만, 생산 추적, 자원 관리 등 MESA-11의 핵심 실행 기능을 통해 재공품의 흐름과 상태를 통합적으로 관리하는 역할을 의미한다.

❶ 재공품 추적(WIP tracking)

MES 시스템은 바코드, RFID, IoT 센서 등을 활용해 각 반제품이 어느 공정 단계에 위치하는지를 실시간으로 파악한다. 이때 수량, 위치, 공정 상태, 처리 대기 시간 등의 데이터가 자동으로 수집되어 중앙 데이터베이스에 저장된다. 관리자는 모니터링 화면을 통해 **재공품 흐름**을 한눈에 파악할 수 있으며, 비정상적인 체류나 분실, 중복 처리 등의 문제를 조기에 감지할 수 있다. 이는 생산 현장의 가시성을 높이고, 불필요한 재공 정체를 줄이는 데 핵심적인 역할을 한다.

❷ 재공품 수준 제어(WIP level control)

MES 시스템은 각 공정별로 설정된 목표 **WIP 수준**을 기준으로 실시간 데이터를 분석하고, 설정 한계를 초과할 경우 경보를 발생시킨다. 재공품이 과도하게 누적되면 자재 투입 속도를 조정하거나 후속 공정의 작업 우선순위를 변경하는 등 즉각적인 제어 명령을 자동으로 내려 전체 생산 라인의 균형을 유지한다. 특히 재공품 수량, 처리 속도, 사이클 타임 간의 관계를 기반으로 효율을 평가하며, 이러한 분석에는 **Little의 법칙**(Little's law: WIP = throughput × cycle time)이 적용된다. 이를 통해 공정의 병목을 정량적으로 진단하고, 린(lean) 생산 원칙에 부합하는 실시간 제어 체계를 확립할 수 있다.

(9) 성과 분석(performance analysis)

MES 시스템의 **성과 분석** 기능은 생산 활동의 효율성과 안정성을 정량적으로 평가하여 설비와 공정의 개선 방향을 도출하는 역할을 한다. 현장에서 수집된 데이터를 기반으로 주요 성과 지표(KPI)를 자동 계산하며, 설비별·공정별로 비교 가능한 분석 정보를 제공한다.

❶ 설비 종합 효율(Overall Equipment Effectiveness, OEE)

OEE는 **설비의 활용 수준**을 종합적으로 표현하는 핵심 지표로, **가동률**, **성능**, **품질**의 세 요소로 구성된다. MES 시스템은 이 세 지표를 실시간으로 수집하고 계산하여 설비별 또는 교대조별 성능을 시각화하고 병목 요인을 조기에 파악한다.

❷ 다운타임 및 생산성 분석(downtime and productivity analysis)

MES 시스템은 설비의 **비가동 시간**을 세부 원인별로 분류해 관리하며, 고장, 셋업, 자재 대기, 품질 불량, 계획 정비 등의 항목으로 구분한다. 이 데이터를 파레토 차트로 분석함으로써 가장 큰 손실을 유발하는 요인을 식별하고 우선 개선 대상을 결정할 수 있다. 또한 작업 단위당 산출량, 단위 시간당 생산량 등 **생산성 지표**를 함께 분석하여 운영 효율을 전반적으로 개선한다.

❸ 기타 핵심 지표(other KPIs)

OEE 외에도 다양한 지표가 함께 관리된다. 대표적으로 납기 준수율(OTD), 직행률(first pass yield), 평균 고장 간격(MTBF), 평균 수리 시간(MTTR), 사이클 타임 등이 있다. 이들은 생산 품질과 운영 안정성을 동시에 측정하는 보조 지표로 활용된다. 이러한 성과 분석 체계는 단순한 데이터 수집을 넘어 **실시간 피드백 기반**의 지속적인 개선 메커니즘을 구축하는 기반이 된다.

(10) 설비 보전 관리(maintenance management)

MES 시스템의 **설비 보전 관리** 기능은 설비의 안정적 가동과 생산 연속성을 확보하기 위해 예방적, 예지적, 사후적 관리 전 과정을 체계화한다. 이를 통해 설비 가용률을 극대화하고, 돌발적인 고장으로 인한 생산 중단을 최소화한다.

❶ 예방 보전(preventive maintenance)

정기적인 점검과 부품 교체는 설비 수명을 연장하고 돌발 고장을 줄이기 위한 기본 활동이다. MES 시스템은 각 설비의 누적 가동 시간, 생산량, 운전 조건 등의 데이터를 실시간으로 집계하여 사전에 정의된 주기(예: “1,000시간 운전 후 오일 교체”)에 도달하면 자동으로 점검 알림이나 작업 지시서를 발행한다. 또한 담당자별 일정과 작업 내역을 연동 관리함으로써 보전 활동의 누락이나 중복을 방지한다.

❷ 예지보전(predictive maintenance)

예지보전은 센서 및 IoT 장비를 통해 설비의 상태 데이터를 실시간으로 수집·분석하고, 고장 가능성을 사전에 예측하는 고도화된 관리 기법이다. 진동, 온도, 전류, 소음 등 이상 징후를 감지하면 MES 시스템은 이를 분석 알고리즘이나 머신러닝 모델에 연동하여 고장 위험도를 산출하고 최적의 보전 시점을 제안한다. 이 접근은 고장이 발생한 후 대응하는 방식이 아니라 고장 이전에 조치하는 예방적 복원 전략으로 생산성 손실을 근본적으로 줄이는 데 초점을 둔다.

❸ 고장 이력 및 원인 분석(failure history and root cause analysis)

설비에서 발생한 모든 고장 사건은 발생 시점, 고장 부위, 원인, 수리 내역, 교체 부품 정보 등 세부 항목별로 기록된다. MES 시스템은 이 데이터를 누적 분석하여 반복적인 문제의 원인을 규명하고, 개선 우선순위를 도출한다. 축적된 이력 정보는 설비의 신뢰성 평가, 보전 전략 수립, 신규 설비 투자 결정 등 장기적 자산 관리에도 활용된다. 결과적으로 MES 시스템의 설비 보전 기능은 정기적 관리와 데이터 기반 예측을 통합하여 제조 현장의 예방 중심의 **지능형 설비 운영체계**를 실현한다.

(11) 작업자 관리(labor management)

MES 시스템의 **작업자 관리** 기능은 인력의 역량과 가용성을 실시간으로 파악하고, 적합한 인력을 최적의 공정에 배치함으로써 생산 효율과 품질을 동시에 향상시키는 데 목적이 있다. 단순한 근태 관리 수준을 넘어 숙련도 기반의 동적 인력 운영체계를 구축하는 것이 핵심이다.

❶ **작업자 정보 및 역량 관리(operator information and competency management)**

MES 시스템은 각 **작업자**의 기본 인적 사항, 자격증, 숙련 등급, 교육 이력, 근무 경험 등을 **통합적으로 관리**한다. 이를 통해 특정 공정이나 장비 운전은 해당 자격을 보유한 작업자에게만 자동 할당되며, 무자격 작업으로 인한 품질 리스크를 사전에 차단한다. 또한 정기적인 교육 이력과 평가 결과가 시스템에 누적되어, 인력의 성장 수준을 장기적으로 분석할 수 있다.

❷ **작업 배치 및 교대조 운영(workforce assignment and shift scheduling)**

MES 시스템은 작업자의 가용 시간과 기술 숙련도를 동시에 고려하여 **작업을 자동 배정**한다. 이를 통해 특정 인력에게 업무가 과중되거나 반대로 유휴 인력이 발생하는 문제를 최소화한다. **교대조별 인력 운영 현황**도 실시간으로 모니터링되어, 24시간 연속 생산 체제에서도 균형 잡힌 근무 배분이 가능하다.

❸ **작업 실적 및 성과 관리(labor performance monitoring)**

작업자가 수행한 생산량, 불량률, 작업 소요 시간, 설비 조작 내역 등이 자동으로 기록되어 **개인 및 팀 단위의 성과 분석**에 활용된다. MES 시스템은 이러한 데이터를 기반으로 작업자의 효율성과 품질 기여도를 정량화하고, 이를 교육 계획, 성과 평가, 보상 정책 수립 등에 반영한다. 특히 작업자 인증 절차(ID 카드, 생체정보, 비밀번호 등)를 통해 "누가, 언제, 어떤 작업을 수행했는가"를 명확히 기록함으로써, 생산 이력의 신뢰성과 추적성을 확보한다.

3) 활용

MES 시스템은 제조 현장의 실행, 통제 및 피드백을 실시간으로 연결하는 **핵심 플랫폼**으로, ERP나 APS가 수립한 계획을 실제 생산 환경에서 실행 가능한 형태로 전환하고 그 결과를 데이터로 반영하여 공정 최적화의 기반을 제공한다. MES 시스템의 활용 범위는 단순한 작업 지시를 넘어, **운영의 실시간성**, **관리의 투명성**, **전략의 지능화**, **협업의 통합화**로 확장되고 있다.

(1) 운영 단계에서의 활용

운영 측면에서 MES 시스템은 **공정의 '현재'를 관리**하는 중심 시스템으로 기능한다. 설비, 자재, 인력, 품질 등 생산에 관련된 모든 데이터를 실시간으로 수집 및 모니터링하여 계획 대비 실제 수행 상태를 즉시 파악할 수 있다. 작업자는 MES 시스템을 통해 전자 작업 지시서를 확인하고, 설비 상태와 자재 투입 현황을 실시간으로 공유하며, 작업 완료 시 즉시 데이터를 입력한다. 이 과정에서 발생하는 이상 상황(설비 정지, 불량 증가, 자재 부족 등)은 즉시 관리자에게 알림으로 전달되어 신속한 의사결정이 이루어진다. 결과적으로 MES 시스템은 현장의 실시간 반응력을 강화하고 작업 지연과 품질 편차를

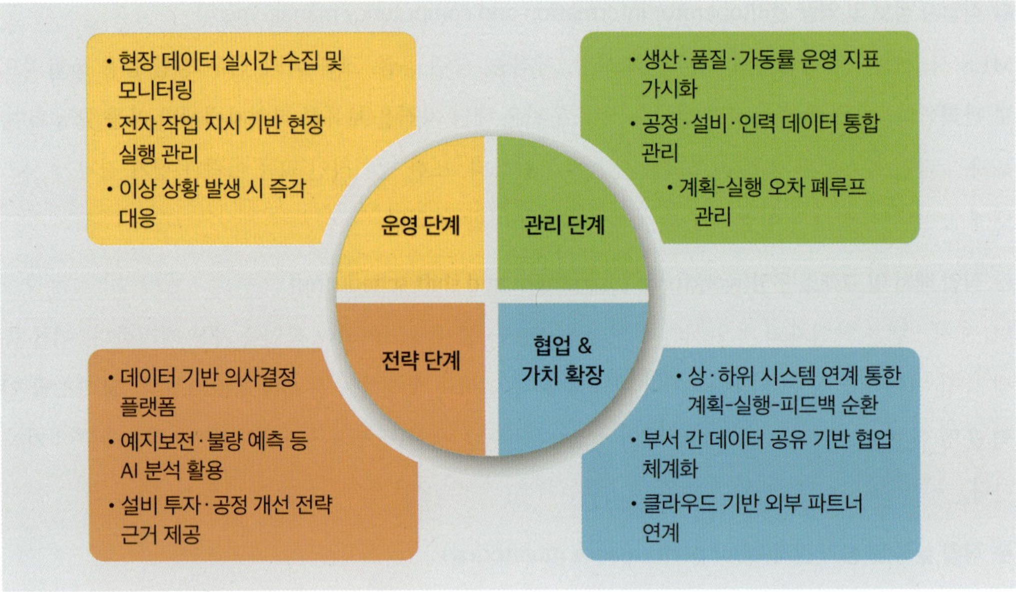

그림 7-7 MES 시스템 활용

최소화하는 **실행 중심 시스템**으로 작동한다.

(2) 관리 단계에서의 활용

MES 시스템은 생산 데이터를 기반으로 한 **운영 가시화**를 실현한다. 관리자는 공정별 생산 실적, 가동률, 품질 수준, 불량률, 작업자 성과 등의 주요 지표를 한눈에 파악할 수 있으며, 이를 토대로 병목 구간이나 비효율 요소를 빠르게 진단한다. 또한 설비 보전, 품질 검사, 인력 배치 등 다양한 기능을 하나의 데이터베이스에 통합하여 관리함으로써 운영 프로세스 간 상호 연계성을 확보한다. 이를 통해 생산계획과 실제 실행 간의 오차를 지속적으로 보정하는 **폐루프 품질·성과 관리 체계**가 구축된다.

(3) 전략 단계에서의 활용

전략적 측면에서 MES 시스템은 생산성과 품질 향상뿐만 아니라 **데이터 기반의 의사결정 지원 플랫폼**으로 발전하고 있다. 수집된 대규모 생산 데이터는 AI 기반의 분석을 통해 예지보전, 불량 예측, 공정 최적화 등에 활용되며, 이러한 분석 결과는 장기적인 설비 투자나 공정 개선 전략의 근거로 활용된다. 예를 들어, MES 데이터를 통해 특정 라인의 설비 효율 저하 원인을 분석하거나, 품질 편차가 높은 제품군을 도출하여 공정 조건을 재설계할 수 있다. 이처럼 MES 시스템은 단순한 생산 관리 시스템을 넘어 **지능형 의사결정 지원 체계**로 진화하고 있다.

(4) 협업 및 가치 확장 측면에서의 활용

MES 시스템은 ERP, APS, SCM 등 상위·하위 시스템과의 통합을 통해 조직 간 데이터 단절을 해소한다. ERP로부터 생산 주문과 자재 정보를 수신하고, APS에서 생성된 스케줄을 기반으로 작업을 실행하며, 실적과 품질 데이터를 다시 상위 시스템으로 피드백한다. 이 순환 구조는 계획과 실행 간의 정합성을 유지하고, 생산, 품질, 물류, 영업 부서 간의 **협업을 체계화**한다. 또한 클라우드 기반 MES 시스템은 협력업체, 외주 공장, 원자재 공급사 등 외부 파트너와의 실시간 데이터 연동 및 공동 생산 관리를 가능하게 하여 공급망 전반의 투명성과 민첩성을 강화한다.

MES 시스템은 단순히 생산 실행을 관리하는 보조 도구가 아니라 운영의 실시간 제어, 관리의 데이터 통합, 전략의 지능적 의사결정, 조직 간 협업의 연결성을 모두 강화하는 **스마트제조 실행 플랫폼**으로 진화하고 있다. 이를 통해 기업은 생산 효율, 품질 안정성, 납기 신뢰성, 현장 대응력 등을 동시에 향상시킬 수 있으며, 궁극적으로 MES 시스템의 활용은 **데이터 중심의 민첩한 생산체계**를 구현하는 핵심 기반이 된다.

7.4 생산정보시스템의 통합: ERP-APS-MES 연계

1) 통합의 필요성과 목표

ERP, APS, MES 각각의 계층에서 독립적으로 중요한 역할을 수행하지만, 이들이 통합되지 않은 상태로 운영될 경우 정보의 단절과 실행상의 비효율이 발생한다. ERP는 자원 계획과 경영 데이터를 다루고, APS는 제약 조건을 반영한 생산 일정 계획을, MES는 현장의 실시간 실행과 피드백을 담당한다. 그러나 계획이 실행과 분리되면 일정이 비현실적으로 산출되고, 현장은 예기치 못한 문제에 즉각 대응하지 못한다. 따라서 통합의 핵심 목표는 **계획과 실행 간 데이터 연계성을 확보**하여 기업의 모든 의사결정이 **실시간 정보에 기반**하도록 만드는 것이다.

통합을 통해 기업은 **전사적 가시성**을 확보할 수 있다. 경영진은 ERP를 통해 재무 및 영업 현황을 파악하고, 생산 관리자는 APS를 통해 향후 자원 부하와 납기 위험을 예측하며, 현장 관리자는 MES를 통해 설비 상태와 품질 데이터를 즉시 확인할 수 있다. 또한 MES에서 수집된 설비 고장이나 품질 이상 정보가 APS와 ERP에 즉시 전달되면, APS는 생산 일정을 자동으로 재조정하고 ERP는 납기 정보를 실시간으로 갱신할 수 있다. 이처럼 통합은 의사결정의 속도와 정확성을 높이고, 급변하는 시장 수요에 대응하는 민첩성을 강화한다.

2) 통합 구조 및 데이터 흐름

ERP-APS-MES 통합은 일반적으로 **ISA-95 표준 아키텍처**를 기반으로 설계된다. 이 모델은 기업의 비즈니스 시스템(Level 4)과 제조실행시스템(Level 3) 간의 정보 교환 구조를 정의하며, 각 계층의 역할과 데이터 흐름을 표준화한다.

❶ 상향식(top-down) 데이터 흐름

ERP는 수요 예측, 주문, 재고 정보를 바탕으로 주생산계획(MPS)을 수립하고, BOM, 공정 라우팅 등의 기준정보를 APS로 전달한다. APS는 제약 조건을 고려하여 최적화된 세부 생산 일정을 산출하고, 이 결과를 MES에 전달한다. MES는 APS로부터 받은 작업 지시를 바탕으로 현장의 작업자 단말기나 설비 제어 시스템(PLC 등)에 명령을 내린다.

❷ 하향식(bottom-up) 데이터 흐름

현장에서 발생하는 생산 실적, 불량 정보, 설비 가동률, 품질 검사 결과 등은 MES를 통해 실시간으로 수집된다. MES는 이 데이터를 APS에 전달하여 계획과 실제 실행 간의 차이를 반영하고, 필요시 자동으로 재스케줄링을 수행한다. 동시에 ERP로는 생산 실적이 전송되어 재고 갱신, 원가 계산, 매출 인식 등의 경영 관리 활동에 활용된다.

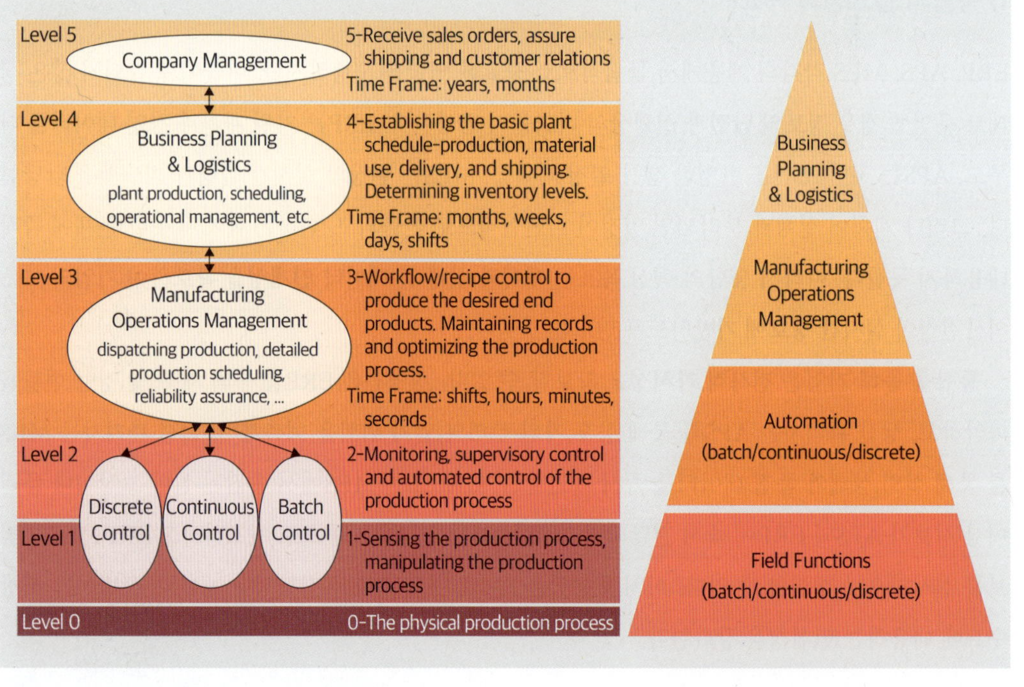

그림 7-8 ISA-95 모델[1] (Level 5는 연계성만 표현)

이러한 **양방향 데이터 흐름**은 EAI(Enterprise Application Integration), ESB(Enterprise Service Bus) 또는 API(Application Programming Interface) 기반 웹 서비스를 통해 구현되며, 최근에는 RESTful API, JSON, XML 등 표준화된 데이터 포맷을 적용하여 상호운용성과 확장성을 높이고 있다.

3) 통합의 도전 과제와 성공 전략

시스템 간 통합은 기술적인 연결을 넘어 조직적 변화와 데이터 관리 역량을 필요로 한다. 우선, ERP, APS, MES가 각기 다른 공급업체 솔루션일 경우 데이터 구조와 통신 규격의 차이로 인해 통합 복잡도가 증가한다. 또한 제품 코드, BOM, 공정 라우팅 등의 기준정보가 일관되지 않으면 시스템 간 데이터 신뢰성이 떨어진다. 과도한 커스터마이징은 표준 인터페이스를 손상시켜 통합 비용과 유지보수 부담을 증가시키며, 내부 구성원들이 변화에 저항할 경우 시스템이 제대로 활용되지 못한다.

이러한 문제를 해결하기 위해서는 **명확한 통합 목표**와 **단계적 접근**이 필요하다. 우선 ERP-MES 간의 생산 오더 및 실적 연동을 구축하고, 이후 APS를 포함한 고도화된 스케줄링 체계로 확장하는 점진적 전략이 바람직하다. 동시에 데이터 거버넌스(data governance) 체계를 수립하여 기준정보를 표준화하고, 데이터 생성·변경 절차를 일관되게 관리해야 한다. 기술적으로는 ISA-95 및 B2MML 기반의 개방형 아키텍처를 채택해 향후 시스템 확장성을 확보할 필요가 있다. 마지막으로, 최고경영자의 리더십과 조직 구성원의 참여를 바탕으로 한 변화 관리가 필수적이다.

ERP-APS-MES 통합은 단순히 데이터를 교환하는 기술적 연결이 아니라 기업의 전체 정보 생태계를 하나의 **지능형 운영체계**로 통합하는 과정이다. 통합을 통해 계획의 정합성과 실행의 민첩성을 동시에 확보할 수 있으며, 이는 곧 **디지털 제조 환경**에서의 경쟁력으로 이어진다.

참고문헌

7.1절

1 홍순구, 김나랑, 김종원. (2008). 생산정보시스템의 도입시 고려 사항에 관한 연구. 한국산업정보학회논문지, 13(4), 132-138.

2 김희철, 이대용. (1999). ERP 시스템 주성공요인에 따른 도입특성에 대한 연구. 한국산업정보학회학술대회논문집, 4(2), 267-275.

3 이종석. (2008). 전사적자원관리(ERP : Enterprise Resource Planning)의 발전과정과 발전방향 제안. 한국정보기술학회논문지, 6(3), 192-199.

4 Oracle. (2023). 10가지 주요 ERP 모듈 및 기능. [Online] Available: https://www.oracle.com/kr/erp/erp-modules/

5 Umble, E. J., Haft, R. R., & Umble, M. M. (2003). Enterprise resource planning: Implementation procedures and critical success factors. European Journal of Operational Research, 146(2), 241-257.

6 Odd Jøran Sagegg & Erlend Alfnes. (2020). ERP Systems for Manufacturing Supply Chains: Applications, Configuration, and Performance(Hardcover). Boca Raton, FL: CRC Press / Taylor & Francis Group.

7 공두진. (2004). ERP 시스템의 성공요인이 재무적 성과에 미치는 영향. 전산회계학회지, 2(2), 135-161.

8 SAP.(n.d.). ERP란? 필수 가이드. [Online] Available: https://www.sap.com/korea/products/erp/what-is-erp.html

9 Bradford, M. (2020). Modern ERP: Select, Implement, and Use Today's Advanced Business Systems(3rd ed.). Lulu Press.

10 Vogel, A., & Kimbell, I. (2005). mySAP ERP For Dummies. Hoboken, NJ: John Wiley & Sons.

11 윤철호. (2016). SAP ERP를 중심으로 한 ERP 개론. 생능출판사.

12 Bradford, M. (2017). ERP 시스템: 통합정보자원관리를 위한 (개정3판). 도서출판청람.

7.2절

1 Arsovski, S., Arsovski, Z., & Mirovic, Z. (2009). The Integrating Role of Simulation in Modern Manufacturing Planning and Scheduling. Strojniški vestnik-Journal of Mechanical Engineering, 55(1), 33-44.

2 최정길, 김수진, 주정민, 정선화, 정남기. (2001). DBR 기반의 APS 시스템 상세 설계. 산업공학, 14(4), 348-355.

3 Wang, L.-C., Chen, C., Liu, J.-L., & Chu, P.-C. (2021). Framework and deployment of a cloud-based advanced planning and scheduling system. Robotics and Computer-Integrated Manufacturing, 70, 102088.

4 Wiers, V. C. S., & de Kok, A. G. (2018). Designing, Selecting, Implementing and Using APS Systems. Cham, Switzerland: Springer International Publishing.

5 Mauergauz, Y. (2016). Advanced Planning and Scheduling in Manufacturing and Supply Chains. Cham: Springer.

6 박규삼, 유석규. (2022). SCM 혁신과 생산계획. 바른북스.

7 Hvolby, H.-H., & Steger-Jensen, K. (2010). Technical and industrial issues of Advanced Planning and Scheduling (APS) systems. Computers in Industry, 61(9), 845-851.

8 Lupeikiene, A., Dzemyda, G., Kiss, F., & Caplinskas, A. (2014). Advanced planning and scheduling systems: Modeling and implementation challenges. Informatica, 25(4), 581-616.

9 Stadtler, H. (2005). Supply chain management and advanced planning—basics, overview and challenges. European Journal of Operational Research, 163(3), 575-588.

10 Meyr, H., Wagner, M., & Rohde, J. (2002). Structure of Advanced Planning Systems. In H. Stadtler & C. Kilger (Eds.), Supply Chain Management and Advanced Planning-Concepts, Models, Software and Case Studies(pp. 99-104). Berlin/Heidelberg: Springer.

11 Pinedo, M. L. (2022). Scheduling: Theory, Algorithms, and Systems(6th ed.). Cham, Switzerland: Springer International Publishing.

12 de Sousa, T. B., Camparotti, C. E. S., Guerrini, F. M., Silva, A. L., & Azzolini Júnior, W. (2014). An overview of the advanced planning and scheduling systems. Independent Journal of Management & Production, 5(4), 738-757.

7.3절

1 Saenz de Ugarte, B., Artiba, A., & Pellerin, R. (2009). Manufacturing execution system-a literature review. Production Planning & Control, 20(6), 525-539.

2 Manufacturing Enterprise Solutions Association (MESA) International. (1997). MESA-11 Functional Model: A Framework for MES (Manufacturing Execution Systems) Functions. Scottsdale, AZ: MESA International.

3 Govindaraju, R., & Putra, K. (2016). A methodology for Manufacturing Execution Systems (MES) implementation. IOP Conference Series: Materials Science and Engineering, 114, 012094.

4 조현제, 김철, 최석우, 조용주. (2012). AHP를 이용한 MES 기능분류 방법. 대한산업공학회 춘계공동학술대회 논문집, 321-325.

5 SAP.(n.d.). 제조 실행 시스템(MES)이란?. [Online] Available: https://www.sap.com/korea/products/scm/digital-manufacturing/what-is-mes.html

6 Kletti, J. (Ed.). (2007). Manufacturing Execution System-MES. Berlin/Heidelberg: Springer.

7 Meyer, H., Fuchs, F., & Thiel, K. (2009). Manufacturing Execution Systems: Optimal Design, Planning, and Deployment. New York, NY: McGraw-Hill.

8 정동곤. (2018). 스마트매뉴팩처링을 위한 MES 요소기술 (제2판). 한울아카데미.

9 IBM.(n.d.). What is a Manufacturing Execution System (MES)?. [Online] Available: https://www.ibm.com/think/topics/mes-system

10 Siemens.(n.d.). Opcenter Execution (MES) Overview. [Online] Available: https://plm.sw.siemens.com/en-US/opcenter/execution/

7.4절

1 https://www.isa.org/standards-and-publications/isa-standards/isa-95-standard

PART 3

스마트팩토리

CHAPTER 8

스마트제조와 스마트팩토리

8.1 스마트제조

1) 등장 배경

21세기 제조 산업은 단순한 저비용 및 고품질 경쟁을 넘어 보다 개인화된 가치를 더 짧은 주기로 제공할 것을 요구받고 있다. 뿐만 아니라 급변하는 시장 환경으로 인해 제조 환경의 복잡성과 불확실성이 날로 증가하고 있다. 그런데 기존의 중앙집중적이고 정적인 제조 운영 방식은 이러한 변화에 효과적으로 대응하기에 한계가 있다. 이로 인해 제조 현장은 데이터와 디지털 모델을 기반으로 '계획과 실행, 그리고 학습'이 반복 순환되는 운영체계, 즉 '스마트제조(smart manufacturing)'로의 패러다임 전환이 진행 중이다.[1] 스마트제조의 등장 배경은 (1) 제조 환경의 구조적 변화와 (2) 지속가능성 규제, (3) 디지털 전환(Digital Transformation, DX)과 AI 전환(AI Transformation, AX)의 확산, 그리고 (4) 글로벌 정책 변화로 나누어 살펴볼 수 있다.

최근의 제조 환경 변화는 소비자 맞춤형 생산의 보편화와 공급망의 복잡성 증가에서 원인을 찾을 수 있다. 전통적인 소품종 대량생산 방식이 다품종 소량생산 체제로 빠르게 전환되고 있으며, 제품수명주기가 단축되고, 다양한 제품의 혼합생산 경향이 강화되고 있다. 또한 각종 지정학적 리스크와 물류망의 불안정 요인(예: 2021~2022년 컨테이너 운임 급등으로 인한 글로벌 물류 지연 사례[2])에 의해 공급망 운영의 불확실성이 증폭하고 있다. 이러한 상황 속에서 제조 현장의 실시간 의사결정 역량과 유연한 자원 재배치 역량이 제조 경쟁력 확보에 있어 중요한 요소로 강조되고 있다. 궁극적으로 데이터 기반의 순환 학습 체계(plan-do-check-learn) 도입을 통한 끊임없이 진화하는 지능형 제조시스템 구축이 필요하다.[3]

지속가능경영과 탄소중립은 제조기업이 당면한 시급한 과제 중 하나이다.[4] EU의 탄소국경조정제도(Carbon Border Adjustment Mechanism, CBAM)[5]는 제품탄소발자국(Product Carbon Footprint, PCF) 관리 체계를 통해 제품에 내재된 탄소 배출량을 정확히 계산하고 보고할 것을 요구하고 있다. 또한 EU의 지속가능제품 생태설계규정(Ecodesign for Sustainable Products Regulation, ESPR)[6]은 디지털 제품 여권(Digital Product Passport, DPP) 도입을 통해 원자재 수급부터 완제품의 재활용 및 폐기까지 제품의 전 생애주기 정보를 투명하게 공개하도록 의무화하고 있다. 이에 따라 제조기업은 에너지 효율 향상과 자원 순환, 폐기물 저감을 위한 해법을 찾아야 하는 동시에 전 공정에 걸친 지속가능성 데이터의 수집과 분석 및 피드백 체계를 구축해야 한다.

인공지능(AI)과 사물인터넷(IoT), 클라우드/엣지 컴퓨팅(cloud/edge computing), 빅데이터 등 각종 디지털 기술의 급속한 발전은 사회 전반의 디지털 전환(DX)과 AI 전환(AX)을 촉진하고 있다. 디지털 전환이란 디지털 기술을 바탕으로 가치 창출 방식과 고객 경험을 혁신하고 기업의 경쟁력을

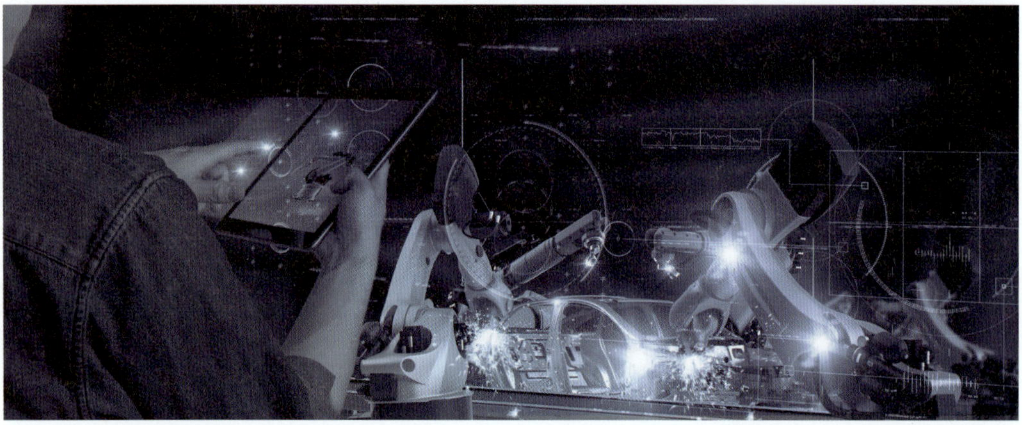

그림 8-1 스마트제조

향상시키는 총체적인 변화를 의미하며, AI전환은 사람의 개입 없이 최적의 의사결정을 수행하는 지능화된 상태로의 진화를 의미한다. 이 기술들은 생산시스템이 스스로 학습하고, 환경 변화에 따라 최적의 운영전략을 선택할 수 있는 지능형 자율 시스템으로 진화할 수 있는 기반을 제공한다.[7]

전 세계의 선진 제조 강국들은 다양한 방식의 제조혁신을 추진하고 있다. 먼저, 독일의 Industrie 4.0은 사이버물리시스템(Cyber Physical System, CPS)에 기반을 두는 제조혁신을 제안하며[8], 스마트팩토리를 체계적으로 구축하기 위한 공통 지도인 RAMI 4.0[9]을 제시하고 있다. 미국의 CESMII (Collaborative Ecosystems Smart Manufacturing Innovation Institute)는 표준화된 스마트제조 데이터 모델과 개방형 운영 플랫폼을 중심으로 데이터 중심의 제조혁신 생태계를 구축하고 있다.[10] 한국의 스마트제조혁신추진단(Korea Smart Manufacturing Office, KOSMO)과 스마트산단 역시, 중소기업 중심 제조 현장에 디지털 전환을 확산시키는 역할을 하고 있다.[4] 이들 정책은 공통적으로 데이터 상호운용성, 디지털 모델 기반 의사결정, 자율적 협업 프로세스를 스마트제조의 핵심 요소로 규정하고 있다.

요약하면, 오늘날 제조 산업은 다품종 소량생산 체계로의 전환과 제품수명주기의 단축, 혼합생산 경향의 강화, 그리고 공급망 운영의 불확실성 증가 등의 구조적 환경 변화에 직면해 있다. 또한 지속가능성 규제가 현실화되고, 디지털 전환 및 AI 전환이 확산하고 있으며, 제조혁신을 추구하는 각종 글로벌 정책이 추진되고 있다. 이러한 흐름 속에서 스마트제조는 제조 경쟁력을 좌우할 핵심 키워드로서 주목받고 있다.

2) 정의

스마트제조는 생산 자동화의 단순한 확장이 아니다. 스마트제조는 데이터와 각종 디지털 기술을 활용하여 공장 내·외부와 가치사슬 전반을 실시간으로 연계하고 개선하는 통합 운영체계로 이해해야 한다. 스마트제조의 개념은 다양하게 정의할 수 있는데, 스마트제조의 주요 속성을 강조하는 유형과 운영체계로서의 기능과 역할을 설명하는 유형으로 구분할 수 있다.

미국의 NIST(National Institute of Standards and Technology, 미국 국가표준기술연구소)는 "제조 현장과 공급망, 그리고 고객 요구사항의 변화에 실시간으로 대응하는 통합적이고 협업적인 제조시스템"을 스마트제조라 정의하고 있다.[11] 이를 통해 스마트제조의 주요 속성으로 실시간 대응성(real-time responsiveness)과 제조시스템의 통합(integration) 및 협업(collaboration)을 제시하고 있다. 이 같은 주요 속성은 데이터의 상호운용성(interoperability) 제고와 디지털트윈 도입을 통해 구현될 수 있다. 또한 CESMII는 스마트제조를 "정보와 이벤트 기반의 협업적 오케스트레이션"으로 정의한다.[12] CESMII는 공장 내·외부 및 공급망 전반의 운영 프로세스를 효율적으로 조율하는 행동 원리에 주목하는데, 여러 조직과 기업이 마치 하나의 오케스트라처럼 협업하는 것을 특히 강조한다. MESA는 스마트제조를 "공장 내부와 전체 가치사슬 전반에 걸친 비즈니스/물리적/디지털 프로세스를 지능적으로 실시간 조율하고 최적화하는 것"으로 정의한다.[13] 이와 같은 정의는 스마트제조가 공장 내부뿐 아니라 전체 가치사슬로 확장되는 개념임을 의미한다.

국제표준, ISO 23247은 스마트제조를 "사이버-물리 환경 내에서 제조시스템의 디지털 구성요소와 물리적 구성요소의 통합을 통해 성능을 향상시키는 제조 방식"으로 정의한다.[14] 즉 스마트제조는 CPS와 디지털트윈을 기반으로 물리적 객체(설비, 공정, 제품, 자원 등)와 그에 대응하는 디지털 객체가 실시간으로 데이터를 교환하고 상호작용함으로써 지속적으로 동기화되는 제조 운영체계이다. 한

공장자동화(FA) vs. 스마트제조

- **"자동화는 스마트제조의 충분조건이 아니다."** '자동화'를 '스마트'와 동일시하는 오류를 흔히 발견하게 된다. 자동화 제조는 사전에 정의된 '계획'을 오차 없이 수행하는 것에 초점을 두는데, 로봇이 정해진 작업을 반복하는 것처럼 변수가 없는 상황에서 최고의 효율을 낸다. 하지만 자재가 지연되거나, 고객의 주문이 바뀌거나, 혹은 설비가 갑자기 고장 나는 등의 '계획에 없던 변수'가 발생하면, 단순한 자동화 시스템은 스스로 대응할 수 없다. 결국 계획과 현실의 차이가 발생한다.
- **"진정한 차이는 '의사결정의 지능화'에 있다."** 스마트제조가 자동화 제조와 근본적으로 다른 지점은 바로 '의사결정'의 주체와 방식에 있다. 자동화 제조에서의 복잡한 의사결정은 여전히 사람의 경험과 판단에 의존한다. 반면 스마트제조는 End-to-End로 연결된 데이터와 디지털트윈을 기반으로 시스템 스스로가 '감지(Sense) → 판단(Decide) → 실행(Act)'하는 폐루프를 구현한다. 즉, 시스템이 문제 해결을 위한 대안을 제시하거나(처방), 스스로 최적의 조치를 수행하며(자율), 사람과 시스템이 함께 지능적으로 의사결정을 내리는 파트너가 된다.

국산업기술진흥원(KIAT)과 스마트제조혁신추진단(KOSMO)은 스마트제조를 "데이터의 수집과 분석, 의사결정, 그리고 실행이 연속적으로 연결된 지능형 생산체계"로 정의하고 있다.[15] 이러한 정의는 스마트제조가 단순한 하나의 기술이 아닌, 데이터를 매개로 자율성과 지능성을 구현하는 시스템 운영체계임을 강조한다.

이러한 관점을 종합하면 스마트제조를 다음과 같이 정의할 수 있다.

"스마트제조란, 데이터와 디지털 모델을 중심으로 사람, 설비, 공정, 자원, 공급망을 실시간으로 연결하며, 인공지능 기반의 데이터 분석을 통해 예측, 처방, 자율적 의사결정을 수행함으로써, 기업 운영의 민첩성, 유연성, 자율성, 최적화를 달성하는 협업적 운영체계이다."

그림 8-2 자동화 공장

3) 목적

스마트제조의 목적은 단순한 생산 효율 개선에 그치지 않는다. 스마트제조는 급변하는 시장 환경에 실시간으로 반응하여 적응하고, 스스로 학습하며, 끊임없이 최적화할 수 있는 제조시스템을 지향하며, 궁극적으로는 하나의 지능형 제조 운영체계로 구현된다.[16] 이를 위해 스마트제조는 기본적으로 네 가지 핵심 목표인 (1) 민첩성, (2) 유연성, (3) 자율성, 그리고 (4) 최적화를 동시에 추구한다.

민첩성(agility)은 제조시스템이 예기치 못한 변화(예: 시장 수요의 급변, 공급망 장애, 설비 이상 등)에 신속히 대응하는 능력이다. 예를 들어, 주문 품목이 변경되면 당일 생산계획과 실행이 즉시 조정되어 제품 출하에 반영할 수 있는 능력을 의미한다. 이와 같은 신속한 대응을 위해서는 무엇보다 실시간 데이터 수집을 통해 변화를 즉시 인지할 수 있어야 하고, 수집된 데이터의 분석을 통해 변화를 이해할 수 있어야 하며, 적절한 대응책을 신속히 마련하여 즉시 실행할 수 있어야 한다. 이는 최근 급격히 발전하고 있는 각종 디지털 기술(예: IoT 센서, CPS, 엣지 컴퓨팅, 디지털트윈 등)의 활용을 통해 구현되고 있다. 민첩성은 복잡하고 불확실한 상황에서도 생산성과 품질, 서비스 수준을 안정적으로 유지하는 핵심 경쟁력이며, 최근에는 '빠른 반응(react)'을 넘어 '예측적 대응(predict)'으로 진화하고 있다.[17]

유연성(flexibility)은 생산 품목의 다변화와 공정의 잦은 변경, 다양한 자원 제약 등에서 기인하는 제조 환경의 변화에 능동적으로 적응하는 능력을 의미한다. 다시 말해, 제조시스템이 제품 및 공정과 자원 구성의 변화를 신속하게 수용하고 재구성하는 구조적 능력이다. 예를 들어, 생산 제품의 구성비가 변경되어도 모델 전환 시간의 추가 소요 없이 변경된 생산계획을 적절히 실행할 수 있는 능력이다. 이는 설비와 프로세스의 모듈화에 바탕을 두는 재구성형생산시스템(RMS)이나 다양한 형태의 플랫폼 기반 제품(예: 현대자동차 E-GMP 사례[18]) 등을 통해 구현된다. 유연성은 경직된 생산체계의 비효율성을 극복할 수 있다. 예를 들어, 다품종 소량의 혼합생산 환경에서 불가피하게 발생하는 생산 품목 변경에 소요되는 각종 비용(예: 설비의 비가동 유실 등)을 최소화할 수 있다.

자율성(autonomy)은 시스템이 사람의 개입 없이 상황을 인식하고, 판단하며, 실행하는 능력이다. 스마트제조는 단순한 자동화의 수준을 넘어 AI와 강화학습 등의 지능화 기술을 통해 시스템이 스스로 판단하고, 학습하며, 개선하는 지능형 시스템으로의 진화를 이루어 내고 있다. 생산 스케줄링 과정에 강화학습 기반 의사결정 에이전트가 생산 조건 변화에 따라 최적의 작업 순서를 스스로 탐색하며, 설비 유지보수에서 예지보전 알고리즘을 통해 고장을 사전에 예측하고 대응한다. 예를 들어, 특정 품질 지표가 관리선을 이탈할 조짐이 보이면 제어 파라미터가 적절히 자동 조정되고, 설비 상태가 나빠지기 전에 사전 정비 알람이 작동한다. 자율성은 공급망의 복잡도 증가와 노동력 부족 문제를 해소하고, 제조시스템의 복원력과 지속가능성을 향상한다.[19]

최적화(optimization)는 스마트제조의 궁극적인 운영 원리이자 목표이다. 최적화는 시스템 운용 과정에서 확보되는 대량의 데이터를 기반으로 생산성과 품질의 개선, 그리고 에너지 효율 및 지속가능성 제고 등 전사적 성과를 동시에 개선하는 과정이다. 예를 들어, 납기와 품질, 원가, 에너지를 동시에 고려하여 최선의 생산 일정과 설비 할당을 결정한다. 스마트제조가 지향하는 최적화는 공정 최

표 8-1 스마트제조의 네 가지 핵심 목표(민첩성, 유연성, 자율성, 최적화)

목표	핵심 의미	구현 수단	기대 효과
민첩성	시장 및 환경 변화에 대한 실시간 대응	IoT 센서, 엣지 컴퓨팅, 디지털트윈 등	예지적 생산 관리, 대응 시간 단축
유연성	환경 변화에 대한 구조적 적응력	모듈화, RMS, 플랫폼 기반 생산	다품종 맞춤 생산, 자원 활용 극대화
자율성	사람 중심에서 시스템 중심으로의 변화	AI·머신러닝(ML)·강화학습 기반 의사결정	자율적 스케줄링, 품질 제어
최적화	데이터 기반 학습 및 지속적 자기 개선	PDCL(Plan-Do-Check-Learn) 순환	전사적 효율화

적화(예: AI 기반 품질 예측 및 공정 제어 등)와 운영 최적화(예: 생산·물류·에너지 자원 배분의 통합 최적화), 그리고 시스템 최적화(예: ERP·MES·CPS 연동을 통한 다계층 의사결정 최적화)로 구분된다. 이러한 최적화는 단발성 효율 향상이 아닌, 데이터 학습과 피드백을 통한 끊임없는 자기개선(self-improvement) 구조에 바탕을 두며, 결과적으로 기업의 장기적 경쟁우위 확보에 기여한다.[20]

스마트제조가 추구하는 이러한 네 가지 핵심 목표는 각각을 독립적인 요소가 아닌, 상호 연계되는 하나의 시스템적 속성으로 이해해야 한다. 민첩성과 유연성은 급변하는 내·외부 환경에 대한 구조적 대응 능력을 제공하며, 자율성과 최적화는 데이터를 기반으로 시스템 전반의 지능적 진화 능력을 제공한다. 이러한 핵심 목표가 함께 어우러져 달성될 때, 하나의 제조시스템이 '스스로 인지하고(self-aware), 판단하며(self-decisive), 학습하고(self-learning), 진화하는(self-evolving)' 진정한 지능형 제조 체계로 완성된다.

이 외에도 회복력(resilience)과 지속가능성 등을 추가 실행 목표로 삼을 수 있다. 회복력은 교란(disturbance) 발생으로 계획에 차질이 발생하더라도 적절한 대응책을 통해 최악의 상황을 피하는 능력을 의미하며, 지속가능성은 표현 그대로 사회가 요구하는 지속가능성 요건을 충족시키는 능력이다.

8.2 스마트제조 주요 특성

앞서 살펴본 바와 같이 스마트제조의 본질은 수요자 중심의 시장 환경에서 데이터와 각종 디지털 기술(예: IoT, CPS, AI, 클라우드/엣지 컴퓨팅, 디지털트윈 등)을 매개로 사람과 장비, 그리고 조직 전체가 유기적으로 상호 연결되어 지능적으로 협업하는 운영체계에 있다. 이러한 지능형 제조시스템을 구현하고, 스마트제조의 네 가지 핵심 목표(민첩성, 유연성, 자율성, 최적화)를 달성하기 위한 주요 특

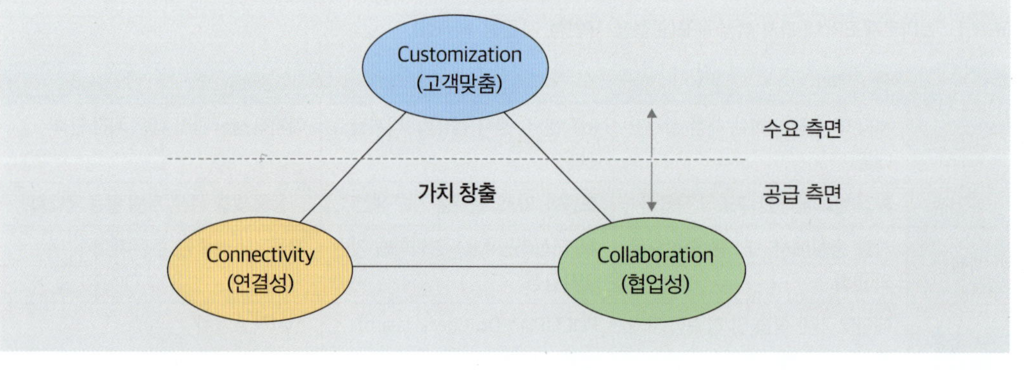

그림 8-3 스마트제조의 특성(3C)[21]

표 8-2 스마트제조의 주요 특성(3C)

특성	기본 개념	구현 기술	대표 사례
Customization (고객맞춤)	고객맞춤형 다품종 소량생산	PLM, 적층 제조, AI 기반 수요 예측 및 개인화	Adidas Speed Factory, 현대자동차 E-GMP
Connectivity (연결성)	실시간 데이터 연계 및 데이터 기반 시스템 통합	IIoT, 클라우드, OPC UA	Siemens Amberg 공장, PosFrame
Collaboration (협업성)	분산된 생산 주체(사람/조직/설비) 간의 지능적 협업	협업 플랫폼, AI 기반 의사결정, 블록체인	Catena-X, LS 일렉트릭

성은 소위 3C로 언급되는 Customization, Connectivity, Collaboration 세 가지로 정리할 수 있다.

1) Customization(고객맞춤)

Customization(고객맞춤)은 소비자 맞춤 개인화 생산이라는 시대적 요구에 부응하는 스마트제조의 가장 근본적인 특성이다. 고객맞춤은 고객 개개인의 요구에 유연하게 대응할 수 있는 생산체계를 의미하는데, 대량생산 방식의 비용 효율성을 유지하는 동시에 다품종 소량생산과 고객 중심 설계를 지향하는 제조 패러다임이다. 기존의 대량생산이 '효율성'만을 중시했던 반면, 스마트제조는 고객 중심의 가치 창출에 집중한다. 이에 따라 스마트제조는 고객의 요구를 제품의 설계부터 생산, 납품까지 전 과정에 실시간으로 반영하고, 데이터 분석과 디지털 모델링을 통해 고객의 요구에 따라 제품과 공정

Customization 대표 사례

- **Adidas Speed Factory(독일)**: 소비자 데이터를 활용하여 맞춤형 신발을 자동생산. 디지털트윈 기반 설계/생산 통합으로 납기를 6주에서 1주 이하로 단축[22]
- **현대자동차 E-GMP(Electric-Global Modular Platform)(한국)**: 차량 플랫폼의 모듈화를 통해 다양한 차종을 유연하게 생산. 고객맞춤형 전장 사양이나 옵션 구성을 생산 단계에서 즉시 반영 가능[18]

Adidas Speed Facotry[23]

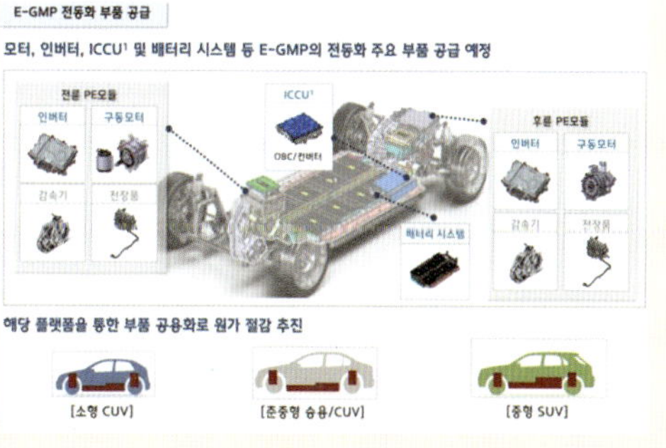

현대자동차 E-GMP[24]

이 즉각 재설계되는 체계를 구현한다. 고객맞춤을 가능하게 하는 대표적인 주요 기술은 다음과 같다.

- **디지털 설계 및 PLM:** 고객의 요구사항이 제품 설계 단계부터 디지털 모델의 형태로 직접 반영되고, PLM을 통해 제품과 공정, 설비 데이터가 일관성 있게 관리된다.
- **적층 제조(additive manufacturing):** 금형에 기반하는 전통적인 제조 방식의 한계를 넘어 설계 자유도를 획기적으로 향상시킬 수 있다. 또한 제품의 구조와 형상, 기능을 고객의 요구에 맞춰 신속하고 저렴하게 변경할 수 있다.
- **AI 기반 수요 예측 및 개인화 시스템:** 소비자 행동 데이터를 기반으로 주문 패턴과 선호도, 지역별 수요 등을 실시간 예측하여 제품 설계 및 생산계획에 반영할 수 있다.

스마트제조의 고객맞춤은 단순한 제품 개인화와 구분되어야 한다. 데이터를 기반으로 고객과 설계, 생산, 서비스 간 동적 피드백 루프가 반드시 구현되어야 한다. 즉, 고객의 요구가 실시간으로 제조 의사결정에 반영되고, 사용자 경험으로 축적되는 데이터가 다시 설계 단계로 환류되는 구조가 필요하다.

2) Connectivity(연결성)

Connectivity(연결성)는 스마트제조 시스템의 데이터 기반 통합성을 구현하는 핵심 속성이다. 스마트제조는 사람과 설비, 시스템, 그리고 제품이 데이터를 매개로 실시간 연결되어 하나의 지능형 네트워크를 이룬다. 스마트제조에서의 연결성은 수평적 연결과 수직적 연결로 구분하여 살펴볼 수 있다. 수평적 연결은 자동화 계층 구조상에서 동일한 계층에 위치하는 공정과 설비, 작업자 간의 실시간 통신 및 데이터 공유를 의미한다. 예를 들어, 데이터에 기반하는 설비 간 공정 연동이 이에 해당한다. 반면 수직적 연결은 계획(ERP)과 실행(MES), 제어(PLC), 그리고 설비 간의 계층적 데이터 연계를 의미한다. 예를 들어 생산계획과 현장 실행이 실시간으로 상호작용하며 조정되는 것을 생각할 수 있다. 연결성 확보를 위한 대표적인 주요 기술 요소는 다음과 같다.

- **산업용 사물인터넷(IIoT) 및 엣지 컴퓨팅:** 현장 설비에서 실시간 데이터를 고속으로 수집하고, 데이터 처리를 분산시켜 즉각적인 현장 제어 능력을 확보한다.
- **클라우드 기반 통합 플랫폼:** 공정, 품질, 물류 등 파편화된 대규모 데이터를 통합적으로 관리하고 분석할 수 있는 중앙집중형 환경을 제공한다.
- **표준 통신 프로토콜과 사이버 보안:** OPC UA, MQTT, RESTful API 등의 다양한 표준을 통해 이기종 시스템 간의 상호운용성을 확보하며, 데이터 교환 과정의 신뢰성과 무결성을 보장한다.

스마트제조의 연결성은 데이터의 실시간성과 상호운용성을 바탕으로 제조시스템 내·외부 및 공

Connectivity 대표 사례

- **Siemens Amberg Electronics Plant(독일)**: 생산 라인 내 모든 설비가 IoT 센서를 통해 연결. "모든 제품이 스스로 자신의 생산정보를 담고 흐른다"는 개념을 구현[25]
- **포스코 PosFrame(한국)**: 제철소 전 공정의 데이터(설비, 품질, 공정, 에너지)를 통합 관리하는 AI 데이터 플랫폼으로 데이터 표준화 및 통합 프레임워크의 모범사례로 평가됨[26]

Siemens Amberg Electronics Plant[27]

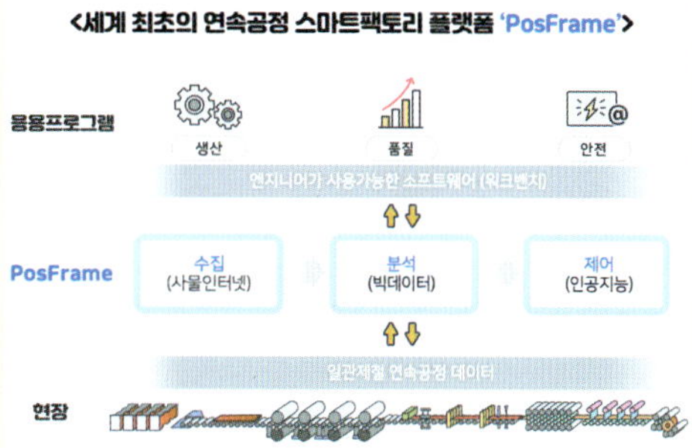

포스코 PosFrame 개념도[28]

급망 전반에 걸친 데이터 생태계를 완성하는 기술적 기반으로서의 역할을 한다. 이는 각 주체 간의 단순한 네트워킹이 아니며, 데이터가 실제 의사결정의 근거로 활용되도록 하는 '지능적 연결'을 의미한다.

3) Collaboration(협업성)

Collaboration(협업성)은 스마트제조의 조직적·사회적 측면을 묘사하는 핵심 속성이다. 이는 지능형 연결성을 기반으로 하나의 공정에서 수행되는 사람과 로봇의 협업부터 공급망 전체에 걸친 기업 간 협력적 가치사슬 구성에 이르기까지 다양한 형태의 분산된 협력 구조를 포괄한다. 전통적 제조에서는 정보가 상하 방향으로 흐르는 계층적 구조를 보였던 반면, 스마트제조에서는 자율적이고 분산된 협업 구조가 중심이다. 즉, 각 생산 주체(설비, 인력, 시스템)가 독립된 의사결정 주체로서 상호 협력한다. 즉, 협업성은 데이터의 투명한 공유와 접근을 통해 부서와 공정, 기업의 경계를 넘어 공동의 의사결정 및 실행을 가능하게 하는 메커니즘이다. 이러한 협업 환경을 지원하는 대표적인 주요 기술 요소는 다음과 같다.

- **디지털 협업 플랫폼**: 기업 간 안전한 데이터 공유와 상호운용성을 보장하고, 공동 작업을 지원하는 개방형 데이터 스페이스를 제공한다(예: Catena-X, Gaia-X).
- **AI 기반 의사결정 지원**: 협력 네트워크 내에서 발생한 복잡한 데이터를 분석함으로써 최적의 공

Collaboration 대표 사례

- **Catena-X Automotive Network(EU)**: 자동차 산업 전반의 데이터 상호운용성 확보를 목표로 하는 개방형 산업 데이터 스페이스. OEM-공급업체-서비스기업 간 데이터 공유와 협업을 통해 제품 개발·품질·탄소 데이터의 투명성을 확보[29]
- **LS 일렉트릭 청주공장(한국)**: MES와 AI, 디지털트윈을 통합한 협업형 스마트제조 플랫폼을 구축. 이를 기반으로 생산계획-공정-물류가 상호 연동되며, AI 기반 품질 예측이 의사결정에 반영[30]

Catena-X Automotive Network[31]

LS 일렉트릭 청주공장[32]

동 전략을 수립할 수 있도록 지능적 통찰을 제공한다.

- **블록체인 기반 공급망 협업**: 공급망 데이터의 불변성 및 투명성을 확보함으로써 파트너 간의 신뢰를 구축하고 협력적 프로세스의 효율성을 보장한다.

협업성은 제조시스템에 위치하는 각종 생산 주체의 지능적인 집합적 의사결정의 기반이다. 이때 데이터는 소유권을 지닌 단일 주체의 의사결정에 국한되지 않고, 사람과 설비, 시스템 등으로 구성되는 다수의 자율주체 간 협력적 의사결정에 활용된다. 이는 단순한 연결성을 넘어 공동의 목표에 기반하는 동적 상호작용 구조를 형성한다.

8.3 스마트팩토리

1) 개념: 스마트제조의 물리적 구현 공간

스마트팩토리(smart factory)는 스마트제조의 운영 원리가 물리적 공간에 집적되어 구현된 지능형 생산시스템이다. 이는 단순한 자동화 수준을 넘어, 현실 세계의 물리적 자산(장비, 공정, 제품)을 사이버 공간의 디지털트윈 모델과 실시간으로 연동하는 사이버물리시스템(CPS)을 핵심 기반으로 한다.

스마트팩토리는 전 공정에 걸쳐 데이터 수집, 분석, 의사결정, 피드백이 순환되는 폐루프 구조를 통해 궁극적으로 자율적 의사결정 및 최적화를 수행하는 지능형 제조 환경이다.

(1) 스마트팩토리의 계층적 구조

스마트팩토리는 일반적으로 다음과 같은 세 가지 핵심 계층으로 구성된다. 이들은 산업용 IoT(IIoT) 네트워크를 통해 유기적으로 통합되어 연동함으로써 스마트제조의 3C(Customization, Connectivity, Collaboration)를 실현한다.

- 물리적 설비 계층(physical/field layer): 실제 생산 및 공정을 수행하는 물리적 장비와 각종 자산으로 구성된다. 여기에 지능형 센서와 액추에이터, 협동로봇(cobots), 자율이동로봇(AGV/AMR), CNC 머신 등이 포함된다. 이 계층은 고해상도 데이터를 생성하고, 원격 및 자율 제어 명령의 처리를 담당한다.
- 제어/실행 계층(control/execution layer): 현장의 실시간 운영 및 제어 로직을 담당하는 중간

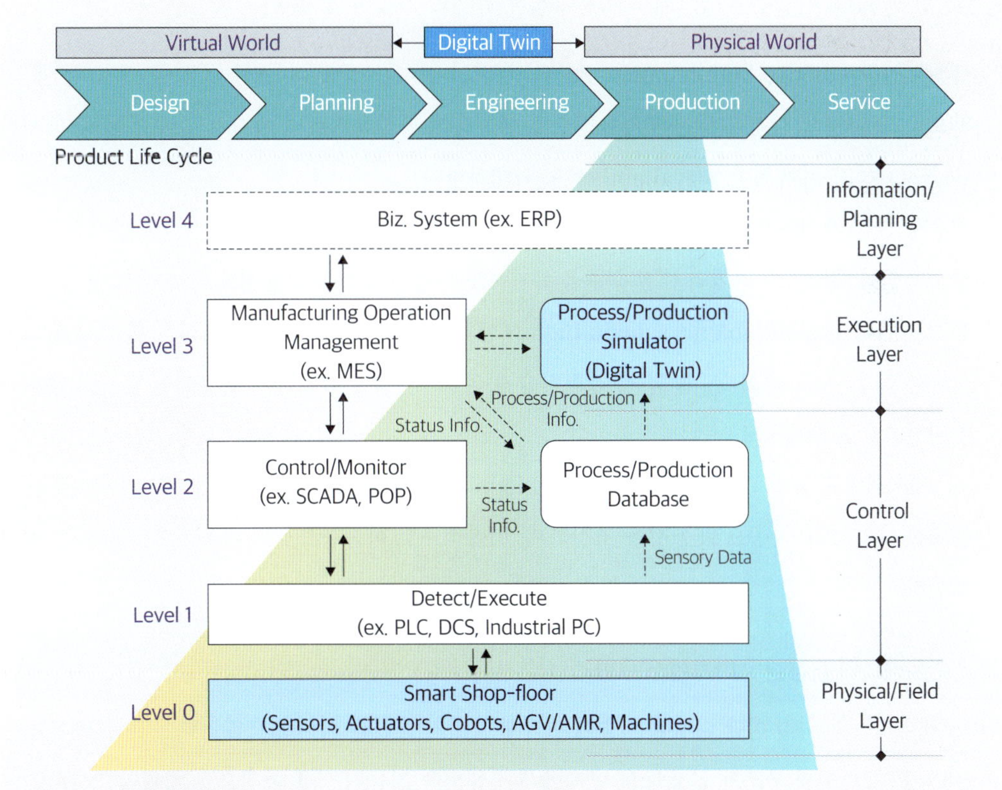

그림 8-4 스마트팩토리 계층 구조

관리 시스템으로 구성된다. PLC와 DCS, SCADA, POP 등의 제어 및 모니터링 시스템과 MES, WMS(창고관리시스템) 등의 실행시스템이 여기에 포함된다. 주요 역할은 생산계획에 따른 작업 지시와 실시간 공정 데이터 집계, 설비 제어 로직 실행 및 응답성 확보 등이다.

- **계획 계층**(planning layer): 전사적자원관리와 장기적인 비즈니스 의사결정을 지원하는 계층이다. ERP(전사적자원관리), SCM(공급망관리), PLM(제품수명주기관리), 빅데이터/AI 플랫폼 등으로 구성된다. 이 계층은 장기적인 생산 전략 수립, 수요 예측, 재고 최적화, 전사적 재무 및 물류 통합 관리를 담당한다.

(2) 주요 기능

스마트팩토리는 고도의 지능화된 '스마트' 기능을 제공한다. 이는 제조시스템 전반의 수평적·수직적 통합에 기반하는 데이터 관리 체계를 바탕으로 하며, 데이터의 수집과 분석, 판단, 그리고 학습의 순환 사이클을 통해 구현된다. 각종 '스마트' 기능들은 앞서 기술된 스마트제조의 목표, 민첩성과 유연성, 자율성, 최적화를 실현하는 핵심 역량이며, 21세기 치열한 경쟁 환경 속에서 경쟁력 확보의 밑바탕이라 할 수 있다. 다음은 스마트팩토리의 대표적 '스마트' 기능의 예이다.

- **예지보전**(Predictive Maintenance, PdM): 설비의 실시간 상태 데이터(예: 진동, 온도 등)를 기반으로 고장 발생 시점을 사전에 확률적으로 예측하여 정비함으로써 예기치 못한 가동 중단 시간을 최소화하고 설비 가용성(availability)을 극대화한다.
- **적응형 공정 제어**(adaptive process control): 실시간 품질 및 공정 변수 데이터를 분석하고, AI 알고리즘이 개입하여 최적의 품질 수준을 유지하도록 공정 조건을 자율적으로 튜닝 및 조정한다.
- **동적 생산 스케줄링**(dynamic scheduling): 예상치 못한 생산 변동(예: 불량 및 자원 제약에 의한 산출량 감소, 수요 변화 등) 발생 시 강화학습 등의 AI 기법을 활용하여 생산계획 및 일정계획을 실시간으로 재수행하고 이를 최적화한다.
- **AI 기반 폐루프 품질 관리**(AI-based closed-loop quality management): 데이터 기반으로 품질 문제를 예측하고, 자동으로 공정을 조정하며, 지속적으로 학습함으로써 자율적으로 품질을 최적화한다.

(3) 스마트팩토리를 통한 스마트제조 구현

스마트팩토리는 단순히 첨단 디지털 기술이 집약된 물리적 공간을 의미하지 않는다. 스마트팩토리는 데이터의 PDCL 순환 구조가 실제 운영 단계에서 구현되는 지능적 실행 환경으로 이해할 수 있다. 다시 말해, 스마트팩토리는 생산계획과 실행, 검증, 그리고 학습의 주기가 설비와 로봇 등의 물리적 자

스마트팩토리 국내 사례

- **포스코 포항제철소**: 데이터 및 AI 플랫폼(PosFrame/PosML)을 통해 전 공정 통합 운영체계를 구축함으로써 생산성과 품질, 에너지 효율을 동시에 개선(10.1절 참고)
- **LS 일렉트릭 청주공장**: 자체 스마트팩토리 플랫폼과 디지털트윈 기술을 통해 AI 기반 자율운영 구조를 구현하고, 다품종 소량생산에 유연하게 대응(10.2절 참고)
- **LG 스마트파크**: 국내 최초로 디지털트윈 기반의 통합 생산시스템을 구축하여 공정별 시뮬레이션과 최적화를 실시간으로 수행(10.3절 참고)
- **아모레퍼시픽 뷰티파크**: 고객맞춤형 생산 라인과 물류 자동화를 통합한 고도화 수준의 스마트팩토리 구현(10.4절 참고)

원과 이에 대응하는 각종 디지털 자원 간에 실시간으로 연동되어 작동하는 지능형 운영시스템이다. 이러한 특성으로 인해 스마트팩토리는 스마트제조의 물리적 구현체로서 기능하며, 데이터 기반의 지속적 개선과 혁신이 이루어지는 '똑똑한' 제조시스템이다. 스마트팩토리의 대표적인 국내 구현 사례는 10장에서 상세히 다룬다.

2) 스마트팩토리 수준별 단계

한국 스마트제조혁신추진단(KOSMO)은 국내 제조업의 스마트팩토리 구축 수준을 디지털 전환(DX) 단계에 따라 ICT 미적용부터 고도화 수준까지 5단계로 구분하고 있다. 이에 더불어 디지털화(digitalization)에서 통합(integration)과 지능화(intelligence)를 거쳐 자율화(autonomy)에 이르는 스마트팩토리의 4단계 진화경로를 제안한다.[33]

- Level 0(ICT 미적용): 생산 활동 전반을 수작업으로 처리하며, 데이터의 수집 및 분석 시스템이 부재한 단계이다. 예를 들어, 작업 지시와 품질 관리를 수작업으로 수행하고, 설비 상태를 종이에 기입한다. 각종 정보시스템(ERP, MES, SCADA 등)의 도입과 제조 현장 전반의 디지털화 기반 마련이 필요하다.
- Level 1(기초수준): **디지털화**가 시작되는 단계이다. 설비 일부에 센서와 PLC 등의 ICT 기초기술이 적용되어 데이터의 수집과 모니터링이 가능하다. 단위 공정별 자동화가 구현되며, 설비와 작업 데이터가 부분적으로 디지털화되어 기록된다. 다만, 데이터의 활용은 현장 시각화나 생산 실적 자동 집계 같은 단순 모니터링 용도에 국한되며, 시스템 간 연계는 미흡하다.
- Level 2(중간수준 1): 디지털화를 바탕으로 **시스템 통합**이 시작되는 단계이다. 주요 공정에 MES를 도입함으로써 생산 활동에 대한 통합 관리가 이루어진다. 즉, 생산과 품질, 설비 데이터가 통합

구분	현장 자동화	공장 운영	기업자원 관리	제품 개발	공급사슬 관리
고도화	IoT/IoS 기반의 CPS화				인터넷 공간상의 비즈니스 CPS 네트워크 협업
	IoT/IoS화	IoT/IoS(모듈)화 빅데이터 기반의 진단 및 운영		빅데이터/설계·개발 가상 시뮬레이션 3D프린팅	
중간수준 2	설비제어 자동화	실시간 공장제어	공장 운영 통합	기준정보/기술정보 생성 및 연결 자동화	다품종 개발 협업
중간수준 1	설비데이터 자동집계	실시간 의사결정	기능 간 통합	기준정보/기술정보 개발 운영	다품종 생산 협업
기초수준	실적집계 자동화	공정물류 관리 (POP)	관리 기능 중심 기능 개별 운용	CAD 사용 프로젝트 관리	단일 모기업 의존
ICT 미적용	수작업	수작업	수작업	수작업	전화와 이메일 협업

그림 8-5 스마트팩토리 수준별 총괄표[34]

관리되며, 제한적 수준이지만 통계분석 및 추세분석이 가능하다. 또한 실시간 모니터링 기반의 의사결정 보조가 가능하다. 다만, 실시간 실행 제어는 미흡하다.

- Level 3(중간수준 2): **지능화**가 진행되는 단계이다. 본격적으로 데이터 기반 분석 및 예측 기술이 도입되어 AI 기반의 지능적 의사결정 지원 체계가 구축된다. 공정과 설비, 품질 데이터를 실시간 분석함으로써 문제 상황에 대한 선제적 대응이 가능하다. 예를 들어, AI 기반 품질 예측과 설비 예지보전, 수요 변화에 따른 생산계획 자동 최적화 등이 이루어진다.
- Level 4(고도화 수준): 시스템의 **자율운영**이 구현되는 단계이다. 제조 환경이 CPS 기반으로 완전

표 8-3 스마트팩토리 수준별 특징과 주요 기능

단계	기술 수준	정의	주요 특징
Level 0	ICT 미적용 (Non-ICT)	생산 활동 대부분이 수작업, 설비 데이터 수집·분석 체계 부재(디지털화 이전 상태)	수동 기록(종이 기반), 정보시스템(ERP, MES, SCADA) 미도입
Level 1	기초수준 (Basic Level)	설비 일부에 ICT 기초기술(센서, PLC) 적용, 데이터 수집·모니터링 가능	단위 공정별 자동화, 설비/작업 데이터의 부분적 디지털화, 시스템 간 연결이 제한적
Level 2	중간수준 1 (Intermediate 1)	MES 중심의 주요 공정 관리 및 ERP-MES-설비 간 데이터 연계	생산·품질·설비 데이터 통합관리, 통계/추세분석 도입, 실시간 모니터링 기반 의사결정 보조
Level 3	중간수준 2 (Intermediate 2)	데이터 기반 분석·예측 기술 도입, AI 기반 의사결정 지원 체계 구축	AI/빅데이터 기반 품질 예측 및 예지보전, 전사적 데이터 통합
Level 4	고도화 수준 (Advanced Level)	CPS와 디지털트윈, AI 기반 자율운영이 통합된 최고 단계	생산계획-실행-검증-학습의 완전한 순환구조 구현, 자율제어, 전사적 성능 최적화

히 통합되며, 시스템 의사결정의 대부분을 AI 알고리즘이 자율적으로 수행한다. 시스템은 스스로 학습하고 진화하며, 완전 자동화된 동적 스케줄링, 자율 공정 제어 등을 구현한다. 사람의 역할은 현장 작업자에서 감독 및 예외 상황 관리자 중심으로 전환된다.

8.4 스마트팩토리 구성요소

1) 스마트팩토리 적용 범위

스마트팩토리는 제품 개발부터 양산, 시장 수요 예측, 구매 기업의 주문에서부터 완제품 출하에 이르기까지 모든 제조 관련 과정을 포함한다. 일반적인 공장자동화(Factory Automation, FA)뿐만 아니라 정보통신기술 및 기업정보시스템의 적용까지 포괄한다. 따라서 스마트팩토리 적용 범위 또는 스마트팩토리 관련 기술과 경영 기법의 적용 범위는 공장 내 제조 운영과 현장 자동화를 중심으로 한 '제조시스템' 수준으로 한정할 수도 있지만, 제조 지원 및 응용 기능을 포함한 '생산시스템' 전체로 보는 것이 일반적이다.

제조 경쟁력뿐만 아니라 시장 지배력 확보를 위한 공장 및 기업 전체의 운영시스템 관점으로까지 확대한다면, 한국표준(KS)의 초기 표준안에 나타났던 그림 8-6과 같이 비전 및 전략, 목표 및 성과, 기

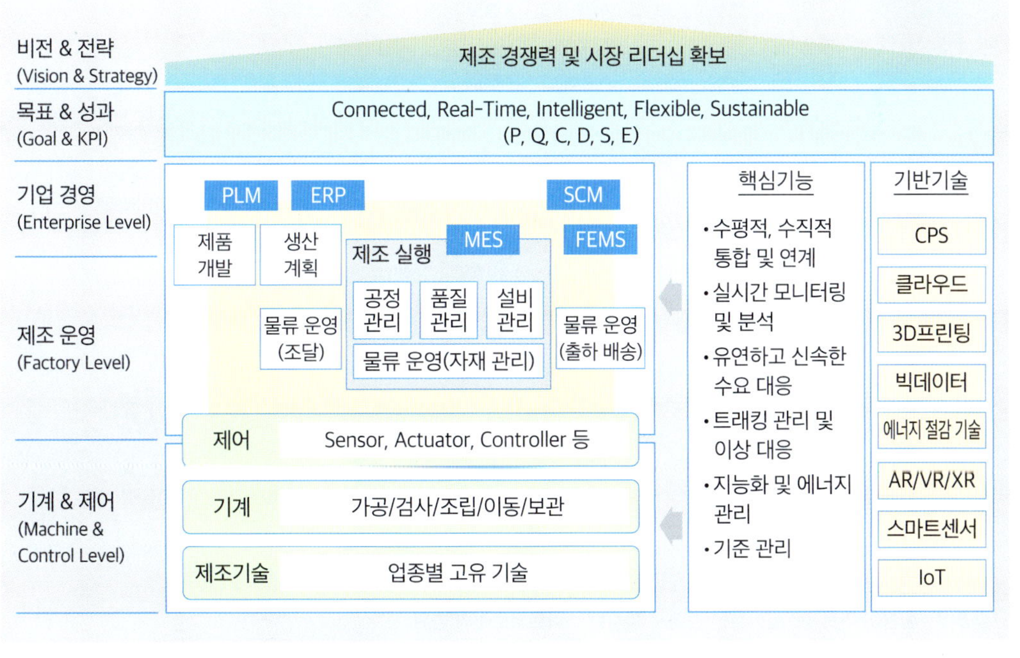

그림 8-6 스마트팩토리 운영시스템 프레임워크[1]

업 경영, 제조 운영, 기계 및 제어의 5개 계층 프레임워크로 확장하여 볼 수 있다.

2014년 정부 주도로 구성한 민관합동 스마트공장추진단에서 발표한 스마트공장 참조모델은 이 프레임워크에서 기업 경영과 제조 운영 계층에 중점을 두고 있다. 스마트팩토리의 적용 범위를 현장 자동화, 공장 운영, 제품 개발, 공급사슬관리, 기업자원관리의 5개 영역으로 정했고, 나중에 공장 에너지 관리 영역도 추가하였다. 2019년 중소벤처기업부 산하의 스마트제조혁신추진단으로 조직을 이관하면서 스마트팩토리의 범위를 그림 8-7과 같이 재설정하였다. 기존 현장 자동화의 영역을 설비 자체와 감지·제어의 관점으로 확대하였는데, 이는 그림 8-6의 기계 및 제어 계층으로 범위를 확장한 개념이다. 현장 자동화 외의 다른 영역은 응용시스템으로 묶어서 표현하였는데, 그림 8-7의 응용시스템은 생산시스템의 구성요소로 1장에서 언급한 넓은 의미의 제조지원시스템에 해당한다. 현장 자동화와 제어 자동화 영역을 하드웨어 중심의 '제조시스템'으로 볼 수 있고, 전체 범위는 제조지원시스템 및 응

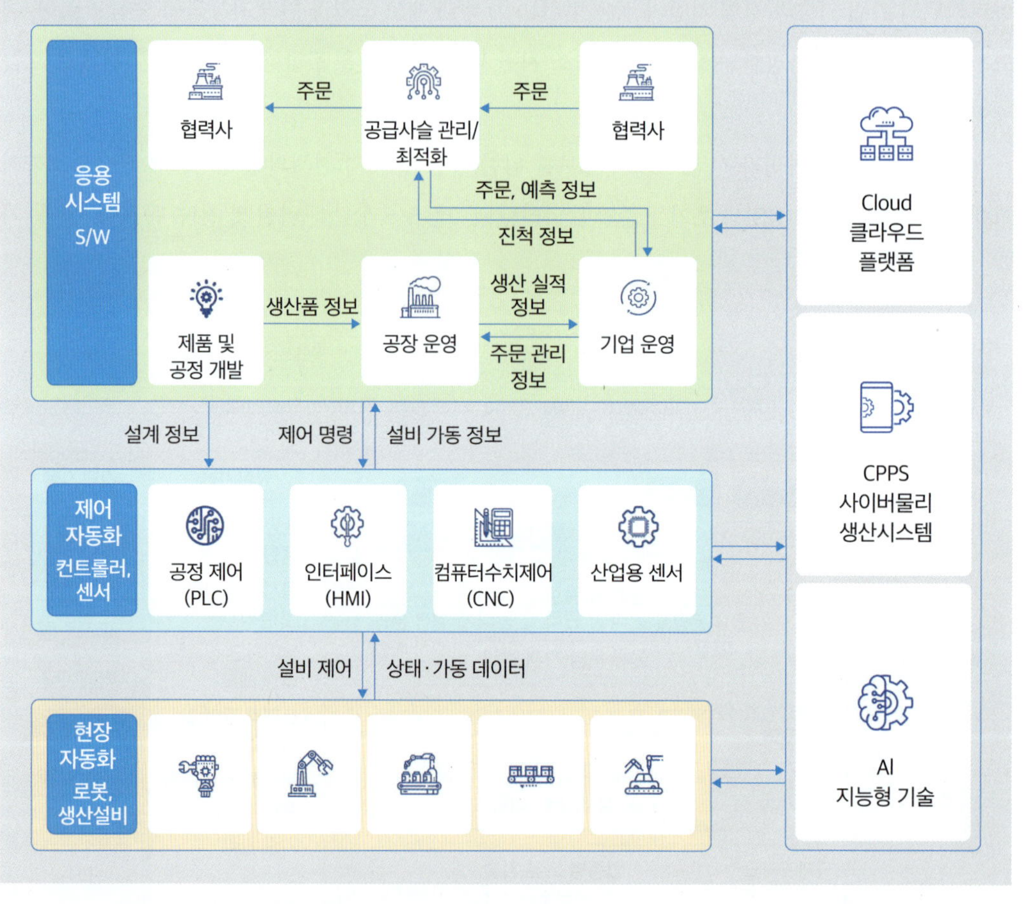

그림 8-7 공공(스마트제조혁신추진단)에서 제시한 스마트팩토리의 범위

용시스템 개념의 다른 영역을 포함하여 '생산시스템'으로 볼 수 있다.

스마트팩토리의 범위를 생산시스템 전체로 바라보는 공공 부문과 달리 그림 8-8에 보이는 바와 같이 많은 기업들은 그 범위를 현장의 제조운영관리(MOM)만을 중심으로 좁게 한정하기도 한다.

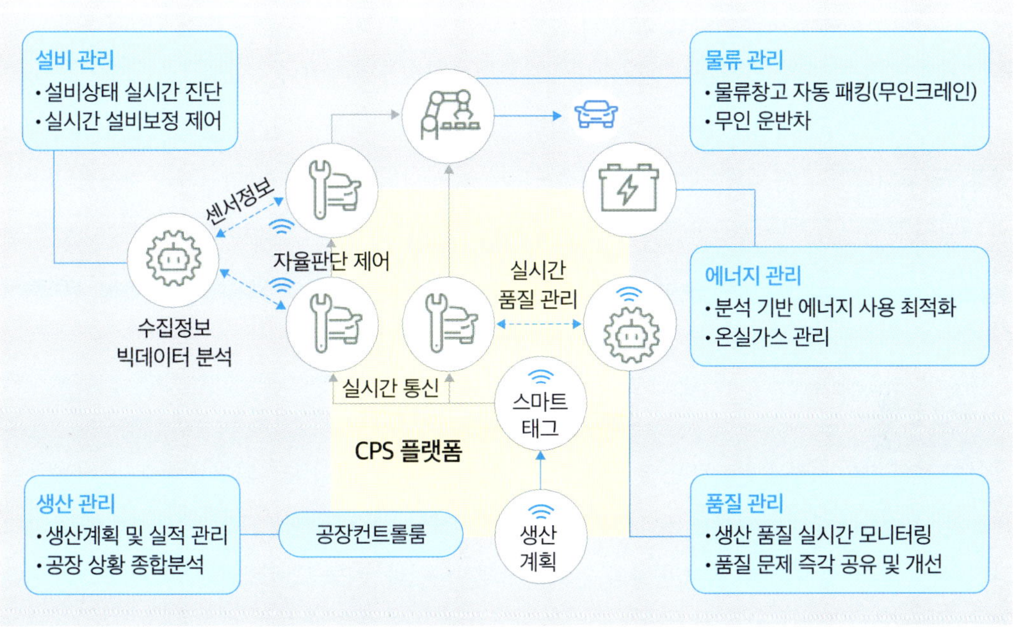

그림 8-8 민간 기업(H사)에서 제시한 스마트팩토리의 범위

- **CPPS(Cyber-Physical Production System)** 현실 세계의 물리적 제조 설비와 사이버 세계의 제조 관련 정보시스템을 완전 통합 운영함으로써 제조 설비의 센서 데이터를 바탕으로 제조 현황 및 상태 정보를 획득 분석하고, 이를 가상의 정보시스템에서 처리하여 공정을 관리 제어함으로써 유연생산을 포함한 최적의 제조공정을 운영할 수 있는 생산시스템

2) 스마트팩토리의 기능적 구성요소

(1) 제어 관점

1장에서 설명한 것처럼 제조시스템 중 자동화시스템의 기본적 구성요소는 제어시스템이다. 제어시스템은 제어기, 액추에이터, 센서로 구동되는데, 이러한 제어시스템의 작동 방식과 같이 스마트팩토리의 기본적 기능요건은 감지(sense), 판단·제어(control), 수행(actuate)이라고 할 수 있다. 이러한 기본 기능은 1960년대 이후 기계의 제어장치에 디지털제어 및 논리제어가 구현되며 기계화 및 무인

화의 목표로 공장자동화(FA)로 발전하기 시작했다. 공장자동화가 기계(Machine)를 기본 대상으로 했지만, 스마트팩토리는 기계뿐만 아니라 인력(Man), 자재(Material)와 함께 업무 수행 방법(Method), 관련 에너지(Energy)까지, 이른바 4M1E를 대상으로 한다. 디지털화부터 지능화, 연결화를 구현하며 공장이 통합되도록 하는 것으로 그 기능을 확대하였다. 특히 스마트팩토리의 '통합'은 사회망과 가치사슬을 통해 단대단(end-to-end)의 정보 교류가 이루어지도록 하는 수평적 통합과 최하위 수준인 기계장치부터 기업 비즈니스 수준까지 수직적 통합을 모두 지향한다.

주로 노동을 보조·대체하기 위해 사람이 미리 정의한 대로 공장의 기계가 자동으로 움직이는 것이 공장자동화였다면, 스마트팩토리는 데이터를 연결하여 사람의 의사결정을 지원하는 지능형 공장으로 개념이 정립된 것이다. 2020년대 화두인 자율제조 또는 자율형 공장(autonomous factory)은 인공지능(AI)이 스스로 의사결정을 내려 자동화 설비를 제어하는 단계로 발전한, 스마트팩토리의 궁극적 최종 단계라 할 수 있다.

(2) 운영 관점

제어 관점의 기본 기능과 별도로 운영 관점에서 공장의 활동과 기능이 관리되어야 한다. 흔히 제조운영관리(MOM)라 불리는 기능은 IEC 62264 표준에서 생산통제, 생산일정 관리, 자재 관리, 제품재고 관리, 품질 관리, 설비 관리, 에너지 관리 등으로 구체화되었다. 기능 모델로 표현된 그림 8-9의 굵은 점선 안쪽이 제조운영을 위한 제조지원시스템, 바깥쪽이 사업 계획 및 물류 등을 위한 응용시스템에 해당된다. 연계되는 기능과 정보 흐름도 함께 표현되어 있다.

참고로 관리(management)의 개념은 일반적으로 기획·계획(planning), 지휘(leading), 조직화(organizing), 실행·통제(controlling)로 구성된다. 이 책에서는 생산관리를 생산계획과 생산통제 단계로 구분하며, 일부 표준에서 'control'을 '제어'로 번역한 것 중 운영 개념에서 사용된 용어는 '통제'로 수정하였다. 또한 품질 관리(quality control), 재고 관리(inventory control)와 같이 통용되고 있는 용어는 '통제' 대신 '관리'의 용어를 그대로 사용하였다.

제조운영관리를 포함한 전체 생산시스템의 기능은 스마트팩토리 운영시스템 요구사항의 개념으로 한국표준(KS)으로 정의되어 있다. 스마트팩토리의 도입 및 전개·확산을 위해 스마트팩토리의 제조혁신 역량을 진단하고 평가하는 모델이 필요한 상황에서 조직의 전반적 생산시스템의 운영 및 업무 프로세스와 제조지원시스템 및 설비 자동화와 성과의 수준을 진단하기 위해 표 8-4와 같은 영역과 기능으로 나눠 표준화하였다.[1,3,4]

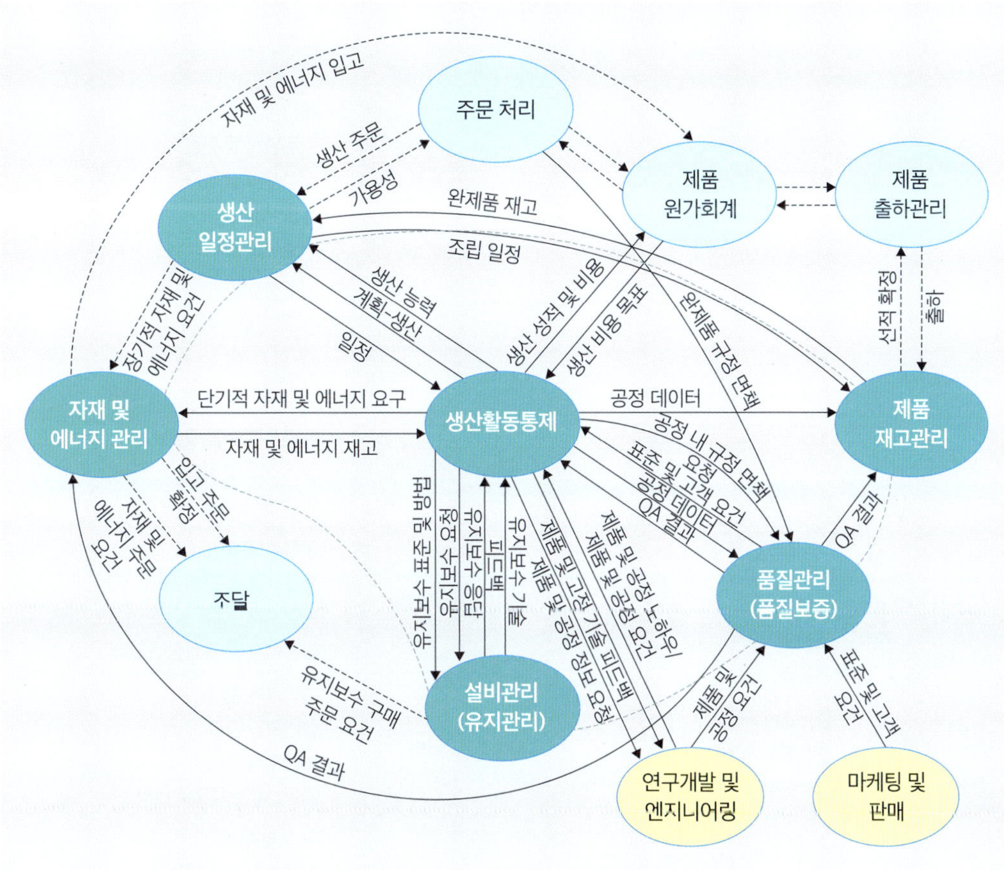

그림 8-9 제조운영관리(MOM)를 포함한 기업-제어 시스템 통합을 위한 기능 및 정보 흐름[2]

(3) 통합 관점

제어 관점과 운영 관점을 통합하여, 제조시스템의 운영은 ISA-95(IEC 62264) 표준의 계층과 기능 정의에 따라 표현할 수 있다. 일반적으로 자동화 피라미드라고도 불리는 스마트제조 피라미드는 설비 및 장치의 신호로 발생하는 데이터를 수집하는 단계부터 공정 제어, 감시, 제조운영 등과 사업 계획까지의 제조운영관리 전반을 계층적으로 표현한다. 거버넌스 및 전략 계층의 기업 전반 활동까지 포함하여 그림 8-10과 같이 표현할 수 있는데, 자동화 계층에서 시작하여 상위로 갈수록 정보화와 최적화가 이루어지는 구조를 가진다. 하위 단계의 제어 기능이 상위 단계의 운영 기능과 통합되어 표현된 것이다.

이러한 통합은 다양한 계층의 스마트제조 기술을 활용하여 이루어지는데, 그림 8-11에 보이는 산업통상자원부에서 스마트팩토리 연구개발 로드맵 수립을 위해 제시한 핵심기술 구조에서도 유사하게 나타난다. 기기-기계-공장-기업의 단계적 계층에 따라 기술이 구분된 것으로 볼 수 있다.

표 8-4 스마트팩토리 운영시스템(진단평가모델)의 주요 기능[1, 3, 4]

영역	주요 기능(평가항목)
리더십과 전략	- 리더십과 의지 표명 - 전략 및 실행계획 - 조직 및 역량 관리 - 성과지표(KPI) 관리
성과 평가	- 핵심성과지표 관리 ○ 생산성(P) ○ 품질(Q) ○ 원가(C) ○ 납기(D) ○ 안전(S) ○ 환경(E) - 경영검토
정보시스템	- ERP 및 SCM - MES - PLM - FEMS (보안관리)
현장 자동화	- 생산설비 자동화 - 물류설비 자동화 - 검사설비 자동화 - 설비정보 네트워크 (안전/환경/에너지 관리)

* 괄호 안의 기능은 2025년 개정안에서 삭제됨

영역	주요 기능(평가항목)
제품 개발	- 제품 개발 절차 - 제품설계 및 검증 - 공정설계 및 검증 - 제품정보 관리 - 기술정보 관리
생산계획	- 기준정보 관리 - 수요 및 주문 대응 - 중·장기 생산계획 - 단기 생산일정 계획
공정 관리	- 작업계획 수립 및 지시 - 생산 진도 관리 - 이상 발생 대응관리
품질 관리	- 품질정보 관리 - 품질표준 및 문서 관리 - 공정검사 및 데이터 분석, 모니터링 - 검사기기 및 측정장비 관리
설비	- 설비가동 관리 - 설비보전 관리 - 보전자재 관리 - 금형, 지그, 치공구 관리
물류 운영	- 구매 및 외주 ○ 자재소요량 관리 ○ 발주 및 납기 관리 - 자재관리 ○ 입출고 관리 ○ 적재 및 보관 - 출하배송 ○ 자재불출 및 출하 관리 ○ 수배송 및 배차정보 관리

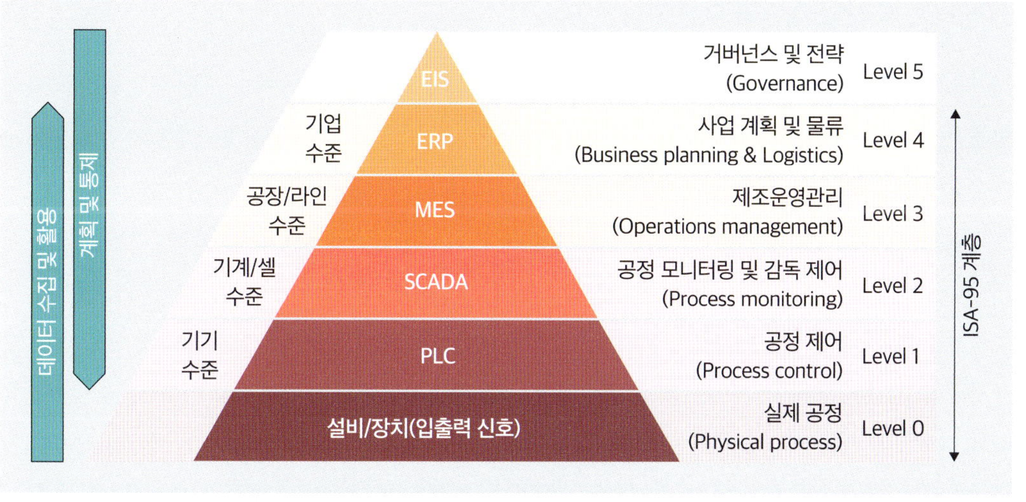

그림 8-10 스마트제조 피라미드—공정 제어·운영 등의 자동화 계층[5]

- **SCADA(Supervisory Control and Data Acquisition)** 생산 스케줄링, 공구 수명 트래킹, 운영 파라미터 최적화 등의 감시 제어(supervisory control) 기능과 시스템이 제조공정에서 데이터를 수집(data acquisition)할 수 있는 기능을 갖춘 중앙 감시 제어 컴퓨터 시스템
- **EIS(Executive Information System)** 조직의 최고경영층이 조직의 운영 결과나 상황에 대한 평가, 감시 및 계획 수립을 위해 필요한 가종 정보나 분석 도구에 손쉽게 접근할 수 있도록 구축된 임원정보시스템

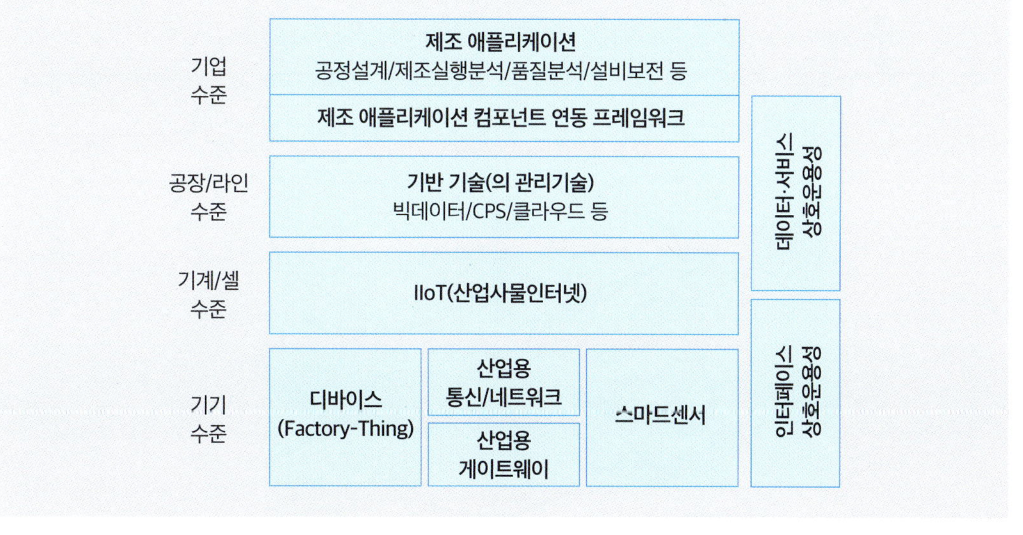

그림 8-11 스마트팩토리의 핵심기술 구조

3) 생태계 및 산업 측면의 구성요소

스마트제조 환경 안에서 활동하는 실체(entity)와 그 실체들을 제어하는 제반 요인을 포함한 복합체계를 스마트제조 생태계라 할 수 있으며, 그 생태계에서 제품이나 서비스를 생산하는 산업 측면에서 구성요소를 살펴볼 필요가 있다.

먼저 생태계의 실체를 기업 수준에서 살펴볼 경우, 스마트제조 생태계는 경제학의 기본 개념과 같이 수요와 공급의 관계로 설명할 수 있다. 스마트제조 기술 및 솔루션을 제공하는 공급기업과 이를 필요로 하는 수요기업으로 구분할 수 있다. 「스마트제조혁신법」에서도 스마트공장의 구축 및 운영에 필요한 설비, 소프트웨어 및 서비스 등을 공급하는 기업을 공급기업으로 정의하고 있다. 공급기업 집합의 개념인 스마트제조 산업은 제조공정을 자동화하고 생산과정을 지능화하여 제조 현장의 디지털 전환(DX)과 인공지능 전환(AX)을 지원하는 산업으로, 디지털 경제 시대의 새로운 뿌리산업으로 규정할 수 있다.[6] 사실 「뿌리산업법」에서는 뿌리산업을 주조, 금형 등의 기반 공정기술과 정밀가공, 로봇 등의 차세대 공정기술인 뿌리기술을 활용하여 사업을 영위하는 업종이거나 뿌리기술에 활용되는 장비 제조업종으로 정의하고 있으며, 여기에서는 '기반산업'의 의미로 사용된다.

미국 NIST의 스마트제조 생태계

미국 NIST도 스마트제조 생태계를 이러한 공급·수요 기업 구조를 중심으로 설명한다. 제조기업의 활동을 스마트제조 피라미드와 연관된 제품(product)수명주기, 생산(production) 운영, 공급사슬 비즈니스(business) 관점의 세 축을 기준으로 체계화하고 각 축에 관련된 표준들을 제시한다. 제품수명주기 관점에서는 설계, 개발부터 폐기에 이르는 과정에서의 정보 흐름과 관리를 다루고, 생산 운영 관점은 생산시스템의 설계, 구축, 운영 과정을 대상으로 하며, 비즈니스 관점은 공급자와 고객과의 상호 업무 흐름을 다루며, 각 관점에서 관련된 기업들이 스마트제조 생태계를 이루는 것으로 본다.

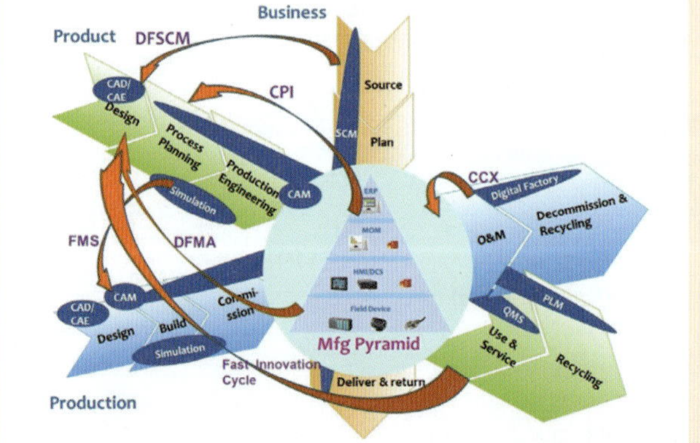

미국 NIST에서 제시한 스마트제조 생태계의 형태[7]

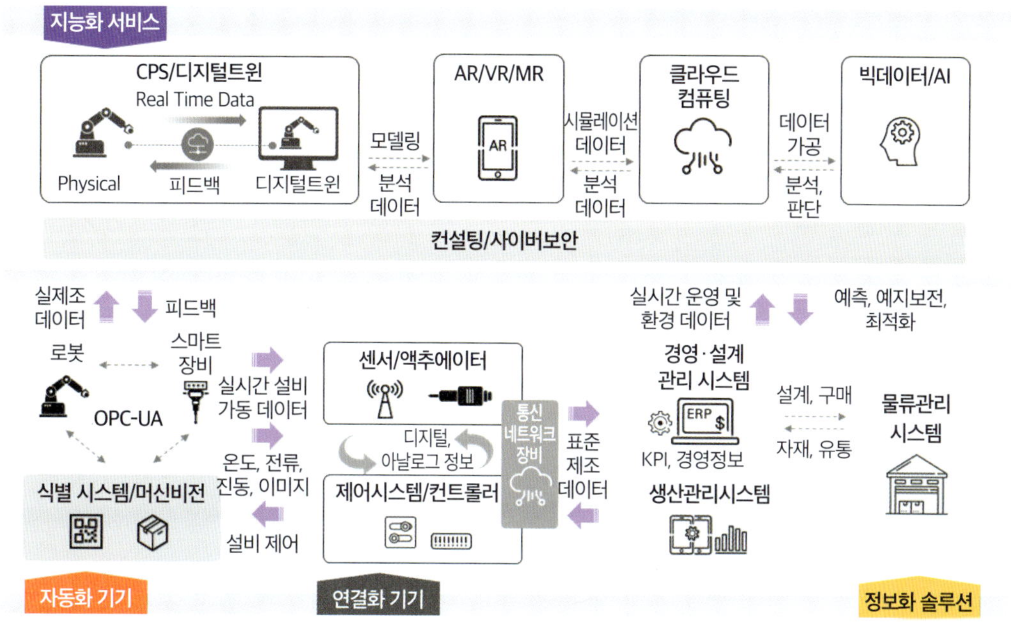

그림 8-12 스마트제조 제품 및 서비스 간의 연관성

생태계의 실체를 기술 중심의 제품과 서비스 수준에서 살펴본다면, 스마트제조 산업에서 제공하는 것들을 분류하여 구성요소를 나열할 수 있다. 중소벤처기업부에서는 스마트제조 산업의 주요 제품 및 서비스를 자동화기기, 연결화기기, 정보화솔루션, 지능형서비스 등 4개 영역, 14개 세부 분야로 구분하고 있다.[6] 4개 영역의 주요 기능은 다음과 같고, 각 구성요소 간 연관성 및 전체 분류체계는 각각 그림 8-12와 표 8-5에 정리하였다. 관련된 주요한 세부 기술은 9.2절에서 상세하게 설명한다.

- 자동화기기: 외부 환경을 인지하여 인간과 협업하거나 자율적으로 제조공정을 수행
- 연결화기기: 제조데이터를 수집하고 제조공정 제어를 위해 장비와 시스템을 상호 연결
- 정보화솔루션: 기업의 제조 활동 전반을 실행·관리·제어
- 지능형서비스: 제조데이터를 분석·가공 후 제품 설계, 공정 최적화 수행 및 가상 제조 환경 구축

첨단 제조의 개념 중 소프트웨어를 중심으로 제조시스템을 최적화하고자 하는 소프트웨어 정의 제조(SDM)에 대한 참조 아키텍처는 각 구성요소를 핵심(core), 솔루션(solutions), 자원(resources)으로 구분하고 있다.[8] 각각 데이터와 서비스, 소프트웨어로 정의되는 계층, 하드웨어로 정의되는 제조 계층을 의미한다. 생산시스템의 구성을 앞서 살펴본 스마트제조 제품 및 서비스 분류체계의 영역, SDM 참조 아키텍처의 구성요소와 매핑하면 그림 8-13과 같다.

표 8-5 스마트제조 제품 및 서비스 분류체계

영역	세부 분야		주요 내용
자동화 기기	산업용 로봇		외부 환경을 인식하고 상황을 판단하여 자율적으로 동작하는 기계
	스마트장비		3D 프린터, 검사·계측용 스마트 머신, 프로그램 수치 제어 자동화 기계 등
	식별시스템/머신비전		영상 등 필요한 정보를 수집·저장·가공하여 목적에 맞는 작업을 수행하는 시스템 및 장비
연결화 기기	제어시스템/컨트롤러		특정 작업이나 공정을 감시·제어하여 목표 결과를 얻는 시스템 및 장비
	센서/액추에이터		물리적·화학적 외부자극을 전기신호로 변환, 측정하는 장치와 제어명령을 증폭하여 제어대상을 구동하는 장치
	통신네트워크 장비		인터넷과 연결하기 위한 업링크와 다운링크 기능을 제공하는 유무선 통신장비
정보화 솔루션	생산관리 시스템	MES/POP	공장 운영 및 통제, 품질 관리, 생산계획 등 제조 현장 관리·운영에 필요한 기능을 수행하는 시스템
		FEMS	에너지 측정·분석·제어를 통해 공장 내 에너지 공급·소비를 최적화하는 에너지관리시스템
		QMS/CMMS	제품 품질 관리시스템 및 제조공정 설비 관리시스템
	물류관리 시스템	SCM/WMS	공급사슬관리, 입출고 관리 등 가치사슬 관점에서 공급망 구성요소를 관리하는 시스템
	경영·설계 관리시스템	ERP	경영활동 프로세스를 통합적으로 연계·관리하는 전사적자원관리 시스템
		PLM/PDM	설계 등 제품 개발부터 폐기에 이르기까지 제품수명주기 전 과정의 데이터를 관리하는 시스템
지능형 서비스	클라우드 컴퓨팅		인터넷상의 서버를 통하여 데이터 저장, 네트워크, 콘텐츠 사용 등 컴퓨팅 환경을 제공하는 플랫폼
	CPS/디지털트윈		기계적인 메커니즘이 컴퓨터 기반의 알고리즘에 의해 제어되는 지능형 시스템
	제조빅데이터/제조AI		빅데이터 분석, 인공지능 등과 관련된 플랫폼
	AR/VR/MR		가상현실·증강현실 환경을 제공하는 플랫폼
	컨설팅/사이버 보안		정보시스템·정보화전략 등의 컨설팅 및 기술적·물리적 보안

POP: Point-of-Production, 생산시점관리시스템, QMS: Quality Management System, 품질관리시스템
CMMS: Computerized Maintenance Management System, 설비관리시스템, WMS: Warehouse Management System, 창고관리시스템
PLM: Product Life-cycle Management, 제품수명주기관리시스템, PDM: Product Data Management, 제품데이터관리시스템

- **OPC-UA(OLE for Process Control-Unified Architecture)** 산업용 사물인터넷 환경에서 플랫폼과 제조기업에 상관없이 기기 간 원활한 통신을 지원하는 표준 프로토콜인 공정제어용 OLE 통합 아키텍처
- **AR(Augmented Reality)** 현실 세계의 기반 위에 가상의 사물을 합성하여 현실 세계만으로 얻기 어려운 부가적인 정보들을 보강해 제공하는 증강현실
- **VR(Virtual Reality)** 가상공간에서 존재하지 않는 정보를 사용자가 디스플레이 장치를 통해 볼 수 있도록 하고, 현실감각을 느낄 수 있도록 하는 가상현실
- **MR(Mixed reality)** AR과 VR이 결합된 혼합현실

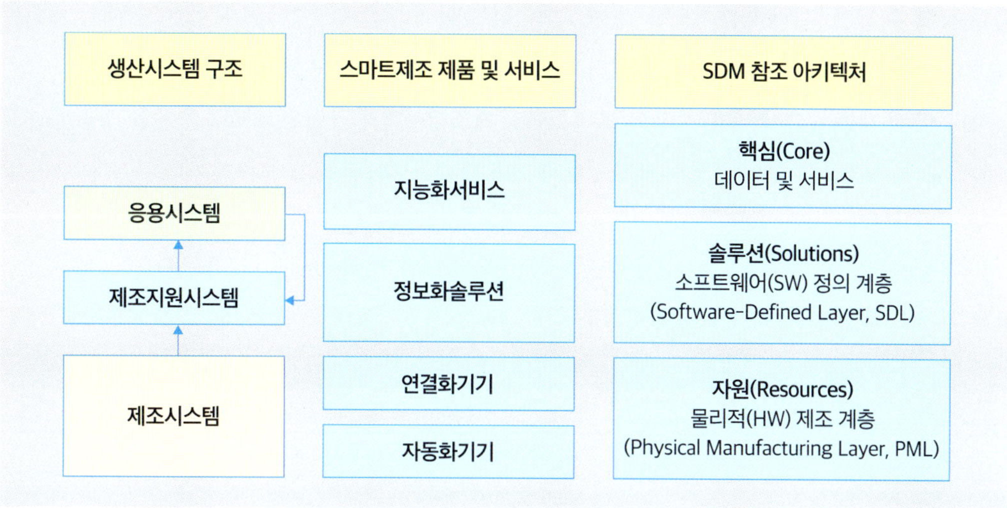

그림 8-13 생산시스템의 구성(그림 1-1 참고)과 다른 개념 구조의 매핑

4) 스마트제조 데이터 구성요소

제조데이터는 스마트제조의 인프라이자 자양분이라 할 수 있으며, 디지털 방식의 제조데이터를 체계적으로 관리해야 한다. 제조데이터는 생산뿐만 아니라 제품의 기획·설계, 유통·판매, 서비스 등 기업 가치사슬의 각 과정에서 생성 또는 활용하는 데이터로 볼 수 있는데, 기업 간 정보 공유를 위해서도 중요하게 다루어지고 있다. ISA-95의 수준을 기준으로 기업 업무별로 표 8-6과 같이 제조데이터

표 8-6 제조데이터의 분류

계층	구분	설명	KS X 9101-1 주요 데이터(명사)
Level 4	기타 자원 데이터	제조지원 관련 데이터	프로젝트 마스터, 매입
	공급사슬관리	유통·판매·서비스 및 물류 관련 상세 데이터	판매계획, 수주오더, 구매요청, 구매발주, 입고, 출하의뢰, 제품출고
	생산계획 및 자원 계획	생산계획(원자재 투입량 등) 및 자원 계획	생산계획
Level 3	제조 운영 관리	공정 운영 및 실적과 품질 데이터	공정경로, 설계변경지시, 재고, 가용재고, 자재불출, 생산지시, 생산실적, 생산품질
Level 2	공정 감시 및 제어	공정 감시 및 제어 데이터	설비활용실적
Level 1	설비 조작	설비 제어 데이터	설비 파라미터, 설비 파라미터 이력
Level 0	실제 공정 및 설비	공정 및 설비 데이터	공정, 설비
-	기타 생산 기준 데이터	제품/원자재의 규격 및 전체 공장 대상 생산기준정보	품목마스터, 단위그룹, 자재명세서(BOM), 생산인력, 창고, 사업장, 공장, 부서

를 분류할 수 있다. 기업 업무시스템 간 제조데이터 교환에 대한 표준인 KS X 9101-1[9]에서 제시한 38개의 명사 중 주요 데이터를 예시 데이터로 함께 매핑하여 제시할 수 있다.[10]

ISA-95의 계층 구조에 따른 주요 정보시스템과 제조데이터와 관련된 대표적 표준을 정리하면 표 8-7과 같다. 제조운영 중심의 계층 외에 제품과 부품에 대한 데이터도 중요하게 관리되어야 하며, 별도로 정리하였다.

표 8-7 계층 구조별 제조데이터 관련 표준

계층	주요 시스템	대표적 표준
Level 4	ERP·SCM	KS X 9101(기업업무시스템), ISO 22400(KPI)
Level 3	MES	IEC 62264(MOM, 기업-제어 시스템 통합)
Level 2	SCADA	IEC 61512(배치 제어)
Level 1	PLC 등	IEC 61131(PLC), 62541(OPC-UA), 61158/61784(필드버스)
Level 0	설비·자산	IEC 63278(AAS)
-	제품·부품	ISO 10303(STEP), 13584(PLIB)

AAS: Asset Administration Shell, 물리적 자산 정보 표현을 위한 자산관리셀
STEP: Standard for the Exchange of Product model data, 제품 모델 데이터 교환 표준
PLIB: Part Library, CAD 부품 라이브러리의 표현 및 교환 표준

참고문헌

8.1~8.3절

1 McKinsey & Company. (2022). The State of Smart Manufacturing: Building Resilience through Digital.

2 European Central Bank. (2021). What is driving the recent surge in shipping costs?.

3 European Commission. (2020). Industry 5.0: Towards a Sustainable, Human-centric and Resilient European Industry.

4 KOSMO. (2023). 스마트제조혁신백서 2023.

5 European Commission CBAM. URL: https://taxation-customs.ec.europa.eu/carbon-border-adjustment-mechanism_en

6 EUR-Lex, 2024/1781. URL: https://eur-lex.europa.eu/eli/reg/2024/1781/oj/eng

7 Tao, F., Qi, Q., Liu, A., & Kusiak, A. (2018). Data-driven Smart Manufacturing. Journal of Manufacturing Systems, 48, 157-169.

8 BMWi. (2013). Industrie 4.0: Implementation Strategy Report. Federal Ministry for Economic Affairs and Energy, Germany.

9 ISA. (2019) RAMI 4.0 Reference Architectural Model for Industrie 4.0. URL: https://www.isa.org/intech-home/2019/march-april/features/rami-4-0-reference-architectural-model-for-industr

10 CESMII. (2021). Smart Manufacturing Roadmap. Clean Energy Smart Manufacturing Innovation Institute, USA.

11 NIST Manufacturing Innovation Blog, "So What Exactly is Smart Manufacturing?". URL: https://www.nist.gov/blogs/manufacturing-innovation-blog/so-what-exactly-smart-manufacturing

12 CESMII(미국 스마트제조 연구소). "What is Smart Manufacturing?". URL: https://www.cesmii.org/about/what-is-smart-manufacturing/

13 MESA International. (2016). Smart Manufacturing Model and Definition.

14 ISO/IEC 23247. (2021). Digital Twin Framework for Manufacturing. International Organization for Standardization.

15 KIAT & KOSMO. (2023). 스마트제조 기술표준 동향 보고서.

16 Kang, H. S. et al. (2016). Smart Manufacturing: Past Research, Present Findings, and Future Directions. International Journal of Precision Engineering and Manufacturing-Green Technology, 3(1), 111-128.

17 NIST. (2022). Smart Manufacturing Operations Planning and Control Standards Landscape.

18 Hyundai Motor Group. (2022). 현대차그룹의 전기차 전용 플랫폼 E-GMP. URL: https://www.hyundaimotorgroup.com/ko/story/CONT0000000000013974

19 Wuest, T. et al. (2019). Machine Learning in Manufacturing: Advantages, Challenges, and Applications. Production & Manufacturing Research, 7(1), 23-45.

20 Lu, Y. (2017). Industry 4.0: A Survey on Technologies, Applications and Open Research Issues. Journal of Industrial Information Integration, 6, 1-10.
21 신동민, 정봉주, 조현보. (2022). 스마트제조—제4차 산업혁명의 예술, 2판, 이프레스.
22 Adidas. (2019). Adidas Deploys Speedfactory Technology at Asian Suppliers by End of 2019. URL: https://www.adidas-group.com/en/media/press-releases/adidas-deploys-speedfactory-technology-at-asian-suppliers-by-end-of-2019
23 https://www.adidas-group.com/en/media/press-releases/adidas-launches-am4-project-in-landmark-moment-for-speedfactory-facility
24 https://www.speconomy.com/news/articleView.html?idxno=301668
25 Plattform Industrie 4.0. (n.d.). Siemens Electronic Equipment Factory in Amberg. Retrieved October 27, 2025, from Plattform Industrie 4.0 Website. URL: https://www.plattform-i40.de/IP/Redaktion/EN/Use-Cases/076-siemens-electronic-equipment-factory-in-amberg-the-digital-factory/article-siemens-electronic-equipment-factory-in-amberg-the-digital-factory.html
26 POSCO Group Newsroom. (2019). "POSCO the Lighthouse Factory #1: POSCO's Smart Factory Shines Light on Manufacturing Industry (The Concept)", URL: https://newsroom.posco.com/en/posco-lighthouse-factory-1
27 https://blog.siemens.com/2019/05/ot-meets-it-siemens-factory-in-amberg-germany/
28 https://newsroom.posco.com/kr/등대공장-특집-1-이론편/
29 Catena-X. URL: https://catena-x.net/
30 LS ELECTRIC. "2021-2022 LS 일렉트릭 지속가능경영보고서", URL: https://www.ls-electric.com/ko/company/data/2021_2022_LSELECTRIC_CSR_Report.pdf
31 https://xcelerator.siemens.com/global/en/industries/automotive-manufacturing/catena-x.html
32 https://blog.naver.com/ilsanggirok_tk/223270164853
33 KOSMO. 스마트공장 사업관리시스템, URL: https://www.smart-factory.kr/
34 KOSMO. 스마트공장 소개, URL: https://www.smart-factory.kr/

8.4절

1 KS X 9001-3 스마트공장—제3부: 운영관리시스템(진단 평가 모델).
2 KS X IEC 62264-1 기업시스템과 제어 시스템 통합—제1부: 모델 및 용어.
3 KS X 9001-3-1:2025 스마트공장—제3-1부: 제조혁신 역량수준 및 진단평가모델.
4 KS X 9001-3-2:2025 스마트공장—제3-2부: 구축 시스템 수준 및 진단평가모델.
5 Chang, T. et al. (2019). Implementation of Smart Factory for SME: Focusing on Data Acquisition and Monitoring, ICIC Express Letters Part B: Applications, Vol.10, No.6, pp. 551-558.

6 중소벤처기업부. (2025). 제1차 스마트 제조혁신 기본계획(2025~2029).
7 Yan Lu, KC Morris, S. Frechette. (2016). Current Standards Landscape for Smart Manufacturing Systems, NIST. (http://dx.doi.org/10.6028/NIST.IR.8107).
8 F. Frick et al. (2016). Software-Defined Manufacturing: Reference Architecture, 2024 International Symposium on Power Electronics, Electrical Drives, Automation and Motion (SPEEDAM).
9 KS X 9101-1 제조분야 기업업무시스템 간 제조업무데이터교환—제1부: 데이터 모델.
10 장태우. (2024). 스마트 제조 정보 통합 프레임워크 연구, 한국전자거래학회지, Vol.29, No.3, pp. 249-260.

CHAPTER 9

스마트팩토리 주요 기술

9.1 센서

스마트팩토리는 생산 전 과정에서 데이터를 실시간으로 수집·분석하여 공정의 지능적 운영(intelligent operation)과 자율 최적화를 달성하는 것을 목표로 한다. 이러한 데이터 기반 제조(data-driven manufacturing)의 출발점이 바로 센서(sensor)이다. 센서는 물리적·화학적·광학적 현상을 전기 신호로 변환하여 디지털 시스템이 처리할 수 있도록 하는 변환장치(transducer)로서, 스마트팩토리의 '눈'과 '귀'에 해당하며 모든 정보 흐름이 시작되는 지점이다.[1]

제조 현장에서 센서 데이터의 활용은 크게 세 가지 측면에서 중요성을 갖는다. 첫째, **실시간 공정 상태 모니터링**이다. 예를 들어, 반도체 제조공정에서는 온도와 압력 센서가 설정 범위를 벗어나는 경우를 즉시 감지하여 공정을 중단하거나 조정함으로써 불량품 발생을 최소화할 수 있다. 둘째, **데이터 기반 의사결정 지원**이다. 축적된 공정 데이터를 분석함으로써 생산량, 품질, 에너지 소비 등 핵심 성과 지표(KPI)에 대한 최적 운영 조건을 도출할 수 있다. 셋째, **예측 및 최적화** 기능이다. 설비의 진동 데이터를 장기간 수집하여 고장을 사전에 예측하는 예지보전을 구현하거나, 품질 변동 요인을 사전에 식별하여 조업 조건을 자동으로 조정할 수 있다.[2]

특히 General Electric의 Predix 플랫폼 사례에서 볼 수 있듯이, 항공기 엔진에 부착된 수백 개의 센서로부터 수집된 데이터를 분석하여 유지보수 비용을 25% 절감하고 가동 시간을 5% 증가시킨 것은 센서 데이터의 가치를 잘 보여 주는 예이다.[2] 이처럼 센서 데이터의 품질, 즉 정확도(accuracy), 실시간성(real-time capability), 안정성(stability)은 스마트팩토리 전체의 성능과 신뢰성에 직결된다. 따라서 센서의 종류와 성능을 올바르게 이해하고 선택하는 것은 스마트팩토리 구현의 핵심 기반이 된다.

1) 산업용 센서의 분류, 특성 및 성능 지표

산업 현장에서 사용되는 센서는 측정 대상과 원리에 따라 다양하게 분류할 수 있다. 스마트팩토리에서는 ① 물리량 센서, ② 환경 센서, ③ 광학 센서, ④ 스마트 센서로 구분하는 것이 실용적이다.[3,4]

(1) 산업용 센서의 분류 및 특성

❶ 물리량 센서

물리량 센서는 공정 변수인 온도, 압력, 진동, 위치 등을 측정하여 설비 상태를 모니터링하고 제어하는 데 활용되며, 스마트팩토리의 가장 기본적이고 핵심적인 센서군이다.

온도 센서는 열전대(thermocouple), 저항 온도 검출기(Resistance Temperature Detector,

RTD), 서미스터(thermistor) 등이 대표적이다. 열전대는 두 종류의 금속 접합부에서 발생하는 열기전력을 이용하며, 넓은 측정 범위(−200~1,800℃)와 내구성이 우수하여 고온 환경에 적합하다. 반면 RTD는 금속(주로 백금)의 전기 저항이 온도에 따라 선형적으로 변하는 특성을 이용하며, 높은 정확도(±0.1℃ 수준)와 안정성으로 정밀 제어가 필요한 공정에 사용된다. 서미스터는 반도체 소재를 이용하여 소형화가 가능하고 응답 속도가 빠르지만 측정 범위가 좁다(−50~150℃).[5]

압력 센서는 피에조(piezoelectric) 방식과 스트레인 게이지(strain gauge) 방식이 주로 사용된다. 피에조 방식은 압력 변화에 따라 결정체에서 발생하는 전하를 측정하며, 동적 압력 측정에 적합하다. 스트레인 게이지 방식은 압력에 의한 변형을 전기 저항 변화로 측정하며, 정적 압력 측정에 널리 사용된다. 배관 및 탱크 내 압력 모니터링, 유압 시스템 제어 등에 필수적이다.[6]

진동 센서는 가속도계(accelerometer)와 자이로스코프(gyroscope)가 대표적이다. 가속도계는 MEMS(Micro-Electro-Mechanical Systems) 기술을 활용하여 소형화되고 있으며, 모터, 베어링, 펌프 등 회전 설비의 상태 감시에 효과적이다. 진동 신호의 주파수 분석을 통해 베어링 마모, 축 정렬 불량, 불균형 등의 이상을 조기에 진단할 수 있다. 자이로스코프는 회전 각속도를 측정하여 설비의 자세나 방향 변화를 감지하는 데 사용된다.[7]

변위/위치 센서는 선형 가변 변압기(Linear Variable Differential Transformer, LVDT)와 엔코더(encoder)가 대표적이다. LVDT는 비접촉 방식으로 높은 정확도와 내구성을 제공하여 정밀 위치 측정에 사용되며, 엔코더는 회전 또는 직선 운동을 디지털 신호로 변환하여 모터 제어, 로봇 관절 위치 제어 등에 활용된다. 특히 절대형 엔코더(absolute encoder)는 전원이 꺼져도 위치 정보를 유지하여 재설정이 필요 없다는 장점이 있다.

토크/힘 센서는 로봇 팔, 공작기계, 조립 라인 등에서 회전력 및 하중을 측정하여 공정의 정밀도를 높이고 안전성을 확보한다. 예를 들어, 자동차 조립 라인에서 볼트 체결 시 적절한 토크가 적용되었는지 실시간으로 확인하여 품질을 보장한다.

❷ 환경 센서

환경 센서는 작업장 내 습도, 가스 농도, 조도 등 외부 환경 요인을 감지하여 작업 환경의 안전성과 제품 품질을 보장한다. **습도 센서**는 반도체, 제약, 식품 제조 등에서 환경 조건을 일정하게 유지하는 데 필수적이다. **가스 센서**는 화학 공정에서 누출을 감지하거나, 폐쇄 공간에서 산소 농도를 모니터링하여 작업자 안전을 확보한다. 최근에는 전기화학식, 반도체식, 광학식 등 다양한 원리의 가스 센서가 개발되어 특정 가스에 대한 선택성과 감도가 향상되고 있다. **조도 센서**는 조립·검사 라인에서 광 조건을 자동으로 조정하여 작업자의 피로를 줄이고 검사 정확도를 높이는 데 기여한다.

표 9-1 산업용 센서의 주요 유형 및 특성

센서 유형	세부 종류	측정 대상	주요 특징	대표적 응용 분야
물리량 센서	온도 센서	- 물체/유체/환경 온도, 표면 온도	- 열전대: 넓은 측정 범위, 고온 환경 적합 - RTD: 높은 정확도(±0.1℃), 안정성 우수 - 서미스터: 소형, 빠른 응답	- 용광로 온도 모니터링 - 정밀 공정 제어 - 일반 온도 측정
	압력 센서	- 기체/액체 압력, 진공도, 차압	- 피에조: 동적 압력 측정 - 스트레인 게이지: 정적 압력 측정	- 배관/탱크 압력 모니터링 - 유압 시스템 제어
	진동 센서	- 진동(변위/속도/가속도), 충격, 각속도	- MEMS 기술로 소형화 - 주파수 분석으로 이상 진단	- 모터/베어링 상태 감시 - 예지보전
	변위/위치 센서	- 선형 변위, 각변위, 회전 위치	- LVDT: 비접촉, 고정확도 - 엔코더: 디지털 출력, 절대/증분형	- 정밀 위치 제어 - 로봇 관절 제어
	토크/힘 센서	- 회전력, 하중	- 공정 정밀도 향상, 안전성 확보	- 자동차 조립 라인 - 공작기계
환경 센서	습도/가스/조도 센서	- 환경 조건	- 작업 환경 안전성 확보 - 제품 품질 보장	- 반도체/제약/식품 제조 - 안전 모니터링
광학 센서	근접/광전 센서	- 물체 감지	- 비접촉 방식	- 부품 감지, 충돌 방지
	레이저 센서	- 거리, 두께	- 마이크로미터(μm) 단위 정밀 측정	- 표면 검사, 정렬 작업
	비전 센서	- 이미지	- 딥러닝 결합 - 고차원 분석 가능	- 품질 검사 - 위치 보정 - OCR
스마트 센서	지능형 센서	- 다양	- 내장 프로세서 - 자가진단 기능 - 통신 인터페이스(IO-Link, 산업용 이더넷) - 엣지 데이터 처리	- IIoT 시스템 직접 연결 - 네트워크 부하 절감 - 실시간 전처리

❸ 광학 센서

광학 센서는 빛을 이용한 비접촉 방식으로 고속·고정밀 측정이 가능하다는 장점이 있어 다양한 산업 분야에서 활용된다.

근접 센서와 **광전 센서**는 물체의 존재 여부를 감지하여 부품 감지, 라인 정지, 충돌 방지 등에 사용된다. 광전 센서는 투과형, 반사형, 확산 반사형 등으로 구분되며, 감지 거리와 환경 조건에 따라 적절한 방식을 선택한다.

레이저 센서는 레이저 빔의 반사 시간이나 위상 차이를 측정하여 마이크로미터(μm) 단위의 정밀한 거리 측정이 가능하다. 이는 표면 검사, 두께 측정, 정렬 작업 등에 활용되며, 비접촉 방식이므로 연약한 재료나 고온 물체도 측정할 수 있다.

비전 센서(카메라)는 이미지를 획득하여 품질 검사, 제품 식별, 위치 보정 등 고차원 분석에 활용된다. 최근에는 딥러닝 기반 영상 처리 기술과 결합되어 복잡한 형상의 결함 검출, 문자 인식(Optical Character Recognition, OCR), 물체 분류 등의 작업을 자동화하고 있다. 예를 들어, 전자 부품 조립 라인에서는 비전 센서가 부품의 위치와 방향을 실시간으로 파악하여 로봇 팔이 정확하게 조립하도록 가이드한다.[8]

❹ 스마트 센서

스마트 센서는 기존 센서에 내장 프로세서, 자가진단 기능, 통신 인터페이스 등을 통합하여 데이터를 현장(엣지)에서 전처리·분석하고, 산업용 IoT(IIoT) 시스템과 직접 연결할 수 있는 차세대 센서이다. 스마트 센서는 단순히 측정값을 전송하는 것을 넘어 데이터의 유효성 검증, 이상 탐지, 통계 처리 등을 자체적으로 수행한다.[9]

통신 인터페이스 측면에서 스마트 센서는 IO-Link, 산업용 이더넷(PROFINET, EtherCAT 등)을 통해 게이트웨이 없이 직접 PLC나 클라우드 플랫폼과 통신할 수 있다. IO-Link는 저비용으로 센서를 디지털 네트워크에 통합할 수 있는 국제표준(IEC 61131-9)으로, 센서 파라미터 원격 설정, 진단 정보 수집 등이 가능하다.[10]

또한 스마트 센서는 엣지 단에서 데이터 필터링, 압축, 이벤트 기반 전송 등을 수행함으로써 네트워크 대역폭을 절약하고 시스템 응답성을 향상시킨다. 가령, 진동 센서가 정상 범위 내에서는 요약 통계만 전송하고, 임곗값 초과 시에만 상세 데이터를 전송하는 방식으로 통신 부하를 줄일 수 있다. 이는 대규모 센서 네트워크를 구축할 때 특히 중요한 이점이다.

(2) 센서 성능 지표

센서를 선택하고 수집된 데이터를 올바르게 해석하기 위해서는 주요 성능 지표를 정확히 이해해야 한다. 산업용 센서에서 일반적으로 고려되는 핵심 지표는 다음과 같다.[11]

정확도(accuracy)는 측정값이 실제 참값(true value)에 얼마나 근접한가를 나타내며, 일반적으로 측정 범위에 대한 백분율(±0.5% FS, Full Scale) 또는 절댓값(±0.1℃)으로 표시된다. **정밀도**(precision)는 동일 조건에서 반복 측정했을 때 측정값이 얼마나 일관되게 나타나는가를 의미한다. 정확도와 정밀도는 독립적인 개념으로, 정밀도가 높더라도 정확도가 낮을 수 있으며(체계적 오차), 반대의 경우도 존재한다. 스마트제조에서는 두 지표 모두 중요하지만, 특히 품질 관리에서는 정밀도가 더욱 중요하게 고려된다.

분해능(resolution)은 센서가 구분할 수 있는 최소한의 변화량을 의미한다. 예를 들어, 위치 센서의 분해능이 0.01 mm라면 그보다 작은 변위는 감지할 수 없다. 디지털 센서의 경우 A/D 변환기(AC to DC Convertor, ADC)의 비트 수에 의해 결정되며, 12비트 센서는 측정 범위를 4,096(=2^{12})단계로 구분할 수 있다.

응답 시간(response time)은 측정 대상이 변화했을 때 센서가 이를 감지하여 최종 출력값의 특정 비율(일반적으로 63% 또는 90%)에 도달하기까지 걸리는 시간이다. 동적으로 빠르게 변하는 공정을 제어하거나 모니터링할 때는 빠른 응답 시간이 필수적이다. 예를 들어, 고속 회전하는 모터의 진동 분석에는 수 kHz 이상의 대역폭을 갖는 센서가 필요하다.

측정 범위(range)는 센서가 측정할 수 있는 물리량의 최솟값과 최댓값 사이의 범위를 의미한다. 실제 공정에서 발생할 수 있는 모든 값을 포함하도록 적절한 여유(일반적으로 20~30%)를 두고 선택해야 한다.

선형성(linearity)은 센서의 입력값과 출력값 간의 관계가 이상적인 직선에 얼마나 가까운가를 나타낸다. 비선형성(non-linearity)은 측정 범위에 대한 최대 편차로 표시되며(±0.2% FS), 선형성이 높을수록 데이터 처리와 보정이 용이하다.

히스테리시스(이력현상, hysteresis)는 입력값이 증가할 때와 감소할 때 동일한 입력에 대해 서로 다른 출력이 나타나는 현상을 의미한다. 히스테리시스가 크면 측정 방향에 따라 오차가 발생하므로, 양방향 측정이 필요한 응용에서는 히스테리시스가 작은 센서를 선택해야 한다.

이러한 성능 지표는 단순한 기술 사양 이상의 의미를 갖는다. 응용 분야에 따라 우선순위가 달라지기 때문이다. 예를 들어, 예지보전용 진동 센서는 미세한 이상 징후를 감지해야 하므로 고분해능과 고정밀도가 중요하며, 고속 검사용 비전 센서는 응답 시간이 우선시되고, 장기 모니터링용 온도 센서는 안정성과 드리프트(drift) 특성이 핵심이다. 여기서 드리프트란 측정 대상 입력이 일정하게 유지되는 경우에도 시간이 지남에 따라 센서 출력값이 점진적으로 변화하는 현상을 말한다. 이는 주로 센서 부품의 노화 및 마모, 온도, 습도 등 환경 조건의 변화, 내부 전자 부품의 특성 변화 및 오염물질 축적 등으로 발생한다.

2) 응용 분야별 센서 선택 가이드라인

산업 환경에서는 모든 상황에 최고 성능의 센서를 사용하는 것이 아니라 응용 목적에 따라 성능·비용·환경 적합성을 균형 있게 고려하는 전략적 접근이 필요하다.[12]

공정 모니터링 응용에서는 안정성과 실시간성이 가장 중요하다. 제조공정은 24시간 연속 가동되는 경우가 많으므로, 센서는 장기간 안정적으로 작동해야 하며 드리프트가 작아야 한다. 또한 고온, 진동, 먼지, 습도 등 열악한 환경 조건에서도 내구성을 유지해야 한다. 예를 들어, 제철소의 용광로 온도 모니터링에는 1,500℃ 이상을 견딜 수 있는 특수 열전대가 필요하며, 석유화학 플랜트의 압력 센서는 부식성 물질에 대한 내화학성이 요구된다.

예지보전 응용에서는 미세한 이상 징후를 조기에 감지하기 위해 고정밀 센서가 필수적이다. 회전 설비의 베어링 고장은 초기에는 미세한 진동 변화로만 나타나므로, 넓은 주파수 대역(수십 kHz)과 높은 분해능을 가진 가속도계가 필요하다. 또한 장기적 신뢰성이 확보되어야 하며, 센서 자체의 고장이 오진단을 유발하지 않도록 자가진단 기능을 갖춘 스마트 센서가 선호된다. Siemens의 연구에 따르면, 적절한 센서와 분석 알고리즘을 통해 설비 고장의 70~90%를 사전에 예측할 수 있다고 보고된 바 있다.[13]

품질 검사 응용에서는 고분해능, 높은 정확도, 그리고 우수한 반복 정밀도가 우선된다. 자동차 부품의 치수 검사, 반도체 웨이퍼의 결함 검출 등에서는 마이크로미터(μm) 수준의 측정 성능(정확도 및 정밀도)이 요구된다. 특히 비전 센서의 경우, 카메라 해상도, 렌즈 품질, 조명 시스템이 모두 검사 성능에 영향을 미치므로 통합적으로 설계해야 한다. 또한 검사 속도(throughput)도 중요한 요소로, 대량생산 라인에서는 초당 수십 개 이상의 제품을 검사할 수 있는 고속 비전 시스템이 필요하다.

센서 선정 시에는 다음과 같은 요소를 종합적으로 검토해야 한다.

첫째, **기술적 요구사항**이다. 측정 범위, 정확도, 분해능, 응답 시간 등 앞서 설명한 성능 지표들이 응용 목적에 부합하는지 확인해야 한다. 또한 설치 환경의 온도, 습도, 진동, 전자기 간섭 등 물리적 조건을 고려하여 센서의 보호 등급(Ingress Protection Rating, IP 등급)과 내환경성을 평가해야 한다.

둘째, **경제성**이다. 센서의 초기 구매 비용뿐만 아니라 설치비, 교정(calibration) 비용, 유지보수 비용 등 총소유비용(Total Cost of Ownership, TCO)을 고려해야 한다. 예를 들어, 저가 센서를 사용하면 초기 비용은 절감되지만 빈번한 고장과 교체로 인해 장기적으로는 더 많은 비용이 발생할 수 있다. 반대로 과도하게 고성능 센서를 선택하면 불필요한 비용이 증가한다.

표 9-2 응용 분야별 센서 선택 기준

응용 분야	우선 고려사항	핵심 성능 요구사항	권장 센서 유형	주요 환경 고려 요인
공정 모니터링	- 안정성 - 실시간성 - 내구성	- 장기 안정성(드리프트 최소) - 24시간 연속 작동 - 환경 내구성	- 고온용 열전대 - 내화학성 압력 센서 - 산업용 등급 센서	- 고온(~1,500℃) - 진동 - 먼지/습도 - 부식성 물질
예지보전	- 고정밀도 - 미세 변화 감지 - 장기 신뢰성	- 높은 분해능 - 넓은 주파수 대역(수십 kHz) - 자가진단 기능	- 고정밀 가속도계 - 온도 센서 - 스마트 센서	- 초기 이상 징후 포착 - 센서 자체 고장 방지
품질 검사	- 고분해능 - 높은 정확도 - 반복 정밀도 - 검사 속도	- 마이크로미터 수준 정확도 - 높은 재현성 - 고속 처리(초당 수십 개)	- 레이저 센서 - 고해상도 비전 센서 - 정밀 변위 센서	- 조명 조건 - 진동 차단 - 온도 안정성

셋째, **통신 인터페이스 및 기존 시스템과의 호환성**이다. 센서가 생성하는 데이터는 PLC, SCADA, MES 등 기존 제조시스템과 통합되어야 한다. 따라서 통신 프로토콜(Modbus, PROFINET, EtherNet/IP, OPC UA 등)의 호환성을 확인하고, 필요한 경우 게이트웨이나 프로토콜 변환기의 추가 비용도 고려해야 한다. 또한 향후 IIoT 시스템 확장 시 센서 추가나 변경이 용이하도록 표준화된 인터페이스를 갖춘 센서를 선택하는 것이 바람직하다.

이러한 선정 기준은 단일 센서의 성능뿐만 아니라 IIoT 시스템 전체의 안정성, 확장성, 비용 구조에 큰 영향을 미치므로, 센서 선택은 시스템 설계의 초기 단계에서 신중하게 이루어져야 한다.

3) 센서에서 IIoT 시스템으로의 연결

센서는 단독으로 존재할 때는 단순한 계측 장치에 불과하다. 그러나 스마트팩토리에서 센서는 IIoT 시스템과 긴밀하게 결합되어 데이터 수집-전송-저장-분석-활용으로 이어지는 전체 가치사슬(value chain)에 포함된다.

센서 데이터는 일반적으로 아날로그 신호 또는 디지털 통신을 통해 게이트웨이 또는 컨트롤러로 전달된다. 아날로그 신호 방식에서는 4~20 mA 전류 루프나 0~10 V 전압 신호가 표준으로 사용된다. 4~20 mA 방식은 노이즈에 강하고 장거리 전송이 가능하여 산업 현장에서 널리 사용되며, 4 mA를 최솟값(0%)으로, 20 mA를 최댓값(100%)으로 정의하여 센서 고장 시 0 mA로 떨어지므로 단선을 쉽게 감지할 수 있다는 장점이 있다.

디지털 통신 방식에서는 RS-485, IO-Link, Modbus, 산업용 이더넷 등이 사용된다. RS-485는 저비용으로 최대 1.2 km까지 통신이 가능하며 다중 장치 연결(멀티드롭)을 지원한다. IO-Link는 센서와 PLC 간의 양방향 통신을 제공하여 센서 파라미터 설정, 진단 정보 수집, 이벤트 전송 등이 가능하다. 산업용 이더넷(PROFINET, EtherCAT, EtherNet/IP)은 높은 대역폭과 실시간성을 제공하며, 기존 IT 인프라와의 통합이 용이하다는 장점이 있다.[14]

센서로부터 수집된 데이터는 엣지 게이트웨이에서 1차 처리를 거친다. 엣지 게이트웨이는 다양한 센서로부터의 데이터를 통합하고, 프로토콜 변환, 데이터 필터링, 압축, 임시 저장 등의 기능을 수행한다. 예를 들어, 진동 센서의 고주파 데이터를 엣지에서 FFT(Fast Fourier Transform) 분석하여 주파수 스펙트럼만 클라우드로 전송함으로써 통신 대역폭을 절약할 수 있다. 이후 데이터는 포그 컴퓨팅(fog computing) 계층이나 클라우드 컴퓨팅(cloud computing) 플랫폼으로 전송되어 장기 저장, 빅데이터 분석, 머신러닝 모델 학습 등에 활용된다. 클라우드 플랫폼에서는 여러 설비, 여러 공장의 데이터를 통합 분석하여 전사적 최적화, 벤치마킹, 예측 모델 개발 등이 가능하다. 최종적으로 분석 결과는 대시보드, 모바일 앱 등을 통해 시각화되어 운영자와 관리자의 의사결정을 지원하며, 필요한 경우 자동 제어시스템으로 피드백되어 공정을 직접 조정한다.

이러한 데이터 흐름에서 핵심 개념은 '**센서는 데이터를 생성하고, IIoT는 그 데이터를 가치로 변환한다**'는 것이다. 센서가 아무리 정확한 데이터를 생성하더라도 이를 효과적으로 수집·전송·분석·활용하는 IIoT 인프라가 없다면 그 가치는 제한적일 수밖에 없다. 반대로, IIoT 시스템이 아무리 정교하더라도 신뢰할 수 있는 센서 데이터가 없다면 무용지물이다. 따라서 센서는 스마트팩토리 생태계에서 디지털트윈, 인공지능, 빅데이터 분석, 자율 제어시스템으로 이어지는 데이터 가치사슬의 시작점이자 가장 중요한 구성요소이다. 고정밀화, 소형화, 저전력화, 지능화에 따른 센서 기술의 발전은 스마트제조의 수준을 결정하는 핵심 요소이며, 그 중요성은 앞으로 더욱 커질 것이다.

특히 최근에는 엣지 컴퓨팅과 결합된 스마트 센서가 주목받고 있다. 엣지에서 데이터를 사전 처리함으로써 네트워크 지연(latency)을 최소화하고, 실시간 제어가 필요한 응용에서 빠른 응답을 보장할 수 있다. 예를 들어, 자율주행 AGV는 장애물 감지 센서의 데이터를 엣지에서 즉시 처리하여 거의 실시간(수 밀리초 이내) 내에 회피 동작을 수행해야 하므로, 클라우드까지 데이터를 직접 전송하여 처리하는 방식은 적합하지 않다.[15]

또한 센서와 IIoT 시스템의 통합은 보안 측면에서도 중요한 고려사항이다. 센서는 물리적 세계와 디지털 세계를 연결하는 접점이므로, 센서 데이터의 위·변조나 센서 네트워크로의 불법 침입은 생산 시스템 전체를 위협할 수 있다. 따라서 센서 인증, 암호화 통신, 접근 제어 등의 보안 메커니즘이 설계 단계부터 고려되어야 하며, 이는 IIoT 통신 기술 및 보안과 밀접하게 연관된다.

센서는 스마트제조의 기초이자 출발점이며, IIoT 시스템과의 효과적인 통합을 통해 비로소 그 진정한 가치가 실현된다. 센서 기술에 대한 깊은 이해는 스마트팩토리를 설계하고 운영하는 모든 엔지니어에게 필수적인 역량이라 할 수 있다.

9.2 산업용 사물인터넷

1) 사물인터넷의 기본 개념과 구조

사물인터넷(Internet of Things, IoT)은 다양한 정의가 있으나, 통상적으로 센서나 디바이스가 네트워크에 연결되어 데이터를 수집·전송하고, 이를 기반으로 다양한 응용 서비스를 구현하는 기술을 의미한다. IoT 개념은 1990년대 후반 Kevin Ashton이 RFID 기반 공급망관리 연구에서 처음 제시한 이후, 2000년대 센서 네트워크와 무선 통신 기술의 발달, 2010년대 이후 클라우드 컴퓨팅과 인공지능의 확산에 따라 급속히 발전했다.[1, 2] 오늘날 IoT는 스마트홈, 웨어러블 기기, 스마트시티 등 소비자

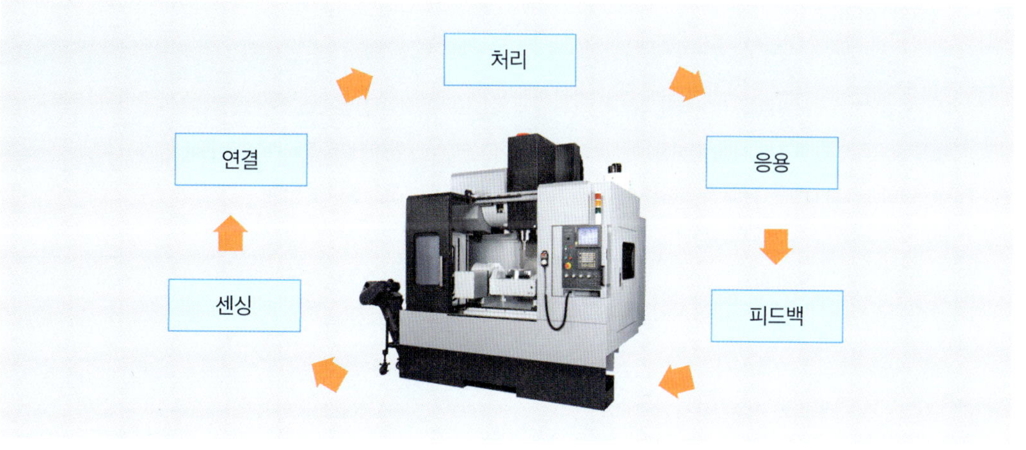

그림 9-1 IoT의 작동 구조

영역뿐만 아니라 제조업, 물류, 에너지, 의료 등 산업 전반으로 확대되고 있다.

IoT 시스템은 일반적으로 그림 9-1과 같은 구조로 설명된다. 첫째, 센싱(sensing) 단계에서는 센서 또는 디바이스가 온도, 압력, 위치 등 물리적 데이터를 수집한다. 둘째, 연결(connectivity) 단계에서는 유선 또는 무선 네트워크를 통해 수집된 데이터를 전송한다. 셋째, 처리(processing) 단계에서는 엣지 노드 또는 클라우드 플랫폼에서 데이터를 저장, 가공, 분석한다. 넷째, 응용(application) 단계에서는 분석된 정보를 바탕으로 모니터링, 제어, 최적화, 서비스 창출 등 다양한 가치를 실현한다. 최근에는 여기에 피드백(feedback) 단계가 추가되어, 데이터 분석 결과를 다시 현장 설비 제어에 반영함으로써 자율형 스마트 제조로 발전하고 있다.[3] 예를 들어, 공정 중 발생하는 품질 편차를 실시간으로 감지하여 자동으로 공정 파라미터를 조정하거나, 설비 이상 징후를 포착하여 예방적 유지보수를 수행하는 것이 가능해진다. 이러한 폐루프 제어(closed-loop control)는 스마트팩토리의 핵심 특성이며, IoT가 단순한 모니터링 도구에서 지능형 자동화 시스템으로 진화하고 있음을 보여 준다.

일반 IoT(소비자용 IoT)와 **산업용 IoT**(IIoT)는 기본 개념과 기술 구성요소는 유사하지만, 적용 환경과 성능 요구사항에서 본질적인 차이가 있다. IIoT는 제조, 에너지, 운송, 플랜트 등 임무 수행이 매우 중요한(mission-critical) 환경에서 동작하므로 높은 신뢰성, 실시간성, 보안성, 내구성이 필수적으로 요구된다.[4]

일반 IoT는 주로 스마트홈, 웨어러블 기기, 가전제품 등에 적용되며, 사용자의 편의성과 저렴한 비용이 중요한 고려사항이다. 일시적인 통신 장애나 데이터 손실이 발생하더라도 사용자 경험에 약간의 불편을 초래할 뿐 심각한 문제로 이어지지 않는다. 반면, IIoT는 공장, 발전소, 조선소, 물류 센터 등 산업 환경에 적용되며, 시스템 장애가 생산 중단, 안전사고, 막대한 경제적 손실로 직결될 수 있다. IoT와 IIoT의 특성에 따른 비교는 표 9-3과 같이 요약할 수 있다.

표 9-3 IoT와 IIoT 비교

구분	IoT	IIoT
적용 환경	스마트홈, 웨어러블, 가전	공장, 발전소, 조선소, 물류
신뢰성	중간(일시 오류 허용)	매우 높음(99.9%+ 가용성)
실시간성	초~분 단위 지연 허용	밀리초(ms) 단위
보안성	기본 수준(개인정보 중심)	고수준(IEC 62443 등)
내구성	일반 환경	극한 환경(고온, 진동, 먼지)
수명주기	2~5년	10~20년
비용 구조	저가 중심	ROI 중심
표준화	다양, 상호운용성 낮음	IEC/IEEE/ISO 기반 국제표준

신뢰성 측면에서 일반 IoT는 중간 수준의 가용성으로도 충분하지만, IIoT는 99.9% 이상의 가용성을 요구한다. 예를 들어, 자동차 조립 라인에서 로봇 제어시스템이 단 몇 초간 중단되더라도 전체 생산 라인이 정지할 수 있으므로, 시스템의 안정성과 장애 복구 능력이 매우 중요하다.

실시간성 측면에서도 큰 차이가 있다. 일반 IoT는 초 단위 또는 분 단위의 지연을 허용할 수 있다. 예를 들어, 스마트홈의 온도 조절기가 1~2초 늦게 반응하더라도 사용자는 거의 인지하지 못한다. 그러나 IIoT 환경에서는 밀리초(ms) 단위의 응답 시간이 요구된다. 고속으로 움직이는 모션 제어시스템이나 안전 제어시스템은 1 ms 이내의 지연 시간으로 동작해야 하며, 이를 위해 TSN(Time-Sensitive Networking)과 같은 실시간 통신 기술이 필수적이다.[5]

보안성 요구사항도 다르다. 일반 IoT는 주로 개인정보 보호가 핵심이지만, IIoT는 네트워크 보안뿐만 아니라 제어시스템 보안, 물리적 안전까지 고려해야 한다. 제조 설비가 해킹되면 생산 중단뿐 아니라 설비 파손, 작업자 안전 위협, 제품 품질 저하 등 다차원적인 피해가 발생할 수 있다. 따라서 IIoT는 IEC 62443과 같은 산업용 보안 표준을 준수해야 한다.

내구성과 **수명주기** 측면에서도 차이가 명확하다. 일반 IoT 기기는 일반적인 실내 환경에서 사용되며 2~5년의 짧은 수명주기를 갖는다. 반면, IIoT 센서와 디바이스는 고온, 고습, 먼지, 진동, 충격 등 극한 환경에서 작동해야 하며, 산업 설비와 동일하게 10~20년 이상의 긴 수명을 요구받는다. 이는 센서 하우징, 커넥터, 통신 모듈 등 모든 구성요소의 설계와 제작에서 산업용 등급의 품질을 필요로 함을 의미한다.

비용 구조도 다르다. 일반 IoT는 대량생산을 통한 저가 전략이 중요하지만, IIoT는 초기 투자 비용이 높더라도 장기적인 투자 대비 효과(ROI)가 명확하면 채택된다. 예를 들어, 예지보전 시스템 구축에 수억 원이 소요되더라도, 설비 고장으로 인한 생산 중단 손실을 방지하여 연간 수십억 원의 효과를 창출할 수 있다면 투자 가치가 충분하다.

마지막으로 **표준화 수준**에서도 차이가 있다. 일반 IoT는 다양한 제조사가 독자적인 프로토콜과 플랫폼을 사용하여 상호운용성이 낮은 편이다. 반면, IIoT는 IEC, IEEE, ISO 등 국제표준기구를 중심으로 상호운용성을 보장하는 표준이 정립되어 있으며, 다양한 벤더의 설비와 시스템이 원활하게 통합될 수 있도록 하고 있다.[4]

2) IIoT의 구조 및 통신 프로토콜

(1) IIoT 시스템 아키텍처

IIoT 시스템은 전통적인 IoT 구조를 기반으로 하되, 산업 환경의 복잡성과 높은 성능 요구사항을 충족하기 위해 계층적 아키텍처로 발전했다.[6] 일반적으로 IIoT 시스템은 그림 9-10에서와 같이 4계층 구조로 설명된다.

센싱 계층(sensing layer)은 IIoT 시스템의 최하위 계층으로, 물리적 세계와 디지털 세계를 연결하는 인터페이스 역할을 한다. 이 계층에는 온도, 압력, 진동 등을 측정하는 각종 센서, 밸브나 모터를 제어하는 액추에이터, 그리고 PLC와 같은 제어 장치가 포함된다. 센싱 계층의 디바이스들은 현장의 실시간 상태를 파악하고 제어 명령을 실행하는 역할을 수행한다.

네트워크 계층(network layer)은 센싱 계층과 상위 플랫폼 계층을 연결하는 통신 인프라이다. 산업용 이더넷, 필드버스, 무선 센서 네트워크 등 다양한 통신 기술이 사용되며, 게이트웨이가 서로 다른 프로토콜 간의 변환과 데이터 집계 기능을 수행한다. 또한 이 계층에는 엣지 노드가 배치되어 현장에서 발생하는 데이터를 사전 처리하고 필터링함으로써 네트워크 부하를 줄이고 실시간 응답성을 향상시킨다.

플랫폼 계층(platform layer)은 IIoT 시스템의 두뇌에 해당하며, 수집된 데이터의 저장, 처리, 분석이 이루어진다. 클라우드 또는 온프레미스(on-premise) 서버에 구축되며, 빅데이터 처리, 인공지능 기반 예측 분석, 디지털트윈 구현 등 고급 기능을 제공한다. AWS IoT, Microsoft 애저(Azure) IoT, Siemens MindSphere와 같은 상용 IIoT 플랫폼이 이 계층에 속하며, 데이터 시각화, 알람 관리, 리포트 생성 등의 기능도 포함한다.

응용 계층(application layer)은 최상위 계층으로, 분석된 정보를 실제 비즈니스 가치로 전환하는 다양한 응용시스템이 위치한다. MES는 생산 일정, 자재 관리, 품질 관리를 담당하고, ERP는 전사적 자원 관리를 수행하며, SCADA는 설비 감시 및 제어를 담당한다. 또한 경영진을 위한 대시보드, 모바일 앱, 의사결정 지원시스템 등도 이 계층에 포함된다.

IIoT 시스템의 중요한 특징 중 하나는 엣지-포그-클라우드(edge-fog-cloud) 분산 처리 구조를 채택한다는 점이다.[7] 이 구조는 데이터 처리를 물리적 위치에 따라 분산시켜 효율성과 실시간성을 동

그림 9-2 IIoT 시스템 아키텍처

시에 달성한다. 이러한 분산 처리 구조는 각 계층의 장점을 활용하여 실시간 제어와 장기 분석을 조화롭게 구현할 수 있게 한다. 또한 IIoT 아키텍처는 디지털트윈 및 사이버물리시스템(CPS)과 긴밀하게 연계된다. 디지털트윈은 물리적 설비의 가상 복제본으로, 센서 데이터를 실시간으로 반영하여 시뮬레이션, 예측, 최적화를 수행한다. CPS는 물리적 시스템과 사이버 시스템이 통합되어 자율적으로 동작하는 시스템을 의미하며, IIoT는 이를 구현하는 핵심 인프라이다.

(2) 산업 환경의 통신 요구사항과 주요 기술

산업 환경에서 IIoT가 안정적으로 동작하기 위해서는 통신 시스템이 일반 IT 환경보다 훨씬 엄격한 성능 요구사항을 만족시켜야 한다.[8] **결정성**(determinism)은 데이터가 정해진 시간 내에 반드시 도착함을 보장하는 특성이다. 제조공정에서는 센서 데이터나 제어 명령이 예측 가능한 시간 내에 전달되어야 하며, 네트워크 혼잡으로 인한 불확실한 지연은 허용되지 않는다. 예를 들어, 프레스 장비가 작동하는 순간 안전 센서의 신호가 정확한 타이밍에 도착해야 사고를 방지할 수 있다. **저지연**(low latency)은 밀리초 단위의 짧은 응답 시간을 의미한다. 모션 제어, 로봇 제어, 안전 시스템 등은 1 ms 이내의 지연 시간을 요구하며, 일반적인 공정 제어도 10 ms 이내의 응답이 필요하다. 클라우드까지 왕복하는 데는 수십~수백 ms가 소요되므로, 실시간 제어는 엣지나 포그 계층에서 처리되어야 한다. **고신뢰성**(high reliability)은 패킷 손실이나 통신 장애가 최소화되어야 함을 의미한다. 산업 환경에서는 단 하나의 제어 명령이나 센서 데이터라도 손실되면 설비 고장, 품질 불량, 안전사고로 이어질 수 있다. 따라서 99.99% 이상의 패킷 전달률과 이중화된 통신 경로가 요구된다. **상호운용성**(interoperability)은 다양한 제조사의 설비, 센서, 플랫폼이 표준 프로토콜을 통해 원활하게 연동되어야 함을 의미한다. 공장에는 수십 년에 걸쳐 도입된 다양한 벤더의 장비가 공존하므로, 표준화된 통신 인터페이스가 필수적이다.

이러한 요구사항을 충족하기 위해 산업 환경에서는 유선과 무선 통신 기술이 상황에 따라 적절히 조합되어 사용된다. **유선 통신 기술**로는 산업용 이더넷이 가장 널리 사용된다. PROFINET, EtherCAT, EtherNet/IP 등은 모두 이더넷 기반이지만, 실시간성과 결정성을 보장하기 위해 특수한 메커니즘을 적용한다. 특히 EtherCAT은 1 ms 이하의 초저지연을 제공하여 정밀 모션 제어에 적합하다. 필드버스(Modbus, PROFIBUS, CAN 등)는 기존 설비와의 호환성을 위해 여전히 사용되지만, 점차 산업용 이더넷으로 대체되고 있다.[8]

무선 통신 기술도 빠르게 발전하고 있다. Wi-Fi는 설치가 용이하고 높은 대역폭을 제공하지만, 간섭과 보안 문제가 있어 주로 모니터링용으로 사용된다. 지그비(ZigBee)는 저전력 메시 네트워크를 구성할 수 있어 무선 센서 네트워크에 적합하다. LoRaWAN은 장거리(수 km), 저전력 통신이 가능하여 넓은 공장 부지나 야외 자산 추적에 활용된다. 최근에는 스마트팩토리에서의 5G 활용이 주목받고 있다. 5G는 초저지연(1 ms), 초고속(수 Gbps), 초연결(km^{2}당 100만 개 디바이스)을 제공하여 이동형 AGV, 원격 제어, XR 기반 유지보수 등에 활용될 것으로 기대된다. 특히 Private 5G(기업 전용 5G 네트워크)는 보안과 성능을 보장하면서도 무선의 유연성을 제공하여 차세대 스마트팩토리의 핵심 인프라로 부상하고 있다.[9,10]

(3) 핵심 통신 프로토콜과 국제표준

IIoT 환경에서는 단순한 데이터 전송을 넘어 상호운용성, 실시간성, 보안성을 보장하는 통신 프로토콜이 매우 중요하다.[11]

MQTT(Message Queuing Telemetry Transport)는 경량 메시징 프로토콜로, Publish/Subscribe(Pub/Sub) 구조를 통해 효율적인 다대다 통신을 지원한다. 센서(publisher)가 특정 토픽(topic)으로 데이터를 발행하면, 해당 토픽을 구독(subscribe)한 모든 클라이언트가 데이터를 수신한다. MQTT는 낮은 대역폭과 불안정한 네트워크 환경에서도 안정적으로 동작하도록 설계되었으며, QoS(Quality of Service) 레벨(0: 최대 1회, 1: 최소 1회, 2: 정확히 1회 전달)을 통해 신뢰성을 조정할 수 있다. 클라우드 플랫폼과의 통신에 특히 적합하며, AWS IoT, Azure IoT 등 주요 클라우드 서비스가 MQTT를 기본 프로토콜로 지원한다. MQTT는 ISO/IEC 20922 표준으로 제정되어 있다.[11]

OPC UA(OPC Unified Architecture)는 산업용 데이터 교환의 보편적 표준(de facto standard)으로 자리 잡고 있다. OPC UA는 플랫폼 독립적이며, 정보 모델링(information modeling) 기능을 통해 단순한 데이터 값뿐만 아니라 데이터의 의미, 구조, 관계까지 표현할 수 있다. 예를 들어, 단순히 온도 값 '75'를 전송하는 것이 아니라, '1호기 열처리로의 중심부 온도가 75℃이며, 정상 범위는 70~80℃이다'와 같은 맥락 정보까지 포함할 수 있다. OPC UA는 보안 기능이 내장되어 있어 인증,

표 9-4 주요 통신 프로토콜 비교

프로토콜	전송 방식	특징	적용 분야	표준
MQTT	Pub/Sub	- 경량, 저전력 - QoS 레벨 지원 - 클라우드 친화적	센서-클라우드 통신	ISO/IEC 20922
OPC UA	Client/Server + Pub/Sub	- 정보 모델링 - 보안 내장 - 플랫폼 독립적	공정 제어, 설비 연동	IEC 62541
CoAP	Request/Response	- RESTful, 경량 - UDP 기반 - 저성능 디바이스용	제약 디바이스, 단순 모니터링	RFC 7252
DDS	Pub/Sub	- 실시간, 고신뢰성 - 세밀한 QoS	미션 크리티컬 시스템	OMG Standard

암호화, 접근 제어가 기본적으로 제공되며, Client/Server 모델과 Pub/Sub 모델을 모두 지원한다. IEC 62541 국제표준으로 제정되어 있으며, Siemens, Rockwell Automation, ABB 등 주요 자동화 벤더들이 적극 지원하고 있다.[12]

CoAP(Constrained Application Protocol)는 제한된 성능을 가진 임베디드 디바이스를 위한 경량 프로토콜이다. HTTP와 유사한 RESTful 구조를 가지지만, TCP 프로토콜 기반의 HTTP와 달리 UDP(User Diagram Protocol) 기반으로 동작하여 오버헤드가 적다. 배터리로 동작하는 소형 센서나 저성능 마이크로컨트롤러에 적합하며, RFC 7252로 표준화되어 있다.

DDS(Data Distribution Service)는 데이터 전달의 실패나 지연이 치명적인 결과를 초래할 수 있는 미션 크리티컬 시스템을 위한 통신 프로토콜이다. 항공기 비행 제어, 군사 무기 시스템, 수술용 로봇, 원자력 발전소 감시 등 사람의 생명과 안전에 직결되는 환경에서 밀리초 단위의 실시간 응답과 극도로 높은 신뢰성을 보장한다. Pub/Sub 모델을 사용하며, 다양한 QoS 정책(신뢰성, 지연, 우선순위 등)을 세밀하게 설정할 수 있으며, OMG(Object Management Group) 표준으로 제정되어 있다.

IIoT의 상호운용성과 보안성을 위해서는 국제표준이 필수적이며[13], 주요 국제표준의 주요 내용 등은 표 9-5에 정리된 바와 같다. IEEE 802.1 TSN(Time-Sensitive Networking)은 실시간 이더넷 전송을 위한 표준 집합으로, 시간 동기화, 트래픽 스케줄링, 우선순위 관리 등을 통해 결정성 있는 통신을 보장한다. TSN은 OPC UA와 결합되어 차세대 산업 통신의 핵심 기술로 주목받고 있다. IEC 61158/61784는 필드버스 통신 표준이며, ISO/IEC JTC1 SC41은 IoT 및 디지털트윈 관련 참조 아키텍처를 표준화하고 있다.

이러한 표준은 제조 설비, 센서, 플랫폼 간 상호운용성을 확보하고, 복수 벤더 환경에서도 일관된

표 9-5 IIoT 관련 주요 국제 표준

표준	명칭	주요 내용	제정 기구
IEC 62541	OPC Unified Architecture	산업 데이터 통신 및 정보 모델	IEC
IEEE 802.1 TSN	Time-Sensitive Networking	실시간 이더넷, 시간 동기화	IEEE
IEC 61158/61784	Fieldbus Standard	필드버스 통신 프로토콜	IEC
ISO/IEC 30141	IoT Reference Architecture	IoT 참조 아키텍처	ISO/IEC JTC1 SC41
IEC 62443	Industrial Automation Security	산업 자동화 보안	IEC

IIoT 시스템 구현을 가능하게 한다. 표준 기반 접근은 초기 투자 비용이 다소 높을 수 있지만, 장기적으로 시스템 통합 비용을 절감하고 확장성과 유연성을 확보할 수 있다는 점에서 매우 중요하다.

3) IIoT 적용 방법 및 산업 적용 사례

IIoT는 스마트팩토리에서 센서, 연결, 데이터 처리, 응용으로 이어지는 가치사슬을 실질적으로 구현하는 핵심 기술이다. 제조업에서는 생산 효율 향상, 품질 개선, 비용 절감, 안전성 확보 등 다양한 목적으로 IIoT가 활용되고 있으며, 특히 다음과 같은 다섯 가지 대표 응용 분야에서 두드러진 성과를 보이고 있다.[3, 5]

(1) 실시간 공정 모니터링 및 제어

실시간 공정 모니터링은 생산 라인의 모든 공정 변수(온도, 압력, 유량, 토크 등)를 센서를 통해 지속적으로 수집하고, 이상 상태를 즉시 감지하여 대응하는 시스템이다. 전통적인 제조 환경에서는 작업자가 주기적으로 계기판을 확인하거나 샘플링 검사를 통해 공정을 관리했지만, IIoT 환경에서는 모든 데이터가 자동으로 수집되고 중앙 시스템에서 통합 모니터링된다. 예를 들어, 자동차 생산 라인에서는 로봇 팔의 토크 센서와 진동 센서를 통해 조립 과정의 미세한 오작동을 실시간으로 파악할 수 있다. 정상 범위를 벗어난 토크 값이 감지되면 즉시 PLC를 통해 라인을 정지시키거나 경보를 발생시켜, 불량품 생산을 사전에 방지한다. 또한 반도체 제조에서는 클린룸의 온도, 습도, 미세먼지 농도 등을 실시간으로 모니터링하여 공정 환경을 정밀하게 제어함으로써 수율을 극대화한다.

실시간 모니터링의 핵심은 단순히 데이터를 수집하는 것이 아니라 이를 즉각적인 의사결정과 제어 행동으로 연결하는 것이다. 이를 위해 엣지 컴퓨팅을 활용하여 현장에서 데이터를 신속하게 처리하고, 임곗값을 초과하는 경우 자동으로 제어 명령을 실행하는 폐루프 시스템이 구축된다.

(2) 예지보전

예지보전은 설비의 상태를 지속적으로 모니터링하여 고장을 사전에 예측하고, 최적의 시점에 정비를 수행함으로써 돌발 정지를 최소화하는 기술이다.[14] 전통적인 유지보수 방식은 크게 두 가지로 구분된다. 사후보전(reactive maintenance)은 고장이 발생한 후 수리하는 방식으로, 예상치 못한 생산 중단과 긴급 수리 비용이 발생한다. 예방보전(preventive maintenance)은 정해진 주기에 따라 부품을 교체하는 방식으로, 아직 사용 가능한 부품도 교체하여 비용이 과다하게 발생할 수 있다.

예지보전은 이 두 방식의 단점을 보완한다. 진동, 온도, 전류, 음향 등 다양한 센서 데이터를 장기간 수집하고, 머신러닝 알고리즘을 통해 정상 상태의 패턴을 학습한다. 이후 실시간 데이터가 정상 패턴에서 벗어나는 이상 징후가 감지되면, 고장이 발생하기 전에 정비 일정을 계획할 수 있다. 예를 들어, 공작기계의 베어링 고장은 초기에 미세한 진동 변화로 나타난다. 가속도계를 통해 진동 신호를 수집하고 FFT 분석을 수행하면, 특정 주파수 대역의 진폭 증가를 통해 베어링 마모를 조기에 발견할 수 있다. 이를 통해 생산이 없는 야간이나 주말에 계획된 정비를 수행함으로써 생산 손실을 최소화할 수 있다.

General Electric의 Predix 플랫폼 사례에서는 전 세계 약 35,000개의 항공기 엔진에 센서를 부착하여 비행 중 데이터를 실시간으로 수집하고, AI 기반 예측 분석을 통해 연간 1억 건 이상의 비행 기록을 활용해 엔진 고장을 사전에 예측한다. 이를 통해 항공기 엔진 정비를 위한 비계획적 엔진 제거를 25% 감소시켜 항공사들에게 수백만 달러의 운영 비용 절감을 가져왔다. 고장 탐지율은 25% 증가, 정확도는 30% 이상 향상되었다.[15] 예지보전은 단순히 고장의 방지를 넘어, 설비의 수명을 연장하고 예비 부품 재고를 최적화하는 등 전사적 효율 향상으로 이어진다.

(3) 품질 관리 자동화

IIoT와 비전 센서, 딥러닝 기술의 결합은 품질 관리를 혁신하고 있다. 전통적인 품질 검사는 작업자가 육안으로 제품을 검사하거나, 샘플링 방식으로 일부 제품만 검사하는 방식이었다. 이는 검사자의 숙련도에 따라 결과가 달라지고, 전수 검사가 불가능하며, 검사 속도가 느리다는 한계가 있었다.

IIoT 기반 품질 관리 시스템은 고해상도 카메라와 레이저 센서를 사용하여 제품의 외관, 치수, 색상 등을 자동으로 검사한다. 딥러닝 기반 이미지 분석 알고리즘은 수천 장의 정상 및 불량 이미지를 학습하여, 미세한 흠집, 균열, 색상 편차, 조립 오류 등을 높은 정확도로 분류한다. 검사 결과는 즉시 MES로 전송되어 불량 제품의 이력이 기록되고, 해당 공정의 파라미터를 자동으로 조정하여 재발을 방지한다.

전자 부품 조립 라인에서는 자동 광학 검사(Automated Optical Inspection, AOI) 시스템이

PCB(인쇄회로기판)의 납땜 상태, 부품 위치, 극성 등을 검사하여 초당 수십 개의 제품을 검사한다. 식품 제조업에서는 비전 센서가 포장 불량, 이물질 혼입, 중량 편차 등을 실시간으로 감지하여 불량품을 자동으로 분리한다.

품질 데이터가 축적되면 공정 능력 지수 분석, 불량 유형별 파레토 분석, 품질 추세 예측 등 고급 분석이 가능해지며, 이는 식스시그마, 전사적 품질관리(Total Quality Management, TQM) 등 품질 경영 활동의 데이터 기반을 제공한다.

(4) 에너지 효율 최적화

제조업에서 에너지 비용은 총 생산 원가의 상당 부분을 차지하며, 탄소 배출 규제가 강화됨에 따라 에너지 관리의 중요성이 더욱 커지고 있다. IIoT를 활용하면 설비별, 공정별, 시간대별 에너지 소비 패턴을 정밀하게 파악하고, 이를 기반으로 에너지 사용을 최적화할 수 있다.

스마트 전력 미터와 센서를 통해 각 설비의 전력, 가스, 압축공기 등 에너지 소비량을 실시간으로 측정한다. 수집된 데이터를 분석하면 에너지 낭비 요인을 식별할 수 있다. 예를 들어, 생산이 없는 시간에도 가동 중인 설비, 유휴 상태에서의 과도한 전력 소비, 공조 시스템의 비효율적 운영 등을 발견할 수 있다.

또한 전력 수요가 높은 피크 시간대를 회피하기 위해 에너지 집약적 공정의 가동 시간을 조정하거나, 자체 발전 설비(태양광, ESS 등)와 연계하여 전력 비용을 절감할 수 있다. 일부 신진 공장에서는 AI 알고리즘을 활용하여 생산계획과 에너지 가격을 고려한 최적 가동 스케줄을 자동으로 생성한다.

Siemens MindSphere 플랫폼을 적용한 사례에서는 에너지 모니터링과 최적화를 통해 에너지 사용량을 10% 절감하고, 탄소 배출량을 감축하는 성과를 거두었다.[5] 에너지 효율 개선은 비용 절감뿐만 아니라 ESG(환경·사회·지배구조) 경영의 핵심 지표로도 중요한 의미를 갖는다.

(5) 공급망관리 및 자산 추적

제조업의 공급망은 원자재 조달, 생산, 물류, 유통에 이르는 복잡한 네트워크로 구성되어 있으며, 각 단계에서의 가시성(visibility) 확보가 경쟁력의 핵심이다. IIoT 기술, 특히 RFID, NFC(Near Field Communication), LoRaWAN, 5G 등을 활용하면 자재, 반제품, 완제품의 위치와 상태를 실시간으로 추적할 수 있다.[2]

RFID 태그를 부착한 자재는 입고, 이동, 사용, 출고의 모든 과정이 자동으로 기록되어 재고 정확도가 향상되고, 재고 부족이나 과잉을 방지할 수 있다. 생산 현장에서는 작업 지시서가 디지털화되고, 각 작업의 진행 상황이 실시간으로 업데이트되어 생산계획의 유연성이 높아진다. 물류 단계에서는 GPS와 IoT 센서를 장착한 컨테이너나 팔레트를 통해 운송 중인 제품의 위치, 온도, 습도, 충격 등을 모니터링할 수 있다. 이는 특히 의약품, 식품, 정밀 기기 등 온도에 민감한 제품의 품질 보증에 필수적이다. 또한 AGV나 AMR 같은 무인 운반 장비는 5G 네트워크를 통해 실시간 위치 정보와 제어 명령을 주고받으며, 공장 내 물류를 자동화한다. 이를 통해 자재 공급 시간을 단축하고, 작업자의 비부가가치 활동을 줄일 수 있다.

4) IIoT 시스템 구축 방법론 및 주요 고려사항

(1) IoT 시스템 구축 방법론

IIoT 시스템은 단순히 센서를 설치하고 데이터를 수집하는 수준이 아니라, 현장 설비, IT 시스템, 데이터 분석, 제어시스템을 통합적으로 설계하고 구현해야 하는 복잡한 시스템이다. 성공적인 IIoT 구축을 위해서는 체계적인 방법론과 단계별 접근이 필요하다.[6]

IIoT 시스템 구축은 일반적으로 7단계의 순차적 프로세스로 진행된다. 먼저 현장의 문제를 정확히 파악하고 개선 목표를 설정하는 요구사항 정의 단계에서 시작하여, 적합한 센서를 선정하고 통신 네트워크를 설계한다. 이후 데이터가 수집부터 분석까지 흐르는 파이프라인을 구성하고, IIoT 플랫폼을 구축한 뒤, 실제 업무에 활용할 응용 프로그램을 개발한다. 마지막으로 시스템을 운영하면서 지속적으로 성과를 모니터링하고 개선해 나간다. 각 단계는 서로 긴밀하게 연결되어 있으며, 이전 단계의 결과가 다음 단계의 입력으로 사용되므로, 초기 요구사항 정의와 센서 선정이 특히 중요하다. 표 9-6은 각 단계별 주요 활동과 핵심 포인트를 정리한 것이다.

이러한 단계적 접근을 통해 기업은 '개념 검증(Proof of Concept, PoC) → 파일럿(Pilot) → 전사적 확대'라는 단계별 확산 전략을 취할 수 있다. PoC 단계에서는 소규모로 기술의 실현 가능성을 검증하고, 파일럿 단계에서는 특정 라인이나 공정에서 실제 성과를 측정하며, 이후 전사적으로 확대하는 방식이다. 이는 투자 리스크를 최소화하고, 조직의 학습과 적응을 촉진하는 효과적인 전략이다.

(2) IoT 시스템 구축 시 주요 고려사항

IIoT 도입은 기술적 구현만으로 성공할 수 없으며, 조직, 프로세스, 인력, 전략적 측면에서 종합적인 고려가 필요하다.[6] 다음은 실무에서 반드시 검토해야 할 주요 고려사항이다.

❶ 기존 시스템과의 통합

대부분의 제조기업은 수십 년에 걸쳐 구축된 레거시 시스템(SCADA, DCS, PLC 등)을 운영하고 있다. IIoT 시스템은 기존 시스템과 원활하게 통합되어야 하며, 이를 위해서는 표준 프로토콜(OPC UA, Modbus 등)과 게이트웨이 장치가 필수적이다. 또한 데이터 형식, 통신 주기, 보안 정책 등의 호환성을 사전에 검토해야 한다. 기존 시스템을 완전히 교체하는 것은 현실적으로 어렵고 비용이 과다

표 9-6 IIoT 시스템 구축 단계

단계	주요 활동	핵심 포인트
1단계: 요구사항 정의	- 현장 문제 및 개선 목표 식별 - 성과 지표(KPI) 설정 - 이해관계자 인터뷰	- 구체적이고 측정 가능한 목표 설정 - 경영진의 지원 확보
2단계: 센서 선정	- 측정 항목 결정 - 환경 조건 고려 - 센서 사양 검토	- 정확도, 내구성, 통신 인터페이스 - 센서 선택 가이드라인(표 9-2) 참조
3단계: 네트워크 설계	- 유/무선 통신 기술 선택 - 프로토콜 결정 - 대역폭 및 지연 시간 계산	- 결정성, 저지연, 고신뢰성 확보 - MQTT, OPC UA 등 표준 프로토콜 우선
4단계: 데이터 파이프라인	- 수집-전처리-저장-분석 흐름 설계 - 엣지/포그/클라우드 역할 분담	- 실시간 처리는 엣지에서 - 장기 분석은 클라우드에서
5단계: 플랫폼 구축	- 상용/오픈소스 플랫폼 선택 - 인프라 구축(서버, 네트워크)	- AWS IoT, Azure IoT, MindSphere 등 - 온프레미스 vs. 클라우드 결정
6단계: 응용 개발	- 대시보드 개발 분석 알고리즘 구현 - AI/ML 모델 적용	- 사용자 친화적 인터페이스 - 예지보전, 품질 예측 모델
7단계: 운영 및 개선	- 시스템 모니터링 - 유지보수 - 성과 측정 및 개선	- 지속적 최적화 - 점진적 확장 전략

하므로 점진적 통합 전략을 취하는 것이 바람직하다.

❷ 단계적 구축 전략

IIoT 프로젝트는 처음부터 전사적으로 확대하기보다는, PoC(개념 검증) → 파일럿 → 전사 확산의 단계를 밟는 것이 안전하다. PoC 단계에서는 소규모로 기술의 실현 가능성과 효과를 검증한다. 파일럿 단계에서는 특정 라인이나 공정에 적용하여 실제 운영 환경에서의 성과를 측정하고, 문제점을 개선한다. 성과가 입증되면 전사적으로 확대하되, 우선순위가 높은 공정부터 순차적으로 적용한다. 이러한 접근은 투자 리스크를 분산시키고, 조직의 학습과 적응 시간을 확보하는 효과가 있다.

❸ ROI 분석 및 경영진 설득

IIoT 투자는 초기 비용이 상당하므로 명확한 경제적 효과를 제시하여 경영진의 지원을 확보해야 한다. ROI 분석 시에는 직접적 비용 절감(인건비, 에너지 비용, 불량 감소 등)뿐만 아니라, 간접적 효과(품질 향상, 납기 준수율 개선, 고객 만족도 향상 등)도 포함해야 한다. 또한 투자 회수 기간을 현실적으로 산정하고, 단계별 성과 지표(KPI)를 설정하여 진행 상황을 정기적으로 보고하는 것이 중요하다.

❹ 인력 양성 및 조직 변화

IIoT는 단순한 설비 업그레이드가 아니라 조직의 디지털 전환(DX)이다. 데이터 분석, 시스템 운영, 사이버 보안, AI 모델 개발 등 새로운 역량을 갖춘 인력이 필요하다. 기존 생산 인력도 디지털 도구를 활용할 수 있도록 교육해야 하며, 현장 작업자, 엔지니어, 관리자 각 계층에 맞는 교육 프로그램을 제공해야 한다. 또한 데이터 기반 의사결정 문화를 조성하고, IT 부서와 생산 부서 간의 협업 체계를 구축하는 것이 중요하다. 일부 선진 기업에서는 데이터 사이언티스트나 IIoT 전문가와 같은 새로운 직무를 신설하거나, 외부 전문 인력을 영입하여 내부 역량을 강화하고 있다.

❺ 보안 및 신뢰성 고려

IIoT 시스템은 네트워크에 개방되어 있어 사이버 공격의 위험에 노출된다. 랜섬웨어, DDoS 공격, 데이터 유출 등은 생산 중단과 막대한 경제적 손실로 이어질 수 있다. 따라서 IIoT 구축 단계부터 보안을 설계에 포함해야 한다(security by design). IEC 62443과 같은 산업 보안 표준을 준수하고, 네트워크 분리, 접근 제어, 암호화, 침입 탐지 시스템 등 다층 보안 체계를 구축해야 한다.

또한 시스템의 신뢰성 확보를 위해 중요 설비는 이중화하고, 장애 발생 시 자동 복구 메커니즘을 마련해야 한다. 정기적인 보안 점검과 취약점 분석, 그리고 사이버 공격 시나리오를 가정한 모의훈련도 필요하다. 보안과 신뢰성은 IIoT 시스템의 지속 가능성을 결정하는 핵심 요소이다.

❻ 데이터 거버넌스 및 표준화

IIoT 시스템에서 수집되는 데이터는 기업의 핵심 자산이다. 데이터의 소유권, 접근 권한, 보관 기간, 활용 범위 등을 명확히 정의하는 데이터 거버넌스 체계가 필요하다. 또한 여러 부서와 시스템에서 생성되는 데이터의 형식, 단위, 명명 규칙 등을 표준화하여 상호운용성을 확보해야 한다. 데이터 품질 관리도 중요하며, 결측치, 이상치, 중복 데이터 등을 처리하는 절차를 수립해야 한다.

5) IIoT 보안·신뢰성 및 발전 방향

IIoT가 제조 현장에서 널리 활용되면서, 기술적 효율성뿐만 아니라 **보안**과 **신뢰성**이 핵심 과제로 부상하고 있다. IIoT 시스템은 센서, 설비, 네트워크, 플랫폼 등 여러 계층이 연결된 개방형 구조이기 때문에, 사이버 공격이나 시스템 장애가 발생할 경우 전체 생산 라인이 중단될 수 있는 위험이 존재한다.[3] 전통적인 제조 환경의 폐쇄형 제어망과 달리, IIoT는 인터넷과 연결되어 있어 외부로부터의 공격에 노출될 가능성이 높다. 따라서 보안과 신뢰성 확보는 IIoT 시스템 설계와 운영에서 선택이 아닌 필수 요소이다.

또한 기술은 빠르게 발전하고 있다. 엣지 AI, 차세대 센서, 5G/6G, 디지털트윈 등 새로운 기술이

IIoT의 성능과 적용 범위를 확장하고 있으며, 국제표준화기구와 각국 정부의 정책도 IIoT의 미래를 형성하고 있다.

(1) IIoT 환경의 보안 위협

IIoT 시스템은 정보기술(IT)과 운영기술(OT)이 융합된 구조로, 기존의 폐쇄형 제어망에 비해 훨씬 넓은 공격 범위를 가진다.[16] IT 영역은 인터넷과 연결되어 정보 처리와 데이터 분석을 담당하며, OT 영역은 현장 설비를 직접 제어한다. 과거에는 두 영역이 물리적으로 분리되어 있었지만, IIoT 환경에서는 통합되면서 보안 취약점이 증가했다.

주요 보안 위협에는 표 9-7에서와 같이 무단 접근 및 권한 탈취, 데이터 변조 및 중간자 공격, 랜섬웨어 및 악성코드, 디도스(DDoS) 공격, 공급망 공격 등이 있다. **무단 접근 및 권한 탈취**는 인증이 부실한 엣지 디바이스, 기본 비밀번호 미변경, 계정 정보 유출 등을 통해 공격자가 시스템에 침입하는 위협이다. 공격자가 접근 권한을 획득하면 공정 제어권을 탈취하거나 민감한 생산 정보를 유출할 수 있다. 특히 낡은 산업용 센서와 PLC는 초기 설정 상태로 운영되는 경우가 많아 취약점이 된다. **데이터 변조 및 중간자 공격**(man-in-the-middle attack)은 통신 과정에서 데이터를 가로채거나 위·변조하는 공격이다. 예를 들어, 센서에서 전송되는 온도 데이터를 조작하여 실제로는 과열 상태인데도 정상으로 표시되게 하면, 설비 손상이나 화재 같은 심각한 사고로 이어질 수 있다. 암호화되지 않은 통신은 이러한 공격에 특히 취약하다. **랜섬웨어 및 악성코드**는 최근 제조업을 겨냥한 사이버 공격의 주요 형태이다. 2017년 WannaCry 랜섬웨어는 전 세계 다수의 제조기업을 공격하여 생산을 중단시켰으며, 2021년에는 미국의 주요 석유 파이프라인이 랜섬웨어 공격으로 5일간 운영을 중단하는 사태가 발생했다. 공격자는 생산 데이터를 암호화하고 복구를 위해 거액의 금전을 요구하며, 이는 막대한 경제적 손실로 이어진다.[17] **디도스**(Distributed Denial of Service, DDoS) 공격은 대량의 패킷으로 시스템이나 네트워크를 마비시키는 공격이다. 실시간 제어가 필요한 IIoT 환경에서 네트워크가 마비되면 센서 데이터 수집과 제어 명령 전달이 불가능해져 생산이 중단된다. 2016년 Mirai 봇넷은 수십만

표 9-7 IIoT 환경의 주요 보안 위협

위협 유형	내용	영향
무단 접근 및 권한 탈취	인증 부실, 계정 정보 유출을 통한 시스템 침입	공정 제어권 탈취, 정보 유출
데이터 변조 및 중간자 공격	통신 과정에서 데이터를 위·변조하거나 가로채기	잘못된 제어 명령, 설비 오작동 유발
랜섬웨어 및 악성코드	데이터 암호화, 조업 방해	생산 중단, 금전적 피해, 복구 비용
DDoS 공격	대량 패킷으로 시스템/네트워크 마비	실시간 제어망 장애, 서비스 불가
공급망 공격	펌웨어/소프트웨어 업데이트 경로를 통한 악성코드 유입	광범위한 감염 및 장기적 피해

대의 IoT 기기를 감염시켜 대규모 DDoS 공격을 수행한 사례가 있다. **공급망 공격**은 펌웨어나 소프트웨어 업데이트 경로를 통해 악성코드를 유입시키는 공격이다. 신뢰할 수 있는 벤더의 업데이트로 위장하여 광범위한 시스템을 감염시킬 수 있으며, 발견이 어렵고 장기적인 피해를 초래한다. 2020년 SolarWinds 공급망 공격은 전 세계 수천 개 기업과 정부 기관에 영향을 미쳤다.

산업 환경에서는 사이버 공격이 단순한 정보 유출로 끝나지 않고, 설비 오작동, 안전사고, 생산 손실, 심지어 인명 피해로 이어질 수 있다. 따라서 보안은 선택 사항이 아닌 필수 요소로 간주되어야 한다.[18]

(2) 보안 강화 기술 및 국제 표준

IIoT 보안을 강화하기 위해서는 단일 기술이 아니라 다층적 방어(defense in depth) 접근법이 필요하다.[19] 다층적 방어는 네트워크, 시스템, 디바이스, 데이터, 운영 정책 등 여러 계층에서 보안 조치를 적용하여, 하나의 방어선이 뚫리더라도 다른 계층에서 공격을 차단할 수 있도록 하는 전략이다.

❶ 주요 보안 기술

인증 및 접근 제어는 시스템에 접근하는 사용자와 디바이스의 신원을 확인하고, 권한에 따라 접근을 제어하는 기술이다. 다중 인증(Multi-Factor Authentication, MFA)은 비밀번호 외에 생체 인증, OTP 등 추가 인증 수단을 요구하여 보안을 강화한다. 역할 기반 접근 제어(Role-Based Access Control, RBAC)는 사용자의 역할에 따라 접근 권한을 부여하여, 불필요한 권한 부여를 방지한다. PKI(Public Key Infrastructure) 기반 인증은 디지털 인증서를 사용하여 디바이스 간 상호 인증을 수행한다.

암호화는 데이터의 기밀성을 보장하는 핵심 기술이다. 전송 중인 데이터는 전송 계층 보안(Transport Layer Security, TLS) 또는 데이터그램 전송 계층 보안(Datagram Transport Layer Security, DTLS)을 사용하여 암호화하며, 저장된 데이터는 AES-256(Advanced Encryption Standard) 알고리즘으로 암호화한다. OPC UA 프로토콜은 보안 기능이 내장되어 있어 인증과 암호화를 기본으로 제공한다.

네트워크 분리 및 방화벽은 IT 네트워크와 OT 네트워크를 물리적 또는 논리적으로 분리하여, IT 측의 공격이 OT 측으로 전파되는 것을 차단한다. 산업용 방화벽은 산업 프로토콜을 인식하고 제어할 수 있으며, 침입 탐지 시스템(Intrusion Detection System, IDS)과 침입 차단 시스템(Intrusion Prevention System, IPS)을 통해 비정상적인 트래픽을 감지하고 차단한다.

❷ IEC 62443 표준

IEC 62443은 산업 자동화 및 제어 시스템(Industrial Automation and Control Systems, IACS)의 보안을 위한 국제 표준으로, 전 세계적으로 가장 널리 인정받고 있다.[20] 이 표준은 4개의 카테고리로 구성되어 있다(표 9-8 참조).

IEC 62443은 또한 보안 레벨(Security Level, SL)을 SL1부터 SL4까지 정의하여 시스템의 중요도에 따라 적절한 보안 수준을 적용할 수 있도록 한다. SL1은 우연한 위반 방어, SL2는 의도적 단순 공격 방어, SL3는 정교한 공격 방어, SL4는 국가급 공격 방어 수준이다. IEC 62443 준수는 글로벌 기업뿐만 아니라 중소 제조기업의 스마트팩토리 구축 시에도 점차 요구되는 추세이다. 이는 단순한 기술적 대응을 넘어, 보안 관리 체계 수립과 조직 문화 변화가 중요함을 의미한다.

표 9-8　IEC 62443 보안 표준 구조

구분	내용	적용 범위
General	용어, 개념, 공통 요구사항	전반적 이해
Policies & Procedures	조직의 보안 정책 및 운영 절차	관리적 보안(정책, 교육)
System	네트워크 및 시스템 레벨 보안 요구사항	시스템 설계, 운영
Component	디바이스 및 소프트웨어 보안 요구사항	센서, PLC, HMI, 게이트웨이 등

❸ 기타 보안 표준

ISO/IEC 27001은 정보 보안 관리 시스템(Information Security Management System, ISMS)의 국제 표준으로, 조직의 정보 자산을 체계적으로 보호하기 위한 프레임워크를 제공한다. 미국 국립표준기술연구소가 개발한 사이버 보안 프레임워크(cyber security framework)는 식별(identify), 보호(protect), 탐지(detect), 대응(respond), 복구(recover)의 다섯 가지 핵심 기능으로 구성된다. 또한 NERC(North American Electric Reliability Corporation)의 Critical Infrastructure Protection(CIP)은 에너지 분야의 중요 인프라 보호를 위한 표준으로, 전력망을 구성하는 중요 인프라와 사이버 자산을 보호하는 것을 목표로 한다.

(3) 신뢰성 확보 방안

IIoT 시스템의 신뢰성은 생산 중단을 최소화하고 안전한 운영을 보장하는 핵심 요소이다. 네트워크 장애, 센서 오류, 소프트웨어 버그 등이 실제 공정에 직접적인 영향을 미칠 수 있기 때문에, 하드웨어·소프트웨어·운영 측면에서의 중복성(redundancy) 방지와 모니터링 체계가 필요하다.[21]

❶ 시스템 이중화 및 장애 복구

중요한 서버, 네트워크 장비, 게이트웨이는 이중화하여 하나가 고장 나더라도 다른 것이 자동으로 대체하는 페일오버(failover) 메커니즘을 구축한다. 예를 들어, 클라우드 플랫폼은 여러 데이터 센터에 분산 배치하여 한 곳에 장애가 발생해도 서비스가 지속되도록 한다. 네트워크도 이중화하여 주 경로에 문제가 생기면 보조 경로로 자동 전환한다.

❷ 센서 중복 및 데이터 검증

중요한 공정 변수는 여러 개의 센서로 측정하여 교차 검증(cross-validation)을 수행한다. 센서 값들이 서로 크게 차이 나면 센서 고장이나 데이터 이상으로 판단하여 알람을 발생시킨다. 또한 이상치 탐지(outlier detection) 알고리즘을 적용하여 비정상적인 데이터를 자동으로 식별하고 제거한다.

❸ 실시간 헬스 모니터링

게이트웨이, 네트워크 장비, 서버, 센서 등 모든 구성요소의 상태를 실시간으로 감시한다. CPU 사용률, 메모리 사용량, 네트워크 대역폭, 센서 응답 시간 등을 지속적으로 모니터링하고, 임곗값을 초과하면 관리자에게 알람을 발송한다. 자가진단(self-diagnosis) 기능을 가진 스마트 센서는 내부 오류를 스스로 감지하여 보고한다.

❹ 데이터 백업 및 복구

생산 데이터, 설정 파일, 분석 모델 등 중요한 데이터는 정기적으로 백업한다. 백업 데이터는 별도의 물리적 위치나 클라우드에 저장하여, 랜섬웨어 공격이나 화재 같은 재해에도 복구할 수 있도록 한다. 재해 복구 계획(Disaster Recovery Plan, DRP)을 수립하고 정기적으로 복구 훈련을 실시하여, 실제 상황에서 신속하게 대응할 수 있도록 준비한다.

이러한 신뢰성 확보 방안은 보안 대책과 결합될 때 효과가 극대화된다. 예를 들어, 장애 복구 시스템이 공격에 의해 마비되지 않도록 설계하는 것은 보안과 신뢰성의 통합적 고려에 해당한다.[6]

(4) IIoT 기술 및 정책 발전 방향

IIoT는 빠르게 진화하고 있으며, 다음과 같은 기술과 정책 동향이 향후 스마트제조의 핵심 동력이 될 것으로 전망된다.[22]

❶ 엣지 AI 및 온디바이스 머신러닝

전통적으로 AI 분석은 클라우드에서 수행되었지만, 최근에는 엣지 디바이스에서 직접 AI 모델을 실행하는 **엣지 AI**가 부상하고 있다. **TinyML**(Tiny Machine Learning)은 마이크로컨트롤러 수준의 저전력 디바이스에서 머신러닝 모델을 실행할 수 있게 하는 기술이다. 엣지 TPU(Tensor Processing Unit)는 Google이 개발한 엣지 AI 가속기로, 저전력으로 고속 AI 추론을 수행한다.

엣지 AI의 주요 장점은 지연 시간이 거의 없다는 점이다. 센서 데이터를 클라우드로 전송하고 분석 결과를 받아 오는 데 수백 ms가 걸리지만, 엣지에서 처리하면 1 ms 이내에 결과를 얻을 수 있다.

또한 네트워크 대역폭을 절약하고, 민감한 데이터를 외부로 전송하지 않아 프라이버시와 보안이 향상된다. 응용 사례로는 실시간 이상 탐지, 품질 검사, 설비 고장 예측 등이 있다.[23]

❷ 차세대 센서 기술

센서 기술도 빠르게 발전하고 있다. MEMS 센서는 반도체 공정으로 제작되어 초소형, 저전력, 대량생산이 가능하며, 스마트폰부터 자동차, 산업 설비까지 널리 사용된다. 나노센서는 나노 기술을 활용하여 극미량의 물질을 검출할 수 있으며, 화학 공정이나 환경 모니터링에 활용된다. 자가발전 센서(energy harvesting sensor)는 주변 환경의 에너지(진동, 열, 광)를 수확하여 자체 전력을 생성하므로, 배터리 교체가 불필요하고 유지보수 비용이 절감된다. 이는 접근이 어려운 장소나 대규모 센서 네트워크에 특히 유용하다.

❸ 5G/6G 기반 초연결 제조 환경

5G는 초저지연(1 ms), 초고속(20 Gbps), 대규모 접속(km^2당 100만 개 디바이스)을 지원하여 제조업에 혁신을 가져오고 있다.[24] 이동형 로봇(AGV, AMR)은 5G를 통해 실시간 위치 정보와 제어 명령을 주고받으며 자율적으로 이동한다. XR(확장현실) 기반 유지보수는 5G의 고속 통신을 활용하여 원격지 전문가가 현장 작업자를 실시간으로 지원한다. 원격 제어는 5G의 초저지연 특성을 이용하여 멀리 떨어진 곳에서도 정밀한 설비 제어가 가능하다. 기업 전용 5G 네트워크인 Private 5G는 공공 5G 망과 독립적으로 운영되어 보안과 성능을 보장하며, 차세대 스마트팩토리의 핵심 인프라로 주목받고 있다. 6G는 AI 네이티브(AI가 네트워크에 통합), 테라헤르츠(THz) 대역 활용, 초정밀 위치 추적, 홀로그램 통신 등을 특징으로 하며, 완전 자율 공장과 물리-디지털 세계의 완전한 융합을 실현할 것으로 전망된다.

❹ 디지털트윈 및 실시간 시뮬레이션 융합

디지털트윈은 물리적 자산의 가상 복제본으로, 센서 데이터를 실시간으로 반영하여 현재 상태를 정확히 재현한다. 디지털트윈을 활용하면 What-if 분석을 통해 다양한 시나리오를 시뮬레이션하고 최적의 운영 조건을 도출할 수 있다. 또한 설비의 미래 상태를 예측하여 예지보전을 고도화하고, 신제품 개발 시 가상 환경에서 먼저 테스트하여 시행착오를 줄일 수 있다. IIoT와 디지털트윈이 결합되면 사이버물리시스템(CPS)이 구현되어, 물리 세계와 사이버 세계가 실시간으로 상호작용하며 자율적으로 최적화되는 지능형 제조시스템이 실현된다.[25]

❺ 지속가능성 및 그린 제조

기후 변화 대응과 탄소 중립 목표 달성을 위해, IIoT는 지속가능한 제조를 지원하는 핵심 기술로 주목받고 있다. IIoT 센서를 통해 탄소 배출량을 실시간으로 모니터링하고, 에너지 소비를 최적화하여 온실가스를 감축할 수 있다. 또한 자원 사용량, 폐기물 발생량을 추적하여 순환경제(circular economy) 구현을 지원한다. 제품의 전 수명주기 동안의 환경 영향을 데이터로 관리하는 것도 가능해진다.[26]

⑥ 국제 표준화 및 정책 동향

IIoT의 상호운용성과 보안을 보장하기 위해 국제 표준화가 활발히 진행되고 있다. 독일의 Industrie 4.0은 RAMI 4.0(Reference Architecture Model Industrie 4.0)을 통해 표준화된 통신과 상호운용성을 추구한다. 미국의 IIC(Industrial Internet Consortium)는 산업 인터넷 참조 아키텍처(Industrial Internet Reference Architecture, IIRA)를 개발하고 테스트베드를 운영하며 실증 사례를 공유한다. 일본의 IVI(Industrial Value Chain Initiative)는 느슨한 결합(loose coupling) 개념을 통해 유연한 제조시스템 구축을 지향한다.

국내에서는 K-Smart Factory 정책을 통해 중소기업의 디지털 전환을 위한 스마트팩토리를 보급하는 것을 목표로, 컨설팅, 자금 지원, 인력 양성 프로그램을 제공하고 있다. 또한 IEC TC65는 산업자동화 및 제어 표준을, ISO/IEC JTC1 SC41은 IoT 및 디지털트윈 표준을, oneM2M은 글로벌 IoT 표준 플랫폼을 개발하고 있다.[27]

IIoT가 제조 현장에서 지속적으로 발전하고 확산되기 위해서는 보안과 신뢰성이 기술 개발과 함께 반드시 고려되어야 하며, 국제 표준과 정책적 지원도 중요한 역할을 한다. 앞으로 IIoT는 AI, 5G/6G, 디지털트윈 등 신기술과 융합하여 완전 자율화된 지능형 제조시스템으로 진화할 것이다.

9.3 빅데이터

전통적인 제조시스템은 수작업을 벗어나 자동화 시스템을 통해 운영될지라도 작업자의 운영 경험에 기반하여 의사결정을 하는 경우가 많았다. 그러나 최근의 제조업은 제4차 산업혁명을 맞이하면서 자동화와 더불어, 디지털화, 지능화를 거쳐 변화하고 있다. 그 중심에는 '데이터'가 존재한다. 스마트팩토리를 원론적으로 정의하자면, '다양한 고객 및 시장의 요구사항에 대응하기 위해 대량생산의 단가로 품질이 좋은 제품을 맞춤 생산할 수 있는 제조시스템'이라고 할 수 있다. 이를 위해서 설계, 개발, 제조, 유통 등의 전 생산과정에서 ICT를 적용하여 생산성, 품질, 고객만족도를 향상시키고자 노력하는 공장이라고 볼 수 있다. 특히 IoT를 제조시스템 내의 공정, 설비 등에 접목하여 다양한 데이터를 실시간으로 수집하고, 데이터 분석 결과를 통해 시스템을 제어하거나 작업자의 의사결정을 도와야 할 것이다. 이러한 관점에서 스마트팩토리를 다시 정의해 본다면, '제조 현장에서 발생하는 방대한 양

그림 9-3 스마트제조에서 빅데이터 수집 및 활용

의 데이터를 실시간으로 수집, 저장, 분석하고 이를 바탕으로 의사결정을 자동화하고 최적화하여 운영에 반영할 수 있는 제조시스템'이라고 할 수 있을 것이다.

데이터 중심의 스마트팩토리가 구축되고 운영 가능해진 것은 정보기술의 급속한 발전 덕분이다. 특히 IoT 기술을 기반으로 실시간으로 공장 내 다양한 설비와 센서로부터 다양한 종류의 데이터를 방대하게 수집할 수 있게 되었고(빅데이터), 수집된 데이터를 저장하고 처리하는 기반으로 클라우드 컴퓨팅이, 데이터를 분석하고 예측하는 데는 AI 기술이 필수 요소로 활용되고 있다. 다시 말해, 스마트팩토리에 있어서 빅데이터, AI, 클라우드는 제조 지능화를 위한 3대 핵심 기술이라고 볼 수 있다. 이 절부터는 스마트팩토리에서의 빅데이터, 인공지능, 클라우드 기술의 개념과 역할을 중심으로 살펴보고, 각 요소가 어떻게 스마트제조 산업의 운영을 최적화하고 있는지 설명하고자 한다.

1) 빅데이터의 개요 및 특징

빅데이터(big data)를 글자 그대로 해석하자면 양이 많은 데이터(정보)라고 해석되지만 이를 조금 더 넓게 살펴보자면 단순히 데이터의 양이 많은 상태만을 의미하는 것이 아니라, 규모, 속도, 형태 등이 기존의 수집이나 분석 도구로는 다루기 어려울 정도로 방대(다양)한 데이터를 의미한다. Gartner는 2012년 자사의 IT 용어집과 리서치 리포트를 통해 빅데이터를 다음과 같이 정의하였다. "고급 통찰력과 의사결정을 향상시키기 위해, 비용효율적이고 혁신적인 정보처리 과정을 요구하는, 대량이며 급격하게 증가하고 다양한 정보 자산."[1] 이는 앞서 Doug Laney가 2001년에 제시한 3V(Volume, Velocity, Variety) 개념을 기반으로 하며, 이후 빅데이터의 산업적 정의를 대표하는 설명으로 널리 인용되고 있다.[2] 또한 제조 및 산업 영역에서 빅데이터의 실용성이 강조됨에 따라 IBM, Oracle, SAS

등 여러 기업에서 데이터의 신뢰성과 활용 가치를 반영한 'Veracity', 'Value' 개념을 추가하였다.[3] 그 결과 오늘날에는 다음과 같이 5V 모델이 빅데이터의 일반적인 주요 특성으로 널리 받아들여지고 있다.

- volume(규모): 데이터의 총량을 의미. 스마트팩토리는 설비, 공정 등에 접목된 수많은 센서, 로봇, 카메라, 제어기 등의 다양한 장치에서 매초(또는 더 짧은 주기) 데이터가 생성됨. 예를 들어, 단일 공정의 수백 개의 측정 지점에서 초당 수십 회의 데이터가 수집될 수 있음. 이를 하루 단위로 보자면, 수백 기가바이트에서 수십 테라바이트, 페타바이트에 이르는 양이 축적되므로 데이터 저장 및 처리 장치에 큰 부담을 줄 수 있음.
- velocity(속도): 데이터가 생성되어, 전파되고, 처리되는 속도를 의미. 데이터는 일반적으로 실시간으로 발생하여 수집되기에, 전파나 처리에 있어 지연이 발생하면 제조시스템에서의 생산 제품의 품질 문제나 생산 손실로 직결될 수 있음. 그러므로 신속한 수집·처리·분석이 필수적임. 이를 위해 추가적으로 엣지 컴퓨팅 등의 기술이 활용됨.
- variety(다양성): 데이터의 형태와 구조적 다양성을 의미. 스마트팩토리에서는 센서로부터 수집된 수치 값, 로그 데이터 등의 정형 데이터부터, Json, XML 형태의 반정형 데이터, 이미지, 영상, 음성, 텍스트 형태의 비정형 데이터까지 포괄하여 수집, 분석이 필요함. 나아가 이러한 이질적인 데이터를 서로 연계하여 해석하는 경우가 필요할 수도 있음.
- veracity(정확성): 데이터의 신뢰도와 품질을 의미. 제조 현장에서 수집된 데이터는 센서 오작동, 통신 지연, 외부 간섭 등으로 인해 오류, 노이즈 등이 혼재되기 쉬움. 따라서 수집된 데이터를 활용한 분석을 위하여 데이터 정제, 품질 검증, 데이터 보정 등의 기법이 필수적으로 병행되어 데이

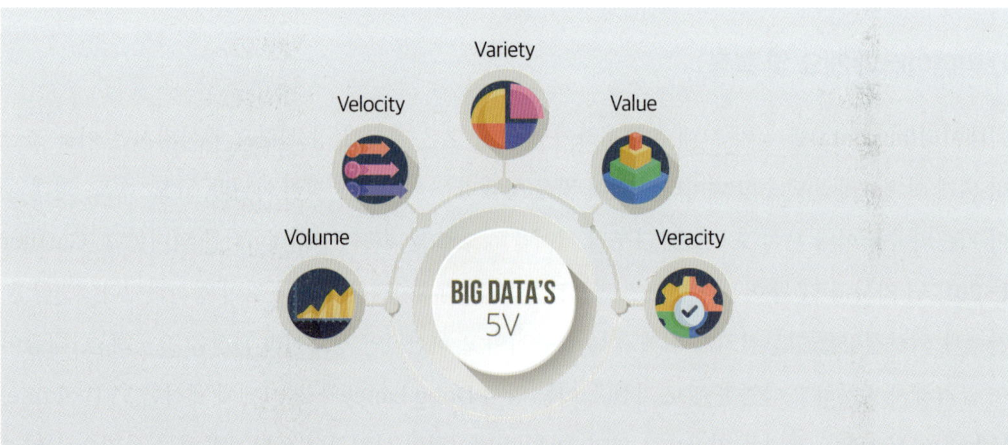

그림 9-4 빅데이터의 5V[4]

터의 정확도를 보장해야 함.

- value(가치): 수집된 데이터로부터 의미 있는 정보와 통찰(insight)을 도출하여 실질적인 비즈니스 가치를 창출할 수 있는지를 의미. 데이터를 가공하면 정보가 되는 것처럼 빅데이터 역시 그 자체는 가공되지 않은 원자재에 불과하며, 이로부터 의미 있는 정보 및 통찰을 도출할 수 있을 때 비로소 가치가 창출됨. 제조에서는 불량률 감소, 설비 고장 예측, 에너지 효율 개선 등의 형태로 직접적인 비즈니스 성과를 도출하는 것이 빅데이터의 궁극적인 목표임.

위와 같은 5V 특성들로 인해 빅데이터를 다룰 때는 기존의 전통적인 데이터 처리 방식과는 본질적으로 다른 접근을 필요로 하며, 스마트팩토리에서의 데이터 활용 방식 역시 이에 맞춰 변화하고 있다. 요약해 보자면, 기존의 데이터와 빅데이터는 다음과 같은 점에서 근본적인 차이를 가진다.

- **데이터 소스**: 기존의 데이터는 구조화된 형태로 정해진 포맷(예: SQL 데이터베이스)에 저장되지만, 빅데이터는 구조화된 데이터 외에도 센서 데이터, 로그 파일, 이미지, 음성, 영상 등 다양한 비정형 데이터를 포함할 수 있음.
- **처리 방법**: 기존 데이터는 배치 처리와 단순한 질의 기반의 분석(SQL 등)이 일반적이었으나, 빅데이터는 스트리밍 처리, 분산 처리, 병렬 컴퓨팅(Hadoop, Spark 등)이 요구됨.
- **데이터의 목적**: 전통 데이터는 과거 기록 보관이나 단순 보고용이 많았던 반면, 빅데이터는 미래를 예측하고 이상 상황을 탐지하며 공정 최적화를 실시간으로 지원하는 데 사용됨.

요약하자면, 빅데이터는 기존 자동화 기반의 제조시스템의 한계를 뛰어넘어, 실시간 판단과 미래 예측이 가능한 지능형 제조체계를 구축하는 핵심 기반 기술이다. 단순히 '많은 데이터'가 아니라 새로운 처리 패러다임을 요구하는 데이터라는 점에서, 빅데이터는 스마트팩토리의 디지털 전환을 가능하게 하는 가장 중요한 기술 중 하나로 평가된다.

2) 스마트팩토리에서의 빅데이터: 제조 데이터

스마트팩토리에서 수집되는 빅데이터는 '제조 데이터'라 명명할 수 있으며, 제조 데이터란 좁은 의미에서는 제조시스템을 운영하는 과정에서 발생하는 디지털 자료이며, 넓게 보자면 제조공정부터 제품을 활용하는 전 제품수명주기 동안 기업이 생산, 창출, 보유, 활용하는 데이터를 의미한다. 그 속성에 따라 다음과 같이 분류할 수 있다.[5]

- **설비 운영 데이터**: 작업 현장 중심의 실시간 데이터로, 생산 설비로부터 발생하는 설비 상태, 설비 제어, 외부 장비와의 연결을 위한 로그 데이터 등을 의미. 예를 들어 CNC, PLC, 산업용 로봇 등의

가동 상태(on, off) 및 속도, 온도, 진동 등의 센서 데이터가 해당.

- **공정 데이터**: 생산 과정 중심의 데이터로, 제조공정 단계별 제어 조건 및 환경을 의미. 예를 들어, 현재 공정을 운영하는 데 설정된 압력, 습도, 가열/냉각 속도, 공정 순서가 해당.
- **에너지 및 환경 데이터**: 에너지 효율화 및 안전한 환경 관리를 위한 데이터로, 공장 운영을 위하여 사용하는 에너지 및 환경 측정값을 의미. 예를 들어 전기 사용량, 산소 농도 등이 해당.
- **품질 검사 데이터**: 생산 품질 관리를 위한 데이터로, 제품 품질 및 결함 검사 데이터를 의미. 예를 들어 제품 표면을 촬영한 이미지, 제품의 치수, 검사 결과 로그 등이 해당.
- **생산/제품 이력 데이터**: 생산 추적성 및 품질 이력 관리를 위한 데이터로, MES나 ERP 등의 제조 실행 및 관리 시스템에서 관리되는 생산되는 제품 관련 이력을 의미. 예를 들어, 생산 일시, 담당 작업자, 검사 결과 등이 해당.
- **공장 운영 데이터**: 생산계획 및 자원 관리를 위한 데이터로, 제조 실행 및 관리 시스템에서 추출한 발주 수량, 재고 현황, 생산 일정 등의 데이터가 해당.
- **사용자 경험 데이터**: 제품 개발 및 마케팅 전략 수립을 위한 데이터로 완제품을 사용한 사용자로부터 수집한 데이터를 의미. 주로 전자상거래 플랫폼, 소셜 네트워크, 모바일 앱 등을 통해 수집되며, 제품 사용 패턴, 구매 이력, 고객 피드백 등이 해당.

스마트팩토리에 수집된 제조 데이터를 출처에 따라 구분한다면, 국제 산업 표준 ISA-95 모델의 5단계 계층과 밀접하게 연관하여 설명할 수 있다. ISA-95(IEC 62264)는 제조 운영시스템과 경영시스템 간의 통합을 목적으로 개발된 국제표준으로서, 제조 환경을 크게 5개의 계층(Level 0~4)으로 구분하여 각 단계에서 수행되는 기능과 정보의 흐름을 정의하고 있다.

- Level 0 물리적 프로세스(physical process, field level): 실제 생산 활동이 일어나는 물리적 계층을 의미. 온도 센서의 수치 값, 사용되는 전류의 양, 유해가스 농도 등과 같이 현장의 센서 및 액추에이터에서 발생하는 실시간성이 있는, 물리 기반 데이터가 발생함(설비 운영 데이터, 에너지 및 환경 데이터).
- Level 1 장치 제어(device control, device level): 센서 데이터 수집 및 액추에이터 제어를 위한 PLC 등의 산업용 제어기 등이 해당. 밸브의 온/오프 여부, 가열 시간과 같이 기초적인 제어 및 상태 모니터링에서 발생하는 공정 변수, 환경 조건 등의 데이터가 수집됨(설비 데이터, 공정 데이터, 에너지 및 환경 데이터).
- Level 2 감시 및 감독 제어(supervisory control, supervisory level): HMI, SCADA 등을 통해 생산 상태를 모니터링하고 공정을 제어하는 단계. 작업 현장의 통합적 운영을 위한 공정 전체의

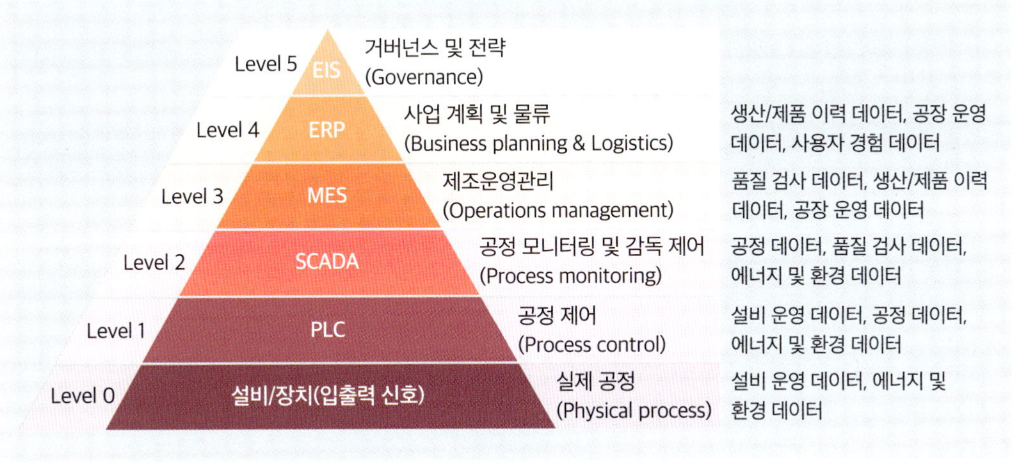

그림 9-5 스마트팩토리에서 발생하는 제조 데이터 유형과 ISA-95 계층 매핑[6]

운영 상태, 품질 검사 결과와 같은 데이터가 수집됨(공정 데이터, 품질 검사 데이터, 에너지 및 환경 데이터).

- Level 3 운영 관리(operations management, planning level): MES 등을 통해 제조 실행 단계에서 필요한 생산 일정 계획, 품질 관리, 추적성 관리 등의 전반적인 제조 운영을 담당하는 계층. 공장 운영 수준의 생산관리 데이터와 제품 이력 정보가 수집됨(품질 검사 데이터, 생산/제품 이력 데이터, 공장 운영 데이터).
- Level 4 기업 경영(business planning & logistics): ERP, SCM, CRM 시스템 등을 통해 기업 경영의 관점에서 전사적자원관리, 판매/수주 계획, 재고 관리 등을 수행하는 단계. 기업 수준의 내부 데이터뿐만 아니라 고객 데이터를 포함하여 경영전략 수집과 외부 데이터 연계에 필요한 고수준 비즈니스 데이터가 수집됨(생산/제품 이력 데이터, 공장 운영 데이터, 사용자 경험 데이터).

이처럼 제조 데이터는 복잡하고 다차원적이며, 대부분 실시간으로 발생한다. 따라서 이를 효과적으로 수집하고 저장하기 위해 IoT 플랫폼, 데이터 레이크, 스트리밍 처리 시스템 등이 사용된다.

3) 빅데이터 수집과 저장

앞서 언급한 바와 같이 수많은 요소로부터 실시간으로 발생하는 데이터를 수집하고 저장하는 것이 빅데이터 활용의 출발점이다. 데이터 수집(data acquisition 또는 data collection)은 물리적 환경으로부터 데이터를 추출, 획득하는 행위로서 네트워크를 통해 상위 시스템으로 전달하는 일련의 흐름을 포함하는 용어이다. 이를 위해서 센서 및 IoT 디바이스, 산업용 제어기, 게이트웨이, 엣지 컴퓨팅 장

- **데이터 레이크(Data Lake)** 정형, 반정형, 비정형 데이터를 원본 그대로 저장할 수 있는 중앙 저장소. 데이터를 구조화하지 않고도 저장할 수 있어 매우 유연한 기술임
- **데이터 웨어하우스(Data Warehouse)** 정형 데이터를 정제 및 통합하여 저장하되 분석에 최적화되어 있는 저장소
- **분산 파일 시스템(Distributed File System)** 물리적으로 다른 위치에 있는 여러 컴퓨터에 네트워크 통신을 통해 분산 저장하는 기술

치, 산업용 통신 프로토콜, 데이터 수집 플랫폼 등이 필요하다. 데이터 수집의 관점에서는 데이터를 얼마나 정확하고 빠르게, 연속적으로 추출할 수 있느냐가 중요하다. 이를 위해 수집되는 데이터의 유형, 수집 주기(빈도), 통신 프로토콜, 전송 방식 등을 적절히 결정해야 한다.

데이터 저장(data storage)은 수집된 데이터를 적절한 위치에 기록하여 보존하는 것으로, 빅데이터를 효율적으로 저장하기 위해서는 분산형 및 유연한 인프라가 필요하다. 데이터 레이크, 데이터 웨어하우스, 시계열 데이터베이스, 클라우드 스토리지, 분산 파일 시스템이 대표적인 주요 기술이다. 데이터 저장의 관점에서는 저장 구조의 확장성, 보안, 접근성, 유지관리의 용이성 등이 중요하다.

4) 빅데이터 전처리, 통합 및 품질 관리

스마트팩토리 환경에서 빅데이터를 효과적으로 활용하기 위해서는 단순히 데이터를 수집하고 저장하는 것에 그치지 않고, 수집된 데이터의 품질을 높이고, 여러 시스템에서 발생하는 다양한 데이터를 통합하는 과정이 반드시 필요하다. 특히 스마트팩토리에서 생성되는 데이터는 설비, 공정, 품질 검사, 생산/제품 이력, 에너지 및 환경, 공장 운영, 사용자 경험 등 매우 다양하게 생성되며, 이들 데이터는 형식, 구조, 의미가 서로 상이하다. 따라서 이러한 이질적인 데이터를 분석 가능한 형태로 가공하고, 신뢰성을 확보하기 위한 체계적인 전처리, 통합, 품질 관리 기술이 필요하다.

데이터 전처리(data preprocessing)는 수집된 원시 데이터를 분석 및 활용이 가능한 형태로 정제하는 일련의 과정이다. 주요 목적은 노이즈 제거, 이상치(outlier) 처리, 결측치 보정 등을 통해 수집된 데이터의 품질을 향상시키는 것이다. 전처리는 다음과 같은 단계로 구성된다.

- 데이터 정제(cleansing): 오류나 중복 데이터, 이상치 제거, 결측치 대체 등의 작업을 통해 데이터의 정확도와 일관성을 높임. 특정 값을 제거하기 위해서는 Z-score, 사분위 범위 등의 통계적 방법을 많이 활용하며, 결측치 대체로는 평균값으로 대체하거나, 선형 보관, 회귀 분석 등을 많이 활용함. 수집된 데이터별로 주기가 달라 시간 단위가 상이할 경우, 이를 기준 시간에 맞춰 정렬하거나 누락된 값을 보간하여 연속성을 확보하기도 함.

- **정규화 및 표준화**: 데이터 간 비교가 가능하도록 단위를 맞추거나 스케일을 조정함. 예를 들어, 수집된 수치 데이터를 0~1 범위로 정규화(normalization)하거나 평균 0, 표준편차 1로 표준화(standardization)하는 방식이 대표적임.
- **형식 통일 및 파싱**: 날짜, 시간, 범주형 값 등 다양한 데이터 형식을 통일된 포맷으로 변환하거나 로그나 메시지와 같은 반정형 데이터를 구조화함.
- **데이터 필터링 및 축소**: 분석 목적에 따라 필요한 데이터만을 선별하고, 고차원의 데이터를 주요 특징만으로 축소하여 실제 데이터 분석에서의 처리 비용을 절감하고자 함. 이는 주로 특징 선택(feature selection)이나 특징 추출(feature extraction) 기법과 같은 특징 엔지니어링(feature engineering)을 통해 구현됨.

전처리 과정은 단순한 기술적 처리 이상의 의미를 가지며, 잘못된 전처리는 분석 결과를 왜곡하거나 모델 성능을 크게 저하시킬 수 있으므로 매우 신중하게 수행되어야 한다.

데이터 통합(data integration)이란 여러 출처에서 수집된 이질적인 형태와 구조를 가진 데이터들을 하나의 일관된 시스템이나 형식으로 모아 연결하는 과정을 의미한다. 스마트팩토리 내에서는 다양한 설비와 시스템으로부터 데이터가 생성됨에 따라 각 데이터는 형식, 해상도, 주기, 구조가 다르다. 그러므로 이러한 이기종 데이터들을 하나의 체계로 결합하여 분석 가능하도록 하는 것이 데이터 통합의 목적이다. 핵심 기술은 다음과 같다.

- **마스터 데이터 모델링**: 스마트팩토리 내의 모든 시스템이 공통으로 참조하는 핵심 데이터(제품, 설비, 공정, 고객, 공급자 등)의 표준화를 통해 관리 체계를 마련하는 것을 의미. 이를 통해 시스템 간의 데이터 불일치나 중복 오류를 줄이고자 함. 예를 들어 설비에 대해 표준화된 식별자(ID)를 부여하는 것.
- **API 및 IoT 플랫폼 간 연동**: 각종 설비, 센서, MES, EPR 등 여러 시스템에서 발생하는 데이터를 실시간으로 연계하기 위한 기술. 이를 통해 다양한 설비와 시스템에서 데이터를 안정적으로 수집하여 중앙 저장소로 전달할 수 있음. 또한 데이터 형식을 표준화하여 빅데이터 저장소에 효율적으로 데이터를 쌓을 수 있도록 도와줌.

데이터 통합은 단순히 여러 데이터를 붙이는 과정이 아니라 전체 제조 프로세스의 흐름을 정확히 반영할 수 있도록 논리적 맥락과 시간 축을 맞추는 복합적인 기술이다. 이를 통해 각 부서나 시스템이 독립적으로 데이터를 관리함에 따라 통합된 정보를 공유하기 어려운 상황(데이터 사일로, data silo)을 효과적으로 해소할 수 있으므로 데이터 상호운영성을 극대화하여 전사적 데이터 기반 의사결정을 촉진할 수 있다.

수집된 데이터의 품질이 좋아야 이를 통한 분석 결과도 유의미할 것이다. 정확하지 않거나 불완전한 데이터는 분석 결과 왜곡과 잘못된 의사결정을 초래할 수 있으므로, 체계적인 품질 관리 활동이 요구된다. 데이터의 품질 관리를 위한 주요 지표는 다음과 같다.[7]

- 정확성(accuracy): 데이터가 실제 현상이나 값을 얼마나 정확히 반영하는지를 나타냄. 센서가 측정한 값과 실제 값의 일치하는 정도를 측정하여 확인할 수 있음.
- 완전성(completeness): 데이터가 필요한 모든 정보를 누락 없이 포함하고 있는 정도이다. 결측치 비율을 통해 측정할 수 있음.
- 일관성(consistency): 여러 데이터 간 또는 하나의 데이터 내에서 모순 없이 일치하는 정도를 의미함. 예를 들어 수집된 데이터의 타임 스탬프가 전체 수집 시간 내에 포함되는지, 두 종류의 데이터가 시간대별로 일치하는지, 사전 정의된 형태로 데이터가 수집되었는지 등을 통해 확인할 수 있음.
- 유효성(validity): 수집된 데이터가 정해진 유효범위 및 도메인 범위를 만족시키는지를 의미. 예를 들어 허용된 범위를 벗어난 수치 값이 얼마나 존재하는지를 통해 측정할 수 있음.
- 유일성(uniqueness): 데이터 내에서 동일한 항목이 중복 없이 단 한 번만 나와야야 함을 의미하며, 일반적으로 기본 키(primary key)의 중복 여부를 통해 판단됨. 예를 들어 시계열 센서 데이터라면 타임 스탬프, 또는 타임 스탬프와 센서 ID로 구성된 복합 키가 해당되며, 제품의 품질 검사 결과라면 기본 키로 사용하는 제품 ID 등이 됨.
- 무결성(integrity): 데이터 간 참조 관계나 연결이 올바르게 유지되고 있는지를 의미. 예를 들어 설비 ID가 없는 센서 로그가 존재한다면 이는 무결성을 위반하는 것임.

이러한 지표는 각 항목별로 자동 측정 알고리즘을 구축하거나, 샘플링 기반의 수동 평가를 통해 관리될 수 있다. 만약 품질 이슈가 감지된다면 알림을 발생시켜 작업자가 직접 확인할 수도 있지만, 품질 보정을 통해 해결할 수도 있다. 품질 보정(quality correction)은 데이터 품질을 확보하기 위한 적극적 조치로서, 원본 데이터의 품질 오류를 수정하는 작업이다. 예를 들면, 수집되는 센서 값이 유효범위를 벗어나 유효성을 위반할 경우, 편차나 오프셋을 조정하여 실제 값에 근접하도록 저장하는 것이다. 이는 데이터의 전처리로 보일 수 있으나, 데이터 전처리는 데이터 수집 및 저장 이후 본격적인 분석을 효과적으로 하기 위한 준비 작업이며, 품질 보정은 품질 지표를 기반으로 수집된 데이터의 현장 맥락에 맞게 정확하게 만드는 과정이다. 다시 말하자면, 품질 보정을 전처리의 하위 개념으로 볼 수도 있으나, 그 목적과 접근 방식에서 차이가 있다. 품질 보정에서는 미리 정의된 기준(지표)으로 문제 있는 데이터를 식별하여 이를 해결하는 것이므로 전처리 단계의 단순 데이터 정제와 달리, 스마트팩토리 데이터의 신뢰성과 공정 안전성을 확보하는 데 필수적인 작업이다.

또한 데이터 라벨링 및 메타데이터 관리 역시 수집된 제조 데이터의 품질 관리를 위해 필요한 기술이다. 라벨링 데이터의 정확도는 추후 본격적인 분석의 성능과 직결되므로 일관된 기준에 따른 품질 관리가 필요하다. 수작업 또는 반자동으로 수집된 데이터에 대한 라벨링(정답)을 부여할 수도 있다. 또한 메타데이터(metadata)란 '데이터에 대한 데이터'란 뜻으로, 원본 데이터에 대한 부가 정보나 설명을 의미한다. 데이터의 신뢰도를 판단하거나 이후의 분석 단계에서 데이터를 제대로 이해하기 위해서는 데이터의 생산 시간, 위치, 출처, 단위, 형식 등의 속성이 포함된 메타데이터가 체계적으로 저장되어 관리되어야 한다.

이처럼 전처리, 통합, 품질 보정 기술은 스마트팩토리의 데이터를 단순한 수집 수준에서 벗어나 고부가가치 자산으로 전환시키기 위한 핵심 단계이며, 이후의 분석, 인공지능 모델 적용, 자동화 시스템 최적화 등의 기반이 된다.

9.4 인공지능

1) 인공지능의 개요 및 특징

앞서 '빅데이터'에서 살펴본 바와 같이 스마트팩토리 환경에서는 센서, 장비, 시스템으로부터 막대한 양의 데이터가 실시간으로 수집되고 저장된다. 이러한 빅데이터는 그 자체로 바로 유용한 의미를 갖기는 어려우며, 효과적으로 분석하고 해석할 때 비로소 제조공정의 최적화, 품질 향상, 비용 절감 등의 결과를 이끌어 낼 수 있다. 전통적인 통계 기법이나 규칙 기반 시스템(rule-based system)은 데이터가 비교적 단순하거나, 사전에 정의된 지식이 충분할 때 유용하게 작동하나, 최근의 제조 환경은 고차원적 변수와 비선형적 관계가 복잡하게 얽혀 있는 경우가 많다.

이러한 한계를 극복하고자 인공지능(Artificial Intelligence, AI) 기술이 많이 활용되고 있다. AI는 방대한 데이터를 기반으로 패턴을 학습하고, 예측이나 분류, 제어와 같은 의사결정 기능을 수행할 수 있어, 제조 현장에서 복잡한 문제를 효과적으로 해결할 수 있는 도구로 자리 잡고 있다. 특히 머신러닝(machine learning)과 딥러닝(deep learning)은 명시적인 규칙 없이도 데이터 자체로부터 의미 있는 지식을 도출할 수 있어 기존 방식보다 뛰어난 성능을 보이는 경우가 많다. 특히 스마트팩토리에서 AI 기술은 단순한 자동화를 넘어 지능화(intelligent automation)를 가능하게 한다. 대표적으로 AI는 다음과 같은 영역에서 제조혁신을 이끌고 있다.[1]

- **장비 이상 예측 및 고장 사전 방지:** AI 모델은 센서 데이터를 분석해 고장을 사전에 예측하여, 비

그림 9-6 지능형 공장을 위한 AI 활용

가동 시간을 줄이고 유지보수 비용을 절감할 수 있음.

- **공정 품질 향상**: 실시간 데이터를 기반으로 공정 조건을 예측하고 이상 여부를 판단해 품질 편차를 줄일 수 있음.
- **생산량 및 수요 예측**: 과거 생산·판매 데이터를 기반으로 수요를 예측하고, 이에 따른 생산계획을 최적화할 수 있음.
- **불량 원인 분석**: 복합적인 변수 간의 인과관계를 AI가 학습하여 전문가가 인지하지 못한 품질 불량의 원인을 찾아낼 수 있음.

실제로 Siemens, Bosch, GE 등의 글로벌 제조기업은 물론이고 국내의 많은 생산 현장에서도 공정 데이터 분석, 설비 예지보전, 로봇 제어 최적화 등에 AI 기술을 적극 도입하고 있다. 시장조사 기관인 Markets and Markets이 분석하길 제조 분야에서 AI 시장 규모는 2023년 약 32억 달러에서 2028년에는 약 208억 달러로 확대될 것으로 전망되며, 이 기간 동안의 연평균 성장률은 약 연간 45.6%로 전망하고 있다.[2]

AI는 '기계가 인간과 유사한 지능적 행동을 수행하도록 하는 기술'을 의미한다. AI는 매우 광범위한 개념으로, 규칙 기반 시스템부터 자율 학습 시스템까지 다양한 형태를 포함하고 있다. 현대 제조 분야에서 주로 활용되는 AI는 특히 '데이터로부터 학습하여 문제를 해결하는 머신러닝'을 중심으로 발전해 왔으며, 크게 세 가지 방식으로 구분하여 활용되고 있다: 머신러닝, 딥러닝, 강화학습(reinforcement learning). 이들은 구조, 학습 방식, 활용 대상 데이터, 적용 분야에서 다음과 같은 차이를 보인다.[3,4]

머신러닝은 AI의 하위 분야로, 명시적으로 해야 할 일에 대해 프로그래밍하지 않아도, 통계 기반 기법을 포함하여 주어진 데이터를 바탕으로 패턴을 스스로 학습하여 예측이나 분류와 같은 작업을 수행하는 기술이다. 머신러닝은 인공지능이라는 개념이 막 태동하던 1959년, IBM의 Arthur Samuel이 "컴퓨터가 명시적으로 프로그래밍되지 않고도 학습할 수 있도록 하는 능력"이라고 정의하면서 널리 알려지게 되었다. 즉, 사람이 일일이 규칙을 알려 주지 않더라도, 주어진 데이터를 바탕으로 스스

표 9-9 제조기업의 AI 적용 사례[5]

산업	기업 (국가)	적용 예	활용 도구 또는 협력
자동차	Benz (독일)	- 지능형 차량 생산, 기술인력 지원, 실시간 의사결정 - 차량 인포테인먼트 시스템	- Microsoft Azure
	General Motors (미국)	- 자동차 생산 공장 내 도색 품질 관리 공정 적용 - 생성형 AI 기반 차량용 인포테인먼트 서비스	- IoT 디바이스 활용 - Microsoft, Google
	Volvo (스웨덴)	- 차량 고장, 서비스 향상을 위한 예측 분석 - 각종 문서 처리 간소화를 위한 AI 서비스 기반 사용자 지정 플랫폼	- Teradata
	현대차 (한국)	- AI, ICT, 로보틱스 등 첨단기술 융합 인간 중심 제조 시스템 - 음성인식 기술 접목 소프트웨어 중심 차량(SDV) 탑재	- Boston Dynamics - 포티투닷 ChatBaker
에너지 및 전력	Siemens (독일)	- 기계 상태 확인 및 예지보전을 위한 불규칙성 검출 - 전력망 제어 및 모니터링을 통한 신뢰성 확보 - 프로그래밍 코드 생성 및 최적화, 오류 제거, 해석 시간 단축	- 센서와 통신 기능을 갖춘 AI 기반 스마트 박스 - Microsoft 제조업용 AI 코파일럿 개발
	Yaskawa Electric Corp. (일본)	- 제품 피킹, 외관 검사, 품질 예측 - 성능 향상을 위해 필요한 데이터를 AI로 생성	- Allium
제약	Amgen (미국)	- 신약개발을 위해 분자 스크리닝 및 최적화 모델을 학습하는 데 걸리는 시간 단축	- NVIDIA BioNeMo
반도체 및 전자제품	NVIDIA (미국)	- 노광장비 공정에서 원하는 웨이퍼 이미지 형성을 위한 마스크 패턴 예측 - 머신러닝 기반 데이터 보호, 현장 설비 운용 분석	- cuLitho 라이브러리
	Intel (미국)	- 반도체 설계 및 생산 공정 최적화와 오류 감지	
	Applied Materials (미국)	- 웨이퍼 검사 장비에 적용 - 데이터 형성과 분석 및 결함 실시간 분류	- AI(x) 플랫폼
	삼성전자 (한국)	- 반도체 전 과정에 AI 적용 검토 - 텍스트, 코드, 이미지 생성 기능 활용 메일 작성, 문서 요약, 번역 등 업무에 활용	- 삼성 가우스 - 포스코DX 및 외부 전문 업체 협업
금속 및 중기계	포스코 (한국)	- 후판 강력교정 자동화 모델 재학습 기술 - 데이터 전처리 지원, 알고리즘 제작 등 제철소 환경에 맞는 모델 개발과 유지보수 지원	- Smart 헬프 센터
식품 및 음료	SPC삼립 (한국)	- 신규 아이템 발굴, 콘셉트 설정 등에 활용하여 신제품 개발 초기 단계에 소요되는 시간 단축	- 챗GPT, 스테이블디퓨전

로 예측이나 분류를 수행하는 것이 머신러닝의 핵심이다. 랜덤포레스트(random forest), 서포트 벡터 머신(support vector machine), 그레이디언트 부스팅(gradient boosting) 등 다양한 알고리즘이 있으며, 주로 정형 데이터에 효과적이다. 제조 현장에서는 수치 데이터를 기반으로 한 품질 분류, 수율 예측, 고장 감지 등의 다양한 문제에 적용되고 있다.

딥러닝은 다층 인공신경망(deep neural network)을 사용하는 머신러닝의 하위 개념으로 복잡하고 비선형적인 패턴을 학습하는 데 특화된 기술이다. 최근에는 그래픽 카드 등의 데이터 처리를 위한 하드웨어 성능이 향상됨에 따라 현재는 분석을 위한 데이터 처리 능력이 더 강력해져 머신러닝의 대표적인 기술로도 간주된다. 특히 이미지, 음성, 시계열 등 비정형 데이터를 처리하는 데 유리하며, 대표적인 구조로는 이미지 인식에 강한 CNN(Convolutional Neural Network), 시계열 데이터 처리에 활용되는 RNN(Recurrent Networks), 자연어 처리와 범용 AI 모델의 핵심인 Transformer 등이 있다. 제조 현장에서는 영상 기반의 불량 검출, 센서 데이터 기반의 이상 감지, 텍스트 기반의 업무 자동화 등에 널리 사용되고 있다. 최근에는 대규모 언어 모델(Large Language Model, LLM), 멀티모달 AI가 역시 각광받고 있다.

- LLM: Transformer 구조에서 발전한 딥러닝 기술로, 기존에는 자연어처리를 중심으로 활용되었으나 최근에는 제조 분야에서도 활용 가능성이 주목받고 있음. 작업 지시서, 설비 매뉴얼, 고장 리포트, 운영 일지 등 텍스트 기반의 비정형 지식이 풍부한 제조 현장에서, 이러한 데이터를 기반으로 정보를 요약하거나 작업자 질문에 자동 응답하는 등 지식 기반 업무 자동화에 기여하고 있음.
- 멀티모달 AI: 텍스트, 이미지, 센서 신호 등 서로 다른 형태의 데이터를 통합적으로 이해하고 처리할 수 있는 AI 기술. 최근 LLM의 확장 기술로서 각광받고 있음. 예를 들어, 설비의 진동 데이터를 수치로 분석하면서 동시에 장비 표면 이미지를 함께 고려해 이상을 진단하거나, 작업자의 음성과 텍스트 지시를 통합적으로 해석해 의도를 파악하는 응용이 가능.

강화학습은 AI 에이전트가 환경과 상호작용하면서 보상을 최대화하는 방향으로 스스로 정책을 학습하는 방식이다. 공정 조건 최적화, 자율 로봇 제어, 에너지 효율 제어 등 시뮬레이션 기반 문제 해결에 유용하다. 최근에는 제조 시뮬레이터와 연계해 다양한 강화학습 알고리즘(deep Q-network, proximal policy optimization, soft actor-critic 등)이 적용되고 있다.

AI 모델을 학습 방식에 따라 구분한다면, 다음과 같이 네 가지로 구분할 수 있다: 지도학습(supervised learning), 비지도학습(unsupervised learning), 준지도학습(semi-supervised learning), 자기지도학습(self-supervised learning).[6,7]

- 지도학습: 라벨(정답)이 존재하는 데이터를 학습하는 방식. 품질 분류, 수요 예측 등에 활용.

- **비지도학습**: 정답이 없는 데이터를 기반으로 주어진 데이터가 동일하다는 가정하에 유사성, 패턴, 군집 등을 학습. 불량 군집화, 공정 상태 분류 등에 활용.
- **준지도학습**: 일부 데이터에만 라벨이 존재할 때 활용되는 학습 방식. 소량의 라벨이 있는 데이터에 대해 먼저 학습한 뒤, 이 학습된 모델을 활용해 라벨이 없는 데이터에 대한 라벨을 예측하고, 이를 다시 학습에 반영함. 라벨링 비용을 줄이면서 지도학습에 가까운 성능을 얻을 수 있다는 점에서 라벨링 비용이 높은 제조 환경에서 특히 유리함.
- **자기지도학습**: 라벨이 없는 데이터 내에서 스스로 학습 과제를 정의하고 라벨을 생성하여 학습하는 방식. 예를 들어 주어진 이미지 데이터에 일부를 가린 후 그 부분에 대한 예측을 하거나, 문장의 일부를 가린 후 복원하는 형태임. 지도학습이 필요한 작업에 비지도학습을 사용하는 방법이기에 라벨이 없는 데이터에 대해 전반적인 특징을 학습하여 pre-trained 모델을 생성한 후, down-stream task에 전이하여 분석에 적용됨.

2) 인공지능을 이용한 분석 프로세스

AI 기술을 제조 현장에 적용하기 위해서는 단순히 알고리즘을 선택하는 것을 넘어, 전반적인 데이터 기반 시스템을 설계하고 구현하는 과정이 필요하다. 일반적으로 다음의 단계를 거쳐 AI가 현장에 적용되어 활용된다. 1~4번의 단계는 '빅데이터'에서 고려되는 부분과 중복되기도 한다.

1. **문제 정의 및 목표 설정**: AI를 통해 해결하고자 하는 제조 현장의 문제를 명확히 정의하여야 함. 구체적인 문제를 도출한 후, 정량적 목표(KPI)를 정하는 형태로 진행될 수 있음. 예를 들어, 불량률 감소를 문제로 정의한다면, KPI로는 현 15%에서 5%로 감소와 같은 형태로 설정할 수 있음. 목표가 구체적일수록 이후 단계가 효과적으로 진행됨. 또한 어떤 형태의 결과를 얻고 싶은가에 대해서도 정의해야 함. 데이터를 분석하여 문제 해결 또는 의사결정 대안을 도출하는 과정은 얻고자 하는 결과의 성격에 따라 다음 네 가지 유형으로 구분됨.[8]
    - descriptive analytics: 과거나 현재에 어떤 일이 발생했는지를 분석하고 이를 시각화하여 상태를 모니터링하는 방식. 주어진 원시 데이터를 정리하고 편집하여, '무슨 일이 있었는가', '언제 발생했는가'를 명확하게 파악하는 데 사용. 예를 들어 제조 분야에서는 센서 데이터를 기반으로 현재 공정 상태를 분류하거나 생산 이력을 요약할 때 사용됨.
    - diagnostic analytics: 과거나 현재에 발생한 사건의 원인을 파악하는 분석 방법. 변수 간의 상관관계나 인과관계를 분석하여, 문제가 발생한 근본 원인을 식별하는 데 중점을 둠. 예를 들어, 불량률 증가의 원인을 찾거나, 특정 설비에서 반복되는 이상 신호의 원인을 분석할 때 활용.

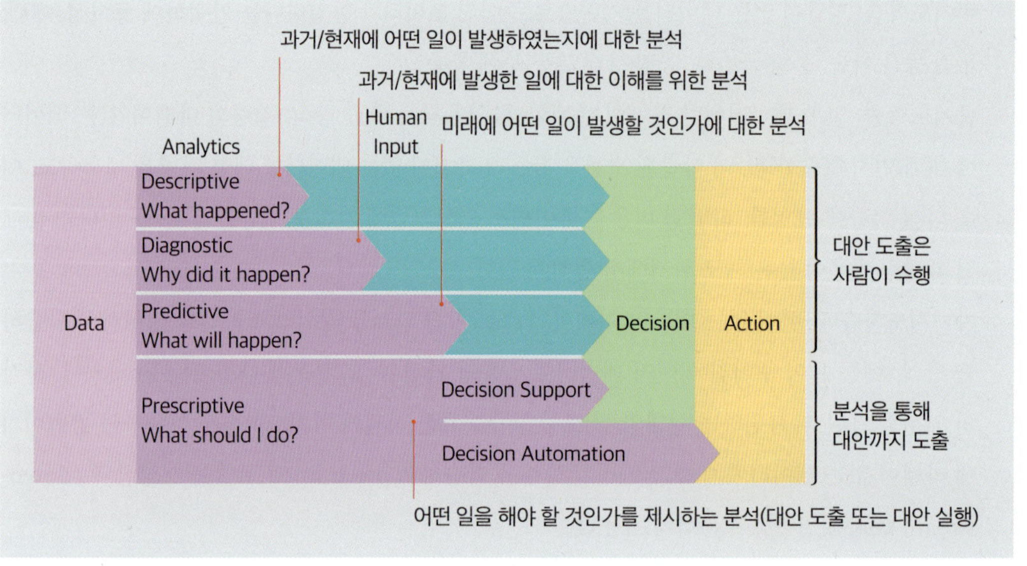

그림 9-7 데이터 분석의 네 가지 종류[8]

- predictive analytics: 과거 및 현재의 데이터를 기반으로 미래에 발생할 사건을 예측하는 방식. 주어진 데이터의 패턴과 경향성을 분석하여, 향후 발생 가능성이 높은 사건이나 수치를 추정. 예를 들어 장비 고장, 수요 변화, 품질 편차 등의 발생 가능성을 사전에 예측할 수 있음.
- prescriptive analytics: 해법 중심의 분석 방법으로, 분석한 문제를 해결하기 위한 가능성 있는 최적의 대응 방안을 제시하는 것을 목표로 함. 단순히 예측에 그치지 않고, '어떻게 대응해야 하는가'를 판단할 수 있도록 의사결정 옵션을 제시함. 예를 들어, 생산 스케줄 최적화, 자재 재고 수준 조정, 유지보수 우선순위 설정 등의 의사결정 지원에 활용됨.

2. **데이터 수집 및 저장 인프라 확보:** 다양한 센서, PLC, MES, ERP 등으로부터 데이터를 수집하고, 이를 적절히 저장하기 위한 인프라가 필요함. 최근에는 엣지 디바이스와 클라우드 시스템의 병행 사용이 일반화되고 있음.
3. **데이터 정제 및 전처리:** 수집된 데이터는 결측, 이상치, 시간 싱크 오류 등 다양한 품질 이슈를 내포할 수 있으므로, 이에 대한 정제, 정렬, 스케일링 등의 전처리 작업이 수행됨. 또한 제조 데이터는 시계열적 특징이 많기 때문에, 적절한 구간 구별이나 윈도(time window) 설정 등의 작업이 필요한 경우도 있음.
4. **특징 엔지니어링 및 학습 데이터 구성:** AI 모델의 성능은 입력 데이터의 품질과 구성 전략에 크게 의존함. 그러므로 특징 엔지니어링(feature engineering)을 통해 원시 데이터로부터 의미 있는 입력 특성(변수)을 생성할 필요가 있음. 수집된 전체 데이터 중 핵심적인 입력 변수를 선택하거나

(feature selection), 생성 또는 추출하기도 함(feature extraction). 예를 들어, 단순한 온도 값을 사용하는 것이 아니라, 온도의 기울기, 변동성, 평균값 등 파생 특징을 만들 수 있음. 딥러닝을 적용할 때는 생략되기도 함. 또한 모델 학습을 위하여 학습, 검증, 테스트 데이터로 분할을 해야 하며(경우에 따라서는 학습, 테스트 데이터로만 분할하기도 함) 이때 데이터의 대표성이나 분포를 고려하여 진행해야 함(예: 오버샘플링, 언더샘플링 등).

5. **모델 선택 및 학습:** 문제의 특성과 목표(분류, 회귀 등)에 따라 적절한 AI 모델을 선택하고 학습하는 단계. 적절한 모델을 선택한 후, 모델 구조와 하이퍼파라미터를 튜닝하여 학습을 진행함.
6. **모델 평가 및 성능 검증:** 테스트 데이터를 통해 모델의 정확도, 정밀도, 재현율, F1-score 등을 측정하여 학습된 모델의 성능을 평가함.
7. **운영 환경에의 통합 및 실시간 모니터링:** 학습된 모델을 실제 생산 라인에 배치하고, MES, SCADA, PLC 등 기존 시스템과의 통합을 통해 예측 결과를 실시간으로 활용함. 이와 함께 성능 저하 여부, 입력 특성의 변화 등을 모니터링하는 시스템이 병행되는 것이 바람직함.
8. **결과 해석 및 피드백 루프 구성:** 모델이 도출한 예측이나 분류 결과가 사용자에게 해석 가능하도록 구성하고, 또한 스마트팩토리에서는 모델 학습 후에도 계속 공장이 운영됨에 따라 데이터가 추가적으로 누적되므로 일정 주기마다 현장의 피드백과 함께 수집된 데이터에 대해 재학습할 수 있는 체계를 설계하는 것이 권장됨.

이러한 일련의 절차는 단순히 데이터 과학자의 기술적 영역을 넘어서, 제조 전문가와 협업하여 전체 공정에 대한 이해를 바탕으로 수행되어야 한다. 그러므로 제조 현장에서의 AI는 데이터 기반 분석 도구가 아닌, 전 주기를 고려한 지능형 시스템으로 접근되어야 한다.

3) 스마트팩토리에서의 인공지능 활용 분야

스마트팩토리에서는 AI 기술이 다양한 분야에서 실질적인 문제 해결에 활용되고 있다. 이 절에서는 대표적인 활용 사례를 중심으로 AI가 제조 현장에 어떻게 적용되는지 구체적으로 살펴보고자 한다.

- **AI 기반 제조로봇 최적화:** 제조로봇에 AI를 결합하면 단순 반복 작업을 넘어서 상황 인식, 판단, 최적 경로 생성 등의 고차원적 작업이 가능함. 특히 강화학습과 피드백 제어가 결합한 자율 제어 방식과 비전 인식 기반 로봇 제어가 주목받고 있음. 이를 통해 생산 효율성 향상과 유연한 작업 배치가 가능해짐.
- **공정 이상 탐지:** 정상 공정과 다른 패턴이나 수치 값이 발생했을 때 이를 실시간으로 감지하는 기술. 이상 징후가 곧바로 제품 불량으로 이어지지 않더라도, 사전 경고를 통해 조기 대응하는 것이

가능해지므로 불량률 감소와 공정 안전성 확보에 기여함. 최근에는 이상 탐지 후 다시 정상적인 동작을 할 수 있도록 피드백 제어와 결합되는 연구도 많이 이루어짐.

- **설비 예지보전**: 주로 설비나 공정에서 수집된 데이터를 기반으로 설비의 고장이나 이상의 발생 가능성을 사전에 예측하는 기술. 과거에는 주기적인 점검이나 사후 수리 중심이었으나, AI를 통해 다양한 센서 데이터를 활용하여 고장을 미리 감지함으로써 생산 중단과 유지보수 비용을 줄이고 설비 가용성을 높일 수 있음.
- **작업자 안전 감시**: CCTV 영상에 AI를 적용하여 작업자의 위험 행동이나 위험구역 접근을 실시간으로 감지하고, 경고 알림 또는 공정 긴급 정지로 대응하고 있음. 딥러닝 기반 영상 분석은 작업자의 위치와 행동 패턴까지 파악할 수 있으므로 중대 재해와 같은 사고 예방을 도와줌. 야간 및 사각 지대 대응을 위해서 열화상 카메라와 연계되는 경우도 있음.
- **품질 검사 및 예측**: 품질 예측은 제품의 완성 전 단계에서 생산 조건 및 공정 데이터를 기반으로 최종 품질을 사전에 예측하거나 최종 완료 단계에서 제품 이미지를 촬영한 사진을 통해 품질을 검사하는 기술임. 이를 통해 실시간 품질 관리가 가능하고, 불량률을 낮추고 공정 개선에도 기여할 수 있음.
- **수요 및 생산량 예측**: 시계열 및 외부 요인 데이터를 AI에 적용하여 수요 변동을 정밀 예측하며, 이를 기반으로 생산계획 수립을 지원할 수 있음. 또한 설비 가동률, 작업자 숙련도, 자재 투입량 등 공정 데이터를 활용해 생산량을 예측함으로써 효율적인 생산 일정 조정과 자원 배분이 가능함.
- **지식 기반 작업지시 및 문서 자동화**: LLM을 기반으로 작업 지시서 작성, 점검표 자동 생성, 고장 증상 기술서 분석 등 지식 문서 기반 업무 자동화에 AI가 활용되고 있음. 자연어로 표현된 과거 사례나 매뉴얼을 학습한 모델이 현장 대응력을 높이고 있음.

9.5 클라우드

1) 클라우드의 개요 및 특징

스마트팩토리의 기반 기술로서 주목받는 빅데이터와 AI가 효과적으로 활용되기 위해서는 데이터의 저장, 처리, 접근, 공유가 용이해야 한다. 이때 핵심적인 역할을 수행하는 것이 바로 클라우드 컴퓨팅이다. 클라우드(cloud)란 인터넷을 통해 접근하여 사용할 수 있는 서버, 스토리지, 데이터베이스와 같은 컴퓨팅 자원을 의미한다. 그러므로 이는 빅데이터를 단순히 저장하는 공간을 넘어 제조 현장의 실시간 데이터를 안전하게 수집·분석하고, 이를 바탕으로 AI 모델을 학습하거나 다양한 의사결정을 내릴 수 있는 기반 인프라로 활용된다.

클라우드 컴퓨팅은 인터넷을 통해 서버, 저장소, 데이터베이스, 네트워크, 소프트웨어, 분석 도구 등을 사용자가 요구할 때 제공하는 기술 및 서비스 모델을 의미한다.[1] 사용자가 고가의 인프라를 직접 구축하지 않고, 필요한 만큼만 리소스를 사용하고, 사용량 기반으로 비용을 지불하는 방식이다. 이는 특히 빠르게 변화하고 유연성이 요구되는 제조 환경에서 적합하다.

클라우드 컴퓨팅의 대표적인 특징은 다음과 같다.

- **온디맨드 셀프서비스(on-demand self-service)**: 사용자는 필요한 컴퓨팅 자원을 실시간으로 요청하고 즉시 사용할 수 있음
- **광범위한 네트워크 접근(broad network access)**: 인터넷만 연결되어 있다면 어디서든 다양한 기기(컴퓨터, 태블릿, 스마트폰 등)로 서비스에 접근 가능함
- **리소스 풀링(resource pooling)**: 서버, 스토리지 등의 자원을 가상화하여 여러 사용자 간에 효율적으로 공유할 수 있음
- **빠른 확장성과 유연성(rapid elasticity)**: 수요에 따라 자원을 빠르게 확대하거나 축소할 수 있어 생산 수요 변화에 탄력적으로 대응 가능함

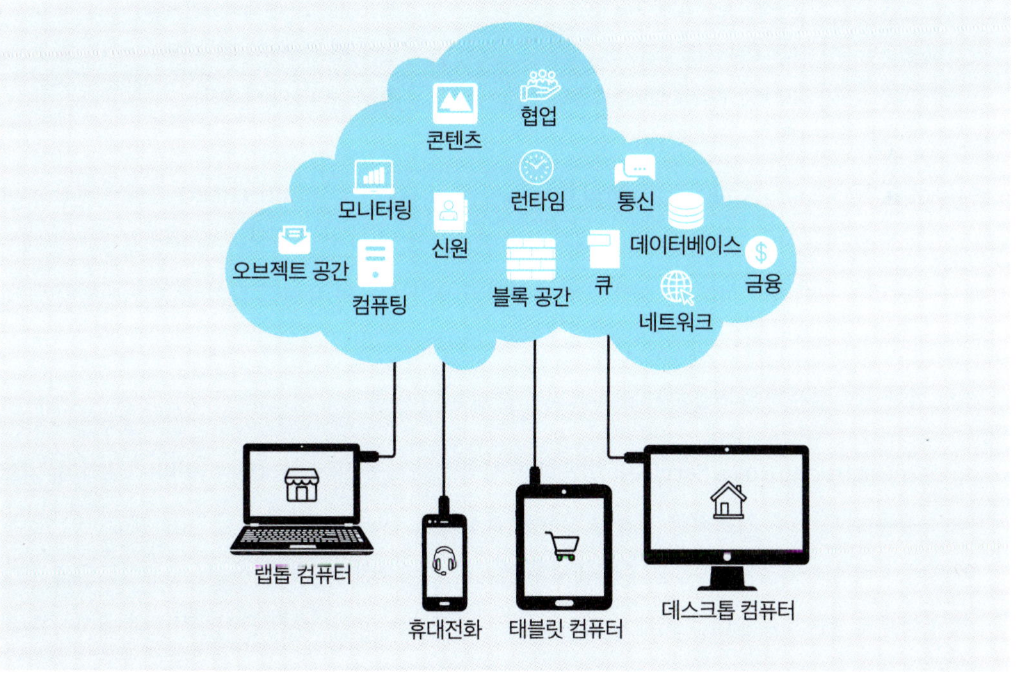

그림 9-8 클라우드 컴퓨팅의 개념[2]

- **가상화(Virtualization)** 하나의 물리적 컴퓨팅 자원을 여러 개인 것처럼 가상에서 나누어 사용하거나, 여러 개의 물리적 컴퓨팅 자원을 하나의 자원인 것처럼 가상에서 묶어서 사용하는 것

- 측정 가능한 서비스(measured service): 사용한 리소스와 비용이 정량적으로 측정되고, 이에 따라 사용한 만큼 요금이 청구됨

클라우드 이전까지의 IT 운영은 대부분 기업 내부에 서버와 네트워크를 직접 구축하고 운영하는 '온프레미스' 방식이었다. 반면, 클라우드는 외부 클라우드 서비스 제공자(Cloud Service Provider, CSP)가 서버 및 시스템을 운영하고, 기업은 이를 임대하여 사용하는 방식이다. 두 방식은 표 9-10에서와 같은 차이를 지닌다.

표 9-10 온프레미스와 클라우드 비교

구분	온프레미스	클라우드
구축 및 사용 비용	초기 구축 비용이 높음	초기 비용이 낮고, 사용량 기반 과금
운영 관리	기업이 직접 시스템 유지보수 관리 필요	클라우드 사업자가 관리
확장성	자원 추가에 시간과 비용 소요	필요시 자동 확장 가능
보안 관리	자체적인 보안 체계 구축 필요	보안 전문 CSP에 의해 보안 제공
접근성	기업 내부에서만 접근 가능	인터넷을 통해 원격 접근 가능
업데이트	직접 버전 관리 및 업데이트 필요	자동으로 최신 상태 유지

이 외에도 하이브리드 클라우드(hybrid cloud)나 멀티 클라우드(multi-cloud) 전략도 최근 각광받고 있다. 핵심 자산이나 민감 데이터를 내부에서 관리하고, 일반적 운영이나 확장성 요구는 클라우드에서 처리하는 형태이다. 이러한 전략은 제조 현장의 보안 요구와 유연성 간의 균형을 도모할 수 있다는 점에서 실효성이 높다.

또한 클라우드 컴퓨팅은 제공하는 서비스의 수준에 따라 다음과 같이 구분된다.

- IaaS(Infrastructure as a Service): '인프라를 서비스로 제공'하는 형태로, 서버나 스토리지, 네트워크 등과 같은 가장 기초적인 컴퓨팅 자원을 가상화된 형태로 클라우드를 통해 제공하는 형태. 사용자가 이 인프라 위에 스스로 운영체제를 설치하고 필요한 애플리케이션(소프트웨어)을 구성해야 하므로, IT 기술에 대한 이해가 있는 기업에서 주로 사용함. 예를 들어, 공장 내 데이터를 저장할 서버를 직접 운영하지 않고 클라우드에 가상 서버를 생성하여 사용하는 경우가 해당됨.
- PaaS(Platform as a Service): '플랫폼을 서비스로 제공'하는 형태로, IaaS보다 한 단계 높은 수준

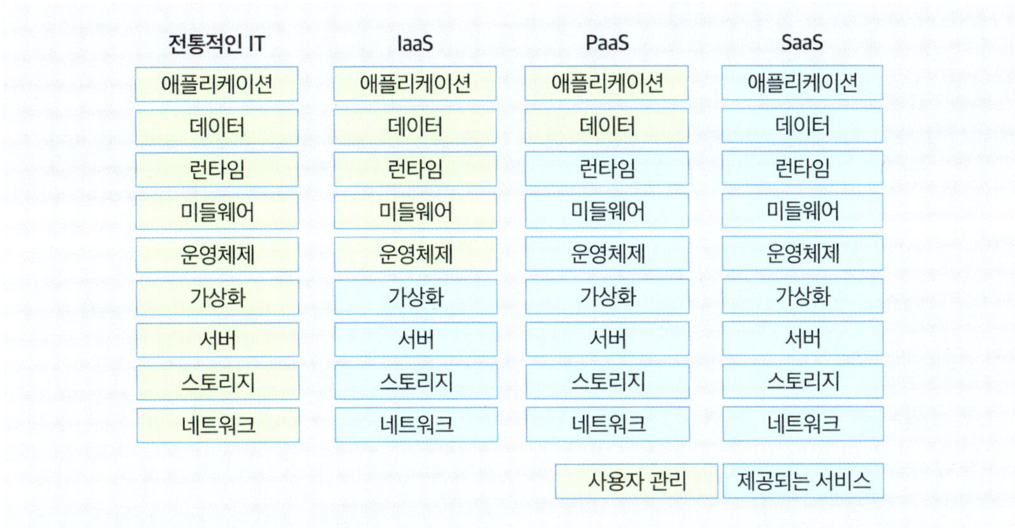

그림 9-9 클라우드 컴퓨팅의 서비스 모델 비교[3]

의 서비스로 간주됨. 소프트웨어 개발과 배포에 필요한 플랫폼(서버, 운영체제, 데이터베이스, 미들웨어, 런타임 등)을 하나의 통합된 환경으로 제공하므로 사용자는 이를 활용해 애플리케이션을 개발하거나 운영만 하면 됨. 즉, 인프라 관리에 신경 쓸 필요 없이 개발에만 집중할 수 있는 내부 애플리케이션 개발을 스스로 하는 기업에서 유용하고 사용됨.

- SaaS(Software as a Service): '소프트웨어를 서비스로 제공'하는 형태로, 사용자가 별도로 무언가를 설치하거나 개발할 필요 없이 인터넷 브라우저 등으로 접근하여 바로 사용할 수 있는 형태임. 가장 보편적인 클라우드 서비스의 형태로서, 사용자 입장에서는 유지보수 및 자원을 간소화할 수 있음. 예를 들어 이메일, 문서 작성, ERP와 같은 소프트웨어를 웹으로 접속해 쓰는 방식임. 제조업에서는 클라우드 ERP, 클라우드 MES, 협업 툴 등이 많이 해당됨.

이러한 특성 덕분에 클라우드는 생산 현장에서는 센서 및 장비에서 수집된 대용량 빅데이터의 통합 관리가 가능해지고, AI 모델의 중앙집중형 학습 및 배포가 가능하므로, 데이터 기반의 의사결정을 실시간으로 수행할 수 있다. 또한 필요에 따라 관련 협력사나 공급망과 데이터를 공유하는 것도 용이해지고, 안정화된 보안 및 백업 체계 효과를 얻을 수 있다. 특히 AI 기반 품질 예측, 예지보전, 공정 최적화 등의 효과적인 제조 데이터 분석을 위해서는 대규모 데이터를 안정적으로 처리하고, 다양한 AI 분석 기능을 유연하게 적용해야 하므로, 클라우드 기반 인프라의 활용이 필수적이다.

2) 클라우드·포그·엣지 컴퓨팅

클라우드는 스마트팩토리에서 디지털화, 지능화를 구현하는 데 있어 가장 핵심적인 인프라이나 모든 데이터를 중앙 클라우드로 전송하는 것은 지연 시간, 통신 장애, 비용 등의 문제를 발생시킬 수 있다. 이를 보완하기 위해 등장한 개념이 포그 컴퓨팅(fog computing)과 엣지 컴퓨팅(edge computing)이다.[4]

- **클라우드 컴퓨팅**: 중앙의 데이터 센터에서 대규모 데이터를 저장·처리하며, 고성능 분석과 장기 보관에 적합함. 예측 모델 학습, 대규모 데이터 통합 분석 등 중앙집중형 작업을 수행.
- **포그 컴퓨팅**: 클라우드와 엣지 사이의 중간 계층으로, 네트워크 경계에 가까운 지역 서버나 게이트웨이 수준에서 데이터를 처리함. 지연 시간은 엣지보다 길지만 클라우드보다는 짧고, 분산형 처리 및 네트워크 트래픽 감소 효과가 있음. 다시 말해, 엣지 컴퓨팅에서 모든 것을 처리하기엔 자원이 부족하고 클라우드에서 모든 것을 처리하기엔 지연 시간이 문제일 때 중간 지점에서 1차 필터링, 연산, 저장, 판단을 수행하는 계층임.
- **엣지 컴퓨팅**: 데이터가 생성되는 센서나 장비 근처에서 직접 데이터를 처리하는 방식으로, 실시간성이 가장 뛰어남. 대신 처리 능력이 다소 제한적임에 따라 클라우드에서 학습한 모델을 배포받아 현장에서 실시간 추론하는 작업을 수행함.

세 가지 기술은 단순한 대체 관계가 아니라 역할과 위치는 다르지만 상호 보완적으로 제조 환경에

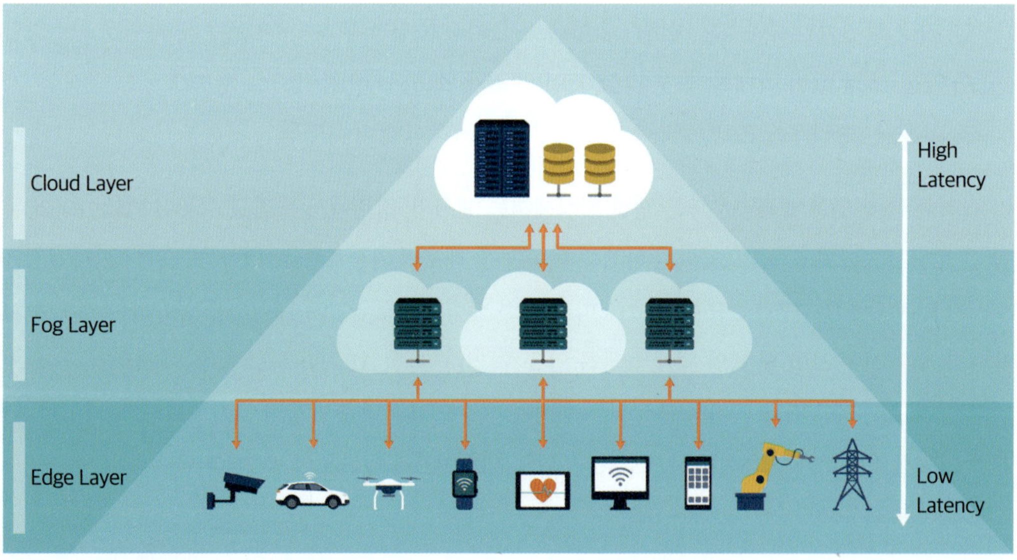

그림 9-10 클라우드·포그·엣지 컴퓨팅

서 함께 활용된다. 특히 클라우드와 엣지는 경쟁 관계가 아니며, 서로의 한계를 보완하는 협력적 관계이다. 엣지는 실시간 처리 능력에서 강점을 가지며, 클라우드는 고도 분석과 통합 관리 측면에서 강점을 지닌다. 포그는 이러한 양자의 간극을 메워 주는 중간 계층으로, 엣지 컴퓨팅의 연산 한계와 클라우드의 지연 문제를 동시에 완화할 수 있는 전략적 위치에 있다.

또한 제조 현장에서는 세 가지 컴퓨팅 모델을 적절히 조합한 계층형 아키텍처를 구성함으로써 성능과 효율을 극대화할 수 있다. 엣지 컴퓨팅 같은 경우, 설비나 센서에서 발생하는 데이터를 현장에서 실시간으로 처리하여 즉각적인 반응이 필요한 제어 작업에 적합하다. 예를 들어, 고속 생산 라인의 이상 탐지 및 긴급 정지, 로봇의 동작 제어, 비전 검사 장비의 판단 등에 사용된다. 포그 컴퓨팅의 경우 공장 내부 혹은 공장 단위의 서버에서 엣지 장비로부터 수집된 데이터를 일괄 처리하거나, 일정 수준의 이벤트 필터링 및 사전 판단을 수행한다. 예를 들어, 복수의 설비에서 발생한 데이터를 집계해 불량 가능성을 사전에 경고하거나, 라인 단위 품질 추이를 분석하거나, 비정형 데이터를 간단히 요약하여 필터링하여 클라우드에 전송하는 형태로 활용될 수 있다. 마지막으로 클라우드 컴퓨팅은 공장 전체 또는 복수 공장의 데이터를 집약해 장기 분석, 예측 모델 학습, 최적화 시뮬레이션 등에 사용된다. 예를 들어, 하단의 엣지·포그 컴퓨팅에서 사용될 AI 모델을 학습하여 공정 이력 기반의 품질 예측, 부품 수요 예측, 에너지 소비 분석, 전사적 KPI 분석 등에 활용될 수 있다. 이러한 구조는 예지보전, 품질 예측, 공정 최적화 등 다양한 스마트팩토리 기능을 구현하는 데 필수적이며, 특히 통신 지연이나 네트워크 불안정이 문제가 되는 현장에서도 안정적인 운영을 보장할 수 있다.

3) 제조 운영시스템과 클라우드의 연계

제조기업은 생산과 관련된 다양한 운영시스템을 사용하고 있으며, 이러한 시스템의 클라우드 전환은 스마트팩토리 구현의 핵심이다. 대표적인 운영시스템으로는 MES, ERP, PLM과 같은 시스템을 클라우드를 통해 구축한다면, 효율성과 민첩성을 크게 향상시킬 수 있다.

- 클라우드 MES: MES는 생산 현장의 실시간 작업 지시, 설비 운영, 품질 관리, 공정 추적 등을 수행하는 시스템임. 이를 클라우드로 전환하면 생산 데이터를 실시간으로 수집하고 분석할 수 있으며, 여러 공장 간 표준화를 추진하기 용이해짐. 또한 클라우드 기반의 MES는 다양한 분석 도구 및 AI와의 연계가 쉬워 품질 예측, 설비 이상 탐지 등과 같은 고도화된 기능 구현이 가능함.
- 클라우드 ERP: ERP는 재무, 인사, 자재, 생산, 영업 등 기업의 자원을 통합 관리하는 핵심 시스템임. 클라우드 ERP는 사용자가 전 세계 어디서든 시스템에 접속 가능하며, 시스템 유지보수에 대한 부담이 적은 편임. 또한 실시간 재고 파악, 수요 예측 기반의 자재 소요량 분석 등에도 유리하

며, SCM(공급망관리)과의 연계성도 높아짐.

- **클라우드 PLM**: PLM은 제품의 기획, 설계, 생산, 유지보수, 폐기까지 전 생애주기를 관리하는 시스템임. 클라우드 PLM은 설계 변경 이력, BOM, 품질 정보 등을 여러 부서 또는 협력업체 간 실시간으로 공유할 수 있게 해 주며, 원격 협업 및 문서 버전 관리에 강점을 지님. 이는 특히 다품종 소량생산, 글로벌 협업 환경에서 중요함.

또한 제조 운영시스템이 클라우드로 전환되면 이들 간의 연동이 쉬워져 데이터 통합 기반의 전사적 분석이 가능해진다. 예를 들어 MES에서 수집한 공정 데이터를 ERP와 연계해 자재 소요를 실시간으로 분석하거나, PLM의 설계 정보를 기반으로 MES에서 자동 공정 조건을 설정하는 방식도 가능하다. 결론적으로, 클라우드는 단순한 IT 인프라를 넘어 스마트팩토리를 지탱하는 핵심 플랫폼이자 빅데이터 및 AI 기술을 효과적으로 활용할 수 있는 기반 환경이다.

9.6 CPS/디지털트윈

제4차 산업혁명 시대에 들어서면서 제조업은 빠르게 디지털 기반 산업 구조로 전환되고 있다. 과거에는 설비 자동화를 중심으로 생산성을 향상시키는 데 초점을 맞췄다면, 이제는 데이터 중심의 지능형 제조 체계로 변화하고 있다. 특히 사물인터넷 및 센서를 통해 방대한 현장 데이터를 실시간으로 수집하고, 이를 클라우드 컴퓨팅과 인공지능 기술로 분석하여 즉시 공정에 반영함으로써 생산 효율과 유연성을 극대화하려는 시도가 활발하게 진행되고 있다. 이와 같은 스마트제조를 실현하기 위해서는 물리 세계와 사이버 세계의 긴밀한 연결, 즉 **사이버물리융합**(cyber-physical integration)이 필수적이다. 이 융합을 구현하는 핵심 기술로 **사이버물리시스템**(CPS)과 **디지털트윈**이 주목받고 있다. 두 기술은 실시간 피드백 루프를 통해 물리 프로세스와 가상 모델을 지속적으로 동기화함으로써 제조시스템의 효율성, 회복력 및 지능화 수준을 비약적으로 향상시키고 있다.

CPS와 디지털트윈의 도입은 기존의 IT/OT(정보기술/운영기술) 기반 자동화 체계와 뚜렷이 구별된다. 과거 제조 현장은 PLC, SCADA, MES 등으로 구성된 계층형 자동화 구조를 중심으로 운영되었다. 그러나 이러한 전통적 시스템은 설비 단위의 제어 및 모니터링에는 효과적이지만, 이기종 장비 간 데이터 통합이나 공장 전체의 최적화에는 제약이 존재한다. 이에 비해 CPS/디지털트윈 기반 체계는 IoT 네트워크를 통해 모든 설비 데이터를 실시간 수집·연동하고, 이를 사이버 공간에서 가상 모델과 AI 분석으로 처리하여 **전사적 최적화**와 **예측적 제어**(predictive control)를 실현할 수 있다. 다시 말해, 기존 자동화가 개별 장비의 자동 제어에 머물렀다면, CPS와 디지털트윈은 공장 전체와 공급망

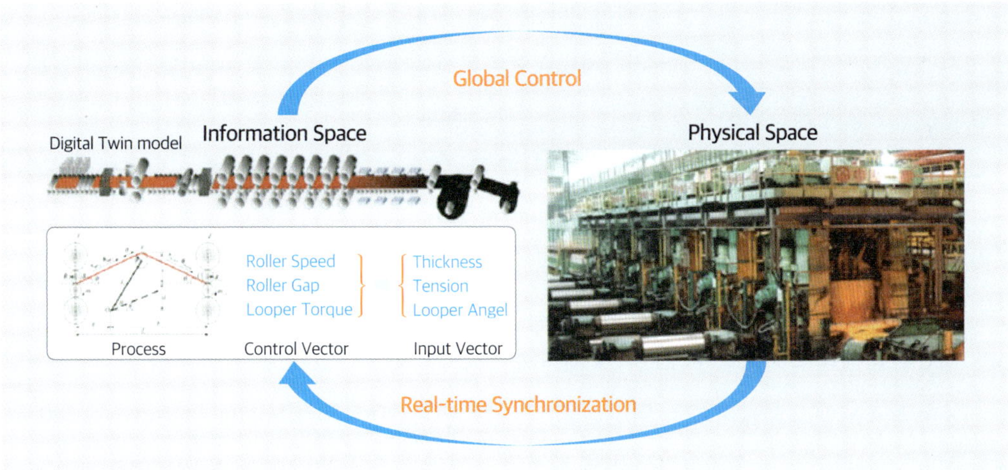

그림 9-11 열간 압연 공정에서 게이지-루퍼-장력 제어 시스템의 상호작용도[1]

전체를 디지털 공간에서 모사하고 최적화함으로써 새로운 부가가치와 지능적 의사결정을 가능하게 한다.

결론적으로 제조 산업의 디지털 전환이 가속화되는 흐름 속에서 CPS와 디지털트윈은 지능형 제조의 중심적 프레임워크로 자리하고 있다. 이 절에서는 두 기술의 기본 개념과 상호 관계를 살펴보고, 통합 구조와 계층적 구성, 구현을 위한 주요 기술 요소, 그리고 산업 현장에서의 활용 사례를 중심으로 설명하고자 한다. 또한 **자율형 트윈**(autonomous twin)으로의 발전 가능성을 함께 다루어 CPS와 디지털트윈이 앞으로 제조혁신에서 어떤 역할을 수행하게 될지에 대한 종합적인 이해를 돕고자 한다.

1) CPS와 디지털트윈의 개념과 상호관계

CPS는 센서, 임베디드 컴퓨팅, 네트워크 등으로 구성된 **사이버 공간과 물리적 시스템을 긴밀히 결합**한 **통합 프레임워크**를 의미한다. CPS에서는 물리 세계의 상태를 센서를 통해 감지하고, 이를 사이버 공간에서 실시간으로 연산·분석하여 다시 물리 시스템의 제어로 피드백하는 **양방향 연결 구조**가 핵심이다. 즉, CPS는 물리적 프로세스와 사이버 영역을 통합함으로써 시스템 전체가 자율적이고 지능적으로 최적화될 수 있는 기반을 제공한다. 이러한 특성으로 인해 CPS는 복잡한 물리 세계와 디지털 세계를 아우르는 지능형 시스템의 통합 프레임워크라 할 수 있다.

디지털트윈은 CPS의 데이터 흐름을 바탕으로 특정 물리 개체나 공정의 **가상 복제본(모델)**을 생성하고 운영하는 기술이다. 쉽게 말해, 디지털트윈은 현실 자산을 사이버 공간에 그대로 재현한 디지털 쌍둥이로서, 센서 데이터를 실시간으로 수집 및 반영하여 물리 시스템의 동작을 정확히 모사하는 것을 목표로 한다. 이 가상 모델은 시뮬레이션과 분석을 통해 현실의 상태를 예측하고 그 결과를 다시 물리 시스템에 반영할 수 있다. 따라서 디지털트윈은 물리와 가상 간의 실시간 데이터 순환을 통해 시스템의 운영 효율과 예측 가능성을 높이는 역할을 수행한다.

CPS와 디지털트윈은 공통적으로 사이버-물리 통합이라는 본질을 공유하지만, 개념적으로 완전히 동일한 것은 아니다. 두 기술의 정확한 이해를 위해 몇 가지 관점에서 비교하면 다음과 같다.

(1) 기원과 발전

CPS 개념은 임베디드 시스템과 네트워크 제어 분야에서 출발하여 2000년대 후반 산업 제어시스템의 지능화 흐름 속에서 부각되었다. 디지털트윈은 미국 미시간대학교의 Michael Grieves가 2003년 제품수명주기관리 개념을 설명하면서 처음 제시한 용어이다. 이후 2010년대 초 NASA가 우주선의 상태를 지상에서 가상 모델로 모니터링하기 위한 기술로 채택하면서 디지털트윈 개념이 구체화되고 산업 전반으로 확산되었다. 요약하면, CPS는 **시스템 구조적 통합 관점**에서 발전한 반면, 디지털트윈은 **자산 기반의 데이터 모델링**과 **운영 최적화**를 중심으로 진화해 왔다고 할 수 있다.

(2) 핵심 요소

CPS는 센서/액추에이터, 네트워크, 제어 알고리즘 등을 망라하는 복합 시스템으로서, 물리 세계와 사이버 세계의 구조적 연결과 제어 피드백에 초점을 두고 있다. 한편 디지털트윈은 개별 자산이나 공정

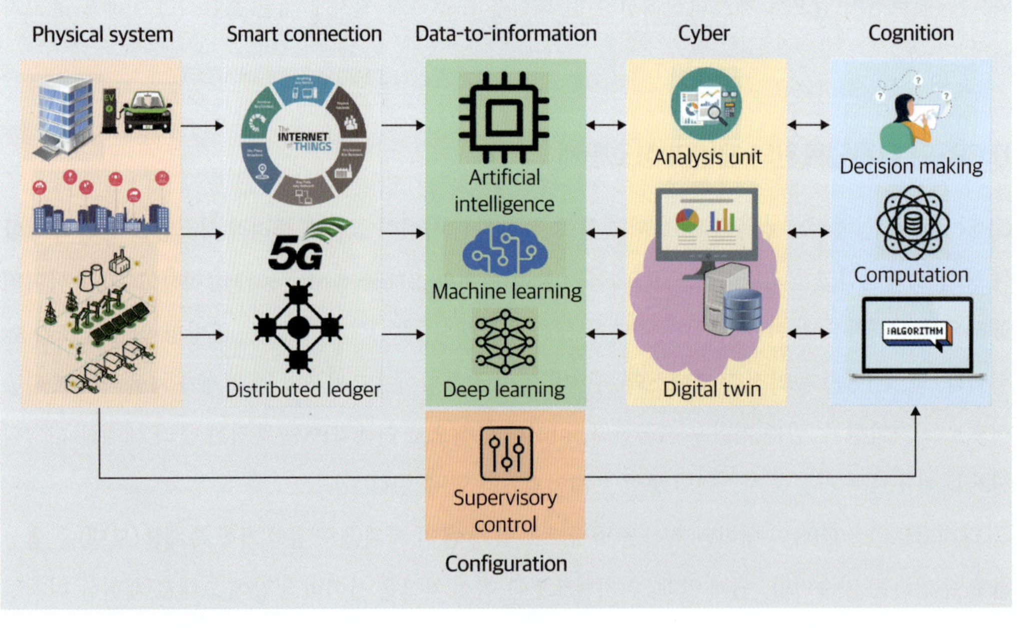

그림 9-12 다양한 종류의 CPS 통합[2]

의 정밀 가상 모델과 그에 연계된 데이터 분석에 초점을 맞추고 있다. CPS에서는 센서와 제어기 등이 핵심 요소라면, 디지털트윈에서는 가상 모델과 실시간 데이터가 핵심 요소라고 할 수 있다. 다시 말해, CPS는 **시스템 인프라**, 디지털트윈은 **분석 모델**에 상대적으로 무게중심이 있다고 할 수 있다.

(3) 상호보완적 관계

CPS와 디지털트윈은 개념적 차이가 존재하지만 **상호의존적 관계**로서 함께 적용될 때 시너지 효과가 극대화된다. CPS가 없으면 디지털트윈이 현실 세계와 단절된 고립된 모델에 불과할 수 있다. 마찬가지로 디지털트윈 기술이 없으면 CPS의 사이버 공간은 여전히 제한적인 모니터링/제어에 머물러 고급 분석과 예측 기능을 갖추기 어려울 수 있다. 따라서 디지털트윈 기술은 CPS 구현을 위한 필수적인 기반으로 간주되며 CPS-디지털트윈의 결합은 제조시스템에 한층 정교하고 효율적인 운영을 가능하게 한다. 실제로 디지털트윈은 CPS의 구성과 기능을 풍부하게 해 주는 보완 요소이며, CPS 실현을 위한 필수 기반 기술이라는 평가도 있다. 최근 연구에서도 두 개념의 **통합적 활용**이 강조되고 있으며, CPS 없이 디지털트윈도 없고, 디지털트윈 없이 CPS도 불안전하다는 시각이 자리 잡고 있다.

(4) digital model → shadow → twin → autonomous twin으로의 진화

디지털트윈 개념은 데이터 연계 수준에 따라 디지털 모델(digital model), 디지털 섀도우(digital shadow), 디지털트윈으로 구분할 수 있다.[3] **디지털 모델**은 물리 시스템을 단순히 디지털로 모델링한 것으로 수동적인(offline) 데이터 업데이트만 있고 실제 시스템과 실시간 연결되지 않는다. **디지털 섀도우**는 물리→가상으로의 단방향 자동 데이터 흐름이 존재하여 실시간 모니터링은 가능하지만 가상에서 물리로의 자동적인 제어는 없는 상태이다. 진정한 **디지털트윈**은 물리와 가상 간 양방향 자동 데이터 연동을 통해 상호작용이 가능한 상태를 지칭한다. 이러한 개념을 확장하여 궁극적으로 AI 기반의 자율제어까지 수행하는 자율형 트윈 개념도 논의되고 있다. **자율형 트윈**은 스스로 학습하고 의사결정을 내려 물리 시스템을 자율적으로 최적제어하는 디지털트윈을 의미하며, 강화학습 등 고도화된 AI 기술의 접목으로 실현될 수 있다. 현재 산업계 일각에서는 예측형(preventive)→처방형(prescriptive)→자율형(autonomous)으로 디지털트윈의 기능이 진화할 것으로 전망하고 있다. 예컨대 초기에는 센서 데이터로 고장을 예측(예지보전)하는 수준이었다면, 점차 AI가 처방적 조치까지 권고하고, 최종적으로는 인간 개입 없이도 스스로 최적 의사결정을 내려 제어까지 수행하는 트윈으로 발전하고 있다.

요약하자면, CPS는 지능형 제조시스템의 **거시적 운영 구조**를 담당하고, 디지털트윈은 개별 자산이나 공정의 **미시적 최적화**를 실현하는 핵심 메커니즘이라 할 수 있다. 두 기술은 실시간 데이터 통합과 가상-물리 동기화를 공통 기반으로 서로를 보완하며 발전해 왔으며, 앞으로도 통합적 관점에서 함께 적용될 때 제조업의 디지털 전환을 가속화하는 핵심 동력이 될 것이다.

2) CPS/디지털트윈 시스템 구조[4]

CPS와 디지털트윈을 제조 현장에 효과적으로 적용하기 위해서는 계층적 아키텍처에 대한 이해가 필요하다. 일반적으로 CPS/디지털트윈 시스템은 **물리 계층→데이터 계층→가상 계층→지능 계층**의 4계층 구조로 개념화할 수 있다. 각 계층의 구성요소와 기능은 다음과 같다.

(1) 물리 계층(physical layer)

실제 공장의 센서, 액추에이터, 로봇, 설비, IoT 장치 등 **물리적 객체가 속하는 계층**으로서, 온도, 압력, 진동 등 각종 현장 데이터의 감지와 공정 수행이 이루어진다. 물리 계층의 핵심은 다양한 자산에 디지털 접근 가능성을 부여하는 것으로, 설비에는 센서와 제어기가 내장되고, 유/무선 네트워크로 상위 계층에 연결된다. IoT 통신망(예: 유선 산업용 이더넷, Wi-Fi, 5G, OPC UA 등)을 통해 물리 계층의 장치가 실시간으로 데이터 스트림을 데이터 계층으로 전달하며, 상위 계층의 제어 명령을 수신한다. 물리 계층은 **사이버 공간의 입력(센싱)과 출력(제어)이 만나는 영역**으로, CPS/디지털트윈 구현의 기반이 된다.

(2) 데이터 계층(data layer)

센서로부터 수집된 방대한 **현장 데이터의 수집, 전송, 저장, 전처리 및 관리**를 담당하는 계층으로서, 필드 게이트웨이, 엣지 컴퓨팅 디바이스, SCADA 서버, MES/ERP 연계 인터페이스 등이 작동하여 실시간 데이터 스트림을 받아들인다. 엣지 컴퓨팅은 현장에서 즉각적인 데이터 필터링, 이벤트 처리 등을 수행하고, 중요한 데이터는 클라우드나 중앙 서버로 전송한다. 클라우드/서버 인프라는 대용량 데이터 저장과 고급 분석을 담당하며, 여러 공장에서 수집된 데이터를 통합하여 거시적 인사이트를 도출하기도 한다. 데이터 계층에서는 또한 수집된 데이터를 공통 표현으로 정규화하고 표준화하는 일이 중요하다. 예를 들어, 독일 Industrie 4.0의 **자산관리셸**(Asset Administration Shell, AAS) 개념은 각 물리 자산의 데이터를 표준화된 껍질(shell)에 담아 표현함으로써 이기종 시스템 간 상호 운용성을 높이는 방법이다. AAS는 자산의 표준 디지털 표현으로서 해당 자산의 모든 관련 정보를 구조화하여 담는 디지털 프로필 역할을 수행한다. 이를 통해 데이터 계층에서 각 설비의 정보가 규격화된 형태로 상위 계층에 제공될 수 있다. 데이터 계층에서의 또 하나의 핵심 기술은 OPC UA와 같은 산업용 통신 프로토콜이다. OPC UA는 제조 현장의 센서/장비 데이터가 제조사에 무관하게 통일된 방법으로 통신되도록 해 주는 표준으로, 보안성과 확장성이 뛰어난 산업 인터페이스이다. OPC

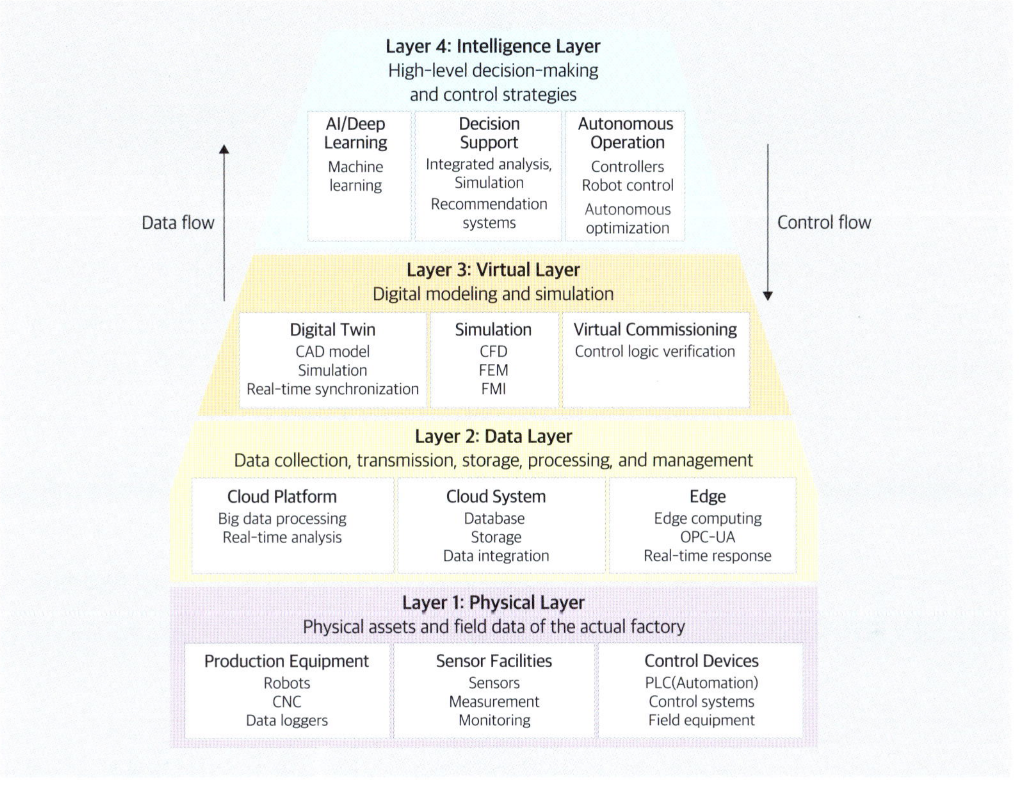

그림 9-13 CPS/디지털트윈 시스템의 4계층 구조
자료: AI 생성 이미지

UA와 AAS는 상호보완적으로 작동하는데, OPC UA는 데이터를 실시간 안전하게 운반하고 AAS는 그 데이터를 구조화하여 표현한다. 예를 들어, OPC UA 기반으로 설비 상태 데이터를 수집해 오면, AAS 형식으로 데이터 계층에 저장 및 관리하여 상위 가상 모델이나 애플리케이션이 쉽게 활용하도록 할 수 있다. 즉, 데이터 계층은 **물리와 가상을 잇는 교량**으로서, 현장의 다양한 데이터를 표준화하여 실시간으로 제공하는 데이터 인프라 역할을 수행한다.

(3) 가상 계층(virtual layer)

CPS/디지털트윈 시스템 구조에서 가상 계층은 **디지털 모델링**과 **시뮬레이션**이 이루어지는 핵심 영역으로서, 데이터 계층에서 올라온 실시간 데이터와 오프라인 모델 정보를 활용하여 물리계 각각의 디지털트윈(혹은 디지털 모델)을 생성하고 운영한다. CAD 도면, 물리 법칙 모델, 시뮬레이션 등이 이 계층에 포함된다. 가상 계층의 디지털트윈은 물리 자산의 구조와 동작을 수학적/논리적으로 표현한 모델이며, 실시간 데이터로 지속적으로 동기화된다. 예를 들어, 생산 라인의 디지털트윈 모델은 공정 흐름을 나타내는 이산 사건 시뮬레이션(Discrete Event Simulation, DES) 모델과 설비의 거동을 나타내는 유한요소해석(FEA)과 같은 물리기반 모델이 결합된 형태일 수 있다. 이 모델들은 실시간 센서 데이터로 업데이트되어 항상 실제 상태를 반영하도록 유지된다. 가상 계층에서는 이러한 시뮬레이션 기술이 중요한데 공정 이벤트 중심의 시뮬레이션이나 여러 물리 현상을 함께 고려하는 동적 시뮬레이션 등 다양한 기법이 활용된다. 또한 FMI(Functional Mock-up Interface)와 같은 표준을 통해 이기종 시뮬레이터 간 공동 시뮬레이션(co-simulation)이 활용되기도 한다. 가상 계층에서 디지털트윈을 활용하면 새로운 공정 변경이나 설계안을 **가상 시운전**(virtual commissioning)하여 실제 적용 전 미리 검증할 수 있고, 다양한 'What-if' 시나리오 실험을 통해 최적의 운용 조건을 찾을 수 있다. 예를 들어, 생산 라인 레이아웃을 바꾸거나 로봇의 동선을 변경할 때, 실제 설비를 옮기기 전에 디지털트윈상에서 시뮬레이션하고 영향도를 평가하여 최적안을 도출할 수 있다. 이처럼 가상 계층은 현실의 거울로서, 현실에서 바로 시도하기 어렵거나 위험한 일들을 디지털 세계에서 실험해 볼 수 있게 해 주는 공간이다. CPS 측면에서는 이 계층이 곧 **사이버 공간**에 해당하며, **물리 계층의 운영을 지원하는 결정 지원 역할**을 한다.

(4) 지능 계층(intelligence layer)

계층 구조의 최상위에는 **지능 계층**, 즉 수집된 정보와 시뮬레이션 결과를 활용하여 **고차원적인 의사결정과 제어 전략**을 도출하는 부분이 위치한다. 이 계층에서는 빅데이터 분석, 머신러닝/딥러닝, 최적화 알고리즘 등의 인공지능/분석 기술이 적용되어 시스템 운영을 예측하고 처방하며 나아가 자율제어를 수행한다. 예를 들어, 지능 계층의 분석 플랫폼은 가상 계층의 디지털트윈으로부터 스트리밍되는 데이터를 실시간으로 모니터링하면서 이상 탐지를 수행하거나 과거 누적 데이터를 학습하여 설비의 예지보전 시점을 예측할 수 있다. 또한 공정 스케줄링이나 자재 물류 최적화를 위한 최적화 모델이 지능 계층에서 실행되어 생산계획을 동적으로 조정하거나 에너지 사용을 최소화하는 등의 의사결정 지원이 가능하다. 궁극적으로는 강화학습과 같은 기법을 통해 디지털트윈상에서 스스로 최적화 방안을 학습하고, 그 결과를 물리 시스템에 자동 적용하는 자율운영을 지향한다. 지능 계층은 이러한 **AI 기반 분석·제어 기능**을 담당함으로써 CPS/디지털트윈 시스템의 두뇌에 해당한다고 볼 수 있다. 한편 지능 계층의 효과적인 구현을 위해서는 현장 공정에 대한 도메인 지식과 데이터 과학의 융합이 필요하다. 분석 알고리즘이 현장 상황에 맞게 올바른 목표 함수를 최적화하고 있는지, 머신러닝 모델의 결과가 현장에 적용 가능한지 등의 판단에는 엔지니어와 AI의 협업도 중요하다. 이러한 인간-인공지능-시스템 협업 관점에서 지능 계층을 설계하면 현장의 운영자와 AI 시스템이 함께 의사결정 품질을 향상시킬 수 있다.

위 계층들을 종합하여 살펴보면, 물리 계층은 현실의 데이터 생성 및 행위가 일어나는 곳, 데이터 계층은 이를 원활히 수집·전달·저장하는 중간 허브, 가상 계층은 사이버 공간에서 현실을 투영·모의하는 곳, 지능 계층은 분석과 최적화를 통해 체계의 부가가치를 창출하는 곳으로 요약할 수 있다. 이들 계층을 수평적으로 관통하는 요소로는 통신/연결 인프라와 보안이 있으며, IoT 네트워크, 클라우드 링크, MQTT/OPC UA 같은 프로토콜이 물리부터 지능 계층까지 데이터를 끊임없이 흐르게 하며, 각 단계에서 데이터 무결성과 시스템 안전성을 보장하는 보안 아키텍처도 필수적이다.

현대 산업 표준들도 이러한 다층 구조를 반영하고 있다. 산업 인터넷 컨소시엄(IIC)의 산업 인터넷 참조 아키텍처나 독일 RAMI 4.0 프레임워크는 하단의 물리 장비 계층에서부터 상단의 응용 서비스 계층까지 아우르는 표준 아키텍처를 제시한다. 이러한 표준 아키텍처는 상호운용성을 높이고 시스템 구축 시 참조할 수 있는 가이드라인을 제공함으로써 기업이 CPS와 디지털트윈 기반의 스마트팩토리를 체계적으로 구현하는 데 도움을 준다.

마지막으로, 국제 표준화 측면에서도 디지털트윈 통합 구조에 대한 정립이 진행 중이다. 예를 들어, ISO에서 제정한 ISO 23247(디지털트윈 제조 프레임워크) 시리즈에서는 디지털트윈 구현을 위한 레퍼런스 아키텍처, 요구사항, 활용 사례 등을 규정하고 있어 업계에서 참고되고 있다. 이러한 표준은 앞서 설명한 물리/데이터/가상/지능 계층의 구성요소와 상호작용을 모델링하여 누구나 합의된 방식으로 디지털트윈을 설계하도록 지원하고 있다.

3) CPS/디지털트윈 구현 기술

CPS/디지털트윈 시스템을 실제 현장에 도입하려면 앞서 언급한 각 계층별로 다양한 핵심 기술 요소들이 필요하다. 이 책에서는 CPS/디지털트윈 구현을 위해 필요한 기술을 데이터 모델링 및 자산 표현, 실시간 데이터 수집 및 엣지/클라우드 인프라, 시뮬레이션, 인공지능/머신러닝, 플랫폼 생태계 및 통합 개발환경, 표준 및 상호운용성으로 구분하여 설명한다.

(1) 데이터 모델링 및 자산 표현

제조 현장의 이기종 자산을 디지털 공간에서 표현하고 관리하기 위해서는 **표준화된 데이터 모델**이 필수적이다. AAS는 이러한 표준 중 하나로, 산업자산의 관리 정보를 담는 디지털 문서라고 할 수 있다. AAS는 한 자산의 ID, 물리적 사양, 실시간 상태, 이력 등 모든 속성 정보를 구조화된 서브 모델로 표현하며, **Industry 4.0 컴포넌트**(I4.0 Component)**의 기본 단위**로 간주된다. I4.0 Component는 Industry 4.0 시스템의 핵심 개념으로, **물리적인 자산**(asset)과 그에 대한 **디지털 표현**(digital representation)**인 AAS**가 결합된 형태를 의미한다. 예를 들어, 센서 하나에도 그 센서의 제조사, 측정 변수, 교정 이력 등을 담은 AAS가 대응되어 이 정보가 공장 내 다른 시스템과 표준화된 방식으로 교환될 수 있다. AAS는 OPC UA 등 통신 표준과 결합되어 사용되는데 OPC UA는 실시간 데이터 통신에 강점을 가진 반면 AAS는 그 데이터를 맥락이 담긴 정보로 구조화하는 역할을 한다. 예를 들어, OPC UA로 수집한 설비의 온도 데이터가 AAS의 '온도 상태' 속성에 자동 갱신되고, 상위 애플리케이션은 AAS를 통해 해당 설비의 모든 정보를 한꺼번에 얻을 수 있다.

(2) 실시간 데이터 수집 및 엣지/클라우드 인프라

CPS/디지털트윈 환경에서는 **데이터 파이프라인**의 구축이 핵심이다. 현장의 센서/PLC 데이터는 게이트웨이나 엣지 컴퓨터를 통해 수집되어 MQTT, AMQP(Advanced Message Queuing Protocol) 같은 프로토콜로 클라우드 또는 온프레미스 서버에 전달된다. 엣지 컴퓨팅 기술은 네트워크 대역폭 최적화와 지연 감소를 위해 필요한 경우 데이터를 현장 국소적으로 처리하거나 요약하여 전송한다. 예를 들면, AI 비전 카메라의 영상 데이터를 엣지 장치에서 즉시 분석해 이상 여부만 상위 서버로 전달한다. 한편 클라우드 및 온프레미스 데이터 센터는 장기적인 데이터 축적과 고급 분석의 중심 역할을 수행한다. 여기서는 여러 공장이나 설비에서 수집된 데이터를 통합·정제하고, AI 분석 모델이나 시뮬레이션을 통해 생산성과 품질을 평가·최적화한다. 이와 같은 **데이터 전 주기 처리**를 단일 환경에서 구현하기 위해 최근에는 산업용 IoT(IIoT) 플랫폼이 널리 활용되고 있다. 대표적인 상용 플랫폼으로는 PTC ThingWorx, GE Predix, Siemens MindSphere 등이 있으며, 이들은 디바이스 연결, 데이터베이스 관리, 실시간 스트림 처리, 시각화 대시보드 등의 기능을 모듈형으로 제공한다. 이를 통해 기업은 복잡한 인프라를 별도의 코딩 없이 신속하게 구축할 수 있고, CPS/디지털트윈 시스템의 데이터 기반을 안정적으로 확보할 수 있다.

(3) 시뮬레이션

디지털트윈의 핵심 기능은 **가상 시뮬레이션**을 통한 예측 및 최적화이다. 제조 분야에서 활용되는 주요 시뮬레이션 기법으로는 이산 사건 시뮬레이션, 물리 기반 시뮬레이션, 동적 시스템 시뮬레이션 등이 있다. **이산 사건 시뮬레이션**은 공장 내의 생산 공정 흐름을 모델링하여 작업 대기열, 사이클 타임, 병목 현상 등을 분석하는 데 유용하다. Plant Simulation, Arena 등의 소프트웨어가 대표적이며, 생산 라인의 가상 시운전이나 생산 스케줄 시뮬레이션에 활용된다. **물리 기반 시뮬레이션**은 기계 부품의 거동이나 공정의 물리 현상을 해석하는 것으로, 디지털트윈 환경에서는 주로 설비 설계 검증이나 제품 개발 단계와 연계된다(예: 로봇 팔의 강성 해석, 주조 공정의 유동 해석 등). **동적 시스템 시뮬레이션**은 제어시스템이 포함된 연속적인 시간 영역 모델을 다루며, Modelica나 Simulink 모델 등이 공장의 제어 로직 검증에 쓰인다. 나아가, 여러 종류의 모델을 통합하기 위해 FMI 표준을 적용하면서로 다른 시뮬레이션 툴에서 생성된 부분 모델을 FMU(Functional Mock-up Unit)로 교환하여 하나의 연합 시뮬레이션을 실행할 수 있다. 이를 통해 생산 라인 전체의 거동을 기계, 전기, 소프트웨어 등 다분야 모델의 조합으로 재현하는 하이브리드 디지털트윈도 가능해진다. 시뮬레이션 기술의 적용으로 기업은 새로운 설비나 기술을 도입하기 전에 디지털트윈 환경에서 미리 시험하여 시행착오를 줄이고, 최적의 운용 전략을 수립할 수 있다.

(4) 인공지능/머신러닝

CPS/디지털트윈 시스템에서 **AI는 예측, 최적화, 자율제어의 핵심 엔진 역할**을 수행한다. 첫째, 예지보전 분야에서 머신러닝 모델은 센서 데이터의 패턴을 학습하여 설비 고장을 사전에 예측한다. 예를 들어, 딥러닝 기반 이상 탐지 모델은 진동이나 전류 신호에서 인간이 놓치기 쉬운 미세한 징후를 포착해 장비의 이상 발생을 초기 경보할 수 있다. 현대자동차의 경우 IoT 플랫폼에서 수집한 설비 데이터를 빅데이터 분석하여 설비 이상 징후 및 고장 원인을 파악하고, 예방정비 조치를 자동 권고하는 지능형 유지보수 시스템을 운영 중인데, 이는 생산 라인 가동 중단을 최소화하고 인진성을 높이는 효과가 있다고 보고되었다. 둘째, AI는 품질 관리에도 활용되어 실시간 생산 데이터와 품질 검사 데이터를 연계한 불량 예측 모델이나 공정 제어 최적화 모델이 개발되고 있다. 예를 들어, 딥러닝 모델이 제품 이미지나 센서 데이터를 분석해 불량품을 조기에 발견하거나, 공정 파라미터 추천 시스템이 원하는 품질 특성을 만족시키는 설비 설정값을 제안할 수 있다. 셋째, AI를 통해 공정 제어의 자율화를 달성할 수 있다. 예를 들어, 강화학습을 활용하면 디지털트윈상에서 에이전트가 시뮬레이션을 반복 실행하며 최적의 제어 정책을 스스로 학습할 수 있고, 학습된 정책은 현실 설비에 적용되어 사람이 일일이 개입하지 않아도 최적 조건으로 공정을 운전하거나 에너지를 절감할 수 있게 한다. 다만 제조 현장에서 인공지능/머신러닝 기법을 활용할 때는 설명가능성과 안전성 또한 중요한 고려사항이다. AI 모델의 판단 근거를 도메인 지식과 결합해 해석하고, 극단적 상황에서 오동작하지 않도록 모니터링 및 인간 승인 절차를 두는 것이 바람직하다.

(5) 플랫폼 생태계 및 통합 개발환경

CPS/디지털트윈의 구현에는 여러 전문 분야의 기술과 툴이 사용되므로, 이를 하나로 통합 관리할 수 있는 **플랫폼**과 **환경**이 중요하다. 현재 산업계에는 앞서 언급한 Siemens Xcelerator, Dassault 3DEXPERIENCE, PTC ThingWorx, Microsoft Azure Digital Twins, IBM Maximo 등 다양한 플랫폼이 경쟁하고 있다. 이러한 플랫폼은 디지털스레드를 구축하기 위한 통합 기능을 제공하는데, 제품 설계 단계(CAD)부터 생산계획(PLM), 공정 시뮬레이션, 현장 IoT 데이터 수집, 후속 서비스에 이르기까지 데이터를 끊임없이 연결한다. 또한 Unity나 Unreal과 같은 3D 엔진 플랫폼과의 연계를 통해 공장이나 제품의 3D 시각화와 혼합현실 구현도 지원한다. 예를 들어, Unity Reflect를 이용하면 BIM/CAD 모델을 가상현실 기술로 실시간 렌더링하여 건물이나 공장의 디지털트윈을 관계자들이 가상 공간에서 실감나게 탐색하도록 할 수 있다. 한편 Catena-X와 같은 산업 협력체는 특정 산업(예: 자동차)의 여러 기업이 공동의 디지털트윈 데이터 스페이스를 구축하도록 표준과 인프라를 제공한다. Catena-X의 자동차 공급망 사례에서 각 부품에는 고유한 디지털트윈(데이터 모델)이 부여되고, 이를 네트워크로 연결하여 부품의 출처부터 완제품에 이르는 투명한 추적성과 수요-공급 동기화를 실현하고자 한다. 이처럼 플랫폼 생태계는 개별 기업의 경계를 넘어 **협업형 디지털트윈 환경**을 조성하는 방향으로 발전 중이다.

(6) 표준 및 상호운용성

제조 현장은 다양한 벤더의 장비와 소프트웨어가 혼재하므로 **개방형 표준**을 따르는 것이 **전체 시스템의 통합**에 유리하다. 예를 들어, OPC UA, AAS 외에도 MTConnect, MQTT , 표준 참조 모델(RAMI4.0, IIRA), AutomationML, FMU(FMI) 등은 서로 다른 계층과 도메인을 잇는 표준이다. 또 ISO/IEC JWG21 등 표준기구에서 **디지털트윈 상호운용성**에 대한 가이드라인을 제시하고 있어 향후 서로 다른 기업/국가의 디지털트윈 시스템이 데이터 교환을 원활히 할 수 있도록 노력하고 있다. 이러한 표준 활용은 구현 과정에서 초기에는 다소 복잡해 보여도 장기적으로 벤더 종속을 줄이고 확장성을 높이는 투자라 할 수 있다. 실제 스마트공장 구축 사례에서도 초기에 OPC UA 인터페이스를 기계에 적용해 두면, 이후에 새로운 분석 시스템을 도입할 때 추가 개발을 최소화하고 바로 연결할 수 있었던 것으로 보고된 바 있다.

이상에서 살펴본 다양한 구현 기술 요소들은 CPS/디지털트윈 시스템의 실현을 위한 도구 상자라고 볼 수 있다. 각 기업은 자신의 환경과 목표에 맞추어 이들 중 적절한 것을 선택 및 조합하여 적용해야 한다. 예를 들어, 중소 제조기업이라면 오픈소스 IoT 플랫폼과 범용 클라우드 서비스를 활용해 경량화된 디지털트윈을 구축할 수 있고, 대기업이라면 전사적 PLM-ERP와 연동된 풀스케일 플랫폼을 도입할 수 있을 것이다. 중요한 것은 구현 기술의 핵심 원리를 이해하고, 그것을 자사 프로세스에 맞게 커스터마이징하는 일이다.

4) CPS/디지털트윈 활용 분야

CPS와 디지털트윈은 이미 여러 제조 및 산업 분야에서 혁신을 이끄는 게임 체인저로 자리 잡고 있다. 몇 가지 대표적인 활용 영역과 실제 사례를 함께 살펴보자.

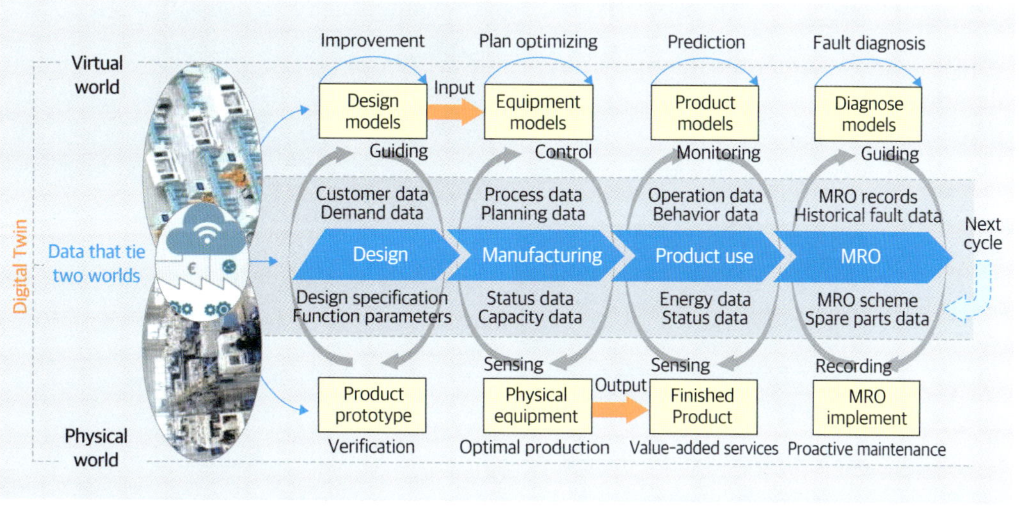

그림 9-14 제조 산업에서의 CPS/디지털트윈[5]

(1) 스마트제조 및 공정 최적화

스마트제조에서 CPS/디지털트윈은 **생산 공정의 가시화, 설비 효율화, 운영 최적화**를 동시에 달성하기 위한 핵심 기술이다. 이 시스템은 센서를 통해 수집된 물리 설비의 데이터를 사이버 공간의 디지털 모델에 실시간으로 반영하고, 분석 결과를 다시 제어 명령으로 환류시키는 양방향 피드백 구조를 기반으로 한다. 이러한 구조 덕분에 공정 상태를 실시간으로 모니터링하며, 가상 공간의 시뮬레이션 결과를 활용해 생산 파라미터나 작업 계획을 자동 보정할 수 있다. 기술적으로는 IoT 센서, PLC, 산업용 통신(OPC UA, MQTT 등)이 현장 데이터를 수집하고, 데이터 계층에서 이를 AAS 형태로 표준화하여 상위 모델에 전달한다. 가상 계층에서는 이산 사건 시뮬레이션, 유한요소해석 등을 통해 설비 동

그림 9-15 디지털트윈이 적용된 Siemens의 암베르크 공장[6]

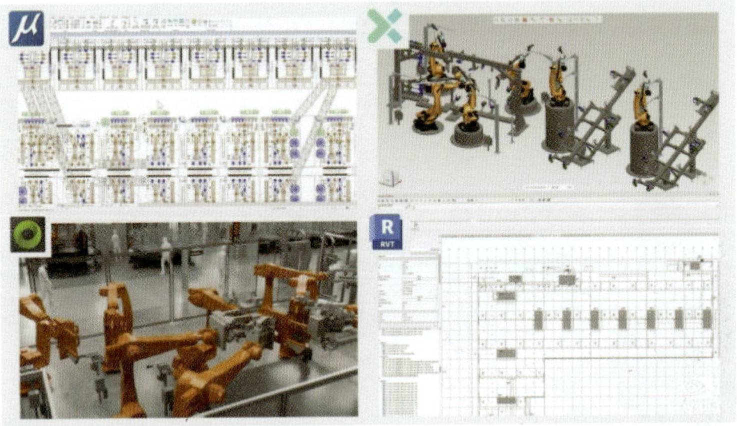
그림 9-16 BMW의 전기차 가상 공장[7]

작과 생산 흐름을 모델링하며, 지능 계층에서는 AI·머신러닝 알고리즘이 결합되어 이상 탐지, 품질 예측, 스케줄 최적화를 수행한다.

이와 같은 구조의 대표 사례가 **독일 Siemens의 암베르크**(Amberg) **공장**이다. 이 공장은 PLC 생산 라인 전 과정을 디지털트윈으로 구현하여 설비 인터페이스와 공정 데이터를 통합 관리하고 있다. 1990년대 초 이후 인력 규모를 거의 늘리지 않고 생산량을 10배 이상 향상시키며 '완전 디지털 공장'의 모범으로 평가된다. 최근에는 NavVis 3D 스캔을 활용해 공장 전체를 고정밀 디지털 모델로 변환하고, 원격 엔지니어가 가상 환경에서 설비 배치와 라인 변경을 검토할 수 있게 했다. 그 결과, 현장 방문 횟수가 대폭 줄고 공정 변경 리드타임이 단축되었다.[8]

BMW 또한 헝가리 **데브레첸**(Debrecen) **전기차 공장**을 착공 전부터 NVIDIA Omniverse 플랫폼에서 가상 공장으로 먼저 구축했다. CAD, 공정, 물류 데이터를 통합한 산업 메타버스 환경에서 로

그림 9-17 LG전자 스마트파크/등대공장[9]

봇 동작, 작업자 동선, 자재 흐름을 사전에 검증함으로써 설계 오류를 조기에 제거하고, 착공 후 수정 비용을 최소화했다. BMW는 이 방식을 "대규모 투자 리스크를 줄이고 생산 속도를 높인 디지털 전환의 분기점"으로 평가한다.[10]

국내의 LG전자 스마트파크 역시 WEF 등대공장으로 선정된 대표 사례이다. 생산 라인 전체에 디지털트윈을 적용해 실시간 예측 제어, 자동 부품 공급, 품질 이상 시뮬레이션을 수행하고 있다. 이로써 품질 비용이 약 70% 감소하고 생산성이 대폭 향상되었다.[11]

(2) 예지보전 및 자율운영 시스템

예지보전은 CPS/디지털트윈 기술이 창출하는 가장 직접적인 경제적 효과를 보여 주는 응용 영역이다. 설비에 부착된 센서로부터 온도, 진동, 전류 등의 운전 데이터를 지속적으로 수집하고, 이를 실시간 분석하여 이상 징후를 조기에 탐지함으로써 불시 정지를 예방한다. 이 과정에서 디지털트윈은 물리 설비의 상태를 가상 모델로 동기화하여 고장 예측 정확도를 높인다. 센서 데이터의 패턴을 통계적 모델이나 머신러닝 기반 예측 알고리즘에 입력하면 정상 동작과 비정상 동작의 차이를 자동으로 식별하고, 유지보수 시점까지의 잔여 수명을 추정할 수 있다.

현대자동차는 이러한 방식을 생산 라인의 주요 공정에 적용하고 있다. IoT 센서를 통해 실시간 데이터를 수집한 후, AI 플랫폼에서 이상 진동 신호를 분석한다. 특정 주파수 대역에서 비정상적인 피크가 감지되면 즉시 경고를 전송하고, 작업자는 이를 근거로 예비 정비를 수행한다. 이 시스템 도입 후 설비종합효율(OEE) 지표가 눈에 띄게 개선되었으며, 동일 기술이 해외 생산 거점으로 확산되고 있다. 이러한 사례는 디지털트윈 기반 분석이 단순한 모니터링을 넘어 설비의 예측·처방적 운영 단계

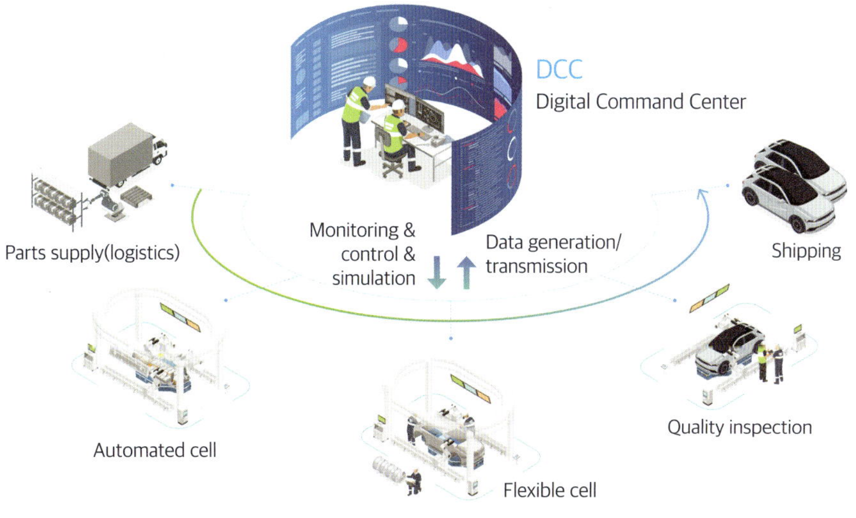

그림 9-18 현대자동차 디지털트윈 기술[12]

그림 9-19 포스코의 예지보전 중심 지능형 제조체계[13]

로 발전하고 있음을 보여 준다.[14]

포스코는 압연기와 제강 설비에 3D 디지털트윈을 구축하여 실제 가동을 중단하지 않고 가상 환경에서 정비 절차를 사전 검증할 수 있도록 했다. 정비 이력과 센서 데이터를 AI가 통합 분석하여, 부품의 열화 추세를 평가하고 교체 시점을 제안하는 기능을 운영 중이다. 이를 통해 계획 정비 효율이 향상되고, 작업 위험도 또한 감소하였다.[13]

한편, 예지보전을 넘어 **자율운영**(autonomous operation) **시스템**으로의 진화도 진행되고 있다. 강화학습 기반 디지털트윈 환경에서는 AI 에이전트가 수천 회의 생산 시뮬레이션을 반복 수행하며, 버퍼 크기, 라인 속도, 공정 순서 등을 스스로 조정하는 최적 정책을 학습한다. 학습된 정책은 MES와 연동되어 실제 설비 제어에 반영된다. 현재는 관리자 승인형 권고 모드로 제한되어 있지만, 점차 인간 개입이 줄어드는 자율형 공장으로 발전하고 있다. 결국 **예지보전**과 **자율운영** 기술은 **CPS/디지털트윈의 실질적 완성 단계**로, 제조 현장의 신뢰성, 안전성, 운영 효율을 동시에 향상시키는 핵심축이 되고 있다.

(3) 생산계획 및 공급망 시뮬레이션

CPS/디지털트윈 기술은 이제 단일 공장을 넘어 다중 생산 거점과 협력사 간의 공급망 수준으로 확장되고 있다. 각 공장의 생산계획, 물류, 재고, 수요 예측 데이터를 통합하여 하나의 가상 네트워크에서 시뮬레이션함으로써, 기업은 공급망 전 구간의 실시간 가시성을 확보하고, **전체 가치사슬의 최적화**를 동시에 달성할 수 있다. 기술적으로 공급망 트윈은 물리적 공장과 물류 노드로부터 실시간 데이터를 수집하는 데이터 계층, 이를 표준 포맷으로 정규화하는 통합 플랫폼, 그리고 생산 및 운송 정책을 시뮬레이션하는 가상 모델 계층으로 구성된다. 이 모델은 이벤트 기반 시뮬레이션과 최적화 알고리즘을 결합하여, 생산량 조정, 자재 흐름, 운송 일정 변경이 공급망 전체에 미치는 영향을 즉시 분석

그림 9-20 Bosch의 중앙 디지털트윈 플랫폼[15]

한다.

Bosch는 이러한 구조를 기반으로 **'Connected Industry' 전략**을 추진하고 있다. 여러 부품 공장의 생산 능력·재고·물류 데이터를 OPC UA 기반으로 실시간 공유하고, 중앙 디지털트윈 플랫폼에서 공장 간 협업 시나리오를 시뮬레이션한다. 한 공장에서 생산 차질이 발생하면 다른 공장의 증산 가능성을 자동 검토하며, 강화학습 기반 스케줄링 엔진이 납기, 비용, 재고 수준을 고려해 대체 계획을 제시한다. 이 시스템을 통해 Bosch는 공급망 전체의 리드타임 단축과 재고 회전율 향상을 실현했다.[16]

유럽의 **Catena-X 컨소시엄**은 자동차 산업 전반을 대상으로 한 **협업형 디지털트윈 네트워크**를 구축 중이다. 참여 기업들은 AAS 기반 표준 데이터를 활용하여 부품, 차량별 디지털 식별자를 부여하고, 제조, 물류, 조립 이력을 전체 파트너 간에 공유한다. 이 데이터는 가상 공간에서 공급망 모델과 연결되어 특정 부품의 공급 병목이나 운송 지연이 발생할 경우 'What-if' 시나리오 시뮬레이션을 즉시 수행할 수 있다. Catena-X에서 제안한 데이터 구조는 EU의 디지털 제품 여권(Digital Product Passport, DPP) 프레임워크와 연계되어 탄소 배출 추적, 순환경제 평가, 규제 대응에도 활용될 예정이다.[17]

이처럼 **공급망 디지털트윈**은 개별 기업의 운영 최적화를 넘어 산업 생태계 전체의 협업 효율성과 회복력을 향상시키는 방향으로 진화하고 있다. 실시간 데이터 통합, 표준 기반 상호운용성, 시뮬레이션 기반 의사결정이 결합되면서, CPS/디지털트윈은 글로벌 공급망을 자율적이고 지능적인 운영체계로 전환시키는 핵심 기술로 자리 잡고 있다.

(4) 에너지·플랜트·도시 인프라 트윈

에너지·플랜트·도시 인프라 분야는 설비 규모가 크고 안정성과 효율성이 핵심이기 때문에, CPS/디지털트윈의 실시간 모니터링, 시뮬레이션 및 위험 예측 기능이 가장 직접적인 가치를 창출한다. 이러한 시스템에서는 각종 센서·제어기에서 수집된 데이터를 가상 모델로 동기화하여, 운전 효율을 분석하거나 비상 시나리오를 반복 검증할 수 있다.

한국수력원자력은 원자력 및 수력 발전소의 **핵심 설비(터빈, 냉각펌프 등)**에 **디지털트윈**을 구축하여 발전 효율 개선과 안전 교육을 병행하고 있다. 물리적 설비의 운전 데이터를 실시간으로 수집해 가상 모델로 연동함으로써, 운전 조건 변화가 발전 효율에 미치는 영향을 예측 및 분석한다. 또한 냉각수 펌프 고장이나 전력 계통 이상과 같은 비상 시나리오를 가상 환경에서 반복 실험하여 대응 매뉴얼의 적정성을 검증하고, 운전원 훈련에도 활용한다. 이러한 시뮬레이션 기반 안전 훈련은 실제 설비를 정지하지 않고도 위기 대응 능력을 향상시킨다는 점에서 CPS/디지털트윈의 대표적 응용으로 평가된다.[18]

석유화학·정유 플랜트에서는 공정 시뮬레이터와 디지털트윈을 연동하여 **공정 최적제어**를 수행한다. 실시간 데이터 피드백을 통해 열교환기 온도, 반응기 압력, 원료 혼합비 등을 최적화하며, 에너지 소비를 줄이면서도 품질을 일정하게 유지한다. 가상 공간에서 'What-if' 시뮬레이션을 수행하여 운전 조건 변화가 열효율, 배출가스, 안전지수에 미치는 영향을 사전 검토하고, 이를 실제 제어 로직에 반영한다. 또한 배관 누출, 플레어(flare) 발생 등 비상 상황을 가상으로 예측하여 안전성을 높이는 연구도 활발히 이루어지고 있다.

도시 인프라 영역에서도 디지털트윈의 가치가 빠르게 확산되고 있다. 대표 사례인 **Virtual Singapore 프로젝트**는 도시 전체를 고정밀 3D 모델로 구현하고, 건물, 도로, 지하시설, 인구, 환경 등의 데이터를 통합하여 하나의 가상 플랫폼에서 운영한다. 이 모델을 통해 도시계획자는 건축물 배치가 일조권이나 풍환경에 미치는 영향을 분석하고, 대규모 행사나 재난 발생 시 군중 이동과 대피 경로를 시뮬레이션한다. 결과적으로 도시관리자는 에너지 효율, 교통 흐름, 시민 안전을 종합적으로 개선할 수 있다. 이러한 도시 단위 인프라 트윈(urban infrastructure twin)은 기존의 건물이나 플랜트 중심 디지털트윈을 넘어, 국가 차원의 지속가능성 평가와 정책 시뮬레이션까지 확장되고 있다.[19]

궁극적으로, 에너지·플랜트·도시 인프라 트윈은 물리 시스템의 운영 데이터를 사이버 공간에서 통합 분석하여 안전성·효율성·환경 지속가능성을 동시에 향상시키는 기술로 진화하고 있다. 최근에는 AI 분석과 탄소추적 기능을 결합한 **그린 디지털트윈** 개념이 부상하며, 향후 탄소중립 에너지 관리와 스마트시티 통합 운영의 핵심 플랫폼으로 발전할 것으로 전망된다.

그림 9-21 Virtual Singapore 프로젝트[20]

(5) 교육·훈련 및 시각화 응용

CPS와 디지털트윈은 단순한 설비 관리 도구를 넘어 산업 인력 양성, 작업자 훈련, 기술 전수를 위한 새로운 **교육 플랫폼**으로 확산되고 있다. 물리적 설비를 3D 가상 모델로 복제하고, 이를 가상현실 환경과 결합하면 안전하고 반복 가능한 학습 환경을 구축할 수 있다. 이러한 접근은 실제 장비 접근이 어렵거나 위험한 산업 현장에서 특히 효과적이다.

Siemens Energy는 가스터빈과 같은 대형 설비의 유지보수 인력을 대상으로 **가상현실**(VR) **기반 디지털트윈 교육 시스템**을 구축하였다. 실제 설비의 CAD 데이터를 기반으로 제작된 3D 트윈 모델은 현실과 동일한 조립·분해 절차를 가상 환경에서 재현한다. 훈련생은 HMD(Head Mounted Display)를 착용하고 가상 설비를 직접 조작하며, 시스템은 학습자의 동작 데이터를 수집하여 숙련도와 작업 오류를 실시간 평가한다. 이 프로그램은 기존의 현장 실습보다 안전하며, 교육 기간을 대폭 단축하고, 전 세계 인력이 동일한 가상 모델에서 원격 학습을 수행할 수 있도록 했다. Siemens는 이를 통해 글로벌 표준화된 기술 교육 체계를 구축하였으며, 교육 성과 데이터는 다시 트윈 모델의 개선에 활용되고 있다.[21]

Boeing은 항공기 전선 하니스(wire harness) 조립 교육에 **증강현실**(AR) **기반 가이드 시스템**을 적용하였다. 작업자가 스마트 글라스를 착용하면 실제 기체 구조 위에 조립 순서, 부품 위치, 공구 정보, 토크 값 등이 실시간으로 중첩 표시된다. 이 시스템은 복잡한 배선 구조를 직관적으로 안내하여 작업 속도를 향상시키고, 조립 오류를 90% 이상 감소시키는 효과를 거두었다. 또한 AR 장비로 수집

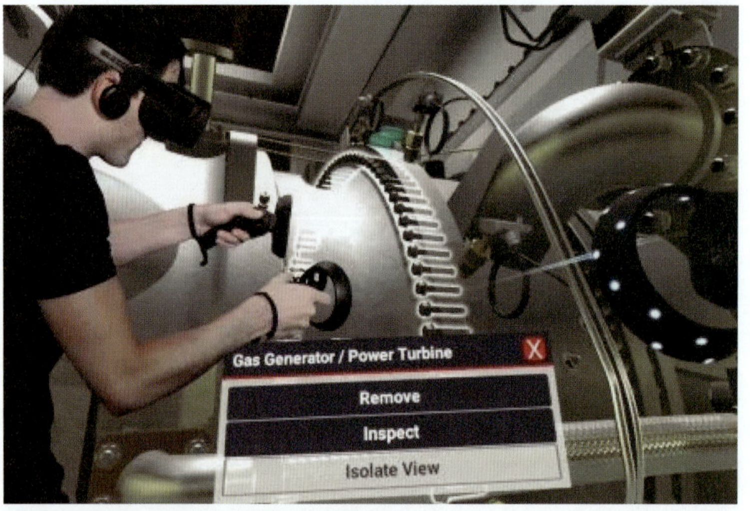

그림 9-22 Siemens Energy의 VR을 활용한 교육·훈련[22]

된 작업 데이터는 클라우드 트윈에 저장되어 품질 관리 및 추가 훈련 피드백에도 활용된다. 이처럼 디지털트윈과 AR의 결합은 산업 현장의 지식 전수 효율을 획기적으로 높이고 있다.[23]

최근에는 확장현실(eXtended Reality, XR)을 활용한 공정 및 시스템 교육이 대학 및 기술훈련기관으로 확대되고 있다. 예를 들어, 가상 공장 내에서 생산 흐름 및 제어 원리를 직접 조작해 보는 **XR 기반 학습 시스템**이 등장하였으며, 학습자는 센서 신호, HMI 화면, 로봇 동작을 실시간으로 시각화된 트윈 모델에서 확인한다. 이러한 몰입형 학습 환경은 실제 설비를 가동하지 않고도 CPS의 개념, 데이터 흐름, 공정 간 상호작용을 체험적으로 이해하도록 지원한다. 또한 학습 중 발생하는 행위 데이터가 자동 기록되어, 교육 성취도 평가나 개인 맞춤형 학습 설계에도 활용된다.

시각화된 디지털트윈은 교육을 넘어 의사결정 지원 및 대외 커뮤니케이션 도구로도 기능한다. 예를 들어, LG전자의 스마트팩토리는 WEF 등대공장 발표에서 공장 디지털트윈 영상을 활용해 혁신 성과를 설명하였다. 가상 공장 시각화는 기술적 결과를 직관적으로 보여 주어 투자자, 정책 담당자, 지역사회 구성원에게 복잡한 기술 변화를 설득력 있게 전달한다. 이는 디지털트윈이 단순 시뮬레이션을 넘어 조직 내외의 이해 공유와 혁신 확산을 촉진하는 **커뮤니케이션 플랫폼**으로 진화하고 있음을 보여 준다.

결과적으로 CPS/디지털트윈은 산업 교육과 협업 문화 전반에 새로운 패러다임을 제시하고 있다. 가상 환경에서의 실습은 학습 곡선을 단축하고, 현장 위험을 줄이며, 전 세계적 분산 협업 교육 체계를 가능하게 한다. 향후에는 AI 기반 학습 분석과 결합되어 지능형 디지털트윈 트레이닝 시스템으로 발전할 것으로 기대된다.

5) 향후 전망

CPS와 디지털트윈은 산업 전반의 디지털 혁신을 이끄는 핵심축으로 자리 잡고 있다. 두 기술은 물리적 세계와 가상 공간을 실시간으로 연계함으로써, 공정의 최적화와 자율화를 가능하게 하는 통합 프레임워크로 발전하고 있다. 앞으로의 발전 방향은 **자율성**, **협업성**, **지속가능성**이라는 세 가지 흐름으로 수렴하고 있다.

우선, 디지털트윈은 단순한 상태 모니터링이나 예측 수준을 넘어 스스로 판단하고 제어하는 **자율형 트윈**으로 진화하고 있다. 이러한 변화는 인공지능의 발전, 특히 강화학습과 자율 제어 기술의 도입에 의해 가속화되고 있다. 시뮬레이션 환경에서 학습된 AI는 실제 설비 제어에 적용되며, 물리 시스템의 효율을 스스로 조정하는 수준에 다가가고 있다. 강화학습 기반의 자율 제어는 공정 조건, 에너지 소비, 품질 변수 등을 복합적으로 고려하여 최적의 운영 방안을 학습하고, 이를 물리 시스템에 반영한다. 이러한 자율형 트윈은 사람이 세부 제어를 직접 수행하지 않아도 스스로 목표를 달성하는 공장의 기반이 되며, 향후에는 시뮬레이션-현실 간 전이(Sim2Real) 기술과 초저지연 통신, 엣지 AI 등이 결합되어 완전 자율운영 체계로 확장될 것이다.

다음으로, CPS와 디지털트윈은 점차 분산적이고 협력적인 구조로 재편되고 있다. 단일 시스템이 모든 의사결정을 담당하는 중앙집중형 구조에서 벗어나 여러 개의 트윈과 인간이 함께 판단하는 **협업형 트윈** 개념이 부상하고 있다. 협업형 트윈은 인간의 경험적 판단과 AI의 분석 역량을 결합하여 더 나은 결정을 내리는 구조로, 데이터와 제어 명령이 순환적으로 교환되는 상호작용 체계를 구성한다. 또한 기업 간에도 디지털트윈의 연결과 데이터 공유가 확산되고 있으며, 유럽의 GAIA-X나 IDS(International Data Spaces)와 같은 신뢰 기반 데이터 네트워크는 이러한 협업의 기술적 기반을 제공하고 있다. 여러 조직의 트윈들이 서로 데이터를 교환하고 공동으로 시뮬레이션을 수행함으로써, 단일 기업의 최적화를 넘어 산업 전체의 효율과 회복력을 높이는 생태계가 형성되고 있다.

지속가능성과 환경적 책임 역시 CPS와 디지털트윈의 중요한 미래 방향으로 부상하고 있다. 디지털트윈은 제조업의 탄소 배출과 에너지 소비를 줄이기 위해 제품의 전 수명주기 데이터를 분석하여 환경 영향을 정량적으로 평가하고 최적의 개선 방안을 제시할 수 있다. 이러한 그린 디지털트윈은 탄소중립과 순환경제 구현의 실질적 수단으로 주목받고 있으며, 유럽연합이 추진 중인 DPP 제도는 제품의 생산·물류·폐기 전 과정을 투명하게 추적하기 위한 대표적 사례로 꼽힌다. 더 나아가 디지털트윈은 새로운 비즈니스 모델의 핵심 요소로 발전하고 있다. 제조 장비에 대한 유지보수 서비스를 실시간 트윈 데이터와 연동하거나, 생산 데이터를 익명화하여 산업 간 학습 자원으로 교환하는 데이터 마켓플레이스가 등장하는 등 데이터 기반 산업 생태계가 확장되고 있다.

이러한 기술적 진화는 동시에 새로운 사회적 과제도 제기한다. 표준화의 미비, 데이터 보안과 신뢰 문제, AI 의사결정의 책임 소재, 그리고 인력 재교육의 필요성이 대표적이다. 그러나 기술의 성숙과 비용 절감이 빠르게 진행되면서, CPS와 디지털트윈의 도입은 더 이상 선택이 아닌 필수로 자리 잡고 있다. 향후에는 6G 통신, 엣지 인공지능, 양자 컴퓨팅 등이 결합하여 지금보다 훨씬 복잡한 시스템도 실시간으로 최적화할 수 있는 시대가 열릴 것이다.

CPS와 디지털트윈의 진화는 기술 중심의 혁신을 넘어 인간 중심의 산업 생태계를 지향하는 방향으로 나아가고 있다. 반복적 업무는 자율화되고, 인간은 창의적 설계와 전략적 의사결정에 집중하게 될 것이다. 인공지능과 사람이 협력하여 데이터를 기반으로 지속가능한 산업을 운영하는 모습, 그것이 미래 지능형 제조의 본질이라 할 수 있다. 기술이 인간을 대체하는 것이 아니라, 인간의 역량을 확장하는 형태로 발전할 때 비로소 CPS/디지털트윈은 진정한 의미의 포용적 혁신으로 완성될 것이다.

9.7 로봇

제조업에서 로봇은 생산성 향상, 품질 개선, 안전성 확보를 위한 핵심 기술로 자리 잡고 있다. 1960년대 초 최초의 산업용 로봇 Unimate가 GM의 자동차 생산 라인에 투입된 이후, 로봇 기술은 비약적으로 발전하여 오늘날에는 용접, 조립, 도장, 검사 등 거의 모든 제조공정에서 활용되고 있다. 특히 최근에는 스마트팩토리 구현의 핵심 요소로서, 센서, IoT, AI 등 첨단 기술과 융합하여 지능형 자율 생산이 가능한 스마트팩토리로 진화하고 있다.[1]

1) 로봇의 개념과 역할

(1) 로봇의 정의와 발전 과정

로봇(robot)의 어원은 체코어 'robota(강제 노동)'에서 유래했으며, 1920년 체코의 작가 Karel Čapek의 희곡에서 처음 사용되었다. 산업용 로봇은 ISO 8373에서 "3축 이상의 자유도를 가지며, 자동 제어되고, 재프로그래밍이 가능하며, 산업 자동화 응용을 위해 제자리에 고정되거나 이동 가능한 다목적 매니퓰레이터"로 정의된다.[2] 이 정의는 로봇이 단순한 자동화 설비가 아니라 기계, 구동, 센서, 제어, 지능이 결합된 복합 시스템임을 의미한다.

현대 산업용 로봇의 출발점은 1961년 GM 차체 용접 라인에 투입된 Unimate이다. 이 로봇은 열과 스패터(용접 비산물)에 노출되는 고위험 반복 작업을 안정적으로 대체하면서 생산성, 품질, 안전성을 동시에 높였다.[3] 제조용 로봇의 발전은 크게 3세대로 구분할 수 있다. 1세대 로봇(1960~1970년대)은 사전에 프로그래밍된 동작을 반복 수행하는 단순 자동화 장치로, 센서가 거의 없어 환경 변화에 대응할 수 없었다. 2세대 로봇(1980~1990년대)은 센서(비전, 힘/토크)를 탑재하여 환경을 인식하고 피드백 제어를 수행할 수 있게 되었다. 3세대 로봇(2000년대 이후)은 AI, 머신러닝, IoT와 결합하여 자율적으로 판단하고 학습하는 지능형 로봇으로 진화하고 있다.[4]

국제로봇연맹(International Federation of Robotics, IFR)에 따르면, 2024년 기준 전 세계 공장에서 가동 중인 로봇은 400만 대를 상회하며, 자동차와 전기전자 산업이 수요를 주도하고 있다.[5]

(2) 스마트팩토리에서 로봇의 역할

스마트팩토리에서 로봇은 단순한 자동화 도구를 넘어, 데이터 기반 자동화에서 지능형 자율 생산으로의 진화를 주도하는 핵심 요소이다. 로봇은 데이터 → 의사결정 → 물리 실행의 최종 단계, 즉 실행 계층(actuation layer)을 담당한다. 그림 9-23에서 볼 수 있는 바와 같이 센서와 IIoT가 수집한 데이터를 엣지·클라우드에서 분석하고, 그 결과를 로봇이 실시간으로 수행하여 품질 편차 감소, 사이클 타임 단축, 에너지 최적화를 구현한다.

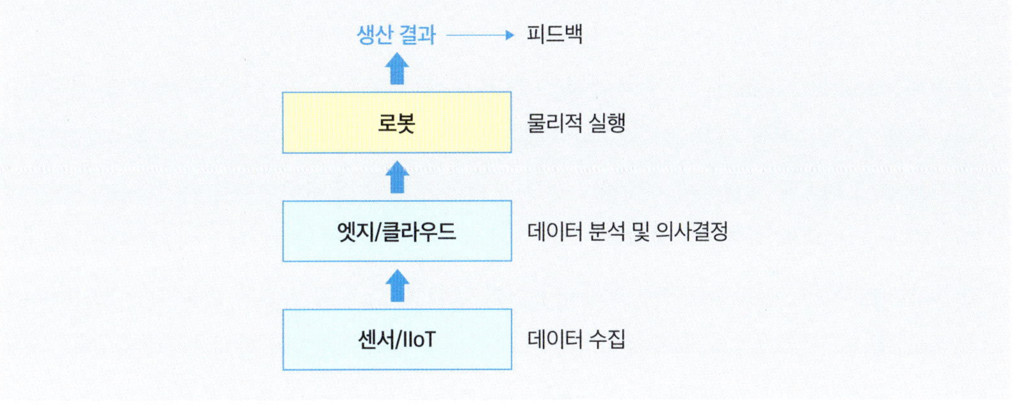

그림 9-23 스마트팩토리에서 로봇의 역할

로봇의 주요 역할은 다음과 같다.[6]

- 생산성 향상: 24시간 무중단 작업 가능, 인간보다 빠르고 정확한 작업 수행
- 품질 개선: 높은 반복 정밀도로 일관된 품질 유지, 비전 시스템과 결합하여 불량의 실시간 검출
- 안전성 확보: 위험하고 반복적인 작업을 대체하여 작업자의 부상 및 피로 감소
- 유연성 제공: 재프로그래밍을 통해 다양한 제품 및 공정에 대한 신속한 대응

(3) 로봇 시스템의 기본 구성

로봇 시스템은 다음의 다섯 가지 주요 구성요소로 이루어진다.

1. 메커니즘(mechanism): 로봇의 물리적 구조로, 링크(link)와 관절(joint)로 연결된 매니퓰레이터(manipulator)와 실제 작업을 수행하는 엔드 이펙터(end-effector)로 구성된다. 매니퓰레이터는 다시 '본체 및 팔(body-and-arm assembly)'과 '손목(wrist assembly)'으로 나눌 수 있으며, 본체 및 팔의 구조에 따라 로봇의 타입이 주로 결정된다. 각 구성요소의 역할을 정리하면 다음과 같다.
   - 본체 및 팔: 로봇의 주된 구조로, 본체는 안정적인 기초를 제공하고 팔은 다양한 방향으로 움직일 수 있는 범위를 형성한다. 이 부분은 로봇의 강도와 동작 가능 영역을 결정하며, 주로 무거운 하중을 지탱하거나 넓은 작업 공간을 다루는 데 기여한다.
   - 손목: 팔 끝부분에 위치한 구조로, 세밀한 방향 조절과 회전을 담당한다. 이는 작업물에 대한 정밀한 위치 맞춤이나 각도 조절이 필요한 경우 유용하며, 팔의 큰 움직임을 보완하는 역할을 한다.
   - 엔드 이펙터: 로봇 팔 끝에 부착되는 실제 작업 도구로, 그리퍼(gripper) 또는 용접기 및 도장 스프레이 등의 도구(tool)가 활용되며 작업 목적에 따라 종류가 달라진다. 이 부분은 로봇의 기능을 구체화하며, 조립, 절단 등의 특정 작업을 수행하는 데 핵심 역할을 한다.
2. 구동계(actuation system): 로봇의 관절을 움직이는 동력원으로, 전기 모터(서보모터, 스테핑모터), 유압 실린더, 공압 실린더가 사용된다. 현대 산업용 로봇은 대부분 서보모터를 사용하며, 엔코더를 통해 위치를 정밀하게 제어한다. 서보모터와 로봇 관절 사이에는 감속기(reducer)가 장착되어 높은 토크를 제공하고 백래시를 최소화한다. 주요 감속기 중 하모닉 드라이브(harmonic drive)는 콤팩트하고 고정밀이며 백래시가 거의 없어 소형·중형 관절에 적합하다. RV(Rotary Vector) 감속기는 고토크와 내구성이 뛰어나 대형 로봇의 하중을 받는 축에 사용된다. 특정 응용(반도체 핸들링, 정밀 조립)에서는 직구동(direct-drive) 모터를 적용해 백래시와 비틀림을 완전히 제거하기도 한다.[4,7]
3. 제어계(control system): 로봇의 두뇌에 해당하며, 컨트롤러, 프로세서, 제어 알고리즘으로 구성된다. 산업용 로봇 제어기는 일반적으로 전류-속도-위치의 중첩 루프(cascaded loops) 구조를 가진다. 전류 루프는 10~100 kHz, 속도 루프는 1~5 kHz, 위치 루프는 250~1,000 Hz로 동작한다. 마찰, 중력, 코리올리 힘을 보상하는 피드포워드(feedforward) 제어가 포함되며, 실시간 통신(EtherCAT, PROFINET, EtherNet/IP)으로 서보 드라이브와 I/O를 동기화한다.[4,8] 여기서 코리올리 힘은 로봇 팔이 움질일 때, 여러 관절이 동시에 회전하면서 각 링크 간 상호작용으로 인해 발생한다.
4. 센서 시스템(sensor system): 로봇이 환경을 인식하고 정밀한 제어를 수행하도록 한다. 위치 센

서(엔코더)는 각 관절의 회전 각도를 측정하고, 힘/토크 센서는 외부 힘을 감지하여 부드러운 접촉과 조립 작업을 가능하게 한다. 비전 센서(2D/3D 카메라)는 물체의 위치, 방향, 형상을 인식하며, 근접 센서는 충돌을 방지한다.

5. 인터페이스(interface): 사람과 로봇, 로봇과 다른 시스템 간의 연결을 담당한다. 티칭 펜던트(teach pendant)는 작업자가 로봇에게 작업을 가르치는 휴대용 제어 장치이며, HMI는 로봇 상태를 모니터링하고 제어한다. 통신 인터페이스는 PLC, MES, ERP 등과 데이터를 주고받으며, 상위 시스템과는 OPC UA 또는 REST API를 통해 연계된다.[4, 9]

(4) 로봇 제어의 기본 원리

로봇 제어는 로봇을 원하는 위치와 자세로 정확하게 이동시키는 것을 목표로 한다.

피드백 제어(feedback control)는 센서로 측정한 현재 상태와 목표 상태의 차이(오차)를 계산하고, 이를 줄이는 방향으로 제어 입력을 생성한다. 가장 널리 사용되는 PID(Proportional-Integral-Derivative) 제어는 오차에 비례하는 항(P), 오차의 누적값에 비례하는 항(I), 오차의 변화율에 비례하는 항(D)을 조합하여 제어 신호를 생성한다.[10]

궤적 계획(trajectory planning)은 시작점에서 목표점까지 로봇이 이동할 경로를 생성하는 과정이다. 각 로봇의 구동 라이브러리에 따라 다를 수는 있지만, 산업 현장에서는 PTP(Point-to-Point, 위치 간 공간 이동), LIN(직선 경로), CIRC(원호 경로) 명령을 사용한다.

좌표계 변환(coordinate transformation)은 로봇 제어에서 필수적이다. 로봇의 위치는 직교좌표계(cartesian coordinate system)와 관절좌표계(joint coordinate system)로 표현할 수 있다. 직교좌표계는 (x, y, z) 좌표로 위치를 나타내며 인간이 이해하기 쉽지만, 로봇의 각 관절 각도는 직접 알 수 없다. 관절좌표계는 각 관절의 회전 각도($\theta_1, \theta_2, \ldots, \theta_n$)로 표현되며 모터 제어에 직접 사용된다. 순기구학(forward kinematics)은 관절 각도로부터 엔드 이펙터의 위치를 계산하고, 역기구학(inverse kinematics)은 목표 위치로부터 필요한 관절 각도를 계산한다. 역기구학은 해가 여러 개 존재하거나 없을 수 있으며, 특이점(singularity)에서는 제어 성능이 저하되므로 경로 계획 시 회피가 필요하다.[4, 10]

동역학 제어는 고속, 고정밀 작업에서 필수적이다. 로봇의 질량, 관성, 중력, 마찰 등의 영향을 고려하여 정밀한 제어를 수행한다. 계산 토크 제어(computed torque control)는 동역학 모델을 이용하여 비선형 항을 보상한다. 접촉 작업(연마, 폴리싱, 조립)에서는 임피던스 제어(impedance control) 또는 어드미턴스 제어(admittance control)를 사용하여 환경의 강성에 맞춰 힘과 위치 응답을 조정한다.[4, 10]

(5) 로봇의 주요 성능 지표

로봇의 성능을 평가하는 주요 지표로는 자유도(Degree of Freedom, DOF), 가반하중(payload), 작업 반경(reach), 반복 정밀도(repeatability), 정확도(accuracy), 그리고 속도 및 가속도 등이 있다.

자유도는 로봇이 독립적으로 제어할 수 있는 관절(축)의 수를 의미한다. 3차원 공간에서 물체를 자유롭게 위치시키고 방향을 정하려면 최소 6자유도(위치 3개+자세 3개)가 필요하다. 산업용 로봇은 일반적으로 6축을 가지며, 일부 응용에서는 7축 이상의 로봇을 사용하여 장애물 회피나 특이점 문제를 해결한다. **가반하중**은 로봇이 들 수 있는 최대 무게를 의미하며, 엔드 이펙터와 작업물의 무게를 합한 값이다. 산업용 로봇은 수 kg부터 수백 kg까지 다양하며, 협동로봇은 일반적으로 30 kg 이하이다. **작업 반경**은 로봇이 도달할 수 있는 최대 거리로, 모든 링크의 길이를 합한 값에 가깝다. 작업 반경이 클수록 넓은 작업 영역을 커버할 수 있지만, 로봇의 크기와 비용도 증가한다. 로봇의 성능 평가를 위해 사용되는 반복 정밀도와 정확도의 의미는 반드시 구분되어야 한다. **반복 정밀도**는 로봇이 동일한 명령을 반복 실행했을 때, 실제 도달 위치의 편차를 의미한다. 일반적으로 ±0.02~0.05 mm 수준이며, 산업용 로봇의 가장 중요한 성능 지표 중 하나이다. **정확도**는 명령한 위치와 실제 도달한 위치의 차이로, 기구 오차, 열 변형, 캘리브레이션 품질에 좌우된다. 일반적으로 정확도는 반복 정밀도보다 낮기 때문에 정확도 향상을 위해 레이저 트래커(laser tracker) 기반 기구 보정, TCP(Tool Center Point) 및 베이스 재교정, 온도 보상 등이 활용된다.[4, 11] 반복 정밀도와 정확도의 개념 차이는 그림 9-24에 잘 표현되어 있다. 참고로, 그림의 색칠된 원은 정확한 위치를 나타낸다. 마지막으로, 속도 및 가속도는 로봇의 생산성을 결정한다. 엔드 이펙터의 최대 속도는 일반적으로 1~10 m/s이며, 가속도는 수 m/s^2에서 수십 m/s^2까지 다양하다.

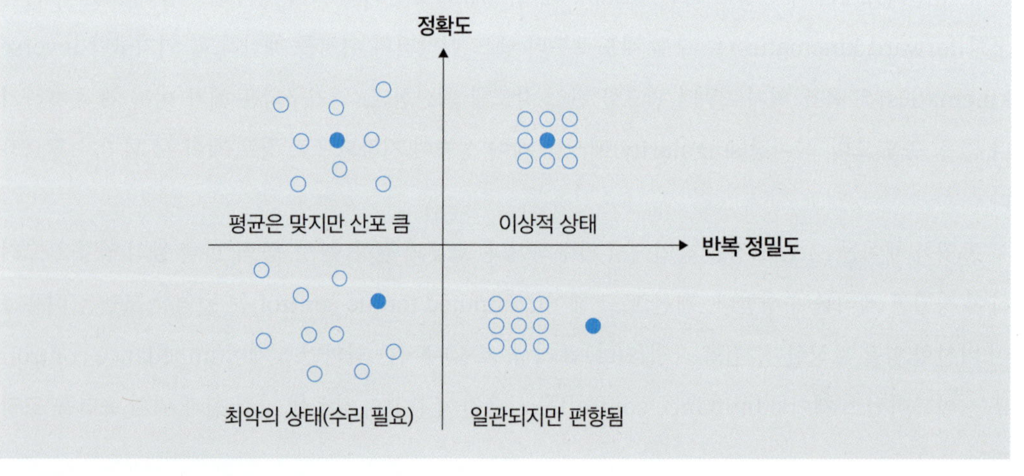

그림 9-24 반복 정밀도와 정확도의 차이

(6) 로봇과 스마트제조시스템의 연계

스마트팩토리에서 로봇은 독립적으로 동작하지 않고, 그림 9-25에서와 같이 PLC, MES, ERP 등과 긴밀하게 연계되어 통합 생산 시스템을 구성한다.

PLC는 로봇과 직접 통신하여 작업 시작/정지 신호를 주고받고, 컨베이어, 센서 등 주변 설비와 동기화한다. 통신 프로토콜로는 EtherCAT, PROFINET, EtherNet/IP 등이 사용된다. 다수 로봇의 시간 동기화가 필요한 경우 IEEE 1588 PTP(Precision Time Protocol)와 TSN을 적용한다.[8, 12] MES는 로봇에게 작업 지시를 내리고, 로봇으로부터 작업 완료, 사이클 타임, 불량 정보 등을 수집한다. 이 데이터는 실시간 생산 모니터링, 품질 관리, 생산 일정 조정에 활용된다. ERP는 MES로부터 받은 생산 데이터를 바탕으로 전사적 자원 계획을 수립하고, 재고 관리, 구매, 판매 등과 연계한다. 로봇은 또한 IIoT 플랫폼과 연결되어 상태 데이터(온도, 진동, 전류 등)를 실시간으로 전송하고, AI 기반 예지보전을 통해 고장을 사전에 예측할 수 있다. 디지털트윈은 로봇의 가상 복제본으로, 작업 검증, 사이클 타임 예측, 에너지 최적화, 변경 영향 분석을 지원한다.[13]

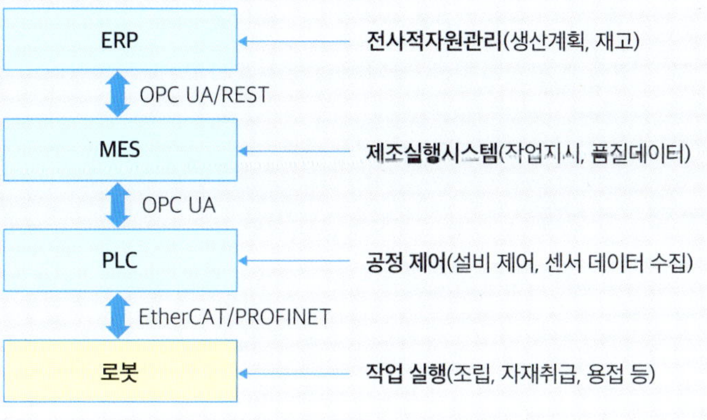

그림 9-25 로봇-PLC-MES-ERP 데이터 흐름 구조

(7) 로봇의 안전 표준과 유지보수

로봇 시스템의 안전은 ISO 10218-1/2(산업용 로봇 안전 요구사항), ISO 13849-1(제어시스템의 안전 관련 부품), ISO 12100(기계 안전 위험성 평가) 등의 국제표준을 따른다.[14~16]

안전 기능으로는 안전 토크 차단(Safe Torque Off, STO), 안전 제한 속도(Safely-Limited Speed, SLS), 안전 제한 위치(Safely-Limited Position, SLP) 등이 있으며, 이는 안전 PLC와 안전 통신 프로토콜(PROFIsafe, CIP Safety, FSoE)을 통해 구현된다. 기능 안전 수준은 ISO 13849-1의 Performance Level(PL d/e) 또는 IEC 61508의 Safety Integrity Level(SIL)로 평가된다.[15, 17]

로봇의 안정적 운영을 위해 예지보전이 중요하다. 서보 모터 전류, 진동, 온도, 감속기 백래시 추세를 모니터링하여 고장을 선제적으로 차단한다. 주요 고장 모드는 감속기 마모, 케이블 단선, 브레이크 마모, 베어링 손상 등이다. 계획 정비에는 윤활 교체, 브레이크 갭 점검, 케이블 교환, TCP 재교정이 포함된다.[5]

경제성은 TCO 관점에서 평가하며, 구매 비용, 통합 비용, 교육 비용, 에너지 비용, 유지보수 비용, 다운타임 비용을 모두 고려한다. ROI는 사이클 타임 단축, 가동률(OEE) 향상, 불량률 개선, 안전사고 비용 감소 등으로 산출한다.[5]

2) 산업용 로봇 기술

산업용 로봇(industrial robot)은 ISO 8373에서 정의된 바와 같이, 산업 자동화를 위해 설계된 다목적 매니퓰레이터로, 고속·고정밀·대출력을 특징으로 한다. 산업용 로봇은 일반적으로 안전 펜스로 격리된 작업 공간에서 단독으로 작동하며, 사람의 접근이 제한된다. 이는 로봇이 고속으로 움직이고 큰 힘을 발휘하기 때문에, 충돌 시 심각한 부상을 초래할 수 있기 때문이다.[14]

산업용 로봇의 프로그래밍과 운영은 전문 지식이 필요하며, 주로 대기업의 대량생산 라인에서 활용된다. 높은 초기 투자 비용이 필요하지만, 장기적으로는 생산성 향상과 인건비 절감을 통해 투자비를 회수할 수 있다.

(1) 산업용 로봇의 주요 구조 형태

산업용 로봇은 구조에 따라 여러 유형으로 분류되며, 각각의 특성에 맞는 응용 분야가 있다. 선택은 작업 공간, 가반하중, 정밀도, 속도, 환경, 셀 레이아웃의 트레이드오프를 고려한다.[4, 5]

산업용 로봇의 종류는 본체 및 팔 구조에 따라 그림 9-26에서 볼 수 있는 바와 같이 주로 다관절 로봇, 스카라 로봇, 직교좌표 로봇, 그리고 델타 로봇으로 나눌 수 있다. 각 로봇은 각각 구조적 특징이 다르며, 이동 범위 및 주요 용도 또한 서로 다르다. 표 9-11은 이러한 각 로봇의 특징을 정리한 내용

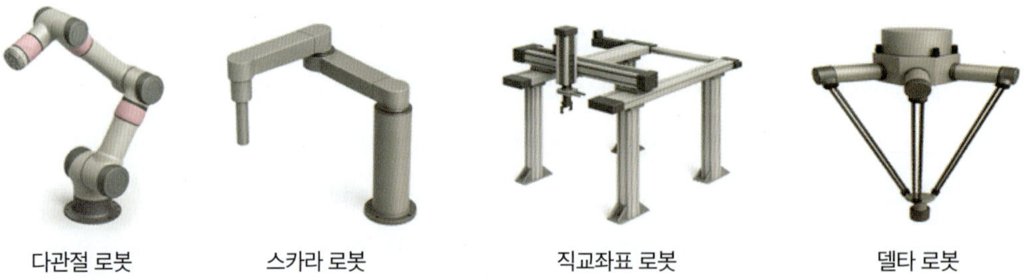

그림 9-26 본체 및 팔 구조에 따른 로봇의 주요 종류

표 9-11 로봇의 종류 및 특징

구분	다관절 로봇	스카라 로봇	직교좌표 로봇	델타 로봇
구조 특징	다관절 팔, 인간 팔과 유사	수평 2관절+수직 축	X, Y, Z 직선 축	평행 링크+중앙 플랫폼
이동 범위	6축 이상, 넓은 범위	제한된 평면 내 고속	3축 정밀 제어	고속 3D 범위
주요 용도	용접, 조립, 핸들링(범용)	전자부품 조립, 패키징	3D 프린팅, CNC, 창고	픽앤플레이스, 포장, 분류
장점	유연성, 다목적성	고속, 정밀도 높음	간단한 설계, 정확성	초고속, 경량 설계
단점	복잡한 제어, 비용 높음	3D 범위 제한	이동 범위 제한	하중 제한, 복잡한 구조

이다.

다관절 로봇(articulated robot)은 가장 널리 사용되는 형태로, 인간의 팔처럼 여러 개의 회전 관절로 연결된 구조이다. 일반적으로 6축을 가지며, 높은 유연성과 넓은 작업 범위를 제공한다. 용접, 핸들링, 조립, 도장 등 거의 모든 산업 분야에서 사용된다.

스카라 로봇(Selective Compliance Arm for Robotic Assembly, SCARA robot)은 3~4축 구조로, 수평면에서는 유연하게 움직이지만 수직 방향으로는 강성을 가진다. 이러한 특성은 부품을 수직으로 삽입하는 조립 작업에 이상적이다. 매우 빠른 속도(사이클 타임 0.3초 이하)로 물체를 집어서 옮기는 픽앤플레이스(pick-and-place) 작업을 수행할 수 있어 전자 부품 조립, 패키징, 나사 체결 등에 적합하다. 컨베이어 트래킹(conveyor tracking)과 결합하여 움직이는 대상물의 위치를 실시간 추적하고 작업할 수 있다.[1]

직교좌표 로봇(cartesian coordinate robot, gantry robot)은 3축 직선 이동(X-Y-Z)을 수행하며, 갠트리(gantry) 구조로 대형 작업 영역을 커버할 수 있다. 높은 정밀도와 강성을 제공하여, CNC 가공, 3D 프린팅, 대형 부품 핸들링, 자동 창고 시스템 등에 활용된다.

델타 로봇(delta robot)은 병렬 구조로, 3개의 팔이 동시에 움직여 엔드 이펙터를 제어한다. 초고속 동작(분당 300회 이상)이 가능하고, 경량 물체를 다루는 데 최적화되어 있다. 식품 산업의 초콜릿·과자 분류, 의약품 포장, 소형 부품 핸들링 등에 사용된다.

가장 보편적인 다관절 로봇을 기준으로 로봇의 **링크**(link)와 **관절**(joint)은 그림 9-27에 표시된 바와 같고, 각 링크 간 연결을 관절이 담당한다. **손목**은 2~3 자유도를 갖고 있으며 그림 9-28에서와 같이 엔드 이펙터가 연결되는 부분의 축별 회전 움직임을 각각 롤(roll), 요(yaw), 피치(pitch)라고 부른다.

(2) 산업용 로봇 제어 아키텍처 및 통신

산업용 로봇은 PLC 기반 제어 시스템과 통합되어 운영된다. 로봇 컨트롤러는 로봇의 동작을 직접 제

그림 9-27 링크 및 관절

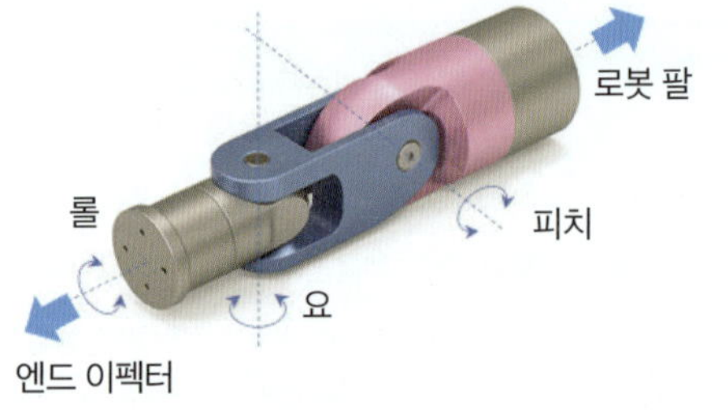

그림 9-28 손목의 구조

어하고, PLC는 주변 설비(컨베이어, 센서, 그리퍼 등)를 제어하며 로봇과 신호를 주고받는다.

산업용 통신 프로토콜은 실시간성과 신뢰성이 중요하다. EtherCAT은 초저지연(<1 ms) 실시간 제어를 제공하여 모션 제어에 적합하다. PROFINET은 Siemens를 중심으로 한 자동화 통신 표준으로 널리 사용된다. EtherNet/IP는 Rockwell Automation이 주도하는 산업용 이더넷 프로토콜이다. 다수 로봇의 시간 동기화가 필요한 경우 IEEE 1588 PTP와 TSN을 적용하여 마이크로초 단위의 정밀한 시간 정합을 구현한다.[8,12]

상위 시스템과의 연계는 OPC UA(IEC 62541)가 표준으로 자리 잡고 있다. OPC UA는 다양한 벤더 장비 간의 데이터 통합과 상호운용성을 제공하여, 스마트팩토리 환경에서 점차 중요해지고 있다. 특히 OPC UA for Robotics(VDMA OPC 40010 시리즈)는 로봇의 상태, 작업 정보, 프로그램 등을 표준화된 정보 모델로 제공한다.[9,18,19]

안전 통신은 PROFIsafe(PROFINET 기반), CIP Safety(EtherNet/IP 기반), FSoE(Fail Safe over EtherCAT) 등의 프로토콜을 사용하여 안전 관련 신호를 이중화하고 검증함으로써 ISO 13849 PL d/e 수준을 달성한다.[15,17]

(3) 로봇 프로그래밍 방식

산업용 로봇의 프로그래밍은 작업의 복잡도와 환경에 따라 다양한 방법이 사용된다.

티칭 펜던트 방식은 작업자가 휴대용 제어 장치를 사용하여 로봇을 수동으로 목표 위치로 이동시키고, 이를 기록하는 방식이다. 직관적이고 현장에서 즉시 적용할 수 있지만, 프로그래밍 시간이 길고 로봇이 생산 라인에서 이탈해야 한다는 단점이 있다.

오프라인 프로그래밍(Offline Programming, OLP)은 컴퓨터 시뮬레이션 환경에서 로봇 프로그램을 작성하고 검증한 후, 실제 로봇에 다운로드하는 방식이다. 로봇을 생산 라인에서 분리할 필요가 없어 가동 중단 시간을 최소화할 수 있으며, 복잡한 경로도 정밀하게 계획할 수 있다. 대표적인 소프트웨어로는 RobotStudio(ABB), ROBOGUIDE(FANUC), KUKA.Sim, RoboDK 등이 있다.[4]

로봇 프로그래밍 언어는 제조사마다 독자적인 언어를 사용한다. RAPID(ABB), KRL(KUKA Robot Language), TP(FANUC Teach Pendant), INFORM(Yaskawa) 등이 있다. 이들 언어는 제어 구조, 센서 입력, 통신 등을 지원하며, 복잡한 로직을 구현할 수 있다.

ROS-Industrial(Robot Operating System-Industrial)은 오픈소스 로봇 운영체제인 ROS를 산업 환경에 적용한 것으로, 다양한 벤더의 로봇을 통합하고, 센서 데이터 처리, 경로 계획, 시뮬레이션 등을 지원한다. 연구 개발 및 유연한 생산시스템 구축에 활용된다.[20]

(4) 산업용 로봇의 주요 응용 분야

산업용 로봇은 용접, 조립, 도장, 자재취급, 팔레타이징, 검사 등 다양한 제조공정에서 활용된다.

용접(welding)은 산업용 로봇의 가장 전통적이고 중요한 응용 분야이다. 아크 용접은 자동차, 조선, 건설기계 등에서 사용되며, 로봇은 일정한 속도와 각도로 용접 토치를 이동시켜 균일한 용접 품질을 보장한다. 스폿 용접은 자동차 차체 조립에서 수백 개의 용접점을 정확하게 용접한다. 다수의 로봇이 협업하는 보디-인-화이트(body-in-white) 용접 셀에서는 로봇 간 동기화와 인터록, 공정 전류·전압 모니터링이 중요하다. KPI는 용접 품질, 사이클 타임, 가동률이다.[2, 21]

조립(assembly)은 나사 체결, 부품 결합, 접착 등 다양한 작업을 포함한다. 전자 제품, 자동차, 가전제품 등의 조립 라인에서 로봇이 활용되며, 힘 제어와 비전 시스템을 결합하여 정밀한 조립이 가능하다.

도장(painting)은 자동차, 가전, 가구 산업에서 표면 처리를 위해 사용된다. 방폭형 로봇과 스프레이 건(spray gun)을 사용하며, 프로그래밍된 경로를 정확히 재현하여 도막 두께 균일성을 확보한다. 작업자를 유해한 화학물질로부터 보호하는 효과도 있다. KPI는 주로 도막 두께 균일성, 폐기율, 안전 등으로 설정된다.[4]

자재취급(material handling)은 부품을 픽업하여 다른 위치로 이동시키는 작업으로, 픽앤플레이스, 머신 텐딩(machine tending, CNC 기계에 소재 공급 및 완제품 회수), 컨베이어 간 이송 등이 포함된다. 비전 시스템과 결합하여 무작위로 놓인 부품도 인식하고 집을 수 있다(빈피킹). 머신 텐딩 셀에서는 로봇이 CNC 도어 인터록과 연계하여 자동으로 소재를 로딩하고 완제품을 언로딩한다. KPI는 CNC 가동률, 비공정 시간, 인력 효율 등으로 설정된다.[4]

팔레타이징(palletizing)은 제품을 박스에 담고, 박스를 팔레트에 적재하는 물류 자동화 작업이다. 고가반·장암 로봇이 사용되며, 경로 최적화 및 충돌 회피, 팔레트 패턴 자동 생성 기능이 중요하다. KPI는 처리량, 불량률, 안전 등으로 설정된다.[4]

검사(inspection)는 비전 시스템과 결합하여 제품의 치수, 외관, 결함을 검사한다. 로봇은 카메라를 다양한 각도로 이동시켜 전방위 검사를 수행하며, AI 기반 이미지 분석으로 불량을 자동 분류한다.

(5) 머신비전 통합

비전 통합은 로봇의 유연성을 크게 향상시킨다. 2D 비전은 라벨, 마킹, 위치 보정에 사용되며, 3D 비전은 빈피킹과 자유형상 부품 인식에 활용된다. 3D 비전에서는 빛(적외선)을 물체에 쏘고 반사되어 돌아오는 시간을 측정하여 거리를 계산하는 Time of Flight(ToF) 및 알려진 패턴의 빛을 물체에 투사하고 패턴의 왜곡(변형)을 분석하여 3D 형상을 계산하는 구조광(structured light) 방식을 활용할 수 있다. 컨베이어 트래킹에서는 엔코더 동기화로 움직이는 대상의 위치를 실시간 추적하여 궤적에 반영한다. 조명 조건과 렌즈·필터 설계가 안정성을 좌우하며, 비전-로봇 좌표 변환의 정확도는 핸드-아이 캘리브레이션(hand-eye calibration)을 통해 확보한다. 핸드-아이 캘리브레이션은 카메라가 로봇 팔에 장착된 경우(eye-in-hand)와 고정된 위치에 설치된 경우(eye-to-hand)로 구분되며, 체스보드 패턴 등을 사용하여 변환 행렬을 계산한다.[4,10]

(6) 스마트 로봇화 기술 및 시장 전망

산업용 로봇은 AI, IoT, 디지털트윈 등 첨단 기술과 융합하여 스마트 로봇으로 진화하고 있다.

AI 기반 궤적 최적화는 강화학습을 통해 로봇이 최적의 작업 경로를 스스로 학습하도록 한다. 예를 들어, 용접 로봇은 수천 번의 시행착오를 통해 용접 속도, 각도, 출력 등의 최적 조합을 찾아낸다. 컴퓨터 비전은 물체 인식, 위치 추정, 장애물 회피를 가능하게 하여, 로봇이 비정형 환경에서도 작동할 수 있게 한다.

디지털트윈 연계는 물리적 로봇의 가상 복제본을 만들어, 실시간 상태를 모니터링하고 시뮬레이션을 수행한다. 새로운 작업을 가상 환경에서 먼저 테스트하여 오류를 사전에 발견하고, 실제 로봇에 적용할 때의 리스크를 줄인다. 또한 여러 로봇이 협업하는 복잡한 시스템도 디지털트윈으로 최적화할 수 있다. 배포 후에는 엣지 AI가 실측 데이터를 통해 모델을 재보정한다.[13]

원격 진단 및 제어는 IoT 플랫폼을 통해 로봇의 상태 데이터(모터 전류, 온도, 진동 등)를 실시간으로 수집하고, AI 알고리즘으로 이상 징후를 감지한다. 예지보전을 통해 고장을 사전에 예측하고, 계획된 정비로 돌발 정지를 방지한다. 전문가는 원격에서 로봇을 진단하고, 필요시 프로그램을 업데이트하거나 파라미터를 조정할 수 있다.[4,5]

국제로봇연맹(IFR)에 따르면, 2022년 전 세계 산업용 로봇 설치 대수는 약 55만 대로 역대 최고를 기록했으며, 이후에는 연평균 약 10% 이상 매년 성장할 것으로 예상했다. 자동차 산업이 여전히 가장 큰 시장이지만, 전자, 금속, 플라스틱, 식품, 의약품 등으로 적용 분야가 확대되고 있다.[5]

산업용 로봇의 주요 제조사로는 FANUC(일본, 세계 1위), ABB(스위스), KUKA(독일, 2016년 중국 Midea 인수), Yaskawa(일본, Motoman 브랜드), Kawasaki(일본) 등이 있다. 국내에서는 현대로보틱스(현대위아), 두산로보틱스, 한화로보틱스 등이 산업용 로봇을 생산하고 있으며, 국산화율이 점차 증가하고 있다.

3) 협동로봇의 기술 및 적용

(1) 협동로봇의 정의와 등장 배경

협동로봇(Collaborative Robot, Cobot)은 "**안전 펜스 없이 사람과 동일한 작업 공간에서 직접 협력하도록 설계된 로봇**"으로 정의된다.[22] 협동로봇은 2000년대 후반 덴마크의 Universal Robots이 최초로 상용화하면서 시장에 등장했다.

협동로봇의 등장 배경은 제조업 환경의 변화에 있다. 첫째, 다품종 소량생산이 증가하면서 생산 라인을 자주 변경해야 하는데, 산업용 로봇은 재프로그래밍과 재배치가 어렵다. 협동로봇은 쉽게 이동하고 빠르게 작업을 변경할 수 있어 유연생산에 적합하다. 둘째, 중소기업의 자동화 수요가 증가했지만, 산업용 로봇은 높은 비용과 전문 인력 필요로 인해 진입 장벽이 높다. 협동로봇은 낮은 비용과 쉬운 사용법으로 중소기업도 자동화를 도입할 수 있게 한다. 셋째, 인간-로봇 협업의 필요성이 대두되었다. 완전 자동화가 어려운 작업에서는 사람의 판단력과 로봇의 힘과 정밀도를 결합하는 것이 효과적이다. 넷째, 숙련 인력 부족 및 고령화 문제에 대응하기 위해 로봇이 중량물 운반이나 반복 작업을 지원하여 작업자의 부담을 줄일 수 있다.[23]

(2) 협동로봇의 주요 특징

협동로봇은 안전성, 사용 편의성, 유연성, 경제성, 경량 구조 및 저속 구동 등의 측면에서 산업용 로봇

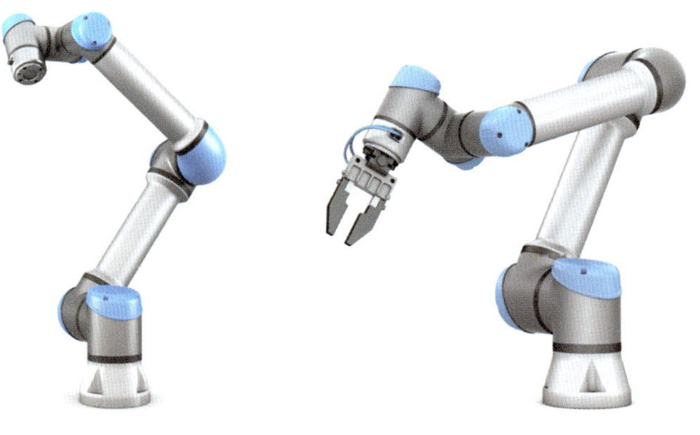

그림 9-29 협동로봇

과 근본적으로 다른 설계 철학을 가진다.

안전성은 협동로봇의 가장 중요한 특징이다. ISO 10218과 ISO/TS 15066은 협동로봇의 안전 요구사항을 규정한다. 협동로봇은 힘/토크 센서를 각 관절에 내장하여 외부 힘을 실시간으로 감지한다. 사람과 충돌하면 즉시 정지하거나 힘을 줄여 부상을 방지한다. ISO/TS 15066은 신체 부위별 허용 압력과 힘을 정의하며, 협동로봇은 이 생체역학 한계 이하로 제한된다. 소프트 스킨과 라운드 디자인은 날카로운 모서리를 제거하고 부드러운 재질로 커버하여 충돌 시 충격을 완화한다. 출력 및 힘 제한은 모터의 최대 출력을 제한하여 위험한 수준의 힘이 발생하지 않도록 한다.[22, 24]

사용 편의성은 협동로봇의 또 다른 핵심이다. 직관적 프로그래밍은 전문 지식 없이도 작업을 가르칠 수 있게 한다. 드래그앤티치(drag&teach)는 작업자가 로봇 팔을 직접 손으로 움직여 경로를 학습시키는 방식으로, 마치 사람의 팔을 움직이듯 자연스럽다. GUI 기반 제어 인터페이스는 터치스크린이나 태블릿으로 간단한 아이콘과 메뉴를 통해 프로그래밍할 수 있다.

유연성은 협동로봇의 강점이다. 경량 구조(일반적으로 수십 kg)로 한두 명이 쉽게 들어 이동할 수 있으며, 볼트로 고정하지 않고 테이블에 올려놓기만 해도 작동한다. 전원과 통신 케이블만 연결하면 몇 분 내에 작업을 시작할 수 있어, 생산 라인 변경이 빠르다. 엔드 이펙터(그리퍼, tool 등)를 쉽게 교체하여 다양한 작업에 적응할 수 있다.

경제성은 중소기업 도입의 핵심 요인이다. 협동로봇의 가격은 2천만 원~1억 원 정도로, 산업용 로봇보다 저렴하다. 안전 펜스, 광 커튼 등의 안전 설비가 불필요하여 설치 비용이 절감된다. 빠른 ROI(투자회수기간 6~12개월)로 중소기업도 부담 없이 도입할 수 있다.

경량 구조 및 저속 구동은 안전을 위한 설계이다. 협동로봇은 일반적으로 산업용 로봇보다 느리게 움직이며(속도 제한), 가반하중도 3~16kg으로 제한적이다. 이는 충돌 시 위험을 줄이기 위한 것이다.

(3) 협동 운전 모드와 안전 원리

ISO/TS 15066:2016은 인간과 로봇이 협업하는 안전 모드를 다음과 같이 네 가지로 정의하며[22, 24], 이들 간의 특성 비교는 표 9-12에 정리되어 있다.

표 9-12 협동 운전 모드 비교

모드	안전 원리	대표 수단	장점	제약
SRMS	정지 상태 안전 감시	안전 엔코더, 안전 PLC	간단, 검증 용이	협업은 정지 상태에서만
Hand Guiding	인력으로 안내	힘/토크 센서	티칭 용이	자동 작업 중 협업 불가
SSM	속도·거리 동적 관리	안전 스캐너/3D 비전	펜스 없이 협업	보호거리 산정 필수
PFL	힘·압력 한계 보장	유순성, 소프트 커버	근접 협업 가능	속도·하중 제한 큼

주: 네 가지 모드는 조합 적용이 가능하며, 실제 셀에서는 SRMS+SSM, SSM+PFL 등이 자주 사용된다.[22, 24, 25]

- 안전 등급 모니터링 정지(Safety-Rated Monitored Stop, SRMS)는 사람이 협업 공간에 진입하면 로봇이 자동으로 정지하고, 사람이 나가면 작업을 재개하는 방식이다. 드라이브 전원은 유지하되 안전 기능으로 정지를 감시하여 의도치 않은 움직임을 즉시 검출한다. 이는 순차적 협업으로, 동시에 작업하지는 않지만 안전 펜스 없이 같은 공간을 공유한다. 장점은 간단하고 검증이 용이하나, 협업은 정지 상태에서만 가능하다는 제약이 있다.[25]
- 핸드 가이딩(hand guiding)은 작업자가 로봇의 엔드 이펙터나 특정 부위를 잡고 움직이면, 로봇이 힘 센서로 방향과 속도를 감지하여 따라 움직인다. 티칭이나 수동 작업 지원에 사용되며, 티칭이 용이하다는 장점이 있다. 그러나 자동 작업 중에는 협업이 불가능하다는 제약이 있다.[24]
- 속도와 거리 모니터링(Speed and Separation Monitoring, SSM)은 안전 레이저 스캐너나 3D 카메라 등으로 사람과 로봇 사이의 거리를 실시간으로 모니터링하고, 보호거리 이하로 접근하면 자동 감속·정지한다. 사람이 멀리 있을 때는 빠르게 움직이고, 가까워지면 속도를 줄이며, 너무 가까워지면 정지한다. 이는 효율과 안전의 균형을 맞추는 방식이다. 장점은 안전 펜스 없이 협업이 가능하지만, 보호거리 산정과 튜닝이 핵심이다. 보호거리는 사람의 접근 속도, 시스템 응답 시간, 장치 오프셋 등을 고려하여 ISO 13855의 식을 사용하여 계산한다.[22, 26, 27]
- 출력 및 힘 제한(Power and Force Limiting, PFL)은 로봇의 출력과 힘을 제한하여, 충돌이 발생해도 허용 범위 내의 힘만 발생하도록 한다. 힘/토크 센서가 외부 힘을 감지하면 즉시 정지하거나 후퇴한다. 이 모드는 가장 진정한 의미의 협업으로, 사람과 로봇이 동일한 공간에서 동시에 작업할 수 있다. ISO/TS 15066은 신체 부위별(머리, 가슴, 팔, 손 등) 충돌 허용력과 압력값을 제시하며, 로봇과 엔드 이펙터는 이 한계를 준수하도록 설계되어야 한다. 근접 협업이 가능하다는 장점이 있는 반면, 속도와 하중 제한이 크다는 제약이 있다.[22, 24]

(4) 협동로봇 표준 동향, 통신 및 IIoT 연계

ISO 10218-1/2:2025 개정은 2011년 판 이후 대규모 업데이트로, 협동 응용을 전반 표준 구조에 완전히 편입하고, 기능 안전, 검증, 사이버보안 고려사항을 강화했다.[28] 북미의 ANSI/A3 R15.06-2025 역시 개정되며 협업 개념을 협력 애플리케이션(collaborative application) 중심으로 재정의하고, 용어 체계를 다듬었다.[29, 30] 이로써 코봇(cobot)이라는 장비 중심 호칭보다, 작업과 시스템 통합 관점에서의 위험 저감과 기능 안전 수준 충족이 강조된다. 또한 ISO 13855:2024 개정으로 사람 접근 속도와 응답 시간을 반영한 보호거리 산정식이 업데이트되어 SSM 셀 설계의 실무 기준이 최신화되었다.[26]

협동로봇은 스마트팩토리 환경에 적합하도록 다양한 통신 프로토콜을 지원한다. MQTT는 경량 메시징 프로토콜로 클라우드 플랫폼과 연동하여 로봇 상태를 모니터링하고 원격에서 제어할 수 있다. OPC UA는 MES, ERP와의 데이터 통합을 지원한다. 특히 OPC UA for Robotics(VDMA OPC 40010 시리즈)는 로봇의 상태, 작업 정보, 프로그램 등을 표준화된 정보 모델로 제공하여 이기종 로봇과 시스템 간의 상호운용성을 높인다.[18, 19, 31]

비전 인식과의 결합은 협동로봇의 활용 범위를 크게 확장한다. 2D/3D 카메라를 통해 물체의 위치, 방향, 형상을 인식하고, AI 알고리즘으로 불량을 검출하며, 무작위로 놓인 부품도 집을 수 있어 특히 유연생산에 필수적이다.[32]

(5) 협동로봇의 주요 응용 분야

협동로봇은 조립, 품질 검사, 포장 및 팔레타이징, 머신 텐딩, 이송 작업 등 다양한 제조 및 서비스 분야에서 활용된다.

조립 보조는 협동로봇의 가장 일반적인 응용 분야이다. 작업자가 부품을 위치시키면 로봇이 나사를 체결하거나, 로봇이 무거운 부품을 들고 있는 동안 작업자가 정밀 작업을 수행한다. 자동차, 전자, 기계 조립 라인에서 널리 사용된다. 작업은 사람이 판단·기동성 중심 작업을, 로봇이 반복·정밀·무거운 작업을 담당하도록 분할하는 것이 원칙이다.

품질 검사는 비전 시스템과 결합하여 제품의 외관, 치수, 라벨 등을 검사한다. 로봇이 카메라를 다양한 각도로 이동시켜 전방위 검사를 수행하고, AI가 불량을 자동 판정한다. 불량 데이터는 MES/클라우드로 전송되어 피드백 루프를 형성한다.

포장 및 팔레타이징은 다품종 소량생산 환경에서 유용하다. 로봇이 완제품을 박스에 담고, 박스를 팔레트에 적재하며, 작업자는 품질 확인이나 예외 상황을 처리한다. 경량 상자 반복 핸들링, 라인 변동 대응에 적합하며, 티칭 시간이 1시간 미만으로 짧다.

머신 텐딩은 CNC 기계, 사출 성형기, 프레스 등에 소재를 공급하고 완제품을 회수하는 작업이다. 협동로봇은 기계 근처에서 작업자와 협력하며, CNC 도어 인터록과 SRMS를 연계하여 안전을 확보한다. 핸드-아이 캘리브레이션으로 좌표를 정합하며, 야간이나 주말에는 무인으로 가동할 수 있다. AGV와 협동로봇을 결합한 자율이동로봇(AMR)을 이용할 경우 여러 대의 CNC를 대상으로 머신 텐딩을 수행할 수 있다.

이송 작업은 부품을 한 공정에서 다음 공정으로 이동시키거나, 검사 장비로 운반하는 작업이다.

(6) 협동로봇 도입 시 고려사항

협동로봇은 표 9-13에서 정리된 것과 같이 산업용 로봇과 다양한 측면에서 차이가 있으므로 이를 잘 참고해야 하며, 협동로봇 도입 시에는 다음과 같은 사항을 고려해야 한다.

표 9-13 산업용 로봇과 협동로봇의 비교

항목	산업용 로봇	협동로봇
설치 환경	안전 펜스 내 독립 작업	사람과 협업 가능, 펜스 불필요
속도/정밀도	고속(~10 m/s), 고정밀(±0.01 mm)	중속(~1 m/s), 중정밀(±0.1 mm)
가반하중	수 kg~수백 kg	일반적으로 30 kg 이하
제어시스템	PLC 기반, 전문 프로그래밍 필요	엣지·AI 기반, 직관적 GUI
프로그래밍	복잡, 전문가 필요	드래그앤티치, 쉬움
안전 기준	ISO 10218	ISO/TS 15066
주요 응용 분야	용접, 도장, 대량생산	조립보조, 검사, 소량다품종
비용	높음(수천만~수억 원)	낮음(2천만~1억 원)
설치 시간	수 주~수개월	수시간~수일
유연성	낮음, 작업 변경 어려움	높음, 빠른 재배치
도입 대상	대기업, 대량생산	중소기업, 유연생산

- 작업 속도 vs 안전성의 트레이드오프: 협동로봇은 안전을 위해 속도가 제한되므로, 고속 작업이 필요한 경우 산업용 로봇이 더 적합할 수 있다. 작업의 특성을 잘 분석한 뒤 협동로봇이 적합한지 판단해야 한다.
- 가반하중 및 작업 범위의 제한: 협동로봇의 가반하중은 일반적으로 30kg 이하이므로 무거운 부품을 다루는 작업에는 적합하지 않다. 작업 반경도 산업용 로봇보다 좁은 경우가 많다.
- 리스크 평가(risk assessment) 필수: 협동로봇이라고 해서 무조건 안전한 것은 아니다. ISO 12100에 따라 위험원을 식별하고, ISO/TS 15066에 따라 협동 모드를 선택하며, 보호거리나 한곗값을 산정하고, 기능 안전 아키텍처를 구현해야 한다. 날카로운 엔드 이펙터를 사용하거나 고속 작업이 필요한 경우 추가 안전 조치가 필요할 수 있다.[16, 22]
- 작업자 교육 및 안전 문화 조성: 작업자는 협동로봇의 사용법, 안전 규칙, 비상 정지 절차 등을 숙지해야 한다. 로봇과 협업하는 것에 대한 심리적 저항을 줄이고, 신뢰를 구축하는 것도 중요하다.
- 작업 환경 분석 및 적합성 검토: 협동로봇이 모든 작업에 만능은 아니다. 작업의 복잡도, 정밀도 요구사항, 생산량, 작업 환경 등을 종합적으로 분석하여 협동로봇이 적합한지, 아니면 산업용 로봇이나 다른 자동화 솔루션이 더 나은지 판단해야 한다.

협동로봇은 산업용 로봇의 대체가 아니라 사람과 로봇의 공존적 생산성 향상을 위한 확장 기술로 이해해야 한다. 각각의 장점을 살려 적재적소에 활용하는 것이 중요하다.

4) 스마트팩토리 로봇 기술의 미래 방향

(1) 휴머노이드 로봇의 개념 및 기술 구조

휴머노이드 로봇(humanoid robot)은 인간의 형태와 유사한 구조를 가진 로봇으로, 일반적으로 머리, 몸통, 두 팔, 두 다리를 갖춘 이족 보행 로봇을 의미한다. 휴머노이드 로봇의 최대 장점은 인간을 위해 설계된 도구, 환경, 작업 공간을 그대로 활용할 수 있다는 점이다. 계단, 문, 사다리 등 인간 중심의 환경에서 특별한 개조 없이 작업할 수 있다.[33]

휴머노이드 로봇의 핵심 기술은 보행 안정화 제어, 비전 인식, AI 의사결정 및 전신 최적제어가 있다.

- 보행 안정화 제어는 이족 보행 로봇의 가장 어려운 과제이다. 제로 모멘트 포인트(Zero Moment Point, ZMP) 제어는 로봇이 넘어지지 않도록 무게 중심을 관리하는 기법으로, ZMP가 지지면(발바닥) 내에 있으면 안정하게 서 있을 수 있다. 울퉁불퉁한 지면, 계단, 장애물 등 다양한 환경에서 균형을 유지하는 것은 여전히 연구 과제이다.[4, 33]
- 비전 인식은 환경을 인식하고 물체를 감지하며 장애물을 회피하는 데 필수적이다. 3D 카메라(LiDAR, 스테레오 카메라)를 사용하여 주변 환경의 3차원 지도를 생성하고, AI 알고리즘으로 물체를 인식하고 분류한다.
- AI 의사결정은 휴머노이드 로봇이 자율적으로 작업을 계획하고 실행하도록 한다. 작업 순서를 결정하고, 예상치 못한 상황에 대응하며, 사람의 명령을 이해하고 실행한다.
- 전신 최적제어(whole-body control)는 20~30개 이상의 자유도를 조정하여 걷기, 물건 집기, 도구 사용 등의 복잡한 동작을 생성하고 실행한다.[33]

하드웨어는 로봇의 액추에이터에 스프링 같은 탄성 요소를 직렬로 추가해 충격 흡수와 부드러운 동작을 가능하게 하는 직렬 탄성 구동기(Series Elastic Actuator, SEA) 또는 기어비를 최소화한 저감속 구조로 직접 구동(direct drive)에 가까운 효율성과 정밀도를 제공하는 준직접 구동기(Quasi-Direct Drive, QDD), 경량 고강성 링크, 다관절 손, 고밀도 배터리와 전력전자로 구성된다. 소프트웨어는 센서 융합(SLAM/비전), 작업 계획, 강화학습·모방학습, Sim2Real(시뮬레이션-현실 전이)로 구성된다.[33] 여기서 **SLAM**은 동시 위치 추정 및 지도 작성(Simultaneous Localization And Mapping)의 약자로 로봇이나 자율 시스템이 미지의 환경에서 자신의 위치를 추정(localization)하면서 동시에 주변 환경의 지도를 생성(mapping)하는 기술로 센서 데이터(LiDAR, 카메라, IMU)를 융합하여 동작하는 것을 말한다.

그림 9-30 휴머노이드 로봇

(2) 제조업에서의 휴머노이드 로봇 활용 가능성 및 대표 사례

휴머노이드 로봇은 제조업에서 다음과 같은 잠재력을 가진다. 우선, **비정형 작업 수행**은 휴머노이드 로봇의 가장 큰 장점이다. 인간의 손과 같은 다관절 그리퍼를 사용하여 복잡한 조립 작업, 도구 교환, 다양한 형태의 부품 핸들링 등을 수행할 수 있다. 기존 산업용 로봇이나 협동로봇은 특정 작업에 특화되어 있지만, 휴머노이드는 범용성이 높아 여러 작업을 수행할 수 있다. 기존 인간 중심 작업 공간 활용은 휴머노이드의 핵심 가치이다. 공장의 설비, 도구, 작업대 등은 모두 인간의 키와 손에 맞게 설계되어 있다. 휴머노이드는 이러한 환경을 그대로 사용할 수 있어, 특별한 설비 투자 없이 기존 라인에 투입할 수 있다. 계단을 오르고, 문을 열고, 사다리를 올라갈 수 있다. 또한 휴머노이드 로봇의 **위험 환경 작업 대체**는 사회적 가치가 크다. 고온(주조, 열처리), 화학물질(도금, 세척), 중량물 취급 등 작업자의 건강과 안전을 위협하는 환경에서 휴머노이드가 작업을 대신할 수 있다. 마지막으로 **작업자 보조**는 현실적인 초기 응용 분야이다. 초기 단계에서는 라인사이드 보조(빈 박스 수급, 부품 운반, 공구 전달 등 보행·핸들링 중심), 머신 텐딩 보조(도어 개폐, 단순 투입·배출, 버튼 조작 등 표준 인터페이스 기반 업무), 비정형 조립 보조(케이블 정리, 클립 삽입 등 힘·위치 혼합 제어가 필요한 경량 작업), 설비 점검(라운딩, 게이지 판독, 단순 조정 등 HMI 상호작용)과 같은 낮은 위험, 높은 반복성 과제를 목표로 삼는 것이 현실적이다.[33]

이러한 잠재력을 갖는 휴머노이드 로봇은 최근 몇 년간 개발이 급속도로 진행되고 있다. 현대자동차그룹(Boston Dynamics)의 전기식 Atlas는 2024년부터 유압식에서 완전 전기식으로 전환하였으며, 고도의 자유도와 새로운 관절 구성으로 인간 범위를 넘어서는 관절 운동성을 강조한다. 뛰어난 운동 능력(파쿠르, 물체 던지기, 복잡한 지형 이동)을 보여 주며, 현대자동차그룹이 2021년 Boston Dynamics를 인수하여 제조 및 물류 분야 적용을 연구하고 있다.[34, 35] Tesla의 Optimus는 영상 기반 학습과 내재화된 AI 제어를 강조하며, 2025년 공개 영상에서 균형과 모션 조정 능력 향상을 시연했다. 신장 173 cm, 체중 73 kg, 가반하중 20 kg으로 설계되었으며, Tesla 공장의 조립 및 물류 작업을 지원하는 것을 목표로 한다. 일론 머스크는 2030년대에 수백만 대를 생산할 것이라고 밝혔다.[36] 미국 스타트업 Figure AI의 피규어 02는 2024년 BMW 스파르탄버그(Spartanburg) 공장과의 상용 협력을 발표하고, 특정 조립 작업(시트 메탈 삽입 등)에 대한 시험 적용을 진행하였다. OpenAI의 언어 모델과 통합되어 자연어로 작업 지시를 이해하고 실행할 수 있다.[37, 38] Agility 로보틱스의 Digit은 물류 중심 휴머노이드 로봇으로, 제조·물류 현장에서 반복적이고 위험한 작업을 대체하기 위해 개발되었다. 2023년 Amazon과의 파일럿 프로그램을 시작해 확대 중이며 물류센터에서 토트(tote) 핸들링 등 반복 핸들링을 중심으로 검증 중이다.[39]

이들 사례는 엔지니어링 난제(안정적 보행·손 조작·지속 동력)를 단계적으로 해결하며 제조·물류 공정에서의 일부 작업 대체/보조 가능성을 보여 준다.

(3) 기술적 한계와 과제

휴머노이드 로봇의 개발은 급속도로 발전하고 있지만 아직 많은 기술적 과제를 안고 있다. 우선 안정적 보행 제어는 여전히 어렵다. 평평한 바닥에서는 안정적으로 걷지만, 비정형 지면, 경사, 계단, 젖은 바닥 등에서는 쉽게 균형을 잃는다. 외부 충격에 대한 대응 능력도 부족하다. 동적 지지다각형 내 모멘텀 관리와 지면 마찰 불확실성 대응이 관건이다.[33]

에너지 효율 및 배터리 수명은 심각한 제약이다. 현재 휴머노이드 로봇은 1~2시간 정도만 연속 작동할 수 있으며, 이후 충전이 필요하다. 제조업에서 8시간 교대 근무를 수행하려면 배터리 기술의 획기적 발전이 필요하다. 연속 작업 시 배터리와 구동기의 열 관리도 병목이다.[33]

휴머노이드 로봇의 **높은 비용**은 상용화의 가장 큰 장애물이다. 현재 휴머노이드 로봇의 가격은 대부분의 기업이 원하는 양만큼 도입하기에는 감당하기 쉽지 않다. 양산 체계가 구축되면 가격이 내려갈 것으로 기대되지만, 언제까지 얼마나 내려갈지는 불확실하다.

휴머노이드 로봇의 **제한된 정밀도 및 조작 능력**은 산업용 로봇에 비해 크게 떨어진다. 반복 정밀도가 밀리미터 수준으로, 마이크로미터 정밀도가 요구되는 작업에는 부적합하다. 사람 손에 준하는 휴머노이드 로봇의 손은 아직 내구성, 비용, 감각 밀도가 제한적이다.[33]

휴머노이드 로봇의 **AI 신뢰성**은 예측 불가능한 상황에서 문제가 된다. 휴머노이드 로봇은 자율적으로 판단해야 하는데, AI가 잘못 판단하면 설비 손상이나 안전사고로 이어질 수 있다. 따라서 현재는 사람의 감독하에서만 작동하는 것이 안전하다.

마지막으로 휴머노이드 로봇의 **안전성**도 우려 사항 중 하나이다. 휴머노이드 로봇은 무게가

50~70 kg 이상으로, 넘어지거나 충돌하면 큰 피해를 줄 수 있다. 협동로봇과 동일한 안전 원칙(SSM, PFL)에 더해, 전신 센싱, 예측 경로 계획, 다중 비상 정지가 필요하다.[33]

(4) 로봇 기술의 융합 발전 방향

로봇 기술은 다른 첨단 기술과 융합하여 급속도로 진화하고 있다.

❶ 로봇+AI→자율 지능형 제어

강화학습은 로봇이 시행착오를 통해 스스로 작업을 학습하도록 한다. 컴퓨터 비전과 딥러닝의 결합은 로봇이 다양한 물체를 인식하고 분류하며, 처음 보는 물체도 유사성을 바탕으로 다룰 수 있게 한다. 자연어 처리(Natual Language Processing, NLP)는 작업자가 음성으로 로봇에게 지시를 내릴 수 있게 하여, 프로그래밍 없이도 작업을 수행할 수 있다. 예지보전은 로봇 자신의 상태를 모니터링하고 고장을 사전에 예측하여, 계획된 정비로 가동 중단을 최소화한다.[40]

❷ 로봇+디지털트윈→가상 시뮬레이션 기반 운영

디지털트윈은 물리적 로봇의 가상 복제본으로, 실시간으로 상태를 반영한다. 새로운 작업을 가상 환경에서 먼저 시뮬레이션하여 문제를 발견하고, 최적의 경로와 파라미터를 찾은 후 실제 로봇에 적용한다. 여러 로봇이 협업하는 복잡한 시스템도 디지털트윈으로 사전에 검증할 수 있다. 사고 예방을 위해 위험한 시나리오를 가상으로 테스트하고, 로봇의 반응을 평가한다.[13]

❸ 로봇+5G/6G→초저지연 원격제어

5G는 1 ms 이하의 초저지연 통신을 제공하여, 원격지에서도 실시간으로 로봇을 제어할 수 있다. 전문가는 사무실이나 다른 국가에서 로봇을 모니터링하고, 필요시 개입할 수 있다. 위험 지역(재난 현장, 원자력 시설)에서 작업하는 로봇을 안전한 곳에서 원격 조종할 수 있다. 6G는 AI를 네트워크에 통합(AI-native)하여, 네트워크 자체가 로봇의 움직임을 예측하고 최적화한다.[41]

❹ 로봇+IoT/클라우드→클라우드 로보틱스

클라우드 로보틱스(cloud robotics)는 로봇의 지능을 클라우드에 배치하여, 개별 로봇은 단순한 실행 장치가 되고 복잡한 연산은 클라우드에서 수행한다. 여러 로봇이 클라우드를 통해 지식과 경험을 공유하며, 한 로봇이 학습한 내용을 다른 모든 로봇이 즉시 활용할 수 있다. 대규모 로봇 군집을 중앙에서 관리하고, 작업을 최적으로 할당하며, 성능을 모니터링한다.[42]

❺ 로봇+사람→인간 중심 스마트 제조

인간-로봇 협업(Human-Robot Collaboration, **HRC**)은 단순히 같은 공간에서 작업하는 것을 넘어, 로봇이 작업자의 의도를 파악하고 적응하는 수준으로 진화한다. 제스처 인식, 음성 명령, XR(VR/

AR/MR) 인터페이스를 통해 직관적으로 로봇과 소통할 수 있다. 로봇은 작업자의 피로도를 감지하고, 중량물 운반이나 반복 작업을 자동으로 지원하여 작업자의 부담을 줄인다.[43]

❻ 로봇 + 이동능력(mobility) → 이동 조작(mobile manipulation)

AMR은 공장 내를 자율적으로 이동하며 다양한 지점에서 작업을 수행할 수 있다. 한 대의 로봇이 여러 작업 스테이션을 순회하며 부품 공급, 품질 검사, 데이터 수집 등을 수행할 수 있다. 생산 라인을 유연하게 재구성할 수 있어, 제품 변경 시 로봇을 재배치하지 않고 소프트웨어만 업데이트하면 된다.[44]

로봇은 지속가능한 제조를 위해 에너지 효율 개선, 인력 부담 완화, 고위험 작업 대체, 탄소 배출 감축, 순환경제 지원 등의 부분에 크게 기여한다.

AI 기반의 최적 경로 계획과 동작 제어로 에너지 효율성을 높이며, 불필요한 가속과 감속을 줄여 전력 소비를 최소화한다. 특히 최신 로봇은 회생 제동(regenerative braking)을 통해 감속 시 에너지를 회수해 배터리 효율을 더욱 향상시킨다. 이러한 기술은 반복적이고 강도가 높은 작업을 대체하여 작업자의 근골격계 부담을 줄이고, 고령 작업자가 안전하고 지속적으로 일할 수 있도록 돕는다. 이는 고령화 사회에서 점점 더 중요한 해결책이 되고 있다. 또한 로봇은 고온, 화학물질, 중량물, 분진, 소음 등 위험한 환경에서 작업을 수행해 산업재해를 줄이고 작업자의 안전을 지킨다. 정밀 제어를 통해 재료 낭비를 최소화하고 공정 효율을 높여 탄소 배출을 줄이는 데도 기여한다. 나아가, 제품 분해와 부품 분류를 자동화하여 전자 폐기물(e-waste)을 분해하고 귀금속을 회수하는 로봇 시스템을 개발[45]하는 등 순환경제를 촉진한다. 이처럼 로봇은 에너지, 인력, 안전, 환경을 아우르며 지속가능한 제조의 핵심 동력이 되고 있다.[46]

이처럼 로봇 산업은 국가 경쟁력의 핵심으로 인식되어, 각국 정부가 적극적으로 지원하고 있다. 독일 Industrie 4.0은 스마트 제조의 선구자로, 로봇을 사이버물리시스템(CPS)의 핵심 구성요소로 통합한다. RAMI 4.0은 로봇과 다른 제조시스템의 상호운용성을 위한 표준 아키텍처를 제공한다.[47] 미국은 국립과학재단(National Science Foundation, NSF)이 주도하는 국가 로봇 이니셔티브(National Robotics Initiative)를 통해 협동로봇과 인공지능 로봇 연구에 대규모 투자를 이어 가고 있다.[48] 중국은 중국 제조 2025(Made in China 2025) 정책 아래 로봇을 10대 핵심 산업으로 지정하고, 감속기, 서보모터, 제어기 같은 핵심 부품의 자급률을 높이는 데 집중한다. 2022년 기준 전 세계 산업용 로봇 설치의 52%를 차지한 중국은 세계 최대 로봇 시장으로 자리 잡았다.[49] 일본은 로봇 혁신 이니셔티브(Robot Revolution Initiative)를 통해 고령화 사회에 대응하며 서비스 로봇과 산업용 로봇을 함께 발전시키고 있다.[50] 우리나라는 K-로봇 전략을 통해 2030년까지 세계 4대 로봇 강국으로 도약하고자 제조와 물류 중심의 로봇 산업을 육성한다. 협동로봇, 자율 이동 로봇, 의료 로봇을 중점 분야로 지정하고, 연구개발(R&D) 투자와 규제 완화를 추진하며, K-스마트 팩토리 정책과 연계해 중소기업의 로봇 도입을 지원한다.[51] 이처럼 각국은 로봇 산업을 통해 경제와 사회의 지속가능성을 추구하며 글로벌 경쟁력을 강화하고 있다.

(5) 미래 전망

로봇은 단순 자동화 도구를 넘어, AI-IoT-인간 협업이 융합된 자율적 생산 파트너로 진화하고 있다. 스마트팩토리의 최종 단계는 자율적·협업적 로봇 기반 생산 생태계로, 여기서 로봇은 단순히 프로그래밍된 작업을 반복하는 것이 아니라, 상황을 인지하고 스스로 판단하며 사람과 협력하여 최적의 생산 결과를 창출하는 지능형 시스템이 될 것이다.

휴머노이드 로봇의 발전은 제조업의 패러다임을 변화시킬 잠재력을 가지고 있다. 인간을 위해 설계된 작업 환경과 도구를 그대로 활용할 수 있다는 점에서, 기존 설비 투자를 최소화하면서도 자동화를 확대할 수 있는 가능성을 제공한다. Tesla, BMW, 현대자동차그룹 등 글로벌 제조사들이 적극적으로 투자하고 있으며, 2030년대에는 휴머노이드가 공장에서 흔히 볼 수 있는 존재가 될 수 있다. 제조 강국들은 로봇을 국가 전략 기술로 육성하며, 완전 자율제조로의 이행을 준비하고 있다.

그러나 기술적·경제적 과제가 여전히 남아 있다. 배터리 수명, 보행 안정성, 정밀도, 비용, AI 신뢰성 등이 해결되어야 하며, 향후 5~10년간의 기술 발전이 실용화의 핵심이 될 것이다. 동시에 사회적·윤리적 논의도 필요하다. 로봇이 인간의 일자리를 대체하는 것이 아니라 인간과 로봇이 각자의 강점을 살려 협력하는 미래를 설계해야 한다.

결국 로봇의 미래는 기술만의 문제가 아니라, 인간과 로봇이 어떻게 공존하고 협력할 것인가에 대한 사회적 합의와 정책적 지원이 함께 이루어질 때 실현될 것이다. 로봇은 인간을 대체하는 것이 아니라 인간을 증강(augment)하는 파트너로서, 더 안전하고, 더 생산적이며, 더 지속가능한 제조업의 미래를 함께 만들어 갈 것이다.

9.8 3D 프린팅

현대의 제조업 패러다임은 빠르게 변화하고 있다. 과거에는 대규모 공장을 기반으로 한 대량생산 방식이 중심이었다면, 최근에는 고객맞춤형 생산, 유연한 공급망, 고도의 자동화가 핵심 키워드로 부상하고 있다. 이러한 전환을 가능하게 하는 핵심 기술 중 하나가 바로 3D 프린팅, 또는 적층 제조 기술이다. 3D 프린팅은 디지털 3D CAD 모델 데이터를 기반으로 재료를 층층이 쌓아 올리는 방식으로, 복잡한 형상이나 기존 제조공정으로는 구현이 어려운 구조를 손쉽게 제작할 수 있다.[1] 이 기술은 단순한 프로토타이핑을 넘어, 실제 양산 공정이나 현장 맞춤형 제조 방식으로 빠르게 확장되고 있으며, 특히 스마트팩토리와의 결합을 통해 새로운 제조 생태계를 만들어 내고 있다.

스마트팩토리는 센서, IoT, 빅데이터, 클라우드, AI 등 다양한 정보기술이 융합된 지능형 공장으로, 실시간 데이터 수집과 분석, 자율적 의사결정, 유연한 공정 전환 등이 특징이다. 여기에 3D 프린팅이 접목되면 기존 생산 방식과는 전혀 다른 새로운 가능성이 열리게 된다. 예를 들어, 설계와 생산의 경계가 허물어져 개발 초기 단계에서 고객 요구에 맞는 시제품을 즉시 제작할 수 있고, 생산 현장에서 부품이 필요한 순간 바로 출력하여 공급망의 복잡성을 크게 줄일 수 있다. 또한 3D 프린팅은 스마트팩토리의 핵심 가치 중 하나인 맞춤형 생산(mass customization)이나 개인화 생산(personalization)을 실현하는 데 매우 적합한 기술이다. 전통적인 금형 기반 생산 방식은 제품이 다양해질수록 초기 비용과 공정 복잡도가 기하급수적으로 증가하지만, 3D 프린팅은 디지털 설계만 변경하면 곧바로 다양한 제품을 생산할 수 있다. 이처럼 디지털과 물리 세계를 실시간으로 연결하고, 고객 중심의 유연한 제조를 실현하는 데 있어 3D 프린팅은 핵심 도구로 기능할 수 있다. 이 외에도, 3D 프린팅 기술은 지속 가능성 측면에서도 주목받고 있다. 3D 프린팅은 필요한 양만큼의 재료만을 사용하기 때문에 재료 낭비가 적고, 물류 부담을 줄여 탄소 배출을 감소시킬 수 있다. ESG(Environmental, Social, Governance)가 중시되는 시대에서 이러한 특성은 제조기업의 경쟁력 확보에 중요한 요소가 된다.

이 절에서는 먼저 3D 프린팅 기술의 기본 개념과 공정 흐름, 운용 조건 및 다양한 생산 방식을 살펴보고, 기술적 장단점과 한계를 분석한다. 이어서 실제 제조 현장에서는 이 기술이 어떻게 활용되고 있는지를 사례 중심으로 살펴보고, 스마트팩토리와 결합하여 어떤 새로운 가능성을 열고 있는지를 설명한다. 마지막으로 향후 발전 방향과 고려사항을 정리함으로써, 3D 프린팅이 미래 제조업에서 어떤

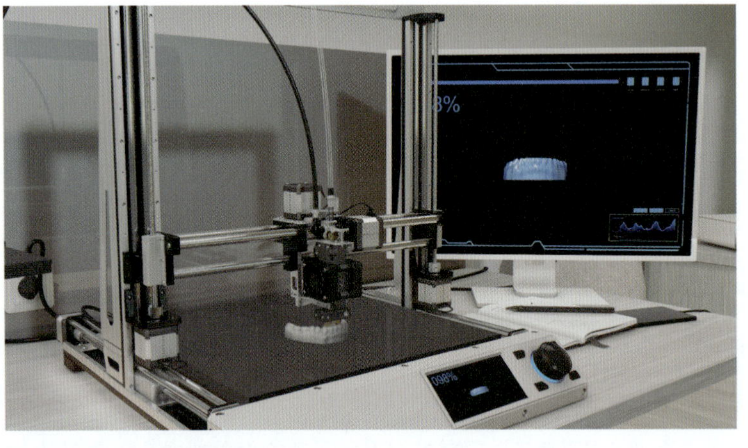

그림 9-31 3D CAD 모델을 통한 3D 프린팅

위치를 차지하게 될지 고찰할 것이다.

1) 3D 프린팅 기술 개요

3D 프린팅은 디지털 설계 데이터를 바탕으로 재료를 층층이 쌓아 올려 3차원 물체를 만들어 내는 제조 방식이다. 이는 '적층 제조'라는 기술 범주에 속하며, 기존의 절삭 가공(재료를 깎아 내는 방식)이나 조형 가공(틀에 재료를 부어 만드는 방식)과는 근본적으로 다른 패러다임으로 간주된다. 전통 제조가 '재료를 제거하거나 변형하는 방식'이었다면, 3D 프린팅은 '재료를 덧붙여 형상을 형성하는 방식'이다. 전통적인 제조 방식인 절삭 가공과 조형 가공을 3D 프린팅과 비교한다면 표 9-14와 같다. 요약하자면, 절삭 가공은 정밀하고 단단한 소재 가공에는 적합하지만, 복잡한 구조에는 비효율적이며 재료 낭비가 많은 편이다. 조형 가공은 대량생산에 매우 효율적이나, 유연성과 설계 자유도가 낮고 금형 제작에 높은 초기 비용이 소요된다. 반면, 3D 프린팅은 유연성과 형상 자유도, 설계 수정 용이성, 재료 효율성에서 강점을 가지기에, 다품종 소량생산, 맞춤형 생산을 지향하는 스마트팩토리와 매우 잘 어울리는 방식으로 간주된다.

3D 프린팅은 1980년대에 처음으로 상용화되었으며, 초기에는 시제품 제작(rapid prototyping)

표 9-14 전통 제조 방식과 3D 프린팅의 비교

구분	절삭 가공	조형 가공	3D 프린팅
공정 방식	재료에서 불필요한 부분을 절삭 도구로 제거하여 형상을 가공	금형 또는 틀에 재료를 주입하거나 압축하여 형상을 성형	재료를 층층이 쌓아 형상을 생성
형상 복잡도	복잡한 형상 구현이 어렵고, 정밀한 구조에는 추가 가공 필요	외부 형상 대비 복잡한 내부 구조 구현이 어려움	복잡하고 정밀한 내부 구조도 자유롭게 제작 가능
초기 비용	기계 및 설비 비용이 큼. 절삭 도구(툴) 필요	금형 제작 비용이 높음	상대적으로 저렴함
생산 유연성	설계 변경 시 기계 설정과 공정 수정 필요	금형을 다시 제작해야 함	CAD 수정만으로 가능
재료 낭비	많은 절삭 폐기물이 발생함	형상 생성 자체는 재료 낭비가 적지만, 금형 제작 과정에서 폐기물이 발생	필요한 만큼만 적층, 서포터 부분 외 재료 낭비 거의 없음
생산 속도	반복 생산 시 빠름	대량생산에서 가장 빠름	소량생산에 적합. 대량생산은 상대적으로 느림
품질 및 표면 정밀도	매우 정밀하고 균일함	금형 정밀도에 따라 결정	후처리 전에는 표면이 거칠 수 있음
적합 분야	정밀 금속 가공, 금형 정밀 부품	대량 표준 제품 생산(자동차 부품, 플라스틱 케이스 등)	다품종 소량, 개인맞춤형 생산 또는 프로토타입 제작

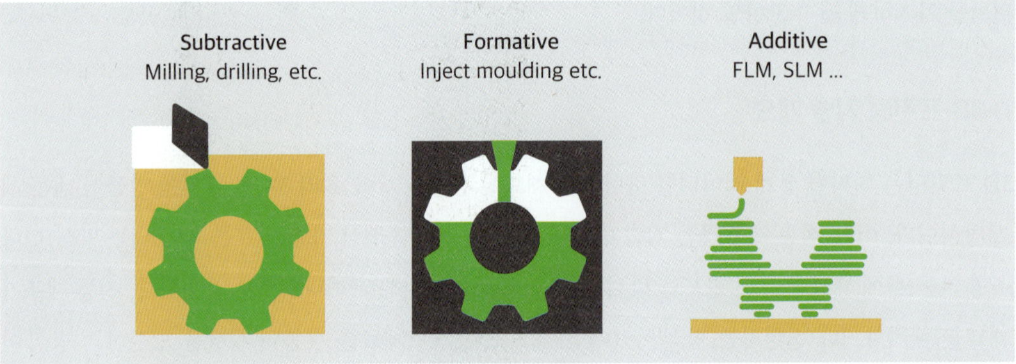

그림 9-32 절삭 가공, 조형 가공, 적층 제조 비교

을 주요 목적으로 사용되었다. 당시에는 고가의 장비와 제한된 소재, 낮은 정밀도로 인해 대량생산에는 적합하지 않았다. 그러나 최근에는 디지털 제조 기술이 보편화되고(예: CAD, CAM 기술의 고도화), 플라스틱뿐만 아니라 금속, 세라믹, 바이오 재료 등 다양한 소재를 사용할 수 있는 등 컴퓨팅 기술, 재료과학, 소프트웨어 및 제어 기술의 발전 덕분에 3D 프린팅 기술은 단순한 시제품 제작을 넘어, 실제 생산 공정에 통합되는 제조 혁신의 핵심으로 부상하고 있다.

추가적으로, 사실 3D 프린팅이라는 용어는 소비자 친화적 표현으로 주로 사용되며, 산업계와 학계에서는 적층 제조라는 용어가 더 공식적으로 채택되고 있다. ISO와 미국재료시험협회(ASTM)는 이를 제조 기술의 하나로 정의하고 있으며, 다양한 공정 방식에 따라 다양한 방법으로 분류된다.[2]

2) 공정 설계 및 제품 생산 과정

3D 프린팅의 전체적인 제작 과정은 일반적으로 다음의 5단계로 구성된다: (1) 디지털 설계(CAD 모델링) → (2) 프린팅 준비(슬라이싱 및 설정) → (3) 프린팅(적층 가공) → (4) 후처리(post-process-

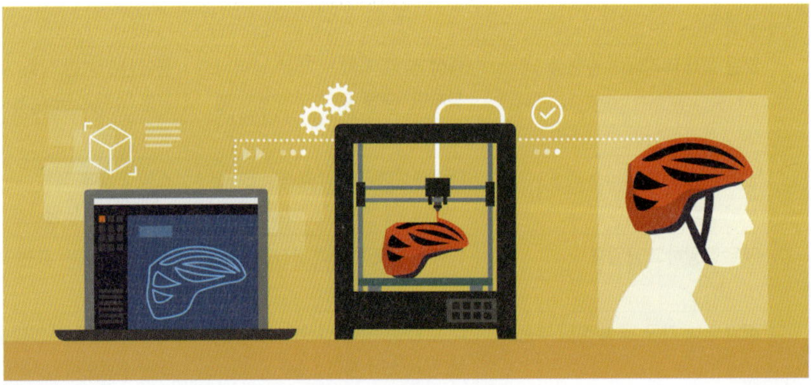

그림 9-33 3D 프린팅을 활용한 제품 제작 과정

ing) → (5) 검사 및 품질 확인. 이러한 과정은 전통 제조공정보다 간소화되어 있으나, 고품질 제품 생산을 위해서는 각 단계에서의 정밀한 설정과 품질 관리가 필수적이다.

(1) 디지털 설계(CAD 모델링)

3D 프린팅의 첫 단계는 3차원 디지털 모델을 설계하는 과정이다. 일반적으로 CAD 소프트웨어를 사용하여 제품의 형상, 치수, 내부 구조 등을 설계한다.

(2) 프린팅 준비(슬라이싱 및 설정)

설계된 CAD 모델은 바로 출력되지 않고, 프린터가 읽을 수 있도록 가공되어야 한다. 이를 위한 작업을 슬라이싱(slicing)이라고 한다. 3D 프린터가 주어진 CAD 모델을 출력할 수 있도록, 3D 모델을 얇은 가로 단면으로 잘라 각 단면에 대한 프린터의 움직임 경로를 G-code로 생성하는 과정이다. 적층 두께, 충진 밀도(infill density), 서포트(support) 구조 등의 파라미터 설정이 함께 이루어져야 하며, 이 파라미터의 수치 값은 출력 시간, 제품 강도 및 정밀도에 영향을 미친다. 이 외에도 노즐 온도, 베드 온도, 프린팅 속도 등을 사용하는 프린터의 종류와 재료의 특성에 맞춰 적절하게 설정해 주어야 한다.

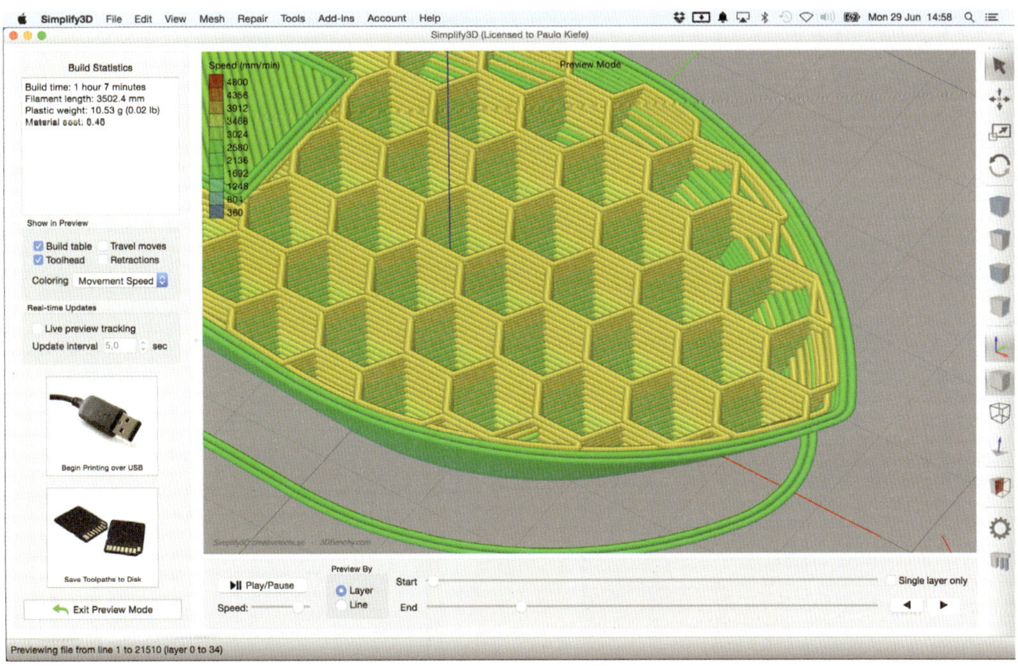

그림 9-34 3D 프린팅을 위한 슬라이싱 소프트웨어[3]

(3) 프린팅(적층 가공)

실제 재료가 프린터를 통해 적층되며 형태를 만들어 내는 단계이다. 슬라이싱된 내용에 맞춰 가로 단면을 한 층씩 생성한다.

(4) 후처리

프린팅이 완료되면 다양한 후처리 과정을 거쳐 최종 제품의 품질을 확보해야 하며, 아래는 대표적인 후처리 과정이다. 후처리 단계는 전체 공정 시간의 30~50%를 차지할 수 있으며, 제품의 기능성과 외관에 매우 큰 영향을 미친다.

- **서포트 제거**: 출력 과정에서 형상 지지를 위해 생성된 서포트 구조물을 제거하는 과정. 기계적 절단 또는 화학적 방식으로 진행.
- **잔여물 제거**: 프린팅 방식에 따라 출력물 주변에 남은 소결되지 않은 분말이나 액상 수지를 제거해야 함. 분말은 브러싱, 에어블로 등을 통해 제거하고 액상 수지는 전용 용액을 사용하여 세척. 재사용 가능한 재료가 남아 있다면 회수 작업을 수행하기도 함.
- **표면 처리**: 출력물의 표면 거칠기 개선 및 외관 향상을 위한 후처리 작업. 샌딩, 버핑, 도장, 코팅 등을 방법으로 진행.
- **추가 경화**: 출력 후에도 완전히 경화하지 않는 재료를 프린팅에 사용한 경우 자외선을 통해 추가

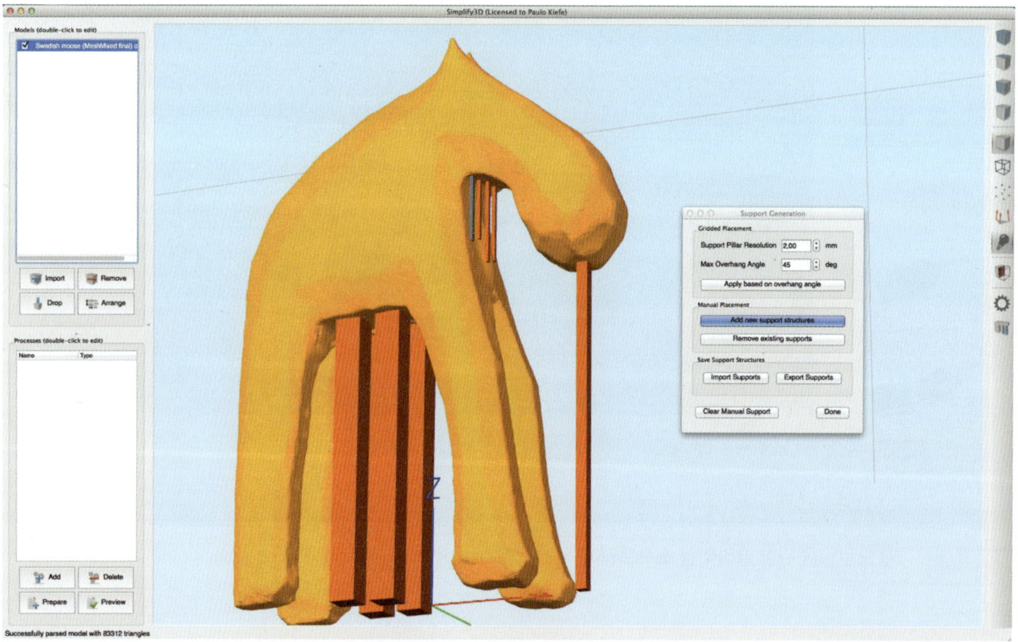

그림 9-35 3D 프린팅을 위해 생성된 서포트의 예[4]

그림 9-36 3D 프린팅 후 후처리를 위한 소결되지 않은 분말 제거[5]

경화 작업을 수행. 이를 통해 기계적 물성, 내열성, 치수 안정성 확보 가능.

- **열처리 및 기계 가공**: 특히 금속 출력물의 경우, 내부 응력을 제거하거나 치수 정밀도를 확보하기 위하여 후열처리나 CNC 가공 등의 추가 작업이 필요.
- **조립 및 통합**: 제작하고자 하는 제품이 복수의 파트로 출력되었다면 볼트 체결, 용접, 접착 등을 통해 조립하여 하나의 최종 제품으로 완성.

(5) 검사 및 품질 확인

마지막으로 출력된 제품이 설계 요구를 충족하는지 확인하는 단계이다. CT 스캔, 초음파 등을 통해 내부 결함에 대해 비파괴 검사를 수행하거나 인장 시험, 압축 시험 등을 통한 기계 성능 측정, 치수 정밀 측정을 주로 수행한다.

3) 3D 프린팅 기술 분류

3D 프린팅 기술은 사용되는 재료의 상태(액체, 고체, 분말)와 적층 방식에 따라 다양한 방식으로 분류된다. ISO와 ASTM에서는 3D 프린팅 공정을 다음의 7가지 대표 기술로 정리하고 있으며, 이는 산업계 및 학계에서 가장 널리 통용되는 분류 체계이다.[2]

(1) 재료 압출 방식(material extrusion)

열가소성 재료를 가열해 반용융 상태로 만든 후, 노즐을 통해 미세하게 압출하면서 3D 프린팅 베드(bed)에 토출하여 각 층을 차례로 쌓으면서 3차원 형상을 형성한다. 프린터의 노즐이 X, Y, Z축을 따라 이동하거나, 노즐과 베드가 함께 움직이면서 3차원 형상을 한 층씩 출력한다.

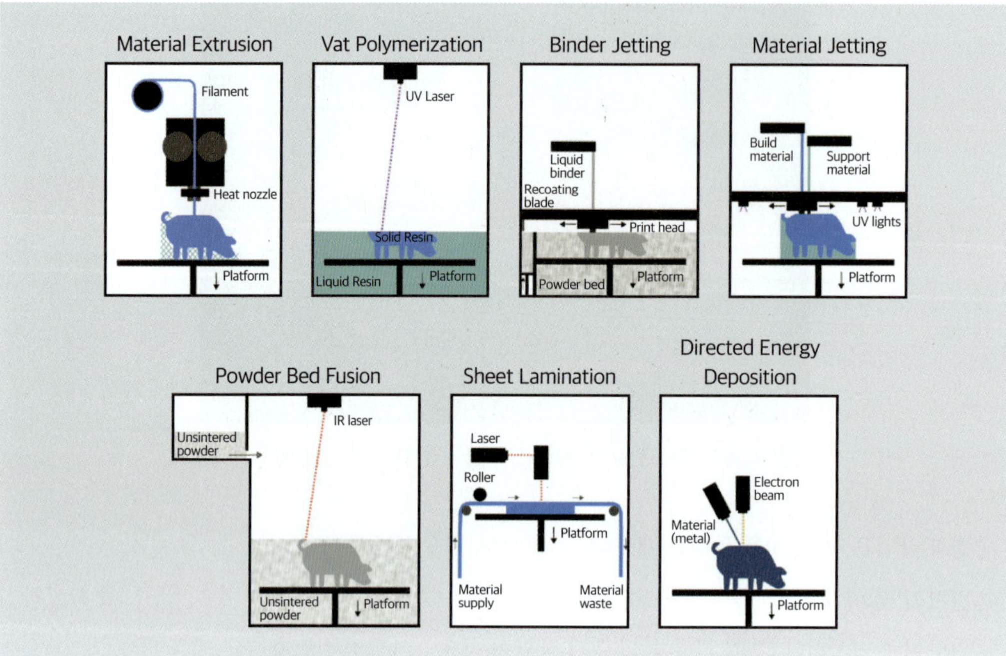

그림 9-37 3D 프린팅의 7가지 대표 기술[6]

사용 재료 플라스틱 필라멘트를 사용하며 대표적으로 PLA(Poly Lactic Acid), ABS(Acrylonitrile Butadiene Styrene), PETG(Polyethylene Terephthalate Glycol) 등. PLA는 친환경적이고 가공이 쉬우며, ABS는 내열성과 기계적 강도가 우수하고, PETG는 PLA와 ABS의 중간 정도의 특성을 보이며, 유연성이 높은 편임. 이 외에 특수 용도로는 탄소섬유 강화 필라멘트, TPU(탄성 필라멘트) 등이 사용됨.

특징 구조가 단순하고 유지보수 비용이 저렴하여 교육용, 취미용, 저가 시제품 제작에 널리 쓰임. 출력 속도가 빠르고 후처리가 간단하지만, 출력물의 표면이 거칠고 정밀도가 낮은 편이며, 서포트 구조가 필요한 경우가 많음.

대표 기술 FFF(Fused Filament Fabrication)

활용 분야 제품 디자인 초기 단계의 시제품 제작, 교육용 모델 제작, 취미용 프린팅, 맞춤형 소형 부품 제작 등

(2) 광수지화 방식(vat photopolymerization)

액체 상태의 광경화성 수지를 통에 담은 후 자외선(UV) 광원으로 한 층씩 경화시켜 3차원 형상을 만

- **FFF** FDM(Fused Deposition Modeling)이라 불리기도 하나, FDM은 미국 Stratasys의 등록 상표임에 따라 공식 표준 문서에서는 FFF를 사용함.

든다. 한 층이 경화되면 표면(베드)이 아래로 내려가고, 그 위에 새로운 액체 수지가 채워져 다음 새로운 층을 이어서 경화하는 형태이다.

사용 재료 광경화성 수지(레진)

특징 고해상도, 높은 정밀도, 매끄러운 표면을 제공함. 복잡한 구조도 정밀하게 출력 가능하지만, 출력 후 출력물 표면에 남아 있는 레진 세척과 후경화 작업이 필요함. 재료비와 장비 비용이 상대적으로 높음.

대표 기술 SLA(Stereolithography), DLP(Digital Light Processing)가 있음. SLA는 레이저를 이용해 경화하고, DLP는 프로젝터 광원을 사용해 한 층 전체를 동시에 경화함.

활용 분야 치과 및 의료용 정밀 부품, 보석 및 정밀 공예, 고해상도 시제품, 복잡한 구조의 미세 부품

(3) 분말 소결 방식(powder bed fusion)

분말 형태의 재료 층 위에 레이저를 쏘아 분말을 국소적으로 용융하거나 소결하여 고체 형태로 만든다. 광수지화 방식처럼 한 층이 완성되면 표면(베드)이 아래로 내려가고, 그 위에 새로운 분말이 깔리면서 이를 반복하여 3차원 형상을 출력한다.

사용 재료 나일론, 폴리머 분말 또는 알루미늄, 티타늄, 스테인리스강 등의 금속 분말. 폴리머 분말은 경량 부품 제작에 적합하며, 금속 분말은 내구성과 강도가 요구되는 기능성 부품에 활용.

특징 기계적 강도가 우수하고 복잡한 구조물 출력이 가능하며, 별도의 서포트가 필요 없는 경우가 많음. 장비와 운영 비용이 높고, 출력 후 분말 회수 및 출력물 표면에 남아 있는 분말을 털어 내는 등의 후처리가 필요.

대표 기술 SLS(Selective Laser Sintering), SLM(Selective Laser Melting), EBM(Electron Beam Melting)

활용 분야 기능성 금속 부품, 항공우주 및 자동차 산업 부품, 내구성이 요구되는 산업용 부품, 맞춤형 의료 임플란트 등

(4) 표면 접착 방식(sheet lamination)

얇은 시트 형태의 재료를 층층이 쌓은 뒤, 접착제 또는 열과 압력을 이용해 적층하여 3차원 형상을 만든다. 각 층은 재단(절단) 과정을 거쳐 원하는 형상으로 가공되고, 한 층이 완성되면 표면(베드)이 아래로 내려간 후 다음 시트를 이어서 적층하고 재단한다.

사용 재료 종이, 금속 박판, 플라스틱 시트 등

특징 제작 비용이 비교적 저렴하고 큰 부품 제작에 적합. 적층 속도가 빠르고 후처리가 간단하지만 재료 선택의 폭이 제한적이어서 표면 품질이 상대적으로 낮아 산업에서 활용하기에 제한이 있음.

대표 기술 LOM(Laminated Object Manufacturing)

활용 분야 저가 프로토타입 제작, 대형 모형 제작 등

(5) 에너지 집중식 퇴적 방식(directed energy deposition)

금속 분말이나 와이어를 고출력 레이저 또는 전자빔으로 용융하면서 용융된 금속을 출력 위치에 직접 쌓는다. 베드가 고정된 상태에서 노즐이 X, Y, Z축으로 움직이며 출력하며, 층이 쌓이면서 노즐 위치가 조정된다.

사용 재료 티타늄, 스테인리스강, 알루미늄 등의 금속 분말 및 와이어

특징 재료 압축 방식과 일부 유사한 점이 있으나, 가동 축의 개수가 일반적으로 많은 편이므로 복잡한 형상 제작에 유리. 고밀도 금속 부품 제작과 수리에 적합. 그러나 분말 소결 방식 대비 정밀도는 낮은 편이며, 장비의 비용과 운영 비용이 높은 편임.

대표 기술 LENS(Laser Engineered Net Shaping), EBAM(Electron Beam Additive Manufacturing)

활용 분야 항공우주 및 자동차 산업의 대형 기능성 금속 부품 제작, 기존 금속 부품 수리 및 보수

(6) 접착제 분사 방식(binder jetting)

분말 재료가 깔린 베드 위에 액체 상태의 접합제(binder)를 분사해 국소적으로 결합시키며 한 층씩 쌓는 형태이다. 한 층이 완성되면 표면(베드)이 내려가고, 새로운 분말 층이 깔리면서 이를 반복하여 출력품을 완성한다.

사용 재료 금속, 세라믹, 모래와 같은 다양한 분말 재료

특징 출력 후 후처리(소결, 열처리 등)가 필요하며, 최종 강도는 후처리 방법에 따라 결정. 생산 속도가 빠른 편이며, 대형 부품 제작과 맞춤형 시제품 제작에 적합.

대표 기술 CJP(Color Jet Printing)

활용 분야 금속 및 세라믹 부품 제작, 금형 제작, 맞춤형 시제품 및 소량생산

(7) 재료 분사 방식(material jetting)

액체 상태의 광경화성 수지 또는 열가소성 잉크를 노즐에서 미세하게 분사하고, UV광으로 즉시 경화시키며 한 층씩 쌓는다. 광수지화 방식처럼 열가소성 수지를 사용하고 광원으로 경화시키지만 수조 내에서 하는 것이 아니라 재료를 직접 분사한다는 차이가 있다. 재료 압축 방식처럼, 한 층이 완성되면 베드가 내려가거나 노즐 높이가 올라가며 다음 층을 이어 간다.

사용 재료 광경화성 수지, 열가소성 잉크 등

특징 재료와 서포트를 직접 분사하기에 보편적으로 출력 재료와 서포트 재료를 위한 카트리지(보관함)가 각각 존재. 매우 높은 해상도와 높은 표면 품질을 제공. 다중 색상과 다중 재료 출력에 용이한 반면, 장비와 재료 비용이 비싼 편.

대표 기술 PolyJet, MJM(MultiJet Modeling)

활용 분야 정밀 시제품 제작, 의료용 모델, 복잡한 다색/다재질 제품 출력

7가지 종류 중 특정 3D 프린팅 기술이 우수하다고 판단할 수는 없으므로, 사용자는 활용 목적, 요구되는 정밀도, 사용 가능한 재료, 경제성, 후처리 조건 등을 종합적으로 고려하여 선택해야 한다. 예를 들어, 단순 시제품 제작에는 FFF가 적합하지만, 인체 삽입용 부품이나 항공 부품과 같이 고정밀, 고강도가 요구되는 경우에는 SLM이나 PolyJet 같은 고급 기술이 요구될 것이다.

이와 함께, 3D 프린팅 기술이 가진 전반적인 장점과 한계도 함께 이해하는 것이 중요하다. 3D 프린팅은 전통적인 제조 방식과 비교해 혁신적인 제조 방법으로 자리 잡았다. 가장 큰 장점은 복잡하고 정교한 3차원 구조물을 빠르고 비교적 저렴하게 제작할 수 있다는 점이다. 기존의 절삭, 주조, 사출 등의 제조공정에서는 어려웠던 복잡한 형상을 적층 방식으로 쉽게 구현할 수 있어 맞춤형 소량생산이나 시제품 제작에 특히 적합하다. 또한 설계 변경이 용이하고, 빠른 제품 개발 주기를 가능하게 하여 시장 대응 속도를 높여 준다. 뿐만 아니라, 3D 프린팅은 재료 낭비를 최소화하는 친환경적 공정이라는 점도 중요한 강점이다. 필요한 부분에만 재료를 쌓아 올리는 적층 제조 방식 덕분에 기존 가공 방식에 비해 재료 사용 효율이 매우 높아 고가의 금속이나 특수 재료를 사용하는 경우에도 경제적이다.

그러나 현재까지의 3D 프린팅 기술은 한계도 명확하다. 출력 속도가 상대적으로 느리고 대량생산에는 적합하지 않으며, 출력물의 기계적 특성이나 표면 품질이 전통 제조품에 비해 떨어지는 경우가 많다. 또한 출력물의 크기 제한, 재료 선택 폭의 한계, 그리고 비용 부담이 존재한다. 후처리 과정이 필수적인 경우가 많고, 설계와 출력 과정에서 고도의 전문 지식과 숙련도가 요구되며, 프린터 유지보수와 품질 관리 또한 까다로운 편이다. 이러한 이유로 3D 프린팅은 기존 전통 제조 방식을 완전히 대체하기보다는 상호 보완적으로 활용되는 것이 현실이다.

종합적으로, 3D 프린팅은 복잡한 형상과 맞춤형 제품을 생산할 수 있는 혁신적인 제조기술로서 큰 잠재력을 지니고 있으나, 생산 효율성, 비용, 품질, 소재 측면에서 극복해야 할 과제도 여전히 남아 있다. 앞으로 소재 개발, 장비 성능 향상, 후처리 기술 발전이 이루어지면서 3D 프린팅의 적용 범위와 신뢰성이 한층 확대될 것으로 기대된다.

4) 3D 프린터의 구조와 운용 조건

3D 프린팅 공정을 이해하기 위해서는 프린터를 구성하는 기본 구조와 각 부품의 역할을 먼저 파악하는 것이 중요하다. 이러한 구조 요소들은 출력 품질과 운용 조건에 직접적인 영향을 미치며, 적절한 조건 설정과 유지보수에 필수적인 지식이다.[7]

- **빌드 베드(build plate 또는 bed)**: 출력물이 층층이 쌓이는 평평한 표면. 베드는 고정식인 경우도 있고, 일부 프린터는 베드가 수직 또는 수평으로 이동하기도 함. 가열식 베드(히팅 베드, heating bed)는 필라멘트 접착력 향상과 출력물의 변형 방지를 도와줌.
- **익스트루더(extruder) 및 노즐(nozzle), 또는 광원/레이저로 구성된 헤드(head)**: 재료를 가열하거나 분사하는 장치. 익스트루더는 필라멘트나 수지, 분말 등 재료를 공급하며, 노즐은 가열된 재료를 미세하게 배출함. 노즐의 직경과 이동 속도는 출력 정밀도와 표면 품질에 큰 영향을 미침. 반면, 레이저나 광원을 사용해 재료를 경화하거나 소결하는 3D 프린팅 방식에서는 익스트루더와 노즐 대신 광원 또는 레이저 헤드가 장치의 역할을 수행.
- **XYZ축 모션 시스템**: 프린터의 헤드 또는 베드를 X, Y, Z 방향으로 움직여 3차원 형상을 만듦. 노즐 이동형, 베드 이동형, 혹은 이 둘이 혼합된 방식이 있으며, 모션 시스템의 정밀도는 출력물의 치수 정확도와 직결됨.
- **가열 및 냉각 시스템**: 재료의 용융과 경화를 돕는 요소. 익스트루더 내부 가열부와 베드 가열부가 대표적이며, 일부 재료는 출력 후 냉각 과정도 중요함.
- **재료 공급부**: 필라멘트 릴, 액체 수지 탱크, 분말 저장 및 공급 시스템 등이 해당. 재료 공급 방식은 3D 프린팅 기술별로 다르며, 안정적으로 재료를 공급해야 높은 품질의 출력물을 얻을 수 있음.
- **제어시스템**: 출력 경로, 온도, 속도 등 운용 조건을 제어하고 모니터링하는 요소. 고성능 제어시스템은 복잡한 형상의 정밀한 출력에 필수적임.
- **인클로저(enclosure) 및 프레임**: 외부 환경의 영향(온도, 먼지, 진동 등)을 최소화하고, 작업자의 안전을 확보하는 구조물. 특히 금속 3D 프린팅에서는 밀폐된 챔버가 중요함.

3D 프린팅의 품질과 안정성은 단순히 장비 성능뿐 아니라, 운용 환경과 소재 관리, 데이터 준비, 장비 셋업, 후처리 등 여러 조건에 의해 결정된다. 이를 위해 3D 프린팅 작업 시 꼭 신경 써야 하는 핵심 운용 조건을 정리하자면 크게 (1) 장비 운용 환경 관리, (2) 재료 관리, (3) 파일 및 설계 데이터 관리, (4) 프린터 셋업 및 보정, (5) 후처리 공정 관리로 구분할 수 있다.

먼저 장비가 운용되는 환경은 온도, 습도, 진동, 청정도, 전력 공급 안정성 등으로 조절되며 이는 출력물의 품질에 큰 영향을 미친다. 예를 들어, 프린터 주변의 습도가 높으면 필라멘트가 수분을 흡수해 노즐 막힘이나 출력 불량이 발생할 수 있다. 온도가 너무 낮거나 높으면 재료가 수축하거나 변형되기도 하며, 장비에 진동이 발생하면 출력물이 흔들리면서 정밀도가 떨어진다. 또한 분말 소결이나 광수지화 방식과 같이 먼지에 민감한 기술은 작업 공간 청결 유지가 필수적이며, 정전기 발생이나 갑작스러운 전력 차단도 장비 고장이나 출력 실패를 유발하므로 안정적인 전원과 정전기 방지 대책이 반드시 필요하다.

재료 관리도 매우 중요하다. 각 재료는 사용되는 환경과 더불어 보관될 때도 적정 온도와 습도를 유지하며 보관되어야 한다. 예를 들어, 재료가 수분을 흡수하거나 시간이 지나 노화되면 출력물의 품질과 강도가 저하되기에 필라멘트는 밀폐건조함에 보관해야 수분 흡수를 막을 수 있고, 분말은 산화 방지를 위해 밀봉하거나 질소 분위기에서 저장되어야 할 것이다. 또한 TPU와 같은 탄성 재료나 금속 분말과 같이 특수한 재료는 취급 시 안전과 보관 방법에 각별히 주의해야 한다. 경우에 따라서는 습기 제거를 위해 건조기를 사용하기도 한다.

3D 모델 파일과 설계 데이터도 출력 품질에 큰 영향을 미친다. STL, OBJ, AMF 등의 파일 형식을 정확히 이해하고 변환해야 하며, 슬라이싱 소프트웨어를 이용해 적층 높이, 충진 밀도, 서포트 구조 등을 적절히 설정해야 한다. 설계 단계에서는 출력 실패를 줄이기 위해 두께, 서포트 구조 등을 고려하는 것이 필수적이다. 이러한 데이터 준비가 미흡하면 출력물에 결함이 발생하거나 제작이 불가능해질 수 있다.

프린터 셋업과 보정 작업 역시 품질 확보에 핵심적인 역할을 한다. 베드 레벨링이 정확히 맞지 않으면 출력 초기 층이 잘 붙지 않아 변형이나 들뜸 현상이 발생한다. 노즐과 베드의 온도는 재료 특성에 맞게 세밀하게 조절되어야 출력물이 잘 접착되고 표면 품질이 높아진다. 출력 속도와 적층 높이도 적절히 설정해야 출력물의 정밀도와 표면 품질이 확보된다. 너무 빠른 출력 속도는 품질 저하를 불러올 수 있고, 두꺼운 적층 높이는 표면이 거칠어지기 쉽다.

마지막으로 후처리 공정 역시 3D 프린팅으로 출력된 제품의 품질을 좌우한다. 출력 직후 충분한 냉각 시간을 확보하지 않으면 출력물이 변형될 수 있으므로 급격한 냉각을 피하고 안정적으로 온도를 낮추는 것이 중요하다. 표면 가공을 위해 사포질, 도장, 연마 등을 통해 출력물의 외관과 기능성을 개선할 수 있다. 또한 광수지 방식에서는 UV 후경화가 필요하고, 분말 소결 방식은 소결 및 열처리 과정을 거쳐야 한다. 세척이나 분말 제거 등도 후처리 과정에 포함되어 최종 부품의 기계적 성능과 외관을 확보하는 데 큰 역할을 한다. 이처럼 3D 프린팅의 운용 조건을 체계적으로 관리해야만 높은 품질의 출력물을 안정적으로 생산할 수 있다.

5) 스마트팩토리 내에서의 3D 프린팅

3D 프린팅 기술은 스마트팩토리의 핵심 구성요소로 점차 자리 잡고 있다. 스마트팩토리는 제조 자동화, 실시간 데이터 수집 및 분석, 지능형 의사결정 등을 통해 생산성을 높이고 품질 편차를 줄이며, 다품종 소량생산 체계로의 전환을 지향한다. 이러한 환경에서는 유연한 제조시스템이 필수이며, 3D 프린팅은 다양한 형상의 제품을 신속하게 구현할 수 있어, 유연하고 지능적인 생산체계를 구성하는 데 적합하다.

스마트팩토리의 주요 기술인 IoT, 클라우드, AI, 디지털트윈 등과 3D 프린팅은 높은 상호 보완성을 가진다. 특히 3D 프린팅은 금형이나 절삭 도구 없이 디지털 설계 파일만으로 바로 출력이 가능해 물리적 도구 교체 없이 다양한 제품에 유연하게 대응할 수 있다. 예를 들어, 센서 기반 IoT 시스템이 프린터의 상태 및 출력 조건을 실시간으로 모니터링하고, 이 데이터를 클라우드에 저장한 뒤 AI 분석을 통해 출력 품질을 자동 조정하거나 불량 발생 가능성을 예측할 수 있다. 디지털트윈 기술을 활용하면 실제 프린팅 공정을 가상 환경에서 시뮬레이션하여 설계 조건을 최적화하고 오류를 사전에 방지할 수 있다.

특히 고객맞춤형 생산이 중요한 시대에 3D 프린팅은 스마트팩토리 구현을 위한 핵심 기술로 부상하고 있다. 의료용 보형물, 개인화된 소비재, 사용자 개개인의 신체 데이터 기반의 맞춤형 제품 등은 전통적인 금형 기반 가공으로는 매우 비효율적이거나 불가능하지만, 3D 프린팅을 활용하면 효율적으로 대응할 수 있다. 추가적으로, AI와 결합된 데이터 기반 설계 연동 체계는 고객 데이터 분석 결과를 제품 설계로 연결하고 이를 즉시 출력할 수 있어 고객 요구를 실시간으로 반영하는 유연생산시스템의 구현을 가능하게 한다.

CAD-CAE-CAM 연동 체계를 통해 유연한 제조 환경을 실현하는 구체적 기반을 제공할 수 있다. 3D 설계(CAD) 데이터를 기반으로 한 성능 해석(CAE), 그리고 적층 공정에 특화된 가공 지시(CAM)로 이어지는 일련의 디지털 워크플로우가 구축되면, 제품 설계에서 제조까지의 전환이 거의 실시간으로 이루어진다. 설계 변경 시 해석 및 제조 조건이 즉시 연동되므로 반복적인 설계 검증과 출력이 신속하게 수행될 수 있으며, 이는 제품 개발 기간을 단축하고 설계의 자유도를 극대화하는 데 큰 기여를 한다. 특히 복잡한 형상의 제품이나 기능 통합 부품을 다룰 때 이러한 자동 연계는 3D 프린팅의 생산성을 더욱 끌어올린다.

또한 3D 프린팅은 출력 공정 자체가 디지털 데이터를 기반으로 하므로, 폐쇄형 피드백 루프를 구현하기에 이상적인 구조를 갖추고 있다. 출력 중 수집된 품질 정보나 결함 데이터를 기반으로, AI가 자동으로 설계를 수정하거나 출력 조건을 조정하는 등의 폐쇄형 피드백 루프 최적화가 가능하다. 이는 설계-제조 간의 피드백이 빠르게 이루어질 수 있는 구조를 제공하며, 시제품 개발이나 기능성 부품 생산에서 특히 유용하다. 기존 제조 방식에서는 반복적 최적화가 시간과 비용을 수반하지만, 3D 프린팅은 디지털 설계만 변경하면 즉시 대응할 수 있어 매우 효율적이다.

현재 항공우주, 자동차, 의료 산업 등에서는 이러한 3D 프린팅의 스마트팩토리 활용이 활발히 이루어지고 있다. 항공 분야에서는 엔진 부품이나 경량 구조물 제작에 3D 프린팅이 도입되어 생산 리드타임을 줄이고, 기체 중량을 감소시켜 연비를 개선한다. 자동차 산업에서는 시제품 제작뿐 아니라, 고객맞춤형 부품이나 도구를 빠르게 제작하는 데 활용된다. 의료 분야에서는 환자 맞춤형 보형물이나 수술 가이드를 출력하여 치료 정확도를 높이는 데 기여하고 있다. 결국 3D 프린팅은 고도화된 제조시스템인 스마트팩토리에서 핵심적인 기능을 수행하며, 산업 전반에 걸쳐 디지털 전환을 가속하는 촉매 역할을 하고 있다.

9.9 VR/AR/XR

가상현실(Virtual Reality, VR)과 **증강현실**(Augmented Reality, AR), 그리고 **확장현실**(eXtended Reality, XR)은 21세기 들어 급격히 부상한 몰입형 기술로서, 현실과 가상의 경계를 허물고 사용자 경험을 혁신하고 있다. VR은 사용자를 완전히 가상의 환경에 몰입시켜 현실 세계를 차단하는 기술이며, AR은 현실 세계 위에 가상 정보를 겹쳐 보여 주는 기술을 뜻한다. 한편 XR은 VR, AR, MR(Mixed Reality, 혼합현실) 등을 모두 포괄하는 상위 개념으로, 현실과 가상을 잇는 모든 기술 스펙트럼을 아우르는 용어이다. 몰입형 기술의 발전은 1960년대 시뮬레이터 기반의 초기 가상현실에서 시작해, 2010년대 중반 상용화된 HMD의 등장으로 대중화되었고, 이후 스마트폰과 웨어러블 기기를 통한 실시간 상호작용형 AR의 확산으로 이어졌다. 현재는 VR과 AR의 장점을 결합한 XR 시대가 열리며, '가상현실 → 증강현실 → 확장현실'로 이어지는 기술적 진화가 본격화되고 있다. 이러한 변화는 메타버스의 부상과 함께 현실과 가상이 결합된 새로운 사용자 경험을 사회 전반으로 확장시키고 있다.

몰입형 기술은 CPS, 디지털트윈, 그리고 메타버스와 밀접한 연관을 맺으며 제4차 산업혁명의 핵심 요소로 자리매김하고 있다. CPS는 센서와 IoT로 연결된 물리 세계를 사이버 공간에 실시간으로 모사하는 개념으로 공장자동화와 스마트제조의 기반을 이룬다. 디지털트윈은 이러한 CPS의 산물로서 특정 설비나 공장의 가상 복제본을 의미하며, 실제 상태와 동기화되어 시뮬레이션 및 모니터링에 활용된다. VR/AR/XR 기술은 바로 이 디지털트윈을 눈으로 보고 직접 조작할 수 있는 인터페이스를 제공함으로써 엔지니어와 운영자가 복잡한 데이터를 보다 직관적으로 다루도록 돕는다. 예를 들어, AR 디바이스를 통해 디지털트윈의 실시간 데이터를 현장 설비 위에 중첩하면 운전자가 현재 상태를 한눈에 파악하고 즉각적인 대응을 할 수 있다. 또한 메타버스는 XR 기술과 디지털트윈, 그리고 소셜 플랫폼이 결합된 거대 개념으로, 산업 현장의 협업과 원격 프레즌스(remote presence)를 새로운 차원으로 이끌고 있다. 기업들은 사내 교육이나 제품 개발 회의를 메타버스 환경에서 진행하면서 지리적 한계를 뛰어넘는 협업을 실현하고 있다. 이런 맥락에서 XR과 디지털트윈, 그리고 메타버스의 융합은 현실의 공장을 가상 공간에 그대로 재현하여 사람들이 모여 작업하고 문제를 해결하는 '가상 공장'의 모습을 구체화하고 있다. 실제 사례로, 글로벌 에너지 기업 Shell은 디지털트윈과 AR을 접목하여 현장 근로자가 착용한 헬멧 디스플레이로 디지털트윈의 데이터를 실시간 확인하고, 원격 전문가가 그 화면에 지침을 그려 주며 코치하는 시스템을 운용 중이다. 이는 단순히 정보 표시를 넘어, 현실과 가상의 경계 없이 업무를 수행하는 미래형 작업 방식의 가능성을 보여 준다.[1]

제조 산업은 복잡한 공정, 거대한 설비, 방대한 데이터를 다루는 분야로서, 몰입형 인터페이스의 도입을 통한 혁신 효과가 매우 큰 영역이다. 첫째, 기존 2D 화면이나 종이 도면으로 이해하기 어려운 3차원 설비와 공정 정보를 VR/AR/XR로 시각화하면 엔지니어와 작업자들은 공간적 맥락 속에서 직관적으로 상황을 파악할 수 있다. 예를 들어, 조립 라인의 레이아웃 변경을 검토할 때 VR로 가상 공장을 미리 걸어다니며 확인하면 오류를 사전에 발견하고 작업 동선을 최적화할 수 있다. 둘째, AR 기반의 작업 지시는 복잡한 매뉴얼을 일일이 찾아볼 필요 없이 시야 내에 필요한 정보와 안내를 실시간 표시함으로써 작업 효율과 정확성을 높인다. 실제로 미국 Boeing은 항공기 조립 공정에 AR 글라스를 활용하여 기술자들이 두꺼운 종이 매뉴얼 대신 홀로렌즈 화면을 통해 배선 작업 지침을 확인하도록 했고, 그 결과 작업 시간이 20% 단축되고 최초 작업 정확도가 88%까지 향상된 사례가 보고되었다.[2] 셋째, 산업 현장의 교육·훈련 측면에서도 몰입형 기술의 필요성이 크다. 위험한 현장 상황이나 고가의 장비 조작 교육을 VR 시뮬레이션으로 대체하면 사고 위험 없이도 실제와 같은 훈련이 가능하여 숙련도와 안전의식을 동시에 높일 수 있다. 예를 들면, 포항제철소는 가상현실 안전교육 도입 후 교육 참가자들의 몰입도와 안전 습관 준수가 크게 향상되었다고 한다. 이처럼 제조 산업에서 몰입형 인터페이스의 필요성은 복잡한 정보를 사람 중심으로 쉽게 전달하고 경험 기반의 학습과 협업을 가능케 함으로써, 생산성 향상과 업무 혁신 그리고 작업자 안전까지 아우르는 광범위한 가치 창출로 이어지고 있다.

1) VR/AR/XR 개념과 구성요소

(1) VR: 완전 가상 환경에서의 설계 및 훈련

VR은 컴퓨터가 생성한 인공 환경 속으로 사용자를 완전히 몰입시키는 기술로, **실제와는 분리된 전면적인 가상 경험**을 제공한다. HMD와 입체 음향 장치를 이용해 사용자의 시각과 청각을 가상 공간으로 전환함으로써 현실처럼 느껴지는 상호작용이 가능하다. 이러한 특성 덕분에 VR은 제품 설계 검토나 작업자 훈련과 같은 분야에서 널리 활용되고 있다. 예를 들어, 자동차나 항공기 개발 과정에서는 3D CAD 모델을 불러와 실물 크기의 모형처럼 확인하고, 엔지니어와 디자이너가 차량 내부 구조를 체험하며 설계상의 오류를 탐색한다. BMW는 신차 생산 라인을 설계할 때 VR을 적용해 실제 조립 현장을 가상으로 구현하고, 조립 자세의 인간공학적 타당성을 사전에 검증하였다. 이를 통해 물리적 시제품 제작 없이도 문제점을 조기에 파악하고, 여러 부서가 동시에 검토함으로써 개발 기간과 비용을 크게 줄였다.[3] 또한 VR은 위험하거나 고비용의 실제 교육을 대체할 수 있는 훈련 도구로 주목받고

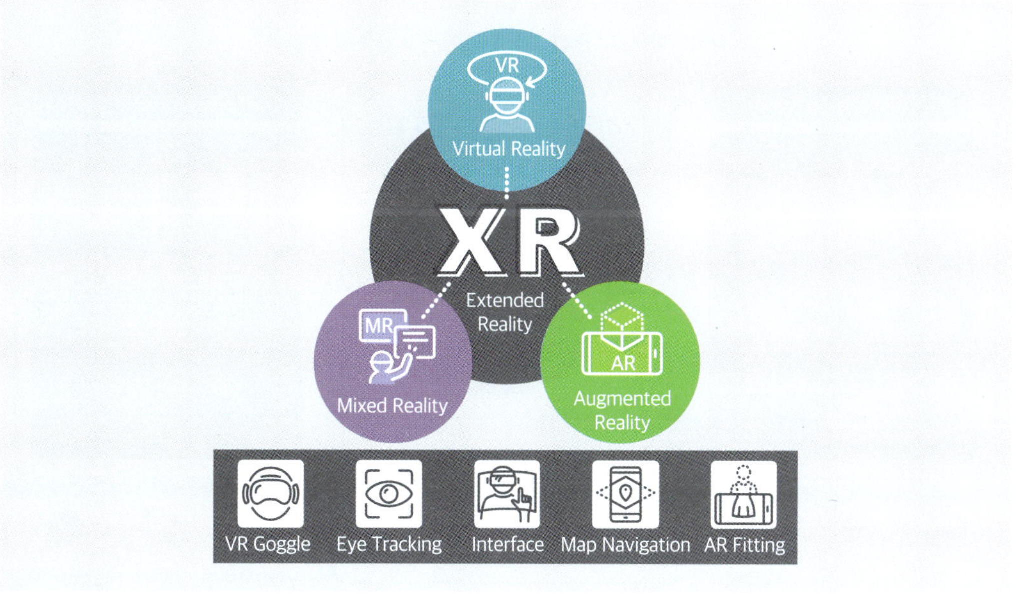

그림 9-38 VR+AR+MR=XR

있다. 중장비 운전, 용접, 화재 대응 등 다양한 상황을 시뮬레이션하여 훈련생은 실제와 유사한 긴장감 속에서 반복 연습할 수 있고, 기업은 장비 손상이나 안전사고의 부담 없이 인력을 양성할 수 있다. 360도 전방위로 구현된 VR 학습 환경은 몰입도를 높여 교육 효과를 향상시키며, 근로자는 가상의 안전한 공간에서 여러 차례 실습을 거친 뒤 실제 작업에 투입되어 숙련도와 안전성을 동시에 높인다. 이처럼 VR은 제조 산업에서 설계 검증과 교육·훈련을 위한 완전한 가상 테스트베드로 자리 잡고 있다.

(2) AR: 현실 기반 정보 증강 및 작업 지원

AR은 현실 공간 위에 디지털 정보를 겹쳐 보여 주는 기술로 사용자가 **실제 세계 속에서 가상 객체나 데이터와 함께 상호작용**하도록 돕는다. 스마트폰, 태블릿, 스마트 글라스 등의 화면에는 실제 영상 위로 텍스트, 이미지, 3D 모델이 실시간으로 중첩되어 표시되며, 사용자는 현실감을 잃지 않은 채 추가적인 정보를 체험한다. VR이 완전한 가상 공간에 몰입시키는 방식이라면, AR은 실제 환경을 기반으로 필요한 정보만 덧입히는 점이 특징이다. 또한 휴대기기만으로도 구현이 가능해 산업 현장에서 빠르게 확산되었다. 대표적인 활용 예는 설비 유지보수 지원이다. AR 글라스를 착용한 기술자는 눈앞의 실제 설비 위로 정비 단계, 부품 명칭, 다음 작업 위치 등이 겹쳐 보이는 인터페이스를 통해 지침을 실시간으로 확인할 수 있다. 덕분에 작업자는 매뉴얼을 들여다볼 필요 없이 양손을 자유롭게 사용하면서도 정확한 절차를 따라 작업을 수행할 수 있다. 또한 압력·온도 등의 센서 데이터를 화면에 표시하면 장비 상태를 즉시 확인하고 대응할 수 있어 작업 안전성과 효율이 함께 향상된다. 원격 협업 영

그림 9-39 VR(가상현실) 개념

자료: AI 생성 이미지

역에서도 AR의 장점이 두드러진다. 현장 작업자의 시야가 실시간으로 전송되면, 원격의 전문가가 같은 장면을 보며 문제를 진단하고 AR 화면 위에 표시나 메모를 추가할 수 있다. 작업자는 그 표시를 그대로 보면서 조작을 수행하므로 현장 방문 없이도 정비나 점검이 가능하다. 실제로 Shell 등 글로벌 기업은 이러한 AR 원격지원 시스템을 운영하여 전문가 한 명이 여러 현장을 동시에 지원하고 있으며, 출장 감소로 인한 비용 절감과 탄소 배출 저감 효과를 보고 있다.

또한 AR은 조립 및 검사 공정의 품질 향상에도 적용된다. 작업자는 AR 화면에 표시되는 조립 순서나 검사 항목을 라인오브사이트(line-of-sight) 방식으로 확인하면서 작업하므로 오류가 현저히 낮아진다. 결국 AR은 현실을 기반으로 디지털 정보를 '덧입히는' 접근을 통해, 제조 현장의 정확성과 효율을 동시에 높이는 증강형 작업 환경을 구현하고 있다.

(3) XR: VR과 AR의 융합 및 확장된 현실 경험

XR은 **VR, AR, MR을 포괄하는 상위 개념**으로, 다양한 현실 기술을 결합해 상황에 맞는 융합적 경험을 제공하는 기술 영역이다. 최근에는 VR과 AR을 대표적인 기술 유형으로 구분하고, 이들을 포괄하는 개념으로 XR을 사용하는 것이 일반적이며, MR은 그 범주에 포함된다. 이러한 XR 환경에서는 완전 가상 환경부터 현실 기반 증강 환경까지 **연속적인 스펙트럼상의 경험**을 하나의 프레임워크로 다룰

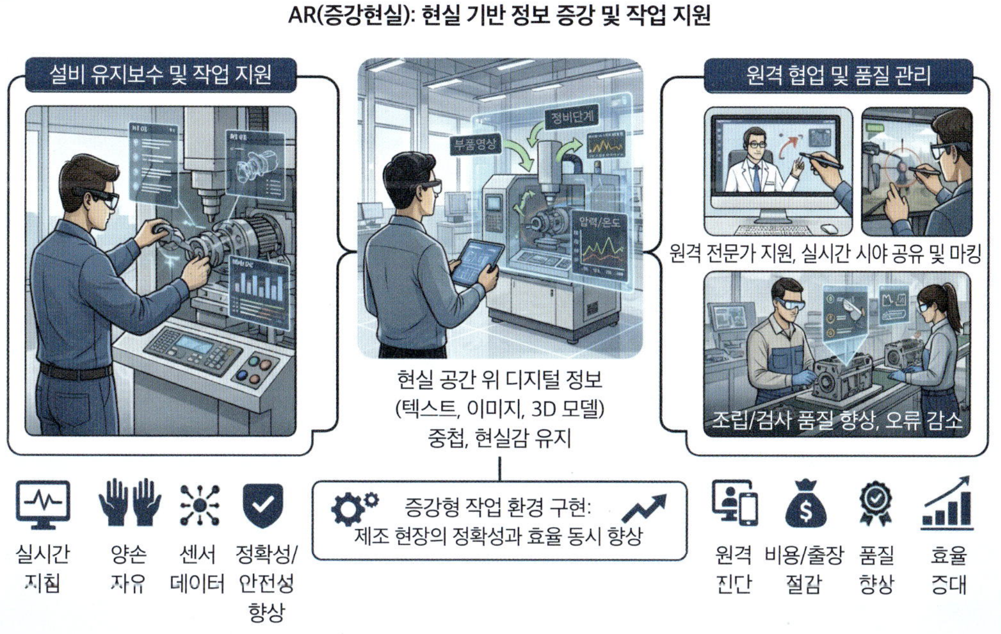

그림 9-40 AR(증강현실) 개념
자료: AI 생성 이미지

수 있다. 이 스펙트럼의 중간에 위치한 MR은 현실과 가상 요소가 동시에 존재하며, 실제 공간을 기반으로 가상 객체와 상호작용이 가능한 형태를 의미한다. 이처럼 XR 환경에서는 특정 순간에는 완전한 가상 공간(VR 모드)을, 다른 순간에는 투명 디스플레이를 통해 현실 위에 그래픽을 덧입힌 장면(AR 모드)을 자유롭게 전환하며 몰입형 경험을 제공할 수 있다. 메타버스 플랫폼 역시 XR의 확장된 응용이라 할 수 있다. 예를 들어, 사용자가 집에서 VR 헤드셋을 착용해 가상 공장 회의에 참여하면서, 동시에 AR 글라스로 실제 기계를 참조하는 경우가 그러하다. 이는 VR과 AR의 경계가 자연스럽게 융합된 XR 워크플로우의 전형적인 예이다.

XR의 핵심 목표는 현실과 가상 간의 경계가 사라져도 사용자가 불편함 없이 필요한 정보를 직관적으로 받아들이는 seamless experience를 구현하는 것이다. 이를 위해 XR 기기에는 현실 공간 인식, 사용자 위치 및 동작 추적, 디스플레이 투명도 조절 등 다양한 기술 요소가 통합된다. 대표적으로 Microsoft의 HoloLens 2나 Apple의 Vision Pro는 고해상도 패스스루(pass-through) 카메라를 활용해 실제 환경을 실시간으로 보여 주며 가상 그래픽을 정밀하게 중첩시킨다. 사용자는 헤드셋을 착용한 상태에서도 주변 현실을 그대로 인식하고 필요할 때만 가상 정보를 확인할 수 있어 자연스러운 XR 경험을 얻는다. 결국 XR은 VR과 AR의 경계를 사용자의 목적에 맞게 유연하게 넘나드는 확장된

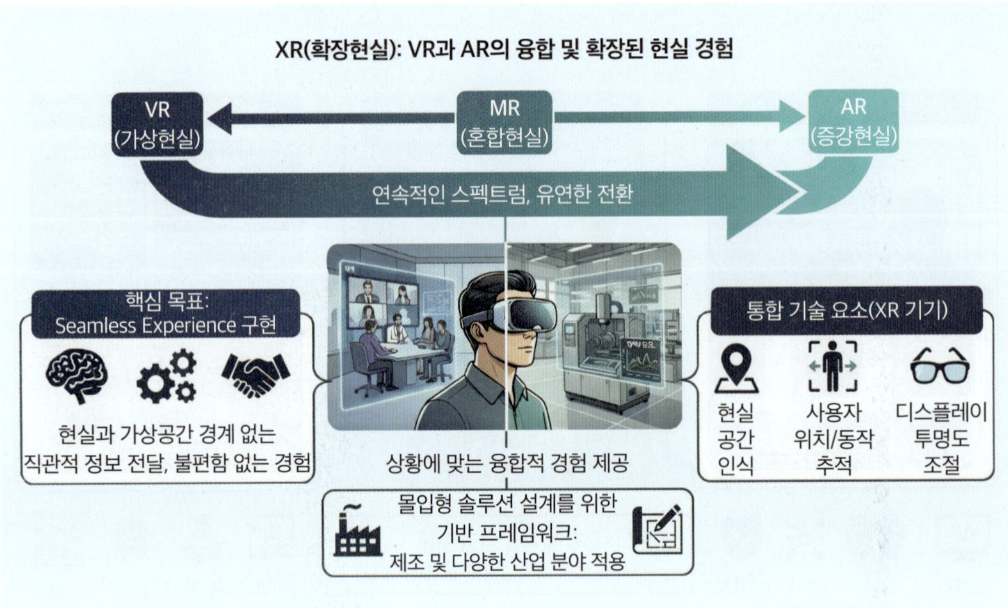

그림 9-41 XR(확장현실) 개념
자료: AI 생성 이미지

현실 개념으로, 제조를 비롯한 다양한 산업 분야에서 몰입형 솔루션을 설계하기 위한 기반 프레임워크로 자리 잡아 가고 있다.

(4) 구성요소: 하드웨어, 소프트웨어 및 공간 인식 기술

VR/AR/XR 시스템이 제대로 작동하기 위해서는 여러 구성요소가 긴밀하게 결합되어야 한다. 첫째, **하드웨어** 측면에서 디스플레이 장치(HMD, 스마트 글라스 등)와 다양한 센서가 핵심이다. VR용 HMD는 외부 빛을 차단한 채 가상 영상을 보여 주며, AR 글라스는 투명 디스플레이를 통해 현실 위에 영상을 겹쳐 표현한다. 관성측정장치(Inertial Measurement Unit, IMU), 카메라, LiDAR 같은 공간 인식 센서는 사용자의 시선, 동작, 공간 구조를 추적하는 역할을 한다. 예를 들어, SLAM 알고리즘을 이용하면 HMD가 주변 환경의 3D 지도를 실시간으로 구성하며 자신의 위치를 파악하여, 가상 객체를 현실 공간에 안정적으로 배치할 수 있다. 둘째, **소프트웨어** 요소이다. 실시간 그래픽 렌더링 엔진과 UX/UI 프레임워크가 핵심 기능을 담당한다. Unity나 Unreal Engine 같은 3D 엔진은 복잡한 장면을 빠르게 렌더링하고, 물리 엔진을 통해 가상 객체의 움직임을 실제처럼 재현한다. 또한 WebXR, ARCore, ARKit 등 개발용 도구를 사용하면 공간 입력, 제스처, 시선 추적, 음성 인식 등 다양한 상호작용 기능을 손쉽게 구현할 수 있다. 셋째, **공간 인식**(spatial computing) 및 **정합 기술**이다. 이는 SLAM뿐 아니라 환경 매핑, Anchor 시스템(특정 위치에 가상 객체를 고정), 충돌 감지, 조명 추정과 그림자 생성 같은 기술을 포함한다. 예컨대 AR 헤드셋이 실내 바닥을 인식하고 그 위에 가상 기계를 배치하면, 사용자가 다가갈 때 실제 조명 조건에 맞는 그림자가 함께 생성되어 더욱 사실적인 시각 경험을 제공한다. 넷째, **사용자 인터페이스**(User Interface, UI) 요소이다. VR에서는 양손 컨트롤러를 통해 이동과 조작 입력을 받는 경우가 많지만, 최근에는 hand tracking 기술로 맨손 제스처를 인식해 메뉴를 조작할 수도 있다. 산업 현장에서 쓰이는 AR 글라스는 음성 명령 기반 인터페이스가 자주 활용된다. 예를 들어, 작업자가 "다음 단계"라고 말하면, 장비가 즉시 다음 작업 지시 화면을 띄우는 식이다. 햅틱 장갑이나 진동 피드백 기기는 촉감과 힘의 반응을 전달하여 몰입감을 높인다. 마지막으로, **네트워크** 및 **데이터 연동**이 중요하다. IoT 센서 데이터나 기업 데이터베이스, OPC UA 등 산업 표준 프로토콜을 XR 플랫폼과 통합하면 현실과 가상 간의 정보 교환이 가능해진다. 예를 들어, 공장의 실시간 데이터를 디지털트윈 모델과 연결해 XR 장치에서 시각화하거나, 사용자가 내린 명령을 실제 설비 제어로 돌려보낼 수도 있다. 이처럼 하드웨어, 소프트웨어, 인식 기술 및 데이터 연동이 유기적으로 결합될 때, 사용자는 자신의 움직임에 반응하는 몰입형 가상 환경을 경험하고, XR 시스템은 산업적 활용 가치가 높은 통합형 플랫폼으로 완성된다.

2) VR/AR/XR 구현 기술

(1) 모델링 및 렌더링

몰입형 제조시스템을 구현하기 위해서는 3차원 콘텐츠를 생성하고 이를 실시간으로 시각화할 수 있는 **모델링 및 렌더링 기술**이 필수적이다. 특히 게임 엔진 기반 개발 플랫폼이 핵심 역할을 하며, 대표적으로 Unity 3D와 Unreal Engine은 VR/AR/XR 애플리케이션 제작에서 사실상 표준으로 자리 잡았다. 이들 엔진은 복잡한 3D 모델의 렌더링, 조명 및 재질 효과, 물리적 반응 등을 실시간으로 처리하며, VR HMD나 AR 기기의 프레임 속도에 맞춰 그래픽을 최적화한다. 예를 들어, 제조 설비의 CAD 데이터를 VR 환경에 배치하려면, Blender 등의 3D 제작 도구에서 모델의 폴리곤(polygon) 수를 줄이고 텍스처(texture)를 정리한 뒤, 엔진으로 가져와 셰이더(shader)와 조명을 세밀히 조정한다. Unity와 Unreal은 이러한 과정을 지원하기 위해 다양한 에셋 파이프라인과 산업용 플러그인(예: PiXYZ, CAD Importer 등)을 제공하며, 이를 통해 복잡한 CAD 데이터를 손쉽게 VR/AR/XR용 콘텐츠로 변환할 수 있다.

한편, 웹 기반 XR 기술의 발전으로 WebXR API를 이용하면 별도 설치 없이 웹브라우저에서 바로 VR/AR/XR 콘텐츠를 실행할 수 있다. 이 덕분에 산업 현장에서는 브라우저를 통해 AR 작업 지침을 띄우거나 온라인 협업으로 3D 모델을 검토하는 등 활용 범위가 확장되고 있다. 모델링 관점에서 보면, 현실 공간을 정밀하게 3D로 변환하는 포토그래메트리(photogrammetry, 사진 측량)나 고정밀

3D 스캐닝 기술 역시 중요하다. 건설 현장이나 공장 설비를 스캐너로 촬영하면 고해상도 점군(point cloud)이나 메시(mesh) 모델이 생성되고, 이를 VR 환경에서 시각화하여 현장에 가지 않고도 세부 검토를 수행할 수 있다. 예컨대 복잡한 배관이 얽힌 플랜트를 3D 스캔한 뒤 VR 공간에서 설계 변경 사항을 논의하는 식이다. 이처럼 현실 데이터를 가상 공간으로 전환하는 기술이 발전하면서 오늘날의 몰입형 제조 환경에서는 실제 설비의 디지털 복제 모델을 즉시 불러와 설계 검토와 시뮬레이션에 활용할 수 있게 되었다.

(2) 공간 인식 기술

VR/AR/XR 장비가 **사용자의 위치와 주변 공간**을 얼마나 정확히 인식하느냐는 몰입 경험의 품질과 안전성을 좌우하는 핵심 요소이다. 이를 가능하게 하는 대표 기술이 SLAM으로, 소형 카메라와 IMU 센서를 이용해 기기의 이동 경로를 추적하면서 동시에 주변 지형을 3차원 지도 형태로 작성한다. 이 기술은 AR 글라스, 자율이동로봇, 드론 등 다양한 플랫폼에 널리 적용되고 있으며, 이를 통해 장치는 별도의 마커 없이도 벽면이나 바닥, 물체의 윤곽을 스스로 파악해 가상 객체를 안정적으로 배치하거나 충돌을 회피할 수 있다. LiDAR는 짧은 시간 내에 다수의 레이저 펄스를 발사하고 반사 시간을 측정해 주변 형상과의 거리를 계산하는 기술이다. 최근에는 스마트폰과 AR 헤드셋에도 소형 LiDAR가 내장되어 실내 공간을 정밀하게 스캔하고, 제스처 인식 정확도와 AR 정합도를 크게 높이고 있다. 제조 현장에서는 이러한 LiDAR 기반 AR 장비가 작업 중인 기계의 형상을 자동으로 스캔해 CAD 모델과 정밀하게 일치시킴으로써, 수 밀리미터 수준의 오차로 가상 정보를 실제 장비 위에 겹쳐 표시할 수 있다. 3D 스캐닝 기술 또한 공간 인식의 핵심 구성요소이다. 휴대용 스캐너나 iPad Pro 같은 소비자용 기기로도 부품이나 배관 구조를 현장에서 빠르게 촬영하여 즉시 3D 모델로 변환할 수 있다. 이렇게 얻은 데이터는 VR/AR/XR 플랫폼 내에서 디지털트윈 모델로 활용되어 가상 공간에서 실제 설비의 구조를 그대로 재현할 수 있다. 또한 공간 정합(registration)의 정확도를 높이기 위해 마커(marker)나 QR 코드 같은 보조 표식이 활용된다. 산업 현장의 특정 위치에 마커를 부착하면, AR 장비는 이를 인식하여 동일한 좌표에 중요한 정보를 반복적으로 표시할 수 있어 위치 정밀도와 작업 신뢰성을 확보할 수 있다.

결국 SLAM과 LiDAR를 통한 자유로운 공간 인식, 마커 기반 보정이나 5G-클라우드 위치추적 기술을 결합함으로써, 산업 환경에 최적화된 고정밀 공간 인식과 정합 성능을 달성하는 것이 최신 XR 기술의 발전 방향이라 할 수 있다.

(3) 사용자 인터페이스

몰입형 시스템에서의 **사용자 인터페이스**는 현실의 인간 행동을 어떻게 가상 세계에 반영하고, 그 결과를 어떤 방식으로 피드백할 것인가에 관한 문제이다. 초기의 VR 환경에서는 키보드나 게임패드를 통해 가상 공간을 이동했지만, 현대의 VR HMD는 6DoF(6 Degrees of Freedom) 트래킹을 이용해 사용자의 머리 움직임을 실시간으로 반영하며, 모션 컨트롤러를 통해 물체를 잡거나 메뉴를 선택하는 등 직관적인 상호작용을 가능하게 한다. 최근에는 hand tracking 기술이 발전하여 Oculus Quest와 같은 기기는 사용자의 맨손 동작을 카메라로 인식하고 손가락 제스처를 그대로 가상 손 모델에 매핑한다. 이를 통해 산업 교육 VR에서는 실제 장비 조작과 유사한 손동작 훈련이 가능하다. 한편 AR에서는 음성 인식과 시선 추적(eye tracking) 기술이 주목받고 있다. 사용자가 "다음 단계" 또는 "사진 촬영"과 같은 음성 명령을 내리면 AR 장치가 이를 인식해 작업 지시를 표시하거나 화면을 캡처하여 원격 보고를 수행할 수 있다. 시선 추적 기능은 사용자가 바라보는 대상이나 영역을 실시간으로 감지하여 관련 정보를 자동으로 표시하거나, 위험 구역에서 시선을 벗어날 경우 경고를 주는 등 상황 인식형 UI 구현을 가능하게 한다.

햅틱 피드백(haptic feedback) 역시 몰입감을 강화하는 핵심 기술이다. 예를 들어, VR 용접 시뮬레이터는 진동을 통해 금속 저항감과 손의 떨림을 재현함으로써 현실에 가까운 촉각 경험을 제공하고, force feedback 장비는 원격 로봇 팔의 힘을 조작자의 장갑에 전달하여 미세한 힘 조절을 가능하게 한다. 사용자 경험(User Experience, UX) 측면에서는 VR 시스템의 경우 90 Hz 이상의 주사율(refresh rate)과 낮은 지연(low latency)을 유지해 멀미를 방지하고, AR 인터페이스는 시야를 가리지 않으면서 필요한 정보를 효율적으로 제시해야 한다. 이러한 다양한 인터페이스 기술을 통합적으로 구현하기 위한 개발 프레임워크로는 Oculus SDK, OpenXR, ARCore, ARKit 등이 있으며, 특히 OpenXR은 서로 다른 XR 장치 간 통일된 인터페이스를 제공함으로써 하나의 애플리케이션이 다양한 플랫폼에서 동일하게 작동하도록 지원한다. 요컨대, 몰입형 제조 환경의 UI는 인간의 자연스러운 행동과 명령을 기반으로 즉각적이고 감각적인 피드백을 제공하는 방향으로 발전하고 있으며, 이는 생산 활동의 인간공학적 효율성과 사용자 몰입도를 동시에 향상시키는 핵심 요소가 되고 있다.

(4) 플랫폼 생태계

현재 몰입형 기술 분야에는 다양한 **XR 디바이스와 플랫폼이 공존**하며 각각의 특성과 활용 영역이 뚜렷하다. Microsoft HoloLens 2는 산업용 AR HMD의 대표 주자로, 넓은 시야각의 홀로그램 디스플레이와 핸즈프리 음성·제스처 인식을 지원한다. 이를 기반으로 한 Microsoft Dynamics 365 Guides는 작업 절차서를 홀로그램 형태로 표시해 제조 현장의 교육과 실무 지원에 활용되고 있다. 반면 Meta Quest 3과 같은 VR 헤드셋은 인사이드-아웃 트래킹(기기 내 카메라로 위치를 추적) 기능과 높은 해상도를 갖추어 별도 센서 없이도 몰입형 경험을 제공한다. 덕분에 교육 시뮬레이터나 원격 협업실 등 비용 효율적인 VR 솔루션으로 널리 쓰인다. 또한 Varjo XR-3은 인간 시야 수준의 초고해상도를 구현하여 항공기 조종 훈련이나 정밀 설계 검증과 같은 고정밀 작업에 활용되고, 2023년에 공개된 Apple Vision Pro는 M2 칩 기반의 혼합현실 기기로 현실과 가상의 경계를 부드럽게 넘나드는 XR 경험을 제공한다. Apple은 이를 엔터테인먼트뿐 아니라 디자인, 의료, 제조 등 전문 영역으로 확장하려 하고 있어 향후 XR 생태계에 큰 변화를 가져올 것으로 전망된다.

플랫폼 관점에서 보면, 각 기기는 자체 SDK와 앱스토어를 갖추고 있으나 OpenXR과 WebXR 같은 표준의 확산으로 상호운용성이 빠르게 향상되고 있다. 이러한 흐름은 제조기업이 XR 솔루션을 도입할 때 특정 하드웨어에 종속되지 않고 유연한 플랫폼 전략을 세울 수 있게 한다. 예를 들어, 한 기업이 설계 검토에는 PC 기반 Varjo VR을, 현장 작업 지원에는 HoloLens 2를 사용하더라도 두 장비 모두 OpenXR을 지원한다면 하나의 소프트웨어 백엔드로 통합된 애플리케이션 제공이 가능하다. 더불어 NVIDIA CloudXR 등 클라우드 XR 플랫폼은 고용량 3D 콘텐츠를 원격 서버에서 렌더링하고 5G 네트워크를 통해 실시간 스트리밍함으로써, 경량 디바이스에서도 고품질 그래픽을 구현한다. 이는 장비 경량화와 비용 절감, 공간 제약 해소 측면에서 산업계에 의미가 크며, 결과적으로 기업은 목적에 가장 적합한 XR 기기를 조합 및 연동하여 설계에서 생산, 판매에 이르는 전 주기에 걸쳐 몰입형 기술을 통합 활용하는 엔드투엔드(End to End, E2E) 전략을 구축할 수 있다.

(5) 데이터 연동

몰입형 제조시스템이 진정한 가치를 발휘하려면 현실의 생산 데이터와 가상 공간이 **실시간으로 상호 연동**되어야 한다. 이를 위해 산업용 사물인터넷과 디지털 플랫폼을 XR 애플리케이션과 통합하려는 노력이 활발하다. 예를 들어, OPC UA는 제조 장비와 센서 간 데이터를 표준화된 방식으로 교환하는 산업 프로토콜로, AR 시스템이 OPC UA 서버에 연결되면 특정 설비의 동작 정보를 실시간으로 받아와 화면에 표시할 수 있다. 또한 AAS는 각 자산의 ID, 구성, 이력, 실시간 상태 등을 구조화해 표현하는 디지털 표준으로, XR 애플리케이션이 AAS에 접근하면 설비의 '디지털 이력서'를 화면에 띄워 매뉴얼, 정비 이력, 부품 재고 등을 즉시 확인할 수 있다. 이와 더불어 디지털트윈 모델과의 연계도 중요하다. 이는 PLM이나 MES에 존재하는 제품 및 공정 모델을 XR 환경에서 시각화하고 조작할 수 있게 하는 것으로, 예를 들어, 생산 라인의 트윈에서 컨베이어 속도를 가상으로 변경하면 MES와 연동된 VR 시뮬레이션에서 처리량 변화를 실시간으로 확인하고, 그 조정값을 실제 설비에 피드백할 수 있다.

XR과 산업 데이터의 긴밀한 연결을 구현하려면 IT/OT 통합 및 인터페이스 표준화가 핵심이다. 일반적으로 MQTT나 REST API를 이용해 현장 데이터베이스에 접근하거나, 클라우드 IoT 허브

(Azure IoT Hub 등)에서 스트리밍 데이터를 구독해 XR 앱으로 전달하는 구조가 쓰인다. Boeing의 AR 조립지원 도구처럼 중앙 서버의 부품 목록과 연동해 작업자가 AR 화면의 부품번호를 선택하면 남은 재고와 주문 링크를 함께 확인할 수 있는 사례도 있다. 최근에는 AI 분석 시스템이 결합되어 설비 센서 데이터에서 이상이 감지되면 AR 글라스에 즉시 경고를 띄우는 방식으로 발전하고 있다. 이러한 통합을 제도적으로 뒷받침하기 위해 산업계에서는 RAMI 4.0과 같은 참조모델을 기반으로 XR을 포함한 Industry 4.0 요소의 상호운용성을 추진하고 있다. 궁극적으로 데이터가 유기적으로 연동된 XR 시스템은 현실과 가상 간의 경계를 허물어 CPS의 실질적 연결망이자 스마트제조의 신경계 역할을 수행하게 된다.

3) VR/AR/XR 활용 분야

앞서 설명한 VR/AR/XR 기술이 실제 산업 환경에서 어떻게 활용되는지를 구체적으로 이해하기 위해 주요 적용 분야별 대표 사례를 설명한다. 특히 제조업, 플랜트, 건설, 교육, 마케팅 등 다양한 영역에서 몰입형 기술은 설계 검증부터 유지보수, 교육·훈련, 고객 경험에 이르기까지 광범위한 혁신을 이끌고 있다. 이러한 분야별 응용 사례를 중심으로 각 기술이 어떤 방식으로 현장의 생산성과 효율성을 높이고 있는지 구체적으로 살펴보자.

(1) 설계 및 검증

설계 및 검증 분야는 VR/AR/XR 기술이 가장 먼저 실질적으로 도입된 영역 중 하나이다. 자동차, 항공, 기계 산업처럼 복잡한 제품을 다루는 개발 과정에서 가상현실은 설계안을 실제처럼 체험하며 사전에 결함을 찾는 핵심 도구로 자리 잡았다. 예컨대 **BMW**는 신형 차량의 개발 단계에서 **생산 라인을 VR로 구현**하여, 작업자가 가상 공간에서 조립 동선을 직접 시연하도록 했다. 이를 통해 실물 시제품을 제작하지 않고도 작업 공간 배치의 효율성, 도구 접근성, 인체공학적 불편 요소 등을 조기에 식별하여 개선할 수 있었다. **현대자동차** 또한 2019년 남양연구소에 대규모 **VR 디자인 평가 시스템**을 구축해 최대 20명이 하나의 가상 공간에서 동시에 차량 형상과 표면 품질을 검토하고 색상, 재질을 즉시 변경하며 협업 리뷰를 수행할 수 있도록 했다. 이러한 접근은 클레이 모델 제작 횟수를 줄이면서도 디자인의 완성 수준을 높이고, 지역 간 원격 협업을 통해 의사결정 속도와 비용 효율을 동시에 향상시켰다.[4] 한편 항공우주 산업에서는 VR이 조종석 설계 검증과 정비 접근성 평가에 폭넓게 활용되고 있다. **Boeing**은 기존 실물 모크업(mockup) 기반의 **조종석 인간공학 평가**를 VR 시뮬레이션으로 전환하여, 조종사가 착석했을 때의 시야 확보, 스위치 배치의 접근성 등을 다양한 조건에서 검토하였다.[5] 이처럼 VR 기반 설계 검증은 개발 초기 단계에서 오류를 신속히 수정함으로써 비용과 일정을 동시에 절

그림 9-42 BMW의 가상 조립 공간[6]

감시켜 오늘날 다수의 제조기업이 표준 프로세스로 채택하고 있다.

또한 AR도 설계 검토의 새로운 도구로 활용되고 있다. **AR 프로토타이핑**은 실제 공간에 가상 모델을 투영하여 설치 위치, 간섭 여부, 조립 용이성을 미리 확인하는 방식이다. 예를 들어, 공장 설비 배치 변경 시 AR로 로봇 팔의 3D 모델을 현장에 띄워 보면 공간 여유나 접근성을 즉시 검증할 수 있다. 더 나아가, 엔지니어가 AR 환경에서 손동작으로 부품을 조정하거나 회의 중 실시간으로 레이아웃을 변형하는 등 인터랙티브한 협업도 가능해지고 있다. 요약하면, 설계 및 검증 분야에서 VR/AR/XR의 핵심 가치는 '**사전에 체험하고 개선한다**'는 점이며, 이는 디지털 모델을 통해 품질 향상과 실패 비용 절감을 실현하는 제조혁신의 본질과 맞닿아 있다.

(2) 제조 및 유지보수 지원

제조 및 유지보수 영역은 몰입형 기술이 가장 실질적인 효과를 보여 주는 대표 분야이다. 복잡한 설비를 직접 조작하거나 정비해야 하는 현장에서 AR은 작업자의 시야에 정보를 즉시 표시해 손을 자유롭게 만들어 주며, VR 및 원격 기술은 현장과 전문가를 실시간으로 연결한다. **Boeing**은 기체 내부 전선 하니스 조립 공정에 **AR 기반 스마트 글라스**를 적용하여 작업자의 시야에 배선 경로와 단자 정보를 3D 그래픽으로 투영하였다. 종이 도면을 참조하며 머릿속으로 공간 구조를 상상하던 기존 방식을 대체한 결과, 작업 시간이 크게 단축되고 신입 기술자의 첫 시도 성공률도 개선된 것으로 보고되었다. 또한 Boeing은 AR 화면을 본사 전문가와 공유해 오류 부위를 지시받는 원격 협업 체계를 운영함으로써 복잡한 정비 문제를 현장에서 즉시 해결하고 비가동 시간을 줄였다.[7]

에너지 플랜트 분야에서도 유사한 사례가 확산되고 있다. **Siemens**는 발전소 터빈 정비에 **AR 원격 지원 솔루션**을 도입해 한 번의 원격 영상통화로 85% 이상의 기술지원 요청을 해결하고 출장 비용

그림 9-43 Boeing의 AR 기반 스마트 글라스를 활용한 조립공정 사례[8]

을 80%가량 절감했다. 또한 자사 설비에 대한 태블릿 AR 매뉴얼을 제공해 정비 공정의 3D 애니메이션을 표시하고 부품 교체 순서를 시각화함으로써 숙련도와 작업 품질을 표준화했다. 이러한 도구는 숙련도 차이에 따른 오류를 감소시키고 지식 전달을 체계화한다.[9] 국내에서도 **포스코**가 **스마트 안전 체험관**에 **VR 훈련 시스템**을 도입하여 고소 작업이나 설비 고장 대응 상황을 가상으로 재현함으로써 안전 의식과 위기 대응력을 강화한 바 있다. 결국 제조 및 정비 분야의 VR/AR/XR 기술은 현장의 맥락에 맞는 정보를 실시간으로 제공하고, 전문 지식과 경험을 공간 제약 없이 공유함으로써 생산성과 가동 효율을 함께 높이는 핵심 수단으로 자리 잡고 있다.

(3) 교육 및 훈련

교육 및 훈련 분야는 몰입형 기술의 효과가 가장 뚜렷하게 정량화될 수 있는 영역이다. 인간이 체험을 통해 학습할 때 높은 이해도와 기억 지속성을 보인다는 점에서 VR/AR/XR 기반의 실감형 교육은 기존 강의식 방식보다 효율이 높다는 연구 결과가 축적되고 있다. **포스코**는 이러한 특성을 조기에 인식하고 인재양성 과정에 몰입형 기술을 체계적으로 접목한 대표 사례로 꼽힌다. 포항 인재창조원에는 실제 압연 공정을 축소·재현한 스마트 실습장이 마련되어 있으며, 이곳에서는 **VR과 시뮬레이터를 활용**해 교육생이 가상 환경에서 설비 제어와 정비를 직접 수행한다. 교육생은 VR 장비를 착용하고 가상의 공장을 체험하면서 운전 절차를 익히고, 비상상황에 대한 대응까지 반복적으로 훈련할 수 있다. 현장 관계자들은 이러한 시스템이 신입사원 교육의 효율을 높이고, 정비 교육의 패러다임을 바꾼 혁신 사례로 평가한다. 또한 포스코는 스마트팩토리 과정에도 VR 기반 학습을 도입하여, 교육생이 디지털 공장 모델을 시각적으로 탐색하며 데이터 흐름과 분석 방법을 익히도록 하고 있다. 실제 제

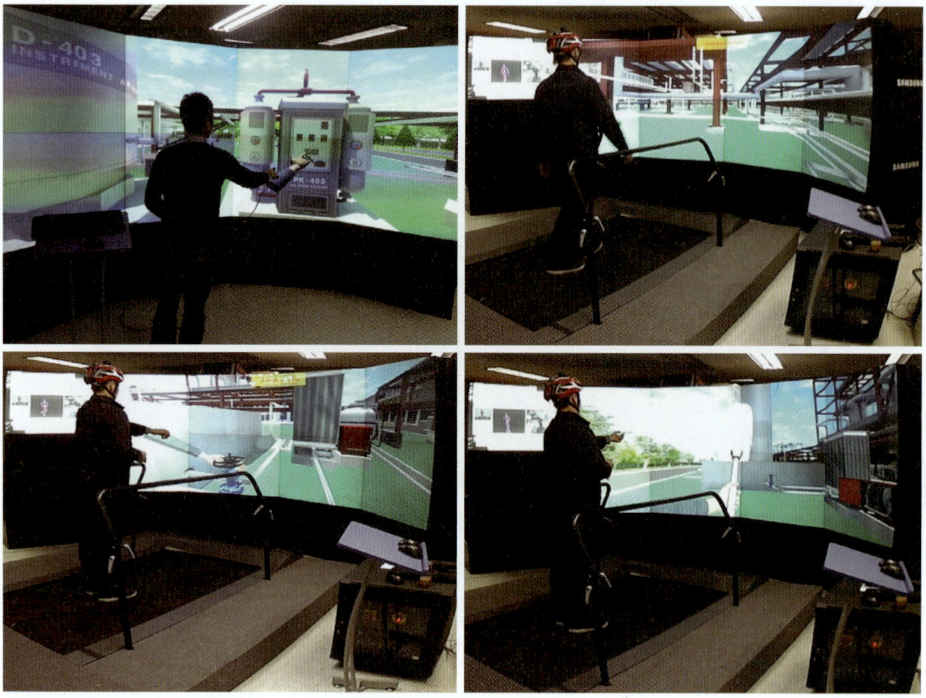

그림 9-44 한국기계연구원의 XR 기반 안전훈련 플랫폼[10]

철소와 같은 환경을 가상으로 체험함으로써 참가자들은 안전하게 반복 실습을 수행하며 높은 수준의 숙련도를 보였다고 한다.[11]

한편 **한국기계연구원**(Korea Institute of Machinery and Materials, KIMM)도 XR 기술을 **안전훈련 플랫폼**으로 발전시키고 있다. 기계연은 화학 플랜트의 폭발 대응 훈련을 위해 VR 시뮬레이터를 개발하여, 훈련생이 방폭복과 VR 장비를 착용한 채 가상의 위험 공간에서 피난 경로 확보나 밸브 차단 절차를 연습하도록 하고 있다. 초기 연구 결과, 이러한 XR 체험형 훈련은 전통 강의 대비 이해도와 기억 지속 시간을 크게 향상시키는 것으로 나타났다. 더 나아가 원전 해체 작업자 훈련을 위한 **원격 가상훈련 시스템**도 구축되어, 방사능 오염 환경을 시뮬레이션하고 로봇 조작 기술을 반복 학습하도록 지원한다.[12, 13] 이처럼 XR 기반 교육은 고위험·고숙련 작업의 실습 환경을 안전하게 대체하며, 숙련도 향상과 안전사고 예방에 기여하고 있다. 최근에는 대학과 엔지니어링 교육기관에서도 XR을 정규 커리큘럼에 편성하여 학생들이 실제 현장에 투입되기 전에 충분한 가상 현장 경험을 쌓도록 하고 있다. 결과적으로, 교육 및 훈련 분야의 VR/AR/XR 기술은 '경험이 최고의 학습'이라는 원리를 기술적으로 구현하며, 제조업의 인적 역량 강화와 안전문화 확산에 중요한 역할을 하고 있다.

(4) 플랜트·건설·에너지

플랜트·건설·에너지와 같이 대규모 설비와 복잡한 프로젝트를 수행하는 산업에서는 몰입형 기술이 현장 이해를 높이고 사고를 예방하는 핵심 수단으로 활용되고 있다. 특히 설계 및 시공 단계에서 **VR 기반 가상 플랜트 검토**(virtual plant review)는 이미 보편적 절차로 자리 잡았다. 예를 들어, **두산에너빌리티(구 두산중공업)**는 해외 발전소 건설 프로젝트에서 전체 플랜트를 3차원으로 재현한 뒤, 발주처 관계자와 함께 가상현실로 설계를 점검하였다. 참여자는 VR 속에서 발전소 내부를 이동하며 배관 배치나 정비 공간을 직접 확인할 수 있었고, 이러한 협업을 통해 설계 오류를 조기에 발견하고 수정하였다. 이후 두산은 독일 자회사 Lentjes와 협력해 석탄/폐자원 발전 플랜트의 가상 검토 콘텐츠를 제작하여 영업 및 교육용으로 활용하고 있으며, 실제 플랜트의 360도 영상과 3D 모델을 결합한 라이브러리를 다수 확보한 것으로 알려져 있다. 이러한 시도는 신규 엔지니어 교육이나 고객 기술 설명 자료로도 쓰이며, 대규모 플랜트 프로젝트의 커뮤니케이션 효율을 높이고 있다.[14]

건설 및 에너지 분야에서도 XR의 활용 폭은 빠르게 넓어지고 있다. 고층 건설 현장의 작업자가 AR 헤드셋을 착용하면 안전 점검 항목이 시야에 나타나고, 누락 시 즉시 경고가 표시된다. 위험 지역 접근 시 가상 경계선이 시각화되어 실시간으로 작업자의 안전을 보호한다. 또한 VR을 이용해 추락, 낙하 등 사고 상황을 사전에 체험시킨 결과, 교육 이후 안전수칙 준수율이 크게 향상된 것으로 보고된다. 한편 **글로벌 에너지 기업 Shell**은 정유 플랜트의 폭발 및 화재 대응 훈련을 위해 **디지털트윈 기반의 VR 시뮬레이션 프로그램**을 개발하였다. 교육생은 가상 설비에서 화염 확산을 모니터링하고 밸브를 차단하는 절차를 반복 학습하면서 실제 비상 대응 능력을 높인다. 이 프로그램은 실제 공정 데이터를 반영한 과학적 시나리오를 제공해 현실감이 높으며, 반복 훈련을 통해 위기대응 숙련도를 정량적

그림 9-45 글로벌 에너지 기업 Shell의 AR 원격지원 기술[15]

으로 향상시킨 것으로 보고되었다. 또한 Shell은 **AR 원격지원**(remote assist) **기술**을 정비 현장에 적용하여 작업자가 헬멧형 AR 장비를 통해 원격 전문가로부터 실시간 지침을 받는 체계를 구축하였다. 이를 통해 팬데믹 시기에도 현장 정비가 지속 가능했고, 출장 감축으로 탄소 배출을 줄이는 부가 효과도 얻었다.[1] 결과적으로 플랜트·건설·에너지 산업에서 XR 기술은 복잡한 시스템을 직관적으로 이해시키고, 현장의 위험요인을 실시간으로 관리하게 함으로써 안전성과 효율성을 동시에 높이는 디지털 전환의 핵심 도구로 자리 잡고 있다.

(5) 고객 경험 및 마케팅

몰입형 기술은 **고객 경험 혁신과 마케팅 분야**에서 제품의 가치를 직접 체험하게 함으로써 구매 의사 결정에 긍정적 영향을 미치는 핵심 도구로 활용되고 있다. 가구업계의 대표 사례인 **IKEA**는 2017년 출시한 **AR 기반 카탈로그 앱** 'IKEA Place'를 통해 공간 시각화형 마케팅의 성공 모델을 제시하였다. 사용자가 스마트폰으로 방바닥을 스캔한 후 원하는 가구를 선택하면 AR 기술이 실제 크기와 위치로 가구를 가상 배치해 보여 주는 방식이다. 이 앱은 제품의 비율을 약 98% 정확도로 조정하고, 질감과 조명, 그림자 효과까지 재현하여 마치 실물처럼 자연스러운 시각 경험을 제공한다. 소비자는 가구를 실제로 들여놓기 전 실제 생활공간과의 어울림을 눈으로 확인하고 색상이나 모델을 비교할 수 있어, 구매 전환율 상승과 반품률 감소라는 실질적 성과가 나타났다. 2022년에는 'IKEA Kreativ' 기능을 도입해 AI가 스마트폰으로 촬영한 방 사진을 자동 3D 맵으로 변환하고, 기존 가구를 삭제하거나 새로운 제품을 배치해 공간 전체를 재구성할 수 있도록 확장하였다. 이러한 **맞춤형 AR 인테리어 시뮬레이션**은 고객 참여도와 몰입도를 높이고, '나만의 공간'을 직접 설계해 보고 싶은 구매 욕구를 자극하는 효과를 거두었다.[16, 17]

자동차 산업 역시 VR/AR/XR 기반 마케팅을 빠르게 도입하고 있다. **현대자동차**는 2020년 팬데

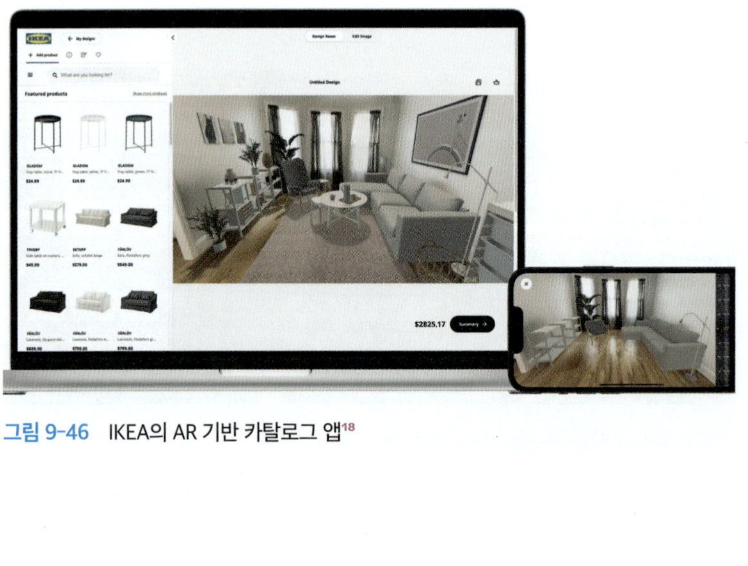

그림 9-46 IKEA의 AR 기반 카탈로그 앱[18]

그림 9-47 현대자동차의 버추얼 쇼룸[19]

믹 시기 비대면 판매 환경에 대응하여 **버추얼 쇼룸**(Virtual Experience Centre, VEC)을 개설하였다. 이를 통해 고객은 웹이나 VR 기기를 이용해 가상의 전시장에 입장하여 신차의 외관과 내부를 3D로 살펴보고, 색상과 옵션을 변경하거나 시승 예약과 영업 상담을 온라인에서 바로 진행할 수 있었다. 런칭 이후 단기간에 약 6만 4,000명의 방문자와 900건 이상의 시승 신청이 이루어지는 등 높은 구매 전환율을 기록했다.[20] 이 외에도 Audi, Mercedes-Benz 등 글로벌 완성차 브랜드들은 VR 시승 부스와 메타버스 전시장을 운영하여 MZ세대와의 소통 채널을 확장하고 있다. 소비재 분야에서는 AR 메이크업 시뮬레이션이나 Nike의 AR 신발 착용 체험 서비스가 등장하면서, '보지 않고는 믿지 못한다'는 소비자의 심리를 기술로 해소하는 마케팅 혁신이 가속화되고 있다. 요컨대, VR/AR/XR 기반의 몰입형 마케팅은 제품 체험을 중심으로 브랜드 신뢰와 호감을 형성하는 새로운 고객 경험 전략으로 진화하고 있으며, 이는 기업의 차별화된 경쟁력을 강화하는 핵심 수단으로 자리 잡고 있다.

4) 향후 전망

제조 분야에서의 몰입형 기술은 이제 '가능성'이 아니라 '운영 방식' 자체를 바꾸는 실질적 수단으로 자리 잡았다. VR/AR/XR은 복잡한 설비와 공정을 사람이 이해할 수 있는 형태로 재구성해 설계, 생산, 정비, 교육 및 마케팅의 전 과정에 관여한다. **설계 단계**에서는 가상 공간에서 레이아웃과 인체공학을 검토해 초기 오류를 줄이고, **생산 및 유지보수 단계**에서는 시야 내 안내와 원격 협업으로 작업 시간을 단축하며 품질 편차를 낮춘다. **교육 및 훈련**에서는 고위험·고숙련 작업을 반복 경험으로 대체해 안전과 숙련도를 동시에 끌어올리고, **고객 접점**에서는 실제 크기, 질감, 조명까지 반영한 가상 체험으로 구매 장벽을 낮춘다. 핵심은 '보면서, 다루면서, 함께 결정한다'는 인간 중심 상호작용을 생산 현장과 비즈니스 전반에 적용하는 것이다.

XR 기술의 다음 단계는 **연결성의 확장**에 달려 있다. 디지털트윈과 XR이 결합하면 공장 전체의 상태와 맥락을 몰입형으로 파악하고, 실시간 데이터 기반의 시나리오를 즉석에서 검증할 수 있다. 클라우드/엣지 스트리밍과 5G/6G, 경량 HMD/스마트 글라스, 스마트폰 LiDAR/Depth API 같은 저비용 고정밀 센싱이 더해지면, 고사양 장비 없이도 '얇은 단말+강한 클라우드' 구조로 고품질 경험이 확산된다. 여기에 생성형 AI가 3D 모델과 훈련 시나리오를 자동 생성하고, 대화형 에이전트가 현장 질의에 즉답하며, 컴퓨터 비전이 부품/공구를 자동 인식해 라벨링하면, XR은 단순 시각화 도구를 넘어 의사결정 보조와 업무 자동화를 겸하는 '똑똑한 인터페이스'가 된다. 이 흐름은 에너지·플랜트·건설 같은 대형 산업에서 설계 검토와 위험 대응을 고도화하고, 제조 마케팅에서는 옴니채널(omni channel) 경험의 핵심 축으로 작동한다. 더 적은 출장, 적은 시제품, 적은 낭비로 더 빠른 검증을 가능케 하므로 비용과 탄소를 함께 줄이는 지속가능경영에도 기여한다.

한편, 앞으로 해결해야 할 과제들도 분명하다. 장치·OS·엔진·콘텐츠 포맷이 뒤섞인 현재 생태계에서는 **표준화**와 **상호운용성 확보**가 선행되어야 한다. 산업 데이터에 접근하는 만큼 보안, 권한, 암호화, 망분리 같은 거버넌스가 필수이며, 상시 촬영과 추적이 수반되는 XR 특성상 프라이버시와 윤리 기준도 명확히 해야 한다. UX 차원에서는 '보여 줄 수 있는 것'이 아니라 '보여 줘야 하는 것'만 띄우는 정보 절제, 어지럼증·피로·주의 분산을 줄이는 인간공학이 안전과 직결된다. 무엇보다 현장 채택을 좌우하는 것은 변화 관리이다. 초기 파일럿부터 현장 'XR 챔피언'을 세워 사용성을 검증하고, 교육과 매뉴얼, 기존 시스템과의 연계를 병행해야 조직 저항을 낮출 수 있다. 요약하면, 기술(표준·보안·성능), 조직(프로세스·교육), 비즈니스(ROI·확장성)의 세 축이 조화를 이룰 때 XR은 일시적 유행을 넘어 제조의 핵심 인프라로 자리 잡게 된다.

결론적으로, 몰입형 기술이 만들어 갈 제조의 미래는 '처음부터 제대로(right-first-time)'에 한층 가까워지고 있다. 현실 공장과 동기화된 가상 공장에서 선시험/후적용을 반복하고, 전 세계 전문가가 같은 장면을 보며 의사결정하며, 모든 작업자가 위험 없이 반복 훈련을 거쳐 현장에 투입된다. 우리 산업이 지금 취해야 할 전략은 분명하다. (1) 소규모 고부가가치 제품 생산 공정부터 XR, 디지털트윈 및 AI를 묶은 파일럿을 신속히 돌려 성과 지표(시간·불량·안전)를 수치화하고, (2) OpenXR, glTF 등 개방 표준을 전제로 벤더 종속을 줄이며, (3) 보안, 프라이버시, 윤리 가이드를 선제적으로 제도화하고, (4) 현장 맞춤 UX와 교육 체계를 동시에 설계하는 것이다. 이 네 축이 갖춰질 때, XR은 단순한 '보는 기술'을 넘어 데이터, 사람 및 설비를 유기적으로 연결하는 제조의 신경망으로 자리 잡아 산업 경쟁력을 구조적으로 높일 것이다.

참고문헌

9.1절

1 Lee, J., Bagheri, B., & Kao, H. (2015). A Cyber-Physical Systems architecture for Industry 4.0-based manufacturing systems. Manufacturing Letters, 3, 18-23.

2 GE Digital. (2018). Predix Platform Overview Whitepaper. General Electric Company

3 International Electrotechnical Commission. (2013). IEC 60068: Environmental testing -General guidance. IEC.

4 Lee, K., Yoon, H., Song, J., & Park, K. (2018). Sensor technologies for smart factories: A review. Sensors, 18(12), 4353

5 Fraden, J. (2010). Handbook of Modern Sensors: Physics, Designs, and Applications (4th ed.). Springer

6 Wilson, J. S. (2005). Sensor Technology Handbook. Elsevier

7 Randall, R. B. (2011). Vibration-based Condition Monitoring: Industrial, Aerospace and Automotive Applications. Wiley

8 Cognex Corporation. (2020). Machine Vision in Manufacturing: Applications and Benefits. Cognex Technical White Paper

9 Bosch Rexroth. (2019). Connected Industry-Smart Sensor Solutions. Bosch ConnectedWorld Report

10 IO-Link Consortium. (2020). IO-Link-The Smart Sensor Standard: Technology Overview and Implementation Guide. IO-Link Consortium Technical Documentation

11 Bentley, J. P. (2005). Principles of Measurement Systems (4th ed.). Pearson Education

12 Siemens AG. (2020). Industrial Sensors Selection Guide: Choosing the Right Sensor for Your Application. Siemens Industry Sector

13 Siemens AG. (2019). Predictive Maintenance: From Data to Action. Siemens MindSphere Whitepaper

14 OPC Foundation. (2019). OPC UA for Field Level Communications: Bringing Information Technology and Operational Technology Together. OPC Foundation Technical Paper

15 Shi, W., Cao, J., Zhang, Q., Li, Y., & Xu, L. (2016). Edge computing: Vision and challenges. IEEE Internet of Things Journal, 3(5), 637-646

9.2절

1 Ashton, K. (2009). That 'Internet of Things' thing. RFID Journal, Retrieved August 13, 2025, from https://www.rfidjournal.com/that-internet-of-things-thing

2 Atzori, L., Iera, A., & Morabito, G. (2010). The Internet of Things: A survey. Computer Networks, 54(15), 2787-2805

3 Lee, J., Bagheri, B., & Kao, H.-A. (2015). A cyber-physical systems architecture for Industry 4.0-based manufacturing systems. Manufacturing Letters, 3, 18-23

4 Industrial Internet Consortium. (2019). The Industrial Internet of Things Volume G1: Reference Architecture (Version 1.9). Retrieved September 25, 2025, from https://www.iiconsortium.org/pdf/IIRA-v1.9.pdf

5 Siemens AG. (2020). MindSphere Industrial IoT Platform Whitepaper. Siemens Digital Industries. Retrieved August 10, 2025, from https://www.prolim.com/wp-content/uploads/2019/04/Siemens-MindSphere-Whitepaper.pdf

6 International Organization for Standardization. (2018). ISO/IEC 30141:2018. Internet of Things (IoT)—Reference architecture. Retrieved September 11, 2025, from https://www.iso.org/standard/65695.html

7 Bonomi, F., Milito, R., Zhu, J., & Addepalli, S. (2012). Fog computing and its role in the Internet of Things. In Proceedings of the first edition of the MCC workshop on mobile cloud computing (pp. 13-16). Association for Computing Machinery

8 International Electrotechnical Commission. (2020). IEC 61784-5-3:2020. Industrial communication networks—Profiles—Part 5-3: Installation of fieldbuses. Retrieved September 14, 2025, from https://webstore.iec.ch/publication/61123

9 IEEE Std 802.1Q-2018. (2018). IEEE standard for local and metropolitan area networks—Bridges and bridged networks. IEEE Standards Association. Retrieved September 18, 2025, from https://standards.ieee.org/standard/802_1Q-2018.html

10 3GPP. (2019). Technical specification group services and system aspects; Study on enhancement of URLLC supporting industrial IoT (Release 16; TR 22.804, Version 16.2.0). 3rd Generation Partnership Project. Retrieved September 22, 2025, from https://www.3gpp.org/ftp/Specs/archive/22_series/22.804/22804-g20.zip

11 OASIS. (2014). MQTT version 3.1.1 (OASIS Standard). Retrieved September 26, 2025, from https://docs.oasis-open.org/mqtt/mqtt/v3.1.1/os/mqtt-v3.1.1-os.html

12 OPC Foundation. (2019). OPC unified architecture for industrial interoperability [Technical paper]. Retrieved September 15, 2025, from https://opcfoundation.org/about/opc-technologies/opc-ua/

13 International Electrotechnical Commission. (2022). IEC 62443-4-2:2019. Security for industrial automation and control systems—Part 4-2: Technical security requirements for IACS components. Retrieved September 29, 2025, from https://webstore.iec.ch/publication/34421

14 Mobley, R. K. (2002). An Introduction to Predictive Maintenance (2nd ed.). Butterworth-Heinemann

15 Profeshh. (2024, November 12). How GE Uses AI for Predictive Maintenance to Reduce Downtime and Increase Efficiency. Retrieved August 18, 2025, from https://profeshh.com/2024/11/12/how-ge-uses-ai-for-predictive-maintenance-to-reduce-downtime-and-increase-efficiency/

16 NIST. (2023). Guide to Industrial Control Systems (ICS) Security. National Institute of Standards and Technology Special Publication 800-82 Rev.3

17 IKaspersky ICS CERT. (2025). Threat landscape for industrial automation systems: Q1 2025. Retrieved August 1, 2025, from https://ics-cert.kaspersky.com/publications/reports/2025/05/15/threat-landscape-for-industrial-automation-systems-q1-2025/

18 ENISA. (2021). ENISA Threat Landscape 2021. European Union Agency for Cybersecurity. Retrieved June 5, 2025, from https://www.enisa.europa.eu/publications/enisa-threat-landscape-2021

19 Siemens AG. (n.d.). (2022). Process Control System PCS 7 Compendium Part F - Industrial Security (V9.1 SP1) - SIMATIC. Retrieved August 20, 2025, from https://cache.industry.siemens.com/dl/files/181/109804181/att_1085520/v1/pcs7_compendium_part_f_en-US_en-US.pdf

20 IEC 62443. (2018). Industrial communication networks - IT security for networks and systems. International Electrotechnical Commission

21 OPC Foundation. (2018). OPC Unified Architecture Specification Part 2: Security Model (Release 1.04). Retrieved August 23, 2025, from https://reference.opcfoundation.org/Core/Part2/v104/docs/

22 Research and Markets. (2025, January). Edge AI Software Global Market Forecast to 2030: TinyML Deployment Offers Fresh Avenues for Edge AI Development. Retrieved October 30, 2025, from https://www.globenewswire.com/news-release/2025/01/06/3004744/28124/en/Edge-AI-Software-Global-Market-Forecast-to-2030-TinyML-Deployment-Offers-Fresh-Avenues-for-Edge-AI-Development.html

23 IoT Analytics. (2025, August). Industrial AI market: 10 insights on how AI is transforming manufacturing. Retrieved October 30, 2025, from https://iot-analytics.com/industrial-ai-market-insights-how-ai-is-transforming-manufacturing/

24 Ericsson. (2024, September 16). Using IIoT with Private 5G for smart factories. Retrieved October 30, 2025, from https://www.ericsson.com/en/blog/2024/9/unlocking-the-promise-of-smart-factories

25 Tao, F., Zhang, H., Liu, A., & Nee, A. Y. C. (2019). Digital Twins and Cyber-Physical Systems toward Smart Manufacturing and Industry 4.0: Correlation and Comparison. Engineering, 5(4), 653-661

26 Ericsson. (2019, September 25). Sustainability for Industry 4.0 - climate action. Retrieved October 30, 2025, from https://www.ericsson.com/en/blog/2019/9/industry-4.0-can-be-a-game-changer-for-climate-action

27 Industrial Internet Consortium & Plattform Industrie 4.0. (2017, December). Architecture Alignment and Interoperability: An Industrial Internet Consortium and Plattform Industrie 4.0 Joint Whitepaper. Retrieved October 30, 2025, from https://

www.iiconsortium.org/pdf/JTG2_Whitepaper_final_20171205.pdf

9.3절

1 https://www.gartner.com/en/documents/2057415

2 Kitchin, R., & McArdle, G. (2016). What makes Big Data, Big Data? Exploring the ontological characteristics of 26 datasets. Big Data & Society, 3(1). https://doi.org/10.1177/2053951716631130

3 Zikopoulos, Paul, & Chris Eaton. (2011). Understanding big data: Analytics for enterprise class hadoop and streaming data. McGraw-Hill Osborne Media.

4 Arun Amaithi Rajan, & Vetriselvi V. (2023). Systematic Survey: Secure and Privacy-Preserving Big Data Analytics in Cloud, February 2023, Journal of Computer Information Systems. DOI:10.1080/08874417.2023.2176946

5 김일중, 유승화, 임성훈, 김흥남, 스마트공장 질적 고도화를 위한 제조AI빅데이터 분석기법, 보민출판사

6 Chang, T. et al. (2019). Implementation of Smart Factory for SME: Focusing on Data Acquisition and Monitoring, ICIC Express Letters Part B: Applications, Vol.10, No.6, pp. 551-558.

7 Wang, Richard Y., & Diane M. Strong. (1996). "Beyond accuracy: What data quality means to data consumers." Journal of management information systems 12.4: 5-33.

9.4절

1 김일중, 유승화, 임성훈, 김흥남, 스마트공장 질적 고도화를 위한 제조AI빅데이터 분석기법, 보민출판사

2 마켓 앤 마켓, "Artificial Intelligence in Manufacturing Market Size & GrSha - Forecast to 2028"

3 Sarker, Iqbal H. (2021). "Deep learning: a comprehensive overview on techniques, taxonomy, applications and research directions." SN computer science 2.6: 1-20.

4 Tan, Ji Loun, et al. (2025). "A Review of Reinforcement Learning Evolution: Taxonomy, Challenges and Emerging Solutions." International Journal of Advanced Computer Science & Applications 16.1.

5 http://webzine.koita.or.kr/202403-specialissue/제조업-AI-활용-전망

6 Van Engelen, Jesper E., & Holger H. Hoos. (2020). "A survey on semi-supervised learning." Machine learning 109.2: 373-440.

7 https://www.ibm.com/think/topics/self-supervised-learning/

8 Gartner. (2013). "Extend Your Portfolio of Analytics Capabilities".

9.5절

1 Qian, Ling, et al. (2009). "Cloud computing: An overview." IEEE international conference on cloud computing. Berlin, Heidelberg: Springer Berlin Heidelberg.

2 스마트과학관 - 국립중앙과학관, https://terms.naver.com/entry.naver?docId=3580686&cid=59088&categoryId=59096

3 Microsoft, 교보증권 리서치센터. https://terms.naver.com/entry.naver?docId=3580686&cid=59088&categoryId=59096

4 D. Kimovski, R. Mathá, J. Hammer, N. Mehran, H. Hellwagner, & R. Prodan. (2021). "Cloud, Fog, or Edge: Where to Compute?," in IEEE Internet Computing, vol. 25, no. 4, pp. 30-36, 1 July-Aug. 2021, doi: 10.1109/MIC.2021.3050613

9.6절

1 Sun J, Chen S, Ding Cy et al. Application of digital twin for industrial process control: A case study of gauge-looper-tension optimized control in strip hot rolling [version 2]. Digital Twin 2025, 4:10 (doi: 10.12688/digitaltwin.17971.2)

2 Tushar et al., (2023). IEEE Access, 11, 9799-9834. (DOI: 10.1109/ACCESS.2023.3239834)

3 Kritzinger, W., Karner, M., Traar, G., Henjes, J., & Sihn, W. (2018). "Digital Twin in manufacturing: A categorical literature review and classification." IFAC-PapersOnLine, 51(11), 1016-1022

4 Lee, J., Bagheri, B., & Kao, H.-A. (2015). A cyber-physical systems architecture for Industry 4.0-based manufacturing systems. Manufacturing Letters, 3, 18-23

5 Qinglin Qi & Fei Tao, Digital Twin and Big Data Towards Smart Manufacturing and Industry 4.0: 360 Degree Comparison, IEEE Access (Volume: 6), 15 January 2018, 3585-3593 (DOI: 10.1109/ACCESS.2018.2793265)

6 www.navvis.com/blog/siemens-digital-factory-twin

7 https://resources.nvidia.com/en-us-omniverse-enterprise/bmw-group-develop

8 NavVis GmbH. (2019). Siemens uses the NavVis Digital Factory Solution for factory planning & operations - Siemens Electronics Works Amberg (EWA). [Online] Available: https://www.navvis.com/resources/case-studies/siemens

9 www.lgnewsroom.com/2022/03/lg-smart-park-named-lighthouse-factory-for-futuristic-manufacturing-technology/

10 Geyer, M. (2023). BMW Group Starts Global Rollout of NVIDIA Omniverse. NVIDIA Blog. [Online] Available: https://blogs.nvidia.com/blog/bmw-group-nvidia-omniverse/

11 LG Electronics. (2022). LG Smart Park Named 'Lighthouse Factory' for Futuristic Manufacturing Technology. [Online] Available:https://www.lg.com/global/newsroom/

news/home-appliance-and-air-solution/lg-smart-park-named-lighthouse-factory-for-futuristic-manufacturing-technology/

12 Hyundai Motor Group. (2023). A twin factory in a virtual digital space. [Online] Available:https://www.hyundaimotorgroup.com/en/story/CONT0000000000126053

13 POSCO DX. (2022). POSCO ICT applies Digital Twin technology to Smart Factory. [Online] Available: https://www.poscodx.com/eng/pr/newsRoomView.do?col=&num=6734&page=9&sw=

14 www.hyundaimotorgroup.com/en/story/CONT0000000000126053

15 www.bosch.com/stories/nexeed-smart-factory/

16 Kelly, M. (2023). Bosch urges the use of digital twins on shared data platforms. Automotive Logistics & Supply Chain. [Online] Available:https://www.automotivelogistics.media/digitalisation/bosch-urges-the-use-of-digital-twins-on-shared-data-platforms/44825.article?utm_source=chatgpt.com

17 Catena-X Automotive Network. (2025). Resilient Supply Chains-Catena-X Automotive Network. [Online] Available: https://catena-x.net/en/resilient-supply-chains

18 한국수력원자력. (2024). 한국수력원자력, APR1400 국산 MMIS 디지털트윈 성공적 구현. [Online] Available: https://www.khnp.co.kr/main/selectBbsNttView.do?bbsNo=71&key=2289&nttNo=58543

19 OECD OPSI. (2024). Virtual Singapore - Singapore's virtual twin. [Online] Available: https://oecd-opsi.org/innovations/virtual-twin-singapore/

20 www.wired.com/gallery/virtual-singapore-looks-just-like-singapore-irl-data/

21 Siemens Energy. (2021). Siemens Energy taps NVIDIA to develop industrial digital twin of power plant in Omniverse. [Online] Available:https://blogs.nvidia.com/blog/siemens-energy-nvidia-industrial-digital-twin-power-plant-omniverse/

22 https://www.halldale.com/safety-critical-industries/17001-siemens-virtualizes-maintenance-training-with-disti

23 Fink, C. (2019). How Boeing uses Upskill Skylight AR to boost productivity. Forbes. [Online] Available: https://www.forbes.com/sites/charliefink/2019/02/26/how-boeing-uses-upskill-skylight-ar-to-boost-productivity/

24 Tao, F., Qi, Q., Wang, L., & Nee, A. Y. C. (2019). Digital twins and cyber-physical systems toward smart manufacturing and Industry 4.0: Correlation and comparison. Engineering, 5(4), 653-661

25 Zenkert, J., Weber, C., Dornhöfer, M., & Abu-Rasheed, H. (2021). Knowledge integration in smart factories. Encyclopedia, 1(3), 792-811

26 Dhanaraj, R. K., Bashir, A. K., Vani, R., Balusamy, B., & Malik, P. (Eds.). (2023). Digital Twin for Smart Manufacturing: Emerging Approaches and Applications (Hardcover). Amsterdam, Netherlands: Elsevier Academic Press

27 Tripathy, S. N., & Dash, L. (Eds.). (2025). Digital Twin Technology: Concepts, Architecture, Applications, and Insights (Hardcover).Independently Published

28 Pal, S. K., Majumdar, A., & Paul, S. (Eds.). (2022). Digital Twin - Fundamental Concepts to Applications in Advanced Manufacturing (Hardcover). Cham, Switzerland: Springer Nature

9.7절

1 International Federation of Robotics (IFR). (2024). World Robotics 2024: Industrial Robots. IFR Statistical Department. Retrieved August 12, 2025, from https://ifr.org/img/worldrobotics/Press_Conference_2024.pdf

2 International Organization for Standardization. (2012). ISO 8373:2012 Robots and robotic devices—Vocabulary. Geneva, Switzerland: ISO

3 Engelberger, J. (1980). Robotics in Practice. Springer

4 Siciliano, B., & Khatib, O. (Eds.). (2016). Springer Handbook of Robotics (2nd ed.). Springer

5 International Federation of Robotics (IFR). (2023). World Robotics Report 2023 [IFR Press Release]. Retrieved August 12, 2025, from https://ifr.org/img/worldrobotics/2023_WR_extended_version.pdf

6 Nof, S. Y. (Ed.). (1999). Handbook of Industrial Robotics (2nd ed.). John Wiley & Sons

7 Harmonic Drive LLC. (2020). Precision Gear Technology for Robotics[Technical catalog]. Peabody, MA: Harmonic Drive LLC.

8 Beckhoff. (2022). EtherCAT Technology Overview. Beckhoff Automation GmbH & Co. KG.

9 OPC Foundation. (2021). OPC UA for Robotics: Companion Specification. OPC Foundation Technical Paper

10 Craig, J. J. (2017). Introduction to Robotics: Mechanics and Control (4th ed.). Pearson

11 International Organization for Standardization. (1998). ISO 9283:1998 Manipulating industrial robots—Performance criteria and related test methods. Geneva, Switzerland: ISO

12 IEEE 1588-2019. IEEE Standard for a Precision Clock Synchronization Protocol for Networked Measurement and Control Systems. IEEE

13 Tao, F., Zhang, H., Liu, A., & Nee, A. Y. C. (2019). Digital twin in industry: State-of-the-art. IEEE Transactions on Industrial Informatics, 15(4), 2405-2415.

14 International Organization for Standardization. (2011). ISO 10218-1:2011 Robots and robotic devices—Safety requirements for industrial robots—Part 1: Robots. Geneva, Switzerland: ISO

15 International Organization for Standardization. (2015). ISO 13849-1:2015. Safety of

machinery—Safety-related parts of control systems—Part 1: General principles for design. Geneva, Switzerland: ISO

16 International Organization for Standardization. (2010). ISO 12100:2010. Safety of machinery—General principles for design—Risk assessment and risk reduction. Geneva, Switzerland: ISO

17 International Electrotechnical Commission. (2010). IEC 61508:2010 CMV. Functional safety of electrical/electronic/programmable electronic safety-related systems—Parts 1 to 7. Retrieved August 13, 2025, from https://webstore.iec.ch/publication/22273

18 OPC Foundation. (2025). OPC 40010-1: Robotics - Vertical Integration (v1.02). OPC Foundation Companion Specification. Retrieved October 10, 2025, from https://reference.opcfoundation.org/Robotics/v102/docs/

19 umati. (2021). Robotics—OPC 40010 UA for Robotics. umati initiative. https://umati.org/industries_robotics/

20 ROS-Industrial Consortium. (n.d.). ROS-Industrial: Description. Retrieved October 28, 2025, from https://rosindustrial.org/about/description

21 AWS(American Welding Society). (2020). Robotic Arc Welding: Best Practices and Applications. AWS Technical Report

22 International Organization for Standardization. (2016). ISO/TS 15066:2016. Robots and robotic devices—Collaborative robots. Retrieved September 22, 2025, from https://www.iso.org/standard/62996.html

23 Bauer, A., Wollherr, D., & Buss, M. (2008). Human-robot collaboration: A survey. International Journal of Humanoid Robotics, 5(1), 47-66

24 Universal Robots. (2022). Demystifying cobot safety: The four types of collaborative operation [Blog post]. Retrieved October 11, 2025, from https://www.universal-robots.com/blog/demystifying-cobot-safety-the-four-types-of-collaborative-operation/

25 Analog Devices. (2021). Cobots—Safety-Rated Monitored Stop [Technical article]. Retrieved October 2, 2025, from https://ez.analog.com/ez-blogs/b/engineerzone-spotlight/posts/cobots-safety-rated-monitored-stop

26 International Organization for Standardization. (2024). ISO 13855:2024. Safety of machinery—Positioning of safeguards with respect to the approach of the human body. Geneva, Switzerland: ISO. Retrieved September 30, 2024, from https://www.iso.org/standard/80590.html

27 Pilz. (2024). EN ISO 13855—Positioning of safeguards. Pilz GmbH & Co. KG. Retrieved September 30, 2025, from https://www.pilz.com/support/law-standards-norms/iso-standards/efficiency-guardsen-iso-13855

28 International Organization for Standardization. (2025). ISO 10218-1:2025. Robotics—

Safety requirements—Part 1: Industrial robots. Geneva, Switzerland: ISO. Retrieved September 30, 2024, from https://www.iso.org/standard/73933.html

29 Association for Advancing Automation. (2025). ANSI/A3 R15.06-2025. American National Standard for Industrial Robots and Robot Systems—Safety Requirements. Ann Arbor, MI: A3

30 American National Standards Institute. (2025). What's New in the ANSI/A3 R15.06-2025 Robot Safety Standard [Blog post]. Retrieved September 30, 2024, from https://blog.ansi.org/ansi/ansi-a3-r15-06-2025-robot-safety/

31 Banerjee, S. (2019). VDMA OPC Robotics initiative: Making industrial robots ready for the digital production [Press release]. VDMA Robotics + Automation Association. Retrieved September 15, 2025, from https://www.vdma.org/c/document_library/get_file?uuid=42518be2-5f62-98f7-fb5e-8865ee7c37ab&groupId=34570

32 Doosan Robotics. (2023). Cobot Vision System Integration Guide [Technical paper]. Seoul, South Korea: Doosan Robotics

33 Hirose, M., & Ogawa, K. (2007). Honda humanoid robots development. Philosophical Transactions of the Royal Society A, 365(1850), 11-19

34 Boston Dynamics. (2024). Atlas and beyond: the world's most dynamic robots. Retrieved October 28, 2025, from https://bostondynamics.com/atlas/

35 Heater, B. (2024). Boston Dynamics' Atlas humanoid robot goes electric. TechCrunch. Retrieved October 28, 2025, from https://techcrunch.com/2024/04/17/boston-dynamics-atlas-humanoid-robot-goes-electric/

36 TOI Tech Desk. (2025). Tesla Optimus learning Kung Fu: Elon Musk's humanoid robot stuns with human-like moves and balance. The Times of India. Retrieved October 30, 2025, from https://timesofindia.indiatimes.com/technology/tech-news/tesla-optimus-learning-kung-fu-elon-musks-humanoid-robot-stuns-with-human-like-moves-and-balance-watch/articleshow/124337395.cms

37 Figure AI Inc. (2024). Figure announces commercial agreement with BMW Manufacturing to bring general purpose robots into automotive production [Press release]. PR Newswire. Retreived October 30, 2025, from https://www.prnewswire.com/news-releases/figure-announces-commercial-agreement-with-bmw-manufacturing-to-bring-general-purpose-robots-into-automotive-production-302036263.html

38 BMW Group. (2024). Humanoid robots for BMW Group Plant Spartanburg [Press release]. Retrieved October 30, 2025, from https://www.bmwgroup.com/en/news/general/2024/humanoid-robots.html

39 Agility Robotics. (2023). Agility Robotics broadens relationship with Amazon [Press release]. Retrieved October 30, 2025, from https://www.agilityrobotics.com/content/

agility-robotics-broadens-relationship-with-amazon

40 Kober, J., Bagnell, J. A., & Peters, J. (2013). Reinforcement learning in robotics: A survey. The International Journal of Robotics Research, 32(11), 1238-1274

41 3rd Generation Ppartnership Project. (2023). 5G Release 17 and Beyond: Industrial Automation and Robotics (Technical Specification). Retrieved October 30, 2025, from https://www.3gpp.org/specifications-technologies/releases/release-17

42 Kehoe, B., Patil, S., Abbeel, P., & Goldberg, K. (2015). A survey of research on cloud robotics and automation. IEEE Transactions on Automation Science and Engineering, 12(2), 398-409

43 Schou, C., et al. (2018). Human-robot collaboration in industrial manufacturing: Overview. Robotics and Computer-Integrated Manufacturing, 32, 89-104.

44 Bostelman, R., Hong, T., & Marvel, J. (2016). Mobile manipulator performance measurement towards manufacturing assembly tasks. In T. Bostelman & R. Madhavan (Eds.), Autonomous Industrial Vehicles: From the Laboratory to the Factory Floor (pp. 111-142). West Conshohocken, PA: ASTM International

45 Ellen MacArthur Foundation. (2019). Artificial Intelligence and the Circular Economy: AI as a Tool to Accelerate the Transition [Report]. Cowes, UK: Ellen MacArthur Foundation. Retrieved October 30, 2025, from https://www.ellenmacarthurfoundation.org/artificial-intelligence-and-the-circular-economy

46 International Federation of Robotics (IFR). (2023). World Robotics 2023: Industrial Robots. Frankfurt: IFR Retrieved October 12, 2025, from https://ifr.org/img/worldrobotics/Executive_Summary_WR_Industrial_Robots_2023.pdf

47 ZVEI (Zentralverband Elektrotechnik- und Elektronikindustrie). (2015). Reference Architecture Model Industrie 4.0 (RAMI 4.0): Status Report. Frankfurt am Main: ZVEI. Retrieved October 12, 2025, from https://www.zvei.org/fileadmin/user_upload/Presse_und_Medien/Publikationen/2016/januar/GMA_Status_Report__Reference_Archtitecture_Model_Industrie_4.0__RAMI_4.0_/GMA-Status-Report-RAMI-40-July-2015.pdf

48 National Science Foundation (NSF). (2021). National Robotics Initiative 3.0: Innovations in Integration of Robotics (NRI-3.0) [Solicitation NSF 21-559]. Arlington, VA: NSF. Retrieved October 12, 2025, from https://www.nsf.gov/funding/opportunities/nri-30-national-robotics-initiative-30-innovations-integration/503641/nsf21-559/solicitation

49 The State Council of the People's Republic of China. (2015). Made in China 2025. Beijing: The State Council

50 The Headquarters for Japan's Economic Revitalization. (2015). New Robot Strategy: Japan's Robot Strategy (Vision, Strategy, Action Plan). Tokyo: Cabinet Office,

Government of Japan. Retrieved October 12, 2025, from https://www.cas.go.jp/jp/seisaku/seicho/pdf/robot_honbun_150210EN.pdf

51 산업통상자원부. (2023). K-로봇경제 「첨단로봇 산업 비전과 전략」 [보도자료]. Retrieved October 12, 2025, from https://www.motie.go.kr/kor/article/ATCL3f49a5a8c/168332/view (발표일: 2023년 12월 14일)

9.8절

1 J. Excell, Stuart N. (2010). The rise of additive manufacturing, the Engineer.

2 https://www.iso.org/obp/ui/#iso:std:iso-astm:52900:ed-2:v1:en

3 https://flic.kr/p/upAMCB

4 https://flic.kr/p/nhg2sB

5 https://flic.kr/p/nKfw7M

6 R. Carew. (2020). An overview of 3D Printing in Forensic Science: The Tangible Third-Dimension, Journal of Forensic Sciences, 65(1)

7 안상준, 기초부터 활용까지, 3D 프린터의 모든 것: 3D 프린터 101, 한빛미디어

9.9절

1 Shell Global. (2023). Augmented reality (AR) and virtual reality (VR) in Shell [Online] Available: https://www.shell.com/what-we-do/digitalisation/ar-vr.html

2 AR Insider. (2022). Case Study: Boeing Streamlines Aircraft Assembly with AR. [Online] Available: https://arinsider.co/2021/08/24/case-study-boeing-cuts-production-time-with-ar/

3 BMW Group. (n.d.). A glimpse of the future: BMW Group uses virtual reality to design future production workstations. [Online] Available: https://www.press.bmwgroup.com/global/article/detail/T0287223EN/a-glimpse-of-the-future:-bmw-group-uses-virtual-reality-to-design-future-production-workstations?language=en

4 Hyundai Motor Group. (2020). Car design in VR: Hyundai's VR design evaluation process. [Online] Available: https://www.hyundaimotorgroup.com/en/story/CONT0000000000091100?utm_source=chatgpt.com

5 Auer, S., Anthes, C., Reiterer, H., & Jeffer, H.-C. (2023). Aircraft cockpit interaction in virtual reality with visual, auditive, and vibrotactile feedback. Proceedings of ACM Human-Computer Interaction, Vol.7, Article 445.

6 www.press.bmwgroup.com/global/article/detail/T0287223EN/a-glimpse-of-the-future:-bmw-group-uses-virtual-reality-to-design-future-production-workstations?language=en

7 Fink, C. (2019). How Boeing uses Upskill Skylight AR to boost productivity. Forbes. [Online] Available: https://www.forbes.com/sites/charliefink/2019/02/26/how-

boeing-uses-upskill-skylight-ar-to-boost-productivity/

8 https://www.forbes.com/sites/charliefink/2019/02/26/how-boeing-uses-upskill-skylight-ar-to-boost-productivity/

9 Siemens Digital Industries Software. (2024). Industrial AR across the product lifecycle. [Online] Available: https://blogs.sw.siemens.com/teamcenter/industrial-ar/

10 https://www.kimm.re.kr/sub0504/view/id/17605

11 강신윤. (2020). 포스코, 실제 상황 빼닮은 VR교육으로 정비 직원 역량 강화. 뉴데일리. [Online] Available: https://tk.newdaily.co.kr/site/data/html/2020/04/09/2020040900213.html

12 한국기계연구원. (2016). VR 시뮬레이터로 위험시설 안전사고 예방. 한국기계연구원. [Online] Available: https://www.kimm.re.kr/sub0504/view/id/17605

13 한국기계연구원. (2022). 원자로 해체 위한 수중 절단 훈련용 시뮬레이터 국내 최초 개발. [Online] Available: https://www.kimm.re.kr/sub0504/view/id/19583

14 두산렌치스. (n.d.). Virtual Worlds: 360° construction documentation. Doosan Lentjes. [Online] Available: https://www.doosanlentjes.com/en/about/virtual-worlds

15 https://www.shell.com/what-we-do/digitalisation/ar-vr.html?utm_source=chatgpt.com#:~:text=Our%20AR%20Remote%20Assist%20technology,travel%20and%20its%20environmental%20impact

16 https://www.ikea.com/gb/en/newsroom/stories/ikea-kreativ-launches-making-home-design-even-easier-and-more-accessible-for-the-many-pub71d09380/

17 IKEA Retail (Ingka Group). (2017). IKEA Place app launched to help people virtually place furniture at home. [Online] Available: https://www.ikea.com/global/en/newsroom/innovation/ikea-launches-ikea-place-a-new-app-that-allows-people-tovirtually-place-furniture-in-their-home-170912/

18 IKEA Retail (Ingka Group). (2022). IKEA Kreativ launches - new AI-powered interactive design experience. [Online] Available:https://www.ikea.com/gb/en/newsroom/stories/ikea-kreativ-launches-making-home-design-even-easier-andmore-accessible-for-the-many-pub71d09380/

19 https://www.hyundai.news/uk/articles/press-releases/hyundai-uk-expands-its-immersive-virtual-experience-centre.html

20 Hyundai Motor UK. (2022). Hyundai Motor UK expands its immersive Virtual Experience Centre. [Online] Available: https://www.hyundai.news/uk/articles/pressreleases/hyundai-uk-expands-its-immersive-virtual-experience-centre.html

21 Doerner, R., Broll, W., Grimm, P., & Jung, B. (Eds.). (2022). Virtual and Augmented Reality (VR/AR): Foundations and Methods of Extended Realities (XR). Springer Nature.

22 Jerald, J. (2015). The VR Book: Human-Centered Design for Virtual Reality. ACM

Books.
23 나유미. (2025). 증강현실(AR) 및 가상현실(VR) 그리고 메타버스 디자인. 지식과감성
24 Doolani, S., Wessels, C., Kanal, V., Sevastopoulos, C., Jaiswal, A., Nambiappan, H., & Makedon, F. (2020). A Review of Extended Reality (XR) Technologies for Manufacturing Training. Technologies, 8(4), 77
25 Al-Ansi, A. M., Jaboob, M., Garad, A., & Al-Ansi, A. (2023). Analyzing augmented reality (AR) and virtual reality (VR) recent development in education. Social Sciences & Humanities Open, 8(1), 100532
26 Kumari, S., & Polke, N. (2018). Implementation issues of augmented reality and virtual reality: A survey.In S. Smys, R. Bestak, J. I.-Z. Chen, & N. Balasubramanian (Eds.), Proceedings of the International Conference on Intelligent Data Communication Technologies and Internet of Things (ICICI 2018)(pp. 853-861). Springer

CHAPTER 10

여러 가지 스마트팩토리

10.1 포스코 포항제철소

1) 개요

포스코 포항제철소(이하 포항제철소)는 경상북도 포항에 건설된 한국 최초의 일관제철소이며, 대한민국 경제 성장의 심장이자 제조업의 대동맥과 같은 위상을 갖는 대표 공장이다. 실제로 포항제철소에서 첫 쇳물이 생산된 1973년 6월 9일은 한국 현대 산업사에서 매우 상징적인 날로 기억되고 있다.

포항제철소는 1973년 1기 설비가 준공된 이래, '산업의 쌀'로 불리는 철강을 안정적으로 생산하여 조선, 자동차, 건설, 가전 등 대한민국의 주력 수출 산업에 공급함으로써 대한민국 경제 성장의 핵심 기반 역할을 수행하고 있다. 또한 과거 대부분 수입에 의존하던 철강재를 독자적으로, 저렴하고 품질 좋게 생산해 내면서 국내 제조업의 원가 경쟁력과 품질을 세계적 수준으로 끌어올리는 데 결정적인 역할을 해 왔다. 포항제철소의 건립과 성공은 '무(無)에서 유(有)를 창조'한 '한강의 기적'을 상징하는 대표적인 아이콘이다. 철강은 국력이라는 말처럼, 포항제철소는 단순한 이윤 추구를 넘어 '철강으로 국가에 보답한다'는 제철보국(製鐵報國)의 사명감으로 대한민국 산업화를 이끈 국가 기간산업의 심장부라 할 수 있다.

그림 10-1 포스코 포항제철소 전경[1]

포항제철소는 제4차 산업혁명을 맞아 또 한 번의 도약을 통해 산업 혁신을 이끌고 있다. 최근 산업 환경의 급격한 변화에 따라 포항제철소는 다음 두 가지 핵심 과제에 직면하게 되었다: (1) 고로(용광로) 내부와 같이 직접 관측이 불가능한 '블랙박스(black box)' 공정의 한계 극복, 그리고 (2) 생산성, 품질, 안전, 환경이라는 다중 목표(multi-objective)의 동시 최적화. 포항제철소의 전략은 명확하다. 먼저, 산재된 공정 데이터를 표준화하고 통합 관리하는 빅데이터 플랫폼을 구축하였다. 이를 기반으로 인공지능(AI)이 직접 계측이 불가능한 내부 변수들을 예측 및 추론(prediction & inference)하고,

- **일관제철소(Integrated Steel Mill)** 철광석을 용광로에 넣고 녹여서(제련) 쇳물을 만드는 '제선' 공정부터 쇳물에서 불순물을 제거하는 '제강' 공정과 판재와 형강 등의 최종 철강 제품을 만드는 '압연' 공정 설비까지 모두 갖춘 제철소를 의미

나아가 실시간 공정 제어(control)까지 연동하는 시스템을 구현했다. 이는 곧 '블랙박스' 영역을 데이터 기반으로 가시화하는 디지털 전환 전략이다.

이러한 노력을 바탕으로 포항제철소는 2019년 7월 3일에 국내 최초로 세계경제포럼(WEF)이 발표하는 글로벌 라이트하우스 네트워크에 선정됨으로써 소위 등대공장(lighthouse factory)이 되었다. 이를 통해 포항제철소는 인공지능(AI)·빅데이터·IIoT 등 제4차 산업혁명 기술을 실증적으로 적용해 재무·운영 성과를 낸 공장, 즉 스마트팩토리로서 공식 인정받게 되었다. WEF는 공식 보도자료를 통해 포항제철소의 핵심 선정 사유를 다음과 같이 밝히고 있다.[2]

> "포항제철소는 철강 산업에서 생산성과 품질 향상을 위해 인공지능(AI) 기술을 적용하고 있으며, 대학, 중소기업, 스타트업들과의 협력 생태계를 구축해 철강 산업 고유의 스마트 공장 플랫폼을 구축하고 있다."

그림 10-2 포스코 스마트팩토리에서 수집된 데이터 활용을 통한 모니터링[3]

포항제철소의 등대공장 선정은 한국의 제조업 전반의 국제적 위상을 높이고, 한국 제조업의 디지털 전환이 세계적 수준으로 인정받았다는 상징적 사건이라 할 수 있다. 이것의 주요 의미는 다음과 같이 정리할 수 있다.

- 세계적 수준의 기술력 공인: WEF는 세계 최고의 전략 컨설팅 회사인 McKinsey & Company와

함께 전 세계 수천 개의 공장을 심사하여 등대공장을 선정하고 있다. 따라서 포스코가 자체적으로 개발하고 현장에 적용한 AI와 빅데이터, IoT 등의 기술이 생산성 향상 및 품질 개선과 같은 실제적 성과를 보이고 있으며, 세계 최고 수준의 기술임을 입증한 것이라 할 수 있다.

- **'굴뚝 산업'의 혁신 모델 제시**: 철강 산업은 흔히 '굴뚝 산업'으로 묘사되는 전통 제조업의 상징으로 여겨진다. 이러한 '무거운(heavy)' 산업 분야에서 IT나 전자 산업보다 먼저 등대공장에 선정되었다는 것은, 제4차 산업혁명 기술이 첨단 산업뿐만 아니라 전통 제조 산업의 혁신에도 기여할 수 있음을 입증하고 있다.
- **'파일럿 함정'의 극복**: 등대공장 선정의 핵심 기준은 신기술을 '시범 적용'하는 데 그치지 않고, 공장 전체 또는 가치사슬 전반에 '대규모로 확산'하여 성공했는지이다. 포스코의 선정은 매우 복잡하고 거대한 제철 공정에 스마트 고로 등의 AI 기술을 성공적으로 전면 적용함으로써 '파일럿의 함정'을 극복했음을 증명하는 것이다.
- **국내 제조업계의 '1호 벤치마크'**: '국내 1호'라는 타이틀은 포스코가 한국 제조업의 디지털 전환을 이끄는 선도자(first mover)이자 벤치마크가 되었음을 의미한다. 이는 이후 LS 일렉트릭, LG전자 등 다른 국내 기업들이 등대공장에 도전하고 선정되는 데 긍정적인 자극과 동기를 부여하고 있다.

글로벌 라이트하우스 네트워크(Global Lighthouse Network)

세계경제포럼(WEF)이 McKinsey & Company와 협력하여 2018년에 시작한 이니셔티브이다. 이 네트워크의 핵심 목적은 제4차 산업혁명의 핵심 기술[예: 인공지능(AI), 사물인터넷(IoT), 빅데이터, 첨단 로봇공학 등]을 성공적으로 도입하고 대규모로 확장하여 제조공정과 가치사슬, 비즈니스 모델을 혁신한 공장들을 '등대(lighthouse)'로 선정하는 것이다.

- '등대'의 의미: 등대가 어두운 바다에서 길을 비추는 것처럼 이들 공장은 제조업의 미래 방향을 제시하고 다른 기업들이 벤치마킹할 수 있는 모범 사례 역할을 수행
- 선정 기준: 단순히 신기술을 시범 도입하는 데 그치지 않고, 이를 공장 전체나 공급망에 성공적으로 적용하여 생산성 향상, 효율성 증대, 공급망 탄력성 강화, 그리고 특히 환경적 지속가능성(탄소 배출 감소, 폐기물 감축 등)과 같은 구체적이고 괄목할 만한 성과를 달성한 공장들을 선정
- '파일럿의 함정' 극복: 많은 기업이 신기술을 소규모로 시험(파일럿)하는 단계에 머무르고 전사적으로 확산하지 못하는 '파일럿의 함정(pilot purgatory)'에 빠질 수 있음. 라이트하우스 네트워크는 이 함정을 성공적으로 극복한 사례를 공유
- 지식 공유 플랫폼: 선정된 라이트하우스 기업들은 네트워크의 일원이 되어 서로의 성공 사례와 노하우를 공유하고 협력. 이는 전 세계 제조 부문의 디지털 전환을 가속화하는 것을 목표함

2) 주요 적용 기술

(1) 통합 데이터 및 AI 플랫폼—PosFrame/PosML

포항제철소의 디지털 전환은 '플랫폼 중심(platform-first)' 설계를 기반으로 한다. 이는 공장 전역에서 생성되는 모든 데이터의 관리를 단일 파이프라인으로 통합하는 것을 목표로 한다. 'PosFrame'은 생산 현장의 정형·비정형 데이터를 실시간 처리하는 데이터 파이프라인이며, 'PosML'은 그 상위에서 AI 모델의 개발, 배포, 성능 모니터링, 재학습을 표준화하는 MLOps(Machine Learning Operations) 플랫폼이다. 이러한 플랫폼 구성을 통해 제선에서 압연에 이르는 전 공정을 관통하는 E2E 데이터 흐름을 지원하고, AI 모델을 개념 증명(PoC) 단계를 넘어 실제 운영 환경으로까지 고도화 적용하는 것을 가능하게 한다.[4]

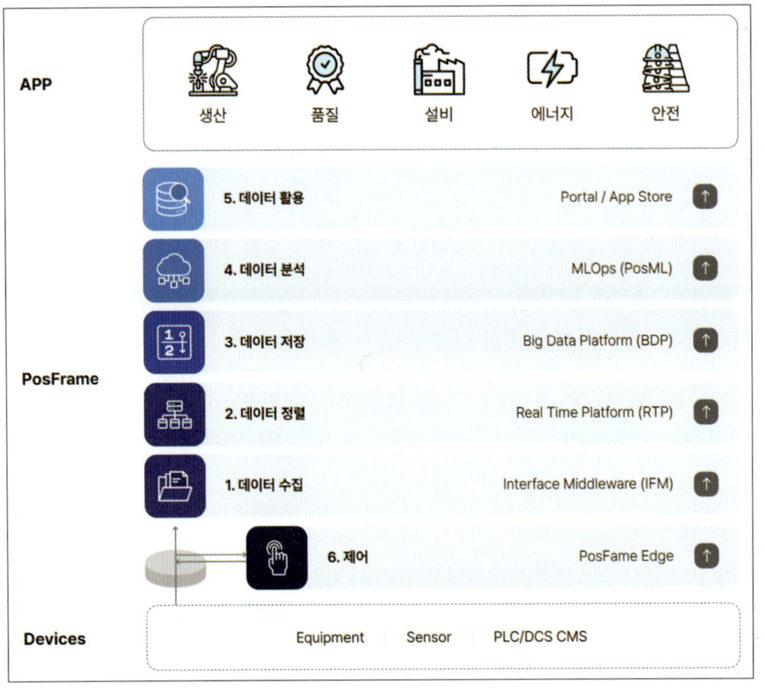

그림 10-3 PosFrame 아키텍처[5]

이러한 통합 플랫폼의 작동 방식은 다음 세 단계로 요약할 수 있다: (1) 현장에서 발생한 모든 데이터를 데이터 파이프라인을 통해 수집·정렬 및 저장하고, (2) PosML을 통해 데이터를 분석하며, (3) 최종적으로 엣지(edge) 단에서 실행 가능한 제어 신호로 도출한다. 실제로 PosFrame은 생산 현장의 OT 계층, 즉 PLC나 DCS 및 각종 센서에서 발생하는 정형/비정형 데이터를 실시간으로 수집한다. 이때 데이터 수집은 20 ms~1 s 수준의 고속(high-frequency) 주기로 이루어진다. 수집된 데이터는 IFM(Interface Middleware)에서 RTP(Real Time Platform)와 BDP(Big Data Platform), PosML(AI 분석 및 MLOps), 그리고 엣지 제어로 이어지는 '단일화된 데이터 파이프라인(unified data pipeline)'을 통해 유기적으로 처리된다. 즉, MLOps가 적용된 PosML이 BDP의 데이터를 심층 분석하여 최적의 공정 제어값을 도출하면, 즉각적으로 엣지 단에서 설비를 제어하는 M2M(Machine-to-Machine) 실행까지 완결되는 구조다. 이 체계를 통해 수십 년간 축적된 현장의 도메인 지식(암묵지)과 데이터가 하나의 재사용 가능한 지식 저장소로 통합된다.[6]

이러한 플랫폼 통합을 기반으로 AI 고로, 제강/연주 통합, CGL 도금량 제어, 결함 및 안전 예측 등 다양한 AI 애플리케이션이 동일한 파이프라인상에서 운영된다. 핵심 효과는 공정 간 모델과 데이터의 수평적·수직적 통합 및 재활용이 가능해진다는 점이다. 이는 새로운 AI 모델의 개발 및 배포 리드타임을 단축하고, 현장의 피드백을 신속하게 반영하여 지속적인 개선(continuous improvement)의 선순환 구조를 촉진한다.[2]

(2) AI 기반 '블랙박스' 공정 예측 및 제어—AI 고로

포항제철소는 수십 년간 암묵지 형태로 축적된 숙련 작업자의 운전 노하우와 실제 공정 데이터를 딥러닝으로 학습시킴으로써 직접 계측이 불가능했던 고로 내부 상태를 예측하고 송풍량과 원료 투입 등 핵심 변수를 자율제어하는 'AI 고로'를 구현했다. 고로(용광로) 내부는 고온, 고압 및 다상(multiphase) 유동 반응으로 인해 직접적인 물리적 계측이 사실상 불가능한 '블랙박스' 영역이다. 과거의 공

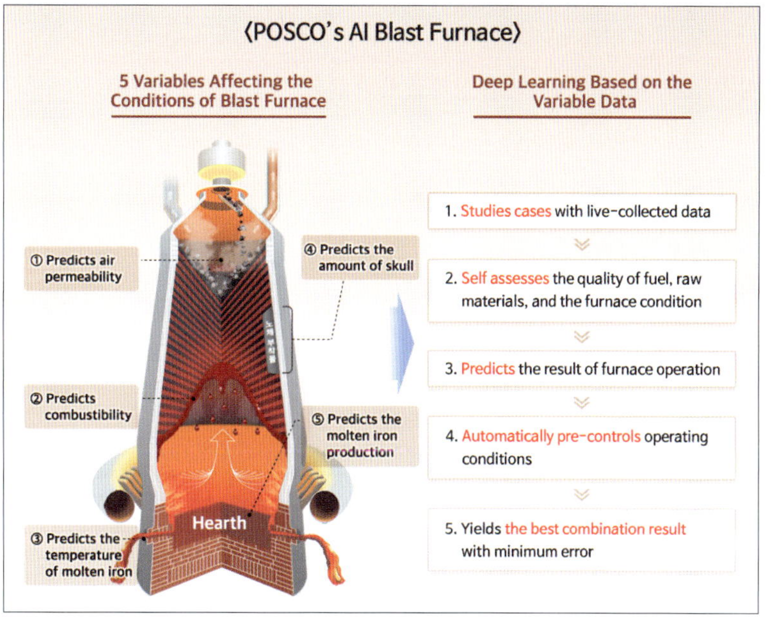

그림 10-4 포항제철소 AI 고로 개념도[7]

정 운영은 숙련 작업자의 경험적 판단, 즉 휴리스틱(heuristics)에 의존하여 송풍, 장입, 원료 배합 등을 조정했다. 포항제철소는 이 영역에 AI 예측 및 자율제어 시스템을 도입하여 관측 불가능한 내부 상태를 데이터로 간접 가시화(indirect visualization)하고 제어 로직에 반영하는 체계를 구축했다.[8]

'AI 고로' 시스템의 작동 원리는 고로 운전 데이터, 원료 품위, 가스 성상, 열수지(heat balance) 등 다변량 데이터를 학습한 AI 모델이 실시간으로 고로 상태를 예측하는 것에 기반을 둔다. 'AI 고로' 시스템은 이를 바탕으로 최적의 설정값을 추천하며, 자동 보정(auto-correction)까지 수행한다. 실제 운영 단계에서는 모델 성능 모니터링 및 안전장치(예: 롤백 기능, 경곗값 설정)가 결합되어 안정성이 확보된 자율 운전을 지향한다.[9]

포항 2고로에 적용된 'AI 고로' 시스템은 일일 용선 생산량을 240톤(연간 약 8.5만 톤) 증대시켰으며, 동시에 에너지 투입 절감 및 운전 안정화 효과를 거둔 것으로 보고되었다. 이는 AI 자동제어가 숙련도에 따른 운영 편차를 최소화하고, 일관된 운전 품질을 확보한 대표적인 사례이다.[8]

(3) E2E 공정 통합 및 최적화—PTX(Posco sTeelmaking eXpress)

제강에서 연속주조로 이어지는 공정은 최종 품질, 납기, 원가에 결정적 영향을 미치는 핵심 구간임에도 불구하고, 과거에는 공정 간 실시간 연계에 기술적 난점이 존재했다. 포항 제강 2공장은 컨버터(converter)에서 연속주조에 이르는 최대 12만 5,000개의 복잡한 절차를 디지털 표준화하여, 공정 간 무정지 연속 처리를 실현하는 'PTX' 시스템을 구축했다.[10]

PTX 시스템은 용강(molten steel)의 도착 예정시간과 온도, 성분을 실시간으로 정밀 산출하여 후속 주조와 절단 및 처리 공정을 동기화한다. 이를 통해 공정 간 불필요한 대기와 지연, 그리고 에너지 및 원료의 과잉 투입을 최소화한다. 핵심 성과로 용강 온도 예측 정확도가 기존 80%에서 90% 수준으로 향상되었으며, 원료 사용 효율 또한 개선되었다. 또한 제강-연주 공정 사이의 병목 현상을 제거하고 공정 변동성을 억제함으로써, 생산계획과 실제 실행 간의 편차가 축소되었으며 E2E 최적화의 기

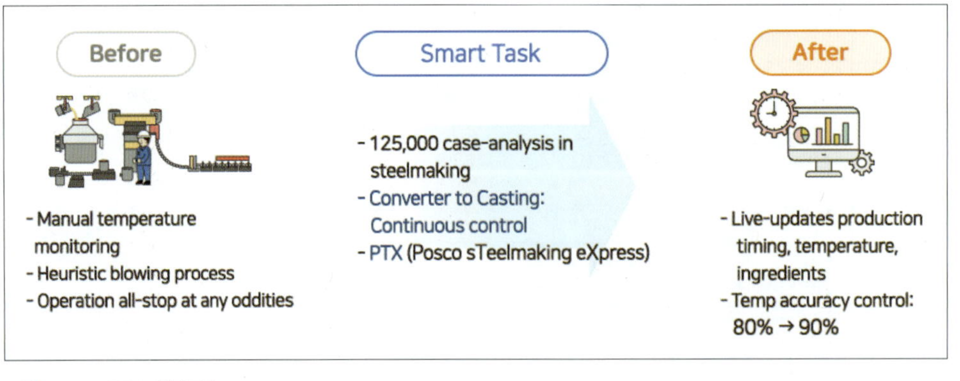

그림 10-5 PTX 개념도[10]

반이 마련되었다. 이는 후속 공정인 압연 및 표면처리 단계에도 안정적인 입력 조건을 보장하여, 다운스트림 공정의 품질과 생산성을 동반 향상시키는 효과로 이어진다.

(4) AI 기반 품질 및 안전 예지 시스템

포항제철소에서는 품질 및 안전 예지 분야의 다양한 문제에 AI를 적용하고 있다. AI 기반 비전 및 예측 모델을 활용하여 품질 검사와 안전 관리를 '후행적 조치'에서 '선제적 예방'으로 전환하는 데 성공했다. 예를 들어 연속주조 공정의 결함 가능성을 사전에 예측하여 선별 검사를 수행하고, 슬래브 사행(snaking)과 같은 설비 위험을 AI가 실시간 감시하여 자동 정지한다. 좀 더 구체적으로 사례를 살펴보자.

❶ 연속주조 결함 예측(품질)

과거의 품질 검사는 샘플 전수 검사 후 결함 발견 시 해당 배치를 후행적으로 재검사하는 방식이었다. 그런데 데이터 분석 결과, 연간 34만 톤의 샘플링 검사 대상 중 실제 결함은 3만 톤 수준임이 확인된 바가 있다. 이러한 배경에서 2018년 3월, 포항 2·4연주공장은 AI 결함 예측 모델을 도입하여 '결함 가능성이 높은 소재만 선별 검사'하는 예지적(predictive) 방식으로 전환했다. 이에 따라 불필요한 검사 및 재작업 공정을 최소화할 수 있었고, 연간 6억 원 이상의 비용 절감이 기대되며, 동시에 원인 추적(root cause analysis) 기능까지 탑재하여 공정 개선의 선순환을 강화할 수 있었다.[10]

❷ 연속아연도금라인(CGL) 도금량 AI 제어(품질)

강종과 두께, 폭, 설비 운전 조건 및 목표 도금량을 핵심 입력 변수로 하는 딥러닝 기반의 예측 및 제어 시스템을 구축하여 운용하고 있다. 그 결과 도금량 예측 정확도를 89%에서 99%까지 높이는 성과를 달성했다. 이러한 AI 제어 방식은 포항과 광양제철소의 모든 표면처리 라인에 확대 적용되었으며, 이를 통해 표면처리 공정의 품질 일관성을 제고할 수 있었다.[10]

❸ 스마트 세이프티 인프라(안전)

스마트 CCTV, 열화상 카메라, 복합 가스감지기, 웨어러블 디바이스(예: 스마트 워치, 조끼) 등 다양한 IoT 기기를 연동하여 위험 예지에서부터 즉각 경보, 현장 조치로 이어지는 표준 안전 대응 루프를 구축하고 있다. 특히 비전 AI는 단순 영상 저장을 넘어, 작업자의 개인보호구 미착용, 위험 구역 진입, 불안전 행동과 화재 및 누출 징후 등 이상 상황을 실시간으로 인지하여 즉각적인 알람을 송출한다. 즉, 단순 녹화 저장 방식(passive monitoring)에서 벗어나, AI가 이상 패턴을 자동으로 인지하고 즉시 경보하는 능동적(active) 안전 시스템으로 진화하고 있다.[11]

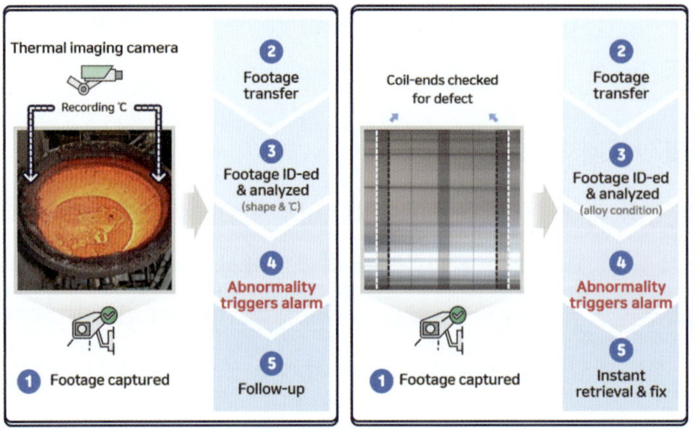

그림 10-6 포항제철소 스마트 CCTV[10]

❹ 슬래브 '사행' AI 모니터링 (안전)

포항제철소는 스마트 CCTV의 AI가 주조 중인 슬래브의 중심점과 각도를 영상 프레임 단위로 살피며 슬래브가 벨트에 제대로 놓여 있는지를 감지한다. 만약 슬래브가 비스듬히 놓여 있는 사행이 발견되면 안전상 문제가 발생할 수 있으므로 즉시 작업자에게 알람을 보내고 라인이 중단된다. 2022년 도입 이후 2년간 약 80건의 이상 징후를 사전 포착했으며, 실제 사행 관련 사고는 '0건'을 유지하고 있다.[12]

❺ AI 기반 코일카(coil car) 소재 걸림 감지(설비·물류 안전)

선재공장의 코일 운반 차량에 객체 인식 기술과 스마트 CCTV를 적용하여, 비정상적인 소재 걸림 상황을 실시간 모니터링하고 자동 경보를 구현했으며, 3천 장 이상의 실제 현장 데이터로 모델을 튜닝했다. 그 결과 과거 월평균 3회 발생하던 비정상 상황을 실시간 알람으로 조기 탐지함으로써 라인 정지 시간 감소와 현장 작업자 안전성 향상에 기여하고 있다.[13]

그림 10-7 포항제철소 4연주공장 운전실에서 담당자가 슬래브 사행 예측을 위한 스마트 CCTV를 모니터링하는 모습[12]

그림 10-8 AI 기반 코일카 소재 걸림 감지 시스템 모니터링 모습[13]

3) 주요 성과 및 효과

(1) 생산성 및 원가 개선

'AI 고로'의 도입을 통해 일일 용선 240톤(연간 8.5만 톤)의 증산을 달성했다. 이는 관측이 어려운 고로 내부 상태를 데이터화하고 딥러닝으로 학습시켜 예측 및 자율제어 시스템으로 전환했기에 가능한 결과이며, 운전 안정성과 에너지 효율 개선이 함께 동반되었다. 또한 연속주조 공정의 결함 예측 모델은 기존의 전수 검사 패러다임을 '선별 검사'로 전환시켜, 연간 6억 원 이상의 검사 및 재작업 비용 절감 효과가 기대된다.[8]

(2) 품질 및 공정 안정화

PTX(제강-연주 통합제어)를 도입하여 컨버터에서 연속주조까지의 무정지 연속 처리를 실현했으며, 용강 온도 예측 정확도를 80%에서 90%로 고도화했다. 이를 통해 후속 공정의 불필요한 대기, 지연, 원료 과잉 투입을 최소화했다. 연속아연도금라인에서는 AI 제어를 통해 도금량 예측 정확도를 89%에서 99%로 향상시켜 제품 편차를 줄이고 제어 정밀도를 높였으며, 이 시스템은 전 라인에 확대 적용되었다.[9, 10]

(3) 계획 리드타임 단축 및 정확도 향상

스몰로트(다품종 소량) 주문 자동화 시스템은 평균 계획 처리 시간을 12시간에서 1시간으로 단축했으며, 생산계획 적중률 99.99%를 달성했다. 이는 변동성이 높은 다품종 수요 환경에 대응하여 계획 품질, 공정 효율, 납기 신뢰도를 선순환시키는 기반을 마련한 것이다.[10]

(4) 안전 확보 및 설비 가동률 제고

슬래브 사행 감시 AI는 도입 이후 잠재적 위험 징후를 사전 인지함으로써 무사고('0건')를 유지하고 있다. 코일카 걸림 감지 AI는 실시간 경보를 통해 라인 정지 시간을 감소시키고 작업자 안전성을 높이는 데 기여했다. 또한 스마트 CCTV, 열화상 카메라, 웨어러블 기기 등을 통합한 스마트 안전 인프라는 위험 예지부터 경보와 조치로 이어지는 표준 운영 절차를 정착시켰다.[11~13]

4) 시사점

(1) 전통 산업의 디지털 전환 가능성 입증

포항제철소 사례는 철강과 같은 가장 전통적이고 복잡한 '굴뚝 산업'도 데이터와 AI를 통해 혁신적인 스마트공장으로 전환될 수 있음을 증명했다. 이는 유사한 연속공정 기반의 중공업 분야에 미래 비전 청사진을 제시하고 있다.

(2) '블랙박스' 문제 해결

수십 년간 숙련자의 '감(암묵지)'에 의존했던 고로 운영과 같은 '블랙박스' 영역을 AI와 도메인 지식의 결합으로 '가시화'하고 '제어'할 수 있음을 보여 주었다. 이를 통해 인간의 암묵지를 뛰어넘는 운영 최적화의 가능성을 열었다 할 수 있다.

(3) 표준 플랫폼 기반의 확장성 제고

거대하고 복잡한 일관제철소에서 AI를 성공적으로 확산시킨 핵심은 'PosFrame'이라는 표준 플랫폼이다. AI를 개념 증명에 그치지 않고 전사적 운영 단계로 고도화시키기 위해서는 데이터 파이프라인의 선제적 표준화가 필수적임을 시사한다.

(4) 개방형 혁신 생태계의 기반

WEF는 포스코가 학계, 중소기업과 협력하여 자체 플랫폼을 구축한 점을 높이 평가했다. 이는 등대공장이 단일 공장의 혁신을 넘어, 산업 생태계 전반의 디지털 전환을 이끄는 '개방형 혁신(open innovation)'의 허브로 기능할 수 있음을 의미한다.

10.2 LS 일렉트릭 청주 스마트팩토리

1) 개요

LS 일렉트릭 청주공장(이하 청주 스마트팩토리)은 대한민국 제조 산업의 디지털 전환을 선도하는 성공적인 스마트팩토리 구축 사례의 하나이다. 특히 2021년 9월 29일, 포스코 포항제철소에 이어 국내 기업 중 두 번째로 세계경제포럼(WEF)에 의해 글로벌 라이트하우스 네트워크의 일원으로 선정되었으며[1], 제4차 산업혁명 핵심 기술을 적극적으로 활용하여 제조혁신을 이룬 글로벌 모범 사례로 평가받고 있다.

청주 스마트팩토리는 1980년 4월에 설립되었으며, 저압 차단기(MCCB) 및 저압 개폐기(MC) 등 LS 일렉트릭의 주력 제품을 생산하는 거점 생산기지이다. 특히 다양한 전력기기를 대량 맞춤 방식으로 생산하는 국내의 대표 스마트팩토리이기도 하다. 청주 스마트팩토리가 추구하는 스마트제조 구현 목표는 생산성과 품질, 비용 효율성을 동시에 향상시키면서 수천 가지의 제품 변형에 효율적으로 대응할 수 있는 민첩하고 지능적인 생산시스템 구축에 있다. 이를 위해 MES를 기반으로 제조공정에 각

그림 10-9 LS 일렉트릭 청주 스마트팩토리 전경[2]

종 정보통신기술(ICT)을 결합함으로써 모든 생산 데이터와 생산성 지표를 실시간으로 통합 관리하는 시스템을 구축하였다. 이러한 시스템 변혁을 통해 생산성 향상뿐만 아니라 에너지 사용량 및 불량률 급감 등 획기적인 경영 성과를 달성할 수 있었다.

WEF 및 주요 언론은 청주 스마트팩토리의 '등대공장' 선정 핵심 사유로, IIoT 기반 자동화와 머신러닝 기반의 비전 검사 및 자재 취급, 그리고 고급 공정 제어(Advanced Process Control, APC) 기술 등을 유기적으로 결합함으로써 변동성이 큰 시장 수요에 유연하게 대응하면서도 생산원가를 실질적으로 절감했다는 점을 꼽았다.[3] 또한 협력사와 주변의 스타트업 등 지역 생태계와의 협업, 에너지 관리 시스템(Factory Energy Management System, FEMS)을 통한 ESG 경영 성과 역시 긍정적인 평가를 받고 있다.

2) 주요 적용 기술

(1) 스마트팩토리 플랫폼 기반 수직적·수평적 통합

청주 스마트팩토리의 최근 혁신은 CPS와 AI, IIoT가 전체 가치사슬에 걸쳐 융합된 통합 아키텍처를 기반으로 추진되었다. LS 일렉트릭의 스마트팩토리 플랫폼은 OT 계층(설비 및 센서)에서부터 IT 계층(ERP, MES, QMS, WMS, SCM 등)에 이르기까지 데이터와 업무 프로세스, 제어를 단일 파이프라인으로 연동함으로써 공장 내부의 수직적 통합과 가치사슬의 수평적 통합을 동시에 구현한다. 이와 같은 IT/OT 통합 아키텍처는 변동하는 고객 주문과 실제 생산 실행 간의 실시간 동기화를 보장하는 핵심 기반이다. 일례로 청주 스마트팩토리가 구현한 IIoT 기반 자동화와 ML 기반 비전 검사, 고급 공정제어 기술 모두가 본 통합 플랫폼 위에서 성공적으로 결합되어 구현된다. 플랫폼의 핵심 구성 및 기능은 다음과 같다.

그림 10-10 LS 일렉트릭의 SCM 구조도[4]

- 통합 데이터 서비스: IIoT 센서 및 설비 데이터와 기존(legacy) 시스템 정보를 통합하여 실시간 모니터링 및 제어시스템으로 연계한다.[5]
- OT-IT 브리징: OT 현장의 다양한 인터페이스(PLC, HMI 등)로부터 4M1E 데이터를 엣지 허브(edge hub)에서 수집·정제한 후, 상위 애플리케이션(MES, DB, 클라우드)으로 전달하는 아키텍처를 구현한다.[6]
- 수평 통합(공급망 연계): 빅데이터 분석 서비스를 통해 원부자재, 생산, 품질 데이터를 협력사와 실시간으로 공유하여, 공급망 협업의 기반을 마련한다.[6]

(2) 디지털트윈 및 사이버물리시스템(CPS)

LS 일렉트릭 청주 스마트팩토리는 실제 설비 및 생산 라인과 동기화된 디지털트윈을 기반으로 실시간 진단과 예측, 원격 제어를 구현하고 있다. 특히 고충실도(high-fidelity) 가상 모델을 기반으로 복잡한 다품종 소량생산 흐름을 시뮬레이션함으로써 다양한 'What-if' 시나리오 테스트 수행을 지원한다. 이를 통해 실제 물리적인 작업 중단 없이 선제적인 병목 현상 분석과 대응, 그리고 라인 레이아웃 최적화 등이 가능하다.[4]

이러한 아키텍처는 LS 일렉트릭의 SMI(Smart Manufacturing Insight) 솔루션을 통해 구현된다. SMI는 데이터 주도(data-driven) 공장 운영을 위한 실시간 디지털트윈 플랫폼으로, 핵심 성과 지표 및 설비 동기화 현황을 시각화하고 설비종합효율(OEE) 손실 분석 기능을 제공한다. 나아가 시뮬

LS 일렉트릭 스마트팩토리 솔루션

- **Beyond X for Smart Factory(통합 솔루션 브랜드)**
  2025년 5월에 런칭한 LS 일렉트릭의 스마트팩토리 솔루션 통합 브랜드
  [역할] LS 일렉트릭이 보유한 핵심 자동화 기술(OT)과 자회사(LS ITC, 티라유텍 등)의 정보 기술(IT) 역량을 하나로 결합하여, 고객에게 컨설팅부터 구축, 운영까지 E2E 솔루션을 제공하는 마스터 브랜드
  [특징] LS 일렉트릭 청주 스마트팩토리를 통해 검증된 IIoT, AI, 디지털트윈 기술력이 핵심 기반

- **Tech Square(테크스퀘어)**
  LS 일렉트릭의 개방형 스마트공장 플랫폼으로, 특히 중소·중견기업을 대상
  [역할] 등대공장으로서의 사회적 책무(생태계 확산)의 일환으로 개발. 스마트공장 도입을 원하는 중소기업에게 LS 일렉트릭의 전문가, 솔루션 파트너, 관련 기술 자료 등을 연결해 주는 '협업의 장' 역할
  [특징] 직접적인 솔루션 구축보다는 정보 제공, 전문가 멘토링, 파트너사 매칭 등 생태계 조성에 중점

- **청주 스마트팩토리 자체 플랫폼(내부 검증 기술)**
  포스코의 'PosFrame'처럼 LS 일렉트릭이 자사 공장에 직접 구축하고 운영하는 스마트팩토리의 근간
  - IIoT 기반 자동화: 설비와 센서 데이터를 실시간으로 수집
  - IT-OT 융합: 수집된 현장 데이터(OT)를 상위의 MES 및 ERP 등의 IT 시스템과 완벽하게 연동
  - AI 및 머신러닝: AI가 품질을 검사하고, 공정을 최적화하며, 설비 고장을 예지
  - 디지털트윈: 가상 공간에 공장을 복제하고, 이를 기반으로 시뮬레이션함으로써 병목을 탐색하고 최적화

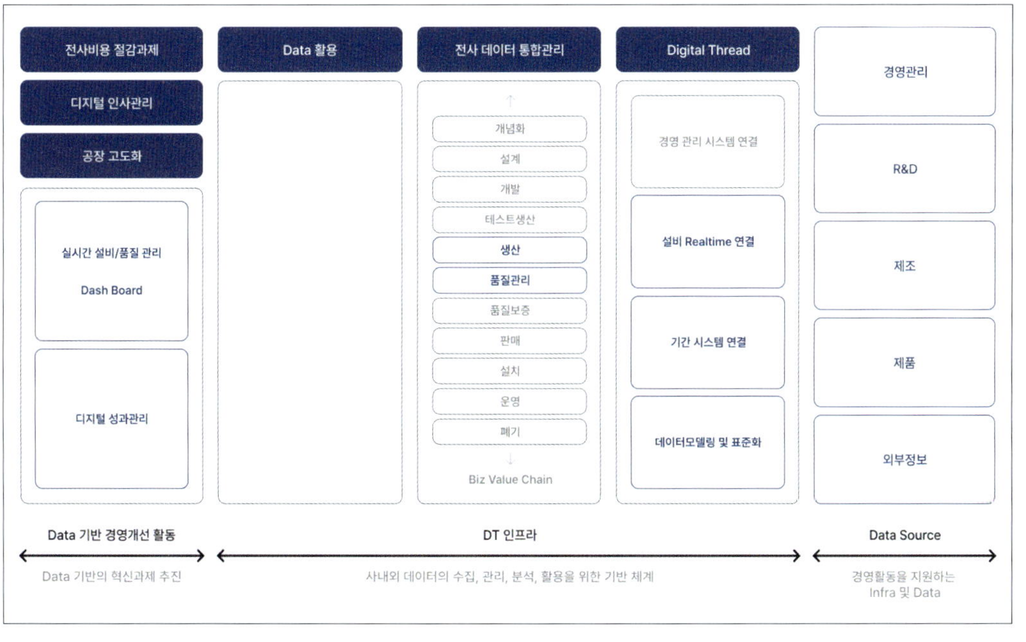

그림 10-11 LS 일렉트릭의 SMI 아키텍처[4]

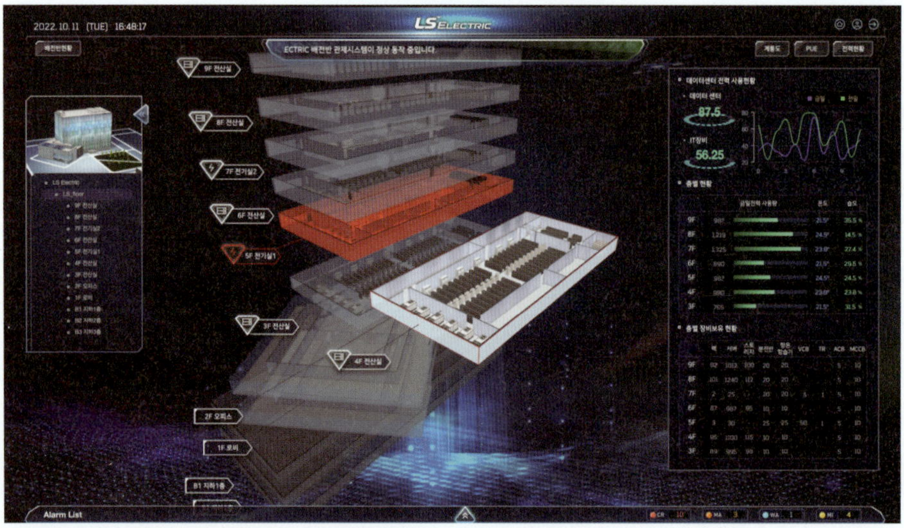

그림 10-12 LS 일렉트릭의 3D 디지털트윈 기술[7]

레이션 및 원격 제어 기능을 통해 무인 운영 시나리오를 지원하며, 이는 공장 전체의 사이버물리시스템(CPS) 환경을 구현하는 핵심 요소로 작용한다. 또한 SMI 기반의 실시간 설비 동기화 모니터링 및 원격 제어 기능을 통해 공정 이상 징후를 조기 감지하고 선제적으로 대응한다. 이는 다품종 소량생산 환경에서 빈번한 모델 교체(setup/changeover) 시 발생하는 운영 손실을 구조적으로 최소화하고, 안정적인 지능형 운영체계를 뒷받침하는 핵심적인 역할을 수행한다.

(3) AI 기반 공정 최적화 및 품질 관리

LS 일렉트릭 청주 스마트팩토리는 기존의 규칙 기반의 사후 검사 중심 운영에서 벗어나 AI 기반의 예측 및 자율 최적화로 전환하고 있다. 이는 품질 변동성을 억제하고, 재작업을 최소화하며, 원가 절감 달성을 목표한다. 또한 청주 스마트팩토리는 로봇 기반의 조립, 용접, 검사 공정에 AI 및 피드백 제어 기술을 결합하고 있으며, RMS를 통해 레시피와 공정 파라미터 관리를 시스템화하여, 빈번한 모델 교체 시에도 품질과 셋업 안정성을 확보하고 있다. 관련한 핵심 기술 및 기능은 다음과 같다.

- AI 기반 외관 검사: 6축 로봇과 딥러닝 기반 비전 검사 시스템을 연동한다. 딥러닝 모델을 적용하여 비정형 또는 신규 유형의 결함이 발생해도, 별도의 재프로그래밍 없이 추가 학습만으로 검사 범위를 확장할 수 있다.[8]
- AI 기반 소음 및 진동 검사: Microsoft Azure IoT Edge 기반의 머신러닝(ML) 검사를 수행한다. 누적된 운영 데이터를 지속적으로 재학습함으로써 결함 예측 성능을 점진적으로 향상시킨다.[8]
- 피드백 제어 기반 용접 자동화: 비전과 로봇, 레이저 용접기를 통합하고 실시간 피드백 제어 루프

를 구현한다. 이를 통해 과전류 등의 공정 변동성을 최소화하여 용접 품질을 안정화한다.[8]

- RMS(Recipe Management System): 레시피 마스터 데이터, 승인 절차, 버전, 공정 상·하한(USL/LSL)을 체계적으로 관리한다. MES의 작업 지시와 연동하여 정확한 레시피를 설비에 자동으로 전송함으로써, 모델 교체 시간과 작업자 기인 에러를 감소시키고 작업자 간의 품질 편차를 줄인다.[9]
- APC: IIoT 및 머신러닝(ML)과 결합하여, 공정 설정값을 실시간으로 자동 보정하고 편차를 최소화한다. 이는 WEF가 청주 스마트팩토리 선정 시 핵심 혁신 요소로 평가한 기술이다.[10]

(4) 계획(Planning)과 실행(Execution)의 통합

LS 일렉트릭 청주 스마트팩토리는 중·장기 계획부터 실시간 조정, 현장 실행과 품질 관리, 재고 관리까지의 전 과정을 하나의 데이터 스레드로 연결하여 납기와 재고, 재공(WIP)의 동시 최적화를 달성한다. 계획에서부터 실행과 검증의 전 과정이 디지털트윈 대시보드상에서 하나의 반복 순환 과정으로 운영되며, 이를 통해 모델 변종의 증가와 수요 변동성의 심화에도 불구하고 단일 계획 기반의 안정적인 운영과 납기 대응(on-time delivery)이 가능하다.[4,5] 관련한 핵심 기술 및 기능은 다음과 같다.

- SCM(계획): FP(Factory Planning)와 RTS(Real-Time Scheduling)의 통합 운영으로 계획과 실행 간의 간극을 최소화한다. 또한 수요 급변 시 민첩한 스케줄 변경과 리스크 시뮬레이션 기능을 제공한다.[4]
- MES(실행): MESA/ISA-95 표준을 준수하며 공정과 품질, 자재, KPI의 실시간 관리를 지원한다. Lot의 추적 및 이력 관리와 설비연동 경보 기능 등을 포함한다.[11]

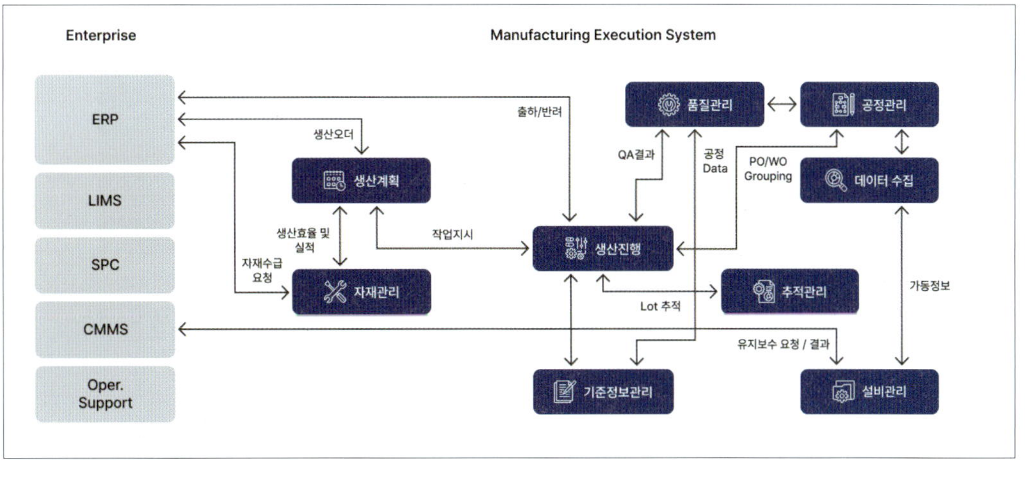

그림 10-13 LS 일렉트릭 MES 구조도[11]

(5) 유연 자동화 및 스마트 물류

LS 일렉트릭 청주 스마트팩토리는 대량 맞춤 생산 환경에서 빈번하게 발생하는 모델 교체 손실과 대기 및 공정 정지를 최소화함으로써 설비종합효율과 납기 신뢰도를 극대화한다. 사내 물류 로봇(AGV/AMR)과 AI 기반 실시간 용접, ML 기반 소음/진동 검사 등을 현장에 적용하고 있으며, 특히 대량 맞춤 생산을 지원하기 위한 자동 설비 교체 기술을 확보하여 다품종 생산의 필수 요건인 유연성을 극대화하고 있다.[6] 이때 적용된 핵심 기술 및 기능은 다음과 같다.

- **스마트 물류**: AGV/AMR 중앙 관제 시스템을 통한 자율주행과 ATC(Automatic Tool Changer)를 이용한 자동 적재 및 회수, 자동 충전 시스템을 구현하여 부품 공급 및 반제품 이송의 완전 자동화를 지향한다.[8]
- **스마트 자재 취급**: 2차원 또는 3차원 비전 기술과 딥러닝 기반 AI 기술을 결합하여 비정형 부품의 정밀한 피킹(picking)을 지원하고, 자동 모델 교체(automatic model change)를 통한 스마트 피딩(smart feeding) 시스템을 구현한다.[8]
- **로봇 조립 및 다축 체결**: 듀얼암 로봇 및 6축 다관절 로봇을 적용하고, 모션 충돌 회피, 전용 지그(jig) 및 그리퍼 설계를 최적화하여 1인 라인 운영(single-operator line)이 가능하도록 설계한다.[8]

그림 10-14 LS 일렉트릭 청주 스마트팩토리에서 무인운반차량이 부품을 운송하는 모습[12]

3) 주요 성과 및 효과

이상과 같은 통합 기술의 구현은 다양한 관점에서 의미 있는 개선을 이끌어 냈다. WEF가 2021년 발행한 공식 사례집에 따르면 다음과 같은 성과를 얻었다.[10]

- **원가 및 생산성 개선**: IIoT, ML 비전 검사, 고급 공정 제어(APC)의 유기적 결합을 통해 대량 맞춤을 구현하는 동시에 생산 원가를 약 20% 절감했다. 이는 빈번한 모델 교체 손실과 재작업 및 검사 과정의 낭비를 구조적으로 제거한 결과이다.
- **유연성 및 리드타임 개선**: 다품종 생산 환경에 대응하여 모델 교체 및 설비 세팅 시간을 87% 단축함으로써 변종 간 전환 민첩성(agility)을 확보했다. 이러한 셋업 시간의 획기적인 단축은 설비종합효율(OEE) 및 납기 신뢰도 향상에 직접적으로 기여했다.
- **물류 효율성 향상**: AGV/AMR, 무인 포장, 중앙 관제 물류 시스템을 통해 기존의 인력 의존형 물류를 데이터 기반 프로세스로 전환하여 물류 관련 투입 인력을 39% 절감했다. 결과적으로 라인 정지 및 자재 대기 시간을 감소시켜 공정 간의 평준화된 흐름을 유지하게 되었다.
- **품질 및 고객 경험 개선**: 딥러닝 기반 비전 및 소음 검사에서 검사 커버리지를 넓히고 일관성을 높였으며, APC(고급 공정 제어)가 공정 편차를 억제한 결과, 불량률 33% 감소, 검사 정확도 80% 향상, 보증(warranty) 클레임 30% 감소라는 성과를 달성했다. 이는 재작업, 반품, 사후 서비스(AS) 비용의 직접적인 절감으로 연결되었다.

4) 시사점

(1) 대량 맞춤의 실행 가능성 검증

LS 일렉트릭 청주 스마트팩토리의 사례는 데이터와 디지털 기술이 다품종 소량생산 체계 아래의 복잡한 이산 제조 환경에서 주효한 혁신의 동력이 될 수 있음을 보여 준다. 이는 다품종 소량생산이 전통적인 대량생산의 한계를 넘어 수익성과 효율성을 동시에 달성할 수 있음을 증명한다.

(2) 디지털트윈의 핵심적 역할

변동성이 극심한 생산 환경에서 디지털트윈(또는 CPS)은 복잡성을 관리하기 위한 중앙 '관제탑(control tower)' 역할을 수행할 수 있다. 이는 AI가 실제 실행 전에 최적화 방안을 테스트하고 동적 스케줄링을 관리하는 데 필수적인 환경을 제공하며, 공장 운영 지능화를 위한 핵심 요소로 작동한다.

(3) IT/OT 융합의 당위성

이 사례는 심층적인 수직적 통합(IT/OT 융합)의 중요성을 강조한다. ERP/SCM(계획)을 MES/현장(실행 및 제어)과 직접 연결함으로써 진정한 '주문-생산 연계(order-to-production)'의 민첩성 구현이 가능해진다. 이를 통해 공장은 경직된 장기 예측이 아닌 실시간 고객 수요에 동적으로 대응할 수 있게 된다.

(4) 부품 제조업의 벤치마크

LS 일렉트릭은 전 세계 중견 부품 제조 기업들의 스마트제조 구현의 벤치마크 역할을 할 수 있다. 이는 플랫폼 기반의 전략적인 디지털 전환이 세계적 수준의 경쟁력을 창출할 수 있음을 보여 주며, 다품종 소량생산에 내재한 복잡성과 효율성 사이의 균형 문제에 민감한 환경에서 강한 자극과 동기를 부여한다.

10.3 LG 스마트파크

1) 개요

LG 스마트파크(LG SmartPark)는 경상남도 창원시에 위치한 **LG전자**의 기존 창원1공장(1976년 준공)을 대상으로 제4차 산업혁명의 최첨단 기술을 적용한 **지능형 자율공장**이다. 2017년부터 기존의 노후화된 공장에 대한 본격적인 스마트팩토리 전환을 추진하여 2021년 9월 1단지 가동을 시작했으며, 정식 명칭을 '창원1공장'에서 'LG 스마트파크'로 변경하였다.

LG 스마트파크 1단지는 약 25만 6,000평방미터(7만 8,000평) 규모로, 기존 공장의 부지에 최첨단 통합생산동과 R&D 센터를 갖추고 있다. 현재 LG 스마트파크 통합생산동에서는 LG 시그니처 냉장고와 오브제컬렉션 등 프리미엄 냉장고 라인, 북미향 프렌치도어 냉장고 라인, 퓨리케어 정수기 라인 등 3개 주요 생산 라인이 가동 중이다. 생산동과 연구동이 한곳에 있어 개발부터 제조까지 유기적인

그림 10-15 LG 스마트파크 통합생산동 전경[1]

연계가 용이하며, 이곳에서 LG전자의 디오스 김치냉장고, 오브제컬렉션 정수기, 식물재배기 등 주요 히트상품의 개발과 생산이 이루어졌다. 이와 같은 물리적인 규모와 기능의 통합은 LG 스마트파크가 LG전자의 글로벌 생활가전 사업의 중추적인 역할을 수행하고, 단순 생산 기지로서의 역할을 넘어서 제조혁신의 중심부로 자리매김할 수 있도록 하였다.

2022년 3월, LG 스마트파크는 **국내 가전 업계 최초로 세계경제포럼**(WEF) **등대공장**으로 선정되었다. LG 스마트파크의 등대공장 선정은 여러 가지 측면에서 중요한 의미를 갖는다. 앞서 설명했듯이 국내 가전업계 최초로 등대공장 타이틀을 획득했으며, 2019년 포스코(철강)와 2021년 LS 일렉트릭(전력 설비)에 이어 국내 기업으로는 세 번째로 선정되는 영예를 얻었다. 기존 등대공장 선정 기업들이 전통적인 중공업 분야에 속했던 것과 달리, LG전자는 대량생산과 다품종 소량생산이 혼합된 소비재 가전 분야에서 혁신을 이루어 냈다는 점에서 그 기술의 광범위한 적용 가능성과 성숙도를 증명한 것이다. 이는 국내 제조업의 스마트팩토리 구현, 디지털 전환(DX)이 특정 산업을 넘어 다양한 분야로 확산되고 있으며, 글로벌 시장에서의 제조 경쟁력을 확보하고 혁신적인 지능형 자율공장 모델로 주목받고 있음을 의미한다.

2) 첨단 기술의 적용

LG 스마트파크는 단순한 자동화를 넘어, 제조공정 전반에 디지털트윈, AI·빅데이터, 사물인터넷(IoT) 등의 최첨단 기술을 적용하여 설계부터 생산, 물류에 이르는 통합적인 지능형 자동화 시스템을 구현하였다. 적용된 주요 기술과 세부적인 사항은 다음과 같다.

(1) 디지털트윈: 지능형 자율공장의 중추

디지털트윈은 LG 스마트파크의 **지능화**(intelligence)와 **자율화**(autonomy)를 위한 핵심 기술이다. LG 스마트파크의 실제 공장을 가상의 공간상에 완벽하게 복제하여 현실의 모든 생산 활동을 실시간으로 모니터링하고, 분석 및 예측할 수 있도록 지원한다. 통합생산동 1층 입구에는 대형 상황판이 설치되어 현재 가동 중인 생산 라인의 실시간 상태를 동일하게 버추얼 팩토리(virtual factory)에서 모니터링할 수 있다. 이를 통해 설비 가동률, 부품 이동 및 재고 현황, 제품 생산 실적, 설비 이상 유무 등을 실시간 확인할 수 있다.

LG 스마트파크에서는 디지털트윈 기술을 활용해 30초마다 공장 전체의 데이터를 수집하고, 하루에 500GB 이상의 방대한 데이터를 처리할 수 있다. 수집된 데이터는 가상 공간의 디지털트윈 모델에 연동되어 시뮬레이션을 수행하고, 이를 통해 제조공정에서 발생하는 문제를 사전 예측하고, 원인을 분석하며, 최적의 대응 방안을 찾는 등의 의사결정에 활용되고 있다. LG 스마트파크 디지털트윈은

그림 10-16 디지털트윈 기반 실시간 모니터링 시스템[2]

10분 후의 생산 상황을 예측하여, 자재 품질, 부품 수요 변동, 설비 이상과 같은 잠재적인 문제를 사전에 감지할 수 있다. 그 결과 불량 원인 분석에 소요되는 시간이 기존 대비 50% 단축되었고, 공정 중 불량률은 30% 감소하는 품질 개선 효과가 있었다. 이는 기존의 문제에 대한 사후 대응 방식이 아닌, 문제가 발생하기 전에 예측을 통해 선제적으로 대응함으로써 생산 흐름의 연속성을 보장하는 혁신적인 접근 방식이다. 또한 이 기술은 한 라인에서 최대 58종의 다양한 모델을 동시에 생산하는 '혼류 생산'을 최적화하여 각 모델에 필요한 부품과 자재를 적시에 공급할 수 있게 한다.

(2) AI 기반 플랫폼: 설비 및 검사 지능화

LG 스마트파크에는 PIE(Predictive Intelligent Engine) **플랫폼**과 **마빈 클라우드 기술**이 적용되었다. 먼저, **PIE 플랫폼**은 자체 개발한 **딥러닝 기반 지능화 플랫폼**으로 제조현장의 설비 상태를 실시간 모니터링하고, 데이터 분석 기술을 적용하여 사전에 설비 고장 및 이상 상황을 예측함으로써 가동 중단 시간을 최소화하며, 자동 계측 기술을 통해 재료 손실을 감소시키고, AI 기반 품질 검사를 지원하는 등의 생산 효율화 및 지능화의 핵심적인 역할을 수행한다. 이 플랫폼은 IIoT 및 엣지 컴퓨팅 환경에서 가동되며, 실제 진공 성형기 등 특정 공정에 적용되어 재료 손실을 80%까지 절감하는 성과를 달성하기도 했다.

마빈 클라우드(MAVIN-Cloud)는 사람의 육안과 수작업에 의존하던 검사 과정에 AI를 도입하여 자동화하고, AI 검사 모형의 개발 및 운영 라이프 사이클 전체를 관리할 수 있는 **AI 기반의 비전 검사 플랫폼**이다. 이 플랫폼은 Google Cloud의 Anthos를 활용하여 개발되었으며, 보안 문제로 외부 공유가 어려운 기업 데이터를 안전하게 보호하기 위해 온프레미스(실내구축형) 환경에서도 일관된 서

그림 10-17 진공 성형기 설비에 설치된 AI 기반 설비 및 검사 플랫폼[3]

비스 제공이 가능하도록 설계되었다. Anthos는 온프레미스를 비롯한 모든 클라우드 환경에서 대규모 애플리케이션을 일관성 있게 유지, 배포 및 운영할 수 있는 컨테이너 플랫폼으로, 마번 클라우드의 서비스 고도화뿐 아니라 안정적인 상시 배포가 가능한 운영을 가능하게 하였다. LG전자는 이처럼 내부적으로 검증된 AI 솔루션들을 외부 시장에 패키지 형태로 제공하는 사업 모델을 추진하여 고부가 가치 비즈니스를 창출하고 있다.

(3) 입체 물류 자동화 시스템: 자율주행 물류 로봇 및 고공 컨베이어 시스템

LG 스마트파크는 물류 효율과 생산성 향상을 위하여 지상과 공중을 연계하는 혁신적인 **입체 물류 자동화 시스템**을 구축하였다. 먼저, 지상의 공장 내부 물류에는 무인운반차(AGV) 기반의 자율주행 물류 로봇 50대가 투입되어 부품을 운반한다. LG 스마트파크는 세계 최초로 AGV에 5G 통신망을 적용한 공장으로, LG유플러스와 협업하여 구축한 전용 5G 네트워크를 통해 로봇들이 안정적으로 통신을 유지하며 최적의 경로를 찾아 부품을 공급할 수 있도록 실시간 제어된다. 실제 공장 바닥에는 초록색 선(로봇 통로)과 노란색 선(작업자 통로)이 구분되어 있고, 바닥의 QR 코드를 로봇이 인식해 경로를 따라 이동한다. 각 AGV는 최대 600kg 적재가 가능하며, 지능형 무인창고에서 자동 분류된 부품의 자동 운반을 담당한다. 이를 통해 사람이 무거운 부품을 들고 이동하던 수동적인 부품 운반 작업량을 크게 경감시켰고, 물류 동선 최적화로 물류 공간을 30% 절감하고 자재 운송 시간도 크게 단축했다.

LG 스마트파크에는 지상의 AGV 외에도 공중에 설치된 컨베이어를 통해 부피가 작은 부품들을 운반하는 고공 컨베이어 시스템이 설치되어 있다. 작업자가 필요한 부품 박스를 컨베이어에 올려놓으면 물류 전용 엘리베이터로 해당 층까지 올려 자동으로 작업지점 바로 앞으로 배송된다. 이 고공 컨베이어 시스템은 최대 30kg의 부품 박스를 이송할 수 있어 부피가 작거나 비교적 가벼운 수많은 부품

그림 10-18 5G 전용망 기반 자율주행 물류 로봇(AGV)[2]

그림 10-19 고공 컨베이어 시스템[2]

을 빠르고 효율적으로 공급한다. 이러한 지상과 공중의 입체 물류 자동화 시스템은 창고부터 조립 라인까지 통합적인 자재 공급과 활용을 가능하게 함으로써 물류 최적화를 달성했을 뿐 아니라 부품 자동 공급으로 인해 혼류 생산 방식의 도입을 가능하게 하였다.

(4) 지능형 생산 자동화: 로봇 및 작업자 안전

LG 스마트파크는 **AI와 로봇 기술**을 기반으로 **작업자의 안전을 확보**하고 생산성을 향상시킬 수 있는 지능형 생산시스템을 구축하였다. 냉장고 도어 조립 공정에는 3D 비전 카메라와 AI 엔진이 탑재된 로봇이 무게 20kg 이상의 무거운 냉장고 도어를 운송하고, 이를 본체에 부착하여 나사를 정밀 체결한다. 이는 로봇이 비전 인식 기술을 통해 나사 체결을 위한 미세한 위치까지 정확하게 파악할 수 있기 때문이다. 이로 인해 시간당 생산량이 약 20% 증가하는 효과를 거두었으며, 조립 정밀도와 효율 또한 향상되었다. 또한 불꽃과 유해가스로 인해 작업 위험도가 높은 용접 공정에도 로봇이 적용되었다. 로봇 용접은 화염에 의한 작업자의 위험을 낮추고 용접 품질을 균일하게 유지하여 불량률 개선에도 기여한다. 이 외에도 프레스, 도포 등의 공정을 자동화함으로써 사람은 위험하거나 고강도의 작업에서 제외되고, 설비 모니터링이나 공정 관리 같은 고부가가치 업무에 집중할 수 있게 되었다. 이는 LG가 '사람을 위한 자동화'라는 철학 아래 기술의 발전이 궁극적으로 인간의 역량을 발전시키는 미래형 제조업의 방향성을 제시하고 있다고 할 수 있다.

(5) 스마트 에너지/환경 관리(ESG): 지속가능경영 달성

LG 스마트파크는 **에너지저장시스템**(Energy Storage System, ESS)을 설치하여 전기 사용량이 적고 전기 요금이 저렴한 심야 시간대의 전력을 배터리에 저장했다가 주간 피크 시간대에 사용함으로써 전력 피크 부하를 감소시키고 에너지 비용을 절감하고 있다. 또한 창원시 소재의 폐자원소각장에서 발생하는 폐열을 스팀으로 변환하여 공급받아 난방 등에 활용함으로써 연료의 직접적인 연소 없이

그림 10-20 냉장고 도어 조립 공정의 로봇 자동화[2]

온실가스 배출을 저감하고 있다. 최근에는 GS EPS와 협업하여 LG 스마트파크 옥상에 약 1만 장의 태양광 패널로 구성된 **태양광 발전소**를 구축하고 있으며, 2025년 완공 시 공장 사용 전력의 10% 이상을 태양광 발전으로 대체할 예정이다. LG 스마트파크에는 LG전자의 **건물 에너지 관리 시스템**인 **BECON(비컨)**이 적용되어 AI 기반으로 건물 내 온도와 전력 사용량을 실시간 분석하여 에너지 사용을 최적화하고, 냉난방, 조명 등 다양한 설비와 시스템을 통합적으로 관리하여 생산성 향상뿐 아니라 에너지 효율 개선, 탄소 배출 감소라는 지속가능경영의 성과를 달성하고 있다.

3) 주요 성과 및 추후 발전 방향

LG 스마트파크는 스마트팩토리로의 성공적인 전환을 통해 생산시스템의 자동화 및 지능화를 달성하였고, 생산성, 품질, 지속가능성 등의 다양한 측면에서 괄목할 만한 성과를 달성하였다. 핵심적인 성과 지표는 아래와 같다.

❶ 생산성 향상

냉장고 1대의 생산 시간을 기존 15~16초에서 13초로 단축함으로써 시간당 최대 50대를 더 생산할 수 있게 되었다. 이를 통해 생산성이 약 20% 향상되었으며, 향후 스마트파크가 최종 완공될 경우 최대 200만 대 수준인 냉장고 생산 능력이 300만 대 이상으로 늘어날 것으로 기대된다.

❷ 리드타임 단축

58종의 다양한 모델을 한 라인에서 동시에 생산할 수 있는 혼류 생산을 지원하고 있으며, 신제품 생산라인의 개발 및 구축 기간을 30% 단축함으로써 소비자의 수요에 즉각적으로 대응할 수 있는 유연한 생산체계를 마련하였다. 또한 생산 자동화와 디지털화를 통해 제품 개발부터 양산까지의 전체 리드타임을 단축시켜 고객 맞춤형 제품의 시장 출시를 앞당길 수 있었다.

❸ 품질 개선

AI 및 로봇 기술을 적용함으로써 현장 불량률이 30% 감소하였고, 불량이 발생할 시 원인 분석 시간이 기존 대비 50% 단축됨으로써 품질 고도화를 달성하였다. 로봇에 의한 자동화 공정은 제품별 품질 편차를 줄이고, AI 기반 비전 검사를 통해 품질 데이터를 관리함으로써 품질 비용을 획기적으로 절감할 수 있었다.

❹ 물류 효율 향상

5G 기반 입체 물류 자동화를 통해 부품 공급이 실시간 신속하게 이루어지고, 공장 내 물류 공간이 약 30% 감소하였으며, 자재 이동시간도 단축되어 재고 회전율이 향상되었다. 지능형 창고 시스템이 재고를 자동으로 파악하고 부품 공급 시점을 정확하게 예측하여 제공함으로써 재고 관리 효율뿐 아니라 생산성 향상에도 기여하였다.

❺ 에너지 비용 저감

ESS, 태양광, 폐열 활용 등으로 스마트파크의 에너지 효율이 30% 개선되었고, 이를 통해 에너지 비용과 연간 탄소 배출량이 감소되었다. 이는 친환경 스마트팩토리의 모범적인 참조 모델일 뿐 아니라 지속가능경영의 성공적인 사례라고 할 수 있다.

LG 스마트파크의 혁신적인 성과는 국내뿐 아니라 해외 생산 거점으로 확산되고 있다. LG전자는 미국 테네시 공장에 LG 스마트파크의 지능형 자율공장 기술을 적용하였고, 2023년 등대공장으로 선정되었다. 이는 한국 기업이 해외에 세운 공장 중 최초의 등대공장으로, LG전자는 국내외 두 곳에서 WEF 등대공장을 보유한 유일한 한국 기업이 되었다. 테네시 공장은 AI, 빅데이터, 사물인터넷과 같은 디지털 기술을 도입하고 로봇을 활용해 공정을 완전 자동화하는 등 첨단 제조기술을 접목한 세계적인 수준의 지능형 자율공장을 구축했다. 이와 같이 LG 스마트파크는 LG전자의 전 세계 생산 법인에 스마트팩토리를 통한 제조혁신의 노하우를 전파할 수 있는 '**마더 팩토리**(mother factory)'로서의 역할을 수행하고 있다. 앞으로 LG전자는 유럽 등 다른 지역 생산 공장에도 단계적으로 지능형 공정 시스템을 도입해 글로벌 제조혁신을 확산시킬 계획이다.

또한 LG전자는 내·외부에서 검증받은 스마트팩토리 노하우를 토대로 무형자산(intangible asset)의 사업화를 추진하고 있다. LG전자는 제품(HW) 중심이던 사업 포트폴리오를 소프트웨어, 솔루션 등의 무형(non-HW)의 영역을 결합해 미래 지향적 구조로 변화시키는 것에 박차를 가하고 있다. 특히 다수의 외부 기업고객들을 대상으로 하는 만큼 '2030 미래비전'의 3대 성장동력 가운데 하나인 기업간거래(B2B) 사업의 고속 성장에도 크게 기여할 것으로 기대된다.

4) 전략적 의미 및 시사점

LG 스마트파크의 성공은 LG전자 기업 내부적인 관점뿐 아니라 국내외 제조업 차원에서도 많은 의미를 지니고 있다. 먼저 기업 내부적인 관점에서 LG 스마트파크는 LG전자가 제조 경쟁력을 확보하고 글로벌 가전 시장에서 우위를 선점할 수 있게 하였다. 생산성 20% 향상, 불량률 30% 감소 등을 통해 제품 경쟁력이 높아지고, 58종 모델의 혼류 생산, 신제품 리드타임 감소 등을 통해 다양한 소비자의 수요에 신속하게 대응할 수 있게 되었다. 이는 프리미엄 가전 전략을 추구하는 LG전자에 있어 고객 경험 혁신의 전초기지 역할을 스마트파크가 수행하고 있음을 의미한다. 류재철 H&A 사업본부장은 "LG 스마트파크는 세계 최고의 제품을 생산하는 고객 경험 혁신의 전초기지"라며, "첨단 디지털 기술을 바탕으로 글로벌 가전 제조업의 미래 청사진을 제시할 것"이라고 밝혔다.

LG 스마트파크는 국내외 제조업에도 많은 시사점을 제공한다. 그동안 국내에서는 정부 주도로 중소·중견 제조기업을 중심으로 스마트팩토리 구축이 추진되어 왔으나, 대기업의 스마트팩토리 도입 사례와 그에 따른 구체적인 성과가 발표되면서 제조업의 디지털 전환이 미래형 제조를 위한 필수 요소임이 명확히 입증되었다. 또한 LG 스마트파크는 WEF 등대공장으로 선정되며 국내뿐 아니라 전 세계 제조기업들의 벤치마크 대상이 되었고, 한국 제조업이 글로벌 시장을 선도할 수 있음을 보여 주었다.

기존의 등대공장은 주로 자동차, 중공업, 석유화학 분야에서 선정되었으나 기술, 자본, 노동 집약적인 가전 산업에서 등대공장이 선정됨에 따라 동종 업계뿐 아니라 다양한 산업 분야로의 파급 효과가 크다고 할 수 있다. 정부 차원에서도 기존에 진행하고 있던 스마트제조혁신을 위한 다양한 정책들을 지속적으로 추진해야 할 당위성을 강화시켜 주었으며, 이는 중소·중견 제조업에도 DX 투자에 대한 선순환 효과를 불러일으킬 것으로 기대된다.

LG 스마트파크는 대한민국 제조업의 미래를 밝히는 등대이자, 글로벌 시장에서 기술 리더십을 공고히 하는 핵심 동력으로서 그 역할을 확장해 나가고 있다. 이는 다른 기업들에게도 스마트팩토리 도입의 필요성과 성공적인 전환을 위한 구체적인 방향을 제시하는 중요한 시사점을 제공한다.

10.4 아모레 뷰티파크

1) 개요

지난 2023년 12월, 경기도 오산시에 위치한 **아모레 뷰티파크**(AMORE Beauty Park)는 **국내 화장품 업계 최초로 세계경제포럼 등대공장**으로 선정되었다. 아모레 뷰티파크는 약 33만 제곱미터(10만 평)의 규모로, 연구개발, 생산, 물류, 구매 등의 기능을 통합적으로 제공하는 복합 캠퍼스이며, 설화수, 헤라, 라네즈 등의 프리미엄 브랜드부터 이니스프리, 에뛰드 등의 대중적인 브랜드까지 다양한 제품을 생산하고 있다. 뷰티파크는 생산동, 연구동 및 물류센터가 통합적으로 연계되어 있어 제품의 개발부터 생산, 유통까지 하나의 공간에서 유기적으로 진행될 수 있으며, 이를 통해 아모레퍼시픽의 히트상품인 쿠션 파운데이션, 마스크팩 등이 개발될 수 있었다.

아모레 뷰티파크는 2019년 포스코(철강), 2021년 LS 일렉트릭(전력 설비), 2022년 LG전자(가전)에 이어 2023년 한국수자원공사(K-water)와 함께 등대공장으로 선정되었으며, 다품종 소량생산과 개인맞춤형 생산이 핵심인 화장품 분야에서 국내 기업으로는 최초로 혁신을 달성했다는 점에서 타 산업으로의 적용 가능성과 기술 성숙도를 보여 준 사례라 할 수 있다. 또한 국내 제조업의 스마트팩토리 구축이 특정 산업이 아닌 다양한 소비재 전반으로 확산되고 있음을 보여 주며, 글로벌 시장에서 K-뷰티가 경쟁력을 확보하고 혁신적인 지능형 개인화 생산 모델로 주목받고 있음을 의미한다.

이후 아모레 뷰티파크는 스마트팩토리의 혁신 인프라를 기반으로 화장품 업계 최초로 환경부 산하 한국환경공단이 주관하는 '**2024년 스마트 생태공장**(Smart Eco Factory)'을 구축하였다. 한국환경공단은 오염배출원 중 가장 큰 비중을 차지하는 제조공장을 대상으로 온실가스 저감, 오염물질 최

그림 10-21 아모레 뷰티파크 스마트 생태공장 전경[1]

소화, 에너지·자원 효율 제고 등을 종합적으로 도모하여 중소·중견기업의 친환경 생산시스템 구축을 지원하는 스마트 생태공장 구축사업을 수행하고 있으며, 아모레 뷰티파크는 정보통신기술, 온실가스 및 오염물질 저감, 자원 순환, 환경 보건 등 10개 분야를 선정하여 스마트 생태공장 전환을 완료하였다.

아모레 뷰티파크는 지능형 자율생산을 위한 스마트팩토리 구축의 기술 혁신뿐 아니라 지속가능경영을 위한 친환경 공정을 달성함으로써 **진정한 미래형 제조 생태계**를 구축하였다고 할 수 있다. 이는 K-뷰티 산업이 글로벌 수준의 스마트 기술과 환경 기술의 통합적 경쟁력을 확보했다는 점에서도 큰 의미를 지닌다.

2) 첨단 기술의 적용

아모레 뷰티파크는 생산과 물류 관점에서 자율 제어형 스마트팩토리 구축을 위해 노력하고 있다. 적용된 주요 기술과 세부적인 사항은 다음과 같다.

(1) 생산 디지털화 & 자동화

사람이 할 수 있는 일은 '**자동화**(automation)', 사람밖에 할 수 없는 일은 '**디지털화**(digitalization)', 사람은 할 수 없는 일은 '**빅데이터와 AI**'를 활용하여 정확한 예측과 실행이 가능한 스마트팩토리 구축을 목표로 하고 있다. 이를 위해 생산 공정은 첨단 자동화된 설비들을 갖추고 있고, 제조와 생산의 모든 과정은 자체 개발된 디지털 기술을 통해 하루 6억 개 이상의 데이터를 수집하고 있으며, 빅데이터 기반의 프로세스로 자율 운영될 수 있도록 지능화를 구현하였다. 또한 생산, 품질 관리 과정을 통합적으로 처리하기 위해 글로벌 표준 생산시스템(Global Manufacturing Execution System, G-MES)과 글로벌 품질 관리시스템(Global Quality Management System, G-QMS)을 개발 및 구축하였다. G-MES로 전체 생산 공정을 표준화했을 뿐 아니라 생산계획, 실적, 창고 운영 등 생산과 관련된 현황을 실시간으로 확인할 수 있다. 또한 G-QMS를 통해 제품 개발부터 고객 품질까지 전 과정에 걸쳐 품질 영역의 업무, 데이터를 일괄 통제하고 있다. 이는 아모레퍼시픽의 차별화된 'One IT' 인프라 구축을 위한 노력의 결과라 할 수 있다.

(2) 품질 표준화

아모레 뷰티파크는 각 생산 시설들의 **품질을 표준화**하기 위해 정보통신기술에 생산기술을 접목해 전체 화장품 제조공정을 통제하는 RCS(Recipe Control System)를 구축하였다. RCS는 제조공정에서 인적 요소로 인한 오류를 원천적으로 배제하여 품질의 변수를 최소화하고, 고객에게 가장 안전한 제

그림 10-22 아모레 뷰티파크 생산 및 품질 기술[2]

품을 효율적으로 전달할 수 있도록 제조의 표준화를 목표로 한다. 또한 제조공정 기술 측면에서도 제품의 품질을 극대화하기 위해 내용물이 어떤 방향과 속도로 이동할지를 예측할 수 있는 기술력을 확보하고 있다. 이 예측 기술을 통해 2012년부터 수많은 공정 프로세스를 분석하였고, 생산공정과 설비 구조를 변화시켜서 각각의 제형별 맞춤 설비를 구축할 수 있었다.

(3) 스마트 물류 인프라

아모레 뷰티파크 내 위치한 물류센터는 **아모레퍼시픽 물류의 통합 거점**으로 제품 전체의 보관, 하역, 배송의 물류 총괄 기능을 담당하고 있다. 오산 물류센터는 효율적으로 재고 보관을 할 수 있는 자동 창고와 피킹 카트(Digital Picking Cart, e-DPC)를 활용한 듀얼 모드 피킹 시스템(Dual Mode

그림 10-23 아모레 뷰티파크 스마트 물류 기술[3]

Picking System, DMPS)/자동포장 등의 최첨단 자동화 설비를 통해 많은 양의 물류를 빠르고 정확하게 처리하며, 주문 후 1일 내에 고객에게 배송하는 'D+1' 정책을 유지하고 있다. 이를 기반으로 아모레퍼시픽은 B2B(매장), B2C(개인고객), 글로벌(국가) 채널별 출고 특성에 최적화된 전용 설비/시스템을 운영하고 있으며, 나아가 B2C 채널에 다양한 고객 경험 제공을 위하여 친환경 포장 및 개인맞춤 서비스를 운영하고 있다.

(4) 친환경 제조기술

아모레 뷰티파크는 설계 단계부터 태양광 발전 설비 도입, 중·우수 활용 등 에너지 절감을 목표로 건축되었고, **지속적인 환경친화적 경영**을 지향하고 있다. 전기에너지 절감을 위해 물류동 옥상에 태양광 모듈(약 2.6MW)을 설치하였고, 온실가스 배출 저감을 위해 심야에 냉수를 저장한 후 주간에 냉방용으로 활용하는 수축열 시스템도 활용하고 있다. 아모레퍼시픽은 2021년 3월 '글로벌 RE100'에 참여한 후, 태양광 자가발전을 통해 전체 전력 사용량의 약 10% 이상 재생에너지로 전환하고, 녹색 프리미엄 요금제, 전력구매계약(Power Purchase Agreement, PPA) 등 다양한 활동을 통해 2022년 모든 제품을 100% 재생에너지로 생산하는 RE100을 달성하게 되었다.

또한 수자원 보호를 위해 3천 톤 규모의 우수 재이용 시설을 구축하고, 폐수를 재사용하여 전체 물 사용량의 20%에 해당하는 연간 4만 톤의 용수를 절감하고 있다. 폐기물 최소화와 재활용률 향상을 위해 기존에 매립하던 분진을 재활용하고, 2020년에는 환경오염물질 배출량을 줄이기 위한 노력을 인정받아 화장품업계 최초로 한국 환경부로부터 통합환경허가를 취득하였다. 이 외에도 아모레퍼시픽은 태양광 패널 확대, AI 조명 사용 확대, 에너지 저장 장치(ESS) 등을 지속적으로 추진하며 생산되는 전 제품을 친환경적으로 제조하는 것을 목표로 노력하고 있다.

그림 10-24 태양광 패널을 설치한 본사 옥상[4]

3) 주요 성과 및 추후 발전 방향

아모레 뷰티파크는 생산 설비와 공정의 자동화, 디지털화 및 지능화를 통해 제품 개발, 생산 및 운영의 전 공정에 대한 효율성을 향상시킴으로써 연간 제품 1억 1,000만 개의 생산 능력을 달성하였다. 전 공정의 레시피를 표준화하여 관리하고, 생산 및 품질 업무와 데이터를 통합적으로 제어·관리함으로써 작업자에 의한 인적 오류를 최소화하고 소비자 클레임이 감소하는 등 전 제품에 대한 품질 수준이 향상되었다. 또한 스마트 물류 시스템을 통해 제품 출하 속도 및 재고 대응력이 강화되어 효율적인 물류 관리가 가능하고, 물류 출입고의 정확성과 효율성을 높일 뿐 아니라 글로벌 수출입 운영 속도 또한 향상되었다. 아모레퍼시픽은 적극적인 친환경 정책을 통해 연간 279 tCO_2eq 온실가스를 저감하고, 연간 2만 3,000톤 이상의 우수 및 폐수를 재활용하며, 100% 재생에너지를 사용하는 RE100 달성 등 많은 성과를 달성하였다.

최근 아모레퍼시픽은 "Create New Beauty" 슬로건 아래 해외 매출 비중을 70% 달성하고 프리미엄 스킨케어 부문에서 글로벌 상위 3위에 진입하는 것을 목표로 다음과 같은 다섯 가지 핵심 전략을 제시하였다.

1. Everyone Global: 한국, 북미, 유럽, 인도/중동, 중국 및 일본/아시아 태평양의 핵심 글로벌 시장 확산
2. Holistic: 종합적인 뷰티 포트폴리오(beauty portfolio)를 강화하고, 웰니스, 뷰티 디바이스 등 소비자에게 통합 뷰티 경험 제공
3. Ageless: 생명공학(biotechnology) 기반의 안티에이징 솔루션을 개발하고, 바이오 뷰티(bio-beauty) 분야의 차별화 경쟁력 구축
4. AMORE Spark: 협업 중심의 시스템과 역동적인 조직 문화 조성
5. AI First: 제품 개발부터 제조, 판매까지 전 주기에 걸쳐 AI를 통한 근본적인 업무와 고객 경험의 전환

아모레 뷰티파크는 아모레퍼시픽이 제시한 다섯 가지 핵심 전략을 성공적으로 달성하기 위한 기반을 제공하며, **글로벌 공급망**과 **생산 허브**로서의 역할을 수행할 것으로 기대된다.

4) 전략적 의미 및 시사점

아모레 뷰티파크는 **국내 화장품 업계 최초**로 **세계경제포럼 등대공장**으로 선정되면서 배치 공정 혹은 (부분적인) 연속 공정의 특징을 가진 화장품 산업도 고도화된 수준의 자동화 및 디지털화를 구현할 수 있음을 보여 주었다. 특히 단순 생산 시설을 넘어 물류와 유통까지 통합된 SCM을 구축하여 국내뿐

아니라 글로벌 공급망 경쟁력을 강화하였다고 할 수 있다. 특히 아모레 뷰티파크는 등대공장 선정에 이어 **스마트 생태공장**으로의 전환을 완료함으로써 생산성 향상을 목표로 하는 스마트팩토리 기술 혁신을 기업의 사회적 책임인 지속가능성 달성으로 성공적으로 연결한 실증 사례라고 할 수 있다.

즉, 고도화된 제조기술의 발전이 친환경 제품 생산, 에너지 저감, 온실가스 감축 등을 통해 ESG 경영을 실현할 수 있음을 확인하였다. 마지막으로 아모레 뷰티파크는 Industry 4.0을 넘어서 **Industry 5.0**의 개념을 제시하였다고 할 수 있다. 기존 대부분의 스마트팩토리가 기술 중심의 자동화와 디지털화에 초점이 맞춰진 반면에 뷰티파크는 **사람과 환경에 초점**을 맞추고 있다. 기본적으로 사람과 설비, 공간이 서로 소통 가능한 지능형 공장을 목표로 하고 있으며, 기업 내부적으로도 인재 재교육, 데이터 활용 역량, 협업 기반 조직문화 강화 등을 강조하고 있다. 이는 아모레퍼시픽이 기술과 함께 사람, 조직, 문화 그리고 환경을 융합하여 진정한 미래형 제조혁신을 달성하고 있음을 의미한다.

참고문헌

10.1절

1 www.posco.co.kr/homepage/docs/kor7/jsp/prcenter/press/s91c600210v.jsp?idx=329

2 WEF(World Economic Forum). (2019). "Scaling Intelligent Manufacturing: 10 Factories Leading the Way in Innovation", URL: https://www.weforum.org/press/2019/07/scaling-intelligent-manufacturing-10-factories-leading-the-way-in-innovation/

3 https://newsroom.posco.com/en/posco-named-lighthouse-factory-by-world-economic-forum/

4 POSCO DX 솔루션. "Smart Factory Platform", URL: https://www.poscodx.com/kor/solution/posFrame

5 www.poscodx.com/kor/solution/posFrame

6 POSCO Group Newsroom. (2019). "POSCO the Lighthouse Factory #1: POSCO's Smart Factory Shines Light on Manufacturing Industry (The Concept)", URL: https://newsroom.posco.com/en/posco-lighthouse-factory-1

7 https://newsroom.posco.com/en/meet-the-ai-blast-furnace-of-pohang-works

8 POSCO Group Newsroom. (2020). "Meet the 'AI Blast Furnace' of Pohang Works", URL: https://newsroom.posco.com/en/meet-the-ai-blast-furnace-of-pohang-works

9 POSCO Group Newsroom. (2019). "Blast Furnace Anatomy #2 - POSCO's Smart Blast Furnace: "I Think, Therefore I Am."", URL: https://newsroom.posco.com/en/blast-furnace-anatomy-2

10 POSCO Group Newsroom. (2019). "POSCO the Lighthouse Factory #2: POSCO's Smart Factory Transforms the Industry (The Cases)", URL: https://newsroom.posco.com/en/posco-the-lighthouse-factory-2/

11 POSCO Group Newsroom. (2021). "Safety is now made smart! [POSCO Smart Safety A to Z]", URL: https://newsroom.posco.com/en/safety-is-now-made-smart/

12 한국경제. (2024). "포항제철 'AI 혁신'…제조업의 미래 눈앞에 펼쳐진다", URL: https://www.hankyung.com/article/2024082652451

13 아시아경제. (2025). "AI 기술로 생산성 껑충... 포스코 포항제철소, Coil Car 소재 걸림감지 시스템 도입", URL: https://cm.asiae.co.kr/article/2025021414592968061

10.2절

1 동아일보. (2021). "LS일렉트릭 청주공장 '세계등대공장' 선정", URL: https://www.donga.com/news/Economy/article/all/20210929/109481505/1

2 https://www.industrytoday.co.kr/news/articleView.html?idxno=2359

3 WEF(World Economic Forum). (2021). "Global Lighthouse Network: Unlocking Sustainability through Fourth Industrial Revolution Technologies", URL: https://www.weforum.org/publications/global-lighthouse-network-unlocking-sustainability-through-4ir/

4 Beyond X. "SCM(Supply Chain Management)", URL: https://beyondx-sf.ls-electric.com/solution/solution2_1.php

5 Beyond X. "SMI(Smart Manufacturing Insight)", URL: https://beyondx-sf.ls-electric.com/solution/solution2_8.php

6 LS ELECTRIC. "2021-2022 LS 일렉트릭 지속가능경영보고서", URL: https://www.ls-electric.com/ko/company/data/2021_2022_LSELECTRIC_CSR_Report.pdf

7 https://www.electimes.com/news/articleView.html?idxno=324890

8 Beyond X. "공정/물류 자동화 설계(자동화 설비 제작)", URL: https://beyondx-sf.ls-electric.com/solution/solution1_3.php

9 Beyond X., "RMS(Recipe Management System)", URL: https://beyondx-sf.ls-electric.com/solution/solution2_3.php

10 WEF(World Economic Forum). (2021). "Lighthouses boost sustainability with Fourth Industrial Revolution transformation", URL: https://www.weforum.org/press/2021/09/lighthouses-boost-sustainability-with-fourth-industrial-revolution-transformation/

11 Beyond X. "MES(Manufacturing Execution System)", URL: https://beyondx-sf.ls-electric.com/solution/solution2_2.php

12 https://www.lsholdings.com/ko/media/news/71375371694e6d506465623773685a6544434868577a4a4e465433616e706c63

10.3절

1 LG전자. (n.d.). LG SmartPark—LG의 지능형 자율공장 이야기. Live LG. [Online] Available: https://live.lge.co.kr/lg-smartpark

2 LG전자. (2022년 10월 7일). LG 스마트파크, 세계경제포럼 등대공장 선정. 비즈워치. [Online] Available: https://news.bizwatch.co.kr/article/industry/2022/10/07/0003

3 https://blog.naver.com/404errorkr/223834297669

4 LS ELECTRIC. (2021). 디지털트윈이 바꿀 제조 현장의 모습. 브런치. [Online] Available: https://brunch.co.kr/@lselectric/13

5 전자신문. (2022). [르포] 글로벌 제조혁신 성공 모델 'LG스마트파크'. [Online] Available: https://www.etnews.com/20221010000071

6 LG전자. (2022). LG전자 창원 'LG 스마트파크', '세계경제포럼(WEF) 등대공장' 선정. 보도자료. [Online] Available: https://www.lg.co.kr/media/release/24624

7 하주희. (2023). LG전자 창원 스마트파크—인간과 로봇이 함께 일하는 미래형 공장. 월간조선. [Online] Available: https://monthly.chosun.com/client/news/viw.asp?ctcd=B&nNewsNumb=202305100033

8 김기훈. (2022). '등대공장' 창원 LG스마트파크, 제조업의 미래를 비춘다. 연합뉴스. [Online] Available: https://www.yna.co.kr/view/AKR20221009016300003

9 LG전자. (2024). LG전자, 66년 노하우에 AI 결합한 '제조 AI' 스마트팩토리 솔루션 사업 2030년 조 단위 육성. LiVE LG. [Online] Available: https://live.lge.co.kr/2407-lg-smartfactory/

10.4절

1 CNC뉴스. (2023). 아모레 뷰티파크, 화장품 산업 첫 세계경제포럼 등대공장 선정. [Online] Available: http://www.cncnews.co.kr/news/article.html?no=9785

2 아모레퍼시픽그룹. (n.d.). Manufacturing—Smart Factory & Beauty Park. 아모레퍼시픽 공식 웹사이트. [Online] Available: https://www.apgroup.com/int/ko/about-us/research-innovation/scm/manufacturing/manufacturing.html

3 아모레퍼시픽그룹. (n.d.). Logistics—스마트 물류 시스템. 아모레퍼시픽 공식 웹사이트. [Online] Available: https://www.apgroup.com/int/ko/about-us/research-innovation/scm/logistics/logistics.html

4 ESG Economy. (2024). 아모레 뷰티파크, RE100 달성 및 스마트 생태공장 전환 완료. [Online] Available: https://www.esgeconomy.com/news/articleView.html?idxno=168

5 한국환경공단. (n.d.). 스마트 생태공장 구축사업 안내 리플렛[PDF]. [Online] Available: https://www.keco.or.kr/doc/web/smart_leaflet.pdf

6 아모레퍼시픽그룹. (2025). LANEIGE Launches New Water Bank Campaign 'The LANEIGE Show'[Press release]. [Online] Available: https://www.apgroup.com/int/ko/news/2025-01-10-2.html

7 스마트제조혁신협회. (n.d.). 한국수자원공사 화성 AI 정수장, 전 세계 물관리 시설 중 최초 「글로벌 등대공장」 선정. [Online] Available: http://www.k-smartfactory.org/index.php/information/industry_4/board_view?message_id=5536

8 World Economic Forum. (2023). Global Lighthouse Network: Adopting AI at Speed and Scale[White paper]. [Online] Available: https://www3.weforum.org/docs/WEF_Global_Lighthouse_Network_Adopting_AI_at_Speed_and_Scale_2023.pdf

SUPPLEMENT

부록

1

1. CAD/CAM 맛보기 (5장 제품 설계와 제조 엔지니어링)
2. PLC 프로그래밍 맛보기 (6장 생산 자동화와 제어시스템)
3. 생산 시뮬레이션 맛보기 (9장 스마트팩토리 주요 기술)
4. 공정/품질 이상 진단 맛보기 (9장 스마트팩토리 주요 기술)

1. CAD/CAM 맛보기 (5장 제품 설계와 제조 엔지니어링)

개요

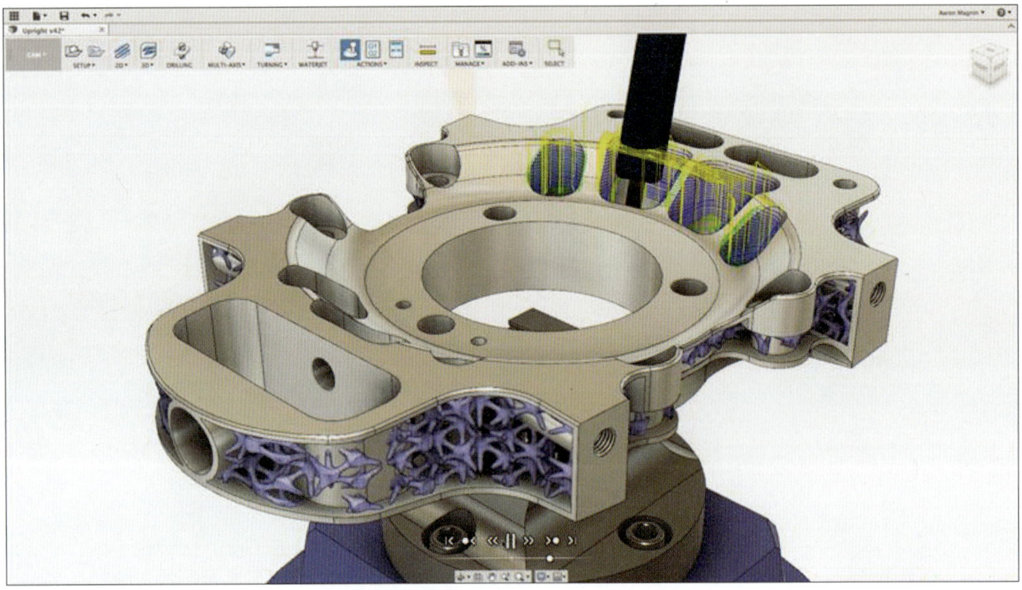

그림 A1-1 CAD/CAM Software 예시(Autodesk Fusion 360TM)

컴퓨터 지원 설계(Computer-Aided Design, CAD)는 제조, 계획 수립, 컴퓨터 지원 해석 등의 공학 분야에서 널리 사용되고 있다. 자재 소요량 산정, 재고 관리, 생산계획 수립에도 CAD를 활용할 수 있다. 또한 구매, 제조, 계획 수립 및 기타 여러 활동을 지원한다. 특히 제조 분야에서는 정보를 교환함으로써 공정이 실행되도록 하여 전체 생산을 제어하는 데 사용된다.

컴퓨터 지원 제조(Computer-Aided Manufacturing, CAM)는 일반적으로 수치제어(Numerical Control, NC) 컴퓨터 소프트웨어를 활용하여 컴퓨터수치제어(Computer Numerical Control, CNC) 기계를 구동하는 상세한 지침(G-code)을 생성하는 것을 의미한다. 다양한 산업 분야의 제조 업체들은 고품질 부품을 생산하기 위해 CAM의 기능에 의존하고 있다. CAM은 일반적으로 소프트웨어를 통해 도면과 데이터를 자동화된 장비를 구동할 수 있는 상세한 가공 지침으로 변환한다. 예를 들어, 2D 디지털 도면은 건축가의 설계에 맞게 외장재나 기타 부품을 절단할 수 있도록 레이저나 물리적 절단 도구의 경로를 나타내는 데 활용할 수 있다.

목표

- CAD/CAM을 이해한다.
- Fusion 360™을 활용한 CAD/CAM 소프트웨어의 기본 기능을 실습해 본다.

준비물

- CAD/CAM 소프트웨어: Autodesk Fusion 360™

  https://www.autodesk.co.kr/products/fusion-360/overview

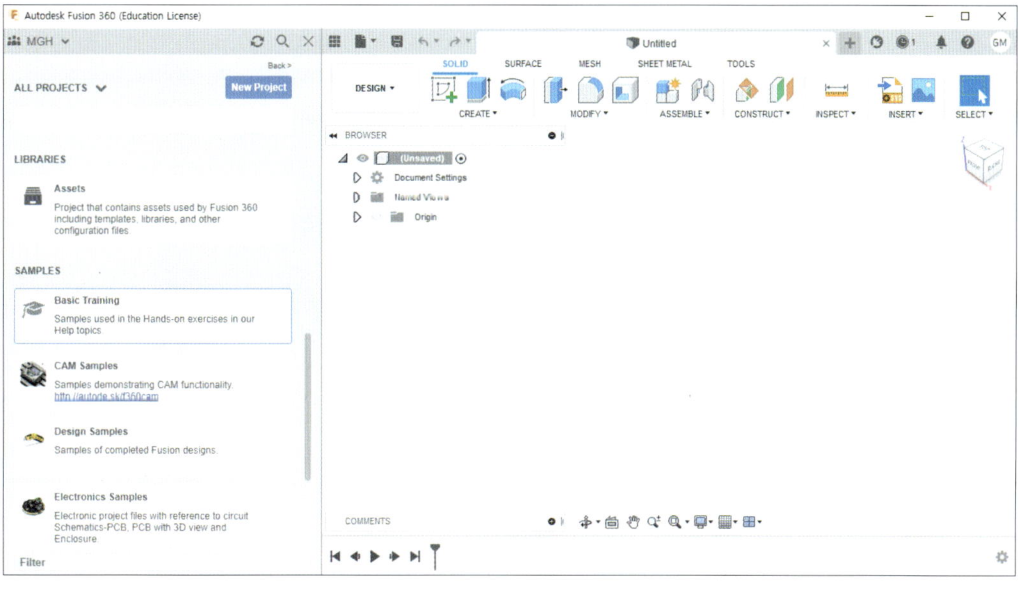

그림 A1-2　Fusion 360 시작 화면

연습 1-1

- 기본적인 CAD 기능 학습
  - 스케치 (치수 & 구속조건)

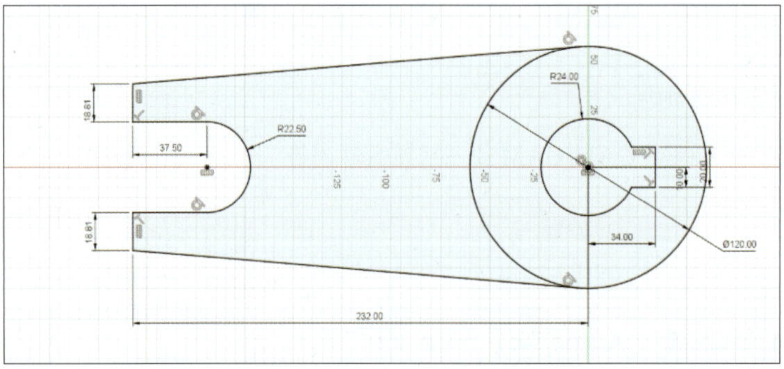

그림 A1-3 스케치 예시

- 돌출 & 회전

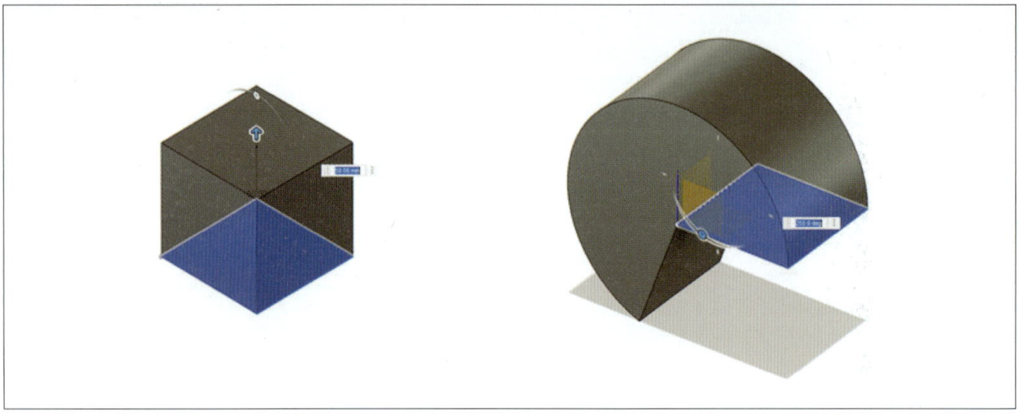

그림 A1-4 돌출 & 회전 예시

- 모깎기 & 모따기

그림 A1-5 모깎기 & 모따기 예시

- 모델 설계(자세한 치수는 그림 A1-7 참고)

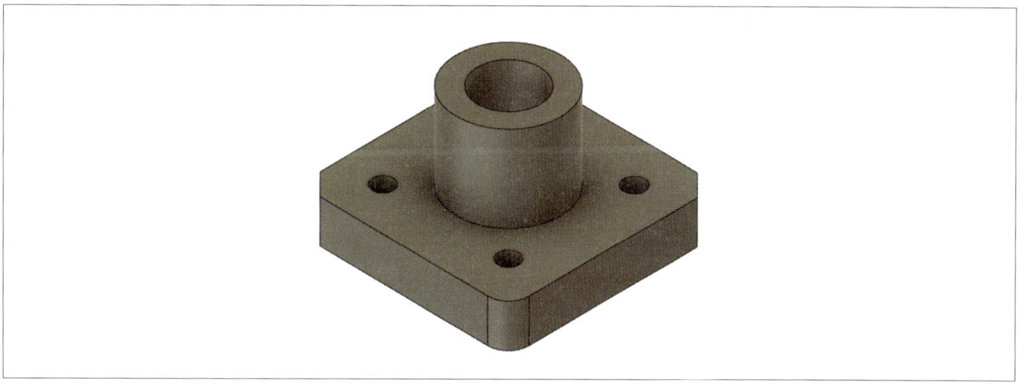

그림 A1-6 연습 1-1의 CAD Model

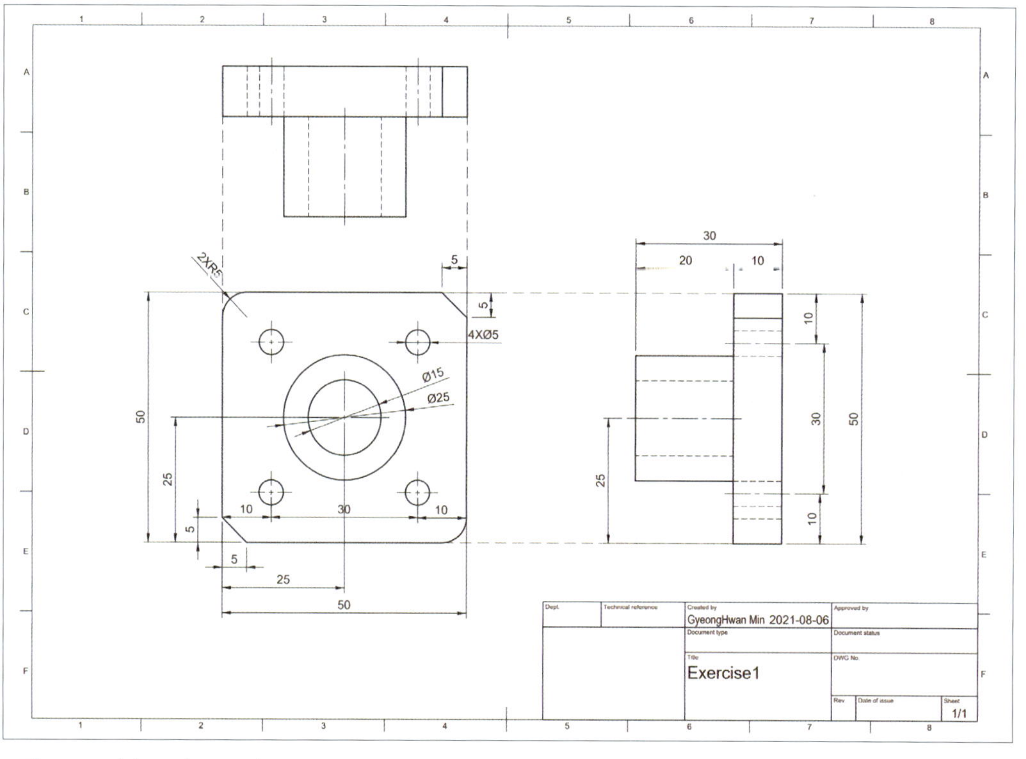

그림 A1-7 연습 1-1의 2D 도면

연습 1-2

- 기본적인 CAM 기능 학습(절삭가공)

표 A1-1 CAM 기본 기능

평면 가공	포켓 가공	외각 가공	드릴링
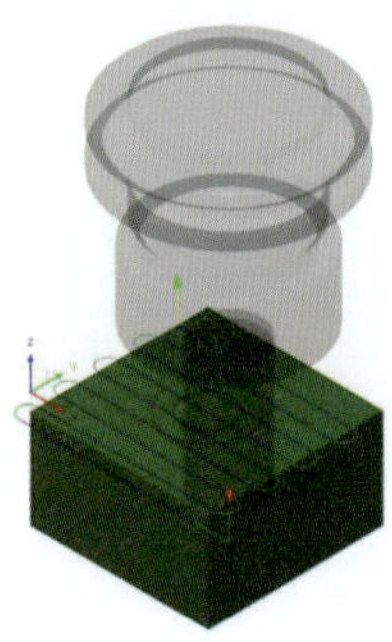	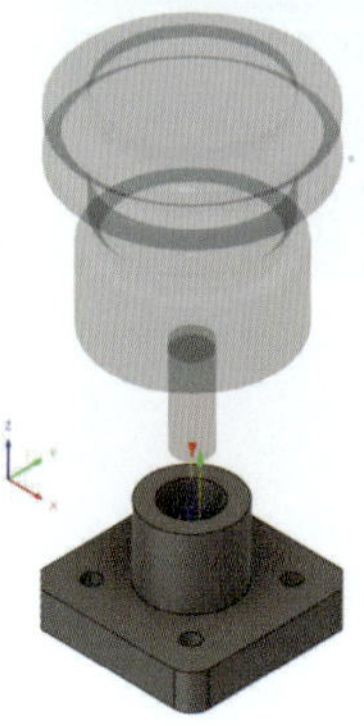	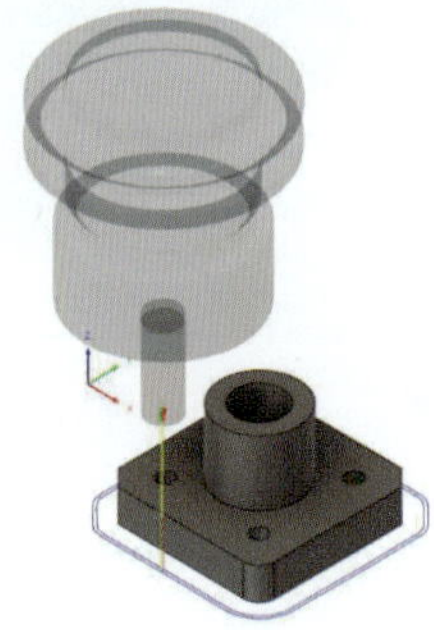	

- CAM 시뮬레이션 수행 및 실습 1 모델에 대한 G-code 생성

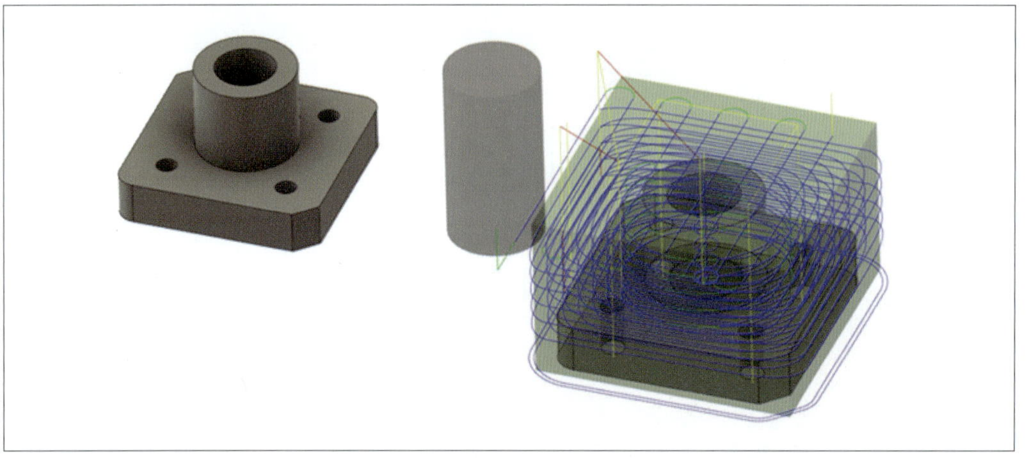

그림 A1-8 CAM 시뮬레이션 예시

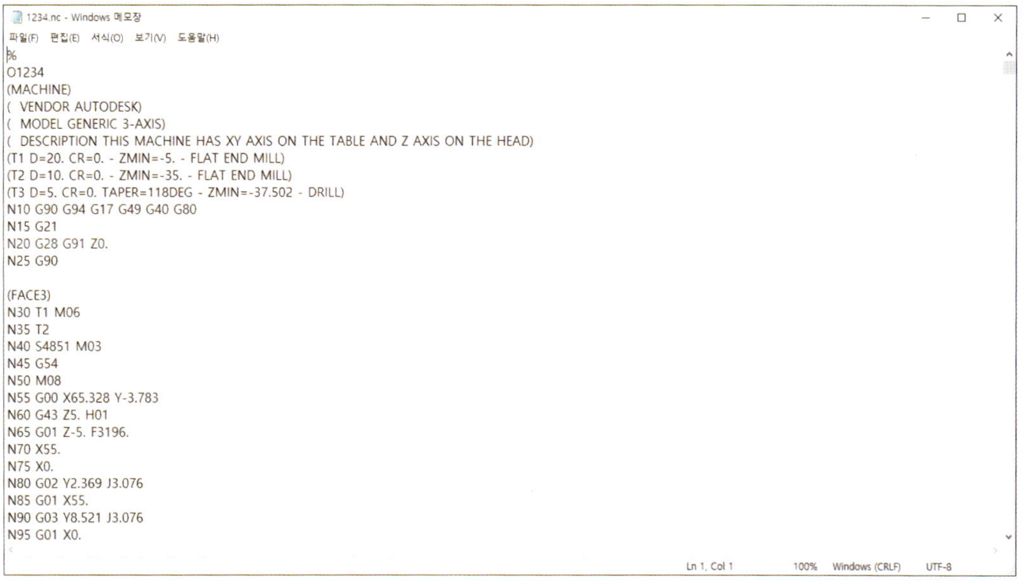

```
%
O1234
(MACHINE)
(  VENDOR AUTODESK)
(  MODEL GENERIC 3-AXIS)
(  DESCRIPTION THIS MACHINE HAS XY AXIS ON THE TABLE AND Z AXIS ON THE HEAD)
(T1 D=20. CR=0. - ZMIN=-5. - FLAT END MILL)
(T2 D=10. CR=0. - ZMIN=-35. - FLAT END MILL)
(T3 D=5. CR=0. TAPER=118DEG - ZMIN=-37.502 - DRILL)
N10 G90 G94 G17 G49 G40 G80
N15 G21
N20 G28 G91 Z0.
N25 G90

(FACE3)
N30 T1 M06
N35 T2
N40 S4851 M03
N45 G54
N50 M08
N55 G00 X65.328 Y-3.783
N60 G43 Z5. H01
N65 G01 Z-5. F3196.
N70 X55.
N75 X0.
N80 G02 Y2.369 J3.076
N85 G01 X55.
N90 G03 Y8.521 J3.076
N95 G01 X0.
```


그림 A1-9 G-Code 예시

- 기본 파라미터 및 설정
  - 기계: Autodesk Generic 3-axis
  - 스톡 & 작업 좌표계(Work Coordinate System, WCS)

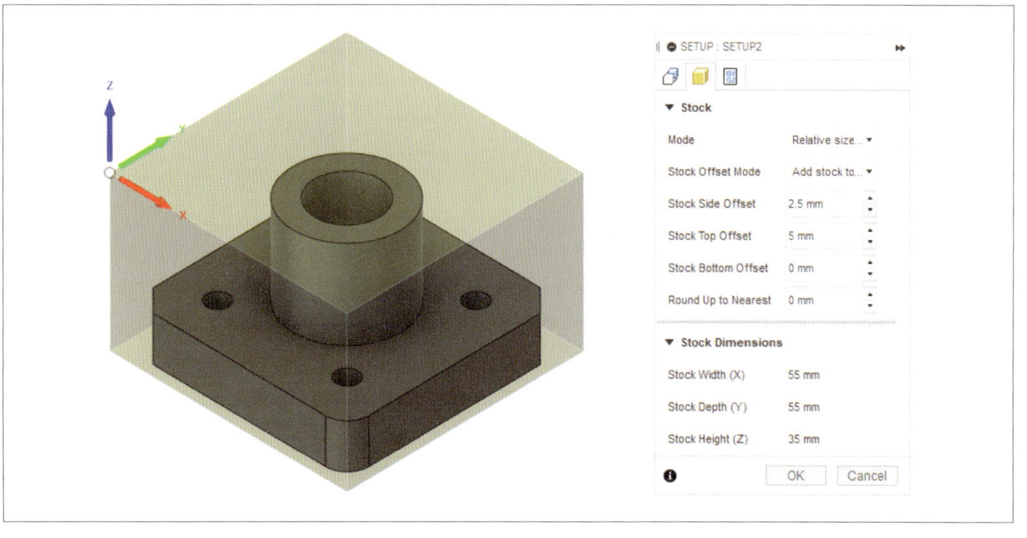

그림 A1-10 스톡 & WCS 설정

- 공구 리스트(관리 → 공구 라이브러리)

Name ^	Corner radius	Diameter	Flute length	Overall length	Type
Exercise1 v5 v1					
1 - ∅20mm (20mm Flat Endmill)	0 mm	20 mm	38 mm	100 mm	Flat end mill
2 - ∅10mm (10mm Flat Endmill)	0 mm	10 mm	25 mm	70 mm	Flat end mill
3 - ∅5mm 118° (Drill)	0 mm	5 mm	50 mm	55.08 mm	Drill

그림 A1-11 공구 리스트

- 최대 스텝다운: 공구 직경의 30%

  예시) 공구 직경 = 5 mm → 최대 스텝다운 = 1.5 mm

- NC 프로그램 설정(설정 → NC 프로그램)

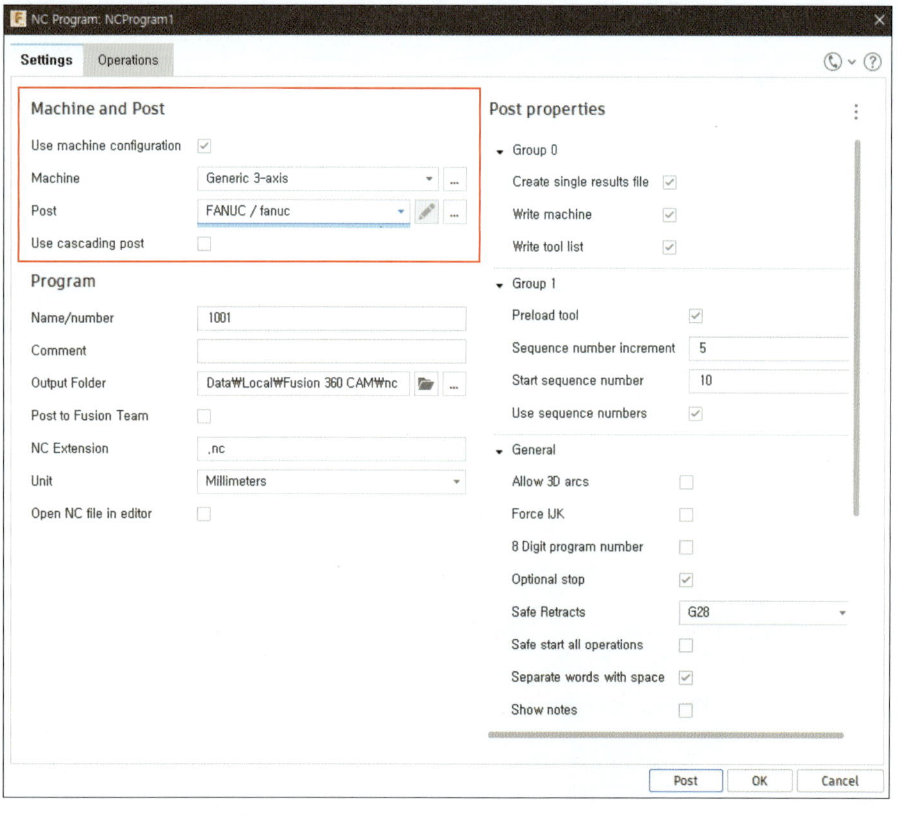

그림 A1-12 G-Code 생성 설정

과제 1-1

- 그림 A1-13~A1-15를 참고하여 3D CAD 모델 설계

그림 A1-13 Lego Duplo Brick

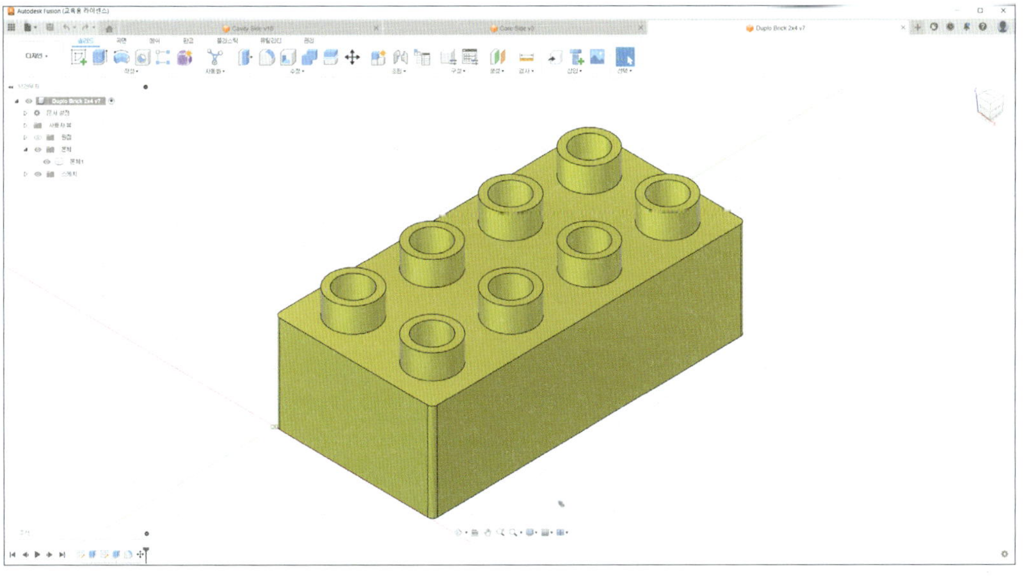

그림 A1-14 Lego Duplo Brick의 3D 모델

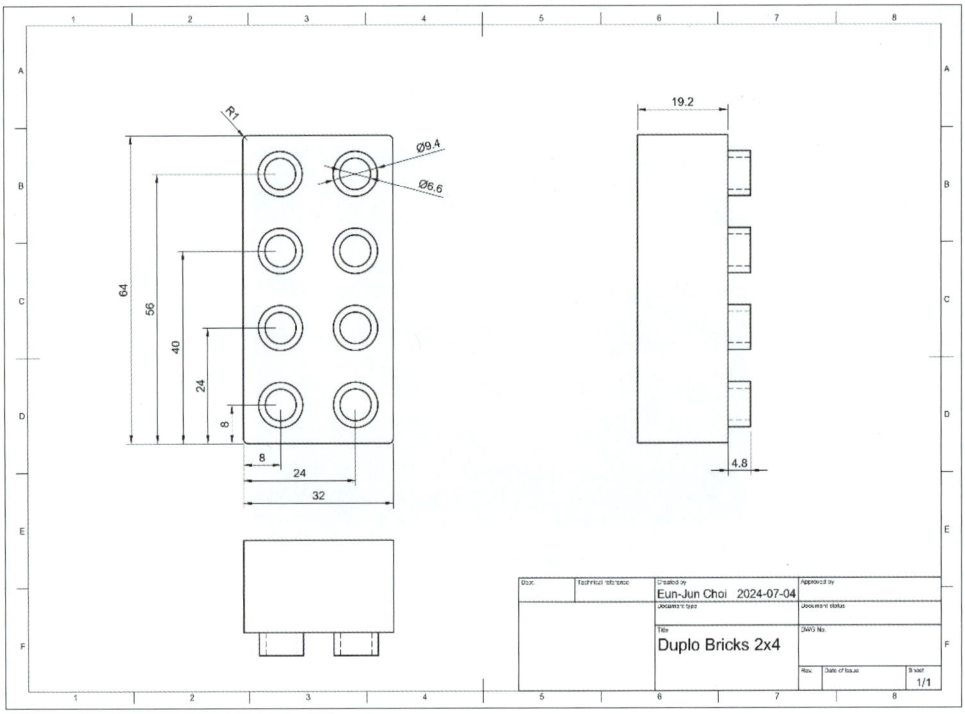

그림 A1-15 Lego Duplo Brick의 2D 도면

과제 1-2

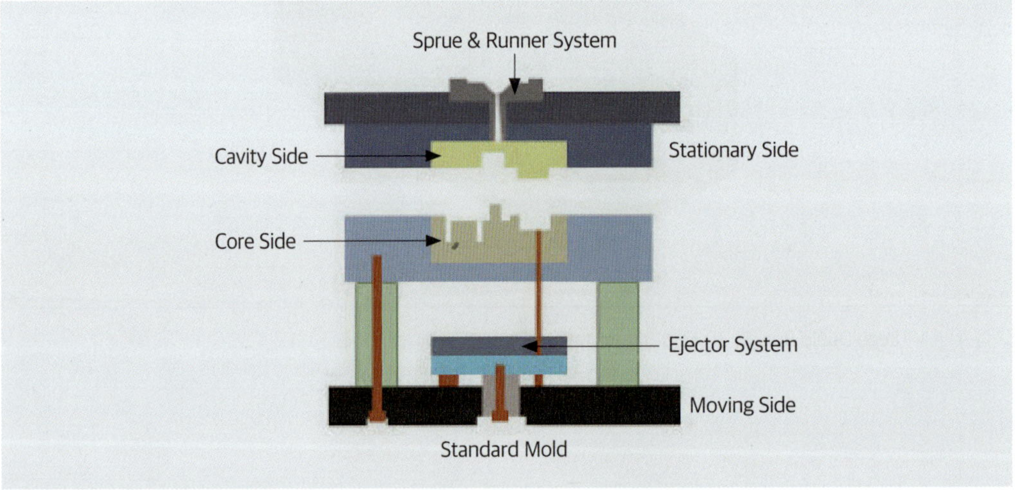

그림 A1-16 사출성형 시스템

출처: https://guanxin-machinery.com/

- Lego bricks 사출성형을 위한 3D CAD 모델 설계

- A: Stationary Side and Cavity Part(오프셋: 0.1 mm ~ 0.5 mm)

  ※ 가이드 핀 구멍 포함

- B: Moving Side and Core Part(오프셋: 0.1 mm ~ 0.5 mm)

  ※ 가이드 핀 구멍 및 주입구 포함

- A, B 금형 부품과 **과제 1-1**에서 설계한 Lego Duplo Brick 조립

• Stationary Side Plate에 본인의 이니셜 각인

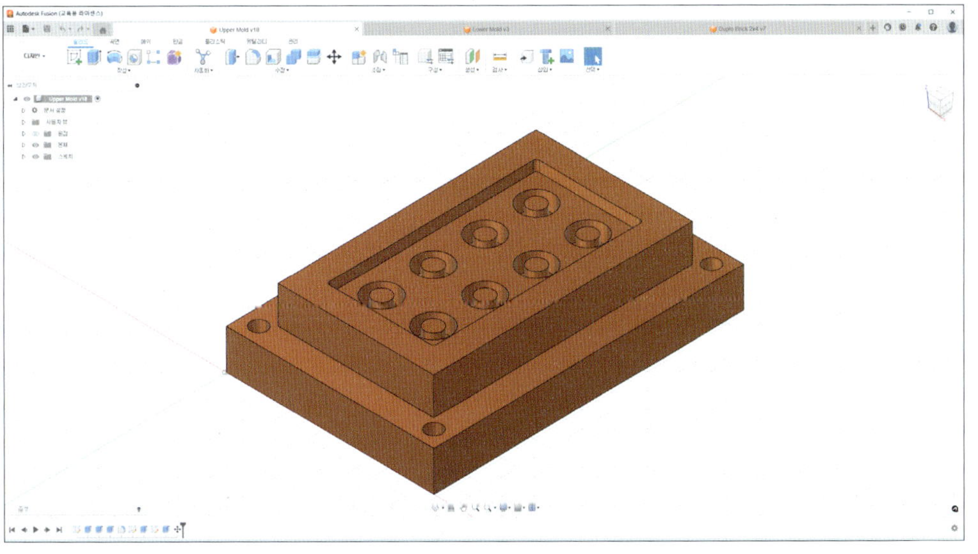

그림 A1-17 Moving side plate and core part 예시

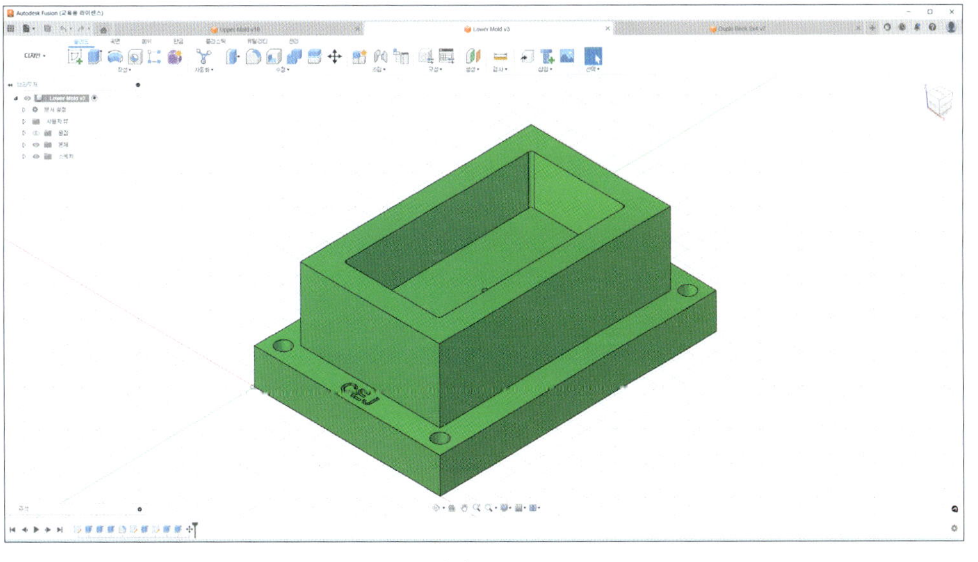

그림 A1-18 Stationary side plate and cavity part 예시

과제 1-3

- **과제 1-2**에서 설계한 core side plate의 3D CAD 모델을 생성하기 위한, **표 A1-2**에 제시된 공구를 사용하여 Fusion 360에서 CAM 시뮬레이션을 수행 및 G-code 생성
  ※ 기타 설정 및 조건은 **실습 3**과 동일
  ※ T4와 T5는 변경 가능
- 생성한 G-code를 CAM 시뮬레이션 소프트웨어(CAMotics: https://camotics.org/)를 활용하여 시뮬레이션

표 A1-2 과제 1-3에서 사용할 공구 리스트

공구 번호	직경	이름	공구 라이브러리
T1	20 mm	Ø20 mm (20 mm 플랫 엔드밀)	밀링 공구(미터)
T2	10 mm	Ø10 mm (10 mm 플랫 엔드밀)	밀링 공구(미터)
T3	5 mm	Ø5 mm 118° (드릴)	홀 만들기 공구(미터)
T4	2 mm	Ø2 mm (2 mm 플랫 엔드밀)	밀링 공구(미터)
T5	1 mm	Ø1 mm (1 mm 플랫 엔드밀)	밀링 공구(미터)

과제 1-4

- **과제 1-1**과 **1-2**에서 설계한 모델을 3D 프린터를 이용하여 출력
  ※ 출력된 부품들은 정확히 조립되어야 함

그림 A1-19 출력된 부품들 예시

2. PLC 프로그래밍 맛보기 (6장 생산 자동화와 제어시스템)

개요

그림 A2-1 PLC & 라즈베리파이

PLC(Programmable Logic Controller)는 산업 자동화에 사용되는 견고한 컴퓨터이다. 이러한 컨트롤러는 특징한 공정, 기계 기능 또는 전체 생산 라인을 자동화할 수 있다. PLC는 연결된 센서 또는 입력 장치로부터 정보를 수신하고, 데이터를 처리하며, 미리 프로그래밍된 매개변수에 따라 출력을 제어한다. 입력 및 출력에 따라 PLC는 기계의 생산성이나 작동 온도와 같은 런타임 데이터를 모니터링 및 기록하고, 공정을 자동으로 시작 및 중지하며 기계 오작동 시 경보를 생성하는 등 다양한 기능을 수행할 수 있다. PLC는 거의 모든 애플리케이션에 적용 가능한 유연하고 견고한 제어 솔루션이다.

라즈베리파이는 컴퓨터 모니터나 TV에 연결하여 일반 키보드와 마우스를 사용하는 저비용의 신용카드 크기만 한 컴퓨터이다. 모든 연령대의 사람들이 컴퓨팅을 탐구하고 Scratch나 Python으로 프로그래밍하는 법을 배울 수 있도록 도와준다. 인터넷 검색, 고화질 영상 재생부터 스프레드시트 작성, 워드 프로세싱, 게임까지 데스크톱 컴퓨터에서 할 수 있는 모든 것을 할 수 있다. 더욱이 라즈베리파이는 외부 세계와 상호작용할 수 있으며, 음악 제작기, 부모 검출기, 기상 관측소, 적외선 카메라가 달린 새집 등 다양한 디지털 메이커 프로젝트에 활용되어 왔다.

목표

- 라즈베리파이를 통해 기본 회로(LED, 택트 스위치)를 이해하고 제어한다.
- PLC 기반 이산 제어시스템을 이해하고 PLC 프로그램을 실습해 본다.
- PLC 기반 시스템/프로그래밍을 통한 신호등 시스템을 구현한다.

준비물

- 라즈베리파이
- 회로 구성요소
  - 브레드보드(breadboard)
  - 저항
  - LED
  - 택트 스위치
  - 점프 케이블

그림 A2-2 브레드보드, 저항, LED, 택트 스위치, 점프 케이블

연습 2-1

- 라즈베리파이를 사용한 기본 회로(LED, 택트 스위치) 구성 및 제어
  - 간단한 LED(LED 저항: 220 Ω)

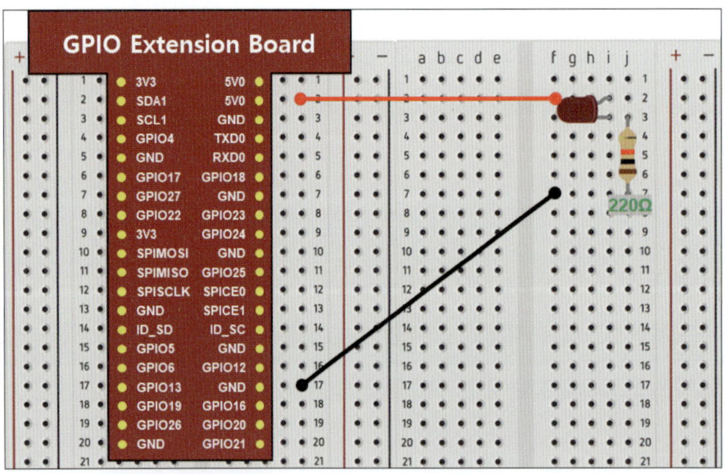

그림 A2-3 간단한 LED 회로

- 간단한 택트 스위치 & LED

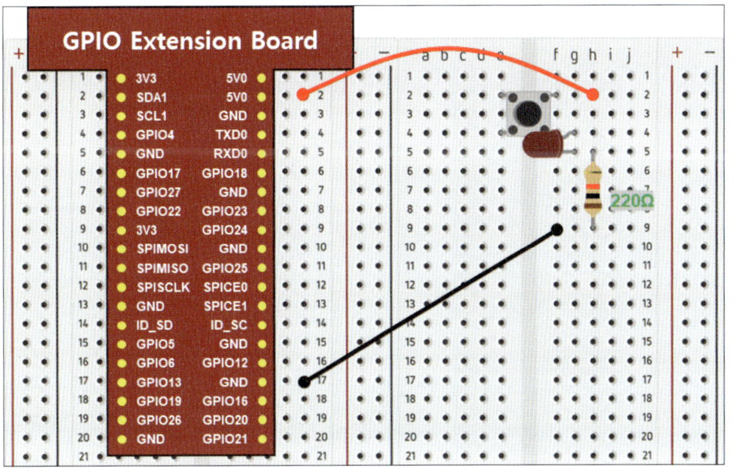

그림 A2-4 간단한 택트 스위치 & LED 회로

- OpenPLC로 LED 켜기

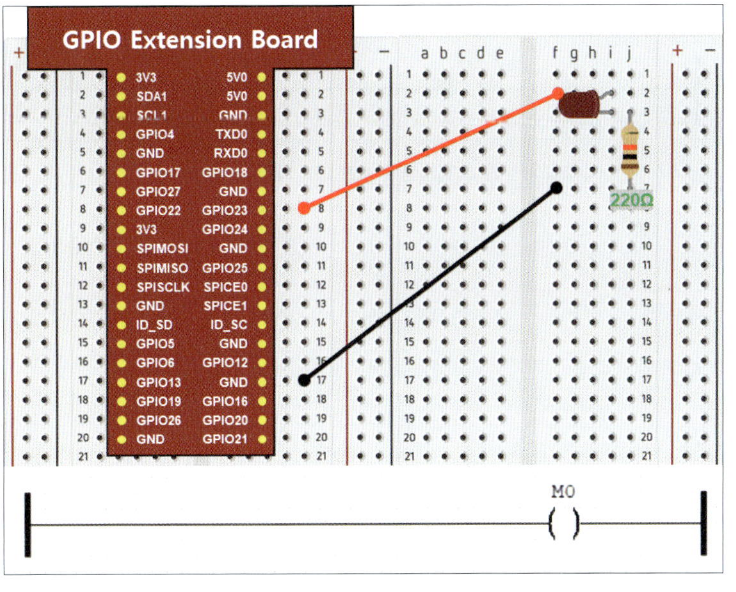

그림 A2-5 PLC 회로로 LED 켜기

- 택트 스위치를 사용하여 LED 켜기/끄기 (택트 스위치 저항: 1 kΩ)

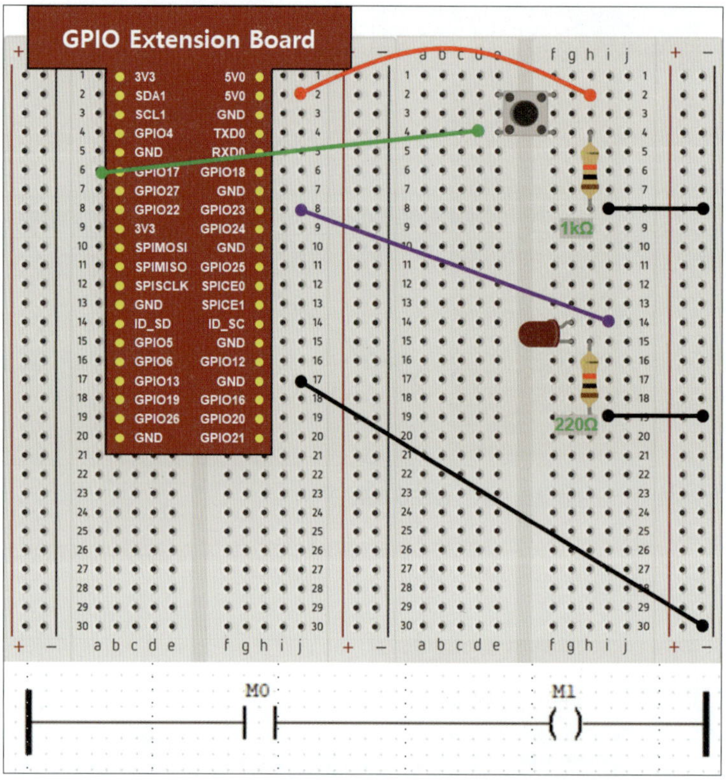

그림 A2-6 PLC 회로와 택트 스위치를 이용한 LED 켜기/끄기

연습 2-2

- PLC 프로그램을 통한 기본 회로(LED, 택트 스위치) 제어(PLC HW로 라즈베리파이 사용)
  - ON/OFF 자기유지회로

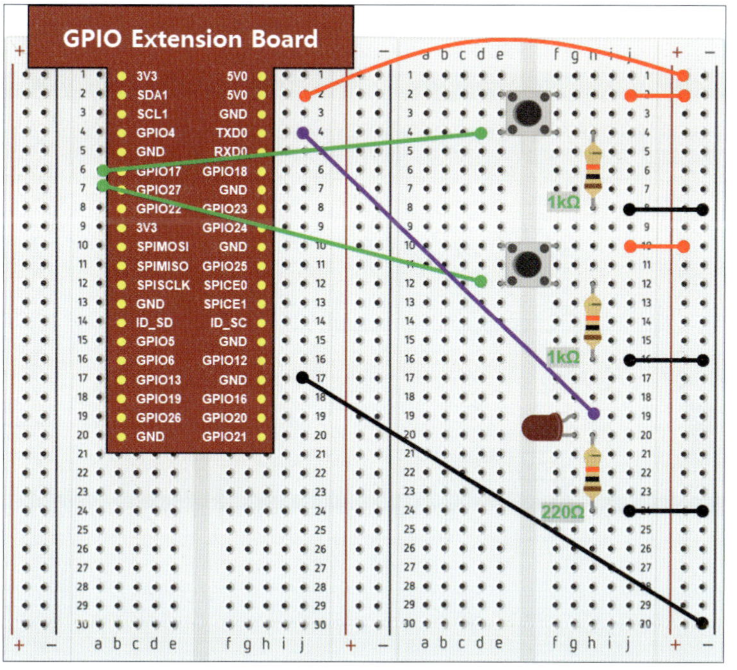

그림 A2-7 자기유지 + 점멸 LED 회로

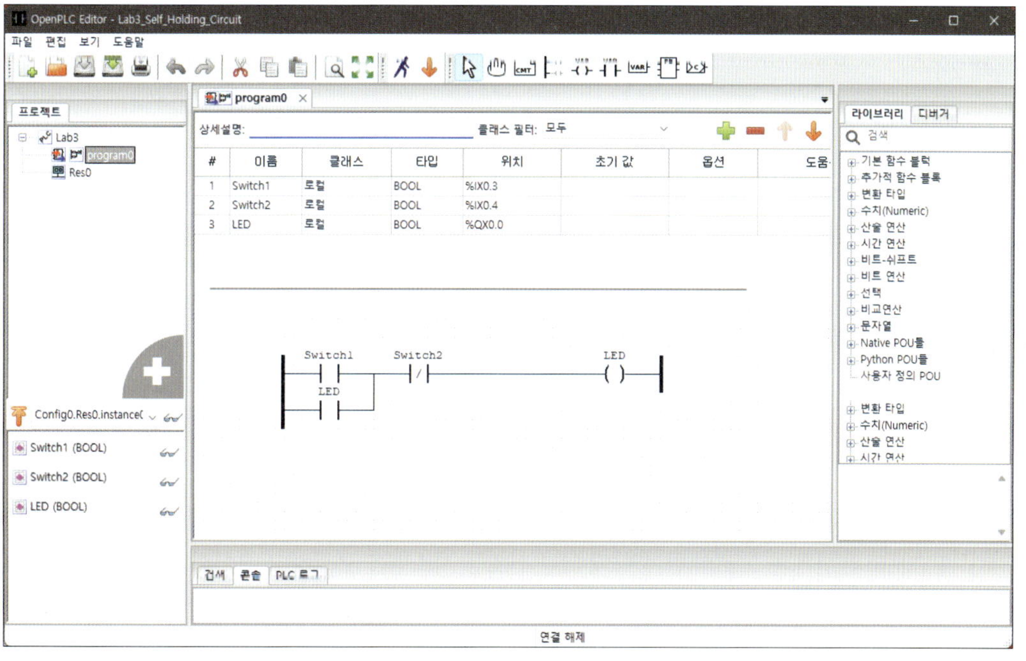

그림 A2-8 자기유지회로 래더 다이어그램(OpenPLC editor)

- 깜빡이는 LED (타이머 예제)

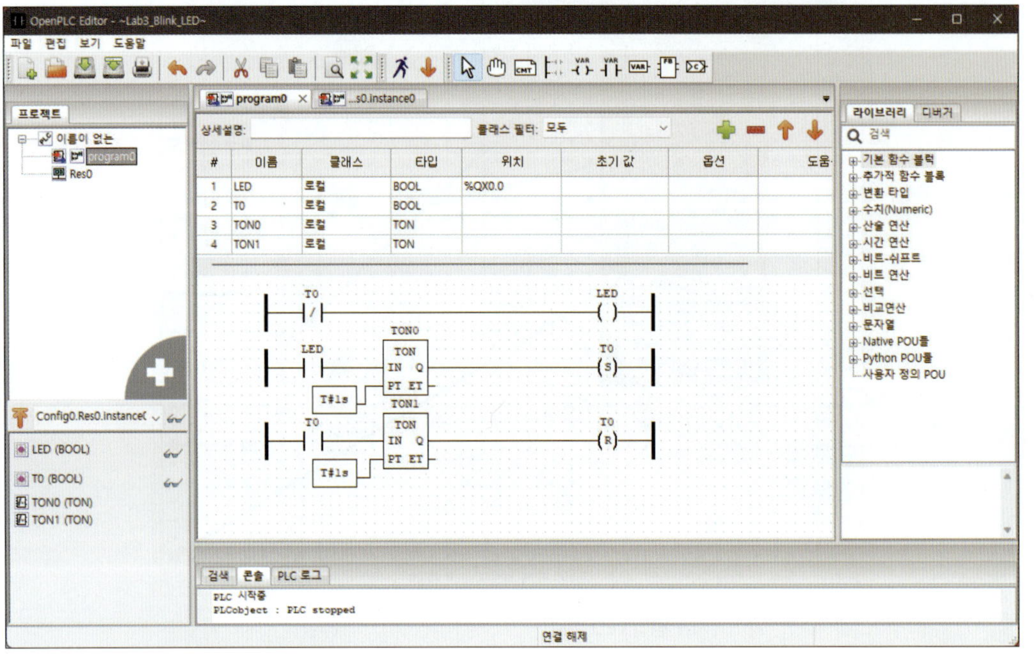

그림 A2-9 Blink LED 래더 다이어그램

과제 2-1

- 그림 A2-10, A2-11과 같은 신호등 시스템을 구성하고 제어하기
  - 회로 사진, OpenPLC 프로젝트 파일(프로젝트 폴더), 회로 동작 영상 제출하기.
    (영상에는 회로가 정상적으로 작동하는 모습과 OpenPLC 서버의 모니터링 화면이 동시에 촬영되어야 함)
  - OpenPLC 프로젝트 파일에는 반드시 프로그램 파일(*.st)이 포함되어야 함.

- 설정 및 조건
  - 보행자 신호등은 빨간색, 초록색으로 구성되어 있다.
  - 차량 신호등은 빨간색, 노란색, 초록색으로 구성되어 있다.
  - 횡단보도의 한쪽과 도로의 한 방향에 대한 신호등 시스템을 구성하고 제어해야 한다.
  - 신호 전체 주기는 20초이다(그림 A2-11 참고).
  - 보행자 횡단 버튼: 보행자 신호가 빨간색인 상황에서 택트 스위치 버튼을 누를 경우(지속적으로 누르는 것이 아닌 한 번만) 2초 후에 보행자 신호는 초록색으로, 차량 신호는 빨간색으로 바뀌어야 한다(이에 따라 도로 신호등도 함께 변경되어야 한다).

- 제한 사항
  - "Bool"과 "TON" 외의 변수 타입은 사용하지 않는다.
  - 논리회로가 반복 가능한 주기로 수행되어야 한다.
  - 사진과 영상은 식별 가능해야 하며, 필요한 경우 추가 설명을 제공해야 한다.

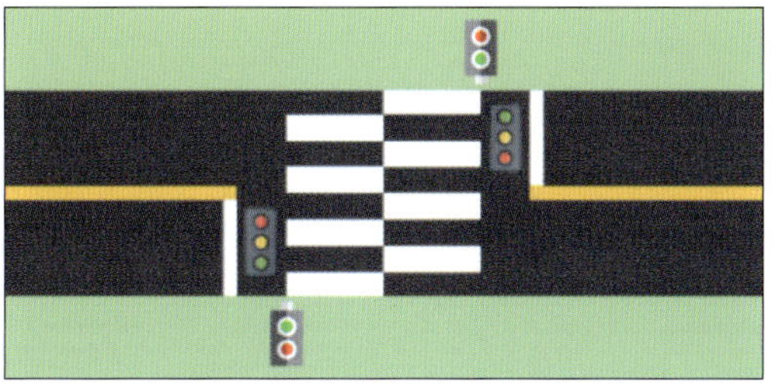

그림 A2-10 신호등 시스템

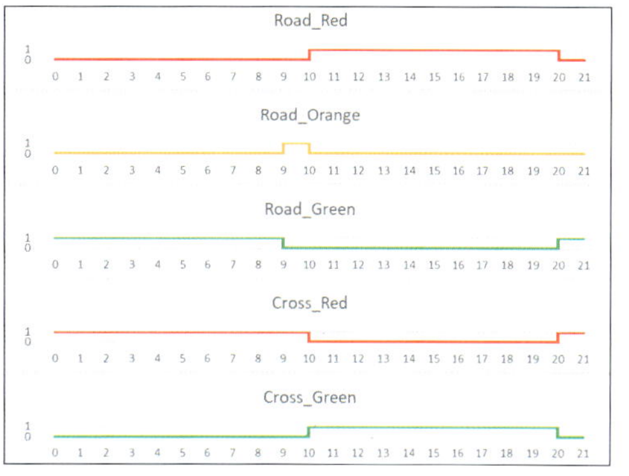

그림 A2-11 각 신호의 시간 그래프

3. 생산 시뮬레이션 맛보기 (9장 스마트팩토리 주요 기술)

개요

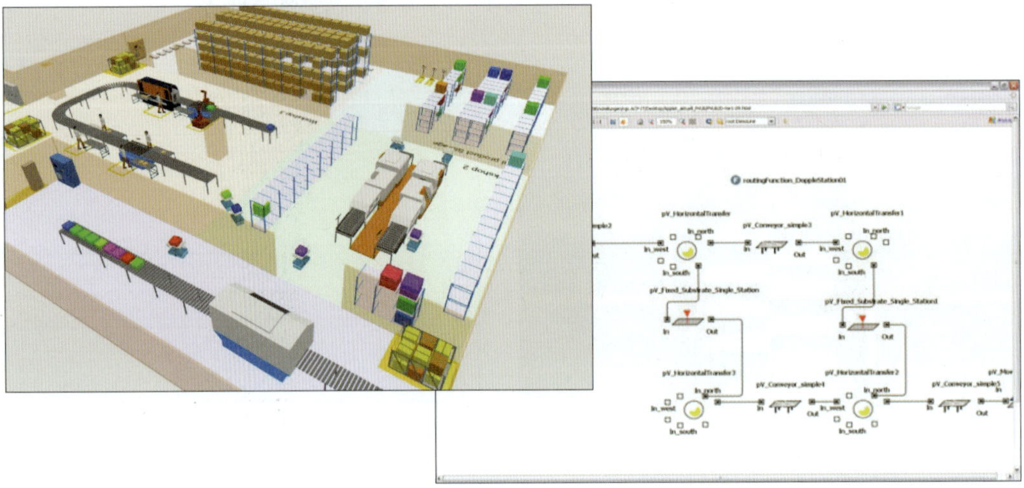

그림 A3-1 제조공정 시뮬레이션

시뮬레이션은 운영 및 경영 과학 분야에서 가장 널리 사용되는 기법이다. 실제 시스템은 복잡해서 수식으로 정확히 분석하기 어렵기 때문에, 컴퓨터를 이용해 시뮬레이션으로 모델을 실험하고 데이터를 수집해 결과를 예측한다.

예를 들어, 어떤 제조 회사가 공장에 확장을 검토하고 있는데, 생산성이 얼마나 늘어날지 확신이 없다고 가정해 보자. 확장을 했다가 효과가 없으면 다시 철거해야 하므로 큰 손해가 된다. 이럴 때 시뮬레이션을 이용하면, 현재 공장과 확장 후 공장의 운영을 가상으로 비교해 보고 확장의 타당성을 미리 검토할 수 있다.

목표

- 이산 사건 시뮬레이션 소프트웨어의 원리를 이해한다.
- AnyLogic 소프트웨어의 기본 기능을 실습해 본다.
- 시뮬레이션 기반 최적화를 통해 공정 레이아웃 설계 문제를 해결해 본다.

준비물

- 시뮬레이션 소프트웨어: AnyLogic (https://www.anylogic.kr/)

연습 3-1

- 시뮬레이션 기초기능 학습: 간단한 공정 설계
  - 간단한 공정 설계(Source, Sink, Resource Pool, Service)

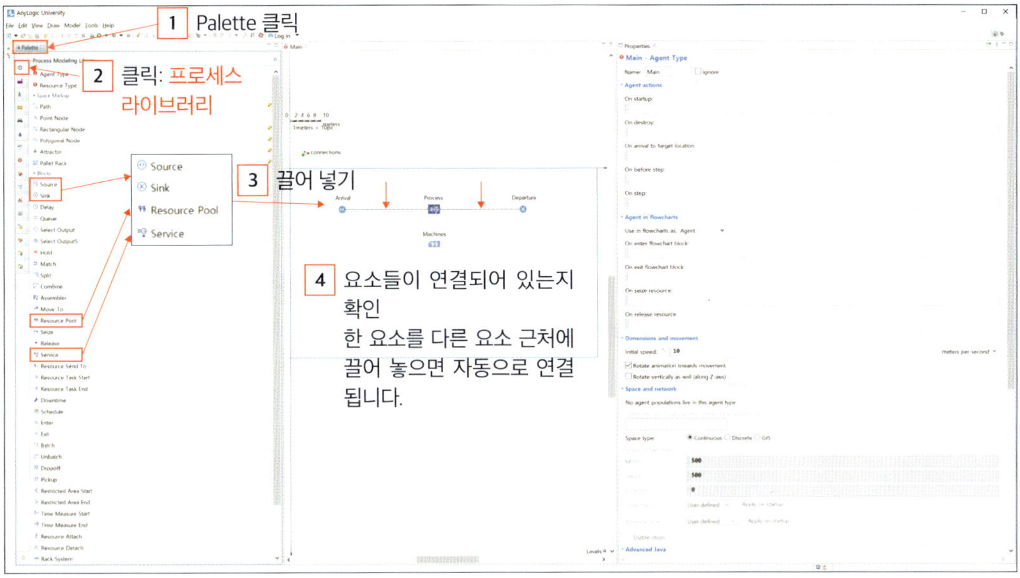

그림 A3-2 공정 레이아웃 모사 화면

- Source 조건 설정

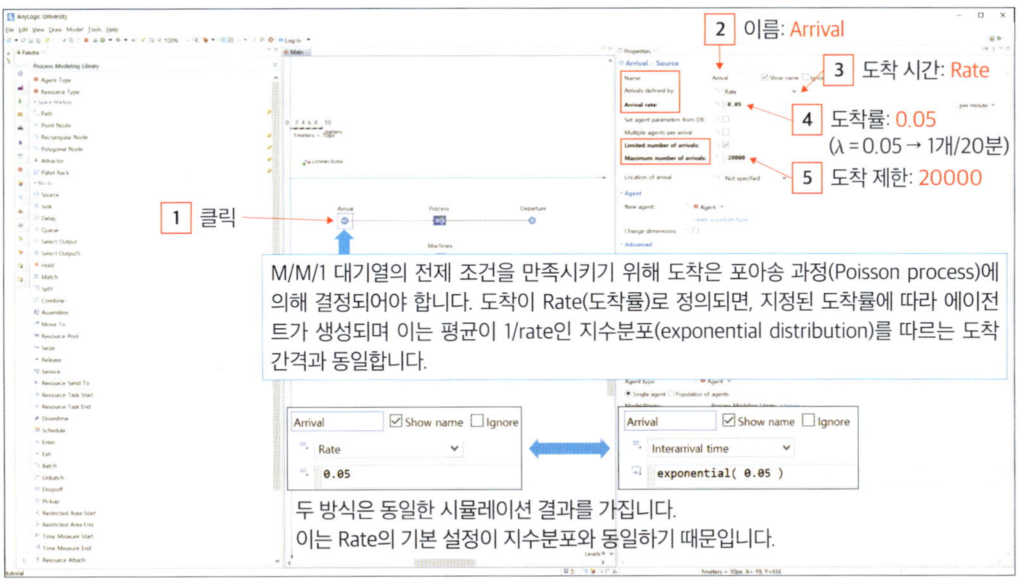

그림 A3-3 Source 조건 설정 화면

- Resource Type 설정

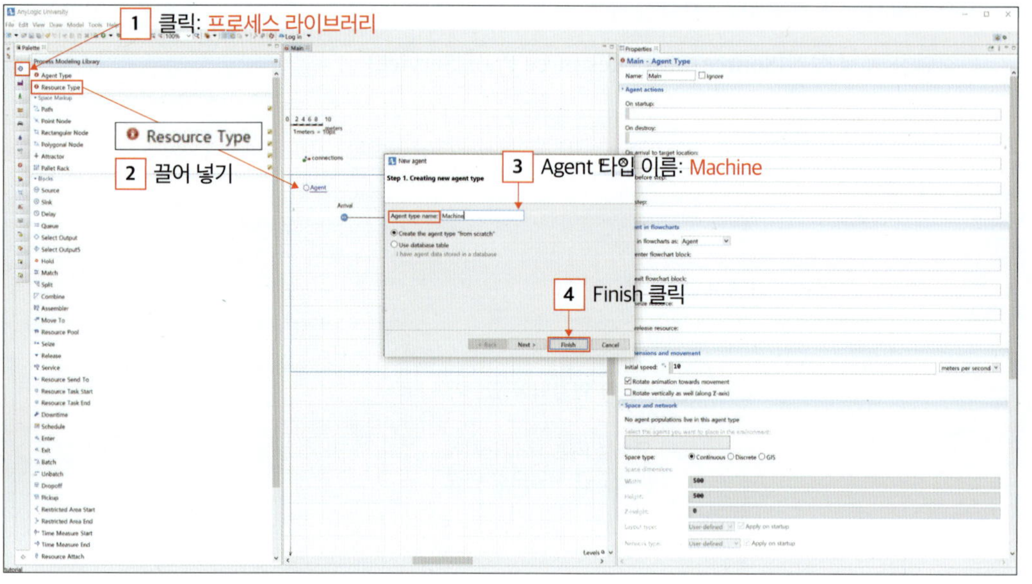

그림 A3-4 Resource Type 설정 화면

- Resource Pool 설정

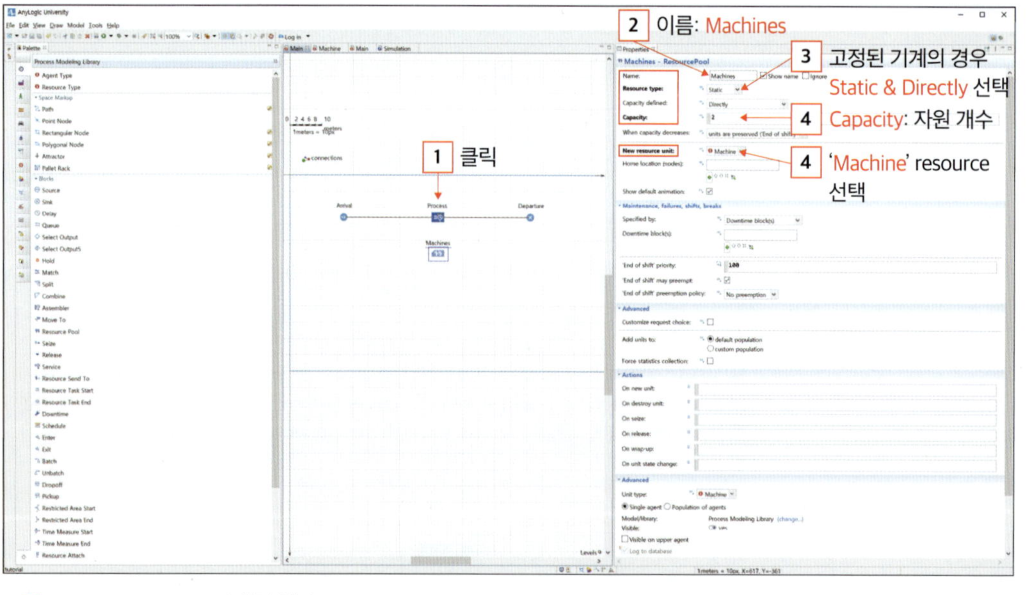

그림 A3-5 Resource Pool 설정 화면

- Service 설정

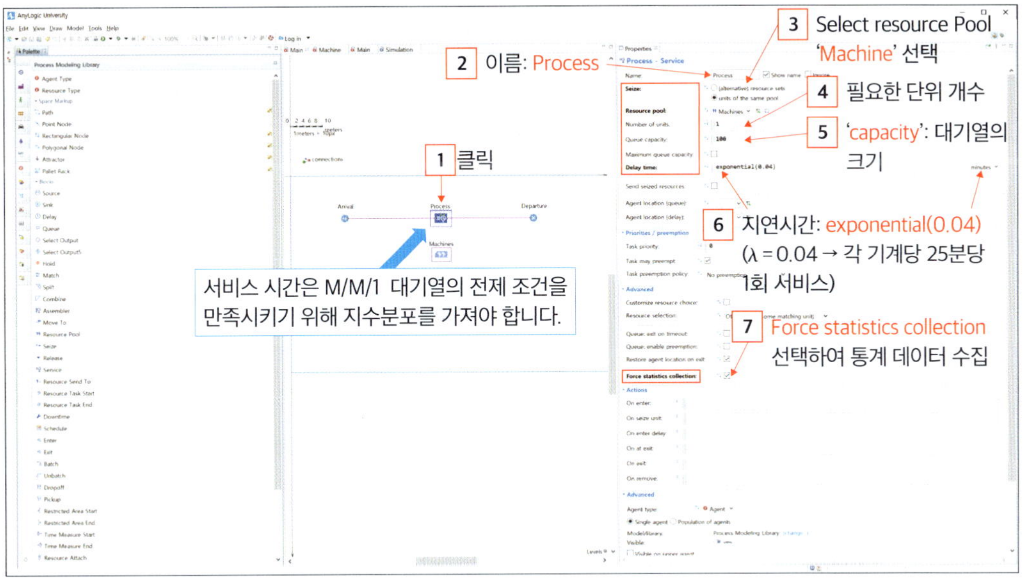

그림 A3-6 Service 설정 화면

- Sink 설정

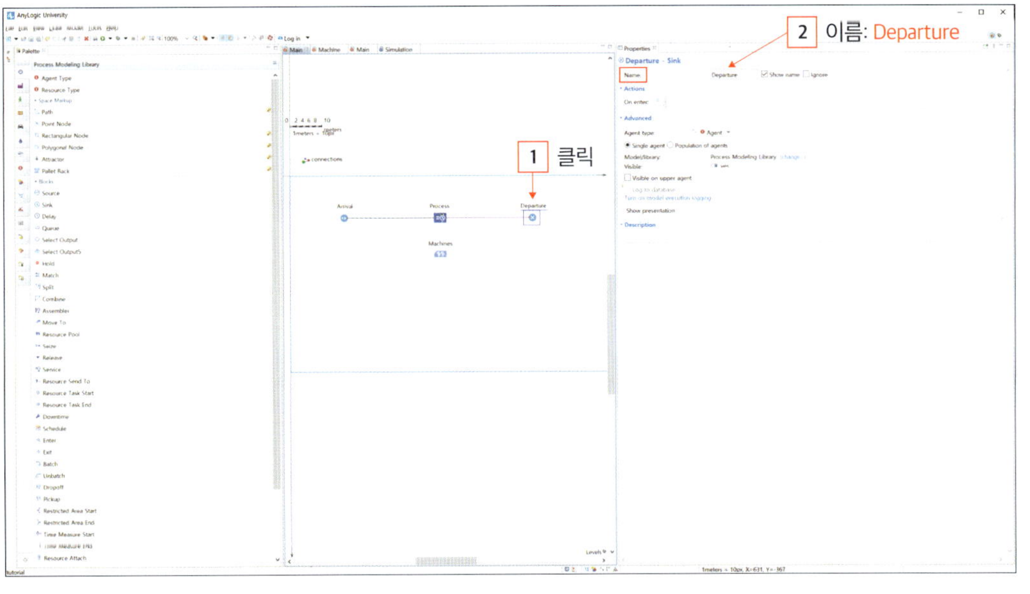

그림 A3-7 Sink 설정 화면

과제 3-1

공장 레이아웃 설계 문제

제품명 Duplo 블록

시장 예측수요 6,600(단위: 개/일)

제조공정

- P_1: 검사공정
  - β_1: 검사기계 비용($45,000)
  - 공정 처리시간: Truncated Triangular 분포(min=0.65, max=0.90, left=0.63, mode=0.74, right=0.78)
  - B_1=버퍼 크기

- P_2: 포장공정
  - β_2: 포장기계 비용($75,000)
  - 공정 처리시간: Truncated Normal 분포(min=0.33, max=0.42, shift=0.38, stretch=0.04)
  - B_2=버퍼 크기

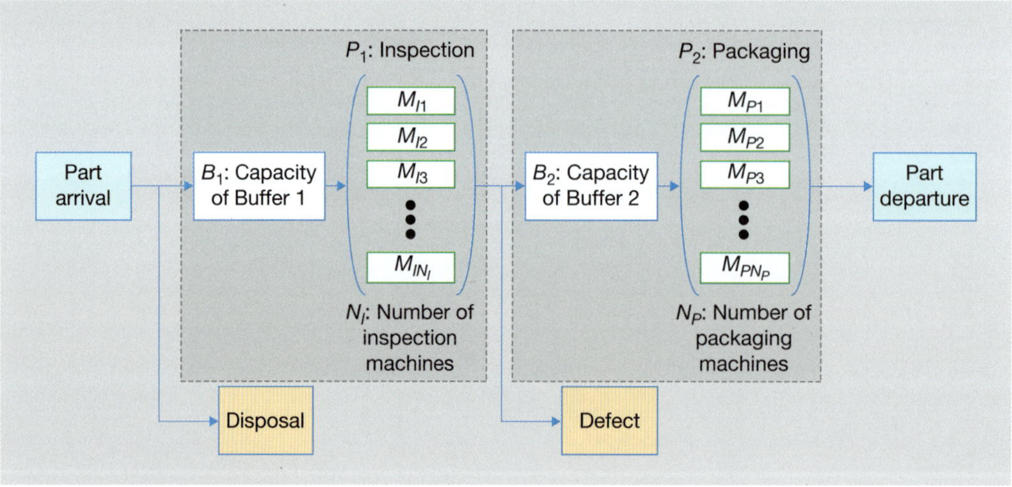

그림 A3-8 목표 제조공정 설계안

가정 및 주어진 정보

- 휴식시간 없음(24시간 운영)
- 모든 분포의 시간 단위는 '분' 임
- 동일 조건에서 최소 30회의 시뮬레이션 평균값을 분석해야 함
- 실제 결함률: 0.03(3%)
- 검사 정확도: 100%
- 도착률: Poisson(Exponential) 분포($\lambda=6$, 조정 가능)
- 기계 고장 - 고장 및 수리
  - 기계 고장은 누적 가동시간에만 영향을 받음
  - 검사기계
    - 첫 고장 발생 시점: Uniform 분포(min=50, max=610)
    - 고장 간 간격: Weibull 분포(alpha=3, beta=130, min=110)
    - 수리시간: Triangular AV 분포(average=20, variability=0.1)
  - 포장기계
    - 첫 고장 발생 시점: Uniform 분포(min=120, max=740)
    - 고장 간 간격: Weibull 분포(alpha=2, beta=480, min=160)
    - 수리시간: Triangular AV 분포(average=10, variability=0.1)

- CB_i: i번째 공정의 버퍼 비용 $= \alpha \times B_i$ (조건: $\alpha=350$, B_i=버퍼 크기)
- CD: 전체 폐기되는 부품의 처리 비용(Defect+Overflow)
- CD=r1×불량으로 폐기된 부품 수+r2×Overflow 부품 수(조건: r1=$25, r2=$10)

예측된 수요를 충족하기 위해 Duplo 블록을 효율적으로 검사하고 포장할 수 있도록, 시뮬레이션을 활용해 공장 레이아웃을 설계하려고 한다. 이를 위해 각 공정에 몇 대의 기계를 사용할지, 그리고 버퍼를 얼마나 둘지 결정해서 전체 비용을 최소화하는 것이 목표이다.

결정변수

① B_i: 버퍼 크기

② N_i ($i \in \{I, P\}$): 각 제조공정(i=검사, 포장)에 필요한 기계 수

목적함수

$$\min Z = CD + \sum_{i=1}^{2} (\alpha \times B_i + \beta_i \times N_i)$$

제약조건

- $R_P \geq 6{,}600$ (R_P: 하루 생산량, 단위: 개/일)
- $R_D \leq 0.065$ (R_D: 폐기율 = Defect/도착 수)
- $R_F \approx 0.03$ (R_F: 결함률 = 결함 수/검사된 부품 수)

평가 기준

- **제약조건을 만족시키는 유효한 시뮬레이션 모델**
- **시뮬레이션 상태 시각화 및 분석**
  1. Cycle time 히스토그램
  2. 각 버퍼별 평균 대기시간 히스토그램
  3. 각 버퍼의 최대 및 평균 크기 차트
  4. 각 공정 처리시간(service time) 히스토그램
  5. 각 기계 가동률(machine utilization) 차트
  6. 생산량, 폐기율, 결함률 차트
- **공정 최적화**
  1. 동일 조건에서 30회 이상 시뮬레이션 평균 결과를 분석해야 함
  2. 목적함수와 제약조건 기반으로 해석 및 실험을 통해 최적값 도출

4. 공정/품질 이상 진단 맛보기 (9장 스마트팩토리 주요 기술)

개요

이 프로젝트는 소리와 이미지 데이터를 활용해 공정 모니터링과 이상 진단을 직접 구현해 보는 데 목적이 있다. 모터 소리와 카메라 이미지를 수집하고, 이를 푸리에 변환과 SVM(Support Vector Machine) 기법을 통해 분석함으로써 이상 신호를 감지하고 패턴을 분류한다. 신호 처리와 머신러닝 기법을 직접 다뤄 보며 스마트제조 시스템의 핵심 개념을 실습 중심으로 익힐 수 있다.

목표

- 제조공정의 실시간 모니터링 및 고장 진단 체계를 이해하고 구현 능력을 확보한다.
- 신호 전처리(signal pre-processing) 및 패턴 분류(pattern classification) 기법의 이론 및 응용 역량을 강화한다.
- 결함 이미지 분석 및 고장 유형 분류 기술을 구현하고 적용해 본다.

준비물

- USB 마이크로폰(마이크)
- DC 모터
- 모터 드라이버
- 라즈베리파이
- 파이 카메라
- 프로그래밍 환경설정

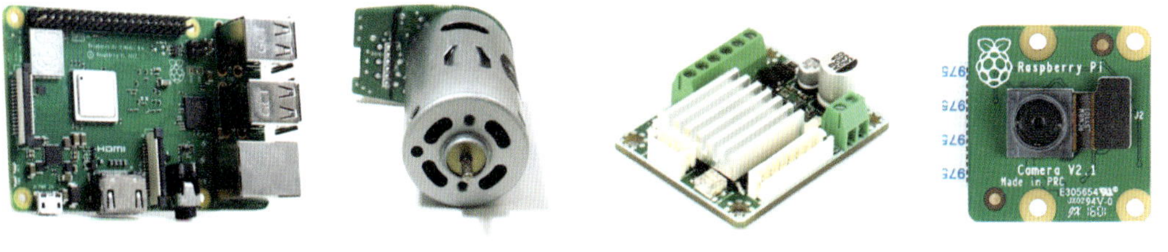

그림 A4-1 라즈베리파이, DC 인코더 모터, 모터 드라이버, 파이 카메라

연습 4-1

- USB 마이크와 PC를 이용하여 음향 신호를 수집

- 수집된 음향 신호를 WAV 파일 형식으로 저장

```python
import sounddevice as sd
from scipy.io.wavfile import write

sr = 44100
seconds = 3
print(sd.query_devices()) # sd.query_devices에서 device 번호 확인

sd.default.device = [23, 37] # WASAPI, WDM-KS 순으로 입력
myrec = sd.rec(int(seconds * sr), channels=1)
sd.wait()
write('output.wav', sr, myrec)
```

그림 A4-2 음향 신호 수집 Python 코드

```
 22 머리에 거는 수화기(Galaxy Buds+ (A140)), Windows WASAPI (1 in, 0 out)
 23 마이크(USB PnP Sound Device), Windows WASAPI (1 in, 0 out)
 24 마이크(USB 2.0 Camera), Windows WASAPI (2 in, 0 out)
 25 SPDIF Out (Realtek HDA SPDIF Out), Windows WDM-KS (0 in, 2 out)
 26 스테레오 믹스 (Realtek HD Audio Stereo input), Windows WDM-KS (2 in, 0 out)
 27 Speakers (Realtek HD Audio output), Windows WDM-KS (0 in, 8 out)
 28 Headphones (Realtek HD Audio 2nd output), Windows WDM-KS (0 in, 2 out)
 29 라인 입력 (Realtek HD Audio Line input), Windows WDM-KS (2 in, 0 out)
 30 마이크 (Realtek HD Audio Mic input), Windows WDM-KS (2 in, 0 out)
 31 Output (AMD HD Audio DP out #0), Windows WDM-KS (0 in, 2 out)
 32 Output (AMD HD Audio DP out #4), Windows WDM-KS (0 in, 2 out)
 33 머리에 거는 수화기 (@System32\drivers\bthhfenum.sys,#2;%1 Hands-Free%0
(Galaxy Buds+ (A140))), Windows WDM-KS (0 in, 1 out)
 34 머리에 거는 수화기 (@System32\drivers\bthhfenum.sys,#2;%1 Hands-Free%0
(Galaxy Buds+ (A140))), Windows WDM-KS (1 in, 0 out)
 35 마이크 (USB 2.0 Camera), Windows WDM-KS (2 in, 0 out)
 36 헤드폰 (), Windows WDM-KS (0 in, 2 out)
 37 마이크 (USB PnP Sound Device), Windows WDM-KS (1 in, 0 out)
```

그림 A4-3 사운드 장치 조회 결과

연습 4-2

- 음향 데이터(.wav 파일)를 시간 영역(time domain)에서 시각화
- FFT(Fast Fourier Transform)를 적용하여 주파수 영역(frequency domain)에서 음향 데이터를 표현
- 결과에 대해서 해석 및 평가(주파수 성분, 정상성 등)
- STFT(Short-Time Fourier Transform)를 적용하여 시간-주파수 영역(time-frequency domain)에서 데이터를 표현하고 결과를 해석

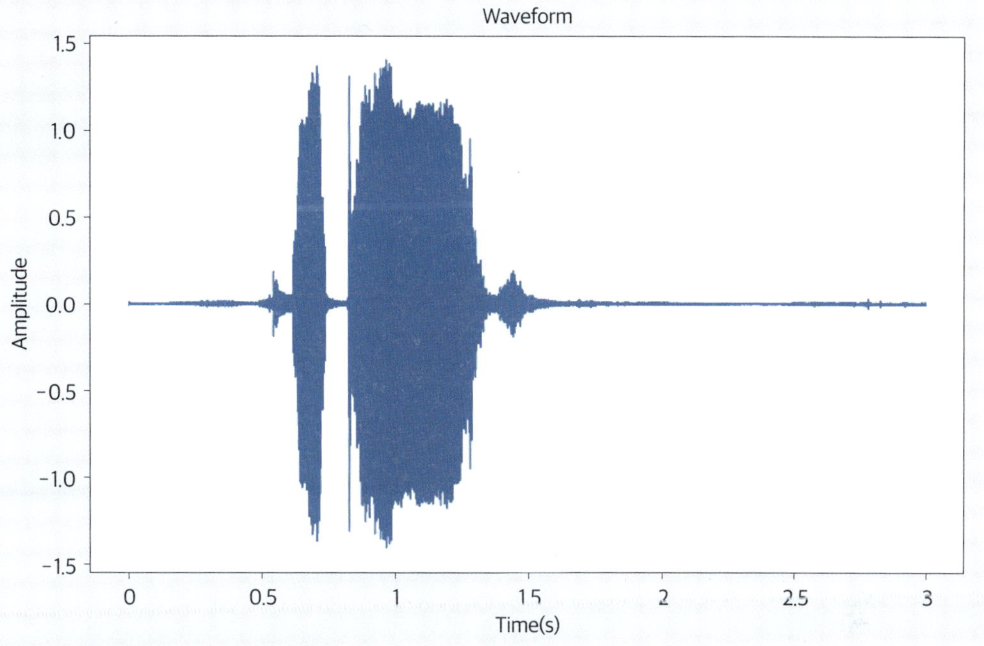

그림 A4-4 파형 데이터(시간 영역)

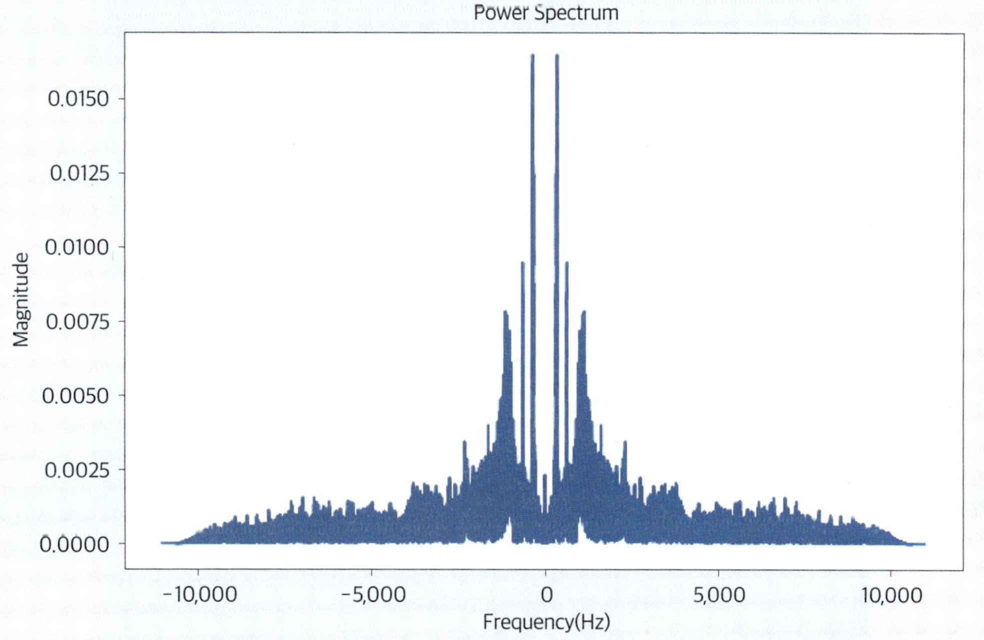

그림 A4-5 FFT로 변환된 파형 데이터(주파수 영역)

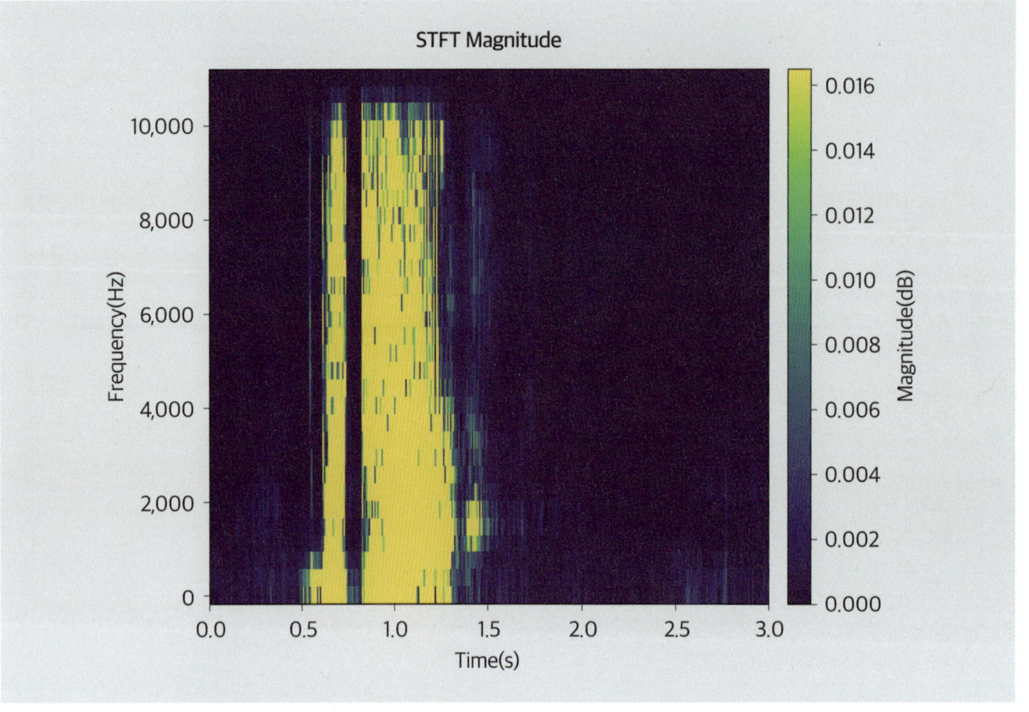

그림 A4-6 STFT로 변환된 파형 데이터(시간-주파수 영역)

```
import numpy as np
import librosa.display
import matplotlib.pyplot as plt
from scipy.signal import stft

# Original Signal
audio_file = 'Test.wav'
signal, sr = librosa.load(audio_file, duration=3, sr=22050)  #sr =44100 명시하지 않으면 기본 설정 값은 22050
print(signal, signal.shape, sr)
plt.figure(figsize=(10, 6))
librosa.display.waveshow(signal, x_axis='s')
plt.xlabel('Time(s)')
plt.ylabel('Amplitude')
plt.title('Waveform')
plt.show()
# Fourier Transform
signal_fft = np.fft.fft(signal)/len(signal)
magnitude = np.fft.fftshift(np.abs(signal_fft))
freq = np.linspace(-(sr / 2), sr / 2, len(magnitude))
plt.figure(figsize=(8, 5))
plt.plot( *args: freq, magnitude)
plt.xlabel('Frequency(Hz)')
plt.ylabel('Magnitude')
plt.title('Power spectrum')
plt.show()

# short-time Fourier transform
freq, time, signal_stft = stft(signal, sr, nperseg=10)
plt.pcolormesh( *args: time, freq, np.abs(signal_stft), shading='auto')
plt.colorbar(label='magnitude')
plt.title('STFT Magnitude')
plt.ylabel('Frequency(Hz)')
plt.xlabel('Time(s)')
plt.show()
```

그림 A4-7 Fast Fourier transform & Short time Fourier transform Python 코드

연습 4-3

- 모터 드라이버를 Raspberry Pi와 연결
- 모터 제어

```
import RPi.GPIO as GPIO
import time

GPIO.setwarnings(False)
GPIO.setmode(GPIO.BCM) # BCM는 GPIO pin number, BOARD는 Physical
pin number 사용

GPIO_PWM = 16

GPIO.setup(GPIO_PWM, GPIO.OUT)

mypwm = GPIO.PWM(GPIO_PWM, 5000) # Frequency
mypwm.start(90) # Duty Ratio
time.sleep(10)
mypwm.stop()
```

그림 A4-8 모터 제어 Python 코드

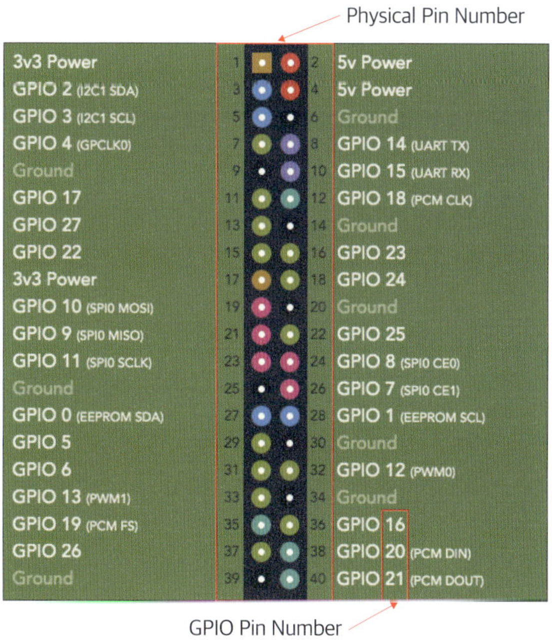

그림 A4-9 GPIO 핀 번호와 물리적 핀 번호

연습 4-4

- 두 클래스(수평선과 수직선)의 주어진 이미지 데이터 불러오기
- 라즈베리 파이에 Pi 카메라 연결하여 사진 촬영
- Fast Fourier Transform을 적용하여 각 클래스의 데이터를 주파수 영역에서 표현
- 주어진 학습 데이터를 사용하여 SVM 분류 모델 개발(kernel: Sigmoid)
- 개발된 SVM 모델을 사용하여 주어진 테스트 데이터 분류

그림 A4-10 수평선과 수직선 이미지 데이터

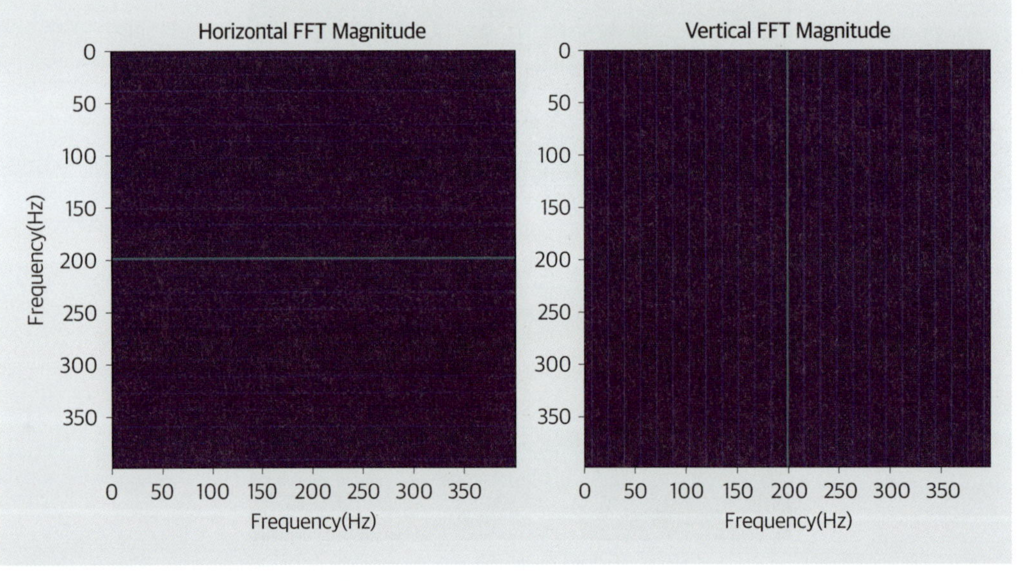

그림 A4-11 두 이미지의 파형 데이터(주파수 영역)

```python
from picamera import PiCamera
import time

mycam = PiCamera()
mycam.resolution = (400, 400)
mycam.start_preview()
time.sleep(5)
mycam.capture('output.png')
mycam.stop_preview()
```

그림 A4-12 사진 촬영 코드(Python, Raspberry Pi, Pi Camera)

과제 4-1

음향 데이터 이상 진단

- 데이터 수집
  - 3 kHz 입력 전압(정상상태)과 10 kHz 입력 전압(비정상 상태)으로 모터 소리를 생성(모터 제어용 PWM 핀 입력: 3 kHz, 10 kHz, 시간 세그먼트 길이: 3초)
  - 학습 데이터를 위해 정상 및 비정상 데이터 모터 상태에서 충분한 소리 신호 수집

- 데이터 전처리
  - 각 시간 세그먼트에 대해 최고 주피수 피크를 모니터링할 수 있는 고상 진단 함수 개발
  - X-bar 차트를 활용하여 비정상적인 신호 패턴 탐지

- 모델 개발 및 평가
  - 테스트 데이터를 위해 추가로 생성된 소리 신호를 서로 다른 모터 속도에 대해 분류(Fast Fourier Transform과 SVM 적용)
  - 혼동 행렬(confusion matrix)로 결과를 시각화

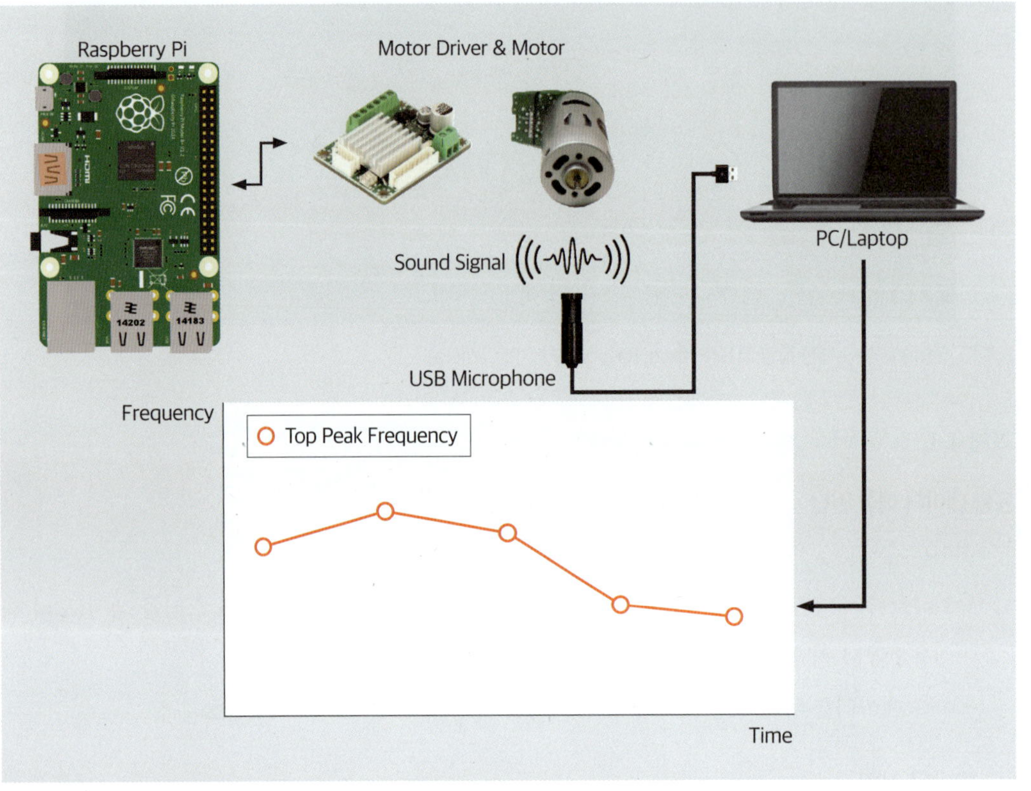

그림 A4-13 소리 신호를 통한 모터 시스템의 공정 모니터링 및 고장 진단 개요도

과제 4-2

원형 패턴 데이터 분류

- 데이터 수집
  - 다양한 조건(조명, 배경, 카메라 각도)에서 정상 원형 이미지와 비정상 원형 이미지를 충분히 수집하고, 올바르게 라벨링
  - 학습 데이터셋은 Pi 카메라를 사용하여 직접 촬영
- 데이터 전처리
  - Fast Fourier Transform(FFT)을 적용하여 정상 이미지와 비정상 이미지 간의 주파수 영역에서의 클래스별 차이로 확인하고 시각화
- 모델 개발 및 평가
  - SVM을 적용하여 이진 이미지 분류 모델
  - 분류 클래스: 원형(circle), 선이 있는 원형(circle with lines)

- 테스트 데이터 셋은 제공
- 혼동 행렬(confusion matrix)로 결과를 시각화

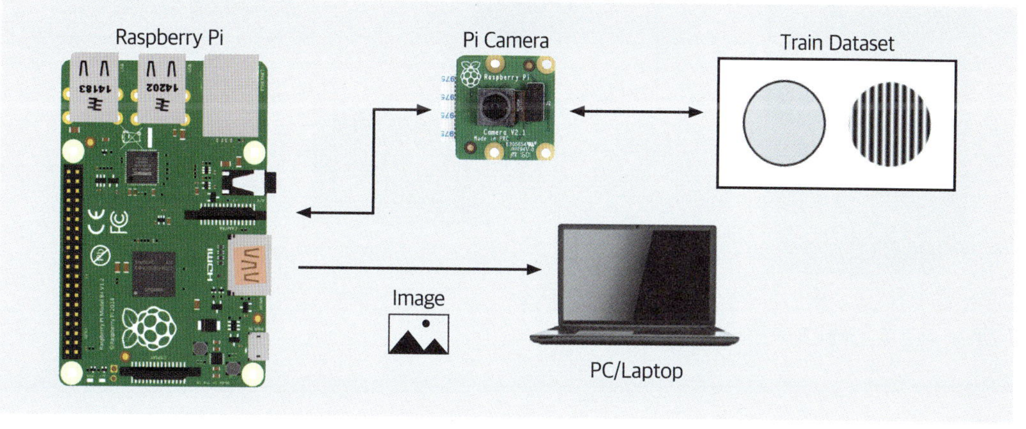

그림 A4-14 원형 패턴 이미지 데이터 분류 개요도

과제 4-3

레고 조립 불량 여부 분류

- 데이터 수집
  - 다양한 조건(간격이 다른 경우 등)에서 정상 및 비정상 레고 이미지를 수집, 올바르게 라벨링
  - 학습 데이터셋은 Pi 카메라를 사용하여 직접 촬영
- 데이터 전처리
  - Histogram of Oriented Gradients(HOG)를 적용하여 정상 이미지와 비정상 이미지 간의 클래스별 차이를 확인하고 시각화
- 모델 개발 및 평가
  - SVM을 적용하여 이진 이미지 분류 모델 개발
  - 분류 클래스: 간격이 있는 레고(Lego with gaps), 간격이 없는 레고(Lego with no gaps)
  - 테스트 데이터셋은 제공
  - 혼동 행렬로 결과를 시각화

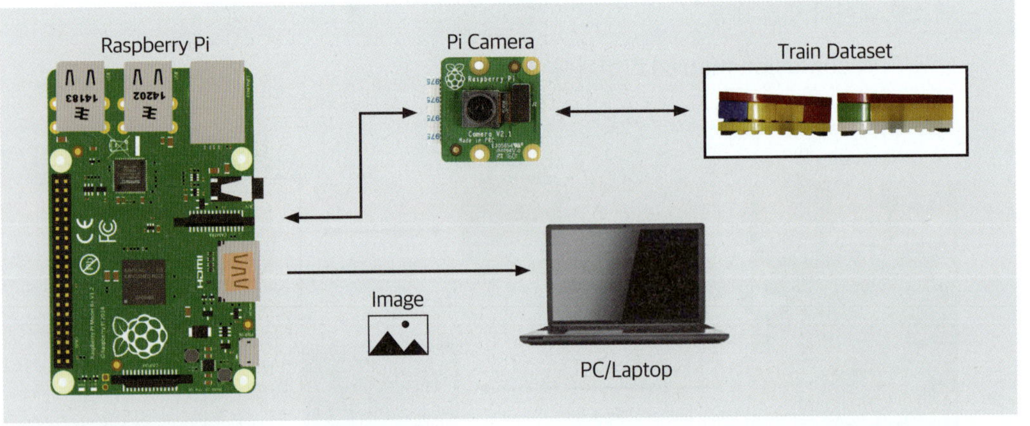

그림 A4-15 레고 조립 불량 여부 분류 개요도

SUPPLEMENT

부록

2

1. CAD/CAM 맛보기 매뉴얼 (5장 제품 설계와 제조 엔지니어링)

3. 생산 시뮬레이션 맛보기 매뉴얼 (9장 스마트팩토리 주요 기술)

1. CAD/CAM 맛보기 매뉴얼 (5장 제품 설계와 제조 엔지니어링)

1. Fusion 360 화면 구성

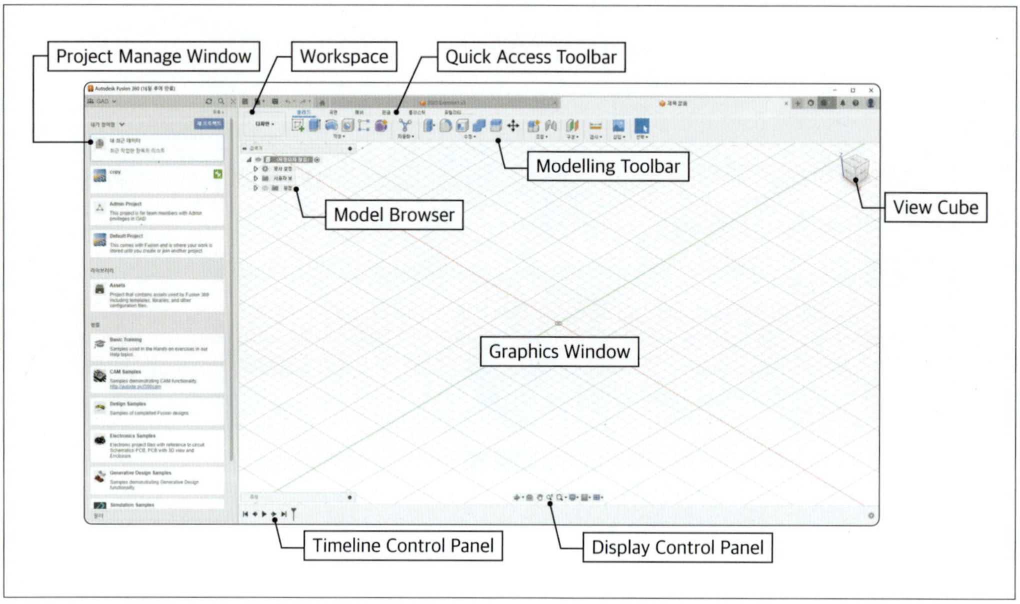

- **Workspace**: 디자인, 제조, 시뮬레이션 등 목적에 맞는 작업 공간 선택

  * 디자인, 제조 Workspace 사용
- **Project Manage Window**: 프로젝트 파일을 관리할 수 있는 창
- **Quick Access Toolbar & Modelling Toolbar**: Workspace에서 주로 사용하는 여러 기능
- **Model Browser**: 작업한 모델에 대한 트리 정보 제공
- **Graphics Window**: 메인 화면으로 스케치, 모델, 시뮬레이션 결과 등을 보여 주는 창
- **View Cube**: 현재 뷰를 보여 주며 보고자 하는 뷰를 선택
- **Timeline Control Panel**: 작업 과정을 볼 수 있는 창
- **Display Control Panel**: 그래픽스 뷰의 방향, 거리 등을 제어할 수 있는 창

2. Display (View) Control 방법

- **Pan(평행 이동)**: 마우스 휠 클릭한 상태로 마우스 이동
- **Zoom(줌 축소/확대)**: 마우스 휠 스크롤(위/아래)
- **Orbit(방향 이동)**: Shift 버튼 + 마우스 휠 클릭한 상태로 마우스 이동

3. 예제 따라 하기

프로젝트 생성

001 "New Project" 클릭

002 프로젝트 이름 작성

003 생성된 프로젝트 더블클릭

Sketch 1-1

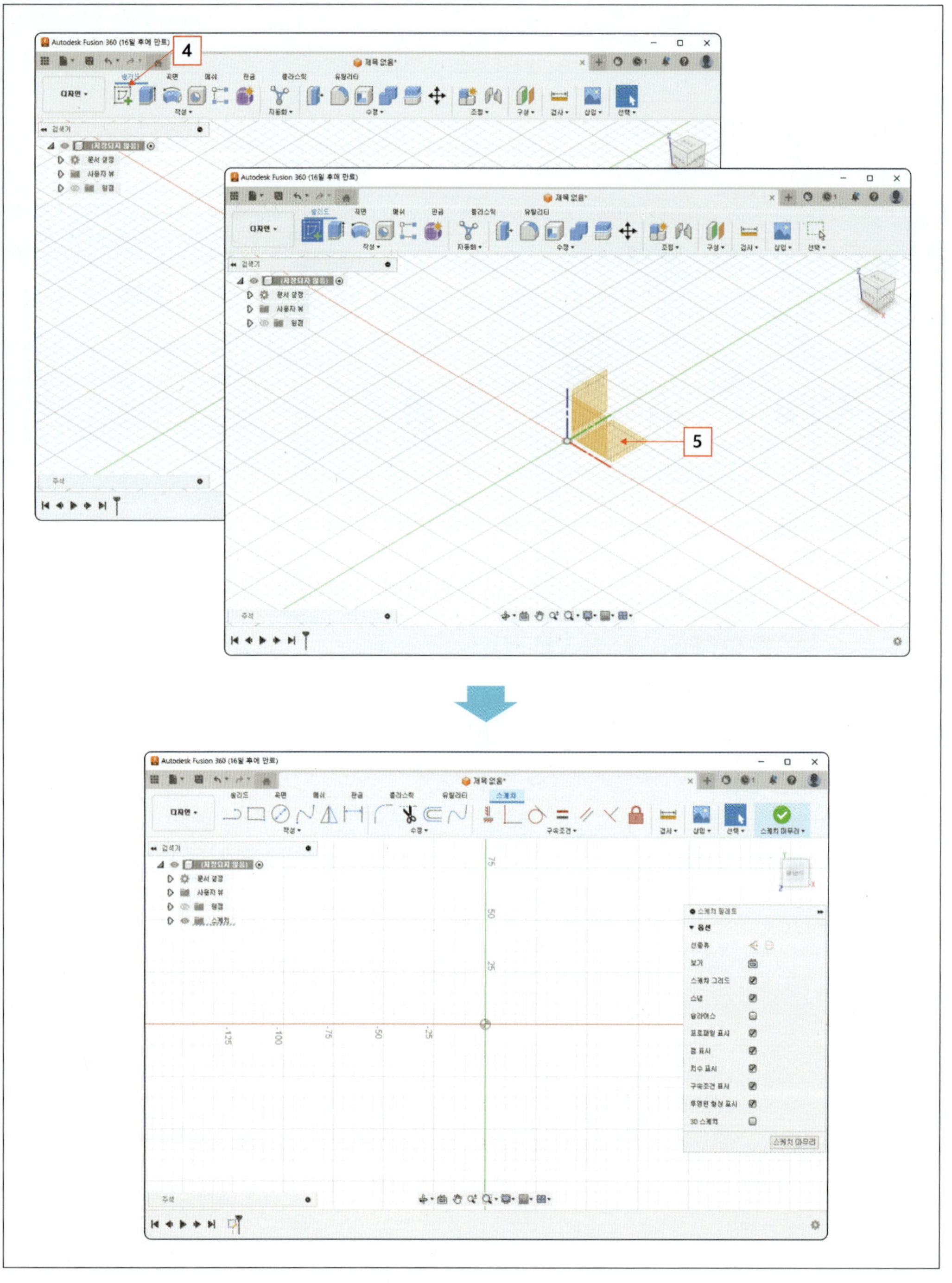

004 "스케치 작성" 클릭

005 XY 평면 선택

Sketch 1-2

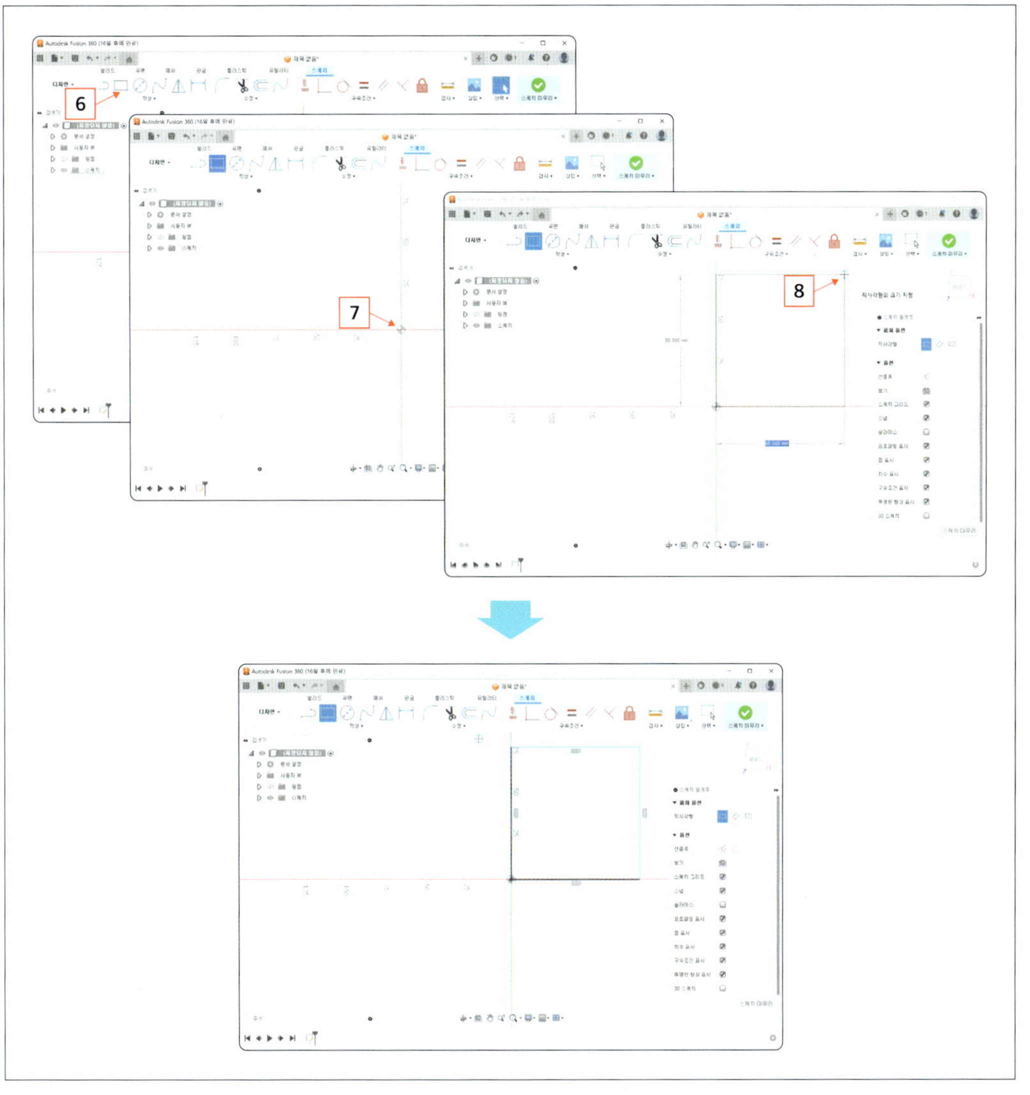

006 "2점 직사각형" 클릭

007 원점 클릭(원점 클릭하여 자동으로 구속조건 부여)

008 사각형을 만들기 위한 적당한 위치 클릭

Sketch 1-3

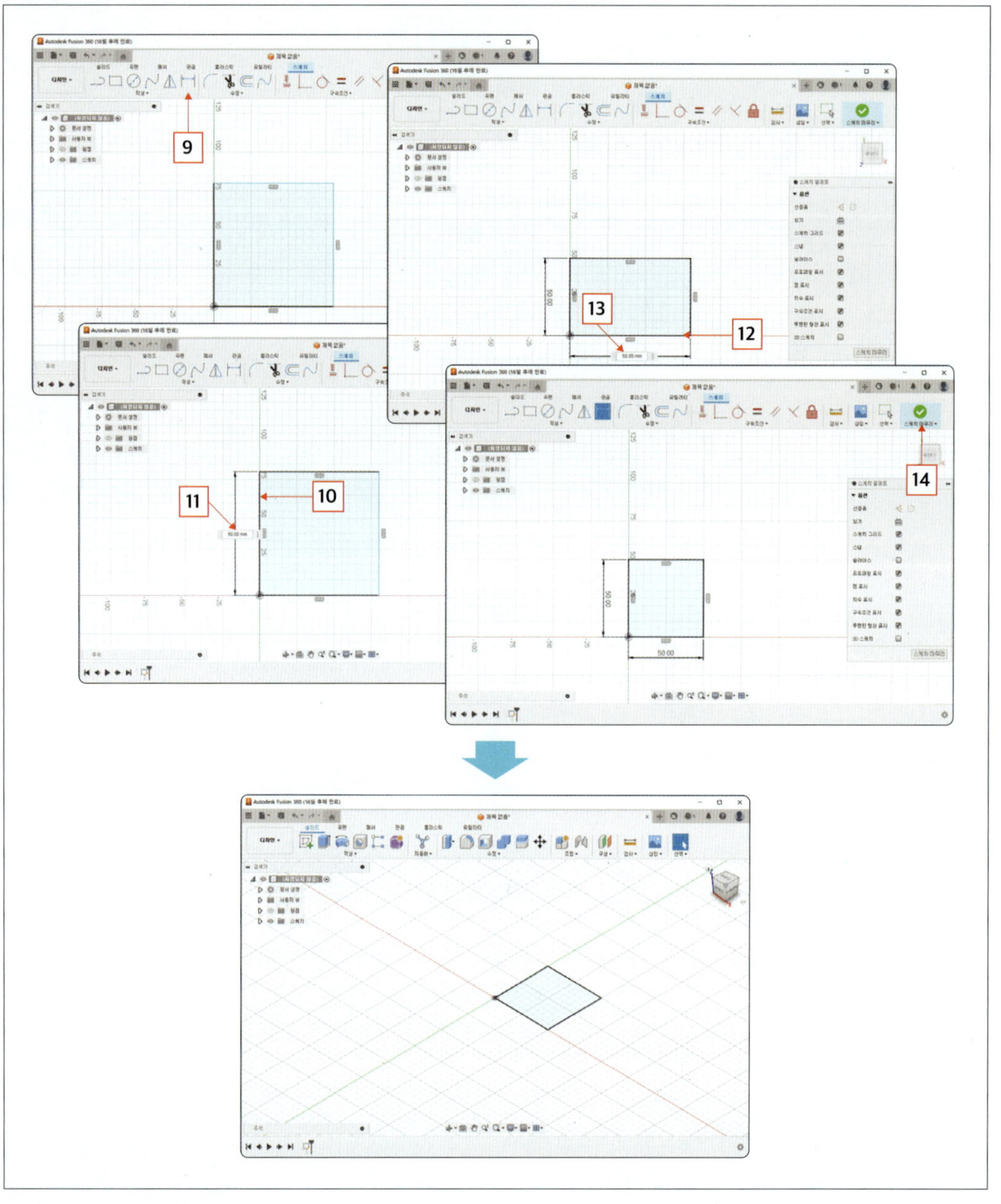

009 "스케치 치수" 클릭

010 세로 변 둘 중 하나 클릭

011 치수 입력(50)

012 가로 변 둘 중 하나 클릭

013 치수 입력(50)

014 "스케치 마무리" 클릭

Extrusion 1

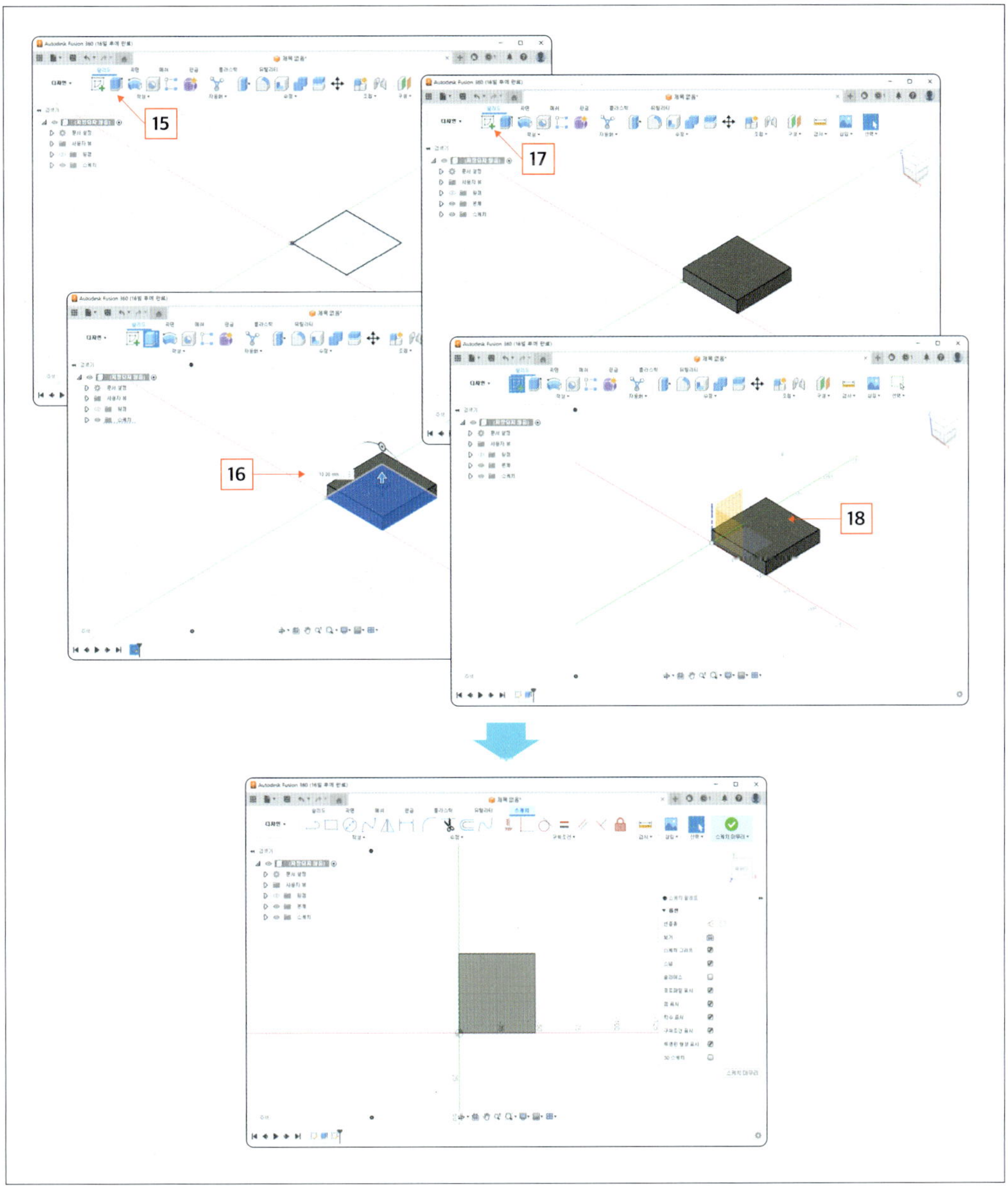

015 "돌출" 클릭

016 치수 입력(10)

017 "스케치 작성" 클릭

018 생성된 모델의 윗면 클릭

Sketch 2-1

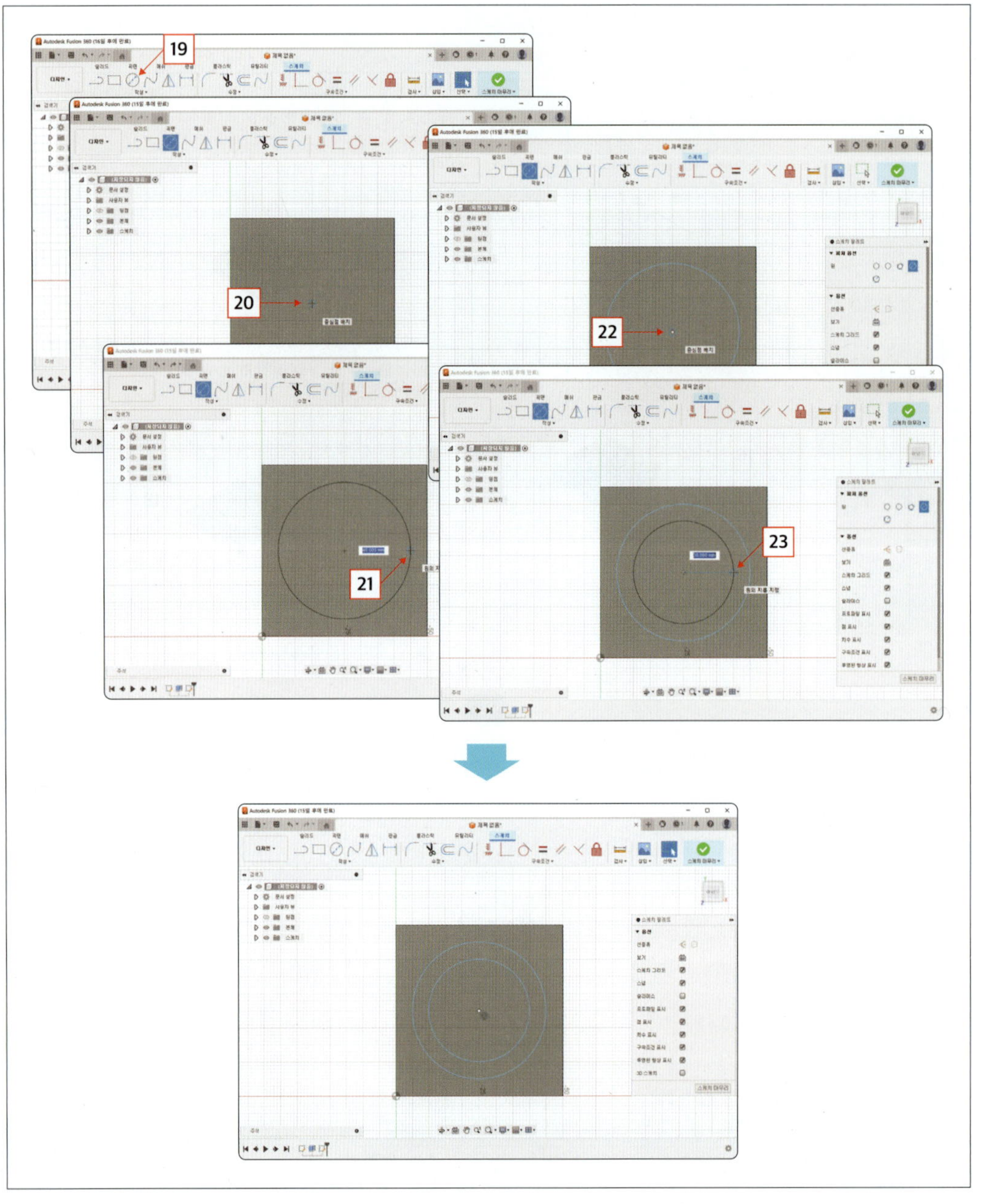

019 "중심 지름 원" 클릭

020 첫 번째 원의 중심으로 설정할 위치 클릭

021 첫 번째 원이 지나는 위치 클릭

022 020에서 설정한 원의 중심을 클릭하여 두 번째 원과 첫 번째 원에 자동으로 구속조건(동심) 부여하기

023 두 번째 원이 지나는 위치 클릭

Sketch 2-2

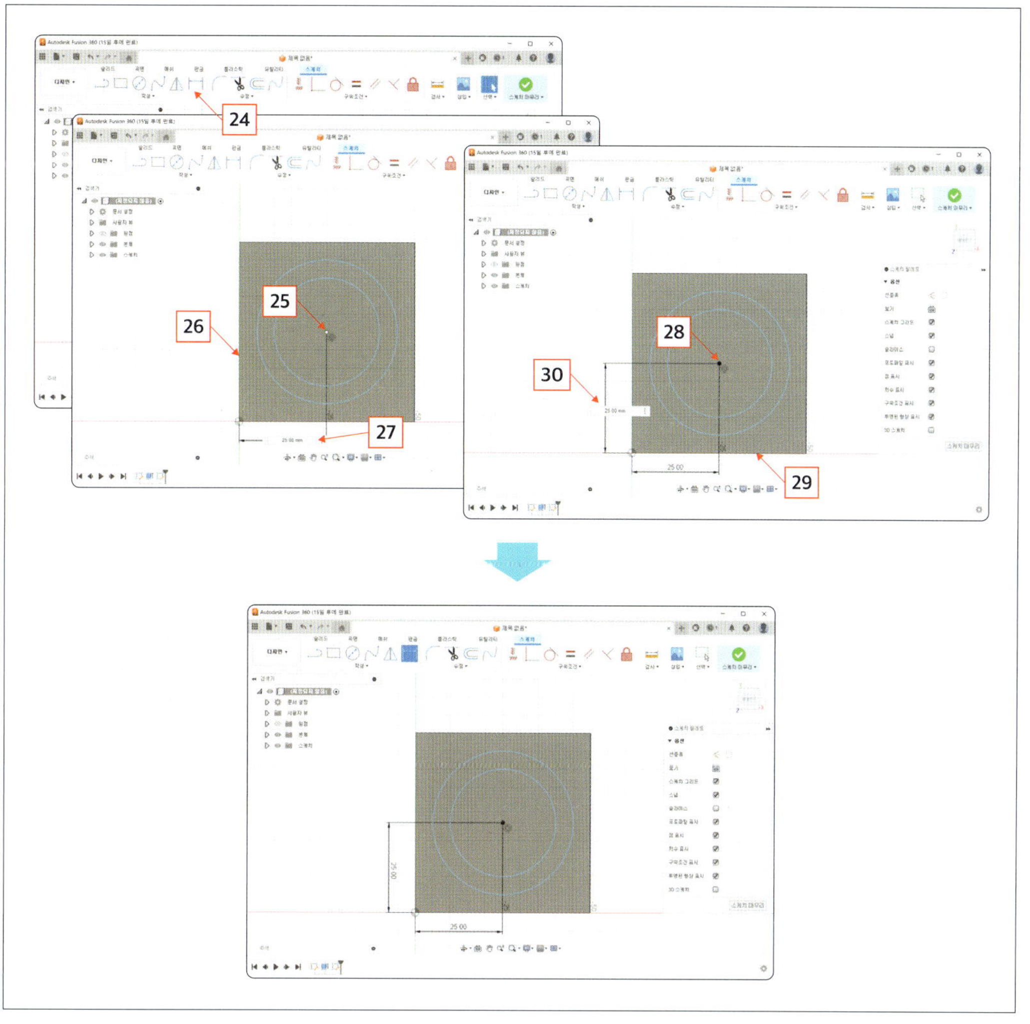

024 "스케치 치수" 클릭

025 원의 중심 클릭

026 사각형 세로 변 클릭

027 치수 입력(25)

028 원의 중심 클릭

029 사각형 가로 변 클릭

030 치수 입력(25)

Sketch 2-3

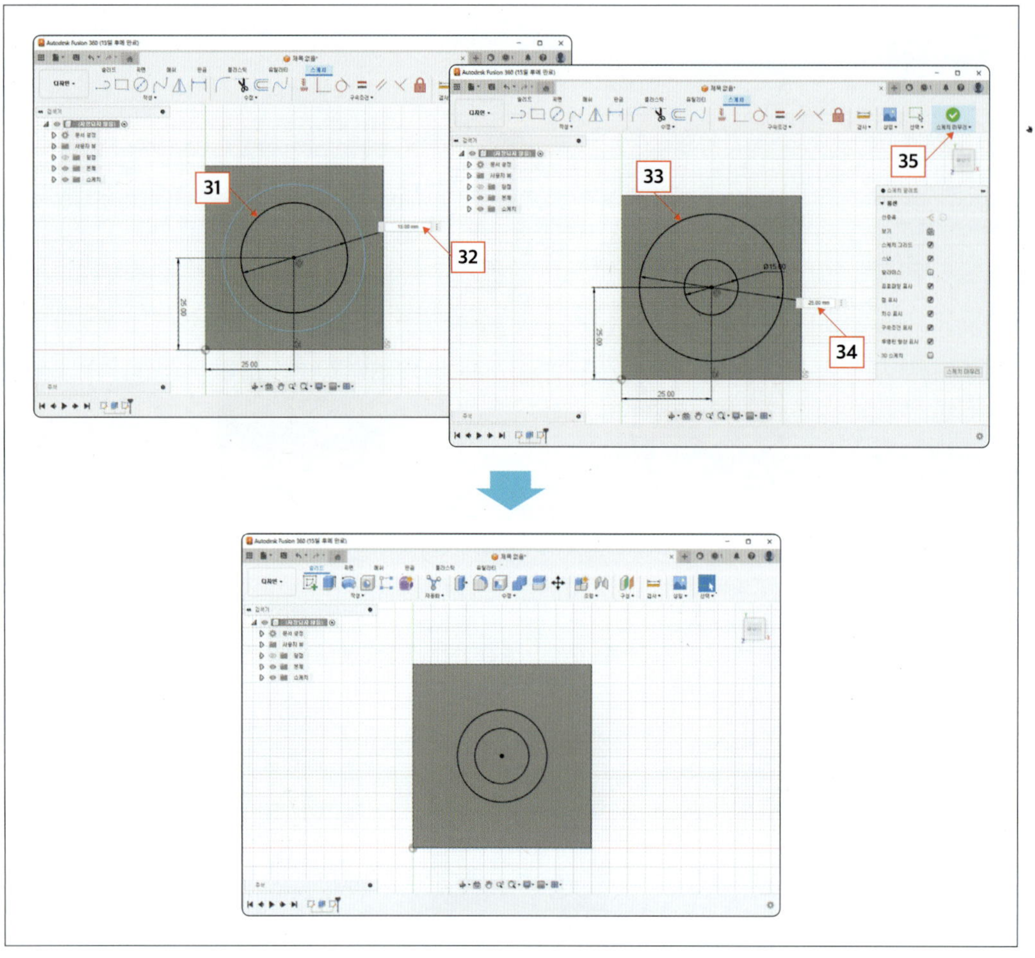

031 “스케치 치수” 활성화 상태에서 작은 원 클릭

032 치수 입력(15)

033 큰 원 클릭

034 치수 입력(25)

035 “스케치 마무리” 클릭

Extrusion 2

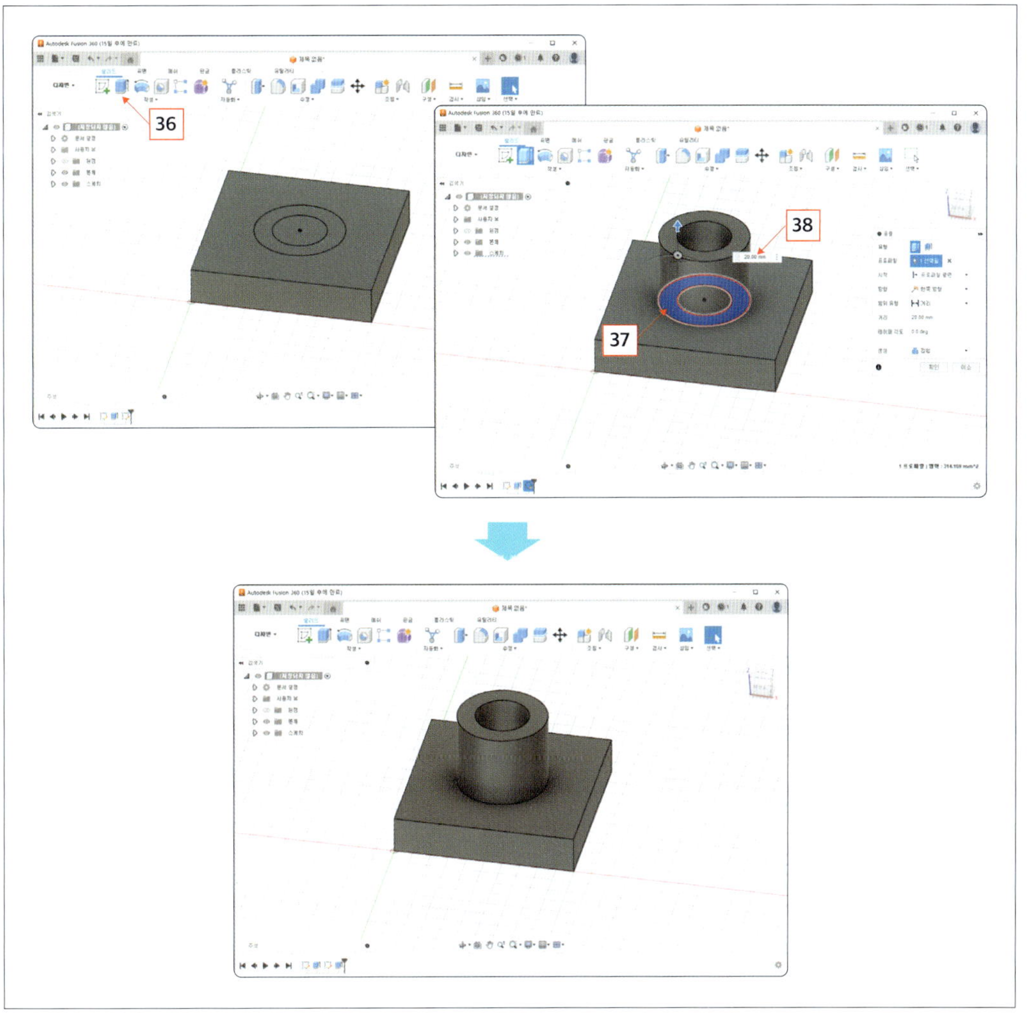

036 "돌출" 클릭

037 파란색 영역 클릭

038 치수 입력(20)

Sketch 3

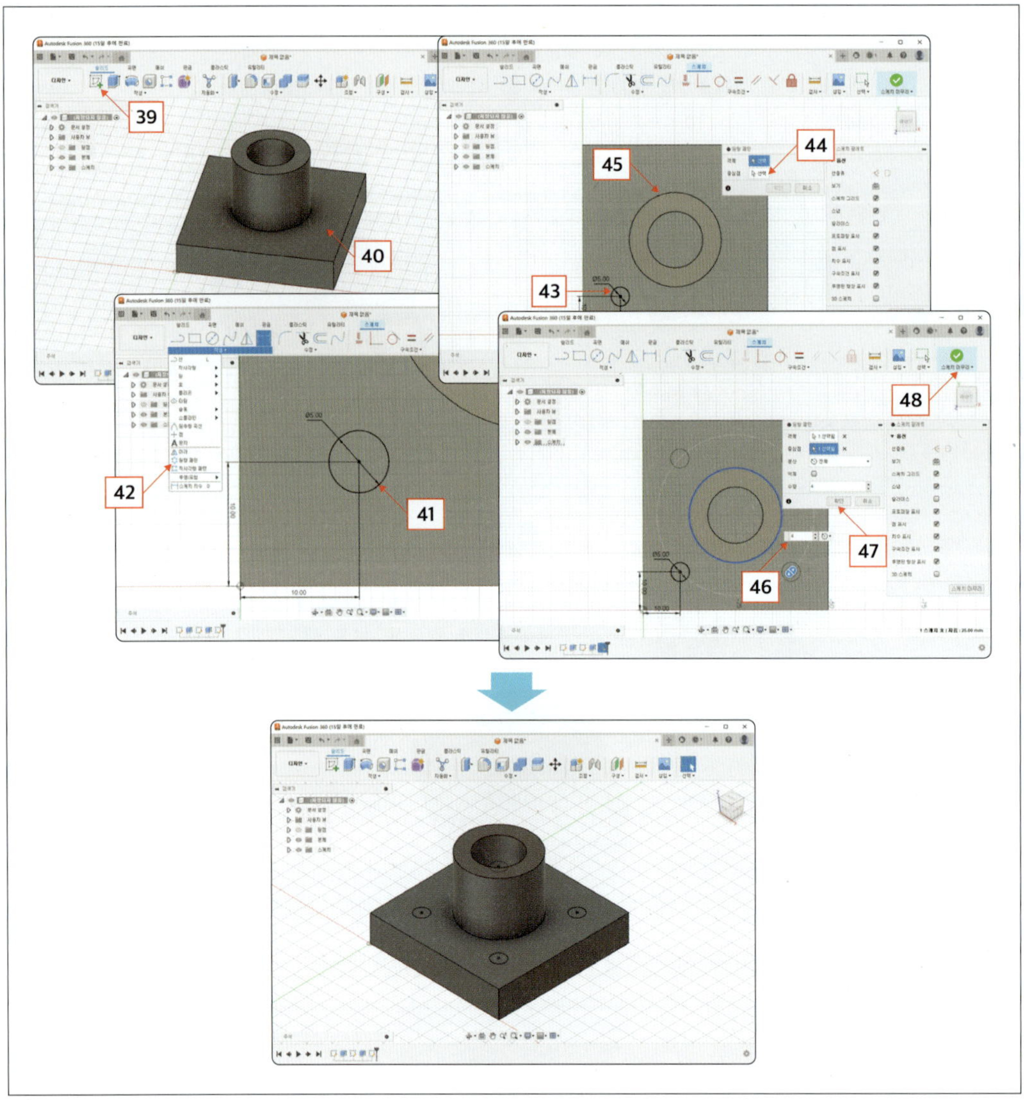

039 "스케치 작성" 클릭

040 해당 면 클릭

041 019~035에서 한 것처럼 원 그리기(직경 5 mm, 세로 변과의 거리 10 mm, 가로 변과의 거리 10 mm)

042 "작성" 클릭 → "원형 패턴" 클릭(확장된 탭 아래쪽)

043 041에서 그린 원 클릭

044 "중심점" 오른쪽 마우스 포인터 박스 클릭

045 가리키는 원 클릭

046 패턴 개수 지정(4개)

047 "확인" 클릭

048 "스케치 마무리" 클릭

Extrusion 3(Hole)

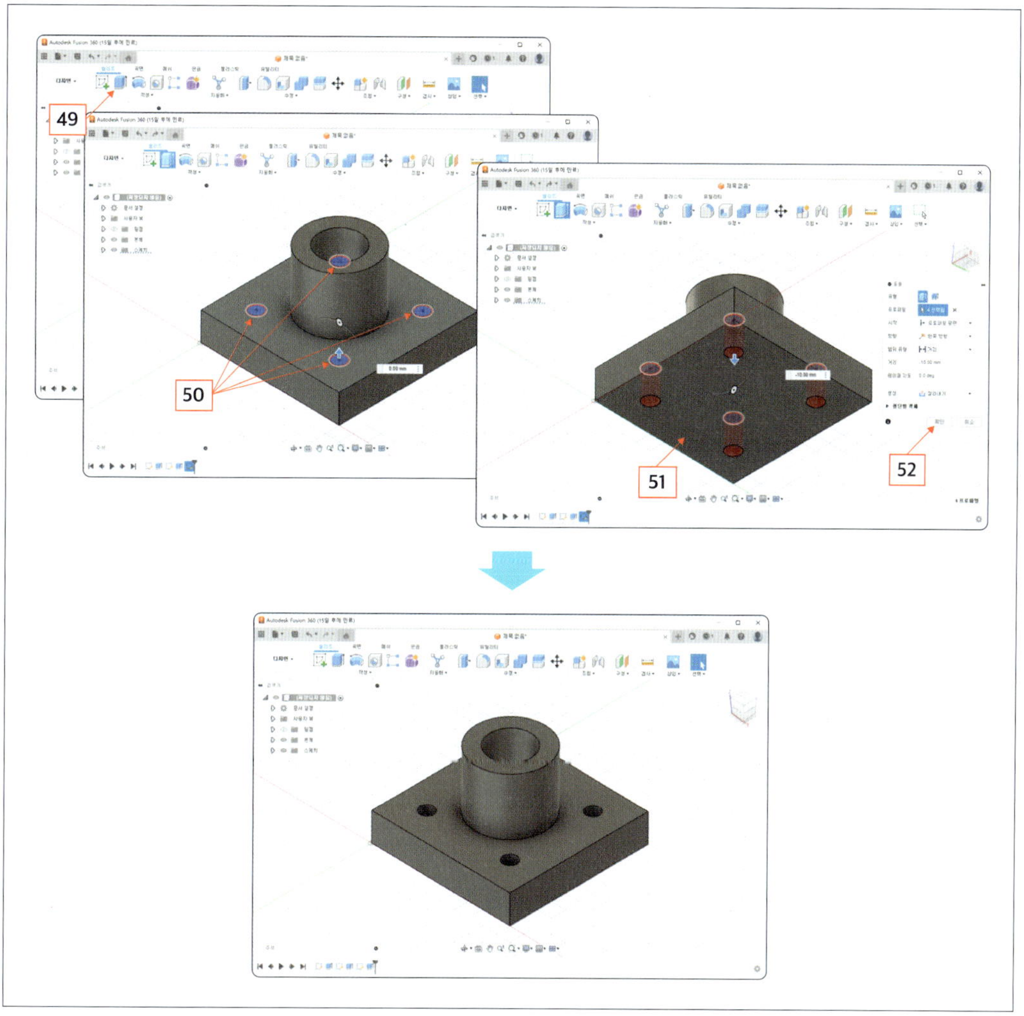

049 “돌출” 클릭

050 파란 원 4개 클릭

051 모델 아랫면 클릭

052 “확인” 클릭

Fillet & Chamber

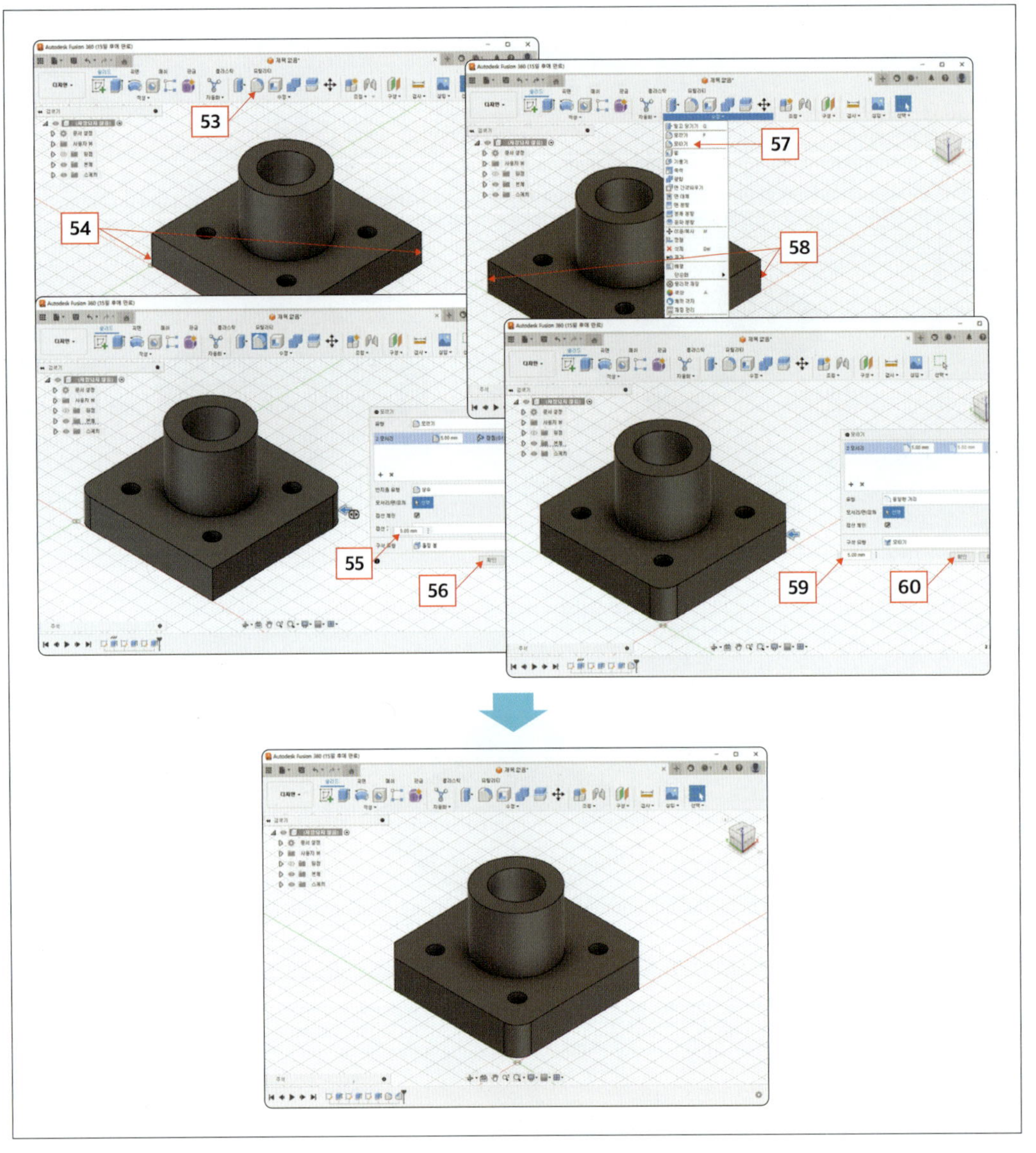

053 "모깎기" 클릭

054 가리키는 두 모서리 클릭

055 모깎기 반지름 입력(5)

056 "확인" 클릭

057 "수정" 클릭 → "모따기" 클릭

058 가리키는 두 모서리 클릭

059 모따기 사이즈 입력(5)

060 "확인" 클릭

Save

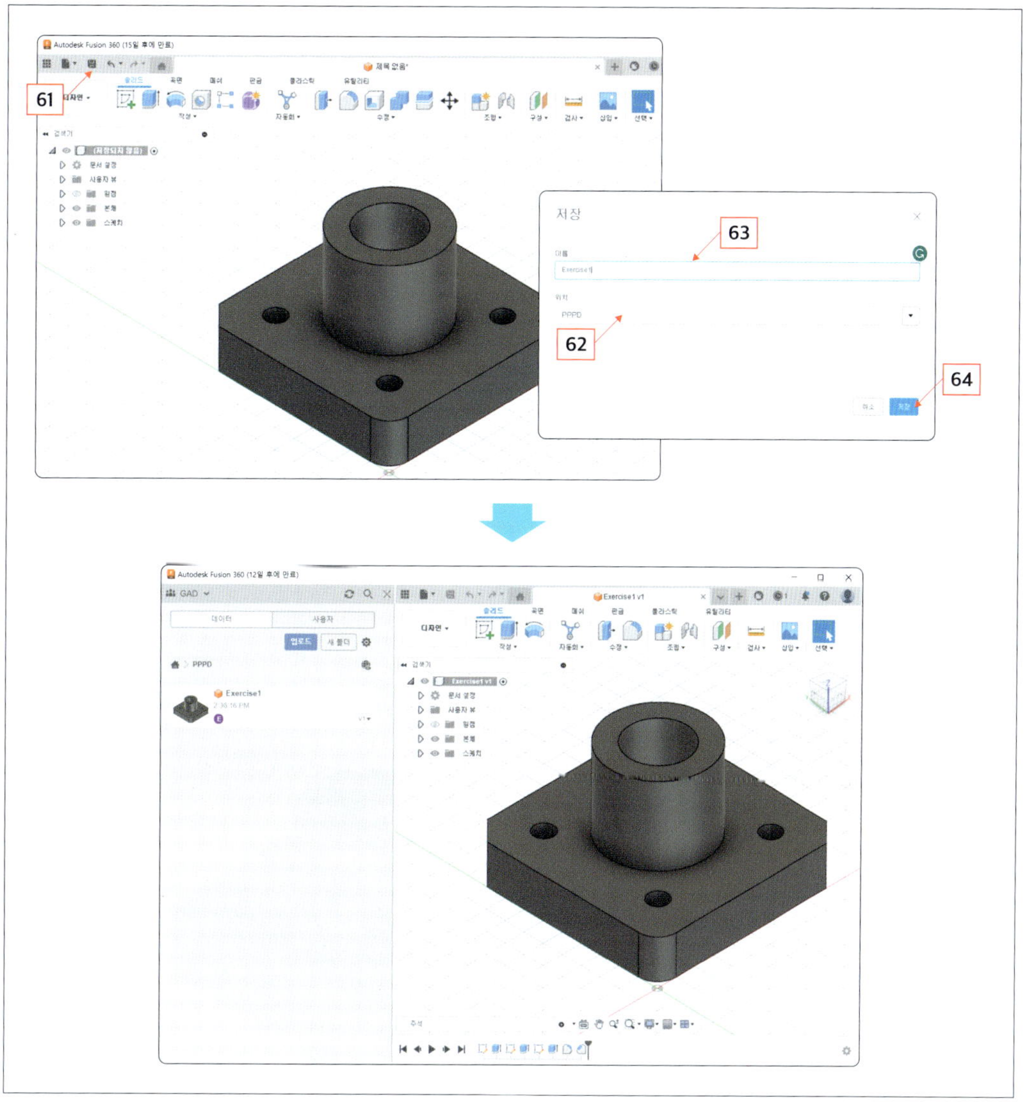

061 "저장" 클릭

062 위치 선택

063 파일명 입력

064 "저장" 클릭

Workspace (Manufacture)

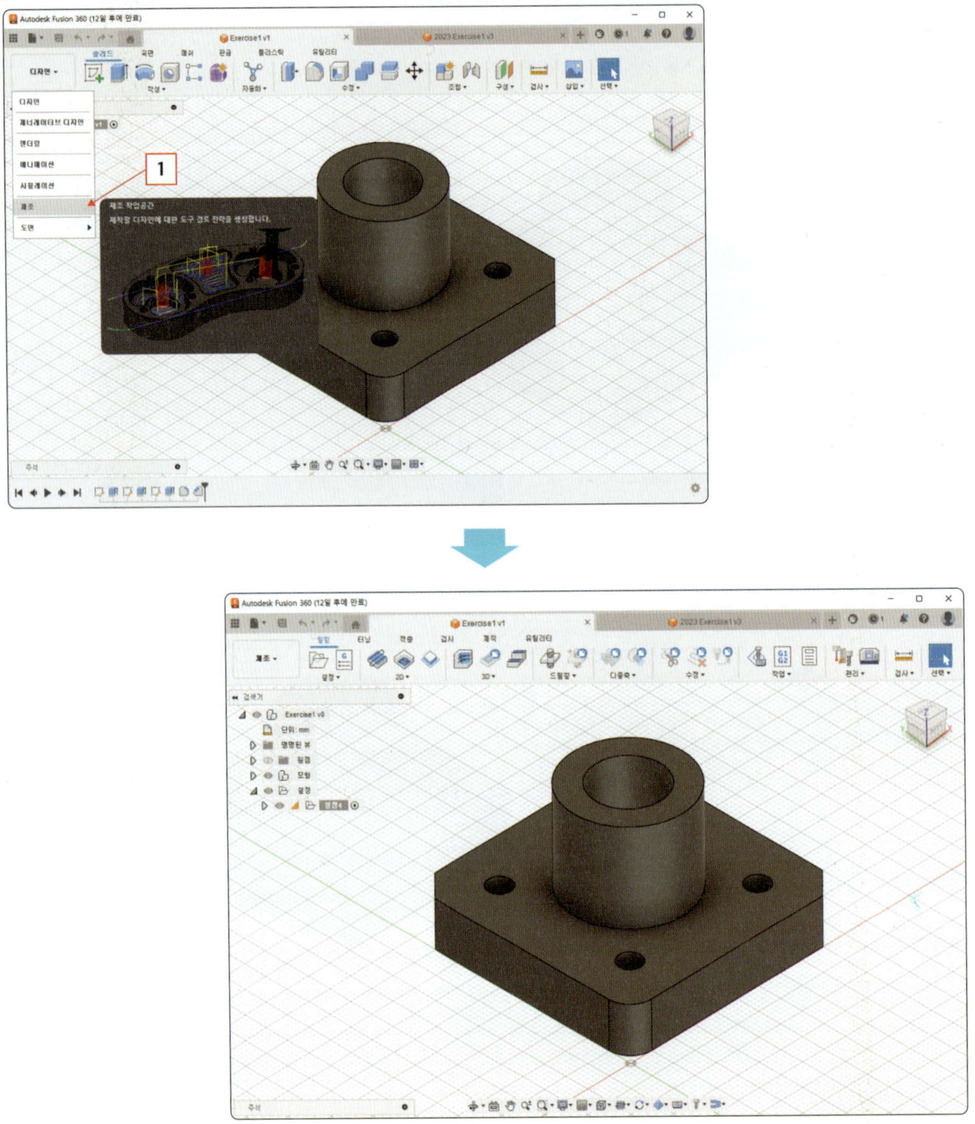

001 Workspace 클릭 → “제조” 클릭

Setup 1

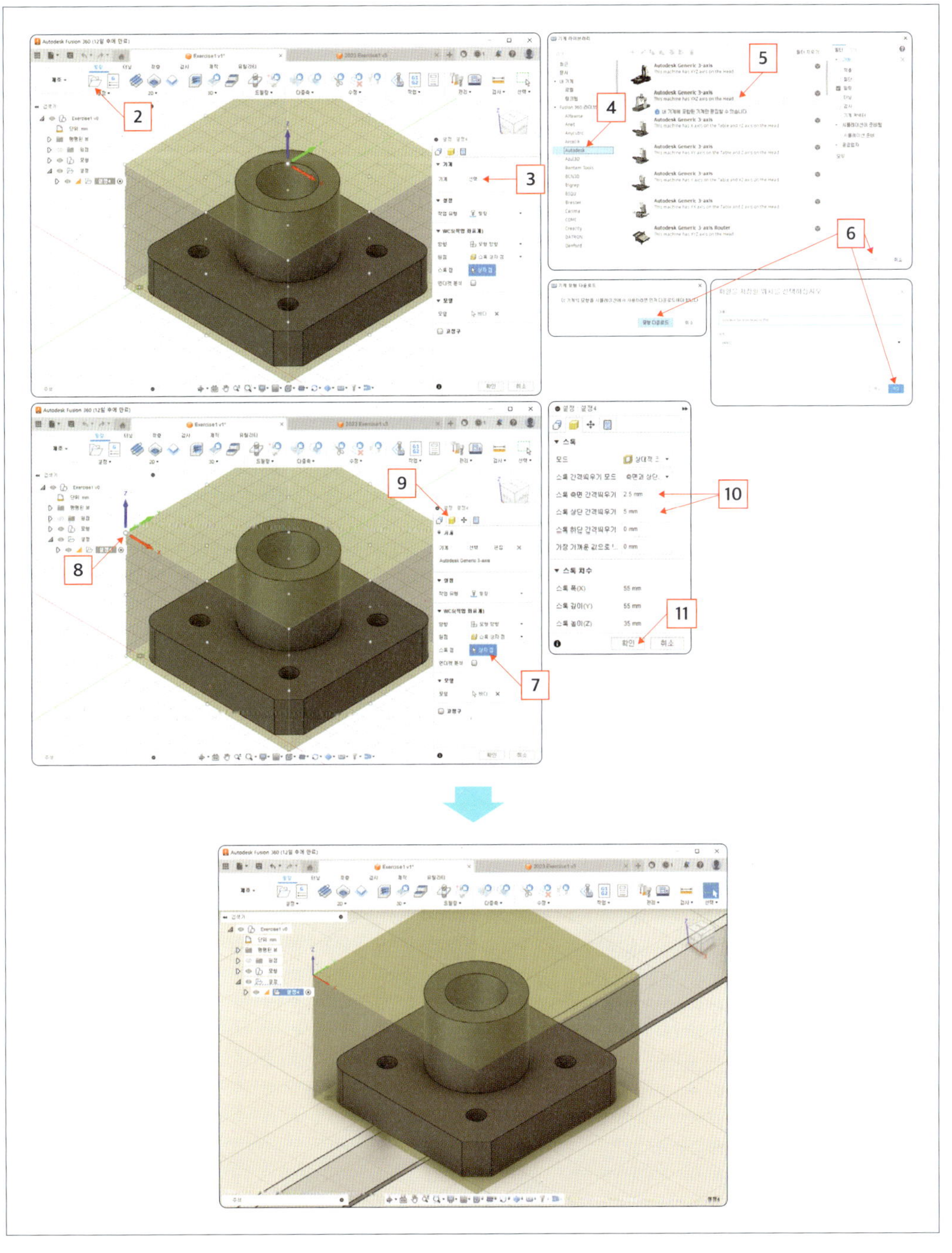

002 "설정" 클릭

003 "기계" 오른쪽 "선택" 박스 클릭

004 "Fusion 360 라이브러리" → "Autodesk" 클릭

005 "Autodesk Generic 3-axis (YXZ axis)" 클릭[1]

006 "선택" 클릭 → "모형 다운로드" 클릭 → 파일명 입력 후 "저장" 클릭

007 "방향" - 모형 방향, "원점" - 스톡 상자 점 상태에서 "스톡 점" 오른쪽 박스 클릭

008 가리키는 점 클릭. 이때 X축과 Y축이 가리키는 방향이 스톡(옅은 노란색 박스) 쪽을 향하도록 설정[2]

009 "스톡" 탭 클릭

010 모드는 "상대적 크기 상자", 스톡 간격띄우기 모드는 "측면과 상단/하단에 스톡 추가"를 선택한 후, 스톡 측면 간격띄우기를 2.5 mm - 스톡 상단 간격띄우기를 5 mm로 설정

011 "확인" 클릭

1 Machine 선택할 때 Machine Library가 비어 있는 경우가 있는데, 이럴 경우 조금 기다렸다가 창을 닫았다 다시 열면 Machine Library에 다양한 Machine들이 들어온 것을 확인할 수 있다.

2 상황에 따라 설정하는 위치가 다르지만, 우리가 디자인한 모델이 WCS상 X와 Y 좌푯값이 모두 양수인 곳에 위치시키기 위함이다.

Tool Setting 1-1

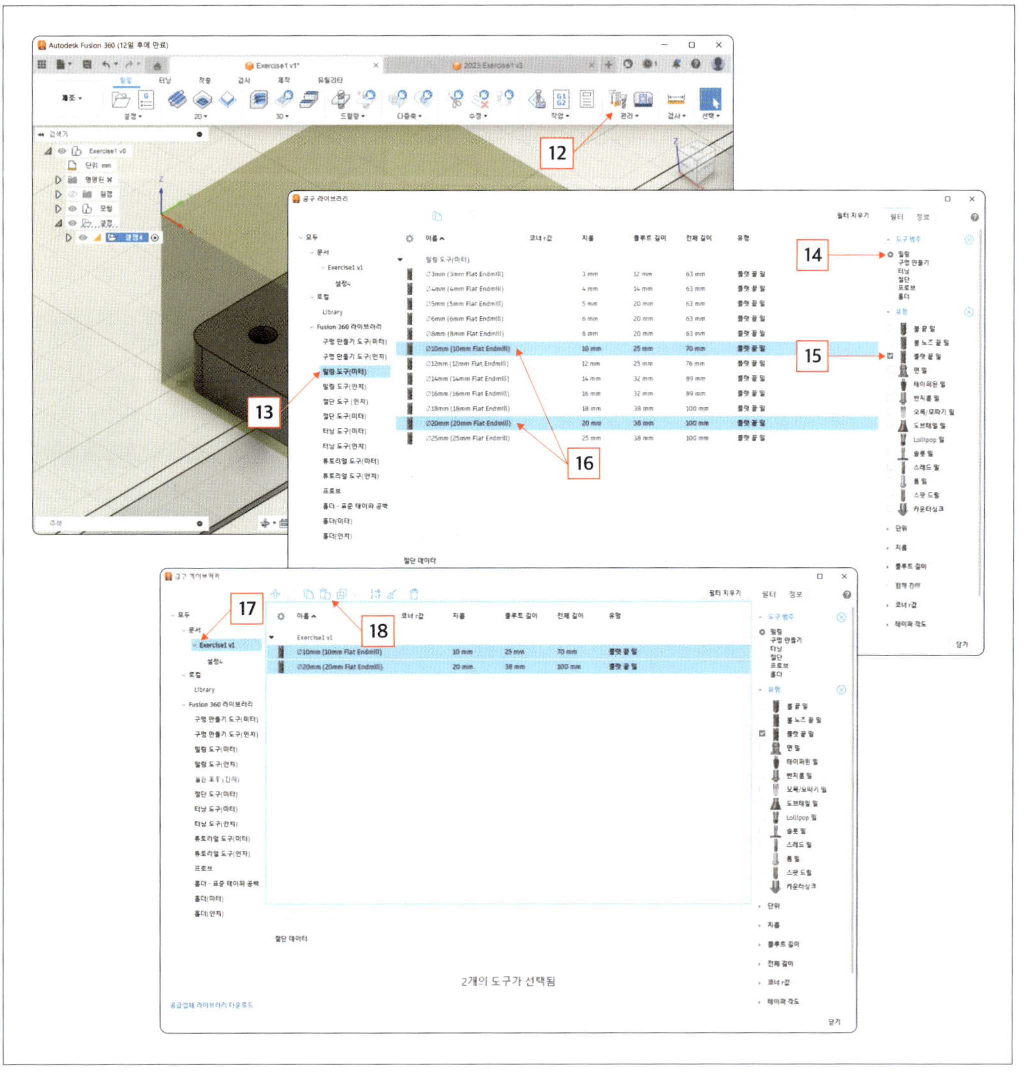

012 "공구 라이브러리" 클릭

013 "Fusion 360 라이브러리" → "밀링 공구(미터)" 클릭

014 "공구 범주" → "밀링" 클릭

015 유형에서 "플랫 끝 밀" 클릭

016 직경(지름) 20 mm, 10 mm 툴 선택 후 마우스 우클릭 → "공구 복사" 클릭(20mm Flat Endmill, 10mm Flat Endmill)

017 "문서" → "Exercise1"(프로젝트 내에 생성했던 작업 파일명) 클릭

018 "공구 붙여넣기" 클릭(클릭 후에 맨 아래 그림처럼 2개의 툴이 복사된 모습을 확인할 수 있음)

Tool Setting 1-2

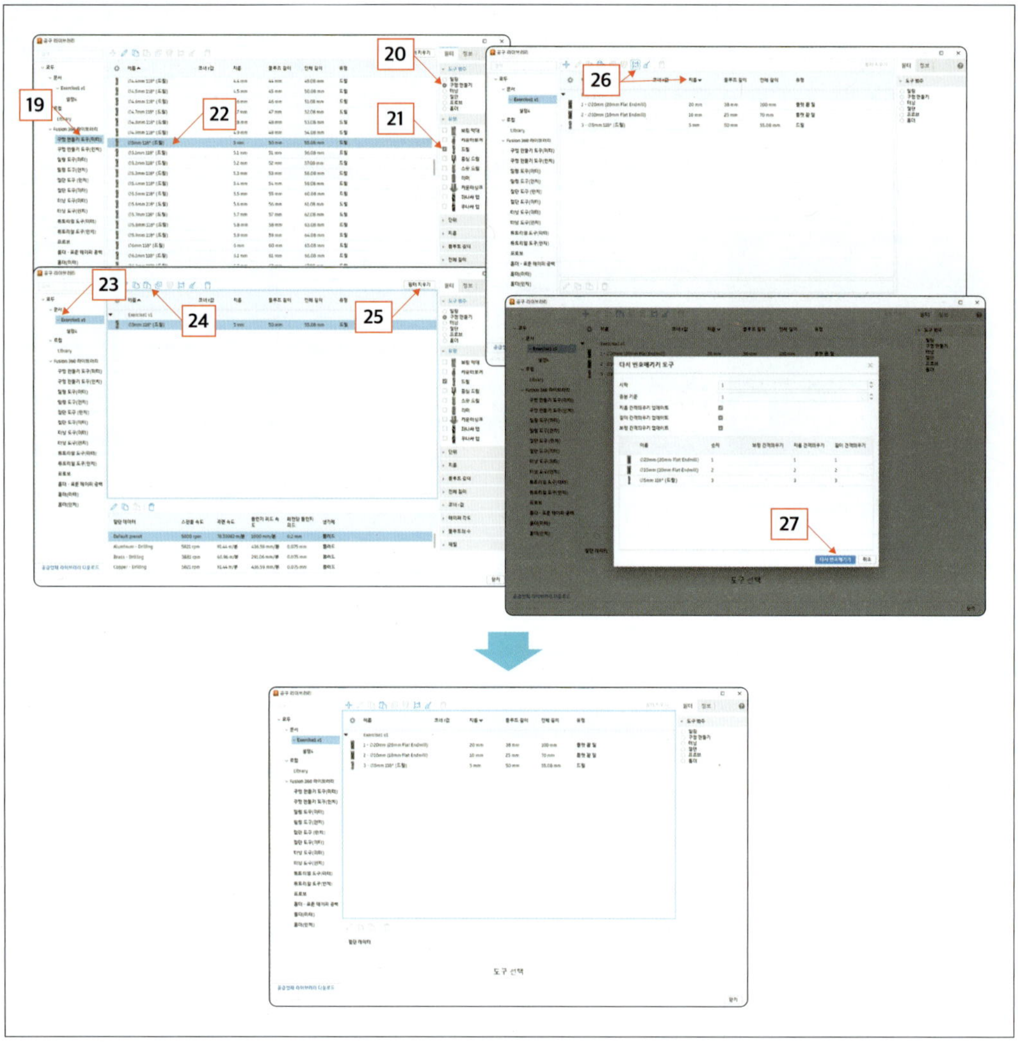

019 "Fusion 360 라이브러리" → "구멍 만들기 공구(미터)" 클릭

020 "공구 범주" → "구멍 만들기" 클릭

021 "유형" → "드릴" 클릭

022 직경(지름) 5 mm 118° 툴 선택 후 마우스 우클릭 → "공구 복사" 클릭

023 "문서" → "Exercise1"(프로젝트 내에 생성했던 작업 파일명) 클릭

024 "공구 붙여넣기" 클릭

025 "필터 지우기" 클릭

026 "지름" 내림차순으로 정렬 → "다시 번호매기기 공구" 클릭

027 "다시 번호매기기" 클릭[3]

---

3 이때 Ø20 mm → Ø10 mm → Ø5 mm 118° 드릴 순으로 번호 1, 2, 3번이 할당되어야 함

Face Milling (Cutting) 1-1

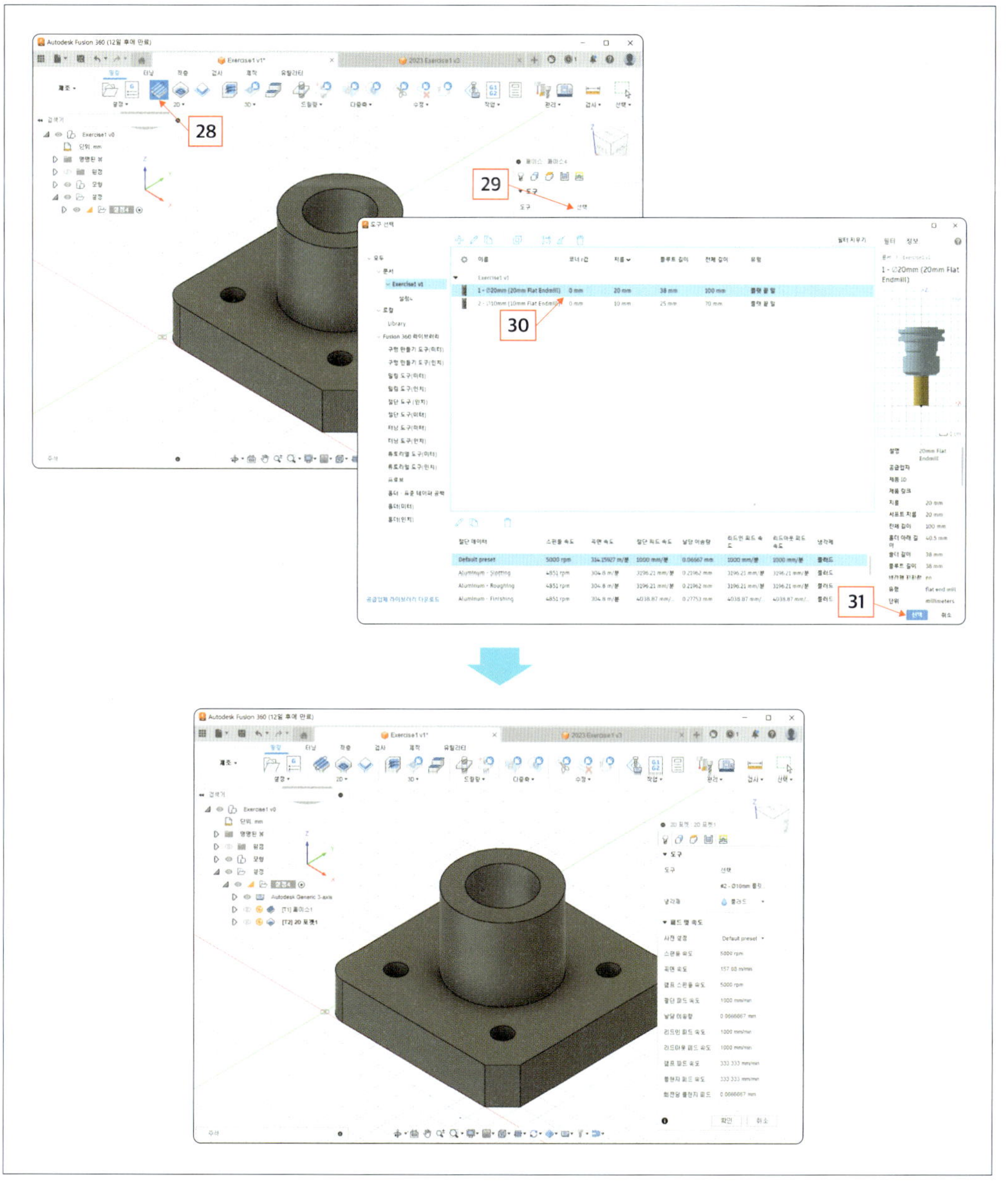

028 "페이스" 클릭

029 공구 오른쪽 "선택" 박스 클릭

030 012~027에서 설정한 "Ø20mm Flat Endmill" 선택

031 "선택" 클릭

Face Milling (Cutting) 1-2

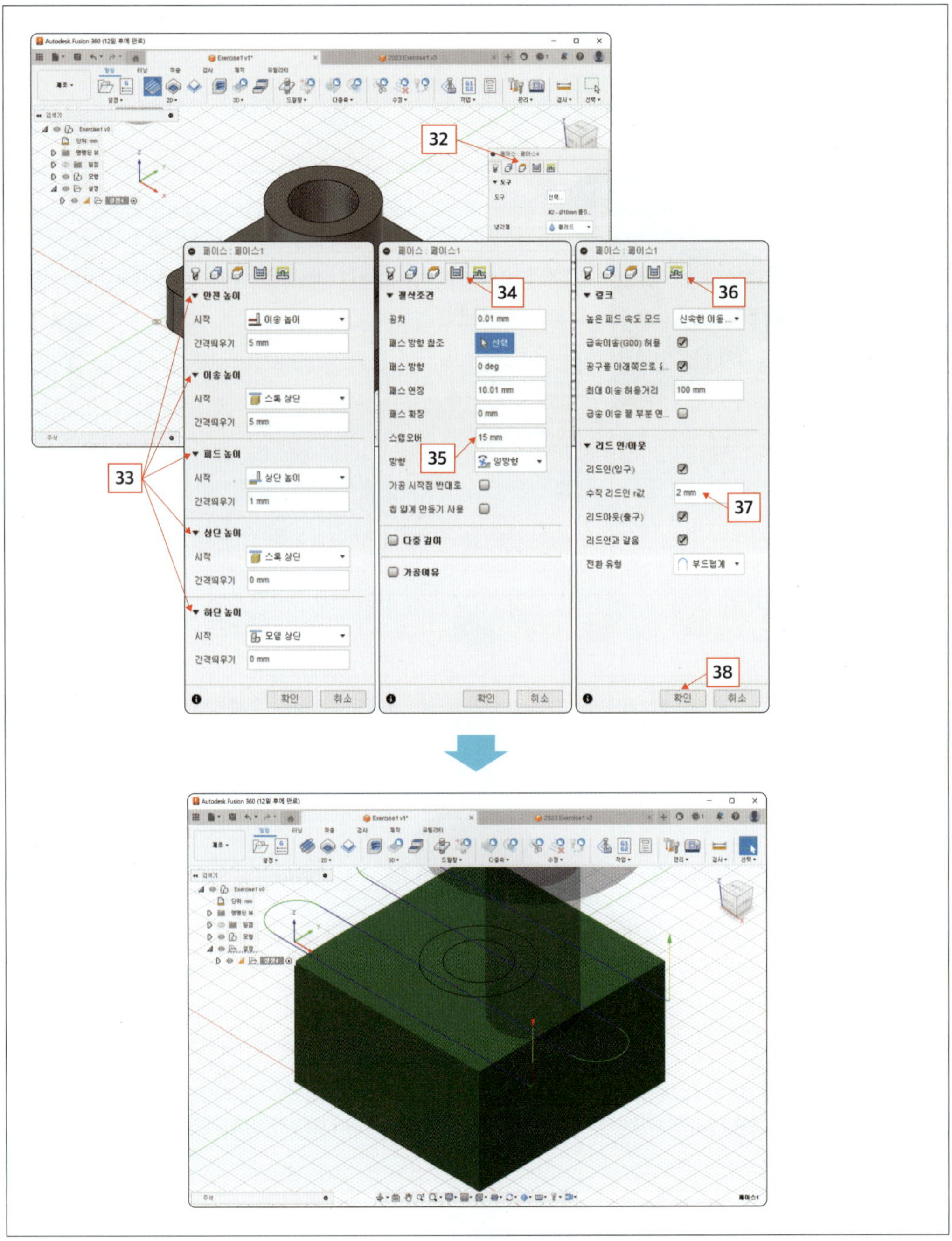

032 "높이" 탭 클릭

033 아래와 같이 설정(시작 → 간격띄우기 순)

- 안전 높이: 이송 높이, 5 mm
- 이송 높이: 스톡 상단, 5 mm
- 피드 높이: 상단 높이, 1 mm
- 상단 높이: 스톡 상단, 0 mm
- 하단 높이: 모델 상단, 0 mm

034 "패스" 탭 클릭

035 스텝오버 수치 설정(15 mm, 툴 직경의 75%)

036 "링크" 탭 클릭

037 수직 리드인 r값 수치 설정(2 mm, 툴 직경의 10%)

038 "확인" 클릭(클릭 후에 맨 아래 그림과 같이 스톡의 윗면이 깎여 나간 것을 확인할 수 있음)

Pocketing 1-1

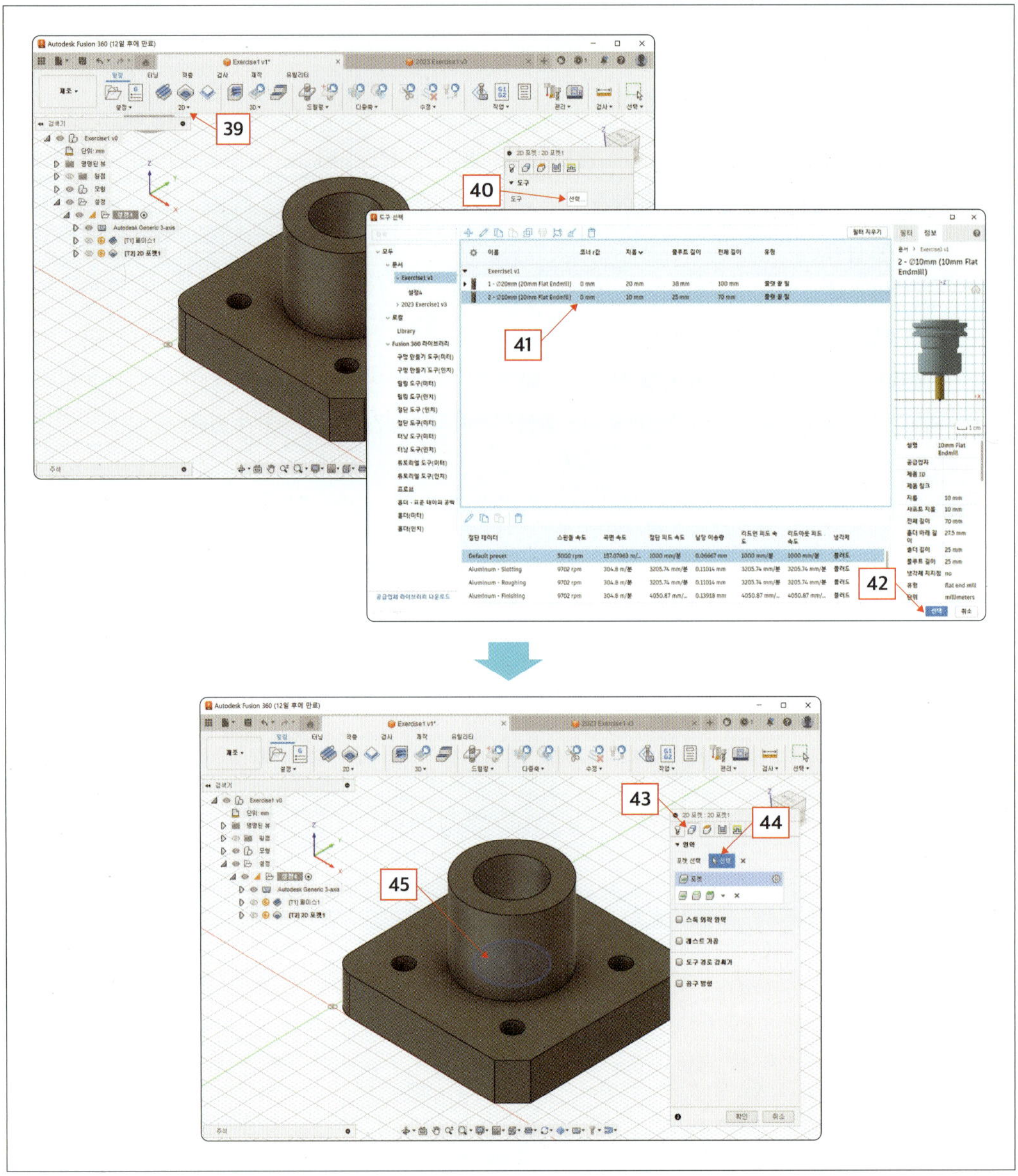

039 "2D" 클릭 → "2D 포켓" 클릭

040 "공구" → "선택" 박스 클릭

041 012~027에서 설정한 "Ø10mm Flat Endmill" 선택

042 "선택" 클릭

043 "영역" 탭 클릭

044 "포켓 선택" → "선택" 박스 클릭

045 링 모양의 안쪽 바닥면 원 클릭

Pocketing 1-2

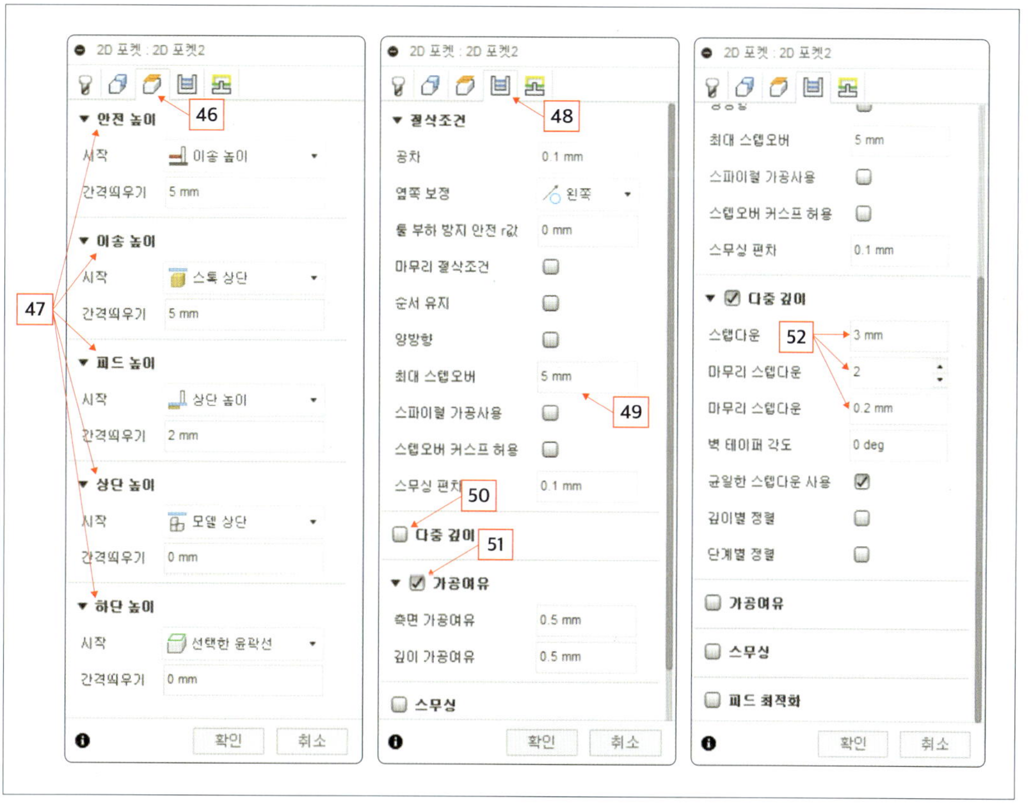

046 "높이" 탭 클릭

047 아래와 같이 설정(시작 → 간격띄우기 순)

- 안전 높이: 이송 높이, 5 mm
- 이송 높이: 스톡 상단, 5 mm
- 피드 높이: 상단 높이, 2 mm
- 상단 높이: 모델 상단, 0 mm
- 하단 높이: 선택한 윤곽선, 0 mm

048 "패스" 탭 선택

049 "최대 스텝오버" 수치 설정(5 mm, 툴 직경의 50%)

050 "다중 깊이" 체크

051 "가공 여유" 체크 해제 → 설정하면 정삭을 위해 설정한 수치만큼의 스톡이 남음. 원래는 황삭 이후에 정삭공정을 하여 두 번에 나눠 절삭하는 것이 맞지만, 여기에서는 절삭 한 번으로 하기로 함

052 "다중 깊이"에서 아래와 같이 설정

- 스텝다운: 3 mm(툴 직경의 30%)
- 마무리 스텝다운: 2(바닥면 정삭의 스텝 수)
- 마무리 스텝다운: 0.2 mm(바닥면 정삭의 스텝다운 깊이)

Pocketing 1-3

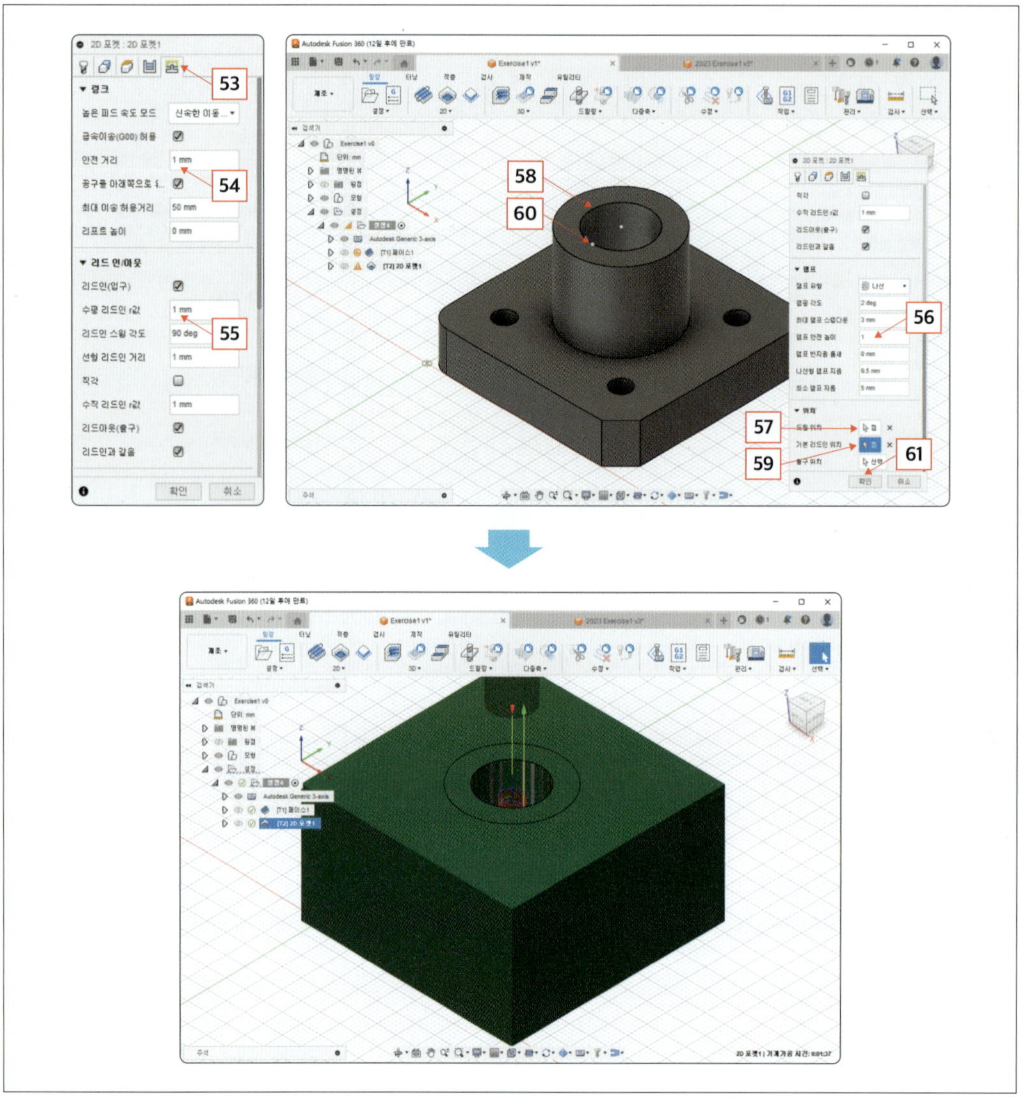

053 "링크" 탭 클릭

054 안전 거리 수치 설정(1 mm, 툴 직경의 10%)

055 수평 리드인 r값 수치 설정(1 mm, 툴 직경의 10%)

056 램프 안전 높이 수치 설정(1 mm, 수평 리드인 r값과 더했을 때 047에서 설정한 피드 높이를 초과하면 에러)

057 드릴 위치 오른쪽 박스 클릭

058 작은 원 클릭

059 "기본 리드인 위치" 클릭

060 작은 원 아무 곳이나 클릭

061 "확인" 클릭

Pocketing 2-1

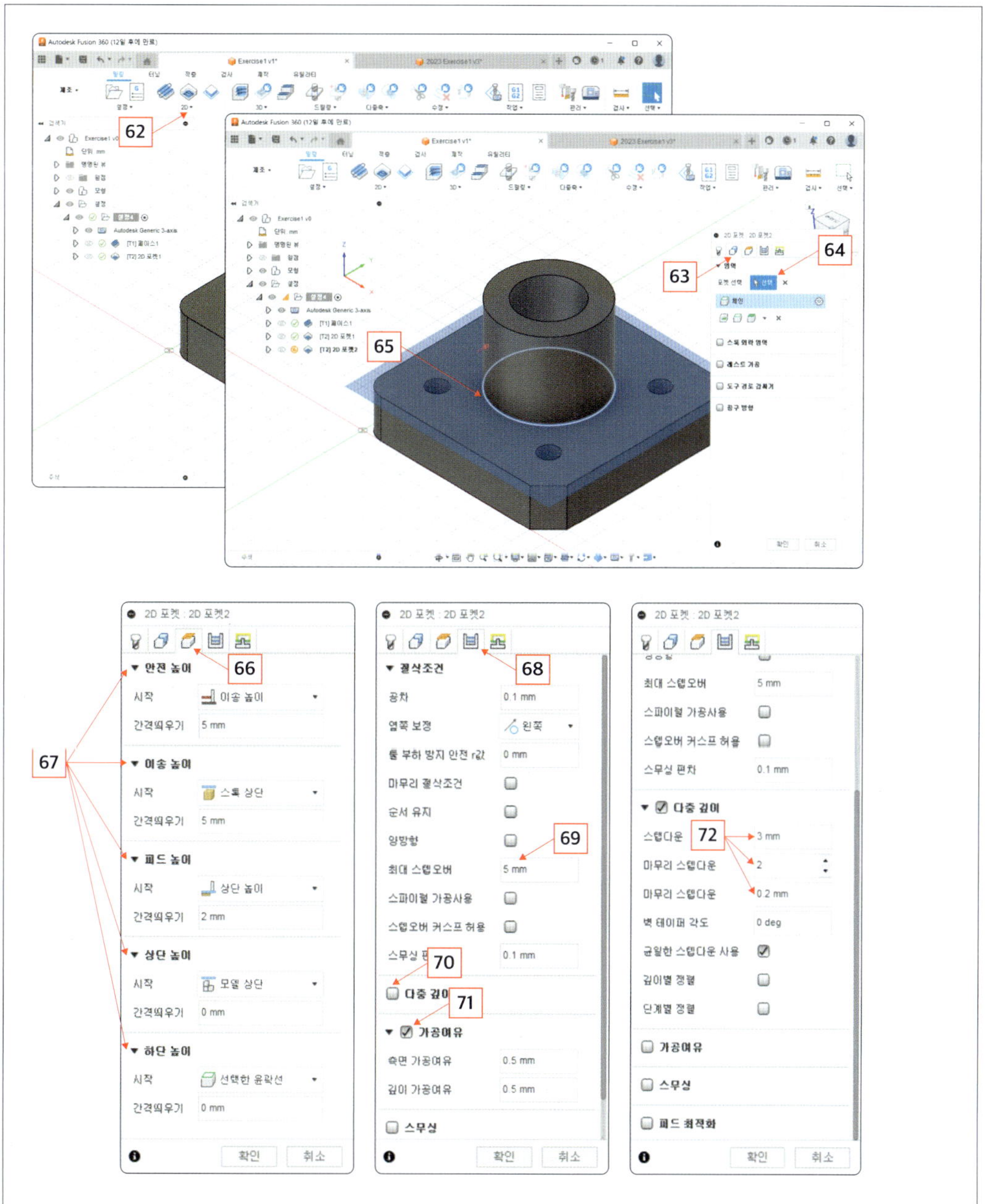

062 "2D" 클릭 → "2D 포겟" 클릭(앞의 2D 포켓에서 사용한 툴을 그대로 사용하기 때문에 따로 설정 안 함)

063 "영역" 탭 클릭

064 "포켓 선택" → "선택" 박스 클릭

065 링 모양의 바깥쪽 바닥면 원 클릭

066~072 046~052 과정과 똑같이 진행

Pocketing 2-2

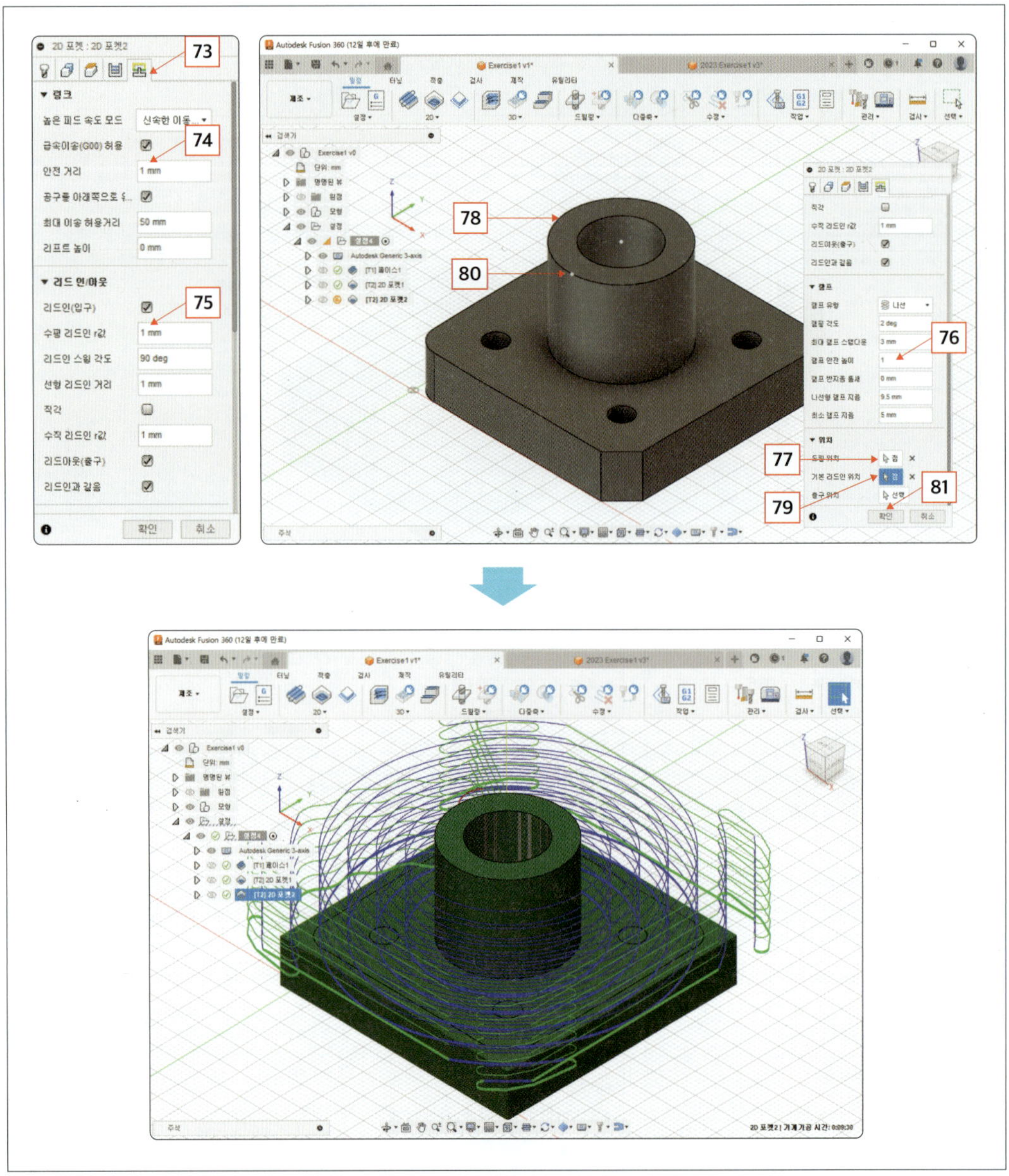

073~081 053~061 과정과 똑같이 진행

- 기본적으로 같은 2D 포켓을 진행하였기에 대부분의 설정이 동일

Drilling 1

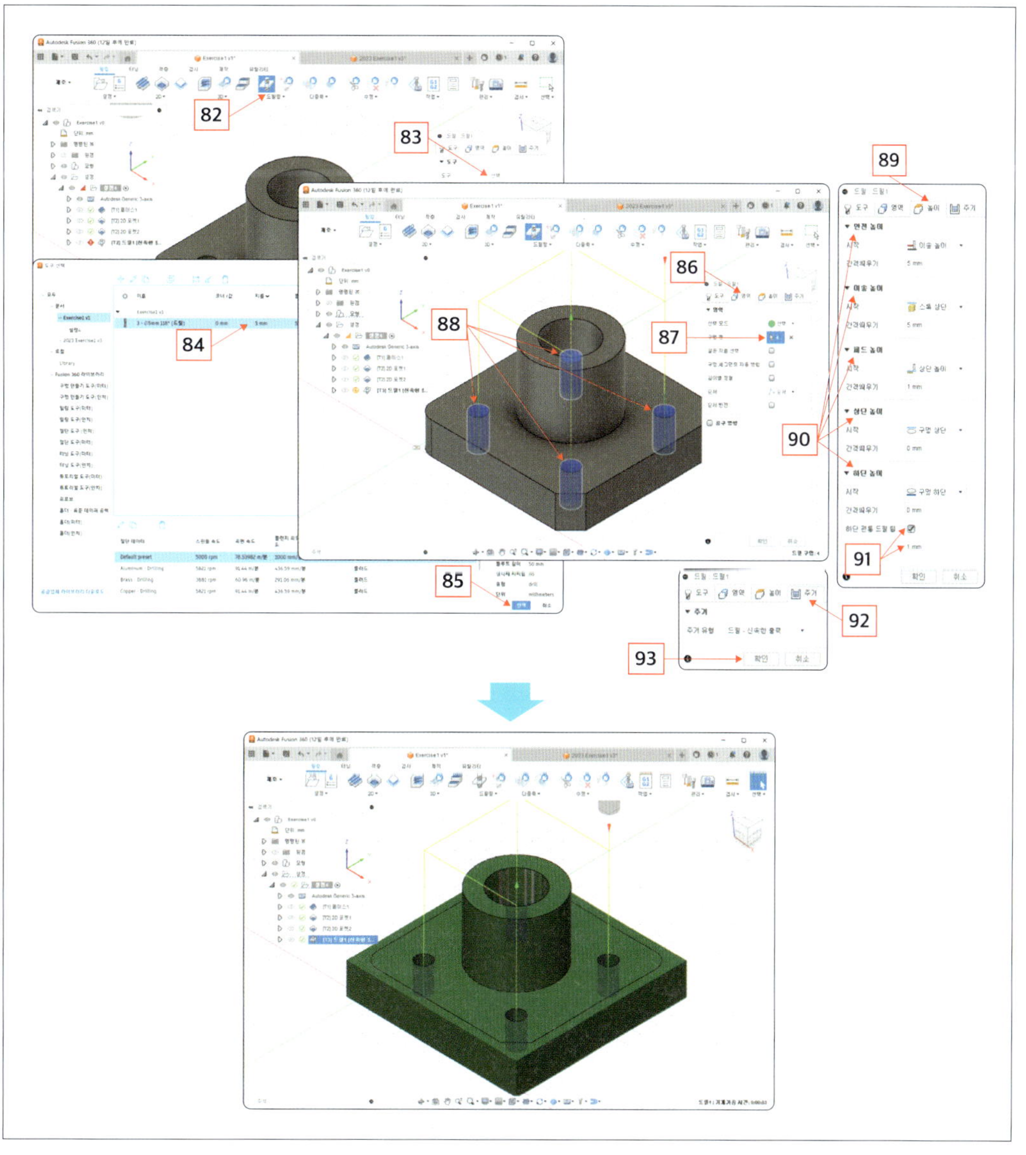

082 “드릴” 클릭

083 “공구” → “선택” 박스 클릭

084 012~027에서 설정한 “Ø 5mm 118°” 선택

085 “선택” 클릭

086 “영역” 탭 클릭

087 “구멍 면” → “선택” 박스 클릭

088 4개의 구멍 선택

089 “높이” 탭 클릭

090 아래와 같이 설정

- 안전 높이: 이송 높이, 5 mm
- 이송 높이: 스톡 상단, 5 mm
- 피드 높이: 상단 높이, 1 mm
- 상단 높이: 구멍 상단, 0 mm
- 하단 높이: 구멍 하단, 0 mm

091 "하단 관통 드릴 팁" 체크 및 관통 깊이 설정(1 mm)

092 "주기" 탭 클릭 → 주기 유형 설정(드릴 - 신속한 출력)

093 "확인" 클릭

Contouring 1-1

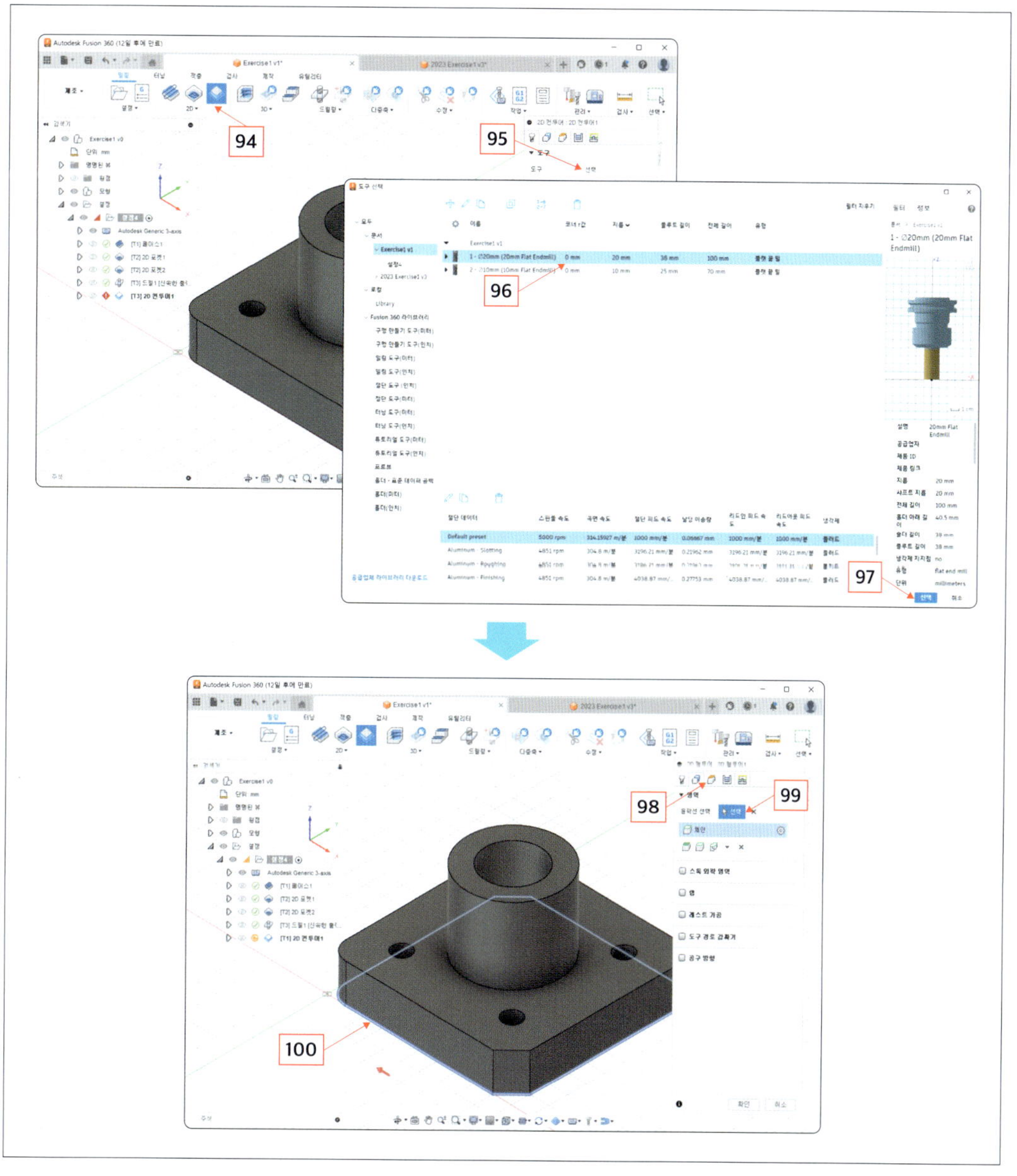

094 "2D 컨투어" 클릭

095 "공구" → "선택" 박스 클릭

096 012~027에서 설정한 "Ø20mm Flat Endmill" 선택

097 "선택" 클릭

098 "영역" 탭 클릭

099 "윤곽선 선택" → "선택" 박스 클릭

100 바닥면 모서리 클릭

Contouring 1-2

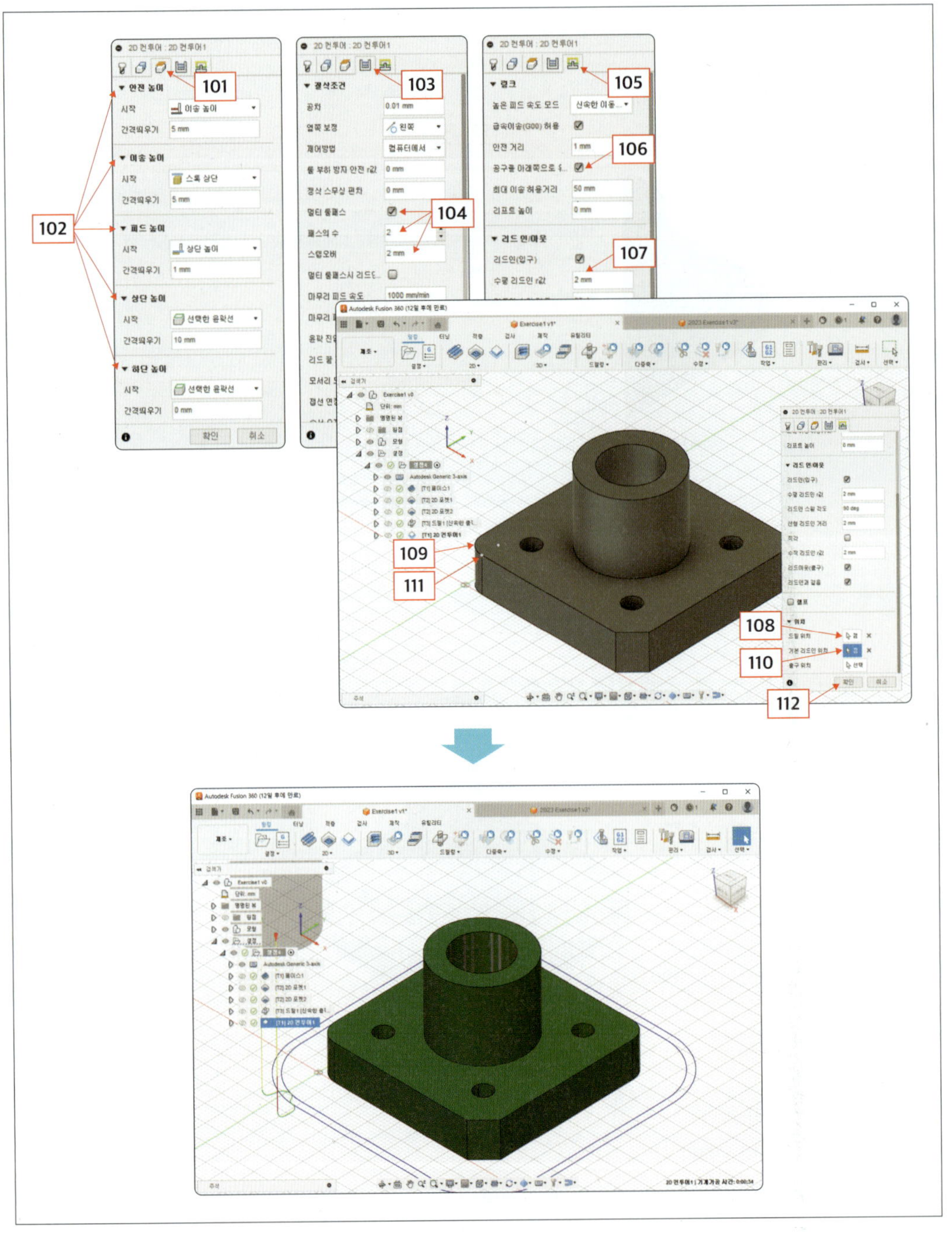

101 "높이" 탭 클릭

102 아래와 같이 설정

- 안전 높이: 이송 높이, 5 mm
- 이송 높이: 스톡 상단, 5 mm
- 피드 높이: 상단 높이, 1 mm
- 상단 높이: 선택한 윤곽선, 1 mm(윤곽선 기준 피드 높이가 107에서 설정한 수직 리드인 r값보다 작으면 에러)
- 하단 높이: 선택한 윤곽선, 0 mm

103 "패스" 탭 클릭

104 "멀티 툴패스" 체크 → "패스의 수"와 "스텝오버"를 각각 2와 2 mm로 설정

105 "링크" 탭 클릭

106 "공구를 아래쪽으로 유지" 체크(체크 해제 시 에러 발생)

107 "수직 리드인 r값" 수치 설정(2 mm, 툴 직경의 10%)

108 "드릴 위치" 오른쪽 박스 클릭

109 모깎기한 모서리 클릭

110 "기본 리드인 위치" 클릭

111 모깎기한 모서리 아무 곳이나 클릭

112 "확인" 클릭

Simulation 1

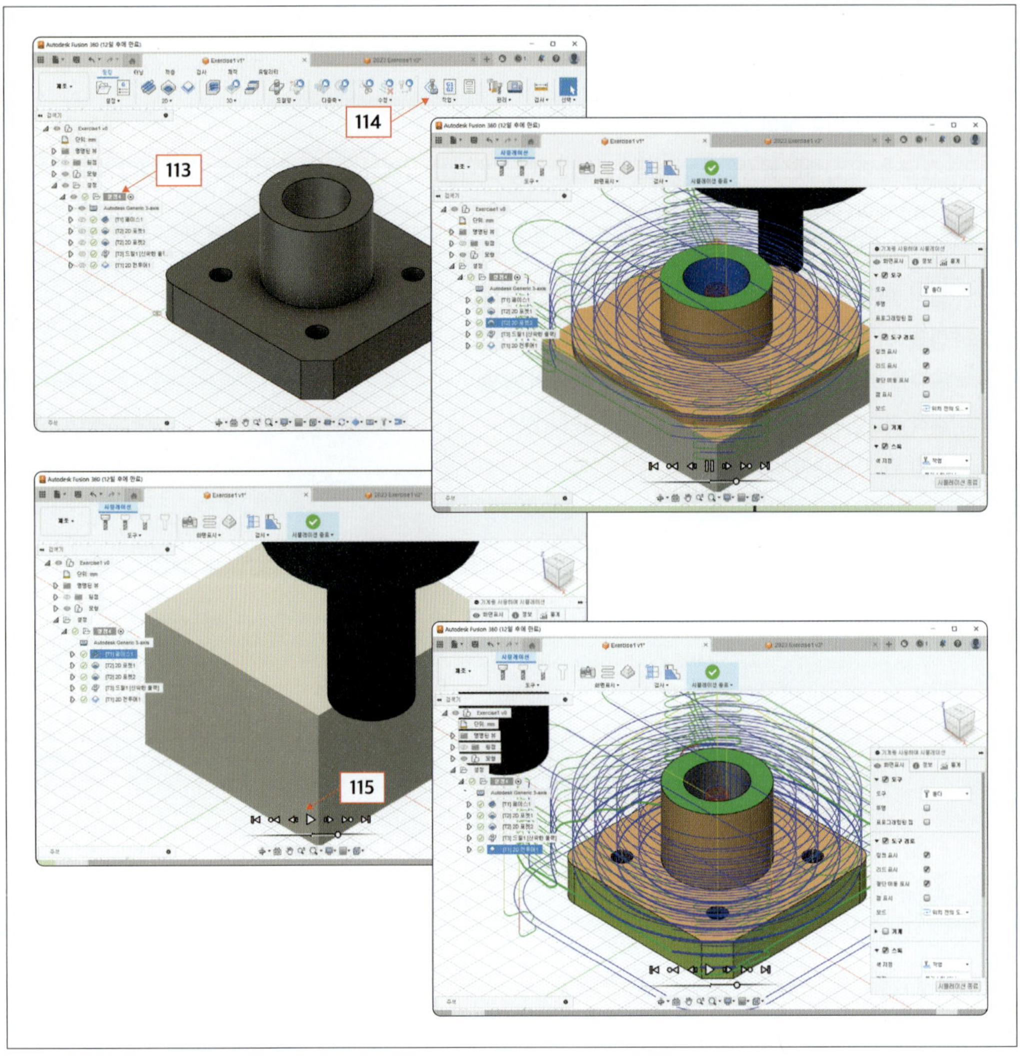

113 Model Browser → "설정"(제조 작업 공간에서 만든 CAM 설정 파일) 클릭

114 "기계를 사용하여 시뮬레이션" 클릭

115 재생 버튼 클릭 → 시뮬레이션 시작

G Code Export 1-1

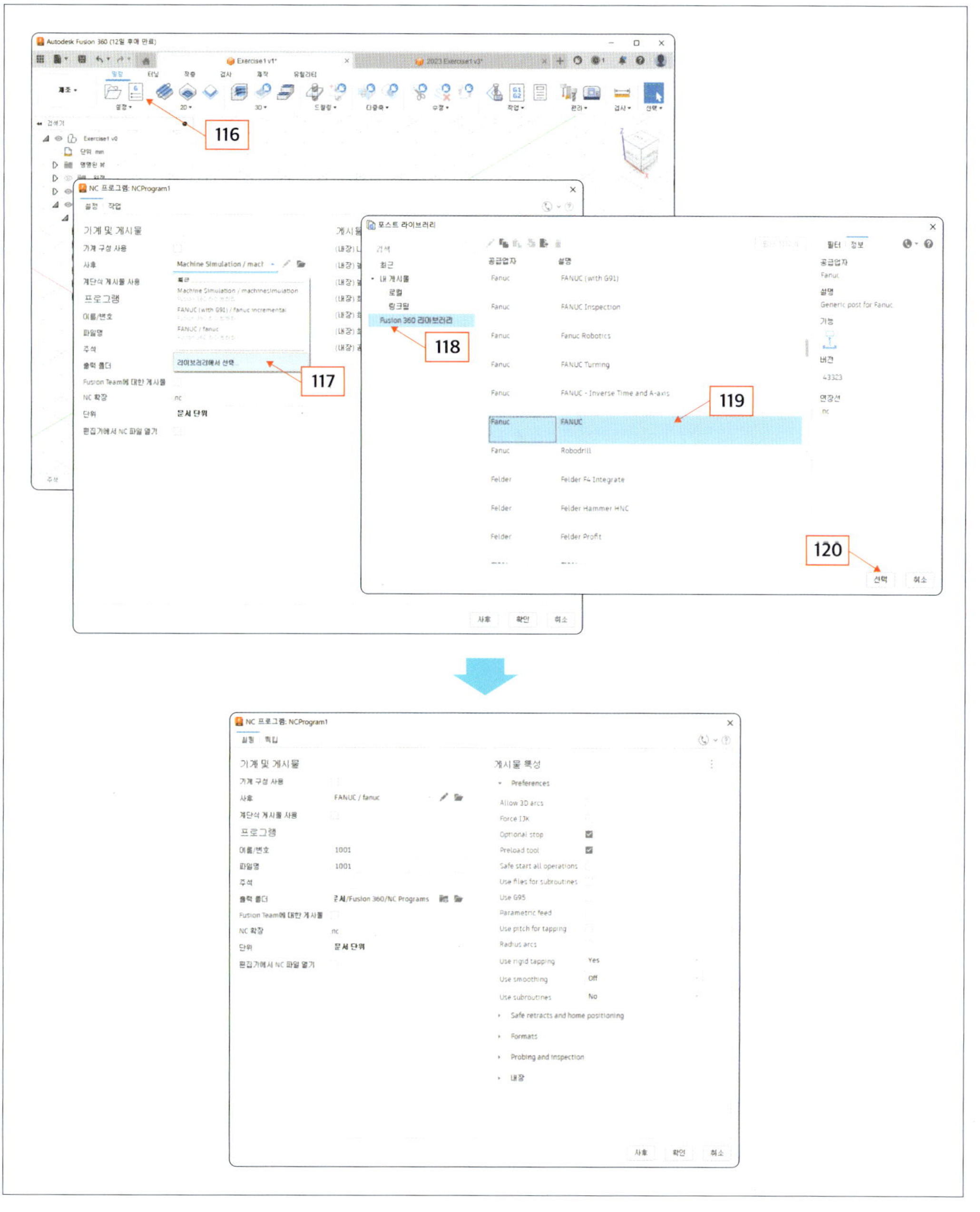

116 "NC 프로그램" 클릭

117 "포스트" → "라이브러리에서 선택" 클릭

118 "Fusion 360 라이브러리" 클릭

119 여러 포스트 중 "공급업자: Fanuc, 설명: FANUC" 클릭

120 "선택" 클릭

G Code Export 1-2

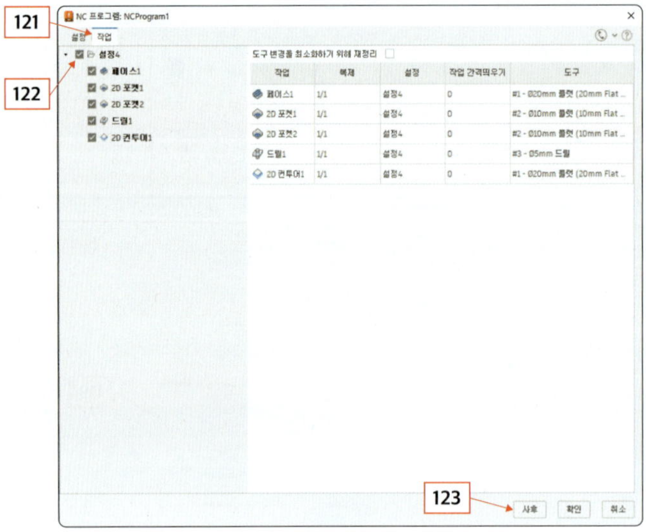

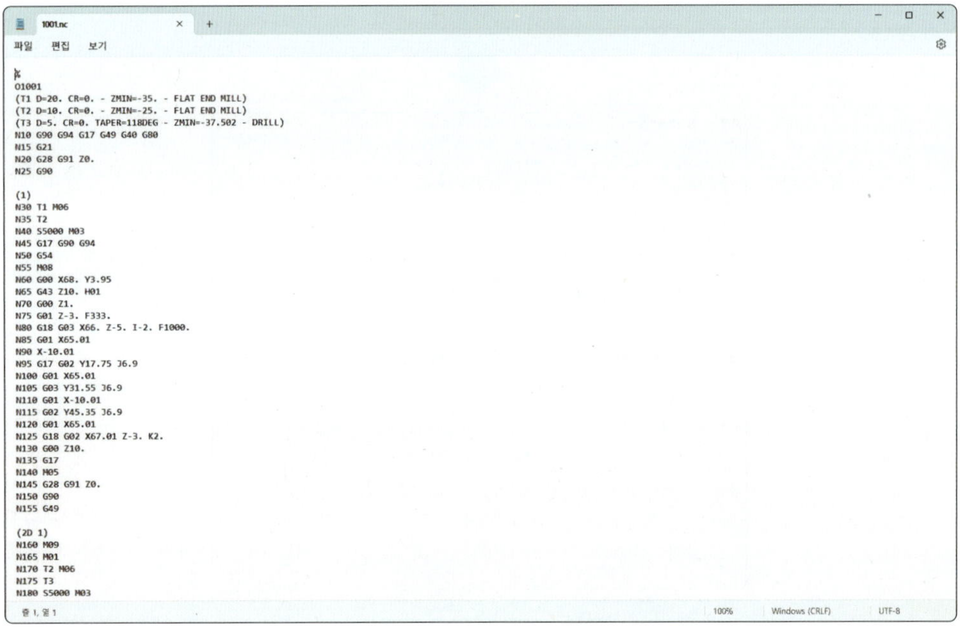

121 "작업" 탭 클릭

122 "설정"(제조 작업 공간에서 만든 CAM 설정 파일) 체크

123 "포스트" 클릭 후 NC 파일 저장 위치 설정 → 저장한 NC 파일 열기

3. 생산 시뮬레이션 맛보기 매뉴얼 (9장 스마트팩토리 주요 기술)

1. 새 모델 만들기

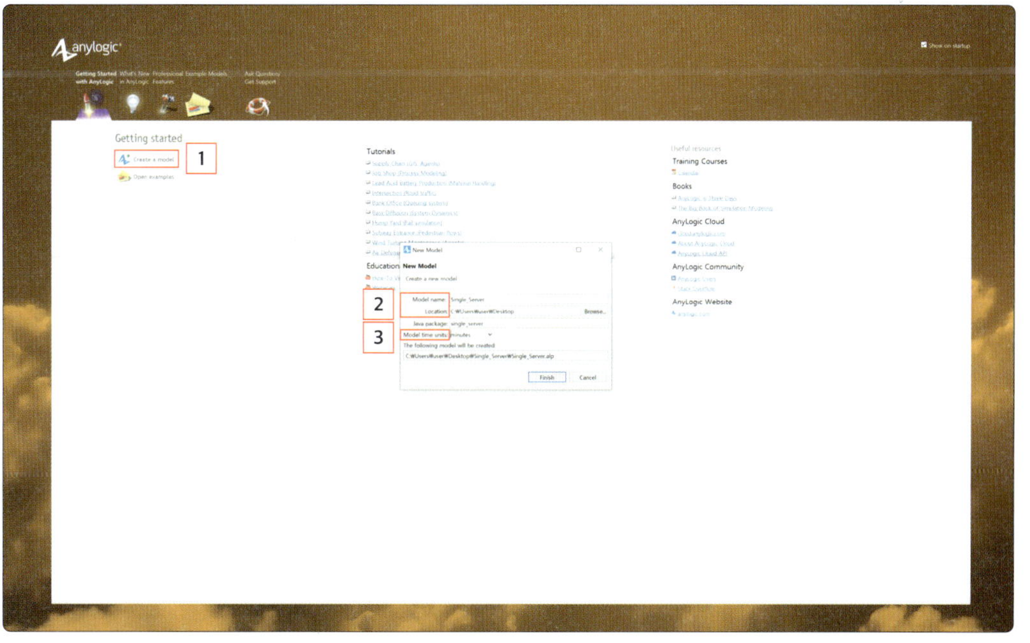

001 "Create a Model" 클릭

002 모델 이름(name), 모델 파일을 저장할 위치(location) 설정

003 모델의 시간 단위(time units) 설정 - 본 튜토리얼에서는 "minutes" 선택

2. AnyLogic 화면 구성

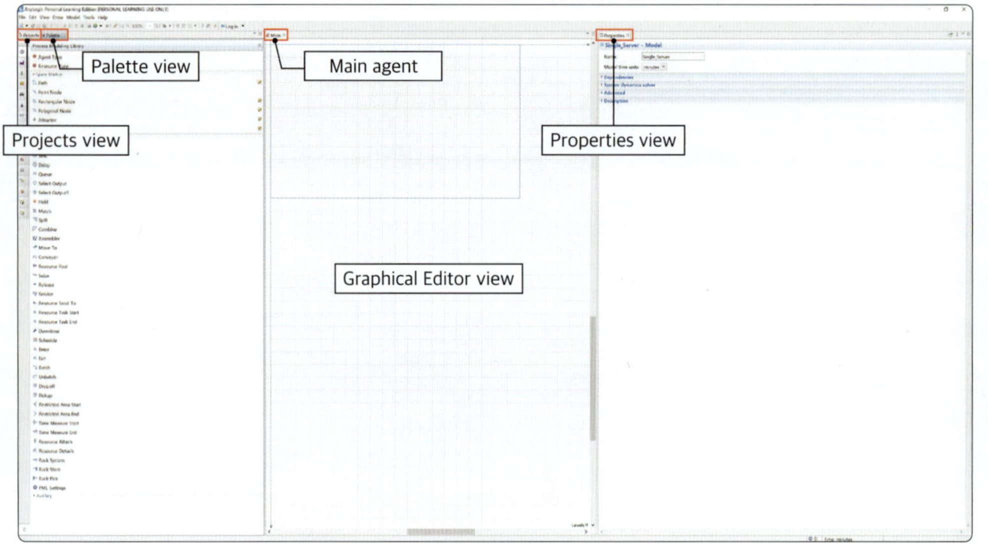

- **Projects view**: 현재 작업 공간에서 열려 있는 AnyLogic 모델들에 접근할 수 있는 창
- **Palette view**: agent의 그래픽 편집기(graphical editor)에 추가할 수 있는 모든 그래픽 요소가 들어 있음
- **Main agent**: 모델의 모든 로직을 정의하는 공간
- **Properties view**: 현재 선택된 모델 요소의 속성을 확인하고 수정할 수 있는 창
- **Graphical Editor view**: agent 타입의 다이어그램을 편집할 수 있는 창. 모델 요소를 Palette에서 끌어다 쉽게 추가할 수 있음

3. Tutorial-Basic

A. 프로세스 정의하기-플로차트

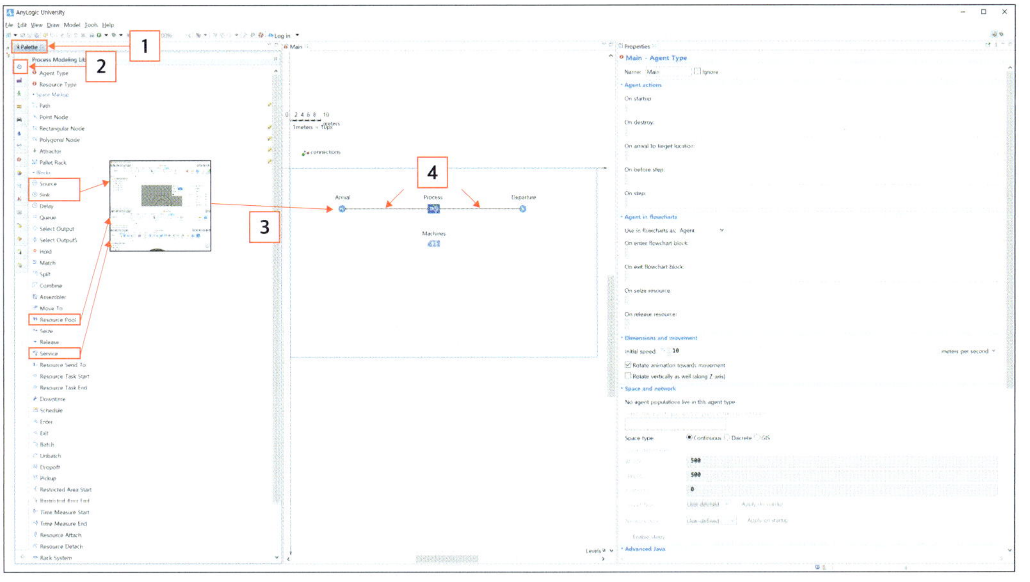

001 "Palette" 클릭

002 "Process Modeling Library" 클릭

003 드래그 앤 드롭

004 요소들이 서로 연결되었는지 확인(한 요소를 다른 요소 근처에 놓으면 자동으로 연결됨)

단일 서버 대기열 시스템(single-server queueing system)은 AnyLogic에서 다음과 같은 네 가지 요소로 구성됨

Textbook	AnyLogic
Arrival(도착)	Source
Queue, Buffer(대기열, 버퍼)	Queue
Server(서버)	Delay
Departure(출발)	Sink

B. 플로차트 블록 구성하기

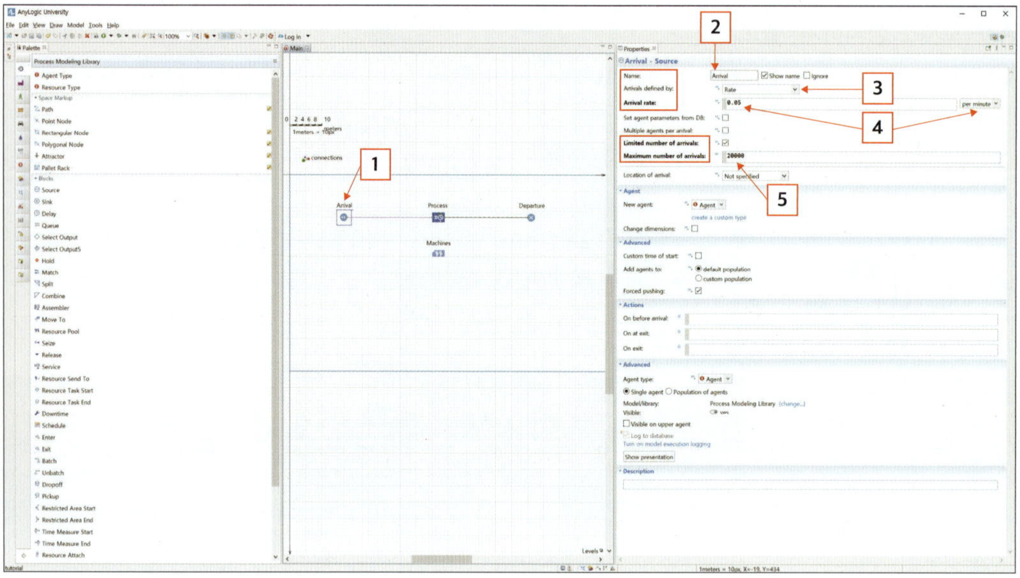

Arrival 설정하기

001 "Arrival" 블록 클릭

002 Name난에 Arrival 입력

003 Arrivals defined by난에 "Rate" 선택

004 Arrival rate난에 0.05 입력 + "per minute" 선택[4]

005 Maximum number of arrivals난에 20000 입력

4 Arrival rate = 0.05로 설정했을 때와, Interarrival time이 exponential(0.05) 분포를 따르도록 설정했을 때 두 시뮬레이션의 결과는 같음

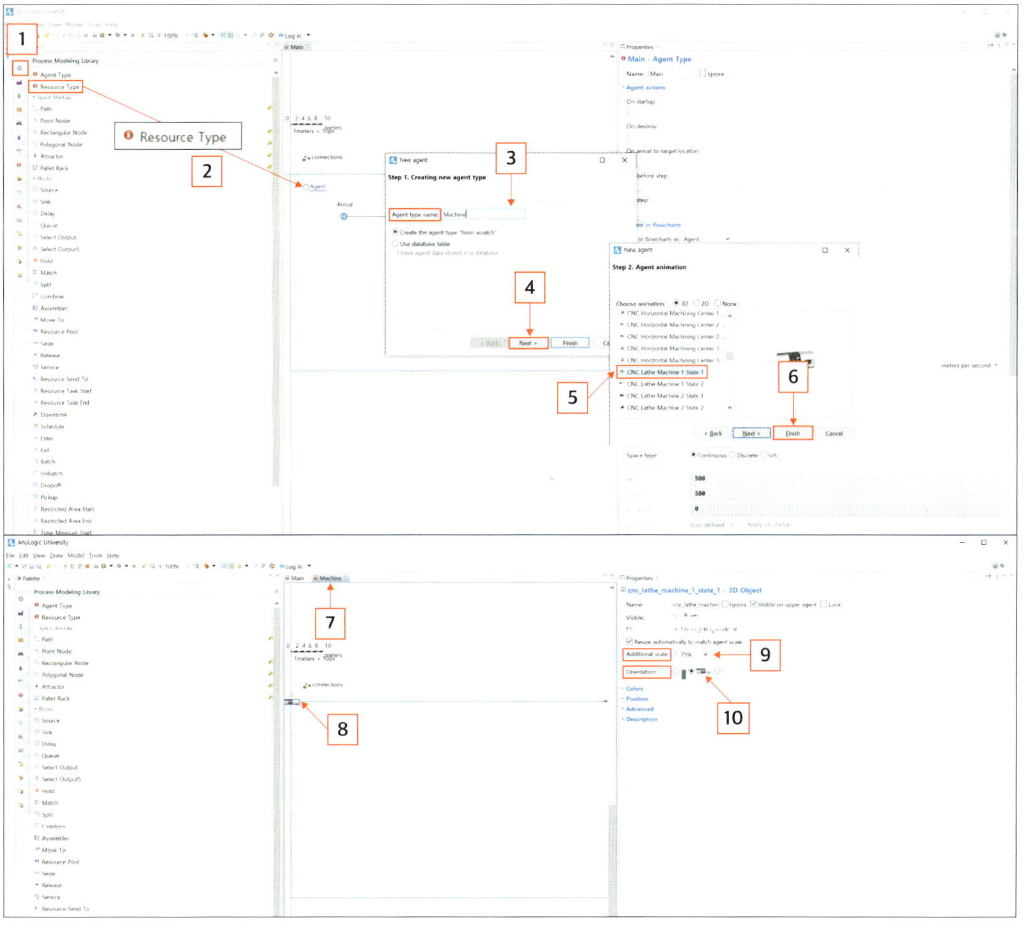

New Resource 설정하기

001 "Process Modeling Library" 클릭

002 드래그 앤 드롭

003 Agent type name난에 Machine 입력

004 "Next" 클릭

005 "CNC Latte Machine 1 Sate 1" 선택(CNC Machines 카테고리에 있음)

006 "Finish" 클릭

007 팝업 창이 닫히고 원래 화면으로 돌아와서, "Machine" 클릭

008 만들어진 머신(화살표가 가리키는 곳) 클릭

009 Additional scale난에 "75%" 선택

010 Orientation은 가로로 된 것 선택

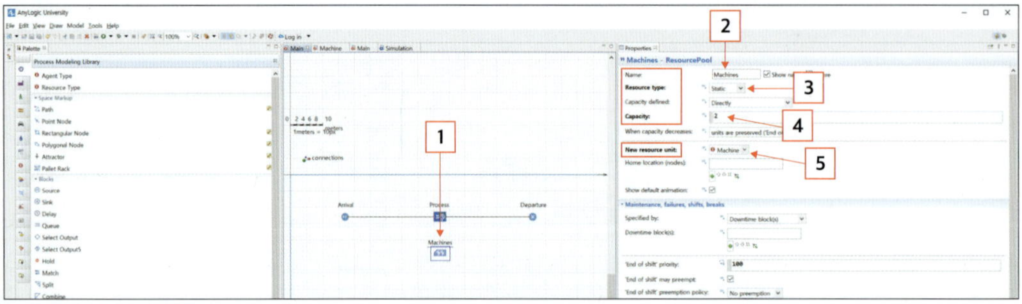

Resource Pool 설정하기

001 "Machines" 블록 클릭

002 Name난에 Machines 입력

003 고정 기계이므로 Resource type은 "Static", Capacity defined는 "Directly" 선택

004 Capacity난에 2 입력(자원의 개수를 의미)

005 New resource unit난에 "Machine" 선택

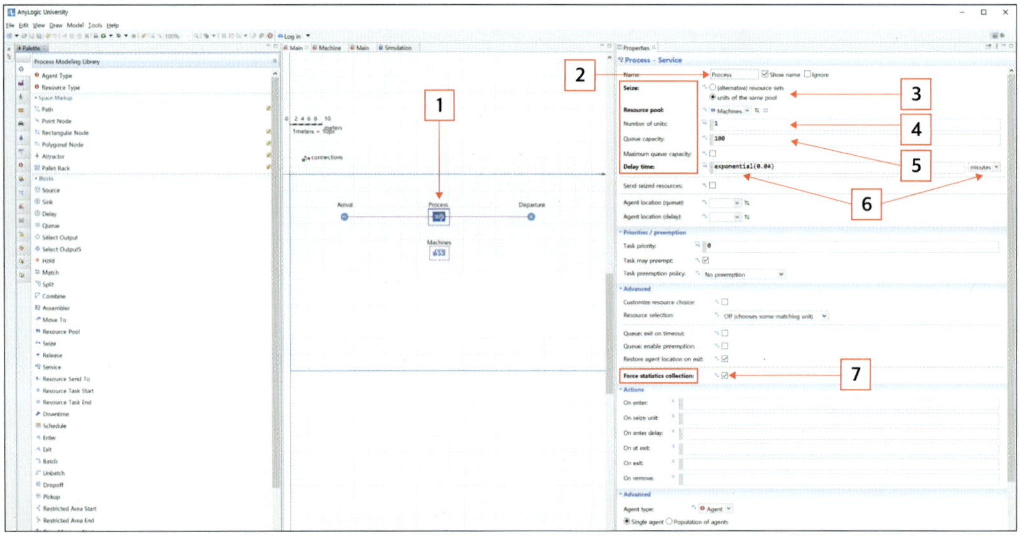

Service 설정하기

001 "Process" 블록 클릭

002 Name난에 Process 입력

003 Seize는 "units of the same pool" 선택, Resource pool은 "Machines" 선택

004 Number of units난에 1 입력(작업에 필요한 자원 수)

005 Queue capacity난에 100 입력(대기열의 길이 또는 버퍼 크기)

006 Delay time에 exponential(0.04) 입력 + "minutes" 선택

*λ = 0.04 → 각 resource에 대해 1 service/25 min

007 Force statistics collection에 체크(통계 데이터를 수집하기 위함)

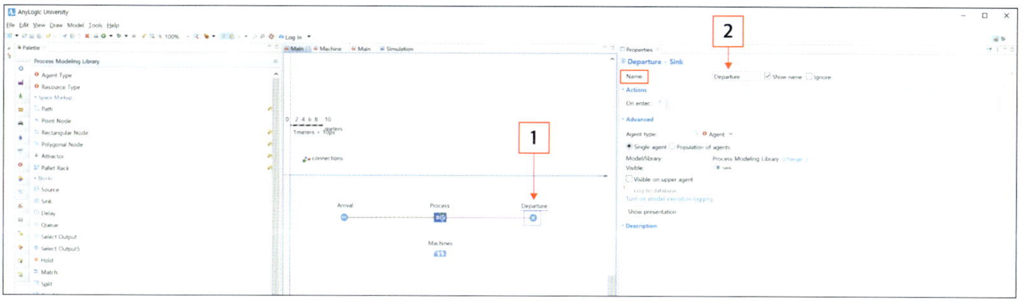

Departure 설정하기

001 Departure 블록 클릭

002 Name난에 Departure 입력

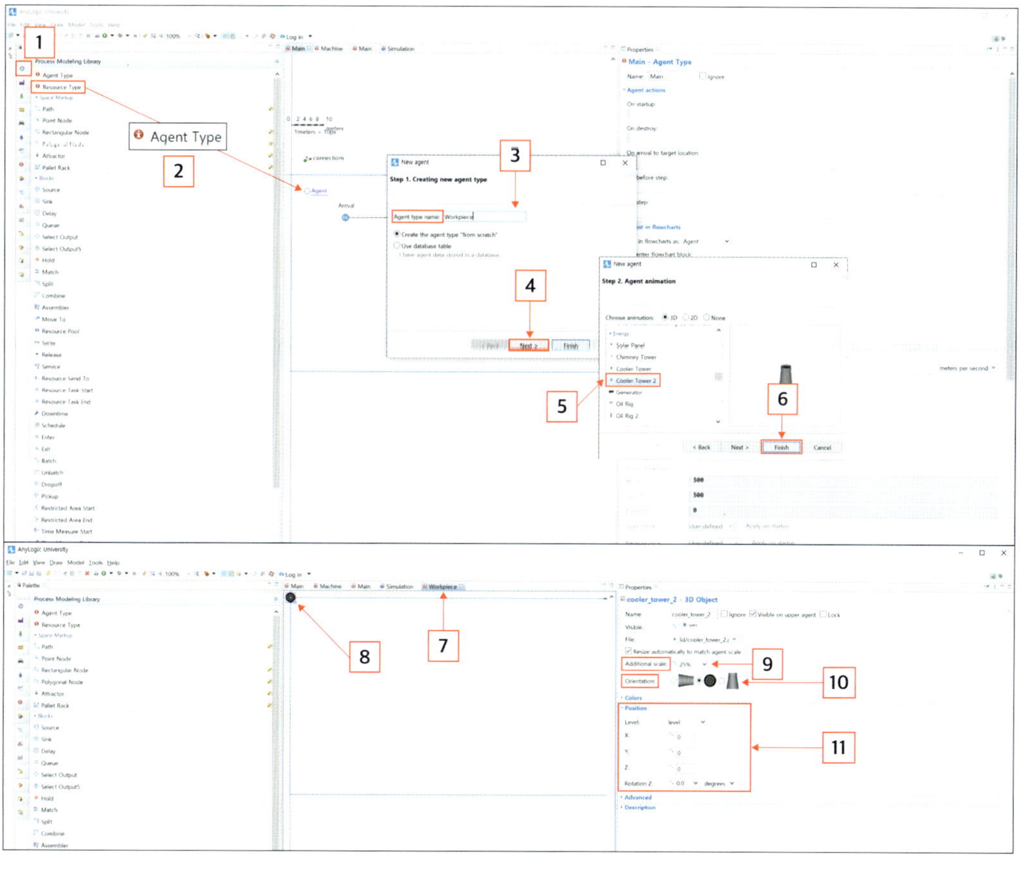

New Agent 설정하기

001 "Process Modeling Library" 클릭

002 드래그 앤 드롭

003 Agent type name난에 Workpiece 입력

004 "Next" 클릭

005 "Cooler Tower 2" 선택(Energy 카테고리에 있음)

006 "Finish" 클릭

007 원래 화면으로 돌아와, "Workpiece" 클릭

008 만들어진 "agent"(화살표가 가리키는 곳) 클릭

009 Additional scale난에 "25%" 선택

010 Orientation은 중간 것(위에서 본 모양) 선택

011 Position을 커스텀할 수 있음

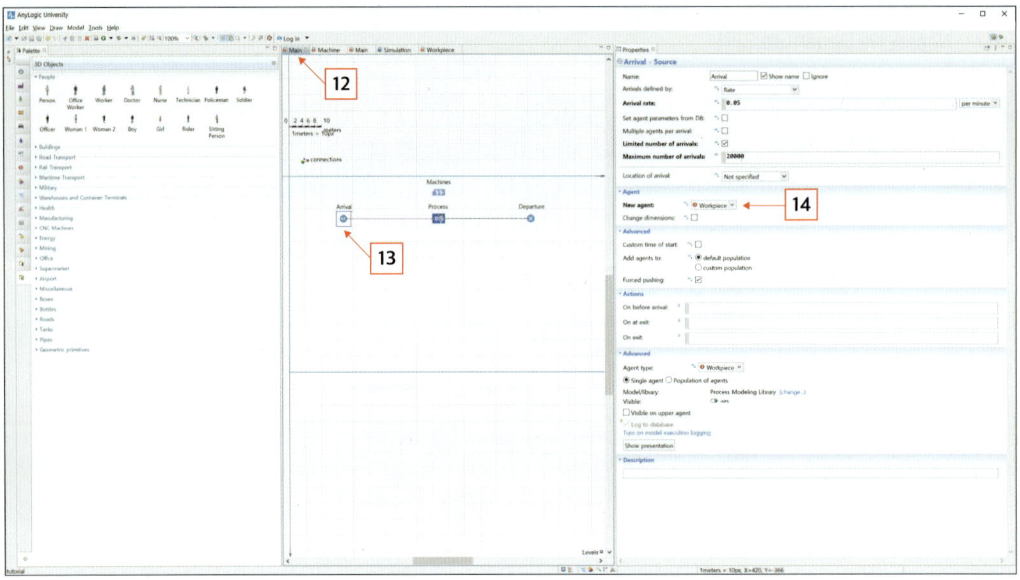

012 "Main" 탭 클릭

013 "Arrival" 블록 클릭

014 New agent난에 "Workpiece" 선택

C. 기본 애니메이션 생성하기: 대기열 경로 & 서버 노드

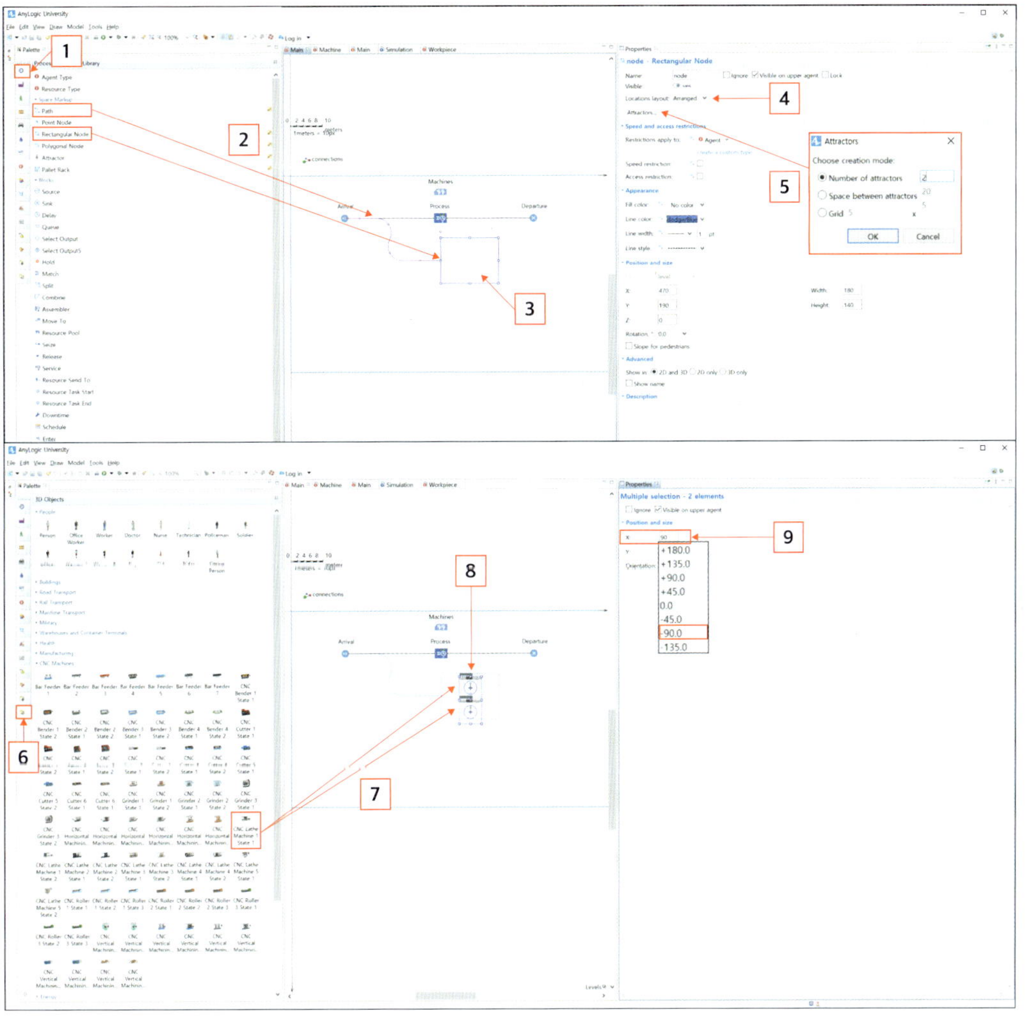

001 "Process Modeling Library" 클릭

002 드래그 앤 드롭

003 화살표가 가리키는 곳 클릭

004 Locations layout난에 "Arranged" 선택

005 "Attractors" 버튼 클릭 → Number of attractors난에 2 입력

006 "3D objects" 클릭

007 드래그 앤 드롭

008 화살표가 가리키는 곳 클릭

009 Position and size의 X난에 "-90.0" 선택

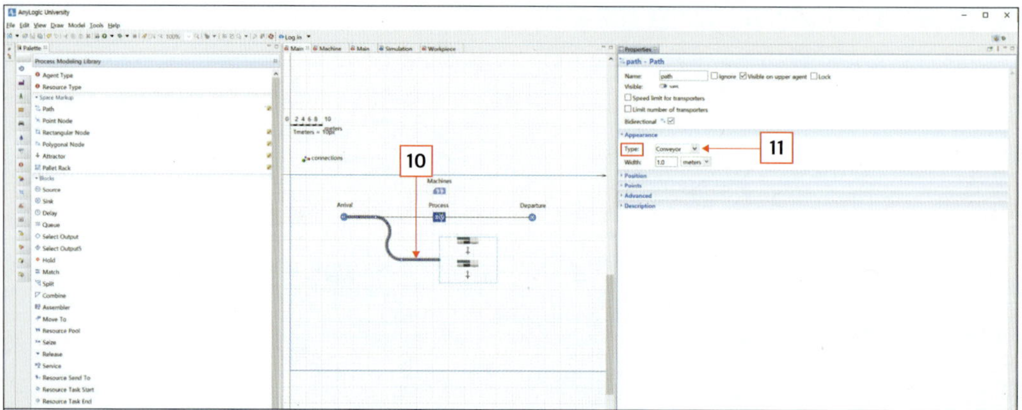

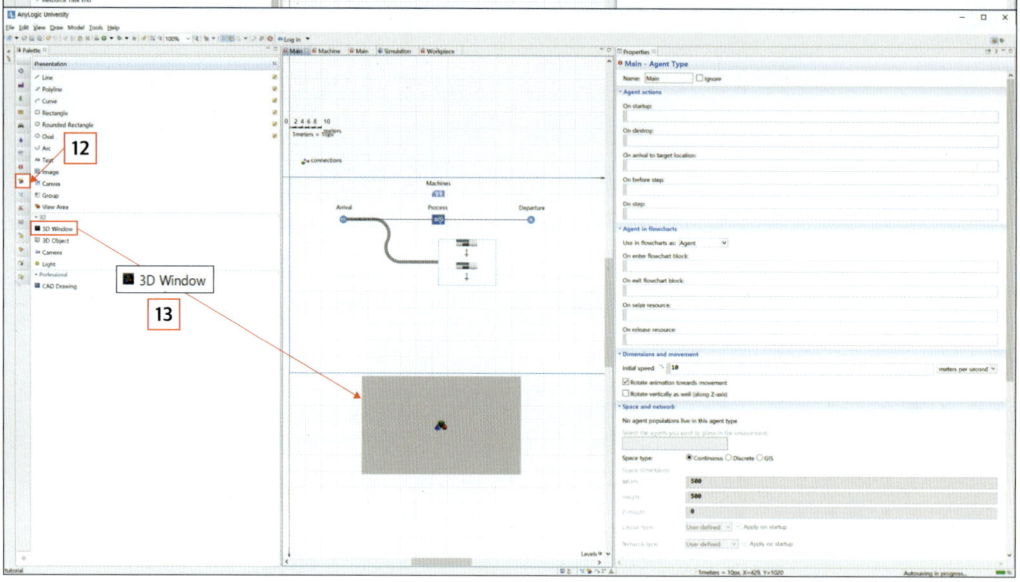

010 화살표가 가리키는 곳 클릭

011 Type난에 "Conveyor" 선택

012 "Presentation" 클릭

013 드래그 앤 드롭

D. 시간 측정 블록 추가하기

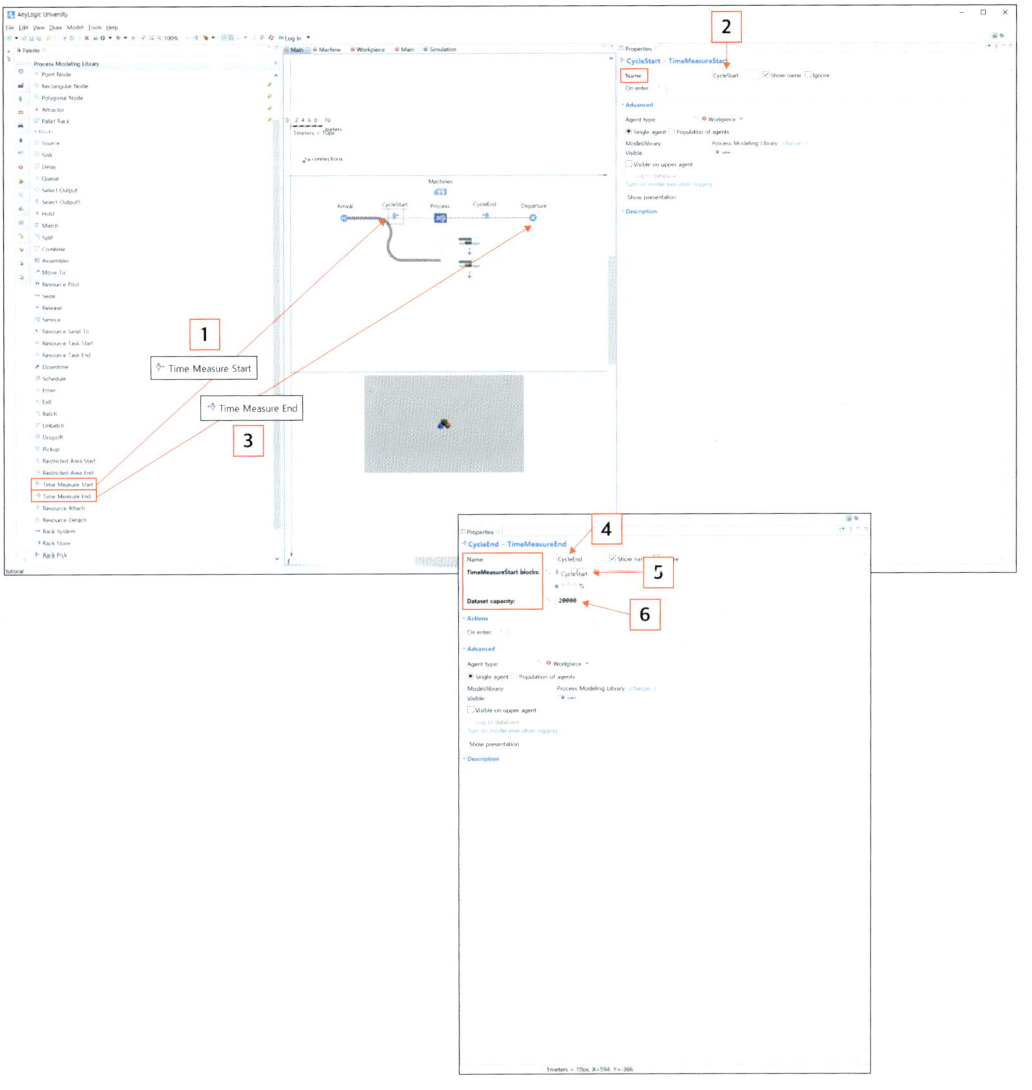

Cycle Time 측정하기

001 Time Measure Start 드래그 앤 드롭

002 Name난에 CycleStart 입력

003 Time Measure End 드래그 앤 드롭

004 Name난에 CycleEnd 입력

005 TimeMeasurementStart blocks난에 "CycleStart" 선택

006 Dataset capacity난에 20000 입력

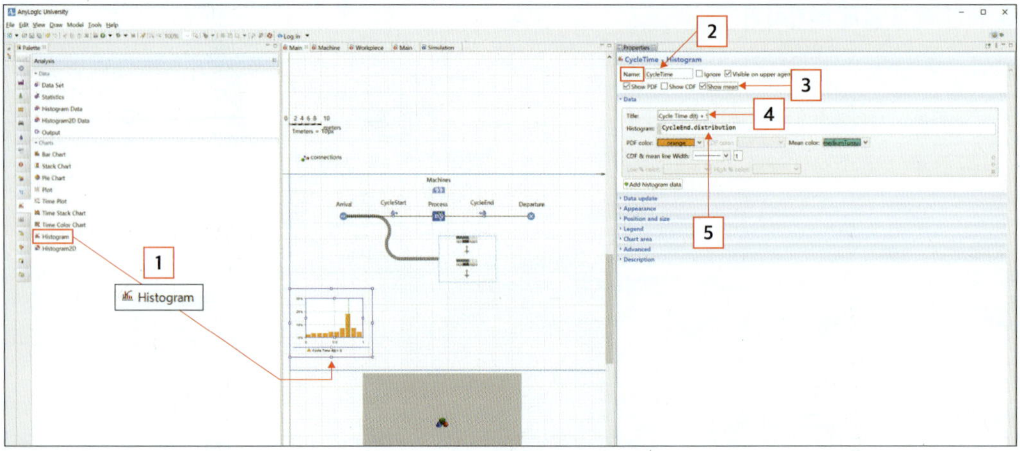

히스토그램 추가하기

001 Histogram 드래그 앤 드롭

002 Name난에 CycleTime 입력

003 "Show PDF"와 "Show mean" 선택하기

004 Title난에 Cycle Time d(t) + S 입력

005 Histogram난에 CycleEnd.distribution 입력

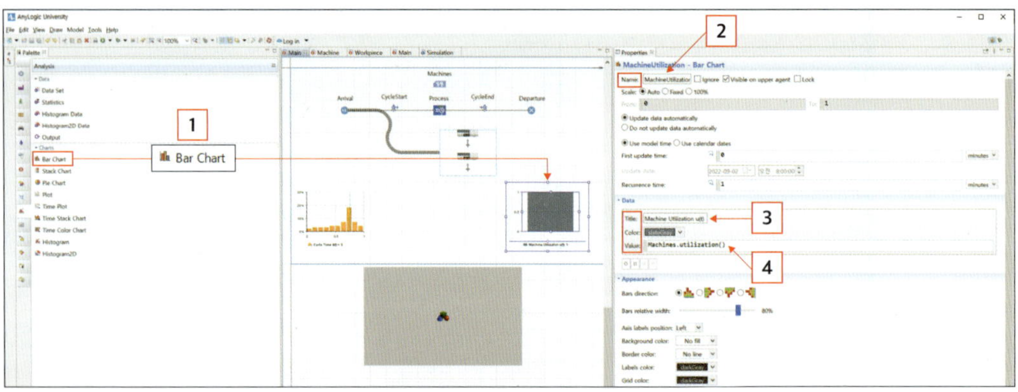

막대 차트 추가하기

001 Bar Chart 드래그 앤 드롭

002 Name난에 MachineUtilization 입력

003 Title난에 Machine Utilization u(t) 입력

004 Value난에 Machines.utilization() 입력

E. 시뮬레이션 실행하기

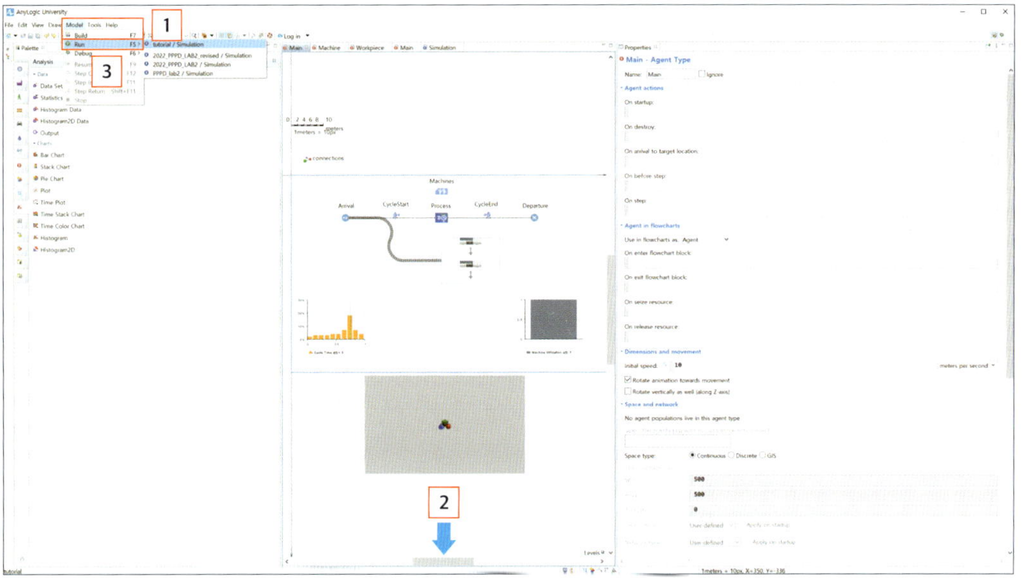

모델 빌드하기

001 시뮬레이션을 실행하기 전에 툴바의 “Build” 버튼 클릭

002 에러가 있을 경우, 화면 하단의 Problems view로 확인

003 에러를 모두 해결했다면 “Run” 버튼으로 실행

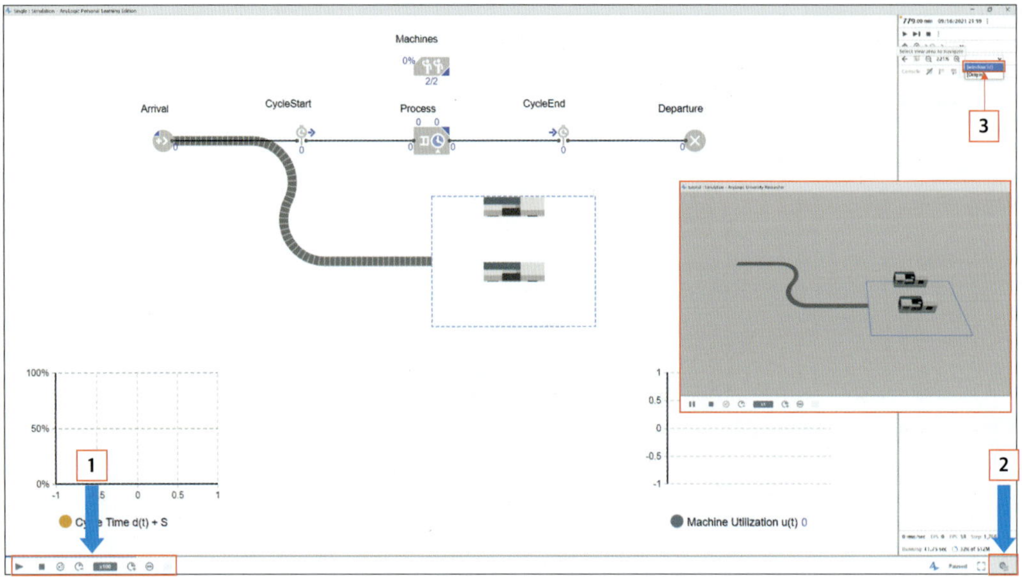

3D 애니메이션

001 컨트롤 패널(Control Panel): 시뮬레이션을 일시정지/정지하거나, 재생 속도를 조절

002 Toggle Developer Panel: 화면을 전환(시뮬레이션 → 3D 윈도)

*3D 창에서 alt 키를 누르고 마우스를 드래그하여 시점을 조정하거나, 마우스 휠을 사용하여 화면을 확대/축소 할 수 있음

003 시뮬레이션 뷰(2D/3D) 선택: 기본값은 “Origin”, 설정값을 Window3d로 변경하면 그림에서 보이는 3D 뷰 팝업 창이 뜸

F. 시뮬레이션 설정하기

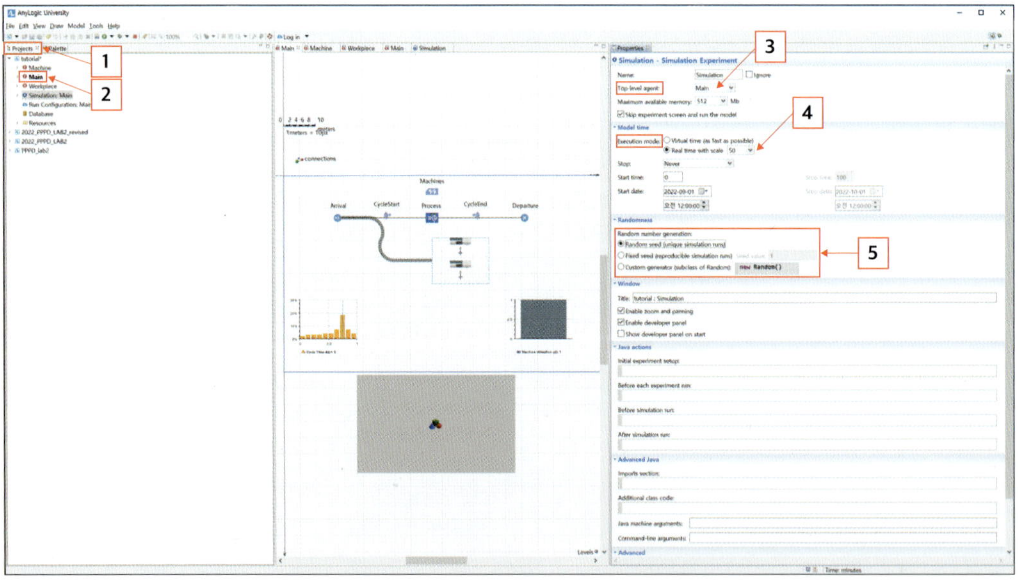

시뮬레이션 설정하기

001 "Projects" 클릭

002 Simulation에서 "Main" 클릭

003 Top-level agent난에 "Main" 선택

004 Execution mode난에 "Real time with scale" 선택 + 100 입력

*시뮬레이션 실행 속도와 관련됨. 시뮬레이션 실행 중에도 조정 가능함.

005 Random number generation에서 "Random seed" 선택

시뮬레이션 종료 - 정해진 시점에 종료하기

001 Stop난에 "Stop at specified time" 선택

002 Stop time난에 6000 입력(6000분 = 100시간)

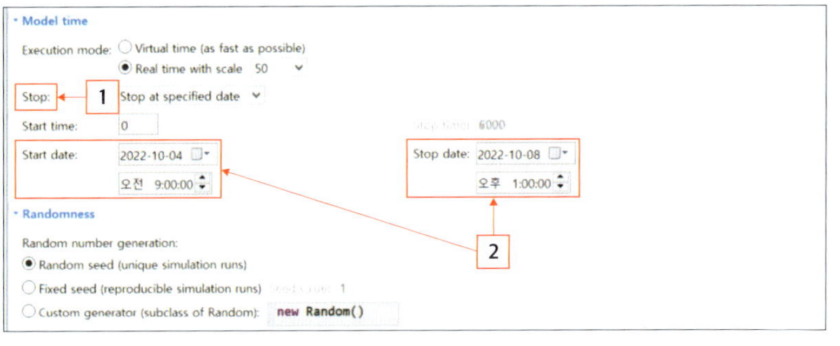

시뮬레이션 종료 - 정해진 날짜에 종료하기

001 Stop난에 "Stop at specified date" 선택

001 Start date에 "2022-10-04 오전 9:00:00" 선택, Stop date는 "2022-10-08 오후 1:00:00" 선택 (100시간)

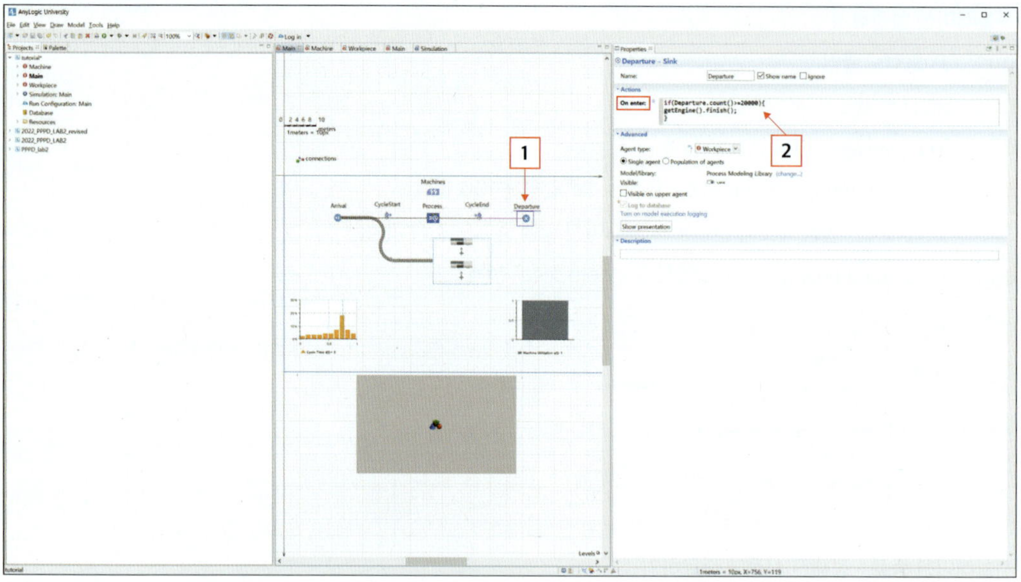

시뮬레이션 종료 - 특정 에이전트 수 도달 시 종료하기

001 "Departure" 블록 선택

002 아래의 코드 입력(1000명의 에이전트가 서비스를 완료하면 시뮬레이션이 자동 종료됨)

```
if(Departure.count()>=20000){
getEngine().finish();
}
```

G. 시뮬레이션 결과

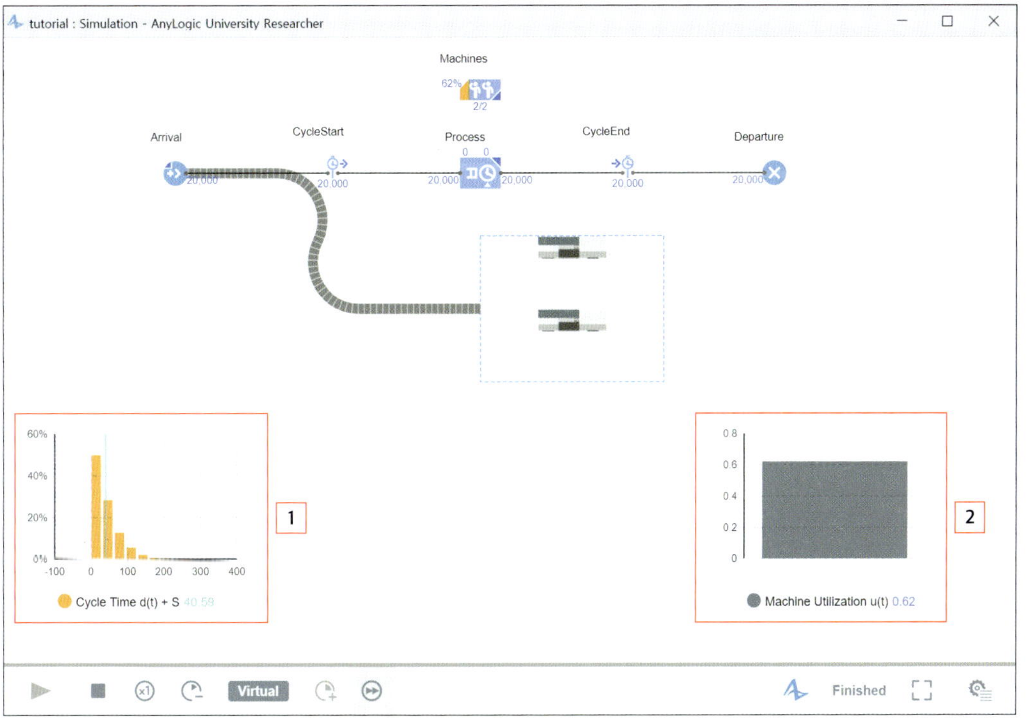

001 평균 사이클 타임 확인

002 설비 이용률 확인

4. Tutorial-Advanced

A. 플로차트 구성하기-다중 서버

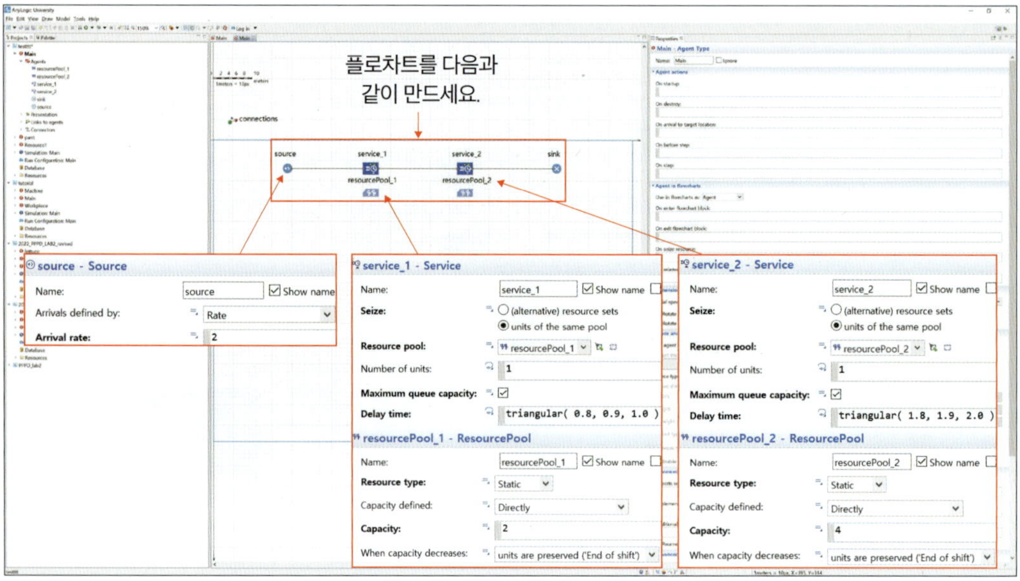

그림과 같이 플로차트 구성하기

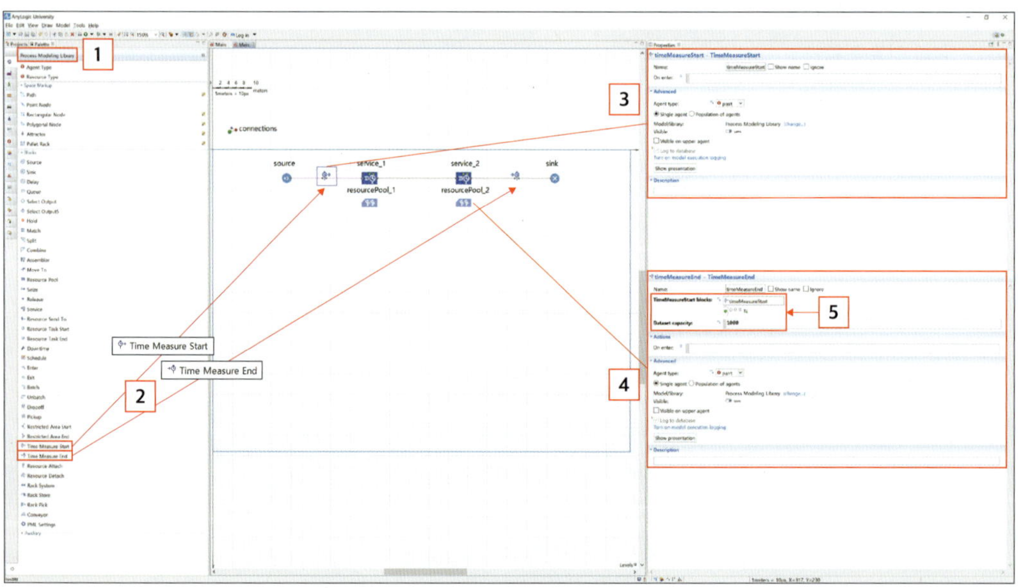

시간 측정하기

001 "Process Modeling Library" 클릭

002 Time Measure Start, Time Measure End 드래그 앤 드롭

003 "TimeMeasureStart" 블록 선택한 뒤, 그림과 같이 설정

004 "TimeMeasureEnd" 블록 선택한 뒤, 그림과 같이 설정

005 TimeMeasureStart blocks난에 "timeMeasureStart" 선택 + Dataset capacity난에 1000 입력

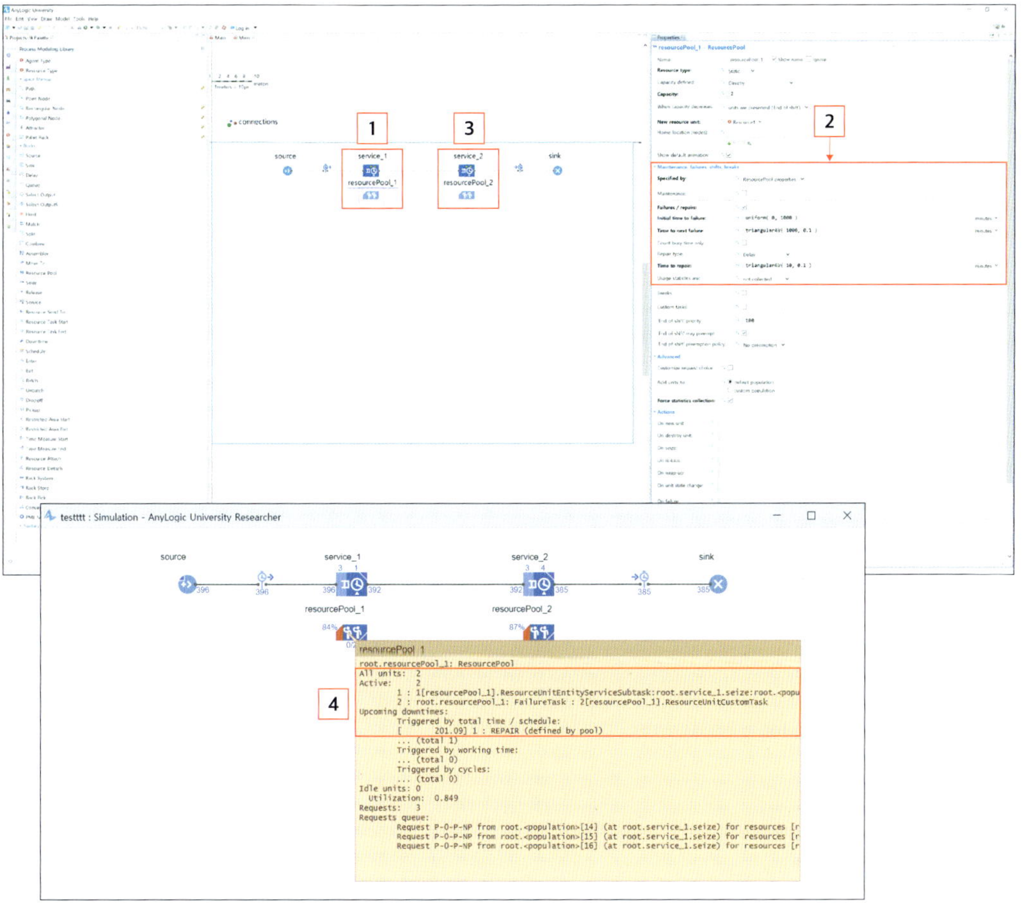

DownTime 설정하기

001 "resourcePool_1" 선택

002 그림과 같이 설정

A. Specified by난에 "ResourcePool properties" 선택

B. Initial time to failure난에 uniform(0, 1000) 입력(처음 고장까지의 시간)

C. Time to next failure난에 triangularAV(1000, 0.1) 입력

D. Time to repair난에 triangularAV(10, 0.1) 입력

003 resourcePool_2는 resourcePool_1과 동일하게 설정

004 시뮬레이션 창에서 "resourcePool_1"을 선택하여 DownTime에 대한 정보를 확인할 수 있음

*Active: 각 자원이 현재 작동 중인지를 나타냄

*Upcoming downtimes: 향후 예정된 비가동 스케줄

B. 데이터 블록 추가하기

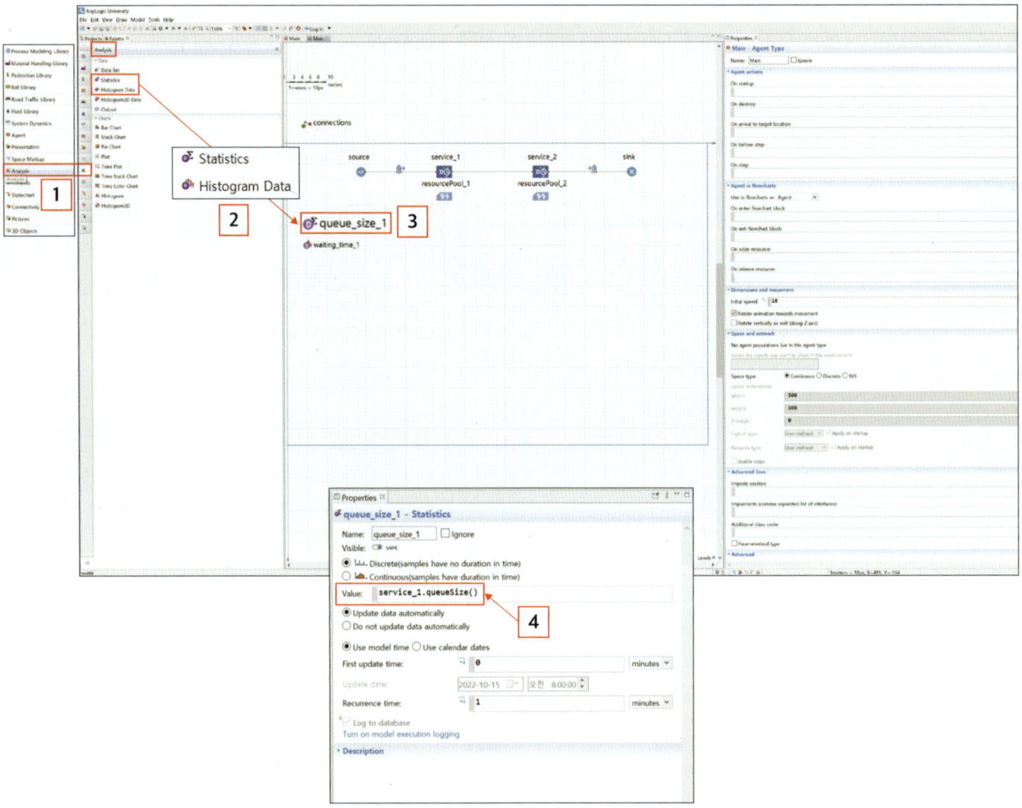

노드 함수를 사용하여 대기열 길이 가져오기

001 "Analysis" 선택

002 Statistics, Histogram Data 드래그 앤 드롭

003 "queue_size_1" 선택

004 Value난에 service_1.queueSize() 입력(service 1의 현재 큐 길이를 가져옴)

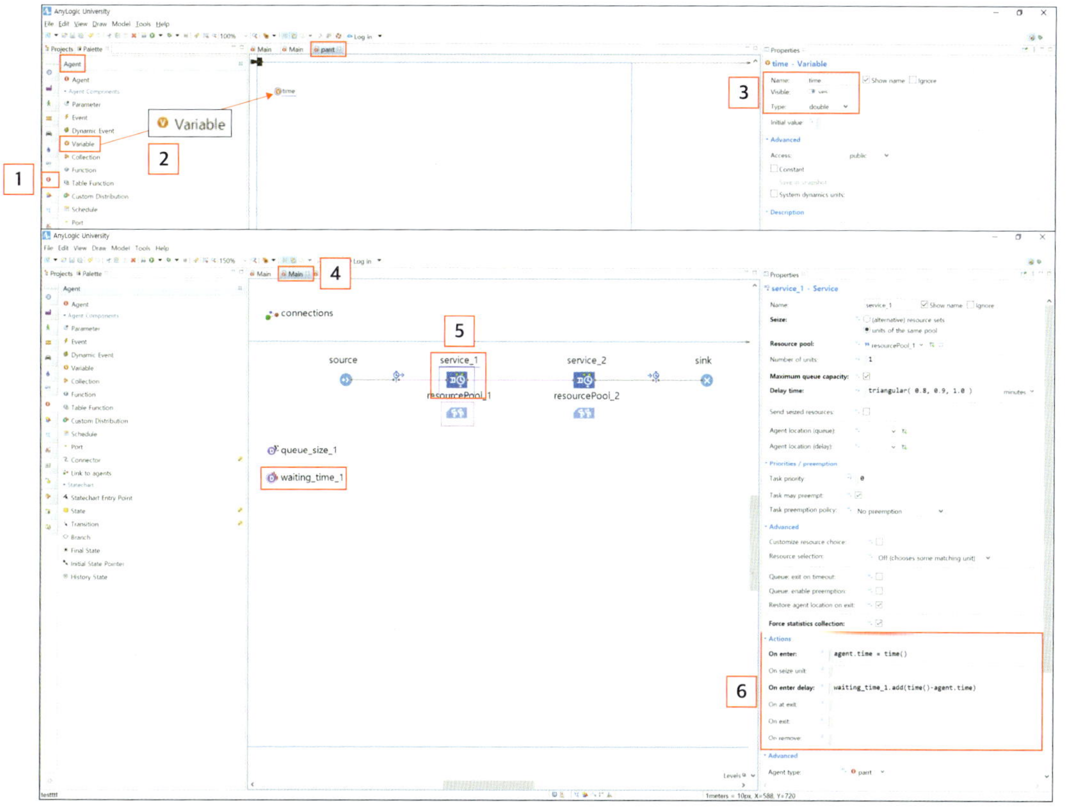

커스텀 변수를 사용하여 대기 시간 측정하기

001 "Agent" 선택

002 Variable 드래그 앤 드롭

003 변수의 Name과 Type에 주의하여 그림과 같이 설정

004 "Main 탭" 선택

005 "service_1" 클릭

006 그림과 같이 설정

A. On enter난에 agent.time = time() 입력

B. On enter delay난에 waiting_time_1.add(time()-agent.time) 입력

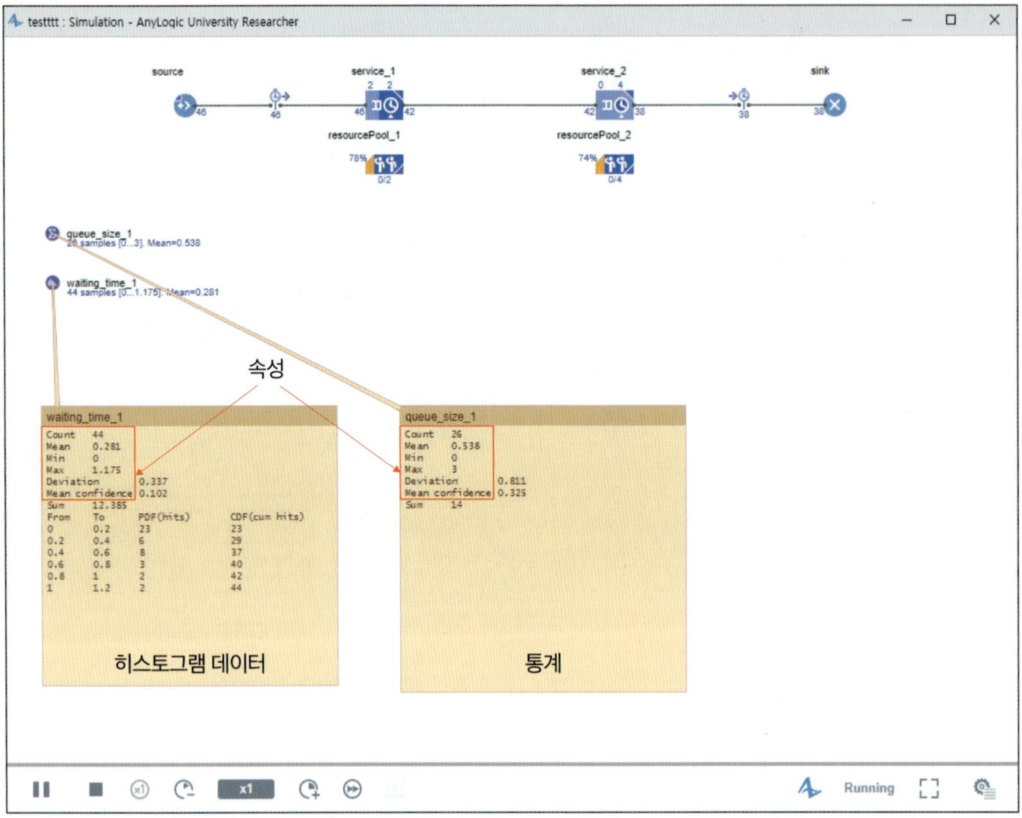

데이터 블록 확인하기

시뮬레이션 창에서 히스토그램 데이터와 통계를 확인할 수 있음

C. 데이터 블록 추가하기

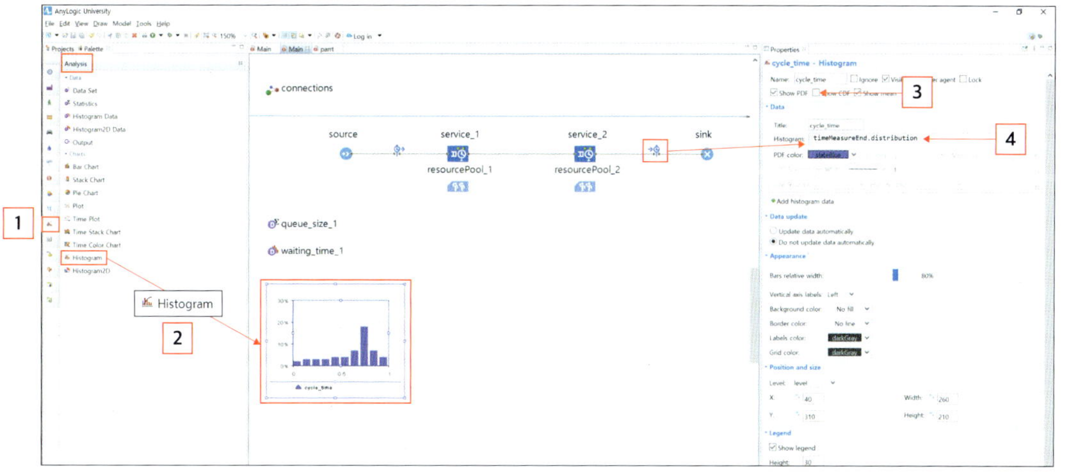

히스토그램 추가하기

001 "Analysis" 선택

002 Histogram 드래그 앤 드롭

003 "Show PDF"와 "Show mean" 선택

004 Histogram난에 timeMeasureEnd.distribution 입력

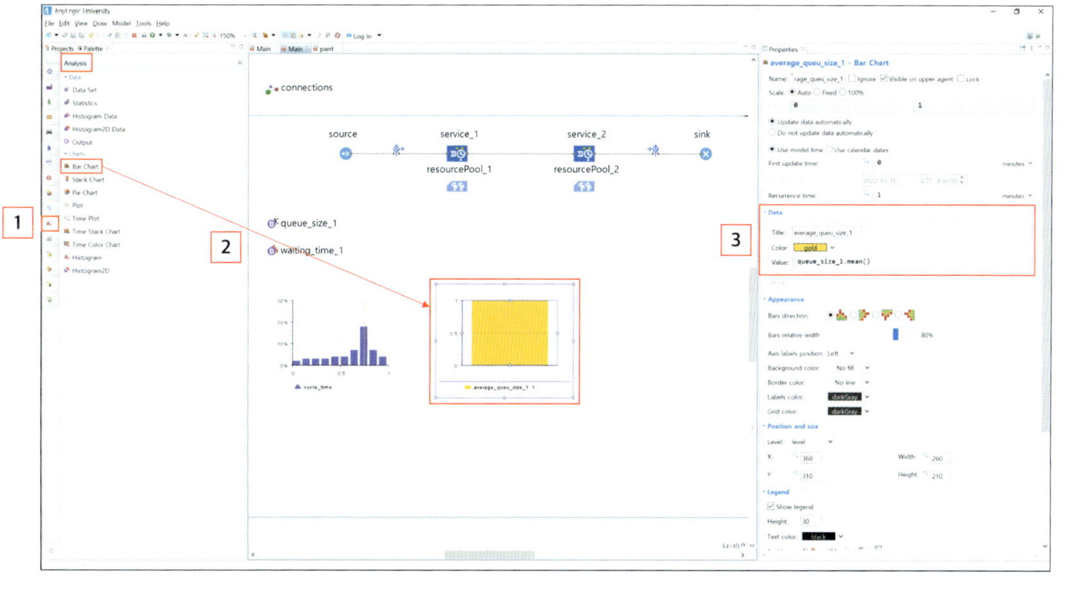

바 차트 추가하기

001 "Analysis" 선택

002 Bar Chart 드래그 앤 드롭

003 Value난에 queue_size_1.mean() 입력, 그림과 같이 설정

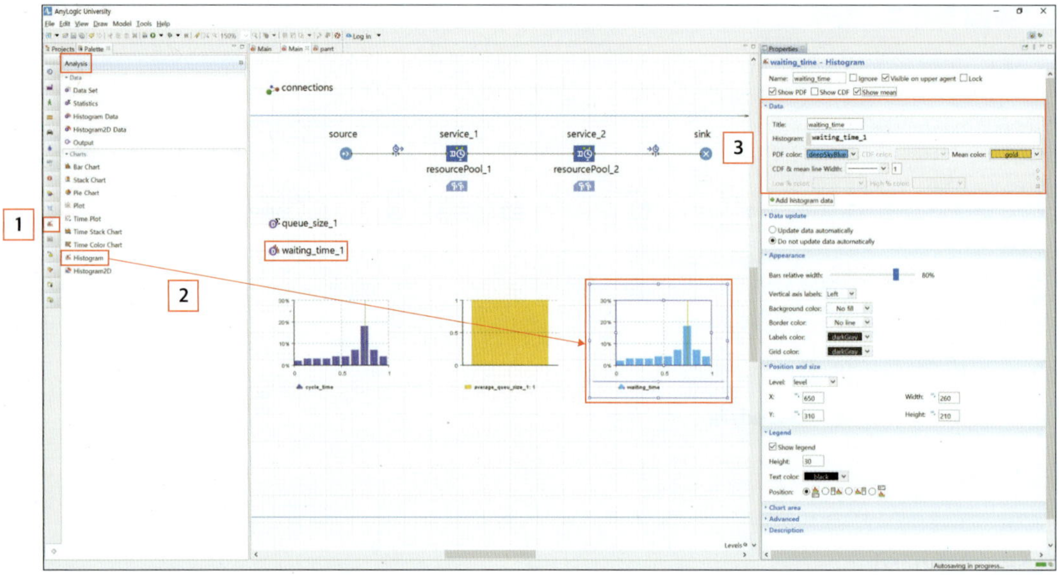

대기 시간 히스토그램 추가하기

001 "Analysis" 선택

002 Histogram 드래그 앤 드롭

003 Histogram난에 waiting_time_1 입력, 그림과 같이 설정

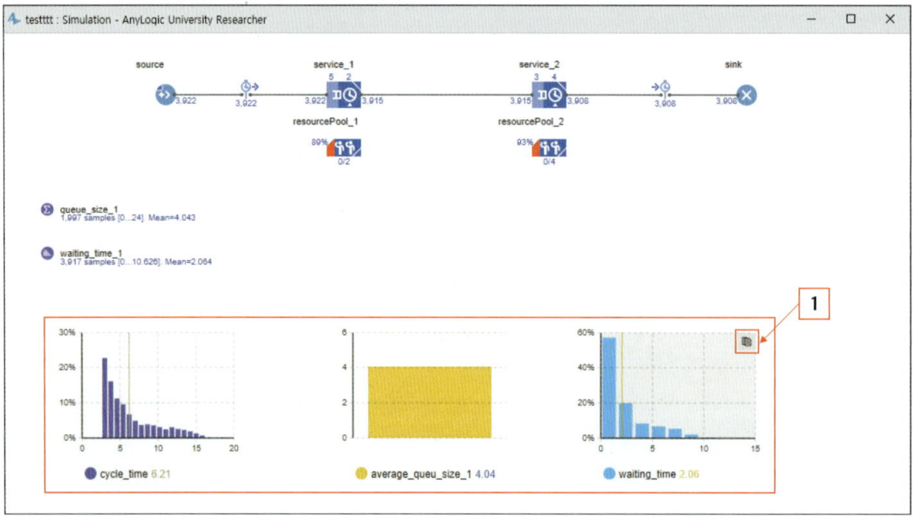

데이터 차트 확인하기

시뮬레이션 창에서 데이터 차트를 확인할 수 있음

001 이 버튼으로 차트 복사 가능

D. 플로차트 블록 구성하기

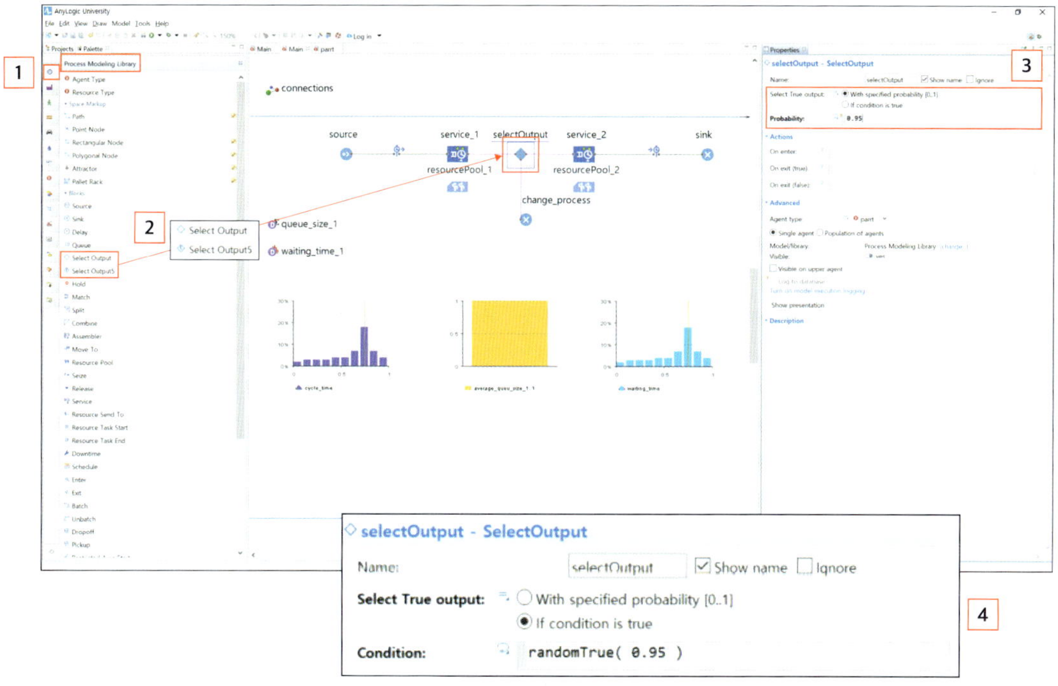

아웃풋 설정하기

001 "Process Modeling Library" 선택

002 아웃풋이 2가지인 경우 "Select Output", 아웃풋이 5가지인 경우 "Select Output5" 선택

003 Select True output은 "With specified probability [0, 1]" 선택, Probability난에 0.95 입력

004 Select True output을 "If condition is true"로 선택할 경우, Condition난에 randomTrue(0.95)를 입력하면 003과 동일한 결과가 출력됨

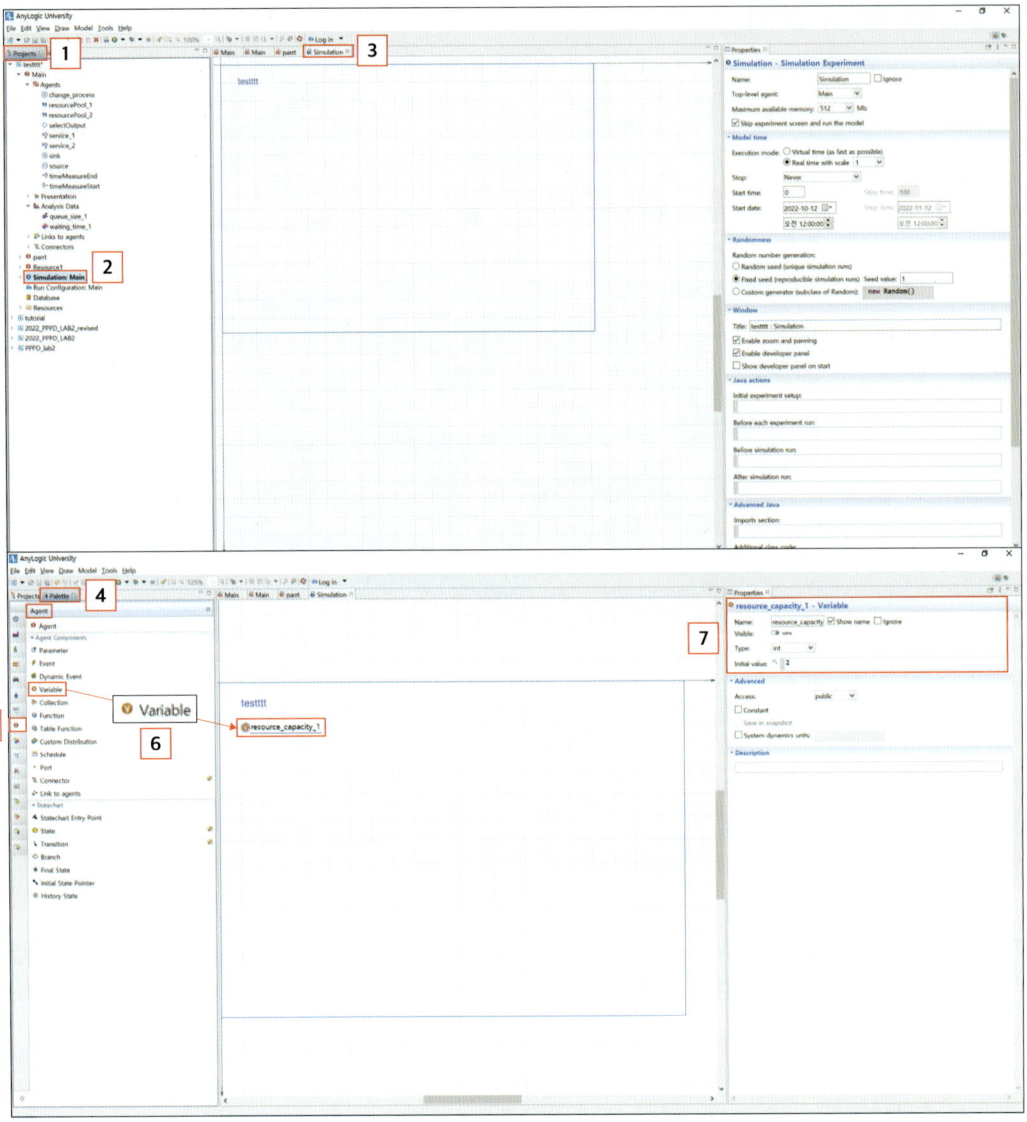

시뮬레이션 변수 설정하기

001 "Projects" 선택

002 "Simulation: Main" 선택

003 "Simulation" 탭을 선택하면 시뮬레이션 창을 구성할 수 있음

004 "Palette" 선택

005 "Agent" 선택

006 Variable 드래그 앤 드롭

007 그림과 같이 설정

A. Type은 "int"로 설정

B. Initial value난에 2 입력

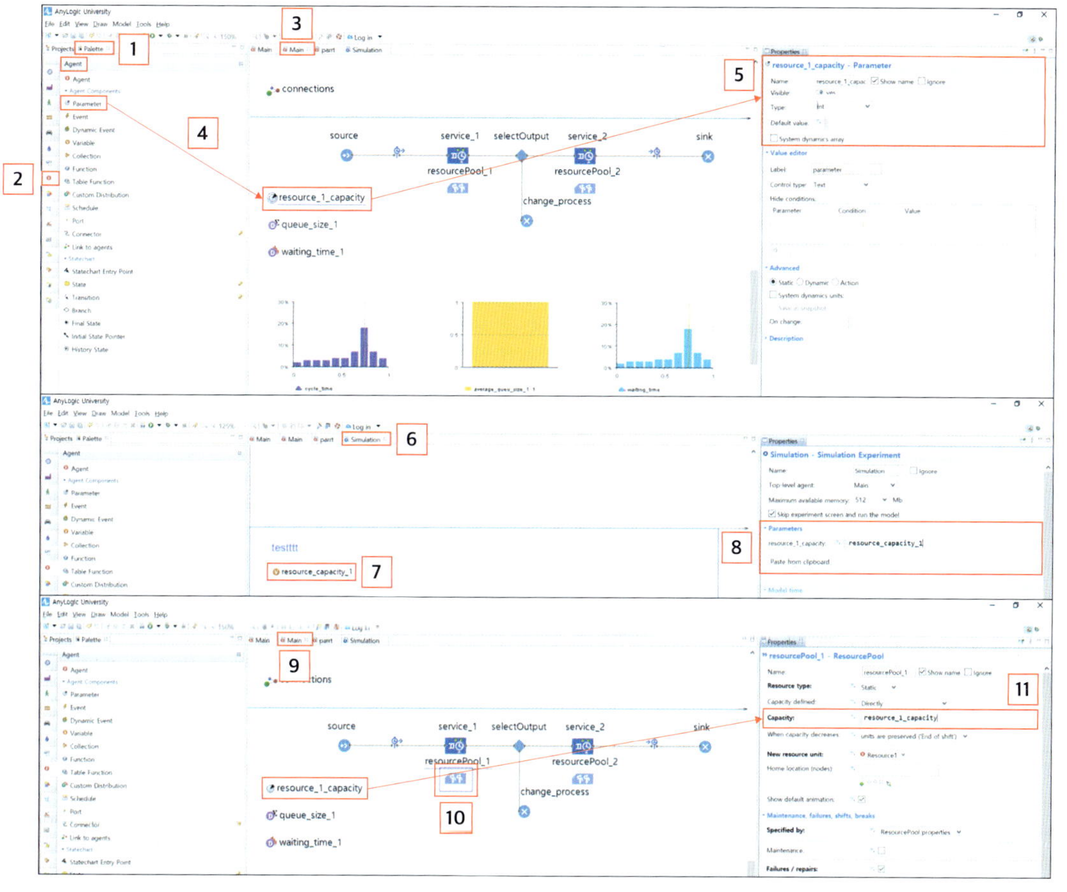

시뮬레이션 파라미터 설정하기

001 "Palette" 선택

002 "Agent" 선택

003 "Main" 탭 선택

004 Parameter 드래그 앤 드롭

005 그림과 같이 설정

A. Type은 "int"로 설정(시뮬레이션 변수와 동일하게)

006 "Simulation" 탭 클릭

007 "resource_capacity_1" 클릭

008 파라미터 설정이 만들어진 것을 확인할 수 있음. 그림과 같이 설정

A. resource_1_capacity난에 resource_capacity_1 입력

009 "Main" 탭 클릭

010 "resourcePool_1" 클릭

011 Capacity난에 resource_1_capacity 입력

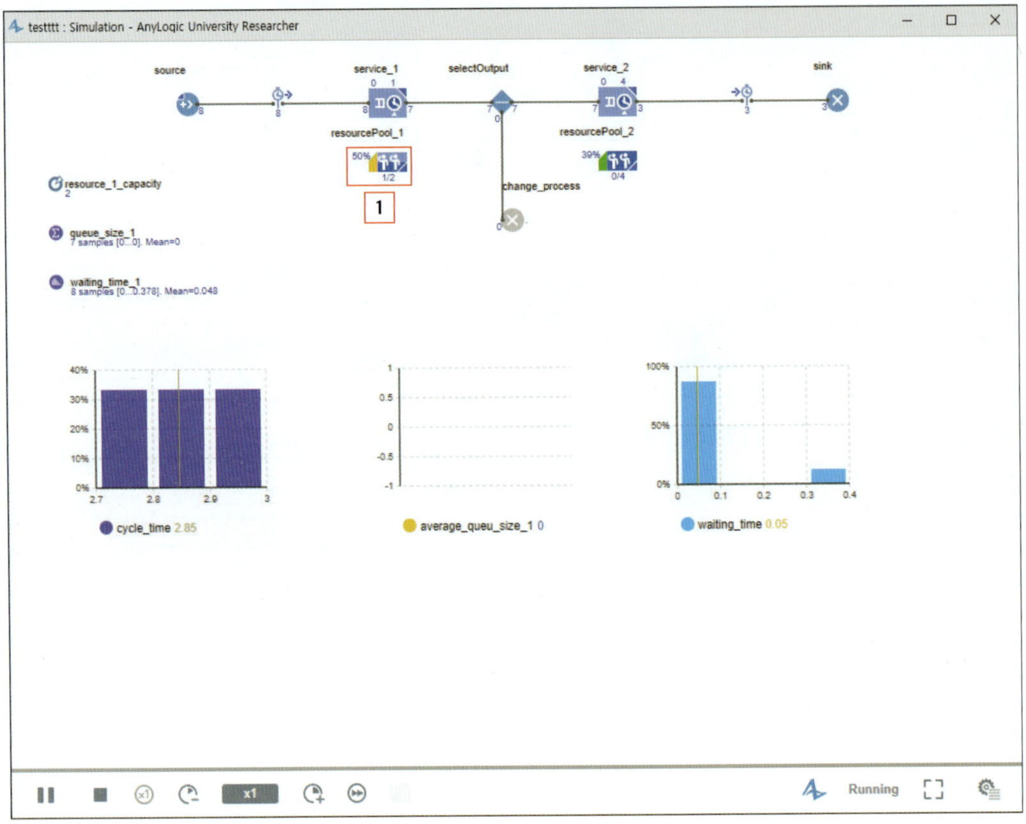

시뮬레이션 파라미터 확인하기

001 시뮬레이션 변수와 동일한 것을 확인할 수 있음

E. 엑셀 내보내기

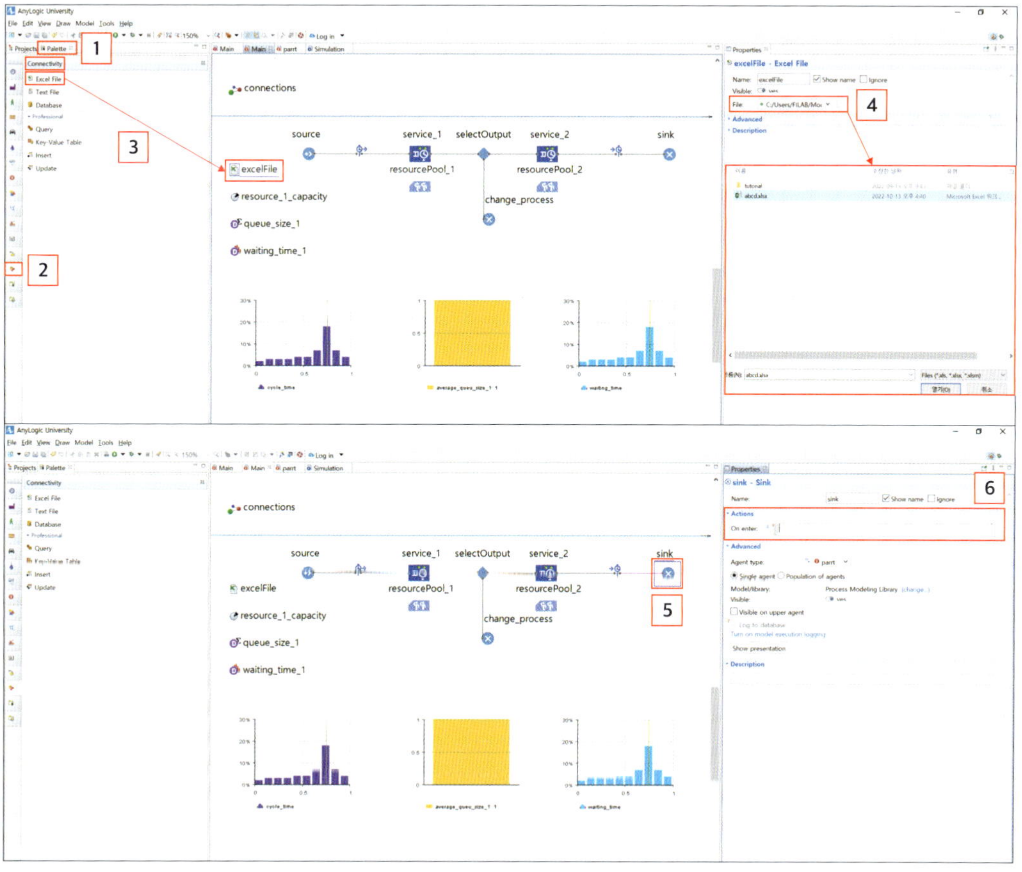

001 "Palette" 선택

002 "Connectivity" 선택

003 Excel File 드래그 앤 드롭

004 엑셀 파일과 연결

005 "Sink" 블록 클릭

006 Actions 활용

A. .readFile(): 엑셀 파일 읽기

B. .writeFile(): 엑셀 파일 내보내기

C. .getCellDataValue(int sheetIndex, int rowIndex, int columnIndex): 셀 데이터 가져오기

D. .setCellValue(<type> value, int sheetIndex, int rowIndex, int columnIndex): 셀 데이터 쓰기

ㄱ

가공 49
가동률 73
가반하중 282
가상 계층 262
가상 복제본(모델) 259
가상 시뮬레이션 266
가상 시운전 264
가상현실 275, 313
가스 센서 212
가치 239
갑판 48
강재 적치장 50
강화학습 248
개방형 표준 268
개별 생산 산업 122
검사 287
격벽 48
결합공정 32
계보 관리 168
고객 경험 혁신 328
고객 관리 145
고객맞춤 187
고분자 27
고상 용접 41
고정비 80
고탄성 고분자 30
골리앗 크레인 50
공급망관리 및 자산 추적 227
공급망 디지털트윈 273
공장 능력 72
공정 관리 166
공정 모니터링 215
공정 산업 122
공정 자동화 57
관리 회계 144
관절 285
광수지화 방식 306
광전 센서 213
광학 센서 213
교육 관리 148
교육 및 훈련 325
교육 플랫폼 275
구매 및 자재 관리 145
구매 요청서 145
굽힘 47
규모 238
규모의 경제 80
그린 디지털트윈 274
근접 센서 213
근태 관리 148
글로벌 라이트하우스 네트워크 349
금속 배선 51
금속 배선 공정 51
금속재료 27
금속 주조 34
기계적 체결 42
기관 48
기본 소자 50
기판 51

ㄴ

납기 신뢰성 64
냉간가공 36
노광 장비 52
높은 비용 296

ㄷ

다관절 로봇 285
다양성 238
다이캐스팅 34
단조 36
담금질 39
대량 맞춤 생산 65

대량생산 68
대조립 49
대체 설비 158
데브레첸(Debrecen) 전기차 공장 270
데이터 계층 262
데이터 기반 지능화 57
데이터/모델 기반의 과학적 최적화 58
데이터 수집 164
데이터 전 주기 처리 266
데이터 전처리 242
데이터 파이프라인 266
델타 로봇 285
도장 47, 287
도크 50
동적 시스템 시뮬레이션 266
동적 재스케줄링 156
두산에너빌리티 327
드로잉 47
드릴링 38
등대공장 348, 365
디지털 모델 261
디지털 모델링 263
디지털 섀도우 261
디지털 전환 53, 149
디지털 제조 환경 175
디지털트윈 258, 261, 365
디지털트윈 상호운용성 268
디지털 표현 265
디지털화 193, 373
딥러닝 248
뜨임 39

ㄹ

라인 밸런스 효율성 86
라인 밸런싱 86, 90
라인 속도 조절 89
라인 효율성 84
래핑 39
레이저 센서 213
렌더링 기술 319
로봇 278
링크 285

ㅁ

마찰 용접 41
마케팅 분야 328
머신러닝 246
머신 텐딩 292
메타데이터 245
모델링 319
무결성 244
무인운반차 48
물리 계층 262
물리 기반 시뮬레이션 266
물리 기상 증착 52
물리량 센서 211
물리적인 자산 265
민첩성 184
밀링 38

ㅂ

반도체 50
반도체 제조 공장 52
반복 정밀도 282
배치 생산 123
배터리 수명 296
베이 52
변동비 80
변위/위치 센서 212
병목 157
보링 39
복합재료 27
분말가공 32
분말 소결 방식 307

분산/자율형 121
분해능 214
불량률 64
불림 39
브레이징 41
블로우 성형 34
블록 49
비가동 시간 169
비금속재료 27
비전 센서 214
비철금속 27
뿌리산업 53

ㅅ

사물인터넷 218
사용자 인터페이스 320
사이버 공간 264
사이버물리시스템 258
사이버물리융합 258
사이클 타임 69
사출 성형 34
사형주조 33
산업용 로봇 284
산업용 IoT 219
산화 공정 51
산화막 및 절연막 51
상세 스케줄링 155
상호운용성 222
생산계획 153
생산 관리 기능 139
생산 능력 72
생산성 지표 169
생산시스템 19, 67
생산 실적 관리 142
생산율 70
생산정보시스템 136
석유화학·정유 플랜트 274
선박 48
선삭 38
선체 48
선행관계도 86
선형성 215
설계 및 검증 323
설계제작주문 69
설계주문 69
설비 보전 관리 170
설비종합효율 77
성과 분석 169
성과 평가 148
성형공정 32
세라믹 27
소량생산 68
소성가공 32
소재 50
소재 다양화 57
소조립 49
소프트웨어 정의 팩토리 24
소프트웨어 제어 방식 127
속도 238
손목 285
솔더링 41
수요 계획 152
수율 64
슈퍼피니싱 39
스마트 생태공장 377
스마트 센서 214
스마트 장비화 58
스마트제조 21
스마트제조 실행 플랫폼 173
스마트팩토리 21
스카라 로봇 285
스캔 사이클 127
스폿 용접 48
슬라이싱 303

습도 센서 212
시뮬레이션 263
시스템 통합 193
시운전 49
식각(에칭) 공정 51
식각 장비 52
실시간 공정 모니터링 및 제어 225
실시간 디스패칭 기능 164
실시간 모니터링 167
실제 가용 능력 155, 157
실행 중심 시스템 172

ㅇ

아모레 뷰티파크 372
안벽 50
안전 및 편의 장치 46
안전성 296
압력 센서 212
압연 36
압축 성형 34
압출 36
압출 성형 34
에너지 집중식 퇴적 방식 308
에너지·플랜트·도시 인프라 274
에너지 효율 296
에너지 효율성 78
에너지 효율 최적화 227
엔진 및 동력 전달 장치 46
엣지 AI 234
연결성 188
연삭 39
연속 생산 123
연속 제어 124
열가소성 고분자 30
열간가공 36
열경화성 고분자 30
열처리 32
영구결합 32
영구주형주조 33
영업/판매 관리 144
예지보전 170, 216, 226, 271, 272
예측 모델 152
온도 센서 211
완전성 244
외판 48
용접 41, 287
원가 경쟁력 64
원가 회계 143
웨이퍼 50
웨이퍼 제조공정 51
위치가중치 순위법 91
유연생산시스템 22
유연성 64, 185
유일성 244
유효 생산율 71
유효성 244
융접 41
응답 시간 215
응용시스템 18
의장 47, 48, 49
이산 사건 시뮬레이션 266
이산 제어 124
이송 작업 292
이온주입기 52
인간-로봇 협업 297
인건비 80
인도 49
인발 36
인베스트먼트 주조 34
인사 관리 147
인사 정보 관리 147
일관성 244
일반 회계 143
일반 IoT 219

잉곳 50

ㅈ

자동 제어 167
자동차 46
자동화 373
자산관리셸 262
자원 관리 157
자유도 282
자율성 185, 277
자율운영 194, 272
자율운영 시스템 272
자율이동로봇 48
자율제조 24
자율형 트윈 259, 261, 277
자율화 365
자재취급 287
작업 32
작업물 소진 89
작업물 차단 89
작업 반경 282
작업자 관리 170
작업자 종합 효율 87
작업 지시서 142
장비 가용률 71
재고 관리 146
재고생산 68
재공재고 76
재공품 관리 168
재구성형생산시스템 23
재료 27
재료 분사 방식 308
재료비 80
재료 압출 방식 305
재무/회계 관리 143
재위치 효율성 86
저항 용접 41
전공정 51
전단 47
전자 문서 배포 체계 164
전자 작업 지시서 163
전/후처리공정 32
절삭가공 32
접착제 분사 방식 308
접착제 접합 41
정확도 214, 282
정확성 238, 244
제동 장치 46
제조간접비 80
제조공정 27
제조 리드타임 75
제조 및 유지보수 324
제조시스템 18
제조 엔지니어링 99
제조원가 80
제조전략 63
제조지원시스템 18
제품 개발 99
제품수명주기 113
제품수명주기관리 113
제품 추적 및 이력 관리 167
제한된 정밀도 296
조도 센서 212
조립 32, 49, 287
조립 공장 50
조립 보조 292
조립시스템 83
조립주문 68
조선소 50
조작 능력 296
조합 최적화 156
조향 장치 46
주문생산 69
주조 32

주행 장치 46
중량생산 68
중앙집중형 121
중조립 49
증강현실 313
증착/이온주입 공정 51
지능 계층 262, 264
지능형 설비 운영체계 170
지능형 운영체계 175
지능형 자율공장 364
지능화 194, 365
지속가능성 53, 277
직교좌표 로봇 285
진공/열 성형 34
진동 센서 212

ㅊ

차체 46, 47
차체 조립 47
철 27
첨단 뿌리 공정 기술 56
청주 스마트팩토리 356
초합금 27
총괄 생산계획 154
최대 작업시간 우선 규칙 91
최적화 154, 185
측정 범위 215
칩의 구조 50

ㅋ

컨베이어 48
클라우드 252
클라우드 컴퓨팅 253
클린룸 52

ㅌ

탑재/진수 49
토크/힘 센서 212
트랜스포터 50

ㅍ

판재 성형 36
팔레타이징 287
패키지 51
패키징 공정 51
팹 52
평균 고장 간격 시간 71
평균 수리 시간 71
평삭 39
포스코 포항제철소 347
포장 및 팔레타이징 292
포토(도포-노광-현상) 공정 51
표면 개선 40
표면 경화 39
표면 접착 방식 307
표면처리 32
표면 청정 40
표면 코팅 40
표준 작업 절차서 164
표준화된 데이터 모델 265
풀림 39
품질 64
품질 검사 216, 292
품질 관리 146, 165
품질 관리 자동화 226
품질 데이터 166
프레스 47
플라스틱 27
플라스틱 성형 34
플랜트·건설·에너지 327

ㅎ

한국기계연구원 326
한국수력원자력 274

합금 27
현대자동차 271, 323, 328
협동로봇 289
협업성 189, 277
협업 플랫폼 149
협업형 트윈 277
형삭 39
호닝 39
혼합형 121
화학 기상 증착 52
확산 용접 41
확장현실 313
환경 센서 212
활동기준원가계산 81
후공정 51
후처리 304
휴머노이드 로봇 294
히스테리시스 215

A

AAS 265
ABC(Activity-Based Costing) 81
accuracy 214, 244
actuator 20
Adam Smith 17
agility 184
AGV(Automatic Guided Vehicle) 22
AI(Artificial Intelligence) 21, 245, 246, 267
AI 신뢰성 296
AMR(Autonomous Mobile Robot) 22
APS(Advanced Planning and Scheduling) 150
AR 313
AR 프로토타이핑 324
Arnold Toynbee 17
Arnoud De Meyer 65
articulated robot 285
AT(Automation Technology) 18
ATO(Assemble-to-Order) 68
automation 373
autonomous manufacturing 23
autonomous operation 272
autonomy 185
AX 181

B

back-end 51
batch production 68, 123
BEM(Boundary Element Method) 106
big data 59, 237
binder jetting 308
blocking 89
BMW 323
Boeing 275, 323, 324
Bosch 273
bottleneck process 69

C

CAD(Computer-Aided Design) 101
CAE(Computer-Aided Engineering) 105
CAM(Computer-Aided Manufacturing) 108
capability analysis 66
cartesian coordinate robot 285
Catena-X 컨소시엄 273
CAX(Computer-Aided X) 111
cell (system) 레벨 125
cellular manufacturing 68
CFD(Computional Fluid Dynamics) 106
CIM(Computer Integrated Manufacturing) 112, 121
cloud 59, 252
CMS(Cellular Manufacturing System) 121
CNC(Computer Numerical Control) 108

CoAP 224
Cobot 289
collaboration 189
completeness 244
concurrent engineering 100
Connected Industry 전략 273
connectivity 188
consistency 244
continuous control 124
continuous production 123
controller 20
CPS(Cyber-Physical System) 22, 258
customization 187
CVD 52
cyber-physical integration 258
cycle time 69

D

dark factory 24
data preprocessing 242
David Garvin 64
DDS 224
delta robot 285
descriptive analytics 249
determinism 222
DFA(Design for Assembly) 99
DFM(Design for Manufacturing) 99
diagnostic analytics 249
digital thread 100
digital twin 100
digitalization 373
directed energy deposition 308
discrete control 124
discrete manufacturing industry 122
DOF(Degree of Freedom) 282
Doug Laney 237
DTO(Design-to-Order) 69
DX(Digital Transformation) 53, 181

E

eBOM 115
edge computing 256
EDS 공정 51
energy efficiency 78
environmental analysis 65
equipment availability 71
ERP(Enterprise Resource Planning) 138
ETO(Engineer-to-Order) 69

F

Fab 52
FBD(Function Block Diagram) 130
FEA(Finite Element Analysis) 55
flexibility 185
flow line production 68
FMS(Flexible Manufacturing System) 22, 121
fog computing 256
Fordism 17
Frederick Winslow Taylor 17
Friedrich Engels 17
front loading 100
front-end 51
FVM(Finite Volume Method) 106

G

gantry robot 285
generative design 107

H

Henry Ford 17
HRC 297
humanoid robot 294
hysteresis 215

I

I4.0 Component 265
IaaS 254
IC 50
ICT 16
IFR 279
IIoT 시스템 아키텍처 221
IKEA 328
implementation planning 66
industrial robot 284
Industrie 4.0 17
industry 15
Industry 4.0 컴포넌트 265
Industry 5.0 377
integrity 244
interoperability 222
IoT(Internet of Things) 53, 59, 218
ISA-95 표준 아키텍처 174
ISIC 15
IT(Information Technology) 18
Ivan Sutherland 101

J

Job Shop 68

K

Karel Čapek 278
Kasra Ferdows 65
Kevin Ashton 218
KIAT 184
KIMM 326
Klaus Schwab 22
KOSMO 182, 184
KSIC 15

L

LCR(Largest Candidate Rule) 91
LD(Ladder Diagram) 129
lead time 64
LG 스마트파크 364
LG전자 364
line efficiency 84
line pacing 89
linearity 215
Little의 법칙 69, 76
low latency 222
LS 일렉트릭 청주공장 356

M

machine (controller) 레벨 125
manufacturing 15
manufacturing cost 80
manufacturing innovation 17
manufacturing lead time 75
manufacturing process 18
manufacturing strategy 63
mass customization 22, 65
material 27
material jetting 308
mBOM 115
MES(Manufacturing Execution System) 18, 160
MESA(Manufacturing Enterprise Solutions Association) 161
MESA-11 모델 161
metadata 245
MIS 16
MO(Manufacturing Operations) 18
MOM(Manufacturing Operations Management) 18
MPS(Master Production Schedule) 138
MQTT 223
MR 313
MRP(Material Requirements Planning)

138
MRP II 138
MTBF(Mean Time Between Failure) 71
MTO(Make-to-Order) 69
MTS(Make-to-Stock) 68
MTTR(Mean Time To Repair) 71

N

Nigel Slack 64
NIST 183

O

OEE(Overall Equipment Effectiveness) 77
OPC UA 223
optimization 185
OT(Operation Technology) 18
OTD 64

P

PaaS 254
personalization 22
planning (enterprise) 레벨 125
plant (shop floor control) 레벨 125
PLM(Product Lifecycle Management) 19, 113
powder bed fusion 307
PPM(Parts Per Million) 64
precedence constraints 90
precedence diagram 86
predictive analytics 250
predictive control 258
prescriptive analytics 250
process industry 122
product lifecycle 113
production 15
production capacity 72
production rate 70
PVD 52

Q

QCDF 프레임워크 63
quantity production 68

R

RAMI 4.0 182
range 215
rapid prototyping 301
required production rate 84
resolution 214
response time 215
RMS(Reconfigurable Manufacturing System) 23
robot 278
RPW(Ranked Positional Weights) 91

S

SaaS 255
sand cone model 65
SCARA(Selective Compliance Arm for Robotic Assembly) robot 285
SDF 24
SDM 23
semiconductor 50
sensor 20, 211
SFC(Sequential Function Chart) 133
sheet lamination 307
Shell 327
Siemens 324
simplification 17
SLAM 294
slicing 303
smart factory 190
solid 104
specialization 17

ST(Structured Text) 133
standardization 17
starving 89
strategy selection 66
surface 104
sustainability 53

T

Taylorism 17
throughput 69
TinyML 234
TPS 66
track 장비 52

U

uniqueness 244
utilization 73

V

validity 244
value 239
variety 238
vat photopolymerization 306
velocity 238
veracity 238
Virtual Singapore 프로젝트 274
virtualization 254
volume 238
VR 313

W

wet station 52
What-if 150
What-if 시뮬레이션 155
Wickham Skinner 63
WIP(Work-In-Process) 76
wireframe 104
workload 85

X

XR 313

Y

yield 64

기타

3C 191
3D 프린팅 299
3S 17
3V 237
5V 238
6대 기반 공정 기술 54